全国高等教育自学考试指定教材

小学教育专业（专科）

高等数学基础

（附：高等数学基础自学考试大纲）

全国高等教育自学考试指导委员会　组编

主　编　王德谋

北京师范大学出版社

图书在版编目（CIP）数据

高等数学基础/王德谋主编．—北京：北京师范大学出版社，1999.1
ISBN 7-303-04940-1

Ⅰ．高…　Ⅱ．王…　Ⅲ．高等数学-高等教育-自学考试-教材　Ⅳ．O13

中国版本图书馆 CIP 数据核字（98）第 39743 号

北京师范大学出版社出版
（北京新街口外大街19号　邮政编码：100875）
出 版 人：常汝吉
责任编辑：吕建生
北京市鑫鑫印刷厂印刷
开本：880mm×1 230mm　1/32　印张：16.375　字数：462千字
1999年11月第 2 版　2000年10月第 2 次印刷
印数：30101～50200　定价：23.00元

组编前言

当您开始阅读本书时，人类已经迈入了21世纪。

这是一个变幻难测的世纪，这是一个催人奋进的时代，科学技术飞速发展，知识更替日新月异。希望、困惑、机遇、挑战，随时随地都有可能出现在每一个社会成员的生活之中。抓住机遇，寻求发展，迎接挑战，适应变化的制胜法宝就是学习——依靠自己学习、终身学习。

作为我国高等教育组成部分的自学考试，其职责就是在高等教育这个水平上倡导自学、鼓励自学、帮助自学、推动自学，为每一个自学者铺就成才之路。组织编写供读者学习的教材就是履行这个职责的重要环节。毫无疑问，这种教材应当适合自学，应当有利于学习者掌握、了解新知识、新信息，有利于学习者增强创新意识、培养实践能力、形成自学能力，也有利于学习者学以致用，解决实际工作中所遇到的问题，具有如此特点的书，我们虽然沿用了“教材”这个概念，但它与那种仅供教师讲、学生听，教师不讲、学生不懂，以“教”为中心的教科书相比，已经在内容安排、形式体例、行文风格等方面都大不相同了。希望读者对此有所了解，以便从一开始就树立起依靠自己学习的坚定信念，不断探索适合自己的学习方法，充分利用已有的知识基础和实际工作经验，最大限度地发挥自己的潜能达到学习的目标。

欢迎读者提出意见和建议。

祝每一位读者自学成功。

全国高等教育自学考试指导委员会

1999年10月

编者的话

《高等数学基础》是全国高等教育自学考试小学教育专业的试用教材，内容包括空间解析几何、一元函数微积分和线性代数的基础知识，重点讲授基本概念、基本方法和简单应用．开设本课程的目的在于使学员对高等数学的基本思想和一般方法有初步的了解，在数学思维和计算技能方面受到一次较为系统严格的训练，提高对初等数学的认识和处理能力，为今后的教学工作打下较为坚实的基础．

本书选材依据的是自学考试大纲，突出重点，注重基础．少量打“*”号的内容，仅供有兴趣的读者参考，不属于考试范围之内．编写教材时，充分考虑到自学的特点，力争叙述简明，深入浅出，通俗易懂；对于难点部分，不仅注意掌握尺度，同时遵照循序渐进原则，逐步加深，既配有较多例题，又充分利用几何直观，以减轻难度；引入重要概念时注意讲清背景；证明定理，努力做到思路清晰．每章都有小结，帮助学员整理教材内容，抓住重点．大部分习题都有答案，可供解题后参考．

编　者

1999 年10月

目　录

第一篇　空间解析几何

第二篇　微积分

第三篇　线性代数

《高等数学基础》自学考试大纲

第　一　篇

空间解析几何

第一章 平面解析几何复习

本章系统地复习了平面解析几何的有关知识，为学习空间解析几何做好准备，包括直线方程的几种形式、直线间的位置关系与夹角、点到直线的距离；圆锥曲线（圆、椭圆、双曲线、抛物线）的定义、方程、几何性质等；曲线的参数方程以及与普通方程间的互化.

1.1 直 线

1.1.1 直线方程的几种形式

1. 平面直角坐标系中的两个基本公式

(1)两点 $P_1(x_1,y_1)$，$P_2(x_2,y_2)$的距离公式

$$|P_1P_2|=\sqrt{(x_2-x_1)^2+(y_2-y_1)^2}. \tag{1.1}$$

(2)线段的定比分点公式

已知 $P_1(x_1,y_1)$，$P_2(x_2,y_2)$，点 $P(x,y)$分线段 P_1P_2 所成的比 $\frac{P_1P}{PP_2}=\lambda(\lambda\neq-1)$，则点 P 的坐标是

$$x=\frac{x_1+\lambda x_2}{1+\lambda},\quad y=\frac{y_1+\lambda y_2}{1+\lambda}. \tag{1.2}$$

特别地，线段 P_1P_2 的中点 M 的坐标为

$$x=\frac{x_1+x_2}{2},\quad y=\frac{y_1+y_2}{2}.$$

2. 直角坐标系中直线方程的不同形式

(1)点斜式

经过点 $P_1(x_1,y_1)$，斜率是 k 的直线 l 的方程为

$$y-y_1=k(x-x_1). \tag{1.3}$$

方程(1.3)称为直线方程的**点斜式**.

(2)斜截式

斜率为 k，与 y 轴的交点为$(0,b)$的直线 l 的方程为

$$y=kx+b, \tag{1.4}$$

此处 b 称为直线 l 在 y 轴上的**截距**.

方程(1.4)称为直线方程的**斜截式**.

(3)两点式

经过两点 $P_1(x_1,y_1)$及 $P_2(x_2,y_2)$$(x_1\neq x_2$ 且 $y_1\neq y_2)$的直线 l 的方程为

$$\frac{y-y_1}{y_2-y_1}=\frac{x-x_1}{x_2-x_1}. \tag{1.5}$$

方程(1.5)称为直线方程的**两点式**.

(4)截距式

在 x 轴和 y 轴上的截距分别是 a 和 $b(a\neq 0,b\neq 0)$的直线 l 的方程为

$$\frac{x}{a}+\frac{y}{b}=1. \tag{1.6}$$

方程(1.6)称为直线方程的**截距式**.

(5)直线方程的一般式

直线的上述各种形式的方程都是二元一次方程，反之，关于 x 和 y 的一次方程

$$Ax+By+C=0, \tag{1.7}$$

其中 A，B 不全为零，皆表示直线.

二元一次方程(1.7)称为直线方程的**一般式**. 当 $B\neq 0$ 时，直线(1.7)的斜率为$-\dfrac{A}{B}$.

同一条直线的各种形式的方程，可以通过同解变形互相转化，在这个意义下，我们把它们看成是同一个方程. 因此我们可以说直线与二元一次方程一一对应.

例 1 已知$\triangle ABC$ 的顶点 $A(0, 5)$，$B(2, -2)$，$C(-6, 4)$，求 BC 边上的中线所在的直线方程.

解 设 BC 的中点为 $D(d_1,d_2)$，由中点公式得

$$d_1=\frac{2+(-6)}{2}=-2,\quad d_2=\frac{-2+4}{2}=1,$$

于是有 $D(-2,1)$. 过两点 $A(0,5)$ 与 $D(-2,1)$ 的直线方程(两点式)为

$$\frac{x-0}{-2-0}=\frac{y-5}{1-5},$$

整理得

$$2x-y+5=0.$$

1.1.2 两条直线的位置关系

1. 两条直线平行和垂直的条件

设直线 l_1 和 l_2 的斜率分别为 k_1 和 k_2，则

$$l_1 /\!/ l_2(\text{包括重合}) \Longleftrightarrow k_1=k_2;$$

$$l_1\perp l_2 \Longleftrightarrow k_1=-\frac{1}{k_2}(\text{或 } k_1\cdot k_2=-1).$$

若直线 l_1 和 l_2 的方程分别为

$$l_1\text{：}A_1x+B_1y+C_1=0,$$
$$l_2\text{：}A_2x+B_2y+C_2=0,$$

则

$$l_1 /\!/ l_2(\text{不重合}) \Longleftrightarrow \frac{A_1}{A_2}=\frac{B_1}{B_2}\neq\frac{C_1}{C_2};$$

$$l_1\text{ 与 }l_2\text{ 重合} \Longleftrightarrow \frac{A_1}{A_2}=\frac{B_1}{B_2}=\frac{C_1}{C_2};$$

$$l_1\perp l_2 \Longleftrightarrow A_1A_2+B_1B_2=0.$$

2. 两条直线所成的角

我们把直线 l_1 依逆时针方向旋转到与 l_2 重合时所转的角，叫做 **l_1 到 l_2 的角**. 在图 1.1 中，直线 l_1 到 l_2 的角是 θ_1，l_2 到 l_1 的角是 $\theta_2(\theta_1+\theta_2=180°)$. θ_1 和 θ_2 中不大于直角者，称为**直线 l_1 和 l_2 所成的角**，简称**夹角**.

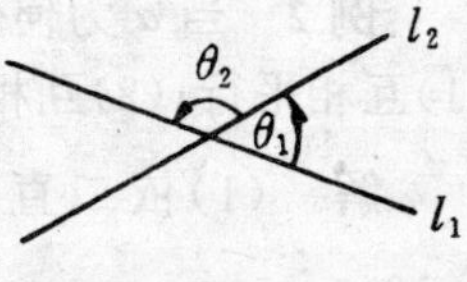

图 1.1

设直线 l_1 的斜率为 k_1，l_2 的斜率为 k_2，

直线 l_1 到 l_2 的角为 θ. 若 $1+k_1k_2=0$，则 $\theta=90°$；若 $1+k_1k_2\neq0$，则 $\tan\theta=\frac{k_2-k_1}{1+k_1k_2}$. 计算 l_1 与 l_2 的夹角 φ 用公式

$$\tan\varphi=\left|\frac{k_2-k_1}{1+k_1k_2}\right|.$$

3. 两条直线的交点

求两条直线 $l_1: A_1x+B_1y+C_1=0$ 与 $l_2: A_2x+B_2y+C_2=0$ 的交点，只需将这两个方程联立求解.

已知方程组

$$\begin{cases}A_1x+B_1y+C_1=0,\\A_2x+B_2y+C_2=0.\end{cases}$$

当 $\frac{A_1}{A_2}\neq\frac{B_1}{B_2}$ 时，方程组有唯一解：

$$\begin{cases}x=\dfrac{B_1C_2-B_2C_1}{A_1B_2-A_2B_1},\\[2ex]y=\dfrac{C_1A_2-C_2A_1}{A_1B_2-A_2B_1}.\end{cases}$$

它就是二直线的唯一交点的坐标.

当 $\frac{A_1}{A_2}=\frac{B_1}{B_2}\neq\frac{C_1}{C_2}$ 时，方程组无解，即二直线无交点(二直线平行).

当 $\frac{A_1}{A_2}=\frac{B_1}{B_2}=\frac{C_1}{C_2}$ 时，方程组有无穷多组解，即二直线有无穷多交点(二直线重合).

4. 点到直线的距离

设点 $P(x_0,y_0)$ 到直线 $l: Ax+By+C=0$ 的距离为 d，则

$$d=\frac{|Ax_0+By_0+C|}{\sqrt{A^2+B^2}}.$$

例 2 当 a 为何值时，直线 $ax-5y+9=0$ 与 $2x+3y-15=0$ (1)互相平行；(2)互相垂直.

解 (1)依二直线平行的充要条件 $\frac{a}{2}=\frac{-5}{3}\neq\frac{9}{-15}$，得 $a=-\frac{10}{3}$；

(2)依二直线垂直的充要条件 $a\times2+(-5)\times3=0$，得 $a=\frac{15}{2}$.

例 3 求二平行直线 $2x-7y+8=0$ 与 $2x-7y-6=0$ 间的距离.

解 二平行直线间的距离处处相等，且都等于其中一条直线上的任一点到另一条直线的距离. 为计算简单，我们取一条直线与某个坐标轴的交点，例如取 $2x-7y-6=0$ 与 x 轴的交点 $P(3,0)$，计算 $P(3,0)$ 到直线 $2x-7y+8=0$ 的距离

$$d=\frac{|2\times3-7\times0+8|}{\sqrt{2^2+(-7)^2}}=\frac{14}{\sqrt{53}}=\frac{14}{53}\sqrt{53}.$$

这就是所求二已知平行直线间的距离.

1.2 圆锥曲线

1.2.1 曲线和方程

在直角坐标系中，如果某条曲线 C 上的点与一个二元方程 $f(x,y)=0$ 的实数解之间满足如下关系：

凡是曲线 C 上的点，其坐标都是方程 $f(x,y)=0$ 的解；反过来，凡是以方程 $f(x,y)=0$ 的解为坐标的点，都在曲线 C 上.

那么，方程 $f(x,y)=0$ 就叫做**曲线 C 的方程**，曲线 C 就叫做**方程 $f(x,y)=0$ 的曲线**（**或图形**）.

求曲线的方程，一般有以下几个步骤：

(1)建立适当的直角坐标系，用 (x,y) 表示曲线上任一点 M 的坐标；

(2)写出点 M 适合的几何条件 $P(M)$；

(3)用坐标表示条件 $P(M)$，列出方程 $f(x,y)=0$；

(4)化方程 $f(x,y)=0$ 为最简形式；

(5)证明以化简后的方程的解为坐标的点都在曲线上（由于方程的化简一般都是同解变形，因此本步骤一般可以省略）.

1.2.2 圆

圆心在点 $C(a,b)$，半径为 r 的圆的方程为

$$(x-a)^2+(y-b)^2=r^2. \tag{1.8}$$

这个方程称为圆的**标准方程**.

方程

$$x^2+y^2+Dx+Ey+F=0, \quad \text{其中 } D^2+E^2-4F>0, \tag{1.9}$$

经过配方可以化成圆的标准方程(1.8)，因而也表示圆，我们把方程(1.9)称为圆的**一般方程**. 它的特点是:x^2 和 y^2 的系数相等且不等于零;没有 xy 这样的二次项.

例 1 求过三点 $O(0,0)$，$A(1,1)$，$B(4,2)$的圆，并求这个圆的圆心的坐标及半径.

解 设所求圆的方程为

$$x^2+y^2+Dx+Ey+F=0.$$

分别将已知三点 O，A，B 的坐标代入这个方程，得

$$\begin{cases} F=0, \\ D+E+F+2=0, \\ 4D+2E+F+20=0. \end{cases}$$

解得 $F=0$，$D=-8$，$E=6$，于是所求圆的方程为

$$x^2+y^2-8x+6y=0,$$

配方得

$$(x-4)^2+(y+3)^2=25.$$

于是该圆的圆心为(4，−3)，半径为 5.

1.2.3 椭圆

1. 定义

定义 1.1 平面内与两个定点 F_1，F_2 的距离之和等于常数 $2a$ ($2a>|F_1F_2|$)的动点 M 的轨迹叫做**椭圆**. 定点 F_1 和 F_2 叫做椭圆的**焦点**，两个焦点间的距离叫做**焦距**.

2. 标准方程

取焦点的坐标为 $F_1(-c,0)$，$F_2(c,0)$ 时(图 1.2)，上述椭圆的方程为

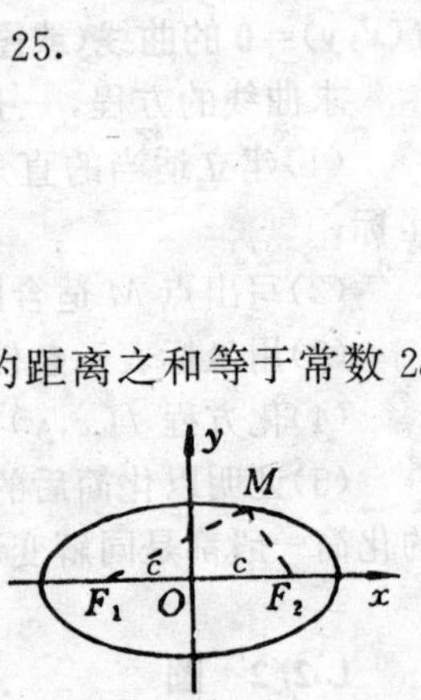

图 1.2

$$\frac{x^2}{a^2}+\frac{y^2}{b^2}=1, \quad a>b>0. \quad (1.10)$$

此处 $b^2=a^2-c^2$. 这个方程称为椭圆的**标准方程**.

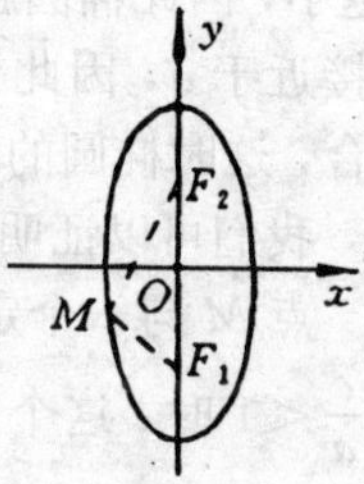

图 1.3

若椭圆的焦点取在 y 轴上，则其坐标为 $F_1(0,-c)$,$F_2(0,c)$(图 1.3)，上述椭圆的方程为

$$\frac{y^2}{a^2}+\frac{x^2}{b^2}=1, \quad a>b>0. \quad (1.10')$$

这个方程也是椭圆的标准方程.

3. 几何性质

由椭圆的标准方程(1.10)得到椭圆的下列几何性质.

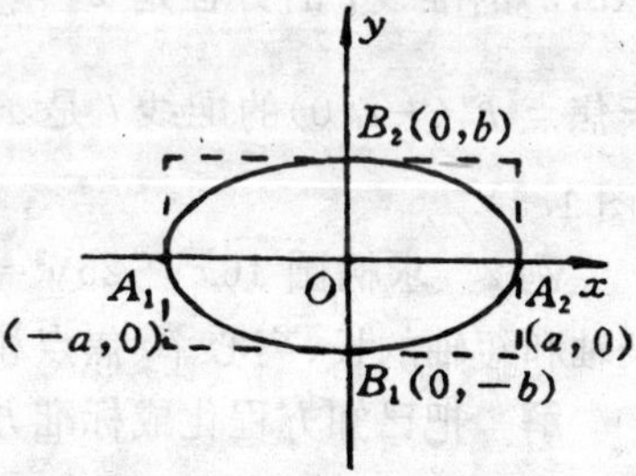

图 1.4

(1)范围　由(1.10)得 $\frac{x^2}{a^2}\leqslant 1$, $\frac{y^2}{b^2}\leqslant 1$，即 $|x|\leqslant a$, $|y|\leqslant b$，说明椭圆位于直线 $x=\pm a$ 与 $y=\pm b$ 所围成的矩形里(图 1.4).

(2)对称性　在标准方程(1.10)中，把 x 换成 $-x$，或把 y 换成 $-y$,或同时把 x,y 分别换成 $-x$ 和 $-y$，方程都不改变，所以椭圆关于 y 轴、x 轴和原点都是对称的. 这时，坐标轴是椭圆的对称轴，原点是椭圆的对称中心，椭圆的对称中心叫做椭圆的**中心**.

(3)顶点　椭圆和它的对称轴有四个交点. 这四个交点叫椭圆的**顶点**. 由标准方程(1.10)，得椭圆的四个顶点为 $A_1(-a,0)$, $A_2(a,0)$, $B_1(0,-b)$, $B_2(0,b)$(图 1.4). 线段 A_1A_2 和 B_1B_2 分别叫椭圆的**长轴**和**短轴**，它们的长度分别等于 $2a$ 和 $2b$, a 和 b 分别叫做椭圆的**长半轴长**和**短半轴长**.

(4)离心率　椭圆的焦距与长轴长之比 $e=\frac{c}{a}$ 叫做椭圆的**离心率**. 因为 $a>c>0$,所以 $0<e<1$. 若 e 越接近 1，则 c 越接近 a，从而

b越小，因此椭圆越扁；反之，若e越接近0，则c越接近0，从而b越接近于a，因此椭圆就越接近于圆. 若$a=b$，则$c=0$，两个焦点重合，这时椭圆的标准方程成为$x^2+y^2=a^2$，变成圆了.

我们可以证明：

点M与一个定点的距离和它到一条定直线的距离之比是常数$e=\frac{c}{a}<1$时，这个点的轨迹是椭圆. 定点是椭圆的焦点，定直线叫椭圆的**准线**，常数e是离心率.

对于椭圆$\frac{x^2}{a^2}+\frac{y^2}{b^2}=1$，相应于焦点$F(c,0)$的准线$l$的方程是$x=\frac{a^2}{c}$，相应于焦点$F'(-c,0)$的准线$l'$是$x=-\frac{a^2}{c}$（图1.5）.

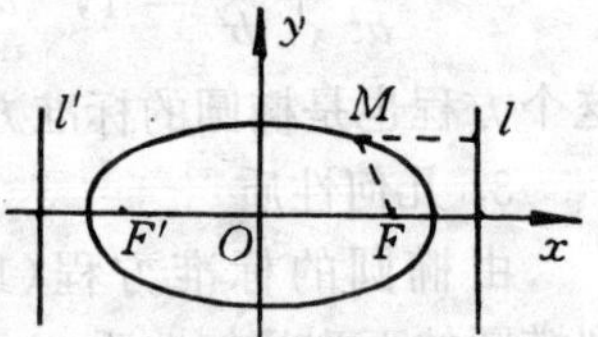

图1.5

例2 求椭圆$16x^2+25y^2=400$的长轴和短轴的长、离心率、焦点和顶点的坐标.

解 把已知方程化成标准方程

$$\frac{x^2}{5^2}+\frac{y^2}{4^2}=1.$$

则$a=5,b=4$. 由$c=\sqrt{a^2-b^2}$得$c=3$，因此椭圆的长轴长为$2a=10$，短轴长为$2b=8$. 离心率$e=\frac{c}{a}=\frac{3}{5}=0.6$. 两个焦点分别是$F_1(-3,0)$，$F_2(3,0)$. 四个顶点分别是$A_1(-5,0)$，$A_2(5,0)$，$B_1(0,-4)$，$B_2(0,4)$.

1.2.4 双曲线

1. 定义

定义1.2 平面内与两个定点F_1和F_2的距离之差的绝对值是常数$2a(2a<|F_1F_2|)$的动点M的轨迹，叫做**双曲线**. 定点F_1和F_2叫做双曲线的**焦点**，两个焦点间的距离叫做**焦距**.

2. 标准方程

如图1.6，焦点坐标为$F_1(-c,0)$，$F_2(c,0)$的上述双曲线的方程

为

$$\frac{x^2}{a^2}-\frac{y^2}{b^2}=1, \tag{1.11}$$

此处 $b^2=c^2-a^2$. 这个方程称为双曲线的**标准方程**.

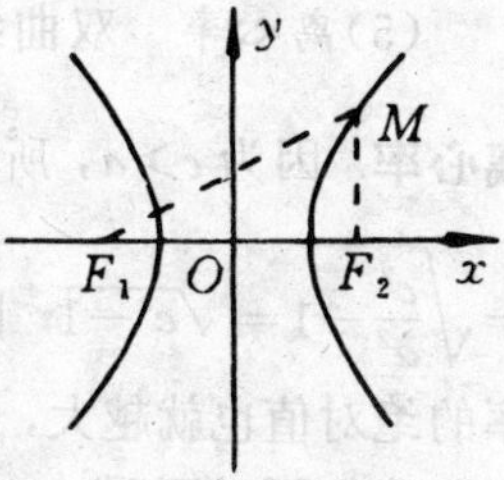

图 1.6

若双曲线的焦点取在 y 轴上，坐标为 $F_1(0,-c)$, $F_2(0,c)$，则上述双曲线的方程为

$$\frac{y^2}{a^2}-\frac{x^2}{b^2}=1. \tag{1.11'}$$

这个方程也是双曲线的标准方程.

3. 几何性质

由双曲线的标准方程(1.11)可得下列性质.

(1)范围　整个双曲线在两条平行直线 $x=a$ 及 $x=-a$ 的外侧.

(2)对称性　双曲线关于每个坐标轴和原点都是对称的. 这时坐标轴是双曲线的对称轴. 原点是双曲线的对称中心. 双曲线的对称中心叫做双曲线的**中心**.

(3)顶点　双曲线和它的对称轴有两个交点，它们叫做双曲线的**顶点**. 如图 1.7，它的两个顶点为 $A_1(-a,0)$, $A_2(a,0)$. 双曲线和 y 轴没有实交点. 在 y 轴上画出 $B_1(0,-b)$ 和 $B_2(0,b)$. 线段 A_1A_2 叫双曲线的**实轴**，$|A_1A_2|=2a$, a 叫双曲线的**实半轴长**. 线段 B_1B_2 叫双曲线的**虚轴**，$|B_1B_2|=2b$, b 叫双曲线的**虚半轴长**. 实轴与虚轴等长的双曲线叫**等轴双曲线**，它的方程是 $x^2-y^2=a^2$.

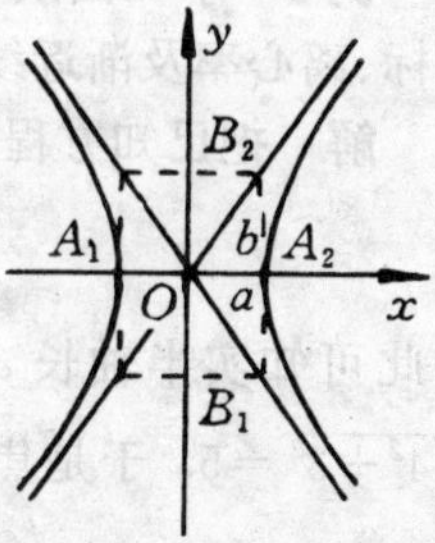

图 1.7

(4)渐近线　过 A_2, A_1 作 y 轴的平行线 $x=\pm a$，过 B_2, B_1 作 x 轴的平行线 $y=\pm b$，这四条直线围成一个矩形(图 1.7)，矩形的两条对角线所在直线是 $y=\pm\frac{b}{a}x$，双曲线的各支向远方延伸时，与这两条直线逐渐接近，这两条直线叫双曲线的**渐近线**.

(5)离心率　双曲线的焦距和实轴长之比 $e=\frac{c}{a}$ 叫做双曲线的**离心率**. 因为 $c>a$，所以双曲线的离心率 $e>1$，由 $b^2=c^2-a^2$ 得 $\frac{b}{a}=\sqrt{\frac{c^2}{a^2}-1}=\sqrt{e^2-1}$. 因此，离心率 e 越大，渐近线 $y=\pm\frac{b}{a}x$ 的斜率的绝对值也就越大，双曲线的开口也就越开阔.

我们可以证明：

点 M 到一个定点的距离和它到一条定直线的距离之比是常数 $e=\frac{c}{a}>1$ 时，这个点的轨迹是双曲线(如图 1.8)，定点是双曲线的焦点. 定直线叫做双曲线的**准线**，常数 e 是双曲线的离心率.

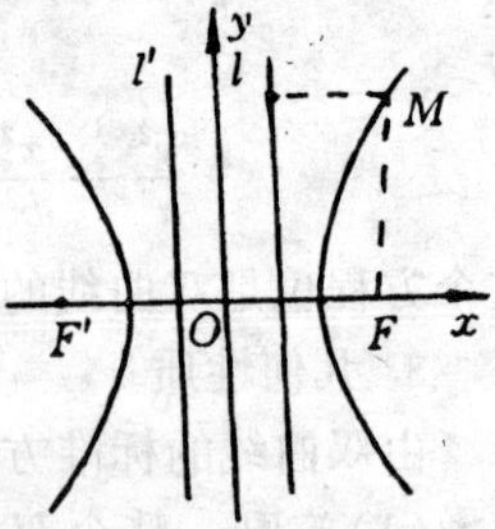

图 1.8

对于双曲线 $\frac{x^2}{a^2}-\frac{y^2}{b^2}=1$，相应于焦点 $F(c,0)$ 的准线 l 的方程是 $x=\frac{a^2}{c}$，相应于焦点 $F'(-c,0)$ 的准线 l' 是 $x=-\frac{a^2}{c}$(图 1.8).

例 3　求双曲线 $9x^2-16y^2=144$ 的实半轴长及虚半轴长、焦点坐标、离心率及渐近线的方程.

解　把已知方程化成标准方程

$$\frac{x^2}{4^2}-\frac{y^2}{3^2}=1.$$

由此可知实半轴长 $a=4$，虚半轴长 $b=3$. 由 $c^2=a^2+b^2$，得 $c=\sqrt{4^2+3^2}=5$. 于是焦点坐标为 $(-5,0)$ 及 $(5,0)$. 离心率 $e=\frac{c}{a}=\frac{5}{4}$. 渐近线的方程为 $y=\pm\frac{3}{4}x$.

1.2.5　抛物线

1. 定义

定义 1.3　平面内与一个定点 F 和一条定直线 l 的距离相等的点 M 的轨迹叫做**抛物线**. 定点 F 叫做抛物线的**焦点**，定直线叫做抛物线的**准线**.

2. 标准方程

如图 1.9，焦点为 $F\left(\frac{p}{2},0\right)$，准线为 l：$x=-\frac{p}{2}$ 的抛物线的方程为

$$y^2=2px\quad (p>0).\qquad (1.12)$$

这个方程叫做抛物线的**标准方程**.

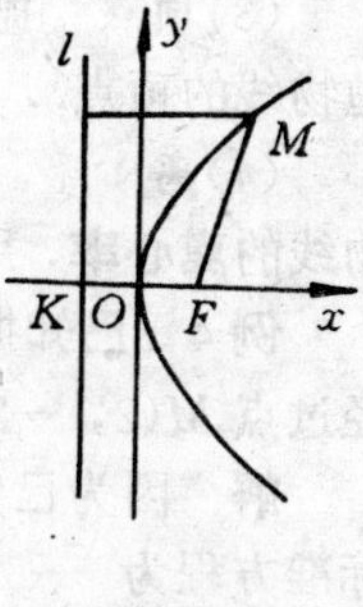

图 1.9

抛物线的标准方程还有其他几种形式，见下表(表 1.1)：

表 1.1　抛物线标准方程的几种形式

方　程	焦　点	准　线	图　形
$y^2=2px(p>0)$	$F\left(\frac{p}{2},0\right)$	$x=-\frac{p}{2}$	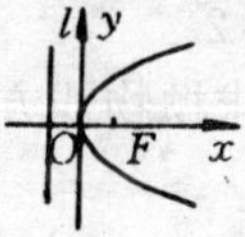
$y^2=-2px(p>0)$	$F\left(-\frac{p}{2},0\right)$	$x=\frac{p}{2}$	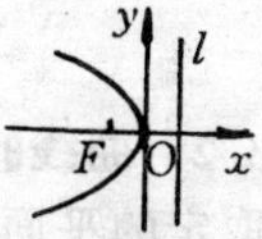
$x^2=2py(p>0)$	$F\left(0,\frac{p}{2}\right)$	$y=-\frac{p}{2}$	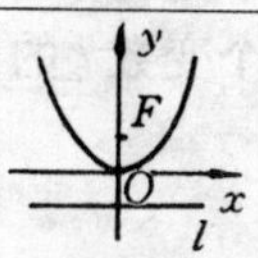
$x^2=-2py(p>0)$	$F\left(0,-\frac{p}{2}\right)$	$y=\frac{p}{2}$	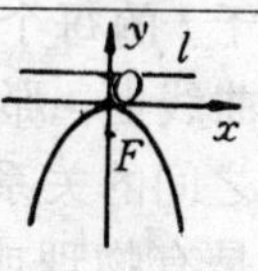

3. 几何性质

由抛物线的标准方程(1.12)可得下列性质.

(1)范围　整个抛物线位于 y 轴右侧，且向右上方和左下方无限延伸，即开口朝向 x 轴的正向.

(2)对称性　抛物线关于 x 轴对称. 我们把抛物线的对称轴叫做抛物线的**轴**.

(3)顶点　抛物线和它的轴的交点叫做抛物线的**顶点**. 原点是抛物线的顶点.

(4)离心率　抛物线上的点与焦点和准线的距离之比，叫做抛物线的**离心率**，用 e 表示. 由抛物线的定义，$e=1$.

例 4　已知抛物线关于 x 轴对称，它的顶点在坐标原点，并且经过点 $M(2, -2\sqrt{2})$，求它的标准方程.

解　因为已知抛物线关于 x 轴对称，顶点在原点，所以设它的标准方程为

$$y^2 = 2px.$$

由点 $M(2, -2\sqrt{2})$在抛物线上，得

$$(-2\sqrt{2})^2 = 2p \cdot 2,$$

即　$p=2$.

因此所求抛物线方程为 $y^2=4x$.

1.3　参数方程

1.3.2　曲线的参数方程

在取定的平面直角坐标系中，如果曲线上任意一点的坐标 x, y 都是某个变数 t 的函数

$$\begin{cases} x = f(t), \\ y = g(t), \end{cases} \tag{1.13}$$

并且对于 t 的每个允许值，由方程组(1.13)所确定的点 $M(x,y)$都在这条曲线上，那么方程组(1.13)就叫做这条曲线的**参数方程**. 联系 x, y 之间的关系的变数叫做**参变数**，简称**参数**. 参数方程中的参数可以是有物理或几何意义的变数，也可以是没有明显意义的变数.

相对于参数方程来说，直接给出曲线上点的坐标关系的方程 $F(x,y)=0$，叫做曲线的**普通方程**.

例 1　经过点 $M_0(x_0, y_0)$，倾斜角为 α 的直线 l 的参数方程是

$$\begin{cases} x = x_0 + t\cos\alpha, \\ y = y_0 + t\sin\alpha, \end{cases}$$

其中 t 是参数. t 的几何意义是 $|t| = |M_0M|$，此处 $M(x,y)$ 是直线 l 上的任一点（图 1.10）.

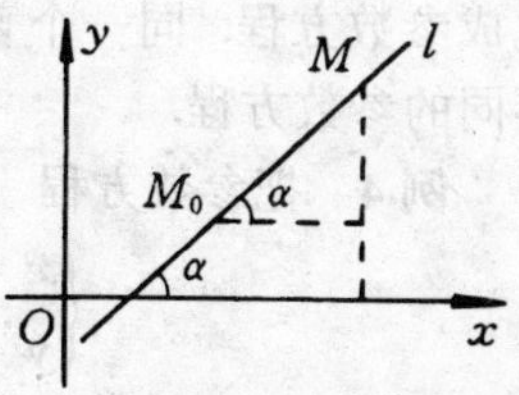

图 1.10

例 2 圆心在原点，半径为 r 的圆的参数方程是

$$\begin{cases} x = r\cos\theta, \\ y = r\sin\theta, \end{cases}$$

其中 θ 是参数，θ 的几何意义是 OM 的倾斜角，此处 $M(x,y)$ 是圆上任一点（图 1.11）.

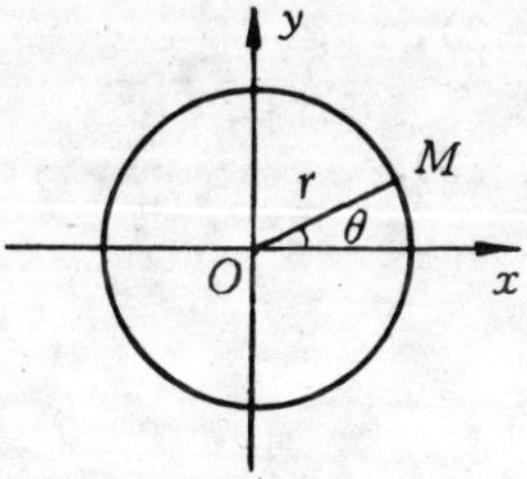

图 1.11

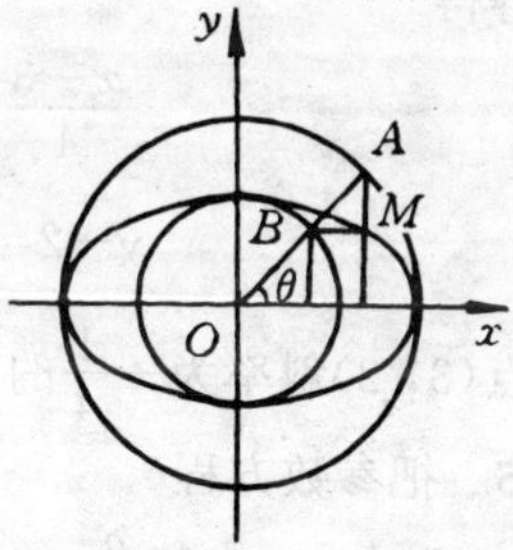

图 1.12

例 3 以原点为中心，焦点在 x 轴上，长半轴长为 a，短半轴长为 b 的椭圆的参数方程是

$$\begin{cases} x = a\cos\theta, \\ y = b\sin\theta, \end{cases}$$

其中 θ 为参数，θ 的几何意义如图 1.12 所示. 以 O 为圆心，分别以 a,b 为半径作两个圆（分别叫大辅圆和小辅圆），过椭圆上任一点 $M(x,y)$ 向 x 轴（或 y 轴）作垂线与大辅圆（或小辅圆）交于点 A（或 B），θ 是以 Ox 轴为始边，OA（或 OB）为终边的角. θ 叫椭圆的**离心角**.

1.3.2 参数方程与普通方程的互化

一般情况下，我们可以通过消去参数方程中的参数，得到直接表示 x,y 之间关系的普通方程；也可以选择一个参数，将普通方程化成参数方程. 同一个普通方程，如果选择的参数不同，可以化成不同的参数方程.

例 4　把参数方程

$$\begin{cases} x = 3 + 4t, \\ y = 2 - t, \end{cases} \quad (t\text{ 是参数})$$

化成普通方程，并说明它是何曲线.

解　由已知参数方程的第一式和第二式分别得到

$$t=\frac{x-3}{4} \quad 及 \quad t=-(y-2),$$

两者相等得

$$\frac{x-3}{4}=-(y-2),$$

即

$$y-2=-\frac{1}{4}(x-3).$$

表示过点(3，2)斜率为$-\frac{1}{4}$的直线.

例 5　把参数方程

$$\begin{cases} x = a\cos\theta, \\ y = b\sin\theta \end{cases} \quad (a > b > 0,\ \theta\text{ 是参数})$$

化成普通方程，并说明它是何曲线.

解　将参数方程中的两个式子分别变形为

$$\frac{x}{a} = \cos\theta \quad 及 \quad \frac{y}{b} = \sin\theta.$$

由$\cos^2\theta+\sin^2\theta=1$，得

$$\frac{x^2}{a^2} + \frac{y^2}{b^2} = 1.$$

此方程表示中心在原点，焦点在 x 轴上，长半轴长为 a，短半轴长为 b 的椭圆.

例 6　把$\frac{x^2}{a^2}-\frac{y^2}{b^2}=1$化为参数方程. 设 $x=a\sec\theta$，θ 是参数.

解　将 $x=a\sec\theta$ 代入已知方程，得

$$\frac{y^2}{b^2} = \sec^2\theta - 1 = \tan^2\theta,$$

即 $y=b\tan\theta$. 于是得所求参数方程为

$$\begin{cases} x = a\sec\theta, \\ y = b\tan\theta. \end{cases} \quad (\theta \text{ 是参数})$$

这是双曲线的一个常用的参数方程.

例 7 把 $y^2=2px(p>0)$化为参数方程. 设 $x=2pt^2$，$p>0$，t 为参数.

解 将 $x=2pt^2$ 代入已知方程得 $y=2pt$，于是所求参数方程为

$$\begin{cases} x = 2pt^2, \\ y = 2pt. \end{cases} \quad (p > 0,\ t \text{ 为参数})$$

这是抛物线的一个常用的参数方程.

习 题 一

1. 根据下列条件，写出直线方程.

(1)斜率是$\frac{\sqrt{3}}{3}$，经过点$A(8,\ -2)$；

(2)过点$B(-2,\ 0)$且与x轴垂直；

(3)斜率为-4，在y轴上的截距为7；

(4)经过两点$A(-1,\ 8)$，$B(4,\ -2)$；

(5)在y轴上的截距是2，且与x轴平行；

(6)在x轴和y轴上的截距分别是4和-3.

2. 设有两点$A(7,\ -4)$和$B(-5,\ 6)$，求线段AB的垂直平分线的方程.

3. 不解方程组，判定下列各方程组中的两条直线的位置关系.

(1)$\begin{cases}2x+y=11,\\x+3y=18;\end{cases}$ (2)$\begin{cases}2x-3y=4,\\4x-6y=8;\end{cases}$

(3)$\begin{cases}3x+10y=16,\\6x+20y=7;\end{cases}$ (4)$\begin{cases}4x+10y=12,\\6x-15y=18.\end{cases}$

4. 点$A(a,6)$到直线$3x-4y-2=0$的距离等于4，求a的值.

5. 求直线$2x-5y-10=0$和坐标轴所围成的三角形的面积.

6. 求下列圆的方程.

(1)圆心在点$C(-1,\ 2)$，半径为4；

(2)过点$A(5,\ 1)$，圆心在点$C(8,\ -3)$.

7. 试求圆$x^2+y^2-4x+6y-36=0$的圆心和半径.

8. 已知椭圆的面积公式$S=\pi ab$，其中a,b分别是椭圆长半轴和短半轴的长. 试利用这个公式，求下列椭圆的面积.

(1)$9x^2+y^2=8$； (2)$9x^2+25y^2=100$.

9. 求适合下列条件的椭圆的标准方程.

(1)焦点坐标是$(-2\sqrt{3},\ 0)$和$(2\sqrt{3},\ 0)$，且短半轴长为$2\sqrt{2}$；

(2)长轴是短轴的3倍，且经过点$P(3,\ 0)$.

10. 求适合下列条件的双曲线的标准方程.

(1)实轴长是10，虚轴长是8，焦点在x轴上；

(2)焦距是 10，虚轴长是 8，焦点在 y 轴上.

11. 指出下列抛物线在坐标系中的位置(包括对称轴、顶点和曲线的开口方向)，并求焦点坐标和准线方程.

(1) $y^2=6x$；　　(2) $x^2=2y$.

12. 把下列参数方程(φ, t 是参数)化成普通方程，并说明它们各表示什么曲线.

(1) $\begin{cases} x=3-2t, \\ y=-1-4t; \end{cases}$　　(2) $\begin{cases} x=4\cos\varphi, \\ y=3\sin\varphi; \end{cases}$

(3) $\begin{cases} x=\dfrac{a}{2}\left(t+\dfrac{1}{t}\right), \\ y=\dfrac{b}{2}\left(t-\dfrac{1}{t}\right); \end{cases}$　　(4) $\begin{cases} x=2pt^2, \\ y=2pt. \end{cases}$ $(p>0)$

13. 求椭圆 $4x^2+y^2=16$ 的参数方程，设 $x=2\cos\varphi$，φ 是参数.

第二章　向量代数

研究空间解析几何，除了用坐标这个工具以外，向量也是一个很有用的工具，特别是在研究平面和空间直线的有关问题时，向量很有用．不仅如此，向量在数学的其他分支以及力学、物理和许多工程技术学科中，都很有用．本章介绍空间直角坐标系，向量及其代数运算，并介绍向量的坐标，以及通过坐标来进行向量的运算．

2.1　空间直角坐标系

2.1.1　空间直角坐标系

过空间一个定点 O，作三条两两互相垂直的数轴 Ox, Oy, Oz，它们都以 O 为原点，且具有相同的长度单位，这样我们就建立起一个**空间笛氏直角坐标系**，简称**空间直角坐标系**．O 称为**坐标原点**，三条轴 Ox，Oy, Oz 分别称为 **x 轴**(或**横轴**)、**y 轴**(或**纵轴**)、**z 轴**(或**竖轴**)，统称为**坐标轴**．通常把 x 轴和 y 轴放置在水平面上，而 z 轴沿铅垂线方向．如果这三条轴的正向的选取符合右手规则：将右手的四指并拢与大姆指分开，四指向掌心弯曲的方向表示从 x 轴正向转过小于 π 的角指向 y 轴的正向时，大姆指正好指向 z 轴正向(如图 2.1)，就称 x 轴、y 轴和 z 轴组成**右手系**．否则就称它们组成**左手系**．通常我们使用的空间直角坐标系皆为右手系，并且取 x 轴朝前为正向，y 轴朝右为正向，z 轴朝上为正向．

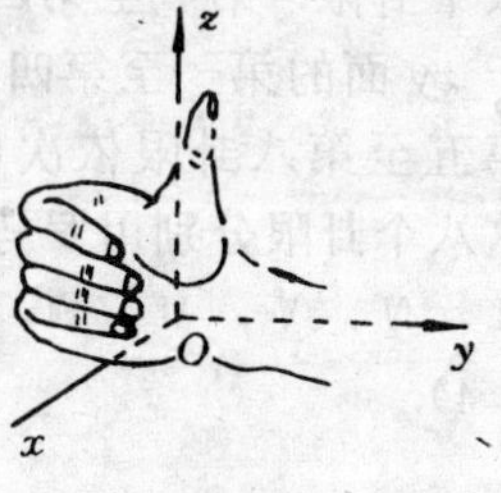

图 2.1

在平面上画空间直角坐标系，通常采用如下画法：y 轴画成水平的，从原点向右为正向；z 轴画成铅直的，从原点向上为正向；为直观起见，把 x 轴画成斜向左下方，从原点指向左下方为正向，从 x 轴的正向到 y 轴的正向的夹角为 135°(图 2.2)．y 轴和 z 轴上的单位线段取实长，而 x 轴上的单位线段取实长的一半(图 2.2)．若用方格纸画图，纸上的每一个方格的两边取为 y 轴和 z 轴的单位．为方便起见，取方格的对角线为 x 轴上的两个单位(如图 2.3)．

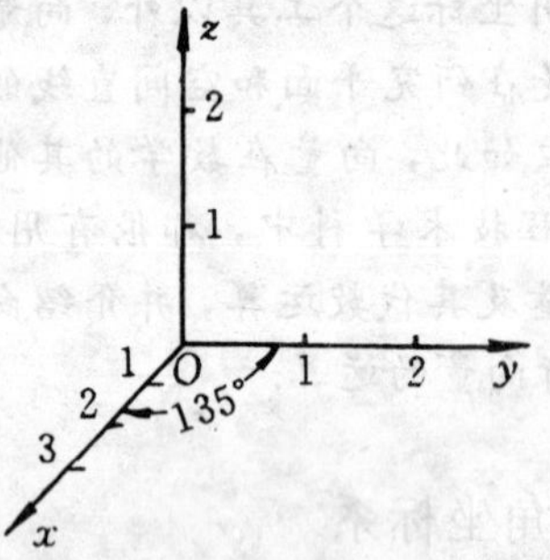

图 2.2

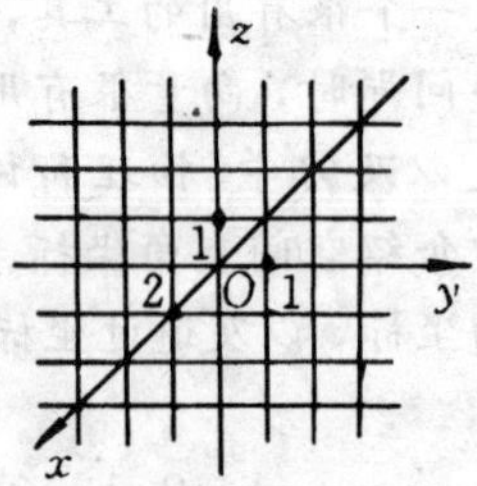

图 2.3

由任意两条坐标轴所确定的平面都叫做**坐标面**．x 轴和 y 轴确定的坐标面叫 xOy 面(简称 xy 面)，y 轴和 z 轴确定的坐标面叫 yOz 面(简称 yz 面)，z 轴和 x 轴确定的坐标面叫 zOx 面(简称 zx 面或 xz 面)．

三个坐标面把空间分成八个部分，每一部分叫做一个**卦限**，共有八个卦限．第一至第四卦限依次位于 xy 面的第一至第四象限的上方，第五至第八卦限依次位于其下方，这八个卦限分别用罗马数字Ⅰ，Ⅱ，Ⅲ，Ⅳ，Ⅴ，Ⅵ，Ⅶ，Ⅷ表示(图 2.4)．

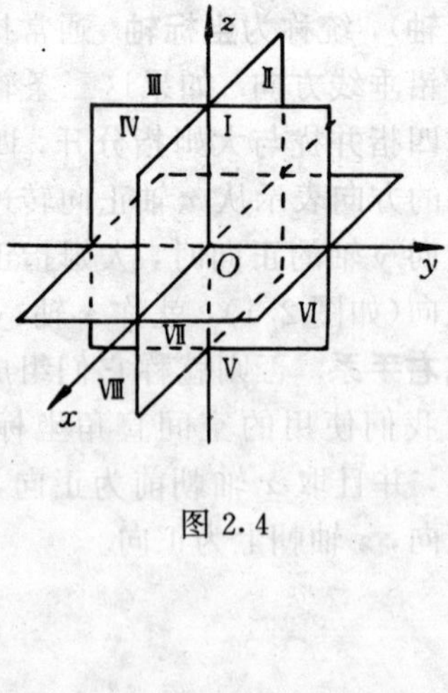

图 2.4

2.1.2 空间点的坐标

设 M 为空间一已知点，我们过点 M 作三个平面分别垂直于 x 轴、y 轴和 z 轴，交点依次为 P，Q 和 R（图 2.5）. 这三点在 x 轴、y 轴和 z 轴上的坐标依次为 x,y,z. 于是空间一点 M 就唯一地确定了一个有序的三数组 (x,y,z). 反过来，已知一个有序的三数组 (x,y,z)，我们在 x 轴上取坐标为 x 的点 P，在 y 轴上取坐标为 y 的点 Q，在 z 轴上取坐标为 z 的点 R，然后过 P，Q，R 分别作 x 轴、y 轴和 z 轴的垂直平面，这三个平面的交点 M 便是由有序的三数组 (x,y,z) 所确定的唯一的点. 这样，我们就建立了空间点 M 与有序三数组 (x,y,z) 之间的一一对应关系. 这个有序三数组 (x,y,z) 就叫做**点 M 的坐标**，并依次称 x,y，z 为点 M 的**横坐标**、**纵坐标**和**竖坐标**. 点 M 的坐标为 (x,y,z) 记为 $M(x,y,z)$.

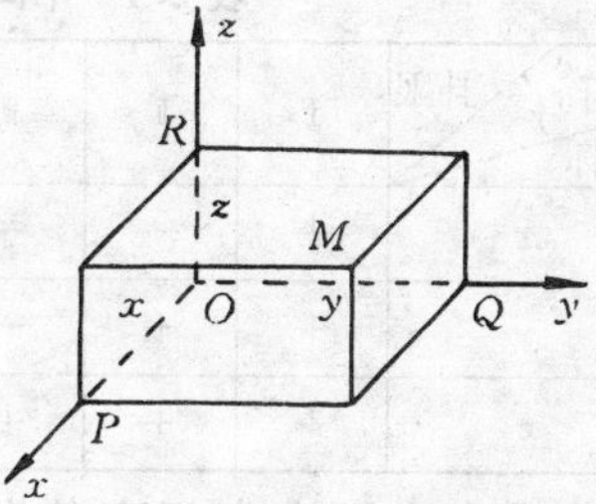

图 2.5

根据上述确定一点的坐标的方法，我们得到各坐标面和各坐标轴上的点的坐标，具有如下特征：对于 yz 面上的点 M_1，$x=0$，于是有 M_1 的坐标为 $(0,y,z)$；对于 zx 面上的点 M_2，$y=0$，于是 $M_2(x,0,y)$；对于 xy 面上的点 M_3，$z=0$，于是有 $M_3(x,y,0)$；对于 x 轴上的点 P，$y=z=0$，于是有 $P(x,0,0)$；对于 y 轴上的点 Q，$z=x=0$，于是有 $Q(0,y,0)$；对于 z 轴上的点 R，$x=y=0$，于是有 $R(0,0,z)$. 原点 O 的坐标为 $(0, 0, 0)$.

现在来考察空间直角坐标系的各个卦限内的点的坐标的符号. 各个卦限的划分见图 2.4. 对于Ⅰ，Ⅱ，Ⅲ，Ⅳ四个卦限的点，由于它们在 xy 面的上方，所以 $z>0$，而 x 和 y 的符号分别与平面坐标系中第 1，2，3，4 象限的情形相同，对于Ⅴ，Ⅵ，Ⅶ，Ⅷ四个卦限的点，则有 $z<0$，而 x 和 y 的符号也分别与平面坐标系中第 1，2，3，4 象限的情形相同. 于是我们得到，第Ⅰ卦限内的点的坐标全是正的，简记为 $(+,+,+)$，第Ⅱ卦限内的点的坐标的符号为 $(-,+,+)$ ……. 列表如下(表 2.1)：

表 2.1　不同卦限中点的坐标的符号

符号　卦限 坐标	Ⅰ	Ⅱ	Ⅲ	Ⅳ	Ⅴ	Ⅵ	Ⅶ	Ⅷ
x	+	−	−	+	+	−	−	+
y	+	+	−	−	+	+	−	−
z	+	+	+	+	−	−	−	−

现在介绍在空间直角坐标系中点的画法.

例 1　作出点 $A(1, 2, 3)$，$B(-3, -4, -2)$.

解　先作出空间直角坐标系(图 2.6).

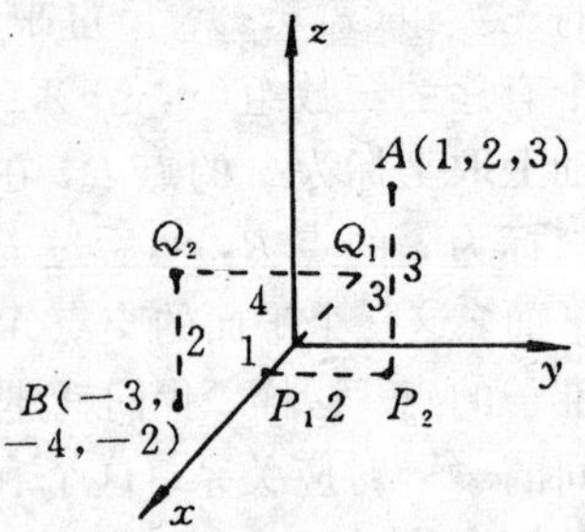

图 2.6

点 A 作法:在 x 轴上取坐标为 1 的点 P_1，自 P_1 向 y 轴正向(即向右)作 y 轴的平行线，在其上取 2 个单位长，得点 P_2，再自 P_2 向上作 z 轴的平行线，使其上取 3 个单位长，即得点 A.

点 B 作法:在 x 轴上取坐标为 −3 的点 Q_1，自 Q_1 向 y 轴负向(即向左)作 y 轴的平行线，在其上取 4 个单位长，得点 Q_2，再自 Q_2 向下作 z 轴的平行线，在其上取 2 个单位长，即得点 B.

现在我们来讨论对称点的坐标. 关于 xy 面的一对对称点，它们所连线段被 xy 面垂直平分. 因此这两个点的横坐标相同，纵坐标也相同，而竖坐标互为相反数. 于是点 $P(x,y,z)$关于 xy 面的对称点为 $P_1(x,y,-z)$. 同理，点 $P(x,y,z)$关于 yz 面的对称点为 $P_2(-x,y,z)$，关于 zx 面的对称点为 $P_3(x,-y,z)$. 再看关于原点对称的一对点，由于原点(0, 0, 0)是这两点所连线段的中点，因此这两点的横坐标、纵坐标和竖坐标都互为相反数. 于是 $P(x,y,z)$关于原点的对称点为 $P'(-x,-y,-z)$.

例 2　求点 $P(1, -2, 3)$关于各个坐标面及原点的对称点.

解　$P(1, -2, 3)$关于 xy 面的对称点为 $P_1(1,-2,-3)$，关于

yz 面的对称点为 $P_2(-1,-2,3)$，关于 zx 面的对称点为 $P_3(1,2,3)$，关于原点的对称点为 $P_4(-1,2,-3)$.

2.2 向量及其线性运算

2.2.1 向量及其几何表示

我们把只有大小的量，称为**数量**，例如时间、温度、长度等，而把既有大小又有方向的量称为**向量**（或**矢量**），例如位移、速度、力等.

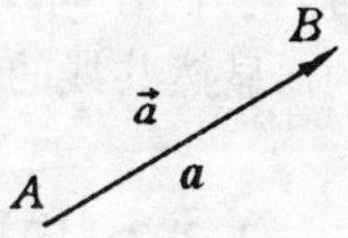

图 2.7

向量概念中包含两个要素——大小和方向，而几何中的有向线段，正好具备这两个要素，因此很自然地我们用有向线段来表示向量. 有向线段 $\overline{AB}$ 所表示的向量，其大小就是有向线段 $\overline{AB}$ 的长度，其方向就是有向线段 $\overline{AB}$ 的方向，即从点 A 到点 B 的方向，这个向量记为 $\overrightarrow{AB}$. A 叫做向量的**起点**，B 叫做向量的**终点**（图 2.7）. 向量 $\overrightarrow{AB}$ 有时也用一个字母上面加箭头来表示，例如记为 $\vec{a}$. 为了印刷方便，常常用粗体代替箭头，例如用 $\boldsymbol{a}$ 表示 $\vec{a}$.

向量的大小叫做向量的**模**（有时也叫向量的**长度**）. 向量 $\overrightarrow{AB}$ 的模记为 $|\overrightarrow{AB}|$.

两个向量的**方向相同**，是指将它们平移到同一起点时，它们位于同一条直线上，且两个终点分布在起点的同一侧；反之，若两个终点分布在起点的两侧，就称两向量**方向相反**.

两个向量大小相等且方向相同时，称为**相等的向量**. 因此，向量的起点可以任意选择，或者说，向量可以自由地平行移动，这样的向量称为**自由向量**.

与向量 $\boldsymbol{a}$ 大小相等而方向相反的向量，称为 $\boldsymbol{a}$ 的**反向量**，记为 $-\boldsymbol{a}$. 这样就有 $\overrightarrow{BA}=-\overrightarrow{AB}$，$-(-\boldsymbol{a})=\boldsymbol{a}$. 若 $ABCD$ 是一平行四边形（图 2.8），则有 $\overrightarrow{AB}=\overrightarrow{DC}=-\overrightarrow{CD}$，$\overrightarrow{BC}=\overrightarrow{AD}=-\overrightarrow{DA}$.

我们把模是零的向量叫做**零向量**. 零向量的方向不定（或者说方向是任意的）. 零向量记为 $\mathbf{0}$，在不致引起混淆时，也简记为 0. 凡零向量皆相等. 起点与终点重合的向量是零向量，即当 $A=B$ 时，

$\overrightarrow{AB}=\mathbf{0}$.

一组向量，如果平行移动到同一起点时，它们在同一条直线上，则称这组向量是**共线**的，也叫**平行**的. $\boldsymbol{a}$ 与 $\boldsymbol{b}$ 共线记为$\boldsymbol{a}/\!/\boldsymbol{b}$，显然零向量与任何向量共线.

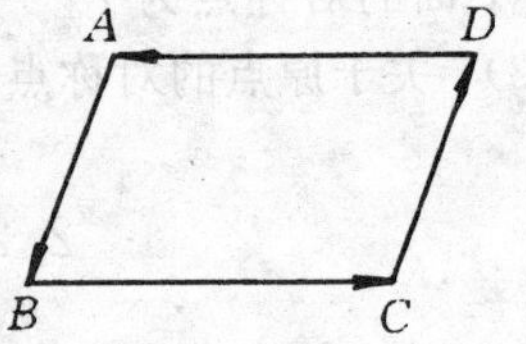

图 2.8

一组向量，如果平行移动到同一起点时，它们在同一平面上，则称它们是**共面**的. 显然共线的向量必共面，任意两个向量必共面.

2.2.2 向量的加减法

1. 向量的加法

我们从位移的合成法则中抽象出向量加法的定义.

定义 2.1 从一点 O 起，接连作出两个向量 $\overrightarrow{OA}=\boldsymbol{a}$，$\overrightarrow{AB}=\boldsymbol{b}$，则折线 OAB 的起点 O 到终点 B 的向量$\overrightarrow{OB}$就叫做向量 $\boldsymbol{a}$ 与向量 $\boldsymbol{b}$ 的**和**，记为 $\boldsymbol{a}+\boldsymbol{b}$(图 2.9). 这个加法用式子表示为

$$\overrightarrow{OA}+\overrightarrow{AB}=\overrightarrow{OB}. \qquad (2.1)$$

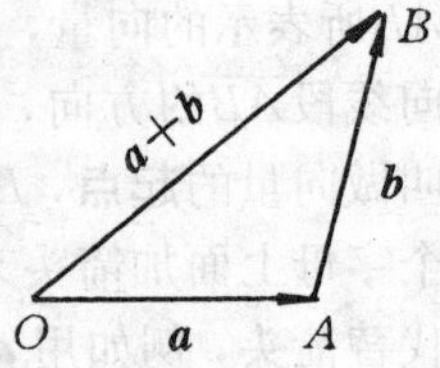

图 2.9

由于在一般情况下(即 OA 与 AB 不共线时)$\overrightarrow{OA}$，$\overrightarrow{AB}$与$\overrightarrow{OB}$组成一个三角形，因此上述定义也叫做向量加法的**三角形法则**.

我们也可以从力的合成法则——平行四边形法则中抽象出向量加法的另一个定义.

定义 2.1′ 以一点 O 为公共起点，作向量$\overrightarrow{OA}=\boldsymbol{a}$，$\overrightarrow{OB}=\boldsymbol{b}$，则以$\overrightarrow{OA}$，$\overrightarrow{OB}$为两邻边的平行四边形 $OACB$ 的对角线 OC 上的向量$\overrightarrow{OC}$，叫做向量 $\boldsymbol{a}$ 与向量 $\boldsymbol{b}$ 的**和**，记为 $\boldsymbol{a}+\boldsymbol{b}$(图 2.10).

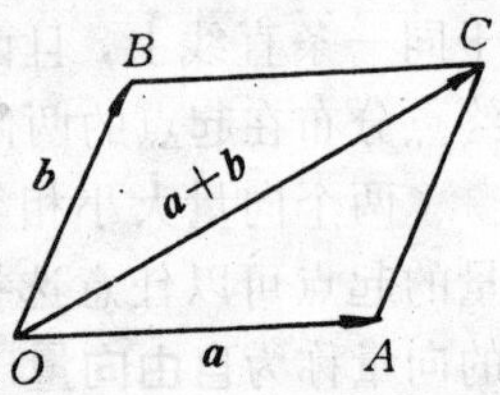

图 2.10

这个定义也叫做向量加法的**平行四边形法则**，在图 2.10 中明显地有$\overrightarrow{AC}=\overrightarrow{OB}=\boldsymbol{b}$，于是平行四边形法则就变成三角形法则了.

由向量加法的定义 2.1，我们可以直接得到向量的加法满足如下运算律：

1° 交换律. 对于任意向量 $\boldsymbol{a},\boldsymbol{b}$, 有

$$\boldsymbol{a}+\boldsymbol{b}=\boldsymbol{b}+\boldsymbol{a}\text{(图 2.11)}.$$

2° 结合律. 对于任意向量 $\boldsymbol{a}$, $\boldsymbol{b}$, $\boldsymbol{c}$, 有

$$(\boldsymbol{a}+\boldsymbol{b})+\boldsymbol{c}=\boldsymbol{a}+(\boldsymbol{b}+\boldsymbol{c})\text{(图 2.12)},$$

我们用 $\boldsymbol{a}+\boldsymbol{b}+\boldsymbol{c}$ 表示 $\boldsymbol{a},\boldsymbol{b},\boldsymbol{c}$ 的和.

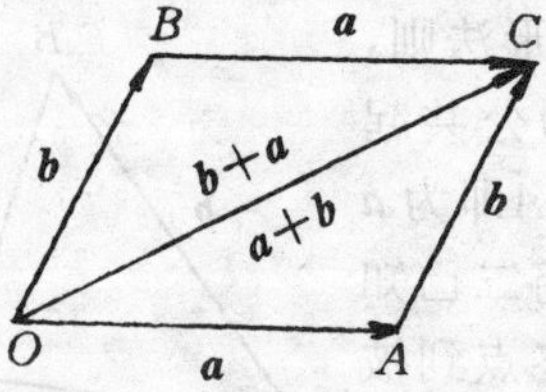

图 2.11

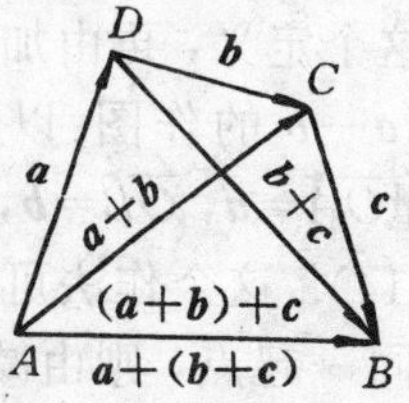

图 2.12

3° 对于任意向量 $\boldsymbol{a}$, 有

$$\boldsymbol{a}+\boldsymbol{0}=\boldsymbol{a}.$$

4° 对于任意向量 $\boldsymbol{a}$, 有

$$\boldsymbol{a}+(-\boldsymbol{a})=\boldsymbol{0}.$$

5° 对于任意向量 $\boldsymbol{a}$ 与 $\boldsymbol{b}$, 有

$$|\boldsymbol{a}+\boldsymbol{b}|\leqslant|\boldsymbol{a}|+|\boldsymbol{b}|.$$

这个不等式称为三角形不等式, 当 $\boldsymbol{a}$ 与 $\boldsymbol{b}$ 不共线时, 它在几何上表示三角形两边之和大于第三边.

向量加法的定义 2.1 可以推广到有限个向量的加法. 已知 n 个向量 $\boldsymbol{a}_1,\boldsymbol{a}_2,\cdots,\boldsymbol{a}_n$. 从一点 O 出发接连作出 $\overrightarrow{OA_1}=\boldsymbol{a}_1$, $\overrightarrow{A_1A_2}=\boldsymbol{a}_2$, $\overrightarrow{A_2A_3}=\boldsymbol{a}_3$, $\cdots$, $\overrightarrow{A_{n-1}A_n}=\boldsymbol{a}_n$, 得折线 $OA_1A_2\cdots A_n$(图 2.13 中 $n=4$), 则向量 $\overrightarrow{OA_n}$ 即为已知 n 个向量 $\boldsymbol{a}_1,\boldsymbol{a}_2,\cdots,\boldsymbol{a}_n$ 之和, 由于结合律成立, 这个和可记为 $\boldsymbol{a}_1+\boldsymbol{a}_2+\cdots+\boldsymbol{a}_n$.

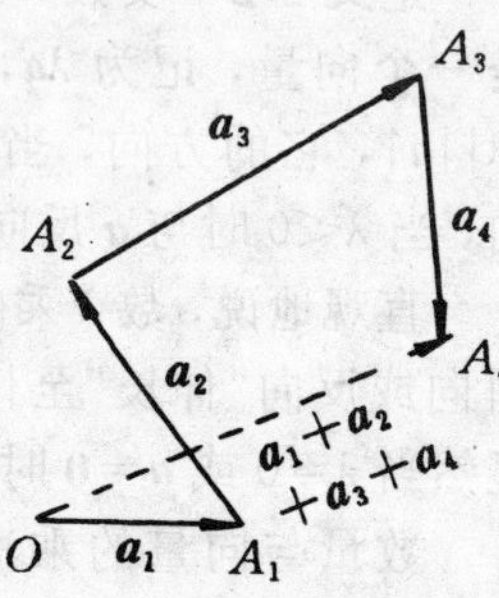

图 2.13

上述三角形不等式也可以推广到任意有限多个向量的情形:

$$|\boldsymbol{a}_1+\boldsymbol{a}_2+\cdots+\boldsymbol{a}_n|\leqslant|\boldsymbol{a}_1|+|\boldsymbol{a}_2|+\cdots+|\boldsymbol{a}_n|.$$

2. 向量的减法

向量的减法是作为向量加法的逆运算定义的.

定义 2.2 向量 $\boldsymbol{a}$ 与 $\boldsymbol{b}$ 的**差**是一个向量，记为 $\boldsymbol{a}-\boldsymbol{b}$，它与减向量 $\boldsymbol{b}$ 的和是被减向量 $\boldsymbol{a}$. 即

$$(\boldsymbol{a}-\boldsymbol{b})+\boldsymbol{b}=\boldsymbol{a}.$$

根据这个定义，再由加法的三角形法则，我们得到 $\boldsymbol{a}-\boldsymbol{b}$ 的作图：以一点 O 为公共起点，作向量 $\overrightarrow{OA}=\boldsymbol{a}$，$\overrightarrow{OB}=\boldsymbol{b}$，则向量 $\overrightarrow{BA}$ 即为 $\boldsymbol{a}-\boldsymbol{b}$（图 2.14）. 这个作法可叙述为：将二已知向量移到同一起点，则由减向量的终点到被减向量的终点的向量，即为二向量之差，用式子表示为

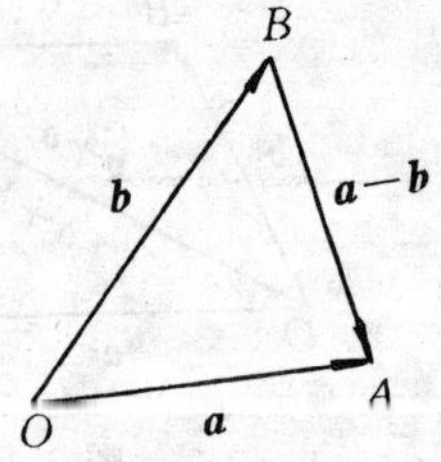

图 2.14

$$\overrightarrow{OA}-\overrightarrow{OB}=\overrightarrow{BA}. \qquad (2.2)$$

根据减法的定义，我们有

$$\boldsymbol{a}-\boldsymbol{b}=\boldsymbol{a}+(-\boldsymbol{b}),$$

即减去一个向量，就等于加上它的反向量. 这样，我们就把减法变成了加法，因此用不着再去研究减法的运算律了.

2.2.3 数量乘向量

定义 2.3 实数 λ 与向量 $\boldsymbol{a}$ 的乘积是一个向量，记为 $\lambda\boldsymbol{a}$，它的模 $|\lambda\boldsymbol{a}|=|\lambda||\boldsymbol{a}|$，它的方向，当 $\lambda>0$ 时与 $\boldsymbol{a}$ 同向，当 $\lambda<0$ 时与 $\boldsymbol{a}$ 反向（图 2.15）.

直观地说，数 λ 乘向量 $\boldsymbol{a}$，就是将 $\boldsymbol{a}$ 同向或反向“伸长”至 $|\lambda|$ 倍（图 2.15），显然当 $\lambda=0$ 或 $\boldsymbol{a}=\boldsymbol{0}$ 时，$\lambda\boldsymbol{a}$ 为零向量.

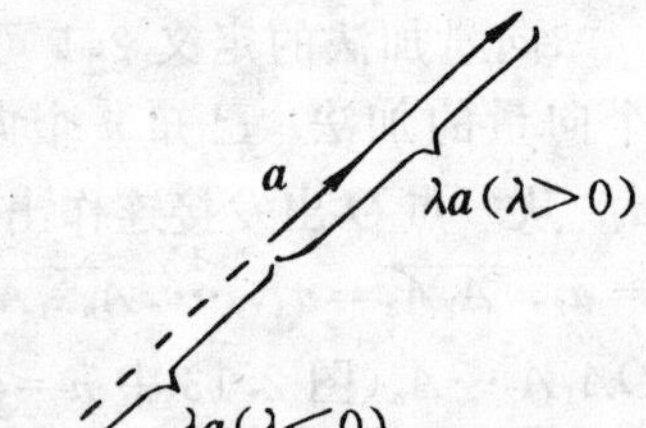

图 2.15

数量与向量的乘法满足结合律和两个分配律，即对于任意实数 λ，μ 和任意向量 $\boldsymbol{a}$，$\boldsymbol{b}$，有

1° $\lambda(\mu\boldsymbol{a})=\mu(\lambda\boldsymbol{a})=(\lambda\mu)\boldsymbol{a}$；

2° $(\lambda+\mu)\boldsymbol{a}=\lambda\boldsymbol{a}+\mu\boldsymbol{a}$；

3° $\lambda(\boldsymbol{a}+\boldsymbol{b})=\lambda\boldsymbol{a}+\lambda\boldsymbol{b}$.

我们来证明 1°. 1°中的三个向量 $\lambda(\mu\boldsymbol{a})$, $\mu(\lambda\boldsymbol{a})$ 及 $(\lambda\mu)\boldsymbol{a}$, 按数乘向量的定义，它们的模都等于 $|\lambda||\mu||\boldsymbol{a}|$，于是模相等；再看方向，当 $\lambda\mu>0$ 时它们都与 $\boldsymbol{a}$ 同向，当 $\lambda\mu<0$ 时，它们都与 $\boldsymbol{a}$ 反向，因此它们的方向也相同，所以三向量相等. 当 $\lambda\mu=0$ 时，它们都是零向量，所以也相等. 1°得证. 2°及 3°的证明从略.

模是 1 的向量称为**单位向量**，非零向量 $\boldsymbol{a}$ 的单位向量记为 $\boldsymbol{a}^0$，于是 $\boldsymbol{a}^0=\dfrac{\boldsymbol{a}}{|\boldsymbol{a}|}$. 因此任意非零向量 $\boldsymbol{a}$ 都可以写成

$$\boldsymbol{a} = |\boldsymbol{a}|\boldsymbol{a}^0.$$

向量的加减法与数量乘向量统称为向量的**线性运算**.

定理 2.1 $\boldsymbol{b}$ 与非零向量 $\boldsymbol{a}$ 共线(平行)的充要条件是

$$\boldsymbol{b} = \lambda\boldsymbol{a}.$$

证明 先证条件充分. 若 $\boldsymbol{b}=\lambda\boldsymbol{a}$，由数乘向量的定义，即可得 $\boldsymbol{b}$ 与 $\boldsymbol{a}$ 共线.

再证条件必要. 已知 $\boldsymbol{b}/\!/\boldsymbol{a}$，若 $\boldsymbol{b}=\boldsymbol{0}$，则取 $\lambda=0$，于是有 $\boldsymbol{b}=\lambda\boldsymbol{a}$. 若 $\boldsymbol{b}\neq\boldsymbol{0}$，依 $\boldsymbol{b}$ 与 $\boldsymbol{a}$ 同向或反向得 $\boldsymbol{b}^0=\boldsymbol{a}^0$ 或 $\boldsymbol{b}^0=-\boldsymbol{a}^0$，即 $\dfrac{\boldsymbol{b}}{|\boldsymbol{b}|}=\pm\dfrac{\boldsymbol{a}}{|\boldsymbol{a}|}$. 于是 $\boldsymbol{b}=\pm\dfrac{|\boldsymbol{b}|}{|\boldsymbol{a}|}\boldsymbol{a}$. 令 $\lambda=\pm\dfrac{|\boldsymbol{b}|}{|\boldsymbol{a}|}$($\boldsymbol{b}$ 与 $\boldsymbol{a}$ 同向时取"+"号，反向时取"−"号)即得 $\boldsymbol{b}=\lambda\boldsymbol{a}$.

定理 2.2 $\boldsymbol{c}$ 与二不共线向量 $\boldsymbol{a}$,$\boldsymbol{b}$ 共面的充要条件是

$$\boldsymbol{c} = \lambda\boldsymbol{a} + \mu\boldsymbol{b},$$

即向量 $\boldsymbol{c}$ 可由向量 $\boldsymbol{a}$ 与 $\boldsymbol{b}$ 线性表示.

证明 先证条件充分. 若 $\boldsymbol{c}=\lambda\boldsymbol{a}+\mu\boldsymbol{b}$，由向量加法的平行四边形法则可知，$\boldsymbol{c}$ 是以 $\lambda\boldsymbol{a}$ 和 $\mu\boldsymbol{b}$ 为邻边的平行四边形的对角线(图 2.16)，则 $\boldsymbol{c}$ 与 $\lambda\boldsymbol{a}$ 和 $\mu\boldsymbol{b}$ 共面，因而 $\boldsymbol{c}$ 与 $\boldsymbol{a}$,$\boldsymbol{b}$ 共面.

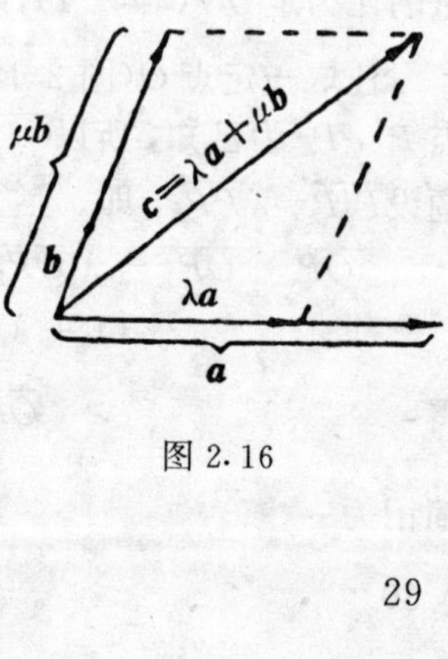

图 2.16

条件必要的证明从略.

我们可以用向量来证明某些平面几何题.

例 1 试用向量证明三角形两边中点所连线段，平行于第三边，且等于第三边之半.

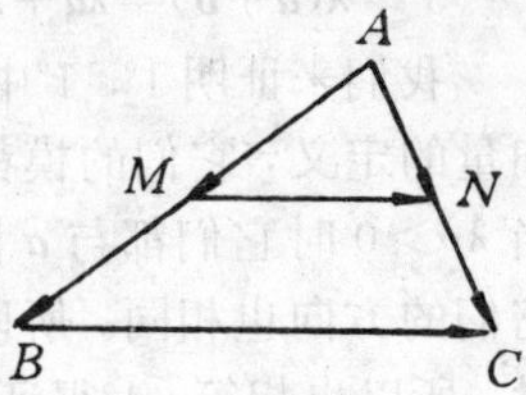

图 2.17

证明 如图 2.17，设 M 和 N 分别是 $\triangle ABC$ 的两边 AB 和 AC 的中点，于是有 $\overrightarrow{AM}=\frac{1}{2}\overrightarrow{AB}$，$\overrightarrow{AN}=\frac{1}{2}\overrightarrow{AC}$. 由于 $\overrightarrow{BC}=\overrightarrow{AC}-\overrightarrow{AB}$，$\overrightarrow{MN}=\overrightarrow{AN}-\overrightarrow{AM}$，所以 $\overrightarrow{MN}=\frac{1}{2}(\overrightarrow{AC}-\overrightarrow{AB})=\frac{1}{2}\overrightarrow{BC}$. 因此 $\overrightarrow{MN}$ 与 $\overrightarrow{BC}$ 共线，即 $MN/\!/BC$. 又 $|\overrightarrow{MN}|=\left|\frac{1}{2}\overrightarrow{BC}\right|=\frac{1}{2}|\overrightarrow{BC}|$，即 $MN=\frac{1}{2}BC$. 这就证明了 $\triangle ABC$ 两边 AB 和 AC 的中点所连线段，平行于第三边 BC，且等于 BC 之半.

用向量解决几何问题时，常常在平面或空间中选定一点 O 作为公共起点，而将终点在 A，B，P，…的向量 $\overrightarrow{OA}$，$\overrightarrow{OB}$，$\overrightarrow{OP}$，…称为点 A，B，P，…的**半径向量**或**定位向量**，简称**向径**，简记为 $\boldsymbol{A}$，$\boldsymbol{B}$，$\boldsymbol{P}$，…. 这样在空间的点与它的向径之间就建立起一一对应的关系，从而可以把有关点的问题，转化成有关向量的问题来解决.

现在我们用向量来求线段的定比分点.

已知线段 P_1P_2，在其上求一点 P，使由点 P 分成的两个有向线段 $\overline{P_1P}$ 与 $\overline{PP_2}$ 的量的比为定数 $\lambda(\lambda\neq-1)$，即 $\frac{P_1P}{PP_2}=\lambda$.

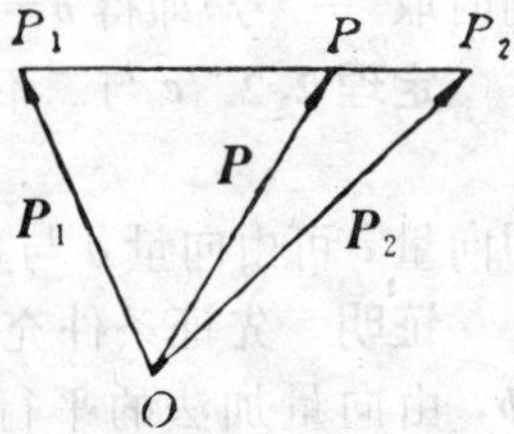

图 2.18

任取一定点 O(图 2.18). 由于线段端点 P_1，P_2 为已知，所以 $\overrightarrow{OP_1}$，$\overrightarrow{OP_2}$ 已知，由题设 $\overrightarrow{P_1P}=\lambda\overrightarrow{PP_2}$，即

$$\overrightarrow{OP}-\overrightarrow{OP_1}=\lambda(\overrightarrow{OP_2}-\overrightarrow{OP}),$$

$$(1+\lambda)\overrightarrow{OP}=\overrightarrow{OP_1}+\lambda\overrightarrow{OP_2},$$

得

$$\overrightarrow{OP}=\frac{\overrightarrow{OP_1}+\lambda\overrightarrow{OP_2}}{1+\lambda},$$

简记为

$$\boldsymbol{P}=\frac{\boldsymbol{P}_1+\lambda\boldsymbol{P}_2}{1+\lambda}, \tag{2.3}$$

此处$\boldsymbol{P}_1$，$\boldsymbol{P}_2$，$\boldsymbol{P}$ 分别是点 P_1,P_2,P 的向径.

公式(2.3)称为向量形式的定比分点公式.

特别地，对于线段 AB 的中点 M(图2.19)，有

$$\boldsymbol{M}=\frac{\boldsymbol{A}+\boldsymbol{B}}{2},$$

这就是向量形式的线段中点的公式.

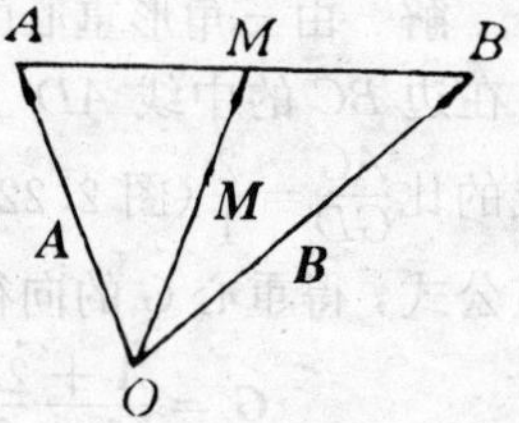

图 2.19

例 2 试用向量证明平行四边形的对角线互相平分.

证明 设 AC，BD 是$\square ABCD$ 的两条对角线(图 2.20)，只须证明它们的中点互相重合，则它们就互相平分了.

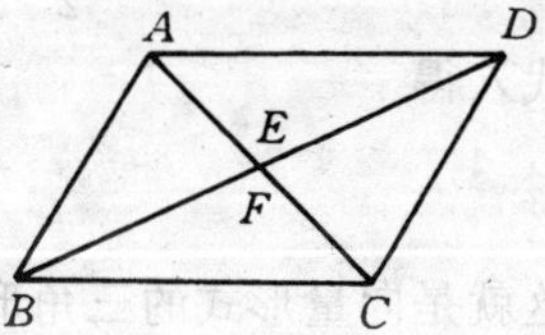

图 2.20

设 AC 的中点为 E，则$\overrightarrow{AE}=\frac{1}{2}\overrightarrow{AC}$，由加法的平行四边形法则得$\overrightarrow{AC}=\overrightarrow{AB}+\overrightarrow{AD}$，所以$\overrightarrow{AE}=\frac{1}{2}(\overrightarrow{AB}+\overrightarrow{AD})$. 设 BD 的中点为 F，由中点公式得$\overrightarrow{AF}=\frac{1}{2}(\overrightarrow{AB}+\overrightarrow{AD})$. 于是得$\overrightarrow{AE}=\overrightarrow{AF}$，即得点 E 和点 F 重合.

例 3 在$\square ABCD$ 内，设$\overrightarrow{AB}=\boldsymbol{a}$，$\overrightarrow{AD}=\boldsymbol{b}$，试用 $\boldsymbol{a}$ 和 $\boldsymbol{b}$ 表示向量$\overrightarrow{MA}$，$\overrightarrow{MB}$，$\overrightarrow{MC}$，$\overrightarrow{MD}$，这里 M 是$\square ABCD$ 的对角线的交点(图 2.21).

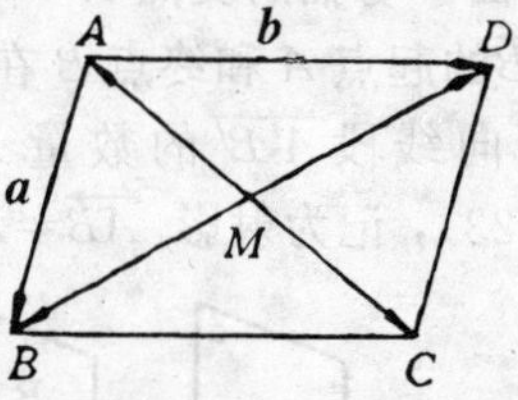

图 2.21

解 由平行四边形的对角线互相平分，得$\overrightarrow{MA}=\frac{1}{2}\overrightarrow{CA}$，$\overrightarrow{MB}=\frac{1}{2}\overrightarrow{DB}$，$\overrightarrow{MC}=-\overrightarrow{MA}$，$\overrightarrow{MD}=-\overrightarrow{MB}$.

又$\overrightarrow{CA}=-\overrightarrow{AC}=-(\boldsymbol{a}+\boldsymbol{b})$，所以$\overrightarrow{MA}=-\frac{1}{2}(\boldsymbol{a}+\boldsymbol{b})$，$\overrightarrow{MC}=\frac{1}{2}(\boldsymbol{a}+\boldsymbol{b})$，由$\overrightarrow{DB}=\boldsymbol{a}-\boldsymbol{b}$，得$\overrightarrow{MB}=\frac{1}{2}(\boldsymbol{a}-\boldsymbol{b})$，$\overrightarrow{MD}=-\frac{1}{2}(\boldsymbol{a}-\boldsymbol{b})$.

例 4 已知$\triangle ABC$ 的顶点 A，B，C 的向径为 $\boldsymbol{A}$，$\boldsymbol{B}$，$\boldsymbol{C}$，求

△ABC 的重心 G 的向径 $\boldsymbol{G}$.

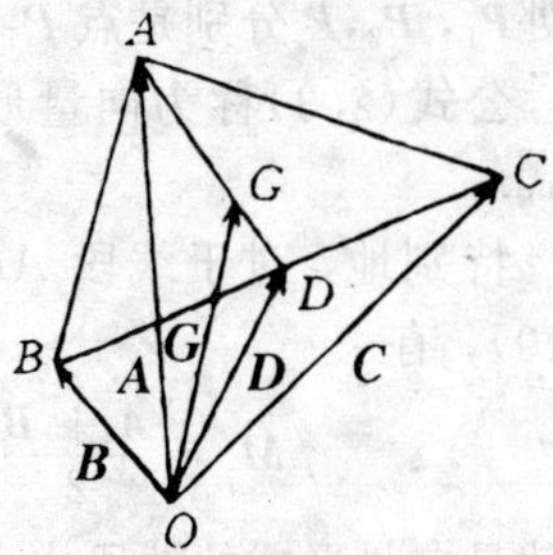

图 2.22

解 由三角形重心的性质知，重心 G 在边 BC 的中线 AD 上，且分 AD 所成的比 $\frac{AG}{GD}=\frac{2}{1}$(图 2.22)，应用定比分点公式，得重心 G 的向径为

$$\boldsymbol{G}=\frac{\boldsymbol{A}+2\boldsymbol{D}}{1+2}.$$

由于 D 是 BC 的中点，所以

$$\boldsymbol{D}=\frac{\boldsymbol{B}+\boldsymbol{C}}{2},$$

代入得

$$\boldsymbol{G}=\frac{\boldsymbol{A}+\boldsymbol{B}+\boldsymbol{C}}{3},$$

这就是向量形式的三角形重心公式.

2.3 向量的坐标

2.3.1 向量在轴上的投影

已知空间一点 A 及一个轴 u，通过点 A 作轴 u 的垂直平面 α，平面 α 与轴的交点 A' 叫做**点 A 在轴 u 上的射影**(图 2.23). 若向量 $\overrightarrow{AB}$ 的起点 A 和终点 B 在轴 u 上的射影分别为 A' 和 B'，则轴 u 上的有向线段 $\overline{A'B'}$ 的数量 $A'B'$，叫做**向量 $\overrightarrow{AB}$ 在轴 u 上的射影**(图 2.23)，记为射影$_u\overrightarrow{AB}=A'B'$. 轴 u 叫**射影轴**.

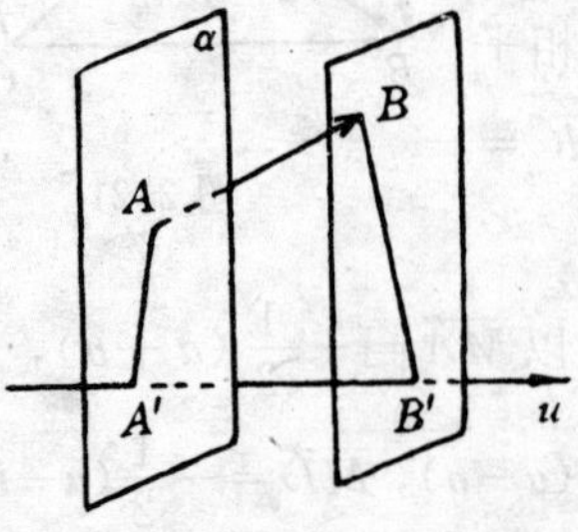

图 2.23

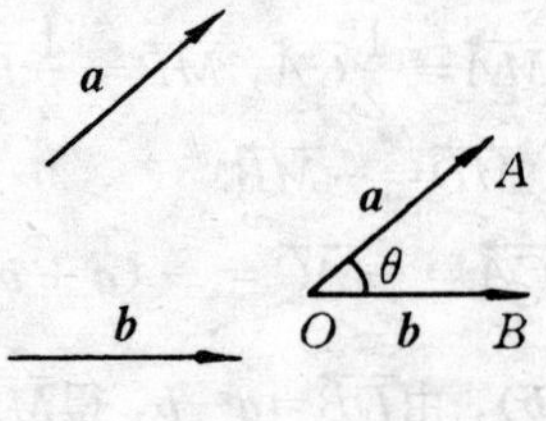

图 2.24

空间二向量 $\boldsymbol{a}$ 和 $\boldsymbol{b}$ 的夹角，是指将它们平 移到同一起点时，它们所成的不超过 π 的角. 即过一点 O，作 $\overrightarrow{OA}=\boldsymbol{a}$，$\overrightarrow{OB}=\boldsymbol{b}$，$\angle AOB=\theta(0\leqslant\theta\leqslant\pi)$ 称为 **$\boldsymbol{a}$ 与 $\boldsymbol{b}$ 的夹角**（图 2.24），记作 $\angle(\boldsymbol{a},\boldsymbol{b})$ 或 $\angle(\boldsymbol{b},\boldsymbol{a})$. 特别地，当 $\boldsymbol{a},\boldsymbol{b}$ 中有一个是零向量时，θ 可取从 0 到 π 之间的任意值. 向量与轴，轴与轴之间的夹角类似规定.

下面是关于向量在轴上的射影的几个定理.

定理 2.3 向量 $\overrightarrow{AB}$ 在轴 u 上的射影等于向量的模乘以该向量与轴的夹角 θ 的余弦，即

$$\text{射影}_u\,\overrightarrow{AB}=|\overrightarrow{AB}|\cos\theta.$$

证明 过 A 作轴 u' 与已知轴 u 同向平行（图 2.25），于是 $\overrightarrow{AB}$ 与轴 u' 的夹角也等于 θ，且点 A 在轴 u' 上的射影即为点 A. 设点 A 在轴 u 上的射影为 A'，点 B 在轴 u 及 u' 上的射影分别为 B' 及 B''. 于是有

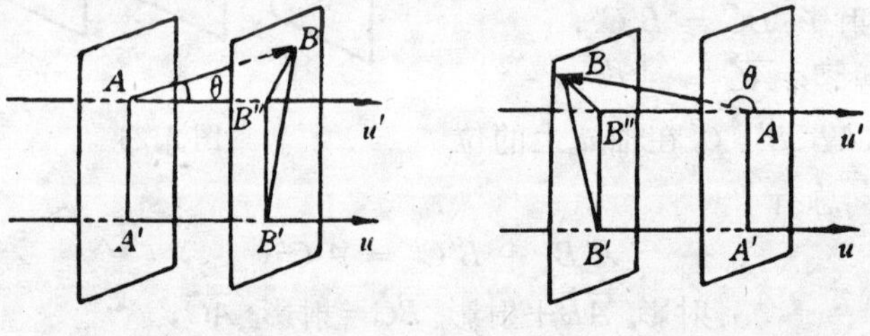

(1) (2)

图 2.25

$$\text{射影}_{u'}\,\overrightarrow{AB}=AB'',$$

$$\text{射影}_u\,\overrightarrow{AB}=A'B'.$$

此处 $A'B'$ 是轴 u 上有向线段 $\overline{A'B'}$ 的数量，AB'' 是轴 u' 上有向线段 $\overline{AB''}$ 的数量.

当 $0\leqslant\theta<\dfrac{\pi}{2}$ 时，$A'B'$ 与 AB'' 同时为正值（图 2.25(1)）；

当 $\dfrac{\pi}{2}<\theta\leqslant\pi$ 时，$A'B'$ 与 AB'' 同时为负值（图 2.25(2)）.

另一方面，由于 $AA'B'B''$ 是一矩形，所以线段 $A'B'$ 与 AB'' 长度相等. 因而总有数量 $A'B'=AB''$. 由于 $BB''\perp u'$，所以不论是

$0 \leqslant \theta \leqslant \frac{\pi}{2}$，还是$\frac{\pi}{2} \leqslant \theta \leqslant \pi$，都有数量$AB'' = |\overrightarrow{AB}|\cos\theta$，因此 $A'B' = |\overrightarrow{AB}|\cos\theta$，即射影$_u\ \overrightarrow{AB} = |\overrightarrow{AB}|\cos\theta$. 当$\theta = \frac{\pi}{2}$时，$|\overrightarrow{AB}|\cos\theta = 0$，此时$\overrightarrow{AB} \perp u$，$A$ 和 B 在轴 u 上的射影为同一点，因而$\overrightarrow{AB}$在轴 u 上的射影亦为零，所以公式射影$_u\ \overrightarrow{AB} = |\overrightarrow{AB}|\cos\theta$ 仍成立.

定理 2.4 两个向量 $\boldsymbol{a}_1$，$\boldsymbol{a}_2$ 的和在轴 u 上的射影等于这两个向量分别在轴 u 上的射影的和. 即

$$射影_u(\boldsymbol{a}_1 + \boldsymbol{a}_2) = 射影_u\boldsymbol{a}_1 + 射影_u\boldsymbol{a}_2.$$

证明 作$\overrightarrow{AB} = \boldsymbol{a}_1$，$\overrightarrow{BC} = \boldsymbol{a}_2$，则$\overrightarrow{AC} = \boldsymbol{a}_1 + \boldsymbol{a}_2$. 设 A，B，C 在轴 u 上的射影分别为 A'，B'，C'（图 2.26），则有

$$射影_u\ \overrightarrow{AB} = A'B',$$
$$射影_u\ \overrightarrow{BC} = B'C',$$
$$射影_u\ \overrightarrow{AC} = A'C'.$$

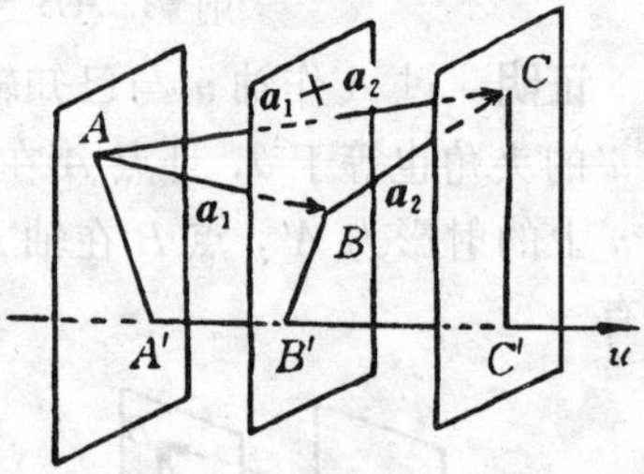

图 2.26

但不论 A'，B'，C' 在轴 u 上的位置如何，总有

$$A'B' + B'C' = A'C',$$

因此 $$射影_u\ \overrightarrow{AB} + 射影_u\ \overrightarrow{BC} = 射影_u\ \overrightarrow{AC},$$

即 $$射影_u\boldsymbol{a}_1 + 射影_u\boldsymbol{a}_2 = 射影_u(\boldsymbol{a}_1 + \boldsymbol{a}_2).$$

显然，定理 2.4 可以推广到有限个向量的情形，即

$$射影_u(\boldsymbol{a}_1 + \boldsymbol{a}_2 + \cdots + \boldsymbol{a}_n) = 射影_u\boldsymbol{a}_1 + 射影_u\boldsymbol{a}_2 + \cdots + 射影_u\boldsymbol{a}_n.$$

定理 2.5 实数 λ 与向量 $\boldsymbol{a}$ 的乘积在轴 u 上的射影，等于实数 λ 与向量 $\boldsymbol{a}$ 在轴 u 上的射影的乘积，即

$$射影_u(\lambda\boldsymbol{a}) = \lambda(射影_u\boldsymbol{a}).$$

证明从略.

2.3.2 向量的坐标

定义 2.4 空间直角坐标系中，向量 $\boldsymbol{a}$ 分别在三个坐标轴 x，y，z 轴上的射影 a_x，a_y，a_z 组成的有序三数组，叫做**向量 $\boldsymbol{a}$ 的坐标**，记

为 $\boldsymbol{a}=\{a_x, a_y, a_z\}$，这个表示式也称做**向量 $\boldsymbol{a}$ 的坐标表示式**.

显然，由上述定义可得，相等的向量其坐标也对应相等. 设 $\boldsymbol{a}=\{a_x, a_y, a_z\}$，$\boldsymbol{b}=\{b_x, b_y, b_z\}$，若 $\boldsymbol{a}=\boldsymbol{b}$，则 $a_x=b_x, a_y=b_y, a_z=b_z$.

对于零向量 $\mathbf{0}$，有 $\mathbf{0}=\{0,0,0\}$.

定理 2.6 设向量 $\boldsymbol{a}$ 两端点的坐标为 $P_1(x_1,y_1,z_1)$，$P_2(x_2,y_2,z_2)$，则向量 $\boldsymbol{a}$ 的坐标为 $\{x_2-x_1, y_2-y_1, z_2-z_1\}$.

证明 设 $\boldsymbol{a}$ 的端点 P_1，P_2 在 x 轴上的射影为 P_1'，P_2'(图 2.27)，则由空间直角坐标系中点的坐标的定义得到，P_1' 和 P_2' 在 x 轴上的坐标分别为 x_1 和 x_2. 因此，x 轴上的有向线段 $\overline{P_1'P_2'}$ 的数量 $P_1'P_2'=x_2-x_1$. 而 $P_1'P_2'$ 恰为向量 $\boldsymbol{a}=\overrightarrow{P_1P_2}$ 在 x 轴上的射影 a_x，所以 $a_x=x_2-x_1$. 同理 $a_y=y_2-y_1$，$a_z=z_2-z_1$. 因此得 $\boldsymbol{a}=\{x_2-x_1, y_2-y_1, z_2-z_1\}$.

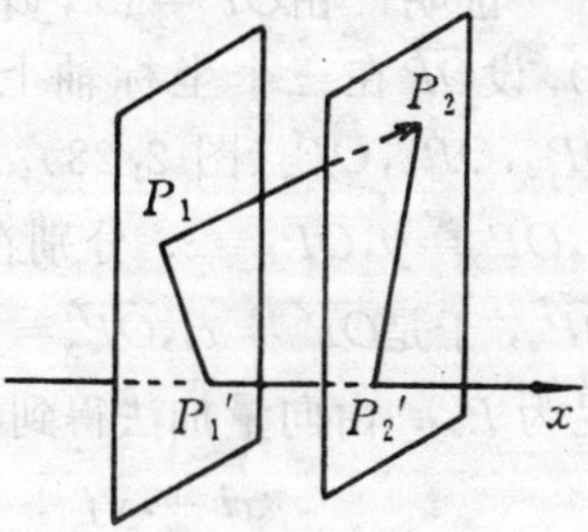

图 2.27

上述定理 2.6 告诉我们向量的坐标与点的坐标之间的关系：向量终点的坐标减去起点的坐标即为该向量的坐标.

特别地，当向量的公共起点取坐标原点时(前面介绍过，取定公共起点的向量称为终点的半径向量，简称向径)，由定理 2.6 得到，任一点 P 的向径 $\overrightarrow{OP}$(简记为 $\boldsymbol{P}$)的坐标与该点的坐标相同. 即若有 $P(x,y,z)$，则有

$$\boldsymbol{P}=\overrightarrow{OP}=\{x,y,z\}.$$

例 1 已知点 $M_1(1,0,-3)$ 及 $M_2(-1,2,7)$，求向量 $\overrightarrow{M_1M_2}$ 及 $\boldsymbol{M}_2$ 的坐标表示式.

解 $\overrightarrow{M_1M_2}=\{-1-1, 2-0, 7-(-3)\}=\{-2,2,10\}$.

$\boldsymbol{M}_2=\overrightarrow{OM_2}=\{-1, 2, 7\}$.

2.3.3 向量的分解

三个坐标轴(x 轴，y 轴，z 轴)正向上的单位向量，分别记为 $\boldsymbol{i}$，$\boldsymbol{j}$，$\boldsymbol{k}$(图 2.28)，叫做**基本单位向量**或**坐标单位向量**.

由向量的坐标的定义(定义 2.4)，易得

$\boldsymbol{i}=\{1,0,0\},\boldsymbol{j}=\{0,1,0\},\boldsymbol{k}=\{0,0,1\}$.

定理 2.7 若点 P 的向径 $\boldsymbol{P}=\{x,y,z\}$，则

$$\boldsymbol{P}=x\boldsymbol{i}+y\boldsymbol{j}+z\boldsymbol{k}. \qquad (2.4)$$

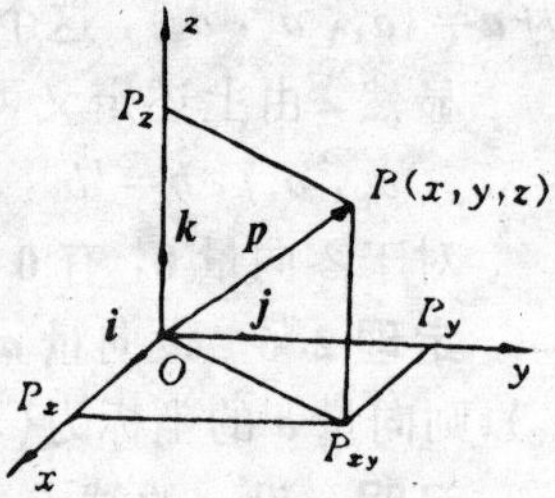

图 2.28

证明 由$\overrightarrow{OP}=\{x,y,z\}$，得 $P(x,y,z)$. 设$\overrightarrow{OP}$在三个坐标轴上的射影分别为 OP_x,OP_y,OP_z(图 2.28). 于是有 $OP_x=x,OP_y=y,OP_z=z$. 分别在三个坐标轴上作出三个向量$\overrightarrow{OP_x},\overrightarrow{OP_y},\overrightarrow{OP_z}$，于是$\overrightarrow{OP_x}=x\boldsymbol{i},\overrightarrow{OP_y}=y\boldsymbol{j},\overrightarrow{OP_z}=z\boldsymbol{k}$. 过点 P 作 xy 面的垂线，垂足为 P_{xy}. 由向量加法得到(如图 2.28)

$$\begin{aligned}x\boldsymbol{i}+y\boldsymbol{j}+z\boldsymbol{k}&=\overrightarrow{OP_x}+\overrightarrow{OP_y}+\overrightarrow{OP_z}\\&=\overrightarrow{OP_{xy}}+\overrightarrow{P_{xy}P}=\overrightarrow{OP},\end{aligned}$$

因此得(2.4)式.

把一个向量分解成三个不共面向量的和，这种运算方式称为向量的分解. (2.4)式称为向量 $\boldsymbol{P}$ 按基本单位向量的分解式，简称为**向量的分解式**.

例 2 已知点 $M_1(x_1,y_1,z_1)$和 $M_2(x_2,y_2,x_2)$，求向量$\overrightarrow{M_1M_2}$的分解式.

解 由于$\overrightarrow{M_1M_2}=\overrightarrow{OM_2}-\overrightarrow{OM_1}$，根据定理 2.7 得$\overrightarrow{OM_1}=x_1\boldsymbol{i}+y_1\boldsymbol{j}+z_1\boldsymbol{k}$，$\overrightarrow{OM_2}=x_2\boldsymbol{i}+y_2\boldsymbol{j}+z_2\boldsymbol{k}$，应用向量加法的交换律、结合律和数乘向量的分配律得

$$\overrightarrow{M_1M_2}=(x_2-x_1)\boldsymbol{i}+(y_2-y_1)\boldsymbol{j}+(z_2-z_1)\boldsymbol{k}.$$

这就是所求$\overrightarrow{M_1M_2}$的分解式.

上述例 2 告诉我们，向量$\overrightarrow{M_1M_2}$的分解式中 $\boldsymbol{i},\boldsymbol{j},\boldsymbol{k}$ 的系数恰好是该向量的坐标.

一般地，我们有，若 $\boldsymbol{a}=\{a_x,a_y,a_z\}$，则 $\boldsymbol{a}$ 的分解式为 $\boldsymbol{a}=a_x\boldsymbol{i}+a_y\boldsymbol{j}+a_z\boldsymbol{k}$.

2.3.4 向量的线性运算的坐标表示式

定理 2.8 若 $\boldsymbol{a}=\{a_x,a_y,a_z\}$，$\boldsymbol{b}=\{b_x,b_y,b_z\}$，则

$$\boldsymbol{a}\pm\boldsymbol{b}=\{a_x\pm b_x,a_y\pm b_y,a_z\pm b_z\},$$

$$\lambda\boldsymbol{a}=\{\lambda a_x,\lambda a_y,\lambda a_z\}.$$

本定理由向量的坐标的定义(定义 2.4)及向量的和与数乘向量在轴上的射影的定理(定理 2.4 及 2.5)即可得到证明.

例 3 已知 $\boldsymbol{a}=\{1,0,-2\}$，$\boldsymbol{b}=\{-2,1,3\}$，求 $3\boldsymbol{a}-4\boldsymbol{b}$.

解
$$\begin{aligned}3\boldsymbol{a}-4\boldsymbol{b}&=\{3\times1,3\times0,3\times(-2)\}-\\&\quad\{4\times(-2),4\times1,4\times3\}\\&=\{3,0,-6\}-\{-8,4,12\}\\&=\{3-(-8),0-4,-6-12\}\\&=\{11,-4,-18\}.\end{aligned}$$

2.3.5 几个基本公式

1. 向量的模及两点距离公式

设$\overrightarrow{OP}=\{x,y,z\}$，求向量$\overrightarrow{OP}$的模$|\overrightarrow{OP}|$.

由$\overrightarrow{OP}$的上述坐标表示式，得$\overrightarrow{OP}$的分解式为$\overrightarrow{OP}=x\boldsymbol{i}+y\boldsymbol{j}+z\boldsymbol{k}$.

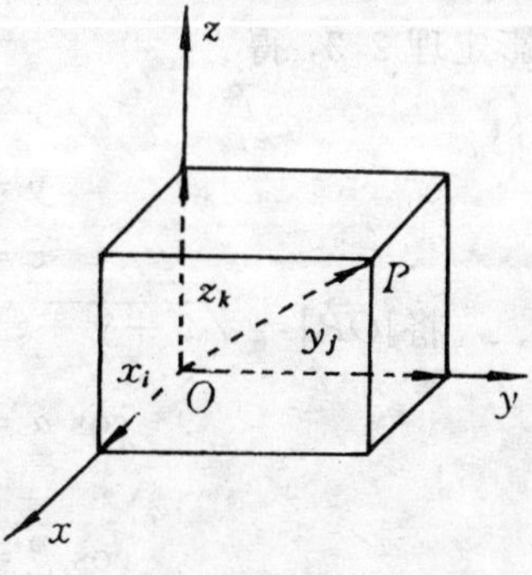

图 2.29

该式在几何上表示$\overrightarrow{OP}$是以 $x\boldsymbol{i}$，$y\boldsymbol{j}$，$z\boldsymbol{k}$ 为邻边的长方体的对角线向量(图 2.29). 由立体几何知道，长方体的对角线的平方等于相邻三边的平方和，即

$$|\overrightarrow{OP}|^2=|x\boldsymbol{i}|^2+|y\boldsymbol{j}|^2+|z\boldsymbol{k}|^2.$$

因为$|\boldsymbol{i}|=|\boldsymbol{j}|=|\boldsymbol{k}|=1$，所以

$$|\overrightarrow{OP}|^2=x^2+y^2+z^2.$$

得

$$|\overrightarrow{OP}|=\sqrt{x^2+y^2+z^2}. \tag{2.5}$$

这就是用向量的坐标计算向量的模的公式.

已知 $P_1(x_1,y_1,z_1)$ 和 $P_2(x_2,y_2,z_2)$，求 P_1 和 P_2 的距离 $|P_1P_2|$.

由于两点 P_1 和 P_2 的距离 $|P_1P_2|$ 即为向量 $\overrightarrow{P_1P_2}$ 的模 $|\overrightarrow{P_1P_2}|$，由定理 2.6 得

$$\overrightarrow{P_1P_2}=\{x_2-x_1,y_2-y_1,z_2-z_1\}.$$

应用公式(2.5)得

$$|\overrightarrow{P_1P_2}|=\sqrt{(x_2-x_1)^2+(y_2-y_1)^2+(z_2-z_1)^2}. \quad (2.6)$$

这就是两点距离公式.

2. 向量的方向余弦

一个向量与三个坐标轴的夹角 α，β，γ，叫做该向量的**方向角**. 方向角的余弦，叫该向量的**方向余弦**.

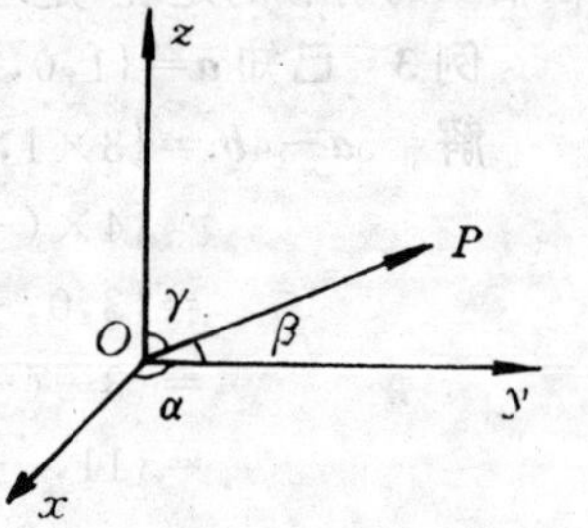

图 2.30

设向量 $\overrightarrow{OP}=\{x,y,z\}$ 的方向角为 α,β,γ(图 2.30)，则由向量在轴上的射影定理 2.3，得

$$x=|\overrightarrow{OP}|\cos\alpha,$$
$$y=|\overrightarrow{OP}|\cos\beta,$$
$$z=|\overrightarrow{OP}|\cos\gamma.$$

将 $|\overrightarrow{OP}|=\sqrt{x^2+y^2+z^2}$ 代入，得

$$\cos\alpha=\frac{x}{\sqrt{x^2+y^2+z^2}},$$

$$\cos\beta=\frac{y}{\sqrt{x^2+y^2+z^2}}, \quad (2.7)$$

$$\cos\gamma=\frac{z}{\sqrt{x^2+y^2+z^2}}.$$

这就是用向量的坐标表示向量的方向余弦的公式.

特别地，当 $|\overrightarrow{OP}|=1$ 时，有 $\cos\alpha=x$，$\cos\beta=y$，$\cos\gamma=z$，即单位向量的坐标就是它的方向余弦.

根据方向余弦的上述表示式(2.7)，易得

$$\cos^2\alpha+\cos^2\beta+\cos^2\gamma=1,$$

即任何向量的三个方向余弦的平方和等于 1.

例 4 已知两点 $M_1(2,2,\sqrt{2})$，$M_2(1,3,0)$，求向量 $\overrightarrow{M_1M_2}$ 的

模、方向余弦和方向角.

解 $\overrightarrow{M_1M_2}$的坐标为$\{1-2,3-2,0-\sqrt{2}\}=\{-1,1,-\sqrt{2}\}$.

于是得$|\overrightarrow{M_1M_2}|=\sqrt{(-1)^2+1^2+(-\sqrt{2})^2}=\sqrt{4}=2$.

由公式(2.7)得$\overrightarrow{M_1M_2}$的方向余弦为

$$\cos\alpha=-\frac{1}{2},\quad \cos\beta=\frac{1}{2},\quad \cos\gamma=-\frac{\sqrt{2}}{2}.$$

方向角为$\alpha=\frac{2}{3}\pi$, $\beta=\frac{\pi}{3}$, $\gamma=\frac{3}{4}\pi$.

3. 定比分点公式

若点 P 分线段 P_1P_2 成两个有向线段$\overline{P_1P}$和$\overline{PP_2}$的数量之比$\frac{P_1P}{PP_2}=\lambda(\neq-1)$，则向量形式的定比分点公式为

$$\boldsymbol{P}=\frac{\boldsymbol{P}_1+\lambda\boldsymbol{P}_2}{1+\lambda},\tag{2.3}$$

这里$\boldsymbol{P}_1$，$\boldsymbol{P}_2$是线段端点的向径，$\boldsymbol{P}$是分点的向径.

现在我们把公式(2.3)化成坐标形式.

设线段端点 P_1,P_2 的坐标为 $P_1(x_1,y_1,z_1)$，$P_2(x_2,y_2,z_2)$，分点 P 的坐标为 $P(x,y,z)$，取坐标原点 O 为诸向径的公共起点，则有$\boldsymbol{P}_1=\{x_1,y_1,z_1\}$，$\boldsymbol{P}_2=\{x_2,y_2,z_2\}$，$\boldsymbol{P}=\{x,y,z\}$，代入公式(2.3)，得

$$x=\frac{x_1+\lambda x_2}{1+\lambda},y=\frac{y_1+\lambda y_2}{1+\lambda},z=\frac{z_1+\lambda z_2}{1+\lambda}.\tag{2.8}$$

这就是坐标形式的定比分点公式.

特别地，线段P_1P_2的中点的坐标是$\left(\frac{x_1+x_2}{2},\frac{y_1+y_2}{2},\frac{z_1+z_2}{2}\right)$.

设$\triangle ABC$ 的顶点为 $A(a_1,a_2,a_3)$,$B(b_1,b_2,b_3)$,$C(c_1,c_2,c_3)$,重心为$G(x,y,z)$,则

$$x=\frac{x_1+x_2+x_3}{3},y=\frac{y_1+y_2+y_3}{3},z=\frac{z_1+z_2+z_3}{3}.$$

这就是坐标形式的三角形重心公式.

2.4 向量的数量积　向量积和混合积

2.4.1 向量的数量积

设一个物体在力 $\boldsymbol{F}$ 作用下，产生一个位移 $\boldsymbol{s}=\overrightarrow{M_1M_2}$(图 2.31). 由物理学知道，力 $\boldsymbol{F}$ 所做的功 w 等于力 $\boldsymbol{F}$ 在位移方向上的分力乘以位移的距离，即

$$w=(|\boldsymbol{F}|\cos\theta)|\boldsymbol{s}|=|\boldsymbol{F}||\boldsymbol{s}|\cos\theta,$$

此处 θ 是 $\boldsymbol{F}$ 与 $\boldsymbol{s}$ 的夹角.

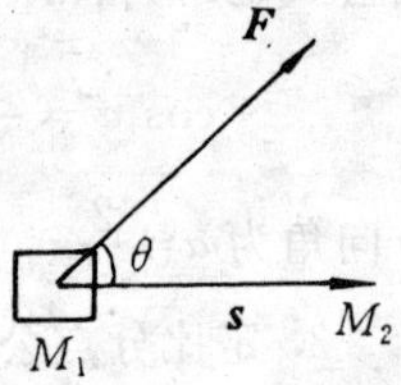

图 2.31

我们把上述问题中，由两个向量(力和位移)得到一个数量(功)的这种运算，看成向量的一种乘法，因为这种运算的结果是一个数量，所以我们称它为数量积.

定义 2.5　向量 $\boldsymbol{a}$ 与 $\boldsymbol{b}$ 的模与它们的夹角 $\theta(0\leqslant\theta\leqslant\pi)$的余弦的乘积，叫做向量 $\boldsymbol{a}$ 与 $\boldsymbol{b}$ 的**数量积**，记为 $\boldsymbol{a}\cdot\boldsymbol{b}$(读作"$\boldsymbol{a}$ 点 $\boldsymbol{b}$")，即

$$\boldsymbol{a}\cdot\boldsymbol{b}=|\boldsymbol{a}||\boldsymbol{b}|\cos\theta=|\boldsymbol{a}||\boldsymbol{b}|\cos\angle(\boldsymbol{a},\boldsymbol{b}).\tag{2.9}$$

数量积也叫"点积"或"内积".

根据这个定义，上述问题中的功 w 是力 $\boldsymbol{F}$ 和位移 $\boldsymbol{s}$ 的数量积，即 $w=\boldsymbol{F}\cdot\boldsymbol{s}$.

由于$|\boldsymbol{b}|\cos\angle(\boldsymbol{a},\boldsymbol{b})$是向量 $\boldsymbol{b}$ 在与向量 $\boldsymbol{a}$ 方向相同的轴上的射影，也称为向量 $\boldsymbol{b}$ 在向量 $\boldsymbol{a}$ 上的射影，记为射影$_{\boldsymbol{a}}\boldsymbol{b}$，于是有数量积的射影表示式：

$$\boldsymbol{a}\cdot\boldsymbol{b}=|\boldsymbol{a}|\text{ 射影}_{\boldsymbol{a}}\boldsymbol{b},\tag{2.10}$$

或

$$\boldsymbol{a}\cdot\boldsymbol{b}=|\boldsymbol{b}|\text{ 射影}_{\boldsymbol{b}}\boldsymbol{a}.\tag{2.11}$$

即两个向量的数量积等于其中一个向量的模乘以另一个向量在这个向量上的射影.

由数量积的定义可以得到

(1)$\boldsymbol{a}\cdot\boldsymbol{a}=|\boldsymbol{a}|^2$，$\boldsymbol{a}\cdot\boldsymbol{a}$ 可记为 $\boldsymbol{a}^2$，于是有 $\boldsymbol{a}^2=|\boldsymbol{a}|^2$.

(2)若 $\boldsymbol{a}\perp\boldsymbol{b}$,则 $\boldsymbol{a}\cdot\boldsymbol{b}=0$;反之，若 $\boldsymbol{a}\neq\boldsymbol{0}$，$\boldsymbol{b}\neq\boldsymbol{0}$，$\boldsymbol{a}\cdot\boldsymbol{b}=0$，则 $\boldsymbol{a}\perp\boldsymbol{b}$，于是得到：两个非零向量 $\boldsymbol{a}$,$\boldsymbol{b}$ 互相垂直的充要条件是 $\boldsymbol{a}\cdot\boldsymbol{b}=0$.

(3)二向量 $\boldsymbol{a}$，$\boldsymbol{b}$ 的夹角公式：

$$\cos\angle(\boldsymbol{a},\boldsymbol{b})=\frac{\boldsymbol{a}\cdot\boldsymbol{b}}{|\boldsymbol{a}||\boldsymbol{b}|}.\tag{2.12}$$

显见

$$\angle(\boldsymbol{a},\boldsymbol{b})\text{ 为锐角}\Longleftrightarrow\boldsymbol{a}\cdot\boldsymbol{b}>0,$$

$$\angle(\boldsymbol{a},\boldsymbol{b})\text{ 为钝角}\Longleftrightarrow\boldsymbol{a}\cdot\boldsymbol{b}<0.$$

数量积满足如下运算律：对于任意向量 $\boldsymbol{a},\boldsymbol{b},\boldsymbol{c}$ 及实数 λ，有

1° $\boldsymbol{a}\cdot\boldsymbol{b}=\boldsymbol{b}\cdot\boldsymbol{a}$（交换律）；

2° $(\lambda\boldsymbol{a})\cdot\boldsymbol{b}=\lambda(\boldsymbol{a}\cdot\boldsymbol{b})$（与数乘向量的结合律）；

3° $\boldsymbol{a}\cdot(\boldsymbol{b}+\boldsymbol{c})=\boldsymbol{a}\cdot\boldsymbol{b}+\boldsymbol{a}\cdot\boldsymbol{c}$（分配律）.

证明 对于 1°，由定义，得

$$\boldsymbol{a}\cdot\boldsymbol{b}=|\boldsymbol{a}||\boldsymbol{b}|\cos\angle(\boldsymbol{a},\boldsymbol{b}),$$

$$\boldsymbol{b}\cdot\boldsymbol{a}=|\boldsymbol{b}||\boldsymbol{a}|\cos\angle(\boldsymbol{b},\boldsymbol{a}),$$

由于 $\angle(\boldsymbol{a},\boldsymbol{b})=\angle(\boldsymbol{b},\boldsymbol{a})$，所以 $\boldsymbol{a}\cdot\boldsymbol{b}=\boldsymbol{b}\cdot\boldsymbol{a}$.

对于 2°和 3°，可以用数量积的射影表示式和有关的射影定理来证明.

对于 2°，应用射影表示式(2.11)及定理 2.5 得到

$$\lambda\boldsymbol{a}\cdot\boldsymbol{b}=|\boldsymbol{b}|\text{射影}_{b}(\lambda\boldsymbol{a})=|\boldsymbol{b}|(\lambda\text{ 射影}_{b}\boldsymbol{a})$$
$$=\lambda(|\boldsymbol{b}|\text{射影}_{b}\boldsymbol{a})=\lambda(\boldsymbol{a}\cdot\boldsymbol{b}).$$

对于 3°，应用射影表示式(2.10)及定理 2.4 得到

$$\boldsymbol{a}\cdot(\boldsymbol{b}+\boldsymbol{c})=|\boldsymbol{a}|\text{射影}_{a}(\boldsymbol{b}+\boldsymbol{c})=|\boldsymbol{a}|(\text{射影}_{a}\boldsymbol{b}+\text{射影}_{a}\boldsymbol{c})$$
$$=|\boldsymbol{a}|\text{射影}_{a}\boldsymbol{b}+|\boldsymbol{a}|\text{射影}_{a}\boldsymbol{c}=\boldsymbol{a}\cdot\boldsymbol{b}+\boldsymbol{a}\cdot\boldsymbol{c}.$$

根据以上运算律，我们有

$$\boldsymbol{a}\cdot(\lambda\boldsymbol{b}+\mu\boldsymbol{c})=\lambda\boldsymbol{a}\cdot\boldsymbol{b}+\mu a\cdot c,$$

$$(a+b)\cdot(c+d)=a\cdot c+a\cdot d+b\cdot c+b\cdot d$$

及 $(a+b)^2=a^2+2ab+b^2$，等等.

以上这些运算很像多项式的运算，但要特别注意下列不同点.

(1)三个向量不能作数量积，即 $a\cdot b\cdot c$ 无意义. 虽然 $(a\cdot b)c$ 与 $a(b\cdot c)$ 有意义，但前者表示数量 $a\cdot b$ 乘向量 c，后者表示数量 $b\cdot c$ 乘向量 a，一般地，它们表示不同的向量，即一般地 $(a\cdot b)c\neq a(b\cdot c)$.

(2)消去律不成立，即由 $a\cdot b=a\cdot c$ 且 $a\neq\mathbf{0}$ 推不出 $b=c$. 这是因为数量积为零时，不必至少有一个因子为零，即由 $a\cdot(b-c)=0$，

且 $a \neq \mathbf{0}$ 推不出 $b-c=\mathbf{0}$. 例如图 2.32 所示，只须$(b-c)\perp a$，就有 $a\cdot b=a\cdot c$且 $a\neq \mathbf{0}$，但此时 $b\neq c$.

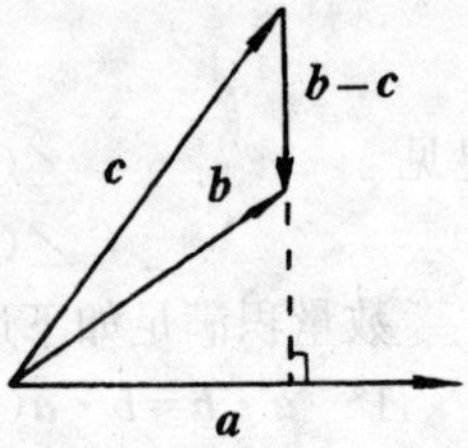

图 2.32

现在来推导数量积的坐标表示式.

设 $a=\{x_1,y_1,z_1\}$，$\boldsymbol{b}=\{x_2,y_2,z_2\}$，

即 $\boldsymbol{a}=x_1\boldsymbol{i}+y_1\boldsymbol{j}+z_1\boldsymbol{k}$，$\boldsymbol{b}=x_2\boldsymbol{i}+y_2\boldsymbol{j}+z_2\boldsymbol{k}$，

于是
$$\begin{aligned}\boldsymbol{a}\cdot\boldsymbol{b}&=(x_1\boldsymbol{i}+y_1\boldsymbol{j}+z_1\boldsymbol{k})\cdot(x_2\boldsymbol{i}+y_2\boldsymbol{j}+z_2\boldsymbol{k})\\&=x_1x_2\boldsymbol{i}\cdot\boldsymbol{i}+x_1y_2\boldsymbol{i}\cdot\boldsymbol{j}+x_1z_2\boldsymbol{i}\cdot\boldsymbol{k}+\\&\quad y_1x_2\boldsymbol{j}\cdot\boldsymbol{i}+y_1y_2\boldsymbol{j}\cdot\boldsymbol{j}+y_1z_2\boldsymbol{j}\cdot\boldsymbol{k}+\\&\quad z_1x_2\boldsymbol{k}\cdot\boldsymbol{i}+z_1y_2\boldsymbol{k}\cdot\boldsymbol{j}+z_1z_2\boldsymbol{k}\cdot\boldsymbol{k}.\end{aligned}$$

由于基本单位向量 $\boldsymbol{i}$，$\boldsymbol{j}$，$\boldsymbol{k}$ 是两两互相垂直的单位向量，所以有
$$\boldsymbol{i}\cdot\boldsymbol{i}=\boldsymbol{j}\cdot\boldsymbol{j}=\boldsymbol{k}\cdot\boldsymbol{k}=1,$$
$$\boldsymbol{i}\cdot\boldsymbol{j}=\boldsymbol{j}\cdot\boldsymbol{k}=\boldsymbol{k}\cdot\boldsymbol{i}=\boldsymbol{j}\cdot\boldsymbol{i}=\boldsymbol{k}\cdot\boldsymbol{j}=\boldsymbol{i}\cdot\boldsymbol{k}=0.$$

代入上式右端，得
$$\boldsymbol{a}\cdot\boldsymbol{b}=x_1x_2+y_1y_2+z_1z_2. \tag{2.13}$$

这就是两个向量的数量积的坐标表示式.

由数量积的坐标表示式立即可得

(1)非零向量 $\boldsymbol{a}=\{x,y,z\}$的模
$$|\boldsymbol{a}|=\sqrt{\boldsymbol{a}^2}=\sqrt{x^2+y^2+z^2}.$$

(2)二非零向量 $\boldsymbol{a}=\{x_1,y_1,z_1\}$与 $\boldsymbol{b}=\{x_2,y_2,z_2\}$的夹角 θ，有
$$\cos\theta=\frac{\boldsymbol{a}\cdot\boldsymbol{b}}{|\boldsymbol{a}||\boldsymbol{b}|}=\frac{x_1x_2+y_1y_2+z_1z_2}{\sqrt{x_1^2+y_1^2+z_1^2}\sqrt{x_2^2+y_2^2+z_2^2}}.$$

(3)二非零向量 $\boldsymbol{a}=\{x_1,y_1,z_1\}$与 $\boldsymbol{b}=\{x_2,y_2,z_2\}$互相垂直的充要条件是 $x_1x_2+y_1y_2+z_1z_2=0$.

例 1 已知三点 $A(1,1,1)$，$B(0,2,1)$，$C(2,1,2)$，求$\angle BAC$.

解 作向量$\overrightarrow{AB}$及$\overrightarrow{AC}$，$\overrightarrow{AB}$和$\overrightarrow{AC}$的夹角就是$\angle BAC$. 由题设，可得
$$\overrightarrow{AB}=\{0-1,2-1,1-1\}=\{-1,1,0\},$$

$$\overrightarrow{AC}=\{2-1,1-1,2-1\}=\{1,0,1\}.$$

于是由二向量的夹角公式得

$$\cos\angle BAC=\frac{\overrightarrow{AB}\cdot\overrightarrow{AC}}{|\overrightarrow{AB}||\overrightarrow{AC}|}$$

$$=\frac{-1\times1+1\times0+0\times1}{\sqrt{(-1)^2+1^2+0^2}\sqrt{1^2+0^2+1^2}}$$

$$=-\frac{1}{2}.$$

得$\angle BAC=\dfrac{2\pi}{3}$.

例 2 用向量证明三角形的余弦定理.

已知$\triangle ABC$中，$\angle A,\angle B,\angle C$所对的边长分别为$a,b,c$. 求证：$c^2=a^2+b^2-2ab\cos C$.

证明 由向量的减法得$\overrightarrow{AB}=\overrightarrow{CB}-\overrightarrow{CA}$(图 2.33). 于是有

$$\overrightarrow{AB}\cdot\overrightarrow{AB}=(\overrightarrow{CB}-\overrightarrow{CA})\cdot(\overrightarrow{CB}-\overrightarrow{CA})$$
$$=\overrightarrow{CB}^2-2\overrightarrow{CA}\cdot\overrightarrow{CB}+\overrightarrow{CA}^2$$
$$=|\overrightarrow{CB}|^2+|\overrightarrow{CA}|^2-2|\overrightarrow{CA}||\overrightarrow{CB}|\cos\angle(\overrightarrow{CA},\overrightarrow{CB}).$$

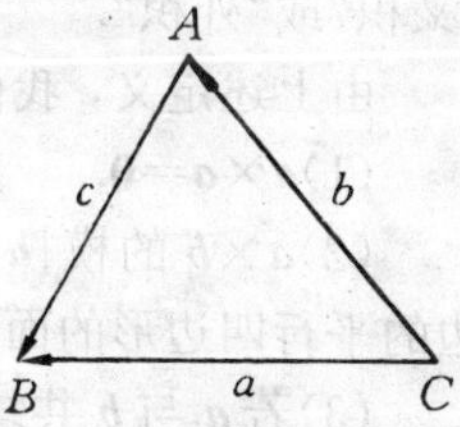

图 2.33

另一方面，$\overrightarrow{AB}\cdot\overrightarrow{AB}=|\overrightarrow{AB}|^2$.

由题设$|\overrightarrow{CB}|=a$，$|\overrightarrow{CA}|=b$，$|\overrightarrow{AB}|=c$，$\angle(\overrightarrow{CA},\overrightarrow{CB})=\angle C$，代入即得

$$c^2=a^2+b^2-2ab\cos C.$$

2.4.2 向量的向量积

现在介绍向量的另一种乘法——向量积.

先介绍什么叫三个向量组成右手系. 设有不共面的三个向量$\boldsymbol{a}$，$\boldsymbol{b}$，$\boldsymbol{c}$. 将它们移到同一起点，则$\boldsymbol{a}$，$\boldsymbol{b}$决定一个平面，而$\boldsymbol{c}$指向平面的一侧. 将右手四指并拢与大姆指分开，使四指向掌心弯曲的方向，与从$\boldsymbol{a}$的方向到$\boldsymbol{b}$的方向的转动(小于平角)方向相一致. 此时，若大姆指的方向与$\boldsymbol{c}$的方向指向平面的同侧(如图 2.34)，则称向量组$(\boldsymbol{a},\boldsymbol{b},\boldsymbol{c})$组成**右手系**. 否则称为**左手系**(图 2.34 中$\boldsymbol{c}'$的方向与大姆

指的方向指向平面的异侧，$(\boldsymbol{a},\boldsymbol{b},\boldsymbol{c}')$组成左手系).

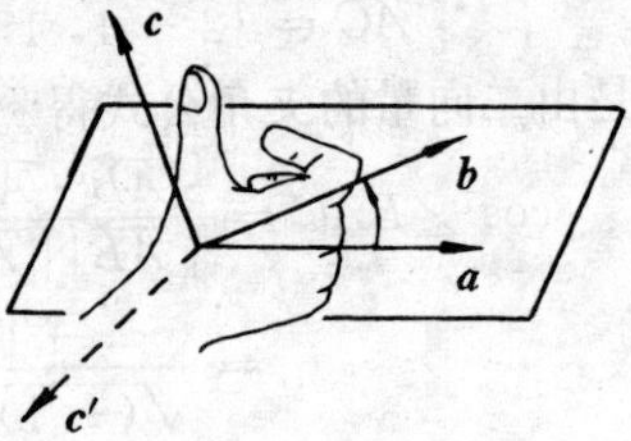

图 2.34

定义 2.6 向量 $\boldsymbol{a}$ 与 $\boldsymbol{b}$ 的**向量积**是一个向量，记为 $\boldsymbol{a}\times\boldsymbol{b}$(读作"$\boldsymbol{a}$ 叉 $\boldsymbol{b}$")，它的模等于向量 $\boldsymbol{a}$ 与 $\boldsymbol{b}$ 的模乘以它们的夹角的正弦，它的方向垂直于 $\boldsymbol{a}$ 与 $\boldsymbol{b}$，且$(\boldsymbol{a},\boldsymbol{b},\boldsymbol{a}\times\boldsymbol{b})$组成右手系(图 2.35). 即

$$|\boldsymbol{a}\times\boldsymbol{b}|=|\boldsymbol{a}||\boldsymbol{b}|\sin\angle(\boldsymbol{a},\boldsymbol{b}),$$

$$\boldsymbol{a}\times\boldsymbol{b}\perp\boldsymbol{a},$$

$$\boldsymbol{a}\times\boldsymbol{b}\perp\boldsymbol{b},$$

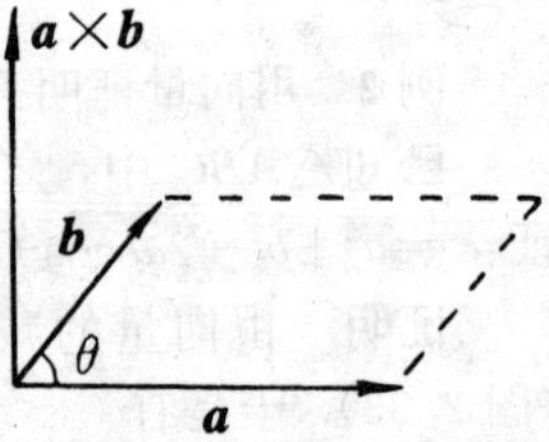

图 2.35

且$(\boldsymbol{a},\boldsymbol{b},\boldsymbol{a}\times\boldsymbol{b})$组成右手系. 向量积又叫"叉积"或"外积".

由上述定义，我们可以直接得到

(1)$\boldsymbol{a}\times\boldsymbol{a}=\boldsymbol{0}$.

(2)$\boldsymbol{a}\times\boldsymbol{b}$ 的模$|\boldsymbol{a}\times\boldsymbol{b}|$等于以 $\boldsymbol{a},\boldsymbol{b}$ 为邻边的平行四边形的面积. 这是向量积模的几何意义.

(3)若 $\boldsymbol{a}$ 与 $\boldsymbol{b}$ 共线(即$\angle(\boldsymbol{a},\boldsymbol{b})=0$ 或 π)，则 $\boldsymbol{a}\times\boldsymbol{b}=\boldsymbol{0}$;反之，若 $\boldsymbol{a}\neq\boldsymbol{0}$，$\boldsymbol{b}\neq\boldsymbol{0}$，$\boldsymbol{a}\times\boldsymbol{b}=\boldsymbol{0}$，则 $\sin\angle(\boldsymbol{a},\boldsymbol{b})=0$，因此$\angle(\boldsymbol{a},\boldsymbol{b})=0$ 或 π，即 $\boldsymbol{a}$ 与 $\boldsymbol{b}$ 共线. 于是得到

二非零向量共线的充要条件是它们的向量积为零. 即若 $\boldsymbol{a}\neq\boldsymbol{0}$，$\boldsymbol{b}\neq\boldsymbol{0}$，则 $\boldsymbol{a}/\!/\boldsymbol{b}\Leftrightarrow\boldsymbol{a}\times\boldsymbol{b}=\boldsymbol{0}$.

(4)由于向量积与两个因子向量皆垂直，因此，要求与二已知不共线向量皆垂直的向量时，常取这两个向量的向量积.

向量积适合以下运算律:对于任意向量 $\boldsymbol{a},\boldsymbol{b},\boldsymbol{c}$ 及实数 λ，有

1° $\boldsymbol{a}\times\boldsymbol{b}=-(\boldsymbol{b}\times\boldsymbol{a})$ (反交换律);

2° $\lambda\boldsymbol{a}\times\boldsymbol{b}=\lambda(\boldsymbol{a}\times\boldsymbol{b})$ (与数乘向量的结合律);

3° $\boldsymbol{a}\times(\boldsymbol{b}+\boldsymbol{c})=\boldsymbol{a}\times\boldsymbol{b}+\boldsymbol{a}\times\boldsymbol{c}$ (左分配律);

$(\boldsymbol{b}+\boldsymbol{c})\times\boldsymbol{a}=\boldsymbol{b}\times\boldsymbol{a}+\boldsymbol{c}\times\boldsymbol{a}$ (右分配律).

证明 1° 当 $\boldsymbol{a}$ 或 $\boldsymbol{b}$ 为零向量或 $\boldsymbol{a}$ 与 $\boldsymbol{b}$ 共线时，等式两端皆为零向量，所以等式成立. 当 $\boldsymbol{a}$ 与 $\boldsymbol{b}$ 非零向量，且 $\boldsymbol{a}$ 与 $\boldsymbol{b}$ 不共线时，根据

向量积的定义，$\boldsymbol{a}\times\boldsymbol{b}$ 与 $\boldsymbol{b}\times\boldsymbol{a}$ 模相等，且同时垂直于 $\boldsymbol{a}$ 及 $\boldsymbol{b}$，但用右手规则由 $\boldsymbol{a}$ 转到 $\boldsymbol{b}$ 定出的 $\boldsymbol{a}\times\boldsymbol{b}$ 的方向，与由 $\boldsymbol{b}$ 转到 $\boldsymbol{a}$ 定出的 $\boldsymbol{b}\times\boldsymbol{a}$ 的方向正好相反（图 2.36），所以 $\boldsymbol{a}\times\boldsymbol{b}=-(\boldsymbol{b}\times\boldsymbol{a})$.

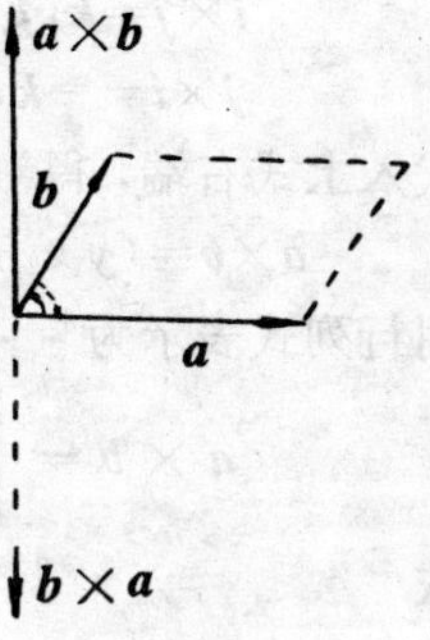

图 2.36

2°与 3°的证明从略.

根据以上运算律，我们得到

$$\boldsymbol{a}\times(\lambda\boldsymbol{b}+\mu\boldsymbol{c})=\lambda\boldsymbol{a}\times\boldsymbol{b}+\mu\boldsymbol{a}\times\boldsymbol{c},$$

$$(\boldsymbol{a}+\boldsymbol{b})\times(\boldsymbol{c}+\boldsymbol{d})=\boldsymbol{a}\times\boldsymbol{c}+\boldsymbol{a}\times\boldsymbol{d}+\boldsymbol{b}\times\boldsymbol{c}+\boldsymbol{b}\times\boldsymbol{d}.$$

但要特别注意与多项式运算的不同之处，例如

$$(\boldsymbol{a}+\boldsymbol{b})\times(\boldsymbol{a}+\boldsymbol{b})=\boldsymbol{0},$$

$$(\boldsymbol{a}+\boldsymbol{b})\times(\boldsymbol{a}-\boldsymbol{b})=-2\boldsymbol{a}\times\boldsymbol{b}.$$

尤其要注意，对于向量积，消去律不成立，即由 $\boldsymbol{a}\times\boldsymbol{b}=\boldsymbol{a}\times\boldsymbol{c}$ 及 $\boldsymbol{a}\neq\boldsymbol{0}$ 推不出 $\boldsymbol{b}=\boldsymbol{c}$. 这是因为由 $\boldsymbol{a}\times(\boldsymbol{b}-\boldsymbol{c})=\boldsymbol{0}$ 及 $\boldsymbol{a}\neq\boldsymbol{0}$ 推不出 $\boldsymbol{b}-\boldsymbol{c}=\boldsymbol{0}$，即向量积为零，不必至少有一个因子为零. 例如，图 2.37 所示 $\boldsymbol{b}-\boldsymbol{c}$ 与 $\boldsymbol{a}$ 共线，这时就有 $\boldsymbol{a}\times\boldsymbol{b}=\boldsymbol{a}\times\boldsymbol{c}$ 且 $\boldsymbol{a}\neq\boldsymbol{0}$，然而 $\boldsymbol{b}\neq\boldsymbol{c}$.

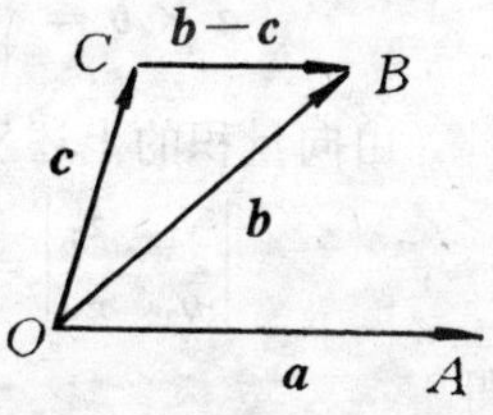

图 2.37

现在我们来推导向量积的坐标表示式.

设 $\boldsymbol{a}=\{x_1,y_1,z_1\}$，$\boldsymbol{b}=\{x_2,y_2,z_2\}$，即 $\boldsymbol{a}=x_1\boldsymbol{i}+y_1\boldsymbol{j}+z_1\boldsymbol{k}$，$\boldsymbol{b}=x_2\boldsymbol{i}+y_2\boldsymbol{j}+z_2\boldsymbol{k}$. 于是

$$\begin{aligned}\boldsymbol{a}\times\boldsymbol{b}&=(x_1\boldsymbol{i}+y_1\boldsymbol{j}+z_1\boldsymbol{k})\times(x_2\boldsymbol{i}+y_2\boldsymbol{j}+z_2\boldsymbol{k})\\&=x_1x_2\boldsymbol{i}\times\boldsymbol{i}+x_1y_2\boldsymbol{i}\times\boldsymbol{j}+x_1z_2\boldsymbol{i}\times\boldsymbol{k}+\\&\quad y_1x_2\boldsymbol{j}\times\boldsymbol{i}+y_1y_2\boldsymbol{j}\times\boldsymbol{j}+y_1z_2\boldsymbol{j}\times\boldsymbol{k}+\\&\quad z_1x_2\boldsymbol{k}\times\boldsymbol{i}+z_1y_2\boldsymbol{k}\times\boldsymbol{j}+z_1z_2\boldsymbol{k}\times\boldsymbol{k}.\end{aligned}$$

由于基本单位向量 $\boldsymbol{i},\boldsymbol{j},\boldsymbol{k}$ 是两两互相垂的单位向量，且$(\boldsymbol{i},\boldsymbol{j},\boldsymbol{k})$组成右手系，因此我们有

$$\boldsymbol{i}\times\boldsymbol{i}=\boldsymbol{j}\times\boldsymbol{j}=\boldsymbol{k}\times\boldsymbol{k}=0,$$

$$\boldsymbol{i}\times\boldsymbol{j}=\boldsymbol{k},\boldsymbol{j}\times\boldsymbol{k}=\boldsymbol{i},\boldsymbol{k}\times\boldsymbol{i}=\boldsymbol{j},$$
$$\boldsymbol{j}\times\boldsymbol{i}=-\boldsymbol{k},\boldsymbol{k}\times\boldsymbol{j}=-\boldsymbol{i},\boldsymbol{i}\times\boldsymbol{k}=-\boldsymbol{j}.$$

代入上式右端，得

$$\boldsymbol{a}\times\boldsymbol{b}=(y_1z_2-y_2z_1)\boldsymbol{i}+(z_1x_2-z_2x_1)\boldsymbol{j}+(x_1y_2-x_2y_1)\boldsymbol{k}.$$

用行列式表示为*

$$\boldsymbol{a}\times\boldsymbol{b}=\begin{vmatrix} y_1 & z_2 \\ y_2 & z_2 \end{vmatrix}\boldsymbol{i}-\begin{vmatrix} x_1 & z_1 \\ x_2 & z_2 \end{vmatrix}\boldsymbol{j}+\begin{vmatrix} x_1 & y_1 \\ x_2 & y_2 \end{vmatrix}\boldsymbol{k},$$

或

$$\boldsymbol{a}\times\boldsymbol{b}=\begin{vmatrix} \boldsymbol{i} & \boldsymbol{j} & \boldsymbol{k} \\ x_1 & y_1 & z_1 \\ x_2 & y_2 & z_2 \end{vmatrix}.$$

于是得向量积的坐标表示式为

$$\boldsymbol{a}\times\boldsymbol{b}=\left\{\begin{vmatrix} y_1 & z_1 \\ y_2 & z_2 \end{vmatrix},\ \begin{vmatrix} z_1 & x_1 \\ z_2 & x_2 \end{vmatrix},\ \begin{vmatrix} x_1 & y_1 \\ x_2 & y_2 \end{vmatrix}\right\}. \tag{2.14}$$

由向量积的上述坐标表示式得 $\boldsymbol{a}\times\boldsymbol{b}=\boldsymbol{0}$ 即它的坐标为零，

$$\begin{vmatrix} y_1 & z_1 \\ y_2 & z_2 \end{vmatrix}=0,\quad \begin{vmatrix} z_1 & x_1 \\ z_2 & x_2 \end{vmatrix}=0,\quad \begin{vmatrix} x_1 & y_1 \\ x_2 & y_2 \end{vmatrix}=0, \qquad ①$$

得

$$\frac{x_1}{x_2}=\frac{y_1}{y_2}=\frac{z_1}{z_2}. \qquad ②$$

于是得到二非零向量共线的充要条件是对应坐标成比例. 也就是说，

若 $\boldsymbol{a}=\{x_1,y_1,z_1\}\neq\boldsymbol{0}$，$\boldsymbol{b}=\{x_2,y_2,z_2\}\neq\boldsymbol{0}$，则

$$\boldsymbol{a}\parallel\boldsymbol{b}\Longleftrightarrow\frac{x_1}{x_2}=\frac{y_1}{y_2}=\frac{z_1}{z_2}.$$

---

* 二阶行列式

$$\begin{vmatrix} a_{11} & a_{12} \\ a_{21} & a_{22} \end{vmatrix}=a_{11}a_{22}-a_{12}a_{21}.$$

三阶行列式

$$\begin{vmatrix} a_{11} & a_{12} & a_{13} \\ a_{21} & a_{22} & a_{23} \\ a_{31} & a_{32} & a_{33} \end{vmatrix}=a_{11}a_{22}a_{33}+a_{13}a_{21}a_{32}+a_{12}a_{23}a_{31} -a_{13}a_{22}a_{31}-a_{12}a_{21}a_{33}-a_{11}a_{23}a_{32}.$$

对于右端的诸分式，我们约定，当有某一个分母为零时，应理解为相应的分子也为零. 例如，对于等式$\frac{x_1}{0}=\frac{y_1}{y_2}=\frac{z_1}{z_2}$($y_2,z_2$不为零)应理解为$x_1=0$及$\frac{y_1}{y_2}=\frac{z_1}{z_2}$；对于$\frac{x_1}{0}=\frac{y_1}{0}=\frac{z_1}{z_2}$($z_2\neq 0$)应理解为$x_1=0,y_1=0$.

例 3 已知$\boldsymbol{a}=\{2,-1,1\},\boldsymbol{b}=\{-1,1,2\}$，求$\boldsymbol{a}\times\boldsymbol{b}$的坐标及分解式.

解 由向量积的坐标表示式(2.14)，得

$$\boldsymbol{a}\times\boldsymbol{b}=\left\{\begin{vmatrix}-1 & 1\\ 1 & 2\end{vmatrix},\begin{vmatrix}1 & 2\\ 2 & -1\end{vmatrix},\begin{vmatrix}2 & -1\\ -1 & 1\end{vmatrix}\right\}$$
$$=\{-3,\ -5,\ 1\}.$$

分解式为$\boldsymbol{a}\times\boldsymbol{b}=-3\boldsymbol{i}-5\boldsymbol{j}+\boldsymbol{k}$.

例 4 已知△ABC的顶点是$A(1,\ 2,\ 3)$，$B(2,\ -1,\ 5)$，$C(3,\ 2,\ -5)$，求△ABC的面积.

解 作向量

$$\overrightarrow{AB}=\{2-1,-1-2,5-3\}=\{1,-3,2\},$$
$$\overrightarrow{AC}=\{3-1,2-2,-5-3\}=\{2,0,-8\},$$

由于△ABC的面积是以$\overrightarrow{AB}$和$\overrightarrow{AC}$为邻边的▱$ABDC$的面积的一半，又▱$ABDC$的面积$S_{▱}=|\overrightarrow{AB}\times\overrightarrow{AC}|$，所以所求△$ABC$的面积为$S_{\triangle}=\frac{1}{2}|\overrightarrow{AB}\times\overrightarrow{AC}|$. 而

$$\overrightarrow{AB}\times\overrightarrow{AC}=\left\{\begin{vmatrix}-3 & 2\\ 0 & -8\end{vmatrix},\begin{vmatrix}2 & 1\\ -8 & 2\end{vmatrix},\begin{vmatrix}1 & -3\\ 2 & 0\end{vmatrix}\right\}$$
$$=\{24,12,6\},$$
$$|\overrightarrow{AB}\times\overrightarrow{AC}|=\sqrt{24^2+12^2+6^2}=6\sqrt{21}.$$

所以 $S_{\triangle ABC}=\frac{1}{2}(6\sqrt{21})=3\sqrt{21}$.

*2.4.3 三向量的混合积

定义 2.7 已知三个向量$\boldsymbol{a},\boldsymbol{b},\boldsymbol{c}$，先作$\boldsymbol{a}$与$\boldsymbol{b}$的向量积$\boldsymbol{a}\times\boldsymbol{b}$，再与$\boldsymbol{c}$作数量积$(\boldsymbol{a}\times\boldsymbol{b})\cdot\boldsymbol{c}$，结果是一个数量，叫做$\boldsymbol{a}$, $\boldsymbol{b}$, $\boldsymbol{c}$的**混合积**，记为$(\boldsymbol{a},\ \boldsymbol{b},\ \boldsymbol{c})$. 即

$$(\boldsymbol{a},\boldsymbol{b},\boldsymbol{c}) = (\boldsymbol{a} \times \boldsymbol{b}) \cdot \boldsymbol{c}.$$

现在来考察混合积$(\boldsymbol{a},\boldsymbol{b},\boldsymbol{c})$的几何意义.

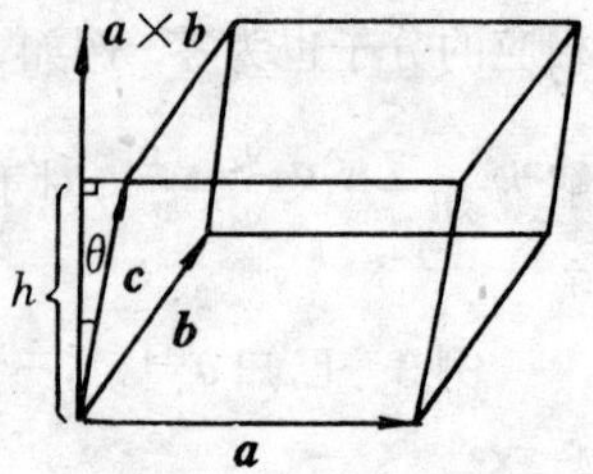

图 2.38

$$\begin{aligned}(\boldsymbol{a},\boldsymbol{b},\boldsymbol{c}) &= (\boldsymbol{a}\times\boldsymbol{b})\cdot\boldsymbol{c}\\ &= |\boldsymbol{a}\times\boldsymbol{b}||\boldsymbol{c}|\cos\angle(\boldsymbol{a}\times\boldsymbol{b},\boldsymbol{c})\\ &= |\boldsymbol{a}\times\boldsymbol{b}|\cdot\text{射影}_{\boldsymbol{a}\times\boldsymbol{b}}\boldsymbol{c}.\end{aligned}$$

因为$\text{射影}_{\boldsymbol{a}\times\boldsymbol{b}}\boldsymbol{c}$的绝对值$|\text{射影}_{\boldsymbol{a}\times\boldsymbol{b}}\boldsymbol{c}|$是以$\boldsymbol{a}$，$\boldsymbol{b}$，$\boldsymbol{c}$为邻边的平行六面体的高$h$(图2.38)，而$|\boldsymbol{a}\times\boldsymbol{b}|$是以$\boldsymbol{a}$，$\boldsymbol{b}$为邻边的平行四边形的面积，即上述平行六面体的底面积. 所以由

$$|(\boldsymbol{a},\boldsymbol{b},\boldsymbol{c})| = |\boldsymbol{a}\times\boldsymbol{b}||\text{射影}_{\boldsymbol{a}\times\boldsymbol{b}}\boldsymbol{c}| = |\boldsymbol{a}\times\boldsymbol{b}|h$$

得到，混合积$(\boldsymbol{a},\boldsymbol{b},\boldsymbol{c})$的绝对值是以$\boldsymbol{a},\boldsymbol{b},\boldsymbol{c}$为邻边的平行六面体的体积(图 2.38).

当$\boldsymbol{a},\boldsymbol{b},\boldsymbol{c}$组成右手系时，由于$\boldsymbol{c}$与$\boldsymbol{a}\times\boldsymbol{b}$指向$\boldsymbol{a},\boldsymbol{b}$所决定的平面的同一侧，这时$\angle(\boldsymbol{a}\times\boldsymbol{b},\boldsymbol{c})<\frac{\pi}{2}$，所以混合积$(\boldsymbol{a},\boldsymbol{b},\boldsymbol{c})>0$；当$\boldsymbol{a},\boldsymbol{b},\boldsymbol{c}$组成左手系时，混合积$(\boldsymbol{a},\boldsymbol{b},\boldsymbol{c})<0$.

由混合积的上述几何意义，我们得到

(1)若轮换混合积中的三个向量的排列顺序，则混合积的值不变，若只交换其中两个向量的排列顺序，则混合积改变符号. 即

$$\begin{aligned}(\boldsymbol{a},\boldsymbol{b},\boldsymbol{c}) &= (\boldsymbol{b},\boldsymbol{c},\boldsymbol{a}) = (\boldsymbol{c},\boldsymbol{a},\boldsymbol{b}) = -(\boldsymbol{b},\boldsymbol{a},\boldsymbol{c})\\ &= -(\boldsymbol{c},\boldsymbol{b},\boldsymbol{a}) = -(\boldsymbol{a},\boldsymbol{c},\boldsymbol{b}).\end{aligned}$$

这是因为它们的绝对值相等，都等于以$\boldsymbol{a},\boldsymbol{b},\boldsymbol{c}$为邻边的平行六面体的体积，当轮换三向量的排列顺序时，不改变它们是组成右手系还是左手系的状态，而交换两个向量的排列顺序时，则右手系变成左手系，左手系变成右手系.

(2)三个非零向量共面的充要条件是它们的混合积为零. 即

若$\boldsymbol{a},\boldsymbol{b},\boldsymbol{c}$为非零向量，则

$$\boldsymbol{a},\boldsymbol{b},\boldsymbol{c}\text{ 共面} \Longleftrightarrow (\boldsymbol{a},\boldsymbol{b},\boldsymbol{c}) = 0.$$

证明从略(可粗略地理解为$\boldsymbol{a},\boldsymbol{b},\boldsymbol{c}$共面就相当于以$\boldsymbol{a},\boldsymbol{b},\boldsymbol{c}$为邻边的平行六面体的体积为零).

现在来推导混合积的坐标表示式.

设 $\boldsymbol{a}=\{x_1,y_1,z_1\}$, $\boldsymbol{b}=\{x_2,y_2,z_2\}$, $\boldsymbol{c}=\{x_3,y_3,z_3\}$. 由向量积和数量积的坐标表示式(2.14)和(2.13), 得

$$
\begin{aligned}
(\boldsymbol{a},\boldsymbol{b},\boldsymbol{c})&=(\boldsymbol{a}\times\boldsymbol{b})\cdot\boldsymbol{c}\\
&=\left\{\begin{vmatrix} y_1 & z_1\\ y_2 & z_2\end{vmatrix},\begin{vmatrix} z_1 & x_1\\ z_2 & x_2\end{vmatrix},\begin{vmatrix} x_1 & y_1\\ x_2 & y_2\end{vmatrix}\right\}\cdot(x_3,y_3,z_3)\\
&=x_3\begin{vmatrix} y_1 & z_1\\ y_2 & z_2\end{vmatrix}+y_3\begin{vmatrix} z_1 & x_1\\ z_2 & x_2\end{vmatrix}+z_3\begin{vmatrix} x_1 & y_1\\ x_2 & y_2\end{vmatrix}.
\end{aligned}
$$

用三阶行列式表示为

$$
(\boldsymbol{a},\boldsymbol{b},\boldsymbol{c})=\begin{vmatrix} x_1 & y_1 & z_1\\ x_1 & y_2 & z_2\\ x_3 & y_3 & z_3\end{vmatrix}. \tag{2.15}
$$

这就是混合积的坐标表示式.

例 5 求以 $A(a_1,a_2,a_3)$, $B(b_1,b_2,b_3)$, $C(c_1,c_2,c_3)$, $D(d_1,d_2,d_3)$为顶点的四面体的体积.

解 由立体几何知，所求四面体的体积恰为以$\overrightarrow{AB}$, $\overrightarrow{AC}$, $\overrightarrow{AD}$为邻边的平行六面体体积的六分之一. 于是有

$$
V_{\text{四面体}}=\frac{1}{6}V_{\text{平行六面体}}=\frac{1}{6}\left|(\overrightarrow{AB},\overrightarrow{AC},\overrightarrow{AD})\right|.
$$

由题设得

$\overrightarrow{AB}=\{b_1-a_1,b_2-a_2,b_3-a_3\}$,

$\overrightarrow{AC}=\{c_1-a_1,c_2-a_2,c_3-a_3\}$,

$\overrightarrow{AD}=\{d_1-a_1,d_2-a_2,d_3-a_3\}$.

由混合积的坐标表示式得所求体积为

$$
V_{\text{四面体}}=\frac{1}{6}\begin{vmatrix} b_1\ a_1 & b_2-a_2 & b_3-a_3\\ c_1-a_1 & c_2-a_2 & c_3-a_3\\ d_1-a_1 & d_2-a_2 & d_3-a_3\end{vmatrix}\text{的绝对值.}
$$

例 6 试判断四个点 $A(0, 0, 1)$, $B(1, 1, 1)$, $C(2, 2, -3)$, $D(-3, -3, 5)$是否在同一平面上.

解 本题只需判断向量$\overrightarrow{AB}$, $\overrightarrow{AC}$, $\overrightarrow{AD}$是否共面，为此只需计算混合积$(\overrightarrow{AB}, \overrightarrow{AC}, \overrightarrow{AD})$，看是否为零.

由 $\overrightarrow{AB}=\{1-0,1-0,1-1\}=\{1,1,0\}$,

$\overrightarrow{AC}=\{2-0,2-0,-3-1\}=\{2,2,-4\}$,

$\overrightarrow{AD}=\{-3-0,-3-0,5-1\}=\{-3,-3,4\}$.

得 $(\overrightarrow{AB}, \overrightarrow{AC}, \overrightarrow{AD})=\begin{vmatrix} 1 & 1 & 0 \\ 2 & 2 & -4 \\ -3 & -3 & 4 \end{vmatrix}=0$,

所以 A, B, C, D 四点共面.

小　结

一、本章主要介绍空间直角坐标系、向量的概念及其代数运算.坐标和向量都是研究空间解析几何的工具.通过向量把代数运算引到几何中来，实现空间结构的代数化.点、向量和坐标，三者之间的相互联系和转换，使我们能够通过数来研究形，通过代数来研究几何.

二、空间直角坐标系是平面直角坐标系的推广.本章介绍了点与其在空间直角坐标系中的坐标的对应规则，各个卦限中点的坐标的正负，各坐标面上的和各坐标轴上的点及原点的坐标的特征，以及关于原点和各坐标面对称的点的坐标的特征.

三、介绍了向量的有关概念，包括向量的定义，向量的几何表示，向量的模，向量相等，向量的反向量，单位向量，零向量，共线向量和共面向量等，它们是讨论向量时常用的术语.

四、向量的线性运算包括向量的加减法和数量乘向量.加法有平行四边形法则和三角形法则，力的合成和位移的合成可以分别看成是这两个法则的实际背景.由于有反向量的概念，因此减法可以看成加法:$\boldsymbol{a}-\boldsymbol{b}=\boldsymbol{a}+(-\boldsymbol{b})$.这和在代数中引进负数以后，减法可以看成加法是一样的.本章介绍了作为向量共线和共面的充要条件的代数表示式.因为我们是用代数方法研究几何，因此我们对于各种几何关系的代数表示式需要特别留意.用向量做工具来证明几何题，称为解几何题的向量方法，它也是用代数方法解几何题的一种.

五、建立空间向量的坐标，即用向量在三个坐标轴上的射影组成的有序三数组来表示这个向量，从而可以把向量的运算转化为坐标的运算. 把向量的坐标与点的坐标联系起来，为在解析几何中应用向量准备了条件. 在下一章我们就是通过向量来建立平面和空间直线的坐标方程的. 用向量的坐标来表示向量的模和方向余弦，这样，向量的大小和方向都可以通过数来表示. 两点间的距离公式和线段的定比分点公式，是空间解析几何中的两个基本公式，它们是平面解析几何中相应的两个公式的推广(公式的形式完全类似，只是在空间多了一个 z 坐标).

六、两个向量的乘法有两种:数量积和向量积. 本章介绍了两种乘法的定义，满足的运算律，在几何上的主要应用，以及它们与通常的数的乘法的主要区别，并给出了它们的坐标表示式. 最后还简要地介绍了三个向量的乘法中的一种:混合积.

习 题 二

A

1. 在空间直角坐标系中，作出下列各点：$A(3, 2, -3)$，$B(3, 2, 3)$，$C(-3, -3, 2)$，$D(-1, 3, 1)$.

2. 在空间直角坐标系中，已知一点 $P_0(x_0, y_0, z_0)$，由 P_0 向各坐标面及各坐标轴作垂线，求各垂足的坐标.

3. 边长为 1 的立方体的一个顶点在原点，过该顶点的三条边分别在三个坐标轴上. 如图 2.39，求该立方体各顶点的坐标.

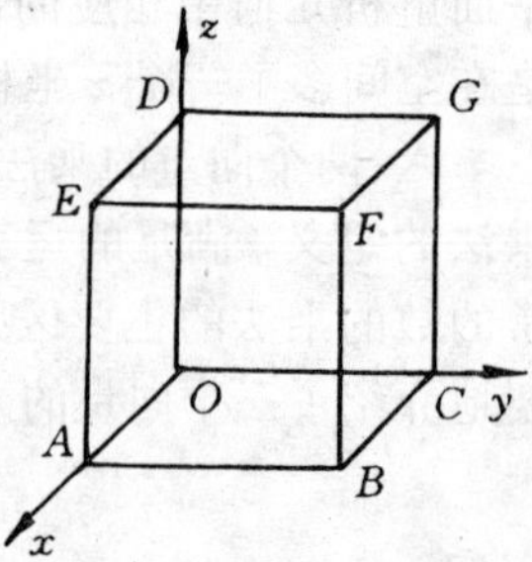

图 2.39

4. 一边长为 a 的立方体放置在 xOy 面上，其底面的中心在坐标原点，底面的顶点分别在 x 轴和 y 轴上，如图 2.40. 求各顶点的坐标.

5. 已知 $ABCDEF$ 是一个正六边形，O 是它的中心. 试判断在下列诸向量中哪些是相等向量，哪些是相反向量. $\overrightarrow{OA}$，$\overrightarrow{OB}$，$\overrightarrow{OC}$，$\overrightarrow{OD}$，$\overrightarrow{OE}$，$\overrightarrow{OF}$，$\overrightarrow{AB}$，$\overrightarrow{BC}$，$\overrightarrow{CD}$，$\overrightarrow{DE}$，$\overrightarrow{EF}$，$\overrightarrow{FA}$.

6. 已知平行四边形 $ABCD$ 的对角线 $\overrightarrow{AC}=\boldsymbol{a}$，$\overrightarrow{BD}=\boldsymbol{b}$，求 $\overrightarrow{AB}$，$\overrightarrow{BC}$，$\overrightarrow{CD}$，$\overrightarrow{DA}$.

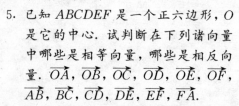

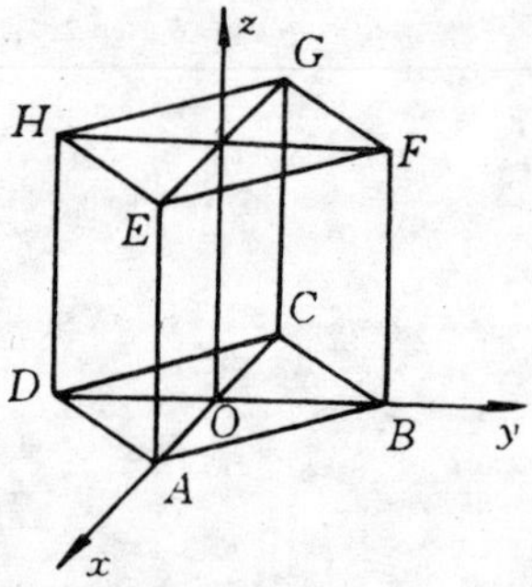

图 2.40

7. 已知在空间四边形 $ABCD$ 中，$\overrightarrow{AB}=\boldsymbol{a}-2\boldsymbol{c}$，，$\overrightarrow{BC}=3\boldsymbol{b}+\boldsymbol{c}$，$\overrightarrow{CD}=5\boldsymbol{a}+6\boldsymbol{b}-8\boldsymbol{c}$. 求连结 AC 的中点 E 与 BD 的中点 F 所得的向量 $\overrightarrow{EF}$.

8. 已知点 $A(2, 0, -1)$ 及向量 $\overrightarrow{AB}$ 在三个坐标轴上的射影分别为 1，4，5，求点 B 的坐标.

9. 设 $\boldsymbol{a}=\{5,7,2\}$，$\boldsymbol{b}=\{3,0,4\}$，$\boldsymbol{c}=\{-6,1,1\}$，求 $3\boldsymbol{a}-2\boldsymbol{b}+\boldsymbol{c}$ 和 $5\boldsymbol{a}+6\boldsymbol{b}-\boldsymbol{c}$.

10. 已知点 $A(4,\sqrt{2},1)$ 和 $B(3,0,2)$，求向量 $\overrightarrow{AB}$ 的模和方向余弦及方向角.

11. 求向量 $\boldsymbol{a}=\boldsymbol{i}+\sqrt{2}\boldsymbol{j}+\boldsymbol{k}$ 与各个坐标轴的夹角.

12. 求把两点 $A(1,1,1)$ 和 $B(1,2,0)$ 间的线段 $\overline{AB}$ 分成 2∶1 的分点 C 的坐标.

13. 已知三角形的三个顶点为 $A(2,5,0)$，$B(11,3,8)$，$C(5,1,12)$，求边 AB 之长及 AB 边上的中线之长，并求该三角形的重心的坐标.

14. 已知 $|\boldsymbol{a}|=3$，$|\boldsymbol{b}|=2$，$\angle(\boldsymbol{a},\boldsymbol{b})=\frac{\pi}{3}$，求 $\boldsymbol{a}\cdot\boldsymbol{b}$ 及 $(3\boldsymbol{a}+2\boldsymbol{b})\cdot(2\boldsymbol{a}-5\boldsymbol{b})$.

15. 已知向量 $\boldsymbol{a}=\{1,1,-4\}$，$\boldsymbol{b}=\{1,-2,2\}$，求(1) $2\boldsymbol{a}\cdot\boldsymbol{b}$；(2) $\boldsymbol{a}$ 与 $\boldsymbol{b}$ 的夹角.

16. 已知 $\triangle ABC$ 的顶点为 $A(-1,2,3)$，$B(1,1,1)$，$C(0,0,5)$，证明 $\triangle ABC$ 为直角三角形(即证 $\overrightarrow{AB}\perp\overrightarrow{AC}$)，并求 $\angle B$.

17. 已知 $\boldsymbol{a}$ 和 $\boldsymbol{b}$ 的夹角为 $\frac{\pi}{6}$，又 $|\boldsymbol{a}|=6$，$|\boldsymbol{b}|=5$，求 $|\boldsymbol{a}\times\boldsymbol{b}|$.

18. 已知 $\boldsymbol{a}=\{1,0,-1\}$，$\boldsymbol{b}=\{1,-2,0\}$.
(1)求 $\boldsymbol{a}\times\boldsymbol{b}$ 及 $\boldsymbol{b}\times\boldsymbol{a}$，验证 $\boldsymbol{a}\times\boldsymbol{b}=-(\boldsymbol{b}\times\boldsymbol{a})$；
(2)求以 $\boldsymbol{a},\boldsymbol{b}$ 为邻边的平行四边形的面积.

19. 已知向量 $\overrightarrow{OA}=\boldsymbol{i}+3\boldsymbol{k}$，$\overrightarrow{OB}=\boldsymbol{j}+3\boldsymbol{k}$，求 $\triangle OAB$ 的面积.

20. 已知 $M_1(1,-1,2)$，$M_2(3,3,1)$ 和 $M_3(3,1,3)$，求与 $\overrightarrow{M_1M_2}$ 和 $\overrightarrow{M_2M_3}$ 都垂直的单位向量.

B

一、填空

1. 在空间直角坐标系中，点 $A(1,-2,3)$ 在第________卦限，它关于 xOy 面的对称点 A_1 的坐标是_______，点 A_1 在第_______卦限.点 A 关于原点的对称点 A_2 的坐标是________，点 A_2 在第________卦限.

2. 已知 $ABCDEF$ 是一个正六边形，设 $\overrightarrow{AB}=\boldsymbol{a}$，$\overrightarrow{AF}=\boldsymbol{b}$，则 $\overrightarrow{BC}=$ ________，$\overrightarrow{CD}=$ ________.

3. 已知具有公共起点 O 的三个不共面向量 $\boldsymbol{a},\boldsymbol{b},\boldsymbol{c}$，则以 $\boldsymbol{a},\boldsymbol{b},\boldsymbol{c}$ 为邻边的平行六面体的对角线向量 $\overrightarrow{OP}=$ ________.

4. 已知点 $A(1,\ 2,\ 4)$ 和 $B(0,\ -1,\ 7)$，则向量 $\overrightarrow{AB}$ 的坐标表示式为 $\overrightarrow{AB}=$ ________.

5. 与向量 $\boldsymbol{a}=\{6,7,-6\}$ 同向的单位向量是 $\boldsymbol{a}^0=$ ________.

二、单项选择

6. 在空间直角坐标系中，点 $A(3,\ 4,\ 0)$ 在(　　).

   A. z 轴上　B. yz 面上　C. zx 面上　D. xy 面上

7. 在空间直角坐标系中，点 $A(2,\ 3,\ -1)$ 关于 yz 面的对称点 A_1 的坐标是(　　).

   A. $(-2,\ 3,\ 1)$　B. $(-2,\ 3,\ -1)$

   C. $(2,\ 3,\ 1)$　D. $(2,\ -3,\ -1)$

8. 对于任意向量 $\boldsymbol{a},\boldsymbol{b}$，下列诸等式中成立的是(　　).

   A. $|\boldsymbol{a}|\boldsymbol{a}=\boldsymbol{a}^2$　B. $\boldsymbol{a}(\boldsymbol{b}\cdot\boldsymbol{b})=\boldsymbol{a}\boldsymbol{b}^2$

   C. $\boldsymbol{a}(\boldsymbol{a}\cdot\boldsymbol{b})=\boldsymbol{a}^2\boldsymbol{b}$　D. $(\boldsymbol{a}\cdot\boldsymbol{b})^2=\boldsymbol{a}^2\boldsymbol{b}^2$

9. 对于任意向量 $\boldsymbol{a},\boldsymbol{b},\boldsymbol{c}$，下列诸等式中成立的是(　　).

   A. $(\boldsymbol{a}+\boldsymbol{b})\times(\boldsymbol{a}+\boldsymbol{b})=\boldsymbol{a}\times\boldsymbol{a}+2\boldsymbol{a}\times\boldsymbol{b}+\boldsymbol{b}\times\boldsymbol{b}$

   B. $(\boldsymbol{a}+\boldsymbol{b})\cdot(\boldsymbol{a}+\boldsymbol{b})=\boldsymbol{a}^2+2\boldsymbol{a}\cdot\boldsymbol{b}+\boldsymbol{b}^2$

   C. $(\boldsymbol{a}+\boldsymbol{b})\times(\boldsymbol{a}-\boldsymbol{b})=\boldsymbol{a}\times\boldsymbol{a}-\boldsymbol{b}\times\boldsymbol{b}$

   D. $(\boldsymbol{a}\cdot\boldsymbol{b})\boldsymbol{c}=\boldsymbol{a}(\boldsymbol{b}\cdot\boldsymbol{c})$

10. 已知三点 $A(-1,\ 2,\ 3)$，$B(1,\ 2,\ 1)$，$C(0,\ 1,\ 4)$，则 $\angle BAC$ 是(　　).

    A. 直角　B. 锐角　C. 钝角　D. 平角

第三章　平面和空间直线

平面和空间直线，是我们最常见的也是最简单的空间图形.在本章中，我们将应用向量作工具，在空间直角坐标系中，建立平面和空间直线的方程，并通过方程来研究空间中平面与平面、平面与直线、直线与直线的位置关系及其他有关问题.

3.1　平面的方程

3.1.1　平面的点法式方程

我们把垂直于一个平面的非零向量，叫做该平面的**法线向量**.因此，若 $\boldsymbol{n}$ 是平面 α 的一个法线向量，则与 $\boldsymbol{n}$ 共线的任何非零向量 $\lambda\boldsymbol{n}(\lambda\neq 0)$ 也都是平面 α 的法线向量.容易知道，平面上的任一向量都与该平面的法线向量垂直.

已知一个非零向量 $\boldsymbol{n}$，可以作无数多个平面与 $\boldsymbol{n}$ 垂直，它们是互相平行的.如果再要求平面通过一个已知点，则这个平面就完全确定了.这就是说，平面由其上一点及其法线向量完全决定.

已知平面 α 上一点 $P_0(x_0, y_0, z_0)$ 及平面 α 的法线向量 $\boldsymbol{n}=\{A, B, C\}$，我们来建立平面 α 的方程.

我们可以把上述平面 α 看成是空间中满足下列条件的动点 P 的集合(轨迹):该动点 P 与已知定点 P_0 相连所得向量与已知法线向量 $\boldsymbol{n}$ 垂直.

设 $P(x, y, z)$ 为平面 α 上任意一点，则有 $\overrightarrow{P_0P}\perp\boldsymbol{n}$，即 $\overrightarrow{P_0P}\cdot\boldsymbol{n}=0$.由 $\overrightarrow{P_0P}=\{x-x_0, y-y_0, z-z_0\}$，$\boldsymbol{n}=\{A, B, C\}$，及二向量的数量积的坐标表示式得

$$A(x-x_0)+B(y-y_0)+C(z-z_0)=0. \quad (3.1)$$

这就是说，平面 α 上任一点 P 的坐标(x, y, z)满足方程(3.1).

反之，若点 $P(x, y, z)$的坐标满足方程(3.1)，则有 $\boldsymbol{n}\cdot\overrightarrow{P_0P}=0$，即$\overrightarrow{P_0P}\perp\boldsymbol{n}$，说明点 P 在平面 α 上.

这样，我们就把方程(3.1)称为平面 α 的方程.

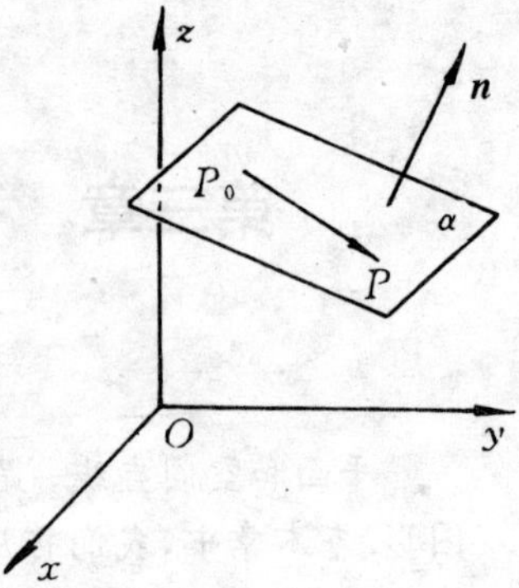

图 3.1

由于方程(3.1)中的 x_0，y_0，z_0 是平面 α 上的一个已知点 P_0 的坐标，系数 A，B，C 是平面 α 的法线向量 $\boldsymbol{n}$ 的坐标，因此，我们把方程(3.1)叫做**平面的点法式方程**.

例 1 已知一平面过点 $P_0(1, -2, 0)$，法线向量为 $\boldsymbol{n}=\{4, 5, -3\}$，求这个平面的方程.

解 将已知点的坐标和已知法线向量的坐标代入平面的点法式方程(3.1)，即得所求平面方程为

$$4(x-1)+5(y+2)-3(z-0)=0,$$

整理得

$$4x+5y-3z+6=0.$$

例 2 求过已知三点 $P_1(1, 0, 3)$，$P_2(2, -1, 2)$及 $P_3(4, -3, 7)$的平面方程.

解 先求出这个平面的一个法线向量.

由于点 P_1，P_2，P_3 在该平面上，因此向量$\overrightarrow{P_1P_2}$和$\overrightarrow{P_1P_3}$在该平面上，于是该平面的法线向量同时垂直于$\overrightarrow{P_1P_2}$和$\overrightarrow{P_1P_3}$. 由于二向量的向量积与二向量皆垂直，因此，我们可以取与二向量$\overrightarrow{P_1P_2}$和$\overrightarrow{P_1P_3}$的向量积 $\boldsymbol{n}_1$ 共线的任何一个向量为该平面的法线向量. 由$\overrightarrow{P_1P_2}=\{1, -1, -1\}$，$\overrightarrow{P_1P_3}=\{3, -3, 4\}$及向量积的坐标表示式得

$$\boldsymbol{n}_1=\overrightarrow{P_1P_2}\times\overrightarrow{P_1P_3}$$
$$=\left\{\begin{vmatrix}-1 & -1\\ -3 & 4\end{vmatrix}, \begin{vmatrix}-1 & 1\\ 4 & 3\end{vmatrix}, \begin{vmatrix}1 & -1\\ 3 & -3\end{vmatrix}\right\}$$

$=\{-7, -7, 0\}$.

为了计算简单，我们取与 $\boldsymbol{n}_1$ 共线的向量 $\boldsymbol{n}=\{1, 1, 0\}$为平面的法线向量(因为 $\boldsymbol{n}_1=7\boldsymbol{n}$，所以 $\boldsymbol{n}$ 与 $\boldsymbol{n}_1$ 共线).

于是，由所求平面过已知点 $P_1(1, 0, 3)$且法线向量为 $\boldsymbol{n}=\{1, 1, 0\}$，得该平面的点法式方程

$$1(x-1)+1(y-0)=0,$$

整理得所求平面方程为

$$x+y-1=0.$$

3.1.2 平面的一般方程

平面的点法式方程(3.1)可以化成 x，y，z 的一次方程

$$Ax+By+Cz-(Ax_0+By_0+Cz_0)=0,$$

一般地写成形如

$$Ax+By+Cz+D=0. \tag{3.2}$$

由于任何平面都可以用它上面的一个点及它的一个法线向量来确定，因而可以得到它的点法式方程，再化成三元一次方程(3.2)，于是，任何平面都可以用三元一次方程(3.2)来表示. 反过来，任意一个关于 x，y，z 的三元一次方程(3.2)必表示一个平面. 证明如下：

由于形如(3.1)的方程皆表示平面，因此，我们只需把(3.2)化成(3.1)的形式即可. 注意到 A，B，C 不全为零，不妨设 $A\neq 0$，于是(3.2)式可化成形如(3.1)的方程

$$A\left(x+\frac{D}{A}\right)+B(y-0)+C(z-0)=0,$$

它表示，过点 $P_0\left(-\frac{D}{A}, 0, 0\right)$，以 $\boldsymbol{n}=\{A, B, C\}$为法线向量的平面.

因此我们得到：

平面方程是三元一次方程，反之，三元一次方程必表示平面.

我们把三元一次方程(3.2)称为**平面的一般方程**. 其中 x，y，z 的系数(不全为零)是该平面的一个法向量 $\boldsymbol{n}$ 的坐标，即 $\boldsymbol{n}=\{A, B, C\}$.

例如，方程

$$3x-y+4z-5=0$$

表示一个平面，向量{3，−1，4}是该平面的一个法线向量.

现在，我们来讨论，平面的一般方程(3.2)当它的某些系数为零时，它所表示的平面在坐标系中，处于怎样的特殊位置.

1. $D=0$. 此时方程(3.2)变成

$$Ax+By+Cz=0.$$

由于原点(0，0，0)的坐标满足方程，说明该平面通过原点.

例如，方程 $3x+4y-z=0$ 表示过原点的平面.

2. $A=0$，$B\neq0$，$C\neq0$，此时方程(3.2)变成

$$By+Cz+D=0.$$

由于该平面的法线向量 $\boldsymbol{n}=\{0, B, C\}$ 与 x 轴上的单位向量 $\boldsymbol{i}=\{1, 0, 0\}$ 互相垂直($\boldsymbol{n}\cdot\boldsymbol{i}=0$)，说明该平面平行于 x 轴.

特别地，如果 $A=0$，$D=0$，则平面 $By+Cz=0$ 过 x 轴.

例如，方程 $3y+z-4=0$ 表示平行于 x 轴的平面，而方程 $3y+z=0$ 表示过 x 轴的平面.

3. $B=0$，$A\neq0$，$C\neq0$，此时方程(3.2)变成

$$Ax+Cz+D=0.$$

与第 2 条同样的分析可得，该平面平行于 y 轴.

特别地，如果 $B=0$，$D=0$，则平面 $Ax+Cz=0$ 过 y 轴.

4. $C=0$，$A\neq0$，$B\neq0$，此时方程(3.2)变成

$$Ax+By+D=0.$$

该平面平行于 z 轴.

特别地，如果 $C=0$，$D=0$，则平面 $Ax+By=0$ 过 z 轴.

5. $A=0$，$B=0$，$C\neq0$，此时方程(3.2)变成

$$Cz+D=0.$$

由于该平面的法线向量 $\boldsymbol{n}=\{0, 0, C\}$ 与 z 轴上的单位向量 $\boldsymbol{k}=\{0, 0, 1\}$ 平行，说明该平面垂直于 z 轴，即平行于 xy 面.

特别地，如果 $A=0$，$B=0$，$D=0$，则平面 $Cz=0$，即 $z=0$，就是 xy 面.

例如，方程 $3z+4=0$ 表示平行于 xy 面的平面.

6. $B=0$, $C=0$, $A\neq 0$，此时方程(3.2)变成

$$Ax+D=0.$$

与5同样的分析可得，该平面平行于 yz 面.

特别地，如果 $B=0$, $C=0$, $D=0$，则平面 $Ax=0$，即 $x=0$，就是 yz 面.

7. $A=0$, $C=0$, $B\neq 0$. 此时方程(3.2)变成

$$By+D=0.$$

该平面平行于 xz 面.

特别地，如果 $A=0$, $C=0$, $D=0$，则平面 $By=0$，即 $y=0$，就是 xz 面.

例3 指出下列各方程表示的平面在空间直角坐标系中，具有怎样的特殊位置，并画出它们的图形.

(1) $y=0$；　　(2) $x-4=0$；

(3) $x+y=1$；　　(4) $x-z=0$；

(5) $2x-3y+z=0$.

解 (1)因为平面的法线向量平行于 y 轴，平面又过原点，所以平面就是 xz 面，它的图形如 3.2(1)(图中只画出该平面的一部分，下同).

(2)因为平面的法线向量平行于 x 轴，平面又经过 x 轴上点 $A(4,0,0)$，所以该平面是过点 A 且平行于 yz 面的平面. 图形如图 3.2(2).

(3)因为平面的法线向量 $\{1,1,0\}$ 与 z 轴上的单位向量 $\boldsymbol{k}=\{0,0,1\}$ 互相垂直，又平面经过点 $A(1,0,0)$ 和 $B(0,1,0)$，所以该平面是通过 xy 面上的直线 AB，且平行于 z 轴的平面，图形如图 3.2(3).

(4)因为平面的法线向量 $\{1,0,-1\}$ 与 y 轴上的单位向量 $\boldsymbol{j}=\{0,1,0\}$ 互相垂直，平面又过原点及点 $A(1,0,1)$，所以该平面是通过 y 轴及 xz 面上的直线 OA 的平面. 图形如图 3.2(4).

(5)因为常数项为零，所以平面经过原点 O，平面又经过点 $A(0,1,3)$ 及 $B(3,2,0)$，图形如图 3.2(5).

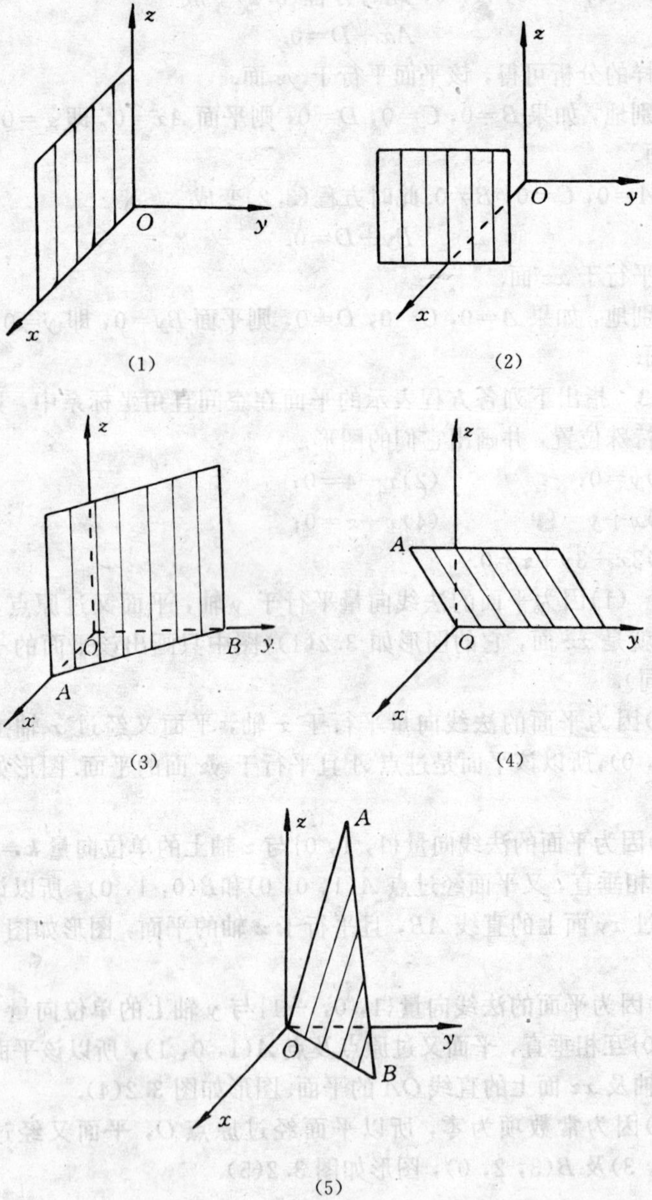

图 3.2

例 4 求过已知点(4, 5, -3)且平行于 xy 面的平面.

解法一 用点法式方程. 已知平面平行于 xy 面，则其法线向量垂直于 xy 面，即平行于 z 轴，取 z 轴上的单位向量 $\boldsymbol{k}=\{0,0,1\}$为其法线向量，于是所求平面的点法式方程为

$$0(x-4)+0(y-5)+1(z+3)=0.$$

整理得所求平面方程为

$$z+3=0.$$

解法二 用平面的一般方程. 已知平面平行于 xy 面，可设所求平面方程为

$$Cz+D=0(C\neq 0).$$

又已知平面过点(4, 5, -3)，代入上式，得

$$-3C+D=0,$$

解得 $D=-3C$，代入得 $Cz+3C=0$. 由 $C\neq 0$ 得所求平面方程为

$$z+3=0.$$

例 5 求平行于 x 轴且经过两点 $P_1(4,0,-2)$和 $P_2(5,1,7)$的平面方程.

解 由于所求平面平行于 x 轴，因此可设它的方程为

$$By+Cz+D=0. \qquad (*)$$

又知它过点 P_1 和 P_2，所以分别有

$$-2C+D=0,$$

$$B+7C+D=0.$$

由此二式解得 $C=\frac{1}{2}D$, $B=-\frac{9}{2}D$. 代入(*)得

$$-\frac{9}{2}Dy+\frac{1}{2}Dz+D=0.$$

由于 $D\neq 0$(否则若 $D=0$，则 B 与 C 全为零，(*)式就不表示平面了)，从上式中约去 D，整理得所求平面方程为

$$9y-z-2=0.$$

例 6 求过三点 $A(a,0,0)$，$B(0,b,0)$，$C(0,0,c)(abc\neq 0)$的平面方程.

解 设所求平面方程为

$$Ax+By+Cz+D=0. \qquad (**)$$

由于平面过点 $A(a, 0, 0)$，所以有

$$Aa+D=0.$$

解得 $$A=-\frac{D}{a}.$$

同样，由平面过点 $B(0, b, 0)$及 $C(0, 0, c)$，分别有

$$Bb+D=0 \quad 及 \quad Cc+D=0.$$

解得 $$B=-\frac{D}{b} \quad 及 \quad C=-\frac{D}{c}.$$

代入(＊＊)式，约去 D，整理得所求平面方程为

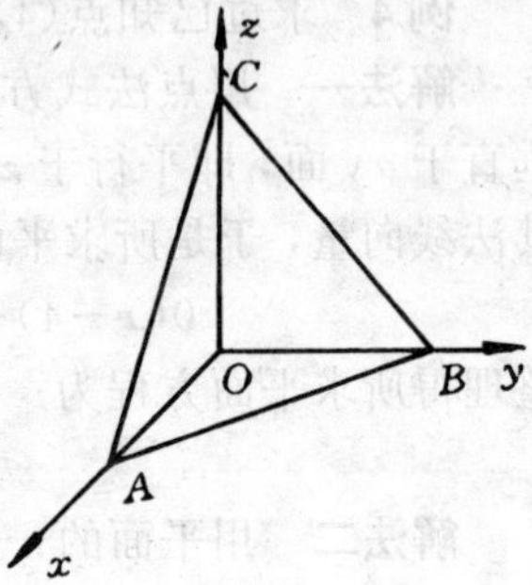

图 3.3

$$\frac{x}{a}+\frac{y}{b}+\frac{z}{c}=1. \qquad (3.3)$$

方程(3.3)中的 a，b，c 分别是这个平面截 x 轴，y 轴和 z 轴所得的截距(如图 3.3)，所以方程(3.3)叫做**平面的截距式方程**.

注意，只有当平面与三个坐标轴皆相交且不过原点时，也就是只有当平面在三个坐标轴上的截距都存在且不为零时，才有截距式方程. 或者说，只有当平面的一般方程中的所有系数(包括常数项)皆不为零时，才能化成截距式.

由平面的截距式方程，我们可以立即看出该平面与三个坐标轴的交点，从而作出该平面.

例 7 将方程

$$3x-2y+4z-6=0$$

化成截距式，并作出该平面的图形.

解 用 6 除方程的各项得

$$\frac{x}{2}-\frac{y}{3}+\frac{z}{\frac{3}{2}}=1.$$

这就是所求的截距式方程. 从这个方程可知该平面与三个坐标的交点分别为 $A(2, 0, 0)$，$B(0, -3, 0)$，$C\left(0, 0, \frac{3}{2}\right)$，该平面的图形(部分)如

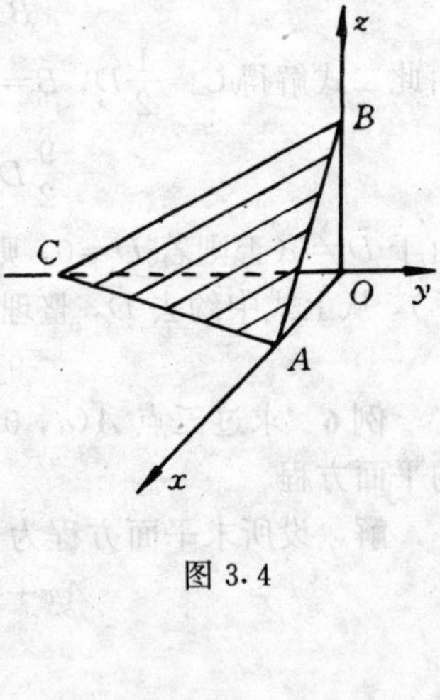

图 3.4

图 3.4.

3.2 二平面的相互位置　点到平面的距离

3.2.1 二平面的相互位置

现在我们从二平面的方程来讨论它们互相重合、平行和垂直的条件以及它们的夹角.

已知二平面 α 和 β 的方程为

$$\alpha: A_1x+B_1y+C_1z+D_1=0,$$
$$\beta: A_2x+B_2y+C_2z+D_2=0. \qquad (*)$$

我们知道，平面与其法线向量是互相垂直的. 因此，二平面的平行和垂直可以由它们的法线向量的平行和垂直来决定.

(1)当平面 α 的法线向量 $\boldsymbol{n}_1$ 与平面 β 的法线向量 $\boldsymbol{n}_2$ 互相平行(共线)时，平面 α 与 β 互相平行或互相重合. 反过来也对，即当 α 与 β 平行或重合时，它们的法线向量 $\boldsymbol{n}_1$ 与 $\boldsymbol{n}_2$ 共线.

由二平面的方程(*)知 $\boldsymbol{n}_1=\{A_1, B_1, C_1\}$，$\boldsymbol{n}_2=\{A_2, B_2, C_2\}$. 由上一章知 $\boldsymbol{n}_1 /\!/ \boldsymbol{n}_2 \Leftrightarrow \dfrac{A_1}{A_2}=\dfrac{B_1}{B_2}=\dfrac{C_1}{C_2}$.

于是得到 α 与 β 平行或重合 $\Leftrightarrow \dfrac{A_1}{A_2}=\dfrac{B_1}{B_2}=\dfrac{C_1}{C_2}$，分两种情形：

(i) $\dfrac{A_1}{A_2}=\dfrac{B_1}{B_2}=\dfrac{C_1}{C_2}=\dfrac{D_1}{D_2}$. 即(*)中二方程的各个系数对应成比例，因此二方程是同解方程，它们实际上表示同一个平面，即 α 与 β 重合. 反之，若 α 与 β 重合，即 α 与 β 实际是同一个平面，(*)中的两个方程为同解方程，则它们的对应系数成比例 $\dfrac{A_1}{A_2}=\dfrac{B_1}{B_2}=\dfrac{C_1}{C_2}=\dfrac{D_1}{D_2}$.

于是得到

$$\alpha \text{ 与 } \beta \text{ 重合} \Leftrightarrow \frac{A_1}{A_2}=\frac{B_1}{B_2}=\frac{C_1}{C_2}=\frac{D_1}{D_2}.$$

(ii) $\dfrac{A_1}{A_2}=\dfrac{B_1}{B_2}=\dfrac{C_1}{C_2}\neq\dfrac{D_1}{D_2}$，此时(*)中的两个方程组成的联立方程组无解，即平面 α 与 β 无交点，即 α 与 β 平行而不重合，反之，若 α 与 β 平行而不重合，则 $\dfrac{A_1}{A_2}=\dfrac{B_1}{B_2}=\dfrac{C_1}{C_2}\neq\dfrac{D_1}{D_2}$.

于是得到

$$\alpha\text{ 与 }\beta\text{ 平行(不重合)}\Leftrightarrow\frac{A_1}{A_2}=\frac{B_1}{B_2}=\frac{C_1}{C_2}\neq\frac{D_1}{D_2}.$$

(2)当平面 α 的法线向量 $\boldsymbol{n}_1$ 与平面 β 的法线向量 $\boldsymbol{n}_2$ 互相垂直时，平面 α 与 β 也互相垂直. 反过来也对，即当 $\alpha\perp\beta$ 时，$\boldsymbol{n}_1\perp\boldsymbol{n}_2$.

由上一章知

$$\boldsymbol{n}_1\perp\boldsymbol{n}_2\Leftrightarrow\boldsymbol{n}_1\cdot\boldsymbol{n}_2=0,\text{ 即 }A_1A_2+B_1B_2+C_1C_2=0.$$

于是得到

$$\alpha\perp\beta\Leftrightarrow A_1A_2+B_1B_2+C_1C_2=0.$$

例 1 一平面通过两点 $P_1(1, 1, 1)$及 $P_2(0, 1, -1)$，且垂直于平面 $x+y+z=0$,求它的方程.

解 设所求平面的方程为

$$Ax+By+Cz+D=0. \qquad (*)$$

因为所求平面垂直于已知平面 $x+y+z=0$，由二平面垂直条件，得

$$A+B+C=0. \qquad ①$$

由平面过点 $P_1(1, 1, 1)$，得

$$A+B+C+D=0. \qquad ②$$

由平面过点 $P_2(0, 1, -1)$，得

$$B-C+D=0. \qquad ③$$

由①②，解得 $\qquad D=0$，

代入②③，解得 $\qquad B=C,\ A=-2C$，

代入($*$)，得

$$-2Cx+Cy+Cz=0.$$

由于 $C\neq0$(否则 A，B，C 全为零)，约去$-C$ 得

$$2x-y-z=0.$$

这就是所求平面方程.

两个平面之间的夹角，是指它们的法线向量之间的夹角或其补角(通常指锐角).

设平面 α 和 β 的法线向量分别为 $\boldsymbol{n}_1$ 和 $\boldsymbol{n}_2$，记 $\boldsymbol{n}_1$ 和 $\boldsymbol{n}_2$ 的夹角为 φ，α 和 β 的夹角为 θ，则

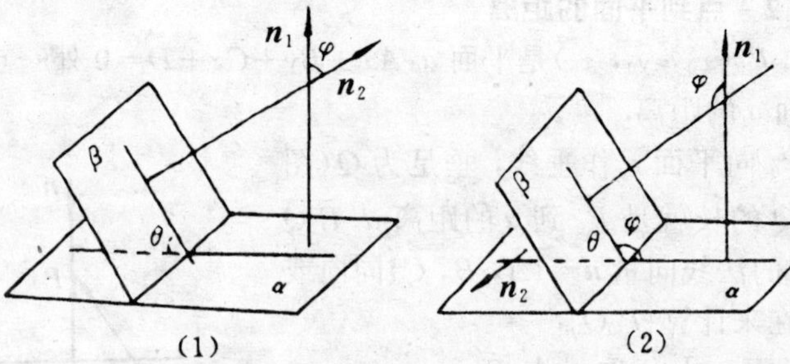

图 3.5

$$\theta=\begin{cases}\varphi, & 当\ 0\leqslant\varphi\leqslant\frac{\pi}{2}(图\ 3.5(1)),\\ \pi-\varphi, & 当\ \frac{\pi}{2}\leqslant\varphi\leqslant\pi(图\ 3.5(2)).\end{cases}$$

于是有 $\cos\theta=|\cos\varphi|$.

设任意二平面 α 和 β 的方程为

$$\alpha: A_1x+B_1y+C_1z+D_1=0,$$

$$\beta: A_2x+B_2y+C_2z+D_2=0,$$

则它们的法线向量分别为 $\boldsymbol{n}_1=\{A_1, B_1, C_1\}$ 和 $\boldsymbol{n}_2=\{A_2, B_2, C_2\}$. 由二向量的夹角公式得 $\cos\varphi=\frac{\boldsymbol{n}_1\cdot\boldsymbol{n}_2}{|\boldsymbol{n}_1||\boldsymbol{n}_2|}$，于是得二平面 α 和 β 的夹角公式：

$$\cos\theta=\frac{|A_1A_2+B_1B_2+C_1C_2|}{\sqrt{A_1^2+B_1^2+C_1^2}\sqrt{A_2^2+B_2^2+C_2^2}}.$$

例 2 求平面 $2x-y+z-6=0$ 与 $x+y+2z-5=0$ 之间的夹角.

解 由二平面的方程知它们的法线向量分别为 $\boldsymbol{n}_1=\{2, -1, 1\}$, $\boldsymbol{n}_2=\{1, 1, 2\}$. 于是由二平面的夹角公式，得

$$\cos\theta=\frac{|2\times1+(-1)\times1+1\times2|}{\sqrt{2^2+(-1)^2+1^2}\sqrt{1^2+1^2+2^2}}=\frac{3}{\sqrt{6}\sqrt{6}}=\frac{1}{2},$$

因此所求夹角为 $\frac{\pi}{3}$.

3.2.2 点到平面的距离

已知 $P_0(x_0, y_0, z_0)$是平面 $\alpha: Ax+By+Cz+D=0$ 外一点，求 P_0 到平面 α 的距离.

由 P_0 向平面 α 作垂线，垂足为 Q(图 3.6)，P_0Q 的长就是 P_0 到 α 的距离 d. $\overrightarrow{P_0Q}$ 与平面 α 的法线向量 $\boldsymbol{n}=\{A, B, C\}$同向或反向. 现在来计算$|P_0Q|$.

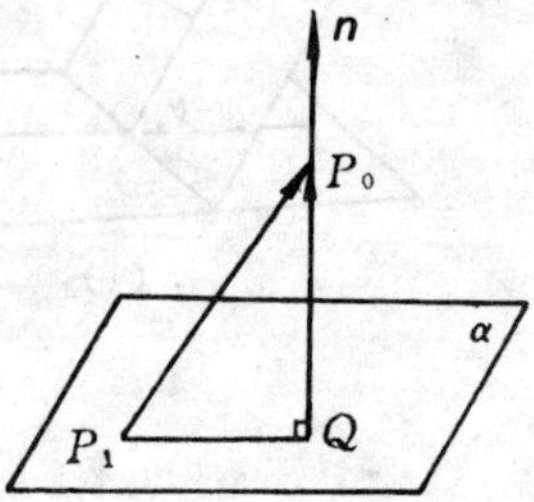

图 3.6

在平面 α 上任取一点 $P_1(x_1, y_1, z_1)$(图 3.6)，则 $P_1Q \perp P_0Q$，于是$|P_0Q|$等于$\overrightarrow{P_1P_0}$在$\overrightarrow{QP_0}$上的射影的绝对值，即

$$|P_0Q| = |\text{射影}_{\overrightarrow{QP_0}}\overrightarrow{P_1P_0}|.$$

注意到数量积 $\boldsymbol{a}\cdot\boldsymbol{b}=|\boldsymbol{a}||\boldsymbol{b}|\cos\theta=|\boldsymbol{a}|\text{射影}_{\boldsymbol{a}}\boldsymbol{b}$，所以我们可以用数量积来计算射影：

$$\text{射影}_{\boldsymbol{a}}\boldsymbol{b}=\frac{\boldsymbol{a}\cdot\boldsymbol{b}}{|\boldsymbol{a}|}=\frac{\boldsymbol{a}}{|\boldsymbol{a}|}\cdot\boldsymbol{b}=\boldsymbol{a}^0\cdot\boldsymbol{b},$$

此处 $\boldsymbol{a}^0$ 是与 $\boldsymbol{a}$ 同向的单位向量. 于是得到

$$|P_0Q| = |\text{射影}_{\overrightarrow{QP_0}}\overrightarrow{P_1P_0}| = |(\overrightarrow{QP_0})^0\cdot\overrightarrow{P_1P_0}|,$$

此处$(\overrightarrow{QP_0})^0$ 是与$\overrightarrow{QP_0}$同向的单位向量，也就是与平面 α 的法线向量 $\boldsymbol{n}$ 同向或反向的单位向量，即

$$(\overrightarrow{QP_0})^0=\pm\boldsymbol{n}^0=\pm\frac{\boldsymbol{n}}{|\boldsymbol{n}|}.$$

于是

$$\begin{aligned}|P_0Q| &= |\boldsymbol{n}^0\cdot\overrightarrow{P_1P_0}| = \frac{|\boldsymbol{n}\cdot\overrightarrow{P_1P_0}|}{|\boldsymbol{n}|}\\ &= \frac{|A(x_0-x_1)+B(y_0-y_1)+C(z_0-z_1)|}{\sqrt{A^2+B^2+C^2}}\\ &= \frac{|Ax_0+By_0+Cz_0-(Ax_1+By_1+Cz_1)|}{\sqrt{A^2+B^2+C^2}}.\end{aligned}$$

由于 $P_1(x_1, y_1, z_1)$在平面 α 上，所以

$$Ax_1+By_1+Cz_1+D=0,$$

得

$$Ax_1+By_1+Cz_1=-D.$$

代入(∗)得点 P_0 到平面 α 的距离 d：

$$d=|P_0Q|=\frac{|Ax_0+By_0+Cz_0+D|}{\sqrt{A^2+B^2+C^2}}.$$

这个公式可以叙述为，要求点 $P_0(x_0, y_0, z_0)$ 到平面 α：$Ax+By+Cz+D=0$ 的距离，只须把点 P_0 的坐标代入平面方程左端取绝对值，再乘以因子 $\frac{1}{\sqrt{A^2+B^2+C^2}}$.

例 3 求点(1，−2，1)到平面 $x+2y-2z-1=0$ 的距离.

解 根据点到平面的距离公式，可得所求距离 d 为

$$d=\frac{|1\times1+2\times(-2)-2\times1-1|}{\sqrt{1^2+2^2+(-2)^2}}=\frac{|-6|}{\sqrt{6}}=\sqrt{6}.$$

3.3 空间直线的方程

3.3.1 空间直线的标准式(对称式)方程

我们把与直线 l 平行的非零向量 $\boldsymbol{s}$，叫做直线 l 的**方向向量**. 于是，若 $\boldsymbol{s}$ 是直线 l 的一个方向向量，则与 $\boldsymbol{s}$ 共线的任何非零向量 $\lambda\boldsymbol{s}(\lambda\neq0)$ 也都是 l 的方向向量.

已知一个非零向量 $\boldsymbol{s}$，可以作无穷多条直线以 $\boldsymbol{s}$ 为方向向量，它们是互相平行的. 如果再要求直线通过一个已知点，那么这条直线就完全确定了. 这就是说，空间的一条直线由其上一点及它的方向向量完全决定.

现在，已知直线 l 上的一点 $P_0(x_0, y_0, z_0)$ 以及它的方向向量 $\boldsymbol{s}=\{a, b, c\}$，我们来建立直线 l 的方程.

我们可以把直线 l 看成是空间中满足下列条件的动点 P 的集合：$\overrightarrow{P_0P}\parallel\boldsymbol{s}$.

设直线 l 上的任意一点 $P(x, y, z)$. 于是 $\overrightarrow{P_0P}=\{x-x_0, y-y_0, z-z_0\}$. 又已知 $\boldsymbol{s}=\{a, b, c\}$. 由上述条件 $\overrightarrow{P_0P}\parallel\boldsymbol{s}$，得到它们的对应坐标成比例，即

$$\frac{x-x_0}{a}=\frac{y-y_0}{b}=\frac{z-z_0}{c}. \tag{3.4}$$

这就是直线 l 上任意一点 $P(x, y, z)$ 的坐标所满足的方程.

反之，凡坐标满足方程(3.4)的点 $P(x, y, z)$ 与已知点 P_0 相连所得的向量 $\overrightarrow{P_0P}$ 皆与已知向量 $\boldsymbol{s}$ 平行，即点 P 在直线 l 上.

这样，方程(3.4)就是所求直线 l 的方程.

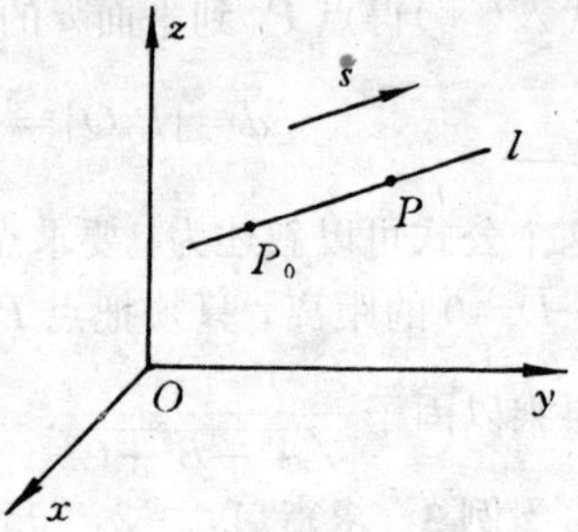

图 3.7

我们把方程(3.4)称为直线 l 的**标准式方程**或**对称式方程**，其中 x_0，y_0，z_0 是直线 l 上的一个已知点的坐标，分母 a，b，c 是直线 l 的方向向量 $\boldsymbol{s}$ 的坐标.

我们把直线 l 的任一个方向向量 $\boldsymbol{s}$ 的坐标 a，b，c 叫做直线 l 的一组**方向数**，把方向向量 $\boldsymbol{s}$ 的方向余弦叫做直线 l 的**方向余弦**.

我们约定，当方向向量 $\boldsymbol{s}$ 的坐标 a，b，c 中有一个或两个为零时，直线仍可用标准式方程表示. 当方程中的某个分母为零时，我们理解为相应的分子也为零. 例如，当 $a=0$ 时，

$$\frac{x-x_0}{0}=\frac{y-y_0}{b}=\frac{z-z_0}{c}$$

理解为 $x-x_0=0$，$\dfrac{y-y_0}{b}=\dfrac{z-z_0}{c}$.

当 $a=b=0$ 时，

$$\frac{x-x_0}{0}=\frac{y-y_0}{0}=\frac{z-z_0}{c}$$

理解为 $x-x_0=0$，$y-y_0=0$.

注意到，由于若 $\boldsymbol{s}=\{a, b, c\}$ 是直线 l 的方向向量，则 $\lambda\boldsymbol{s}=\{\lambda a, \lambda b, \lambda c\}$ $(\lambda\neq 0)$ 也都是 l 的方向向量. 因此，方程

$$\frac{x-2}{2}=\frac{y+1}{-4}=\frac{z-5}{8}$$

与

$$\frac{x-2}{1}=\frac{y+1}{-2}=\frac{z-5}{4}$$

表示同一条直线.

例 1 求过已知点 $P_0(1, -1, 0)$以 $\boldsymbol{s}=\{2, -1, 7\}$为方向向量的直线的方程.

解 将已知条件代入直线的标准式方程(3.4)，即可得所求直线方程为

$$\frac{x-1}{2}=\frac{y+1}{-1}=\frac{z}{7}.$$

例 2 求过点 $P_0(1, 2, 3)$且分别以 $\boldsymbol{i}, \boldsymbol{j}, \boldsymbol{k}$ 为方向向量的直线的标准式方程.

解 过点 P_0 以 $\boldsymbol{i}=\{1, 0, 0\}$为方向向量的直线的标准方程为

$$\frac{x-1}{1}=\frac{y-2}{0}=\frac{z-3}{0}.$$

过点 P_0 分别以 $\boldsymbol{j}=\{0, 1, 0\}$和 $\boldsymbol{k}=\{0, 0, 1\}$为方向向量的直线的标准方程为

$$\frac{x-1}{0}=\frac{y-2}{1}=\frac{z-3}{0}$$

和

$$\frac{x-1}{0}=\frac{y-2}{0}=\frac{z-3}{1}.$$

例 3 求过两点 $P_1(x_1, y_1, z_1)$和 $P_2(x_2, y_2, z_2)$的直线的方程.

解 因$\overrightarrow{P_1P_2}$在直线上，所以我们可以取$\overrightarrow{P_1P_2}$为所求直线的方向向量，由

$$\overrightarrow{P_1P_2}=\{x_2-x_1, y_2-y_1, z_2-z_1\},$$

可得过点 P_1 以$\overrightarrow{P_1P_2}$为方向向量的直线方程为

$$\frac{x-x_1}{x_2-x_1}=\frac{y-y_1}{y_2-y_1}=\frac{z-z_1}{z_2-z_1}. \tag{3.5}$$

我们把方程(3.5)称为直线的**两点式方程**.

例 4 已知点 $A(1, 2, -1)$和 $B(2, -1, 3)$，求直线 AB 的方程.

解 由直线的两点式方程(3.5)得所求直线 AB 的方程为

$$\frac{x-1}{2-1}=\frac{y-2}{-1-2}=\frac{z+1}{3+1},$$

即

$$\frac{x-1}{1}=\frac{y-2}{-3}=\frac{z+1}{4}.$$

3.3.2 空间直线的参数方程

在直线 l 的标准式方程(3.4)中，令比值为参数 t，即设

$$\frac{x-x_0}{a}=\frac{y-y_0}{b}=\frac{z-z_0}{c}=t. \tag{*}$$

这时直线 l 上的点的坐标 x, y, z 可以用另一个变量 t(称为**参数**)来表示. 由(*)得

$$\begin{cases} x=x_0+at, \\ y=y_0+bt, \\ z=z_0+ct. \end{cases} \tag{3.6}$$

方程组(3.6)称为直线 l 的**参数方程**，其中 x_0, y_0, z_0 是直线 l 上的一个已知点 P_0 的坐标，a, b, c 是直线 l 的方向向量 $\boldsymbol{s}$ 的坐标，或者说是直线 l 的一组方向数.

注 特别地，当直线 l 的参数方程(3.6)中的 a, b, c 是直线 l 的方向余弦 $\cos\alpha$, $\cos\beta$, $\cos\gamma$(即方向向量 $\boldsymbol{s}=\{\cos\alpha, \cos\beta, \cos\gamma\}$，即 $\boldsymbol{s}$ 是单位向量)时，直线 l 的参数方程(3.6)中的参数 t 有几何意义：$|t|=|P_0P|$. 即参数 t 的绝对值是直线 l 上的已知点 P_0 到点 $P(x, y, z)$的距离. 这是因为由

$$\begin{cases} x=x_0+t\cos\alpha, \\ y=y_0+t\cos\beta, \\ z=z_0+t\cos\gamma, \end{cases}$$

得

$$x-x_0=t\cos\alpha,$$
$$y-y_0=t\cos\beta,$$
$$z-z_0=t\cos\gamma.$$

三式平方相加，再开方得

$$\sqrt{(x-x_0)^2+(y-y_0)^2+(z-z_0)^2}=\sqrt{\cos^2\alpha+\cos^2\beta+\cos^2\gamma}\,|t|.$$

由方向余弦的性质：$\cos^2\alpha+\cos^2\beta+\cos^2\gamma=1$，即得

$$|t|=|P_0P|.$$

在求直线与平面的交点时，直线用参数方程比较方便.

例 5 求过点 $P_0(5, 2, -1)$且平行于向量 $\boldsymbol{s}=\{2, -1, 3\}$的直

线 l 与平面 $\alpha: 2x-y+3z+23=0$ 的交点.

解 直线 l 的参数方程为

$$\begin{cases} x=5+2t, \\ y=2-t, \\ z=-1+3t. \end{cases}$$

将其代入平面 α 的方程得

$$2(5+2t)-(2-t)+3(-1+3t)+23=0,$$

整理得

$$14t+28=0,$$

解得 $t=-2$，代入直线 l 的参数方程得 $x=1$，$y=4$，$z=-7$. 即所求交点为$(1, 4, -7)$.

3.3.3 空间直线的一般方程

1. 空间直线的一般方程

由于空间任意一条直线都可以由其上一点和它的方向向量所决定，因此空间每一条直线都有标准式方程

$$\frac{x-x_0}{a}=\frac{y-y_0}{b}=\frac{z-z_0}{c}. \tag{3.4}$$

这个方程包含三个等式，但由其中任何两个等式都可以推出第三个. 因此(3.4)可以写成由两个方程组成的联立方程组

$$\begin{cases} \dfrac{x-x_0}{a}=\dfrac{y-y_0}{b}, \\ \dfrac{y-y_0}{b}=\dfrac{z-z_0}{c}. \end{cases}$$

组中的每一个方程都可以看成一个三元一次方程. 于是我们得到，空间任何一条直线的方程都是由两个三元一次方程组成的联立方程组.

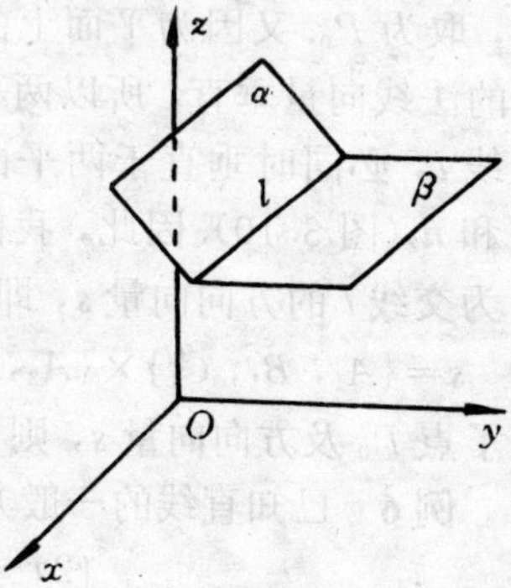

图 3.8

反过来，任何由两个独立的三元一次方程组成的相容的方程组

$$\begin{cases}A_1x+B_1y+C_1z+D_1=0,\\ A_2x+B_2y+C_2z+D_2=0\end{cases}\qquad(3.7)$$

(此处 A_1，B_1，C_1 与 A_2，B_2，C_2 不成比例)，皆表示一条空间直线——即组中这两个三元一次方程所表示的平面(它们不重合也不平行)的交线(图 3.8).

我们把由两个独立的相容的三元一次方程所组成的方程组(3.7)叫做直线的**一般方程**.

注 由于通过一条直线可作无穷多个不同的平面，其中任何两个平面的交线都是该直线(图 3.9)，因此，一条空间直线的一般方程不是唯一的，把任何两个通过该直线的平面的方程联立，都是该直线的一般方程.

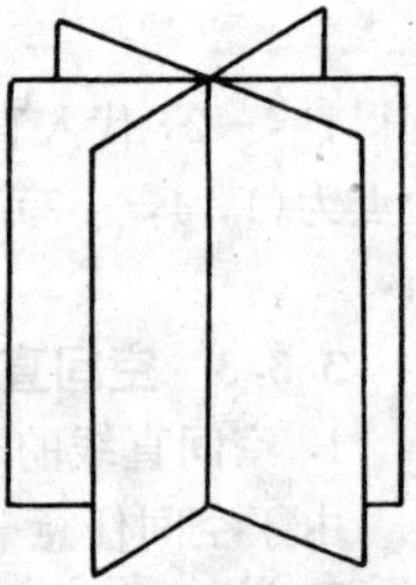

图 3.9

2. 化直线的一般方程为标准式方程

要写出直线的标准式方程，需要知道直线上的一点 P_0 及该直线的一个方向向量 $\boldsymbol{s}$. 凡满足方程组(3.7)的任一点都可取为 P_0. 为计算简便，我们取直线与某个坐标面的交点(这样的点总存在，因为该直线不可能同时平行于三个坐标面). 例如，在(3.7)中，令 $x=0$，解出 y，z，即得该直线与 yz 面的交点，取为 P_0. 又因为平面上的直线皆与平面的法线向量垂直，所以两平面 α 和 β 的交线 l，必同时垂直于两平面的法线向量 $\boldsymbol{n}_1$ 和 $\boldsymbol{n}_2$(图 3.10). 因此，我们可以取 $\boldsymbol{n}_1\times\boldsymbol{n}_2$ 为交线 l 的方向向量 $\boldsymbol{s}$，即

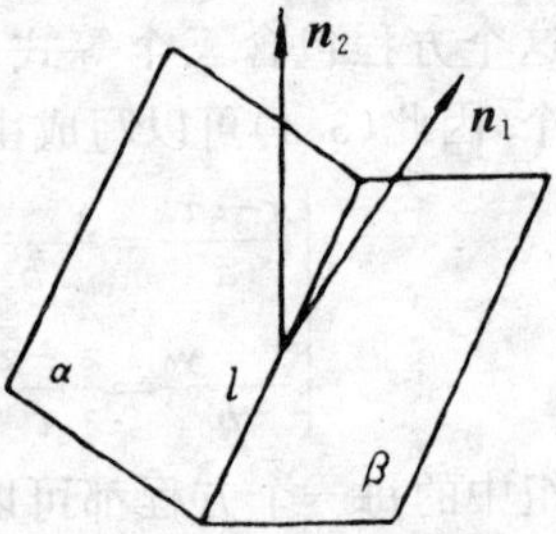

图 3.10

$$\boldsymbol{s}=\{A_1,B_1,C_1\}\times\{A_2,B_2,C_2\}.$$

有了点 P_0 及方向向量 $\boldsymbol{s}$，则 l 的标准式方程即可写出.

例 6 已知直线的一般方程为

$$\begin{cases}2x-3y-z+4=0,\\ 4x-6y+5z-1=0,\end{cases}$$

求它的标准式方程.

解 在已知方程组中，令 $x=0$，得

$$\begin{cases}-3y-z+4=0,\\-6y+5z-1=0.\end{cases}$$

解得 $y=\dfrac{19}{21}$，$z=\dfrac{9}{7}$. 得已知直线与 yz 面的交点 $P_0\left(0,\ \dfrac{19}{21},\ \dfrac{9}{7}\right)$.

已知方程组中的两个三元一次方程表示两个平面，它们的法线向量分别为

$$\boldsymbol{n}_1=\{2,\ -3,\ -1\},\ \boldsymbol{n}_2=\{4,\ -6,\ 5\}.$$

取 $\boldsymbol{s}=\boldsymbol{n}_1\times\boldsymbol{n}_2=\left\{\begin{vmatrix}-3 & -1\\-6 & 5\end{vmatrix},\ \begin{vmatrix}-1 & 2\\5 & 4\end{vmatrix},\ \begin{vmatrix}2 & -3\\4 & -6\end{vmatrix}\right\}$

$=\{-21,\ -14,\ 0\}$.

为简便起见，我们取与上述 $\boldsymbol{s}$ 共线的向量 $\boldsymbol{s}_0=\{3,\ 2,\ 0\}$ 为已知直线的方向向量.

于是所求直线的标准式方程为

$$\frac{x}{3}=\frac{y-\dfrac{19}{21}}{2}=\frac{z-\dfrac{9}{7}}{0}.$$

注意 本题若在已知方程组中，令 $z=0$，则解不出 x，y，这是因为已知直线与 xy 面平行的缘故.

也许有人会问，在直线上取点时，为什么不在已知方程组中，令某两个变量为零解出第三个变量，例如令 $x=0$，$y=0$，解出 $z=z_0$，于是便取点 $(0,\ 0,\ z_0)$，这样不是可以使取点的计算更简单些吗？然而，常常出现的情形是，在已知方程组中，令任何两个变量为零都解不出第三个变量，这是因为已知直线常常与三个坐标轴都不相交.

3.4 两直线的夹角及平行、垂直的条件

空间二直线的**夹角**是指它们的方向向量之间的夹角或其补角，通常指锐角.

已知直线 l_1 和 l_2 的方程为：

$$l_1:\ \frac{x-x_1}{a_1}=\frac{y-y_1}{b_1}=\frac{z-z_1}{c_1},$$

$$l_2: \frac{x-x_2}{a_2}=\frac{y-y_2}{b_2}=\frac{z-z_2}{c_2}.$$

现在来计算直线 l_1 和 l_2 的夹角.

直线 l_1 和 l_2 的方向向量分别为 $\boldsymbol{s}_1=\{a_1, b_1, c_1\}$ 和 $\boldsymbol{s}_2=\{a_2, b_2, c_2\}$. 应用二向量夹角的余弦公式可计算出直线 l_1 和 l_2 的夹角 θ.

$$\cos\theta=\frac{|\boldsymbol{s}_1\cdot\boldsymbol{s}_2|}{|\boldsymbol{s}_1||\boldsymbol{s}_2|}=\frac{|a_1a_2+b_1b_2+c_1c_2|}{\sqrt{a_1^2+b_1^2+c_1^2}\sqrt{a_2^2+b_2^2+c_2^2}}.$$

从二向量垂直和平行的条件，我们立即可得二直线垂直和平行的条件.

空间二直线 l_1 和 l_2 互相垂直的充要条件是它们的方向向量 $\boldsymbol{s}_1$ 和 $\boldsymbol{s}_2$ 互相垂直，即 $\boldsymbol{s}_1\perp\boldsymbol{s}_2$，即 $\boldsymbol{s}_1\cdot\boldsymbol{s}_2=0$，即

$$a_1a_2+b_1b_2+c_1c_2=0.$$

空间二直线 l_1 和 l_2 互相平行或重合的充要条件是它们的方向向量 $\boldsymbol{s}_1$ 和 $\boldsymbol{s}_2$ 互相平行，即 $\boldsymbol{s}_1/\!/\boldsymbol{s}_2$，即 $\frac{a_1}{a_2}=\frac{b_1}{b_2}=\frac{c_1}{c_2}$.

当 $\boldsymbol{s}_1/\!/\boldsymbol{s}_2$ 且 l_1 和 l_2 没有公共点时，$l_1/\!/l_2$；当 $\boldsymbol{s}_1/\!/\boldsymbol{s}_2$ 且 l_1 和 l_2 有公共点时，l_1 与 l_2 重合.

于是我们得到

$l_1/\!/l_2$（不重合）$\Leftrightarrow\frac{a_1}{a_2}=\frac{b_1}{b_2}=\frac{c_1}{c_2}$，且 $\frac{x_2-x_1}{a_1}$，$\frac{y_2-y_1}{b_1}$，$\frac{z_2-z_1}{c_1}$ 不全相等.

l_1 与 l_2 重合 $\Leftrightarrow\frac{a_1}{a_2}=\frac{b_1}{b_2}=\frac{c_1}{c_2}$，且 $\frac{x_2-x_1}{a_1}=\frac{y_2-y_1}{b_1}=\frac{z_2-z_1}{c_1}$.

（第二个条件说明 l_2 上的点 (x_2, y_2, z_2) 也在 l_1 上）

当两条直线在同一平面上时，我们就称这两条直线是**共面**的，否则，就称它们是**异面**的.

注意 当我们说到空间二直线的夹角是多少以及说到空间二直线互相垂直时，并不要求它们必须相交. 也就是当空间二直线异面时，也可以谈论夹角及垂直.

当直线 l_1 和 l_2 由一般方程给出时，计算它们的夹角或判断是否垂直、平行，须先求出它们的方向向量 $\boldsymbol{s}_1$ 和 $\boldsymbol{s}_2$，再应用公式.

例 1 求直线 l_1：$\frac{x-1}{1}=\frac{y}{-4}=\frac{z+3}{1}$ 与 l_2：$\frac{x}{2}=\frac{y+2}{-2}=\frac{z}{-1}$ 的夹

角.

解 直线 l_1 和 l_2 的方向向量分别为 $\boldsymbol{s}_1=\{1,-4,1\}$，$\boldsymbol{s}_2=\{2,-2,-1\}$. l_1 和 l_2 的夹角 θ 可由下式计算：

$$\cos\theta=\frac{|\boldsymbol{s}_1\cdot\boldsymbol{s}_2|}{|\boldsymbol{s}_1||\boldsymbol{s}_2|}=\frac{|1\times2+(-4)\times(-2)+1\times(-1)|}{\sqrt{1^2+(-4)^2+1^2}\sqrt{2^2+(-2)^2+(-1)^2}}$$

$$=\frac{9}{\sqrt{18}\sqrt{9}}=\frac{\sqrt{2}}{2},$$

解得 $\theta=\dfrac{\pi}{4}$.

例 2 问 m 为何值时，下列两直线 l_1 和 l_2 互相垂直：

$$l_1:\ \frac{x+2}{-1}=\frac{y-1}{-1}=\frac{z}{1},$$

$$l_2:\ \begin{cases}x=5+2t,\\ y=2+mt,\\ z=-7+t.\end{cases}$$

解 直线 l_1 和 l_2 的方向向量分别为 $\boldsymbol{s}_1=\{-1,-1,1\}$和 $\boldsymbol{s}_2=\{2,m,1\}$.

$$l_1\perp l_2\Leftrightarrow\boldsymbol{s}_1\perp\boldsymbol{s}_2\Leftrightarrow\boldsymbol{s}_1\cdot\boldsymbol{s}_2=0,$$

即 $-1\times2+(-1)\times m+1\times1=0$，得 $m=-1$.

例 3 证明下列二直线 l_1 和 l_2 互相平行：

$$l_1:\ \frac{x}{1}=\frac{y-1}{2}=\frac{z}{1},$$

$$l_2:\ \begin{cases}3x+y-5z+1=0,\\ 2x+3y-8z+3=0.\end{cases}$$

证明 l_1 的方向向量 $\boldsymbol{s}_1=\{1,2,1\}$，$l_2$ 的方向向量为 $\boldsymbol{s}_2=\boldsymbol{n}_1\times\boldsymbol{n}_2$，此处 $\boldsymbol{n}_1$ 是平面 $3x+y-5z+1=0$ 的法线向量 $\boldsymbol{n}_1=\{3,1,-5\}$，$\boldsymbol{n}_2$ 是平面 $2x+3y-8z+3=0$ 的法线向量 $\boldsymbol{n}_2=\{2,3,-8\}$. 于是有

$$\boldsymbol{s}_2=\left\{\begin{vmatrix}1&-5\\3&-8\end{vmatrix},\begin{vmatrix}-5&3\\-8&2\end{vmatrix},\begin{vmatrix}3&1\\2&3\end{vmatrix}\right\}=\{7,14,7\}.$$

由 $\dfrac{1}{7}=\dfrac{2}{14}=\dfrac{1}{7}$，得 $\boldsymbol{s}_1/\!/\boldsymbol{s}_2$，因此 l_1 与 l_2 平行或重合. 又因将 l_1 上的点(0，1，0)代入 l_2 的方程不满足，说明 l_1 与 l_2 无公共点，因此

l_1 与 l_2 不重合，所以 l_1 与 l_2 互相平行.

我们知道，在平面上，二直线若不平行，则必相交. 然而，在空间中，二直线不平行时却并不一定相交. 在空间，只有当二直线在同一平面上(即共面)时，不平行才必定相交，而当二直线不在同一平面上(即异面)时，不平行同时也必定不交.

空间二直线的位置关系，有以下几种情形：

- 共面
  - 平行(不重合)
  - 相交(特别情形：垂直相交)
  - 重合
- 异面(异面也有互相垂直的情形)

关于二直线共面和异面的判定从略.

例 4 试求经过点(2，-3，4)且与直线 $\dfrac{x-1}{4}=\dfrac{y+1}{-1}=\dfrac{z}{3}$ 和 $\begin{cases}x+2y-z+1=0,\\2x-z+2=0\end{cases}$ 均垂直的直线方程.

解 已知直线 l_1 的方向向量为 $\boldsymbol{s}_1=\{4,\ -1,\ 3\}$，已知 l_2 的方向向量 $\boldsymbol{s}_2$ 与 $\{1,\ 2,\ -1\}\times\{2,\ 0,\ -1\}=\{-2,\ -1,\ -4\}$ 共线，为计算简便我们取 $\boldsymbol{s}_2=\{2,\ 1,\ 4\}$. 设所求直线的方向向量为 $\boldsymbol{s}$.

下面我们用两种方法来求 $\boldsymbol{s}$.

方法一：由题设所求直线与已知直线 l_1 和 l_2 皆垂直，所以 $\boldsymbol{s}\perp\boldsymbol{s}_1$，$\boldsymbol{s}\perp\boldsymbol{s}_2$. 于是我们取

$$\begin{aligned}\boldsymbol{s}&=\boldsymbol{s}_1\times\boldsymbol{s}_2=\{4,\ -1,\ 3\}\times\{2,\ 1,\ 4\}\\&=\left\{\begin{vmatrix}-1&3\\1&4\end{vmatrix},\ \begin{vmatrix}3&4\\4&2\end{vmatrix},\ \begin{vmatrix}4&-1\\2&1\end{vmatrix}\right\}\\&=\{-7,\ -10,\ 6\}.\end{aligned}$$

方法二：设所求直线的方向向量 $\boldsymbol{s}=\{l,\ m,\ n\}$($l$，$m$，$n$ 不全为零). 由所求直线与已知直线 l_1 垂直得 $\boldsymbol{s}\perp\boldsymbol{s}_1$，$4l-m+3n=0$. 由所求直线与已知直线 l_2 垂直得 $\boldsymbol{s}\perp\boldsymbol{s}_2$，$2l+m+4n=0$. 由此可解得 $l=-\dfrac{7}{6}n$，$m=-\dfrac{5}{3}n$，得 $\boldsymbol{s}=\left\{-\dfrac{7}{6}n,\ -\dfrac{5}{3}n,\ n\right\}$，取 $n=6$，得 $\boldsymbol{s}=\{-7,\ -10,\ 6\}$.

求得所求直线的方向向量 $\boldsymbol{s}$，即可直接写出所求直线的(标准

式)方程

$$\frac{x-2}{-7}=\frac{y+3}{-10}=\frac{z-4}{6}.$$

***例 4** 求下列二直线的交点:

$$l_1:\frac{x+1}{3}=\frac{y-1}{2}=\frac{z}{-1},$$

$$l_2:\frac{x-2}{2}=\frac{y-1}{-1}=\frac{z-3}{4}.$$

解 l_1 的一般方程为

$$\begin{cases}\dfrac{x+1}{3}=\dfrac{z}{-1},\\ \dfrac{y-1}{2}=\dfrac{z}{-1},\end{cases}\quad 即\begin{cases}x+3y+1=0, & ①\\ y+2z-1=0. & ②\end{cases}$$

l_2 的一般方程为

$$\begin{cases}\dfrac{x-2}{2}=\dfrac{y-1}{-1},\\ \dfrac{y-1}{-1}=\dfrac{z-3}{4},\end{cases}\quad 即\begin{cases}x+2y-4=0, & ③\\ 4y+z-7=0. & ④\end{cases}$$

①②③④的公共解就是 l_1 和 l_2 的交点的坐标. 从①②③解得

$$x=\frac{2}{7},\ y=\frac{13}{7},\ z=-\frac{3}{7}.$$

代入④也满足,说明它是①②③④的公共解.

于是得 l_1 和 l_2 的交点为$\left(\frac{2}{7},\ \frac{13}{7},\ -\frac{3}{7}\right)$.

注 求由一般方程给出的两条直线的交点,可将其中三个三元一次方程联立求解,若无解则二直线无交点;若有解,且这个解也满足余下的第四个方程,则这个解就是所求二直线的交点的坐标,若这个解不满足第四个方程,则二直线也无交点.

3.5 空间直线与平面的位置关系

由于平面 α 的法线向量 $\boldsymbol{n}$ 与平面 α 垂直,而直线 l 的方向向量 $\boldsymbol{s}$ 与直线 l 平行. 因此,我们得到:

$l /\!/ \alpha$ 或 l 在 α 上的充要条件为 $\boldsymbol{s}\perp\boldsymbol{n}$(图 3.11).

当 $\boldsymbol{s}\perp\boldsymbol{n}$ 且 l 上有一点在 α 上时，l 在 α 上；

当 $\boldsymbol{s}\perp\boldsymbol{n}$ 且 l 上有一点不在 α 上时，l 不在 α 上，所以 $l/\!/\alpha$.

$l\perp\alpha$ 的充要条件为 $\boldsymbol{s}/\!/\boldsymbol{n}$(图 3.12).

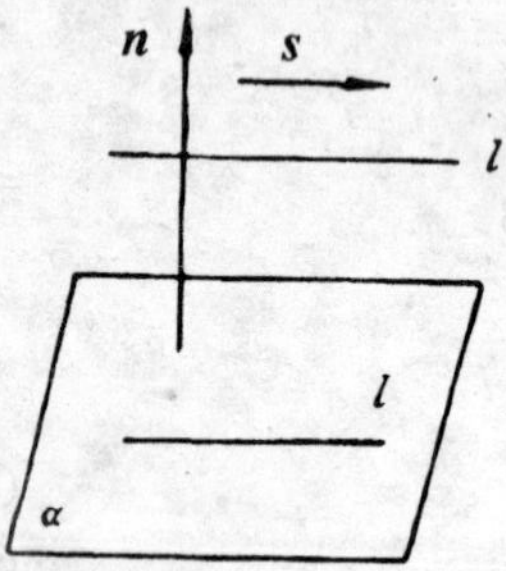

图 3.11

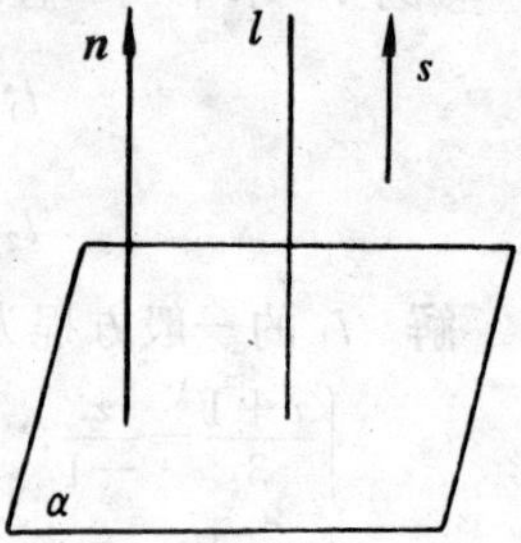

图 3.12

已知空间直线 l 和平面 α 的方程为

$$l:\ \frac{x-x_0}{a}=\frac{y-y_0}{b}=\frac{z-z_0}{c},$$

$$\alpha:\ Ax+By+Cz+D=0.$$

于是可知直线 l 的方向向量 $\boldsymbol{s}=\{a,\ b,\ c\}$，平面 α 的法线向量 $\boldsymbol{n}=\{A,\ B,\ C\}$. 因此得到

$l/\!/\alpha$ 的充要条件为

$$aA+bB+cC=0 \text{ 且 } Ax_0+By_0+Cz_0+D\neq 0;$$

l 在 α 上的充要条件为

$$aA+bB+cC=0 \text{ 且 } Ax_0+By_0+Cz_0+D=0;$$

l 与 α 相交的充要条件为

$$aA+bB+cC\neq 0,$$

特别地，$l\perp\alpha$ 的充要条件为

$$\frac{a}{A}=\frac{b}{B}=\frac{c}{C}.$$

空间直线 l 与平面 α 的**夹角**记为 θ，当 $l/\!/\alpha$ 时，$\theta=0$；当 $l\perp\alpha$ 时，$\theta=\dfrac{\pi}{2}$；其他情形时，l 和 α 的夹角 θ 是指直线 l 与它在平面 α 上的射影直线 m 之间所夹的锐角.

设平面 α 的法线向量 $\boldsymbol{n}$ 与直线 l 的方向向量 $\boldsymbol{s}$ 之间的夹角为 φ，

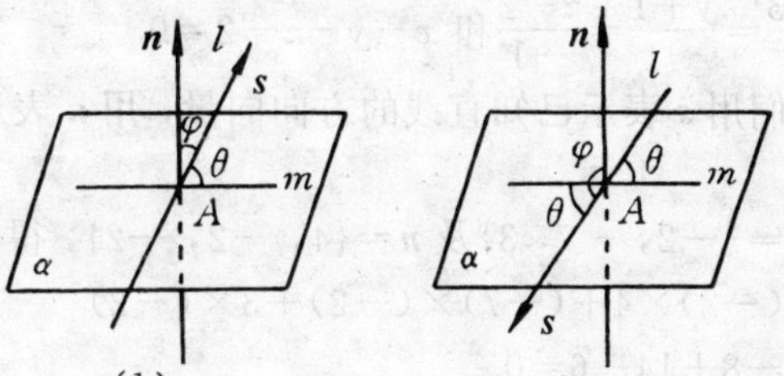

图 3.13

则 $\varphi=\frac{\pi}{2}-\theta$(图 3.13(1))或 $\varphi=\frac{\pi}{2}+\theta$(图 3.13(2))，于是

$$\cos\varphi=\cos\left(\frac{\pi}{2}\pm\theta\right)=\pm\sin\theta,$$

即：

$$\sin\theta=\begin{cases}\cos\varphi, & \varphi<\frac{\pi}{2},\\ -\cos\varphi, & \varphi>\frac{\pi}{2}.\end{cases}$$

所以得

$$\sin\theta=|\cos\varphi|=\frac{|\boldsymbol{s}\cdot\boldsymbol{n}|}{|\boldsymbol{s}||\boldsymbol{n}|}=\frac{|Aa+Bb+Cc|}{\sqrt{a^2+b^2+c^2}\sqrt{A^2+B^2+C^2}},$$

且 θ 为锐角.这就是空间直线和平面夹角的计算公式.

例 1 求过点 $P_0(1,-1,7)$且与平面 α:$3x+2y-5z-7=0$ 垂直的直线的方程.

解 因为所求直线垂直于已知平面 α，所以所求直线与平面 α 的法线向量 $\boldsymbol{n}$ 平行，因此我们就取平面 α 的法线向量 $\boldsymbol{n}=\{3,2,-5\}$为所求直线的方向向量.于是得到所求直线的标准式方程为

$$\frac{x-1}{3}=\frac{y+1}{2}=\frac{z-7}{-5}.$$

例 2 试判定下列各组中直线和平面的位置关系：

(1)$\frac{x+2}{-2}=\frac{y+4}{-7}=\frac{z}{3}$和 $4x-2y-2z-3=0$;

(2)$\frac{x-2}{3}=\frac{y+2}{1}=\frac{z-3}{-4}$和 $x+y+z-3=0$;

(3) $\frac{x-3}{1}=\frac{y+1}{-1}=\frac{z-2}{-1}$ 和 $x-y-z-2=0$.

解 我们用 $\boldsymbol{s}$ 表示已知直线的方向向量，用 $\boldsymbol{n}$ 表示已知平面的法线向量.

(1)由 $\boldsymbol{s}=\{-2,-7,3\}$ 及 $\boldsymbol{n}=\{4,-2,-2\}$，得

$$\begin{aligned}\boldsymbol{s}\cdot\boldsymbol{n}&=(-2)\times 4+(-7)\times(-2)+3\times(-2)\\&=-8+14-6=0.\end{aligned}$$

又直线上的点$(-2,-4,0)$不满足已知平面方程

$$4\times(-2)-2\times(-4)-2\times 0-3=-8+8-3\neq 0.$$

即该点不在平面上，所以直线和平面平行.

(2)由 $\boldsymbol{s}=\{3,1,-4\}$ 及 $\boldsymbol{n}=\{1,1,1\}$，得

$$\boldsymbol{s}\cdot\boldsymbol{n}=3\times 1+1\times 1+(-4)\times 1=0.$$

又直线上的点$(2,-2,3)$满足平面方程

$$2+(-2)+3-3=0,$$

即该点在平面上，所以直线在平面上.

(3)由 $\boldsymbol{s}=\{1,-1,-1\}$ 及 $\boldsymbol{n}=\{1,-1,-1\}$，得 $\boldsymbol{s}/\!/\boldsymbol{n}$，所以直线与平面垂直.

例 3 求直线 $l:\begin{cases}x=z+2\\y=-3z+2\end{cases}$ 与平面 $\alpha: x-2y-5=0$ 的交点和交角的正弦.

解 将直线 l 的方程与平面 α 的方程联立，解得

$$x=3,\ y=-1,\ z=1,$$

得交点为$(3,-1,1)$.

用向量积求出直线 l 的方向向量 $\boldsymbol{s}$，

$$\begin{aligned}\boldsymbol{s}&=\{1,0,-1\}\times\{0,1,3\}\\&=\left\{\begin{vmatrix}0&-1\\1&3\end{vmatrix},\begin{vmatrix}-1&1\\3&0\end{vmatrix},\begin{vmatrix}1&0\\0&1\end{vmatrix}\right\}\\&=\{1,-3,1\}.\end{aligned}$$

平面 α 的法线向量为 $\boldsymbol{n}=\{1,-2,0\}$.

设 l 和 α 的夹角为 θ，由公式 $\sin\theta=\frac{|\boldsymbol{s}\cdot\boldsymbol{n}|}{|\boldsymbol{s}||\boldsymbol{n}|}$，得

$$\sin\theta=\frac{|1\times 1+(-3)\times(-2)+1\times 0|}{\sqrt{1^2+(-3)^2+1}\sqrt{1^2+(-2)^2+0^2}}$$

$$=\frac{7}{\sqrt{11}\sqrt{5}}=\frac{7}{55}\sqrt{55}.$$

例 4 求过点$(2,-3,5)$且与二平面 $x-4z=3$，$2x-y-5z=1$ 的交线平行的直线的方程.

解 只须再求出直线的方向向量，即可写出该直线的标准式方程.

解法一 设所求直线 l 的方向向量为 $\boldsymbol{s}=\{a,b,c\}$. 题设 l 平行于二已知平面(记为 α 和 β)的交线，即 l 同时平行于 α 和 β. 由已知可得 α 和 β 的法线向量分别为 $\boldsymbol{n}_1=\{1,0,-4\}$ 和 $\boldsymbol{n}_2=\{2,-1,-5\}$. 于是有 $\boldsymbol{s}\perp\boldsymbol{n}_1$ 及 $\boldsymbol{s}\perp\boldsymbol{n}_2$，得

$$a-4c=0,$$

及

$$2a-b-5c=0.$$

解得

$$a=4c,\ 6=3c.$$

于是 $\boldsymbol{s}=\{4c,3c,c\}=c\{4,3,1\}$. 取 $c=1$ 即取所求直线的方向向量 $\boldsymbol{s}=\{4,3,1\}$. 于是所求直线的方程为

$$\frac{x-2}{4}=\frac{y+3}{3}=\frac{z-5}{1}.$$

解法二 所求直线的方向向量也是二已知平面交线的方向向量，而二平面交线的方向向量为二平面的法线向量 $\boldsymbol{n}_1$ 和 $\boldsymbol{n}_2$ 的向量积 $\boldsymbol{n}_1\times\boldsymbol{n}_2$.

$$\begin{aligned}\boldsymbol{n}_1\times\boldsymbol{n}_2&=\{1,0,-4\}\times\{2,-1,-5\}\\&=\left\{\begin{vmatrix}0&-4\\-1&-5\end{vmatrix},\begin{vmatrix}-4&1\\-5&2\end{vmatrix},\begin{vmatrix}1&0\\2&-1\end{vmatrix}\right\}\\&=\{-4,-3,-1\}.\end{aligned}$$

取与其共线的向量$\{4,3,1\}$为所求直线的方向向量(以下与解法一同).

例 5 求从原点向直线

$$l:\ \frac{x-1}{-1}=\frac{y+2}{2}=\frac{z-3}{-1}$$

所作的垂线(垂直相交的直线)及垂足.

分析与解 过原点与直线 l 垂直相交的直线必在过原点垂直于 l 的平面 α 上，且垂足即为直线 l 与平面 α 的交点 P(图 3.14).

先求出过原点与已知直线 l 垂直的平面 α 的方程. 取直线 l 的方向向量 $s=\{-1, 2, -1\}$ 为平面 α 的法线向量，于是可得平面 α 的点法式方程为

$$-1(x-0)+2(y-0)-1(z-0)=0,$$

即 $$x-2y+z=0.$$

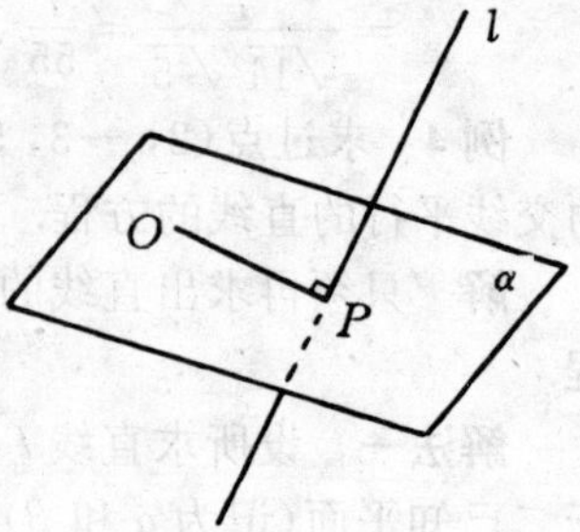

图 3.14

再求直线 l 与 α 的交点 P，写出直线 l 的参数方程

$$\begin{cases}x=1-t,\\ y=-2+2t,\\ z=3-t.\end{cases}$$

代入平面 α 的方程，

$$(1-t)-2(-2+2t)+(3-t)=0,$$

得 $8-6t=0$，即 $t=\frac{4}{3}$.

将 $t=\frac{4}{3}$ 代入直线 l 的参数方程，得 $x=-\frac{1}{3}$，$y=\frac{2}{3}$，$z=\frac{5}{3}$. 交点 $P\left(-\frac{1}{3}, \frac{2}{3}, \frac{5}{3}\right)$就是所求垂足.

连结原点 O 和垂足 P 的直线的方程(两点式)为

$$\frac{x-0}{-\frac{1}{3}-0}=\frac{y-0}{\frac{2}{3}-0}=\frac{z-0}{\frac{5}{3}-0},$$

即 $$\frac{x}{-\frac{1}{3}}=\frac{y}{\frac{2}{3}}=\frac{z}{\frac{5}{3}}.$$

约去分母的公因子$\frac{1}{3}$，得

$$\frac{x}{-1}=\frac{y}{2}=\frac{z}{5}.$$

这就是所求垂线的方程.

例 6 求过点 $P(-1, -2, 3)$与二直线

l_1：$\frac{x-2}{3}=\frac{y}{-4}=\frac{z-5}{6}$和 l_2：$\frac{x}{1}=\frac{y+2}{2}=\frac{z-3}{-8}$

都平行的平面的方程.

解法一 直线 l_1 和 l_2 的方向向量分别为 $\boldsymbol{s}_1=\{3,-4,6\}$ 和 $\boldsymbol{s}_2=\{1,2,-8\}$. 设所求平面的法线向量为 $\boldsymbol{n}$，则 $\boldsymbol{n}$ 必须同时垂直于 $\boldsymbol{s}_1$ 和 $\boldsymbol{s}_2$. 记 $\boldsymbol{n}_0=\boldsymbol{s}_1\times\boldsymbol{s}_2$.

$$\begin{aligned}\boldsymbol{n}_0&=\{3,-4,6\}\times\{1,2,-8\}\\&=\left\{\begin{vmatrix}-4&6\\2&-8\end{vmatrix},\begin{vmatrix}6&3\\-8&1\end{vmatrix},\begin{vmatrix}3&-4\\1&2\end{vmatrix}\right\}\\&=\{20,30,10\}=10\{2,3,1\}.\end{aligned}$$

取 $\boldsymbol{n}=\{2,3,1\}$. 于是所求平面的方程为

$$2(x+1)+3(y+2)+(z-3)=0,$$

即

$$2x+3y+z+5=0.$$

解法二 设所求平面的方程为

$$Ax+By+Cz+D=0,\quad A,B,C\text{ 不全为零}. \qquad ①$$

由于它过点 P，所以

$$A+2B-3C-D=0. \qquad ②$$

由于它平行于直线 l_1，所以

$$3A-4B+6C=0. \qquad ③$$

由于它平行于直线 l_2，所以

$$A+2B-8C=0. \qquad ④$$

将②③④联立，解得

$$A=\frac{2}{5}D,\ B=\frac{3}{5}D,\ C=\frac{1}{5}D,$$

代入①得

$$\frac{2}{5}Dx+\frac{3}{5}Dy+\frac{1}{5}Dz+D=0.$$

约去 $\frac{D}{5}$（$D\neq0$，否则 A,B,C 全为零），得

$$2x+3y+z+5=0,$$

这就是所求平面的方程.

例 7 求过点 $P(3,1,-2)$ 且通过直线 l：$\frac{x-4}{5}=\frac{y+3}{1}=\frac{z}{-2}$ 的平面方程.

解法一 由于直线在所求平面 α 上，所以平面 α 的法线向量 $\boldsymbol{n}$

垂直于直线 l 的方向向量 $\boldsymbol{s}=\{5, 1, -2\}$.

由于点 P 在所求平面 α 上，直线 l 上的点 $P_0(4, -3, 0)$也在平面 α 上，所以$\overrightarrow{P_0P}$在平面 α 上，因此平面 α 的法线向量 $\boldsymbol{n}$ 也垂直于 $\overrightarrow{P_0P}=\{1, -4, 2\}$.

设 $\boldsymbol{n}_0=\overrightarrow{P_0P}\times\boldsymbol{s}$，则

$$\begin{aligned}\boldsymbol{n}_0&=\{1, -4, 2\}\times\{5, 1, -2\}\\&=\left\{\begin{vmatrix}-4 & 2\\ 1 & -2\end{vmatrix}, \begin{vmatrix}2 & 1\\ -2 & 5\end{vmatrix}, \begin{vmatrix}1 & -4\\ 5 & 1\end{vmatrix}\right\}\\&=\{6, 12, 21\}=3\{2, 4, 7\}.\end{aligned}$$

我们取 $\boldsymbol{n}=\{2, 4, 7\}$为所求平面 α 的法线向量，于是所求平面 α 的方程为

$$2(x-3)+4(y-1)+7(z+2)=0,$$

即

$$2x+4y+7z+4=0.$$

解法二　设所求平面 α 为

$$Ax+By+Cz+D=0,\quad A, B, C \text{ 不全为零}. \qquad ①$$

由于点 P 在平面 α 上，所以

$$3A+B-2C+D=0. \qquad ②$$

由于直线 l 在平面 α 上，因此直线 l 上的点$(4, -3, 0)$也在平面上，所以

$$4A-3B+D=0. \qquad ③$$

由于直线 l 在平面 α 上，因此直线 l 的方向向量$\{5, 1, -2\}$与平面 α 的法线向量$\{A, B, C\}$垂直，所以

$$5A+B-2C=0. \qquad ④$$

将②③④联立，解得

$$A=\frac{1}{2}D,\ B=D,\ C=\frac{7}{4}D,$$

代入①得

$$\frac{1}{2}Dx+Dy+\frac{7}{4}Dz+D=0.$$

约去$\dfrac{D}{4}$($D\neq 0$，否则 A, B, C 全为零)，得

$$2x+4y+7z+4=0,$$

这就是所求平面 α 的方程.

注 例 6 和例 7 中的解法一的优点是避免了解联立方程组，但却要求读者要熟悉向量的向量积运算.

小　结

一、平面与空间直线是我们最常见的也是最简单的空间图形. 本章是空间解析几何中最主要的内容之一，包括建立平面和空间直线在空间直角坐标系中的方程，以及通过方程来研究平面与平面、直线与直线、平面与直线之间的位置关系等几何性质. 建立图形的方程，并通过方程研究图形的几何性质，这是解析几何的基本方法，也是解析几何研究的两个基本问题. 本章也是上一章向量代数的应用.

二、经过一个已知点，且以一已知向量为法线向量，可以唯一决定一个平面. 我们把平面看作是空间动点的轨迹(动点满足的条件是与已知点相连所得向量与已知法线向量垂直)，运用向量作工具，在空间直角坐标系中，建立平面的点法式方程. 任一平面的方程(点法式)都是三元一次方程，反之任一三元一次方程皆表示平面，因此三元一次方程称为平面的一般方程，平面也因此称为一次曲面. 三元一次方程 $Ax+By+Cz+D=0$ 的系数 A，B，C 有几何意义，$\{A, B, C\}$是平面的法线向量，因此 A,B,C 不能同时为零. 当三元一次方程的系数中有零时，它所表示的平面在空间直角坐标系中具有特殊的位置. 例如，当 $A=0$ 时，平面平行于 x 轴；当 $A=0$ 且 $B=0$ 时，平面垂直于 z 轴；当 $D=0$ 时，平面过原点，等等.

三、由于平面与其法线向量互相垂直，因此，二平面的位置关系及其夹角，可以由二平面的法线向量的位置关系及其夹角决定. 点到平面的距离公式是平面解析几何中点到直线的距离公式的推广，二公式的形式完全类似.

四、空间直线由其上一点和它的方向向量完全决定，据此运用向量作工具，建立空间直线的标准式方程. 由标准式方程很容易转化成参数方程. 空间直线的参数方程，是平面解析几何中直线的参数方程的推广，两者形式完全类似，只是在空间多了一个 z 坐标(在空间直线的参数方程中，当 $z=0$ 时，就得到平面(xy 面)上的直线的参数方程). 直线可以看成二平面的交线，因此，将二相交平面的方程联立，即得该直线的一般方程. 直线方程的不同形式各有特点和优点. 例如，求直线与平面的交点时，用直线的参数方程比较简便，直线的标准式方程在讨论直线位置关系及计算交角时非常方便，而当直线作为二平面的交线时，当然用一般方程比较好. 要掌握各种形式的方程之间的互化. 由于直线的方向向量特别重要，因此经常要求由一般方程表示的直线的方向向量，它与二平面的法线向量的向量积共线.

五、因为直线与其方向向量平行，所以二直线平行、垂直的条件及其夹角，就是它们的方向向量平行、垂直的条件及其夹角. 由于直线与平面的夹角和直线的方向向量与平面的法线向量的夹角相差 $\frac{\pi}{2}$，因此，我们可以通过上述两个向量的夹角以及平行、垂直条件来计算直线与平面的夹角，并讨论它们的平行、垂直条件.

习 题 三

A

1. 试求通过点(3, 0, −5)，且平行于平面 $2x-8y+z-2=0$ 的平面的方程.

2. 由原点作平面的垂线，已知垂足为 $P_0(1, 2, 3)$，求这个平面的方程.

3. 求通过三点 $P_1(1, 1, -1)$，$P_2(-2, -2, 2)$，$P_3(1, -1, 2)$的平面的方程.

4. 求过一点(1, 0, −1)且与二已知向量 $\boldsymbol{a}=\{2, 1, 1\}$和 $\boldsymbol{b}=\{1, -1, 0\}$平行的平面方程.

5. 分别按下列条件求平面方程：

(1)平行于 zx 面且通过点(2, −5, 3)；

(2)通过 z 轴和点(−3, 1, −2)；

(3)垂直于 z 轴且通过点(1, −2, 3).

6. 一个平面通过点(2, 1, 0)，且在各坐标轴上的截距相等，求这个平面的方程.

7. 判定下列每组中两平面的位置关系(如果相交应指明是否垂直)：

(1)$2x+4y-5z+3=0$, $11x-3y+2z-3=0$；

(2)$x-2y+3z-1=0$, $2x-4y+6z+1=0$；

(3)$2x-3y+4z-1=0$, $4x-6y+8z-2=0$.

8. 试确定 k 的值，使下列二平面互相垂直：

$5x+2y-3z-2=0$,　　$3x+ky+z+7=0$.

9. 求平面 $2x-2y+z+5=0$ 与 xy 面的夹角的余弦.

10. 求二平面 $2x+y-\sqrt{5}z-7=0$ 与 $x+3y=0$ 的夹角.

11. 求点 $P_0(2, -1, 1)$到平面 $x+y-z+1=0$ 的距离.

12. 求二平行平面 $2x-3y+6z-14=0$ 与 $4x-6y+12z+21=0$ 之间的距离.

13. 试求三个坐标轴的标准式方程及一般方程.

14. 求过点(1, -2, 3)且平行于直线$\frac{x-1}{2}=y=\frac{z-4}{-7}$的直线方程.

15. 求过两点 $P_1(3, -2, 1)$和 $P_2(0, 1, -2)$的直线方程.

16. 已知点 $P(1, 1, 1)$,

(1)求过点 P 及原点的直线方程;

(2)求过点 P 且分别与各坐标轴平行的直线方程.

17. 从原点向平面 $x+2y-3z+4=0$ 作垂线,求该垂线的标准式方程和参数方程,并用参数方程求垂足的坐标.

18. 化直线方程$\begin{cases}x-y+z=1,\\2x+y+z=4\end{cases}$为标准式方程和参数方程.

19. 求直线$\frac{x-3}{1}=\frac{y-4}{2}=\frac{z-5}{2}$上一点(3, 4, 5)到该直线与平面 $x+y+z=2$的交点的距离.

20. 判定下列每组中的二直线是否平行或垂直:

(1)$\frac{x+2}{-1}=\frac{y-1}{-1}=\frac{z}{1}$ 和 $\begin{cases}x+y-z=0,\\x-y-5z-8=0;\end{cases}$

(2)$\begin{cases}x=5+2t,\\y=2-t,\\z=-7+t\end{cases}$ 和 $\begin{cases}x+3y+z+2=0,\\x-y-3z-2=0.\end{cases}$

21. 求下列二直线的夹角:

l_1: $\frac{x-3}{1}=\frac{y-2}{-1}=\frac{z+1}{\sqrt{2}}$, l_2: $\frac{x-3}{1}=\frac{y-2}{1}=\frac{z+1}{\sqrt{2}}$.

*22. 求下列二直线的交点:

l_1: $\begin{cases}x+z-1=0,\\x-2y+3=0,\end{cases}$ l_2: $\begin{cases}3x+y-z+13=0,\\y+2z-8=0.\end{cases}$

23. 试确定下列每组中的直线和平面的位置关系:

(1)$\frac{x-1}{2}=\frac{y-2}{-1}=\frac{z+3}{-2}$ 和 $3x-4y+5z-2=0$;

(2)$\frac{x}{3}=\frac{y-1}{-2}=\frac{z}{7}$ 和 $3x-2y+7z-8=0$;

(3)$\frac{x-1}{7}=\frac{y}{3}=\frac{z+2}{-2}$ 和 $x-5y-4z-9=0$.

24. 求直线$\begin{cases}x+y+3z=0,\\x-y-z=0\end{cases}$和平面 $x-y-z+1=0$ 的夹角.

25. 求过点(1, 2, 1)且与两条直线

$\begin{cases}x+2y-z+1=0,\\x-y+z-1=0,\end{cases}$ $\begin{cases}2x-y+z=0,\\x-y+z=0,\end{cases}$

都平行的平面的方程.

26. 求过点(2，-2，1)和直线$\frac{x-1}{2}=\frac{y-2}{-3}=\frac{z+3}{2}$的平面的方程.

27. 求过点(2，-3，4)且与二平面 $4x-y+3z-2=0$ 和 $2x+y+4z-3=0$ 皆平行的直线方程.

28. 求过点(1，2，3)且与二直线 $\frac{x}{1}=\frac{y-1}{-1}=\frac{z+1}{2}$ 和 $\begin{cases}x+y+z+1=0,\\x-2z-1=0\end{cases}$ 皆垂直的直线方程.

B

一、填空

1. 在空间直角坐标系中，xy 面的方程是______，yz 面的方程是______，zx 面的方程是______.

2. 说出下列各平面在空间直角坐标系中的特殊位置：

(1)$x=0$，______；

(2)$3y-1=0$，______；

(3)$2x-3y-1=0$，______；

(4)$2x-z=0$，______；

(5)$x+2y-z=0$，______.

3. 点 $P_0(x_0, y_0, z_0)$ 到平面 $Ax+By+Cz+D=0$ 的距离 $d=$______.

4. 过点(1，2，3)，

(1)与 z 轴垂直的平面方程为______；

(2)与 x 轴垂直的平面方程为______；

(3)与 y 轴垂直的平面方程为______.

5. 过点(1，2，3)，

(1)平行于 x 轴的直线的标准式方程为______；

(2)平行于 y 轴的直线的标准式方程为______；

(3)平行于 z 轴的直线的标准式方程为______.

6. 过点(1,2,3)垂直于平面 $x+2y+3z+4=0$ 的直线的标准式方程是________________.

7. 直线$\begin{cases}x+y+z=0,\\x-y=0\end{cases}$的一个方向向量是$s=\{$______________$\}$.

二、单项选择

8. 平行于x轴的平面的一般方程的一般表示式为(　　).

A. $Ax+D=0$　　B. $By+Cz+D=0$

C. $Ax+Cz+D=0$　　D. $Ax+By+D=0$

9. 方程$3x-4y=0$表示的平面在空间直角坐标系中的位置是(　　).

A. 过x轴　　B. 过y轴

C. 过z轴　　D. 是xy面

10. 平面$2x-3y+4z+5=0$与$6x-9y+12z+15=0$的位置关系是(　　).

A. 平行　　B. 互相垂直

C. 相交而不垂直　　D. 互相重合

11. 若平面$x+y+kz+1=0$与$kx+y+z+2=0$互相垂直，则k的值是(　　).

A. 1　B. -1　C. $\frac{1}{2}$　D. $-\frac{1}{2}$

12. 直线$\frac{x-1}{1}=\frac{y-2}{2}=\frac{z-3}{3}$与平面$3x-z=0$的位置关系是(　　).

A. 平行　　B. 互相垂直

C. 相交而不垂直　　D. 直线在平面上

13. $\begin{cases}x+y+z+1=0,\\x=0\end{cases}$表示(　　).

A. 平面$y+z+1=0$　　B. yz面上的一条直线

C. xz面上的一条直线　　D. 不在坐标面上的一条直线

14. 直线$\frac{x-1}{-1}=\frac{y-2}{2}=\frac{z-3}{3}$与直线$\frac{x-1}{1}=\frac{y-2}{2}=\frac{z-3}{-1}$的位置关系是(　　).

A. 互相平行　　B. 互相重合

C. 垂直而不相交　　D. 垂直相交

第四章　二次曲面举例

在这一章中，我们将首先给出一般的曲面和空间曲线的方程的概念，然后介绍几种常见的二次曲面，包括球面、直圆柱面、直圆锥面和旋转曲面等，根据它们的特点，建立它们的方程.

4.1　曲面方程的概念　球面

4.1.1　曲面方程的概念

回忆上一章我们在建立平面的点法式方程时，把平面看成是空间动点的轨迹，该动点与一定点相连所得向量垂直于一个定向量.根据这个条件导出平面上任一点的坐标(x, y, z)所适合的方程，再验证凡是坐标满足这个方程的点都在这个平面上，这样我们就把所得方程称为平面的方程.

一般地，我们把一个曲面S看成是空间中满足某个条件的动点的轨迹.如果一个三元方程

$$F(x, y, z)=0 \tag{4.1}$$

与曲面S有如下关系：

1°曲面S上每一点的坐标(x, y, z)都满足方程(4.1)；

2°凡是坐标(x, y, z)满足方程(4.1)的点都在曲面S上(也就是，凡是不在曲面S上的点，其坐标都不满足方程(4.1))，那么我们就称方程(4.1)是**曲面 S 的方程**，而曲面S就叫**方程**(4.1)**的图形**.

如同在平面解析几何中，我们常常把方程$F(x, y)=0$表示的曲线，直接说成是“曲线$F(x, y)=0$”一样，在空间解析几何中，我

们也常常把方程 $F(x, y, z)=0$ 表示的曲面，说成是"曲面 $F(x, y, z)=0$". 例如在上一章，我们常把方程 $x+2y-3z-4=0$ 表示的平面，说成"平面 $x+2y-3z-4=0$".

我们把由空间直角坐标系中的一个三元一次方程表示的图形，叫做**一次曲面**. 由上一章我们知道，平面是一次曲面，反之凡一次曲面皆为平面. 也就是说，一次曲面只包含平面这一类. 在空间，由一个三元二次方程表示的图形，叫做**二次曲面**. 二次曲面的情形比一次曲面要复杂得多(共分十七类)，常见的球面、直圆柱面、直圆锥面都是二次曲面.

建立曲面方程的方法和步骤与在平面解析几何中建立曲线方程的方法和步骤相同. 简单地说就是：首先选定坐标系(当坐标系已经给出时，直接从下一步开始)，然后设动点坐标(x, y, z)，写出动点满足的几何条件，并将它用坐标满足的等式表出，即得一方程，最后再验证坐标满足该方程的点皆满足所给几何条件. 那么这个方程即为所求曲面的方程. 在上一章，平面的点法式方程就是这样建立的.

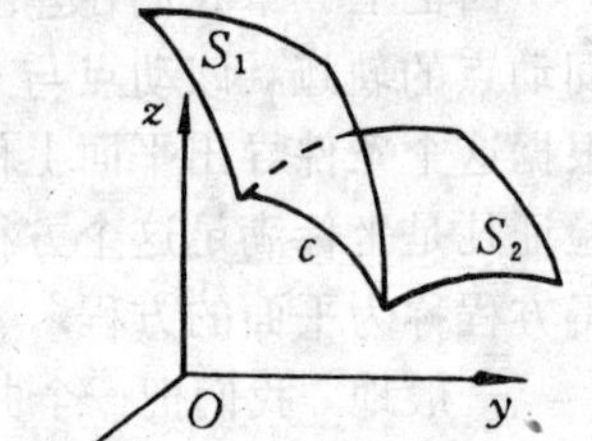

图 4.1

在上一章中，我们把空间直线看成两个平面的交线，从而将两个平面方程联立，就得到空间直线的一般方程. 一般地，我们把一条空间曲线 c，看成是两个曲面 S_1 和 S_2 的交线(图 4.1)，若曲面 S_1 和 S_2 的方程分别为

$F(x, y, z)=0$ 和 $G(x, y, z)=0$,

则联立方程组

$$\begin{cases} F(x, y, z)=0, \\ G(x, y, z)=0 \end{cases} \tag{4.2}$$

就是空间曲线 c 的方程. 方程组(4.2)称为**空间曲线 c 的一般方程**.

4.1.2 球面

空间中与一定点的距离是定长的动点的轨迹叫**球面**. 定点叫**球面的中心**，简称**球心**，定长叫**半径**. 球面由球心和半径完全决定.

现在，我们来建立以点 $P_0(x_0, y_0, z_0)$ 为球心，半径为 R 的球面的方程.

设 $P(x, y, z)$ 为球面上的任一点，由点 P 与定点 P_0 的距离为 R，即

$$|P_0P|=R.$$

根据两点间的距离公式，得

$$(x-x_0)^2+(y-y_0)^2+(z-z_0)^2=R^2. \tag{4.3}$$

反之，坐标满足方程(4.3)的任一点 $P(x, y, z)$，到定点 $P_0(x_0, y_0, z_0)$ 的距离 $|P_0P|$ 都等于 R，故点 P 在球面上. 因此，方程(4.3)是所求球面的方程.

方程(4.3)称为**球面的标准方程**，其中 (x_0, y_0, z_0) 是球心的坐标，R 是球面的半径.

例 1 以(1, −2, 3)为球心，4 为半径为球面的标准方程为

$$(x-1)^2+(y+2)^2+(z-3)^2=16.$$

特别地，当球心在原点时，半径为 R 的球面的方程形式更简单，为

$$x^2+y^2+z^2=R^2. \tag{4.4}$$

例 2 方程 $x^2+y^2+z^2-4x+6y+10z+36=0$ 表示怎样的曲面?

解 将已知方程配方，得到

$$(x-2)^2+(y+3)^2+(z+5)^2=2.$$

它是球面标准方程(4.3)的形式，故原方程表示以点(2, −3, −5)为球心，半径为 $\sqrt{2}$ 的球面.

一般地，如果三元二次方程，具有形式

$$x^2+y^2+z^2+Dx+Ey+Fz+G=0, \tag{4.5}$$

即平方项 x^2, y^2, z^2 的系数都相等，不等于零，且缺 xy, yz, zx 项，则经过配方，可以化成球面的标准方程(4.3)的形式(从而可以确定球心和半径)，那么它的图形就是一个球面(配方化成(4.3)时，我们把右端小于零的情形，称为虚球面，等于零的情形称为点球面).

方程(4.5)称为**球面的一般方程**(注意该方程的特点).

例 3 求过四点 $O(0, 0, 0)$, $A(1, 0, 0)$, $B(0, 1, 0)$, $C(0, 0,$

1)的球面方程.

解 设所求球面方程为

$$x^2+y^2+z^2+Dx+Ey+Fz+G=0. \qquad (*)$$

因球面过 $O(0, 0, 0)$，所以 $(0, 0, 0)$ 应满足方程 $(*)$，得

$$G=0.$$

又球面过 $A(1, 0, 0)$（注意到已求得 $G=0$），于是有

$$1+D=0，得 D=-1.$$

同理，由球面分别过 $B(0, 1, 0)$ 及 $C(0, 0, 1)$，分别有

$$1+E=0 及 1+F=0.$$

解得 $E=-1$ 及 $F=-1$.

将所求得之 D, E, F, G 值代入 $(*)$，得所求球面方程为

$$x^2+y^2+z^2-x-y-z=0.$$

已知一球面，球心在 P_0，半径为 R. 空间任一点 P 与该球面的位置关系如下：

$$当 |P_0P| \begin{cases} >R 时，称点 P \textbf{ 在球面外}, \\ =R 时，称点 P \textbf{ 在球面上}, \\ <R 时，称点 P \textbf{ 在球面内}. \end{cases}$$

例 4 试判断点 $A(1, 2, 3)$ 与下列球面的位置关系：

① $x^2+y^2+z^2=9$；

② $(x-1)^2+(y-2)^2+(z-2)^2=4$.

解 ①已知球面的球心为原点 O，半径为 3，由 $|OA|=\sqrt{1^2+2^2+3^2}=\sqrt{14}>3$，所以点 A 在球面外部；

②已知球面的球心为 $C(1, 2, 2)$，半径为 2，由于 $|CA|=\sqrt{(1-1)^2+(2-2)^2+(3-2)^2}=1<2$，所以点 A 在球面内部.

已知一球面球心在 P_0，半径为 R，任一平面 α 与该球面的位置关系如下：

$$当点 P_0 到平面 \alpha 的距离 d \begin{cases} >R 时，称平面 \alpha 与球面\textbf{相离}, \\ =R 时，称平面 \alpha 与球面\textbf{相切}, \\ <R 时，称平面 \alpha 与球面\textbf{相交}. \end{cases}$$

例 5 平面 $3x+2y-z-1=0$ 与球面 $x^2+y^2+z^2=4$ 相切吗？

解 已知球面的球心为原点 $O(0,0,0)$，半径为 2. 由球心 O 到已知平面的距离

$$d=\frac{|-1|}{\sqrt{3^2+2^2+(-1)^2}}=\frac{1}{\sqrt{14}}<2.$$

得已知平面与球面相交，不相切.

平面与球面相交时，交线为圆，将球面方程与平面方程联立，即得该交线圆的方程. 在上述例 5 中的平面与球面相交所得的圆的一般方程为

$$\begin{cases} x^2+y^2+z^2=4, \\ 3x+2y-z-1=0. \end{cases}$$

4.2 直圆柱面及母线平行于坐标轴的柱面

4.2.1 直圆柱面

空间与一条定直线 l 的距离是定长 r 的动点的轨迹，叫做**直圆柱面**，定直线 l 叫直圆柱面的**轴**，定长 r 叫直圆柱面的**半径**.

现在，我们来建立以 z 轴为轴，半径为 r 的直圆柱面的方程.

设 $P(x, y, z)$ 为直圆柱面上任一点. 由于点 P 到 z 轴的距离，等于点 P 到 z 轴上与点 P 有相同 z 坐标的点 $A(0, 0, z)$ 的距离(图 4.2，点 A 是过 P 向 z 轴所作垂线的垂足，也就是过 P 作垂直于 z 轴的平面与 z 轴的交点).

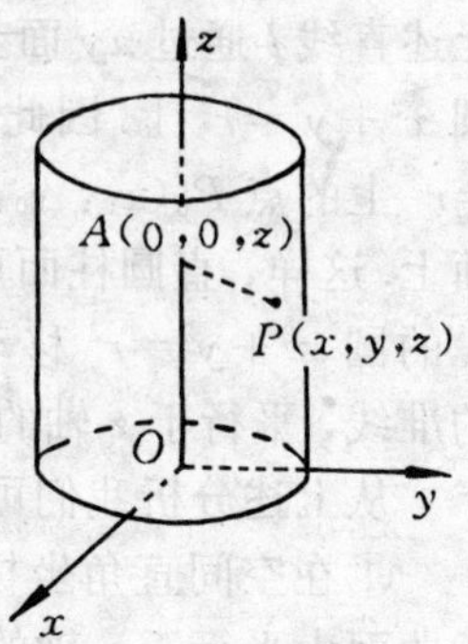

图 4.2

根据定义，点 P 到 z 轴的距离等于 r，即

$$|PA|=r.$$

于是有

$$\sqrt{(x-0)^2-(y-0)^2+(z-z)^2}=r.$$

得
$$x^2+y^2=r^2. \tag{4.6}$$

反之，如果一点 $P(x, y, z)$ 的坐标满足方程(4.6)，则一步步逆推回去，可得点 P 到 z 轴的距离为 r，即点 P 在直圆柱面上. 因

此，方程(4.6)是所求直圆柱面的方程.

方程(4.6)称为**直圆柱面的标准方程**.

直圆柱面的方程(4.6)有一个显著的特点：缺一个变量 z，且它和在 xy 面上的平面直角坐标系中以原点为中心半径为 r 的圆的方程 $x^2+y^2=r^2$ 形式完全相同.

根据方程(4.6)的上述特点，我们得到它所表示的曲面在几何形状上有如下特点：

如果有一点 $P(x_0, y_0, z_0)$ 满足方程(4.6)，即点 P 在直圆柱面上，由于方程(4.6)缺 z，所以当保持该点的前两个坐标 x_0 和 y_0 不变，而让 z 坐标变动时，所得到的一切点，其坐标 (x_0, y_0, λ)（此处 λ 为参数）仍满足方程(4.6)，即这一切点仍在直圆柱面上. 而当 λ 变动时，所有点 (x_0, y_0, λ) 组成一条直线——通过点 $P(x_0, y_0, z_0)$ 且平行于 z 轴的直线 l. 因此，该直线 l 全部落在直圆柱面上（图 4.3），另一方面，上述直线 l 通过 xy 面上的点 $P_0(x_0, y_0, 0)$，而点 P_0 在 xy 面上的圆 $x^2+y^2=r^2$ 上. 因此上述直线 l，也就是通过 xy 面上的圆 $x^2+y^2=r^2$ 上的点 $P_0(x_0, y_0, 0)$ 且平行于 z 轴的直线，它整个地落在该曲面上. 这样，直圆柱面可以看成是由平行于 z 轴的直线 l 沿着 xy 面上的圆 $x^2+y^2=r^2$ 移动而形成的，xy 面上的圆 $x^2+y^2=r^2$ 叫做它的准线，平行于 z 轴的直线 l 叫做它的一条母线.

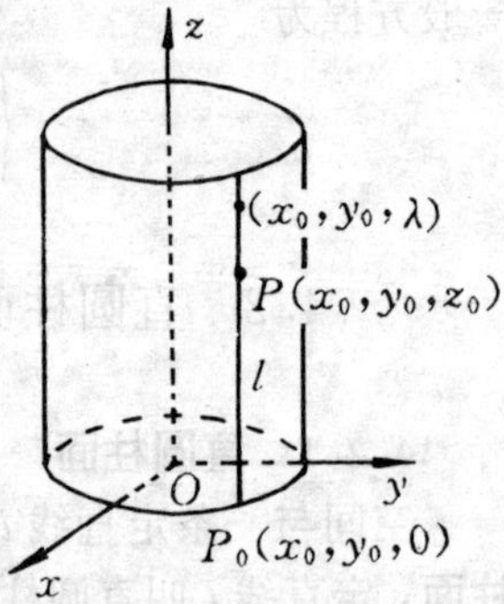

图 4.3

从上述分析我们可以得到如下两点：

①在空间直角坐标系中，如果一个方程缺 z，那么该方程表示的曲面由平行于 z 轴的直线组成；

②同一个方程

$$x^2+y^2=r^2,$$

在平面直角坐标系中表示一个圆，而在空间直角坐标系中，表示一个直圆柱面——由过 xy 面上的上述圆上的每一点且平行于 z 轴的直线所组成的曲面. 因此，在空间直角坐标系中，若要表示 xy 面上

的上述圆——在空间，把它看成是圆柱面(4.6)和平面(xy 面，$z=0$)的交线，必须用两个方程联立，即用方程组

$$\begin{cases}x^2+y^2=r^2,\\ z=0\end{cases}$$

表示. 这一点初学空间解析几何的人很容易弄错，请务必留意. 一般地，在空间直角坐标系中，一个方程表示曲面，曲线需要用两个方程组成的联立方程组表示.

4.2.2 母线平行于坐标轴的柱面

现在，我们把上述对直圆柱面的描述，推广到一般情形：已知空间中一条定曲线 c 及一个定方向，平行于定方向的直线 l，沿着定曲线 c 移动所形成的曲面，叫**柱面**. 定曲线 c 叫柱面的**准线**，动直线 l(即平行于定方向的直线)叫做柱面的**母线**(图 4.4 中所画的柱面，其准线 c 为 xy 面上的定曲线，母线 l 的方向平行于 z 轴).

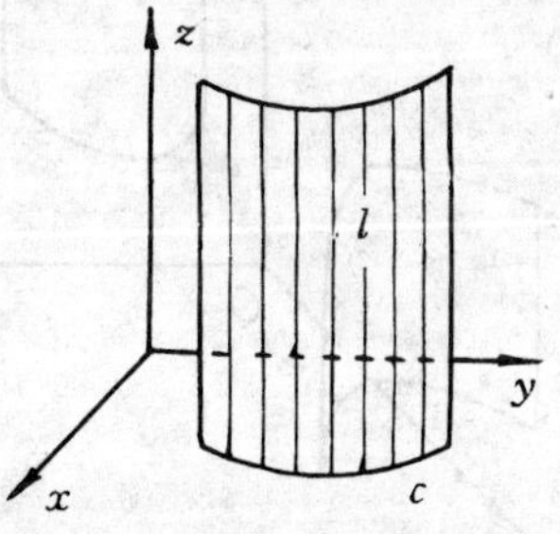

图 4.4

从前面的分析，我们已经知道，缺 z 的方程 $x^2+y^2=r^2$ 在空间直角坐标系中，表示母线平行于 z 轴，准线为 xy 面上的圆 $x^2+y^2=r^2$ 的直圆柱面.

完全类似，方程

$$\frac{x^2}{a^2}+\frac{y^2}{b^2}=1 \tag{4.7}$$

在空间直角坐标系中，表示母线平行于 z 轴，准线为 xy 面上的椭圆 $\frac{x^2}{a^2}+\frac{y^2}{b^2}=1$ 的柱面，叫做**椭圆柱面**(图 4.5)，方程(4.7)是它的标准方程.

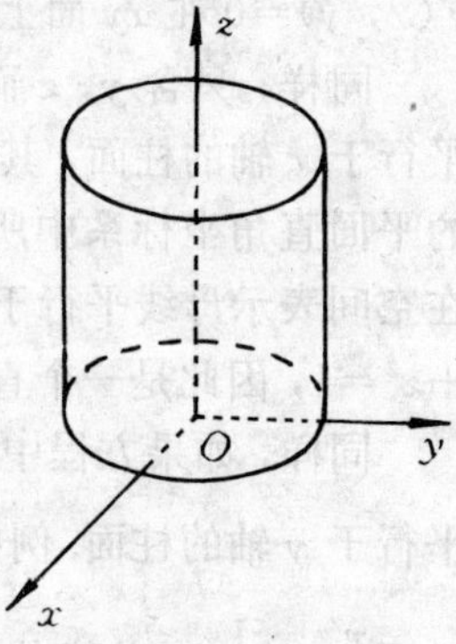

图 4.5

同样，方程

$$\frac{x^2}{a^2}-\frac{y^2}{b^2}=1 \tag{4.8}$$

及 $$y^2=2px \tag{4.9}$$

在空间直角坐标系中，分别表示母线平行于 z 轴，准线分别是 xy 面上的双曲线 $\frac{x^2}{a^2}-\frac{y^2}{b^2}=1$ 和抛物线 $y^2=2px$ 的柱面，分别叫做**双曲柱面**(图 4.6)和**抛物柱面**(图 4.7). 方程(4.8)和(4.9)分别是它们的标准方程.

椭圆柱面、双曲柱面和抛物柱面，它们的方程都是二次的，统称为**二次柱面**.

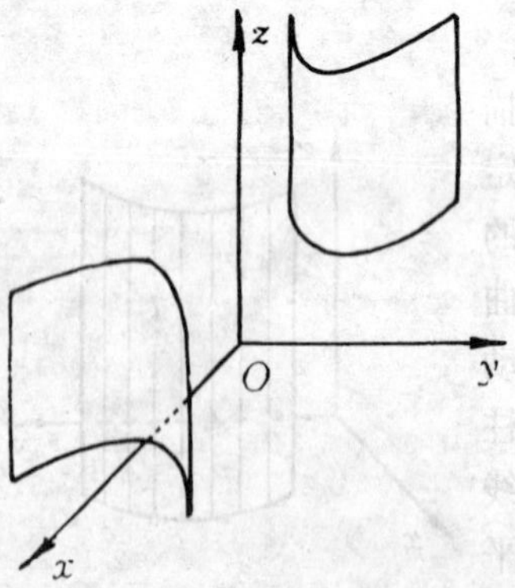

图 4.6

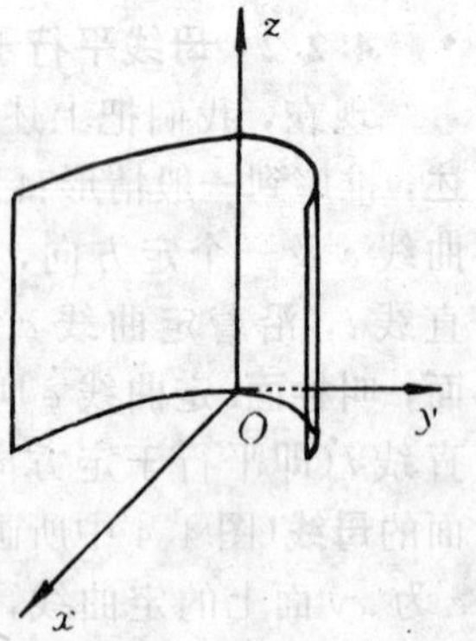

图 4.7

一般地，只含 x, y 而缺 z 的方程 $F(x, y)=0$，在空间直角坐标系中，表示母线平行于 z 轴的柱面，其准线就是这同一个方程 $F(x, y)=0$ 在 xy 面上的平面直角坐标系中所表示的曲线.

同样，只含 y, z 而缺 x 的方程 $G(y, z)=0$，在空间表示母线平行于 x 轴的柱面，其准线是这同一个方程 $G(y, z)=0$ 在 yz 面上的平面直角坐标系中所表示的曲线. 例如，方程 $y^2+z^2=1$ 中缺 x，在空间表示母线平行于 x 轴的柱面，准线是 yz 平面上的单位圆 $y^2+z^2=1$，因此是一个直圆柱面.

同样，如果方程中缺 y，方程 $H(x, z)=0$ 在空间则表示母线平行于 y 轴的柱面. 例如，方程 $\frac{x^2}{9}+\frac{z^2}{4}=1$ 在空间表示以 xz 面上的椭圆 $\frac{x^2}{9}+\frac{z^2}{4}=1$ 为准线，母线平行于 y 轴的一个椭圆柱面.

例 1 下列方程在平面直角坐标系中和在空间直角坐标系中，各表示什么图形：

(1)$x^2+y^2=4$；　(2)$x^2-y^2=1$；　(3)$\frac{x^2}{9}+\frac{y^2}{4}=1$；

(4)$x+y=1$；　(5)$x^2-y^2=0$.

解 (1)在平面直角坐标系中，表示以原点为中心，半径为 2 的圆，在空间直角坐标系中，表示以 xy 面上的上述圆为准线，母线平行于 z 轴的直圆柱面.

(2)在平面直角坐标系中，表示一条双曲线，在空间直角坐标系中，表示以 xy 面上的上述双曲线为准线，母线平行于 z 轴的双曲柱面.

(3)在平面直角坐标系中，表示一个椭圆，在空间直角坐标系中，表示以 xy 面上的上述椭圆为准线，母线平行于 z 轴的椭圆柱面.

(4)在平面直角坐标系中，表示一条直线，在空间直角坐标系中，表示通过 xy 面上的上述直线且平行于 z 轴的一个平面(图 4.8).

(5)在平面直角坐标系中，表示二相交直线 $x+y=0$ 和 $x-y=0$，它们的交点在原点. 在空间直角坐标系中，表示二相交平面 $x+y=0$ 和 $x-y=0$，它们都通过 z 轴(图 4.9).

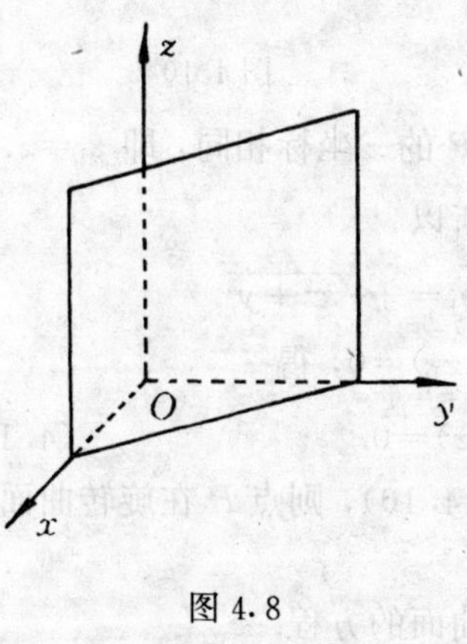

图 4.8

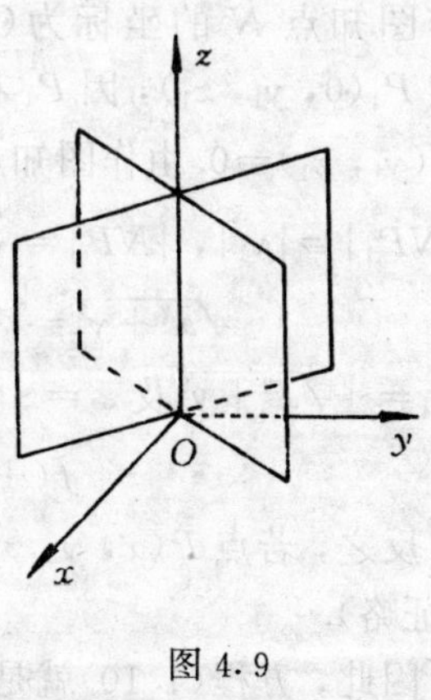

图 4.9

*4.3 旋转曲面和直圆锥面

一条平面曲线 c，绕着它所在平面内的一条直线 l，旋转一周所形成的曲面，叫做**旋转曲面**，定直线 l 叫做旋转曲面的**轴**，被旋转的曲线 c 叫做旋转曲面的**母曲线**.

现在，我们来建立以 yz 面上的一条曲线 c

$$\begin{cases} f(y, z)=0, \\ x=0 \end{cases}$$

为母曲线，绕着 z 轴旋转一周所得到的旋转曲面的方程.

设 $P(x, y, z)$ 是旋转曲面上的任一点，过 P 点作垂直于 z 轴的平面，交 z 轴于点 N，交 yz 面上的已知曲线 c 于点 P_1，则该平面与旋转曲面的交线是以点 N 为中心，$|NP_1|$ 为半径的圆（图 4.10），该圆是由点 P_1 绕 z 轴旋转一周所形成的. 该圆经过点 P，即点 P 是由点 P_1 绕 z 轴旋转得到的，于是有

$$|NP|=|NP_1|.$$

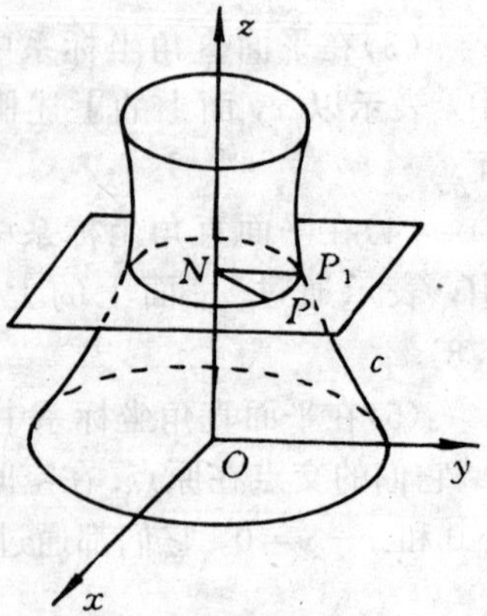

图 4.10

由作图知点 N 的坐标为 $(0, 0, z)$. 设点 $P_1(0, y_1, z_1)$，因 P_1 在 c 上，所以 $f(y_1, z_1)=0$. 由作图知点 P_1 与点 P 的 z 坐标相同，即 $z_1=z$. 又因 $|NP_1|=|y_1|$，$|NP|=\sqrt{x^2+y^2}$，所以

$$\sqrt{x^2+y^2}=|y_1|, \quad 即\ y_1=\pm\sqrt{x^2+y^2}.$$

将 $y_1=\pm\sqrt{x^2+y^2}$ 及 $z_1=z$ 代入 $f(y_1, z_1)=0$，得

$$f(\pm\sqrt{x^2+y^2}, z)=0. \tag{4.10}$$

反之，若点 $P(x, y, z)$ 满足方程（4.10），则点 P 在旋转曲面上（验证略）.

因此，方程（4.10）就是所求旋转曲面的方程.

于是我们得到：

yz 面上的曲线 c：$\begin{cases} f(y,z)=0, \\ x=0 \end{cases}$ 绕 z 轴旋转，所得旋转曲面的方程为

$$f(\pm\sqrt{x^2+y^2},z)=0,$$

即在已知曲线 c 的方程中的 $f(y,z)=0$ 中，保持 z 不动，将 y 换成 $\pm\sqrt{x^2+y^2}$，即得旋转曲面的方程.

我们知道，球面是一个旋转曲面，它可以看成是由圆绕它的一条直径旋转而成的.

例 1 yz 面上的圆 $\begin{cases} y^2+z^2=1, \\ x=0 \end{cases}$ 绕 z 轴旋转，所得旋转曲面的方程是（在方程 $y^2+z^2=1$ 中，保持 z 不动，将 y 换成 $\pm\sqrt{x^2+y^2}$）

$$(\pm\sqrt{x^2+y^2})^2+z^2=1,$$

即
$$x^2+y^2+z^2=1.$$

表示以原点为球心，半径为 1 的球面.

直圆柱也是旋转曲面，它可以看成是由一条直线绕与它平行的另一条直线旋转而成的.

例 2 yz 面上的直线 $\begin{cases} y=a, \\ x=0 \end{cases}$ 绕 z 轴旋转，所得旋转曲面的方程是（在方程 $y=a$ 中，将 y 换成 $\pm\sqrt{x^2+y^2}$，得）

$$\pm\sqrt{x^2+y^2}=a,$$

即
$$x^2+y^2=a^2.$$

表示以 z 轴为轴，半径为 a 的直圆柱面.

一条直线绕与它相交的另一条直线旋转，所得旋转曲面叫做**直圆锥面**，两直线的交点叫直圆锥面的**顶点**，二直线的交角（锐角）叫它的**半顶角**，旋转轴叫它的**轴**.

例 3 以原点为顶点，z 轴为轴，半顶角为 α 的直圆锥面，是由 yz 面上的直线

$$\begin{cases} z=y\cot\alpha, \\ x=0 \end{cases}$$

绕 z 轴旋转而成的旋转曲面（图 4.11）. 它的方程是（在方程 $z=$

$y\cot\alpha$中，保持 z 不动，将 y 换成$\pm\sqrt{x^2+y^2}$)

$$z=\pm\sqrt{x^2+y^2}\cot\alpha,$$

即 $$x^2+y^2-z^2\tan^2\alpha=0. \tag{4.11}$$

这就是上述直圆锥面的方程.

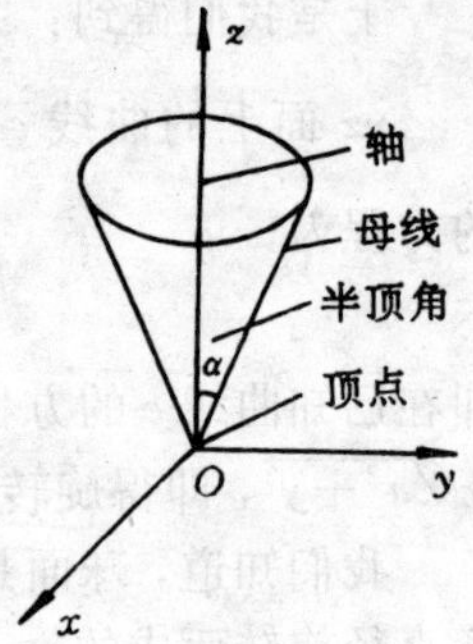

图 4.11

例如，方程 $x^2+y^2-2z^2=0$ 就表示一个直圆锥面，它是由 yz 面上的直线 $\begin{cases}y=\sqrt{2}z,\\x=0\end{cases}$ 绕 z 轴旋转而成的.

再例如，$\frac{x^2}{4}+\frac{y^2}{4}-\frac{z^2}{5}=0$ 也表示一个直圆锥面，它是由 yz 面上的直线 $\begin{cases}\frac{y}{2}=\frac{z}{\sqrt{5}},\\x=0\end{cases}$ 绕 z 轴旋转而成的.

例 4 yz 面上的椭圆

$$\begin{cases}\frac{y^2}{a^2}+\frac{z^2}{b^2}=1,\\x=0\end{cases}$$

绕 z 轴旋转，所得旋转曲面的方程为(在方程$\frac{y^2}{a^2}+\frac{z^2}{b^2}=1$ 中，z 不动，将 y 换成$\pm\sqrt{x^2+y^2}$)

$$\frac{x^2+y^2}{a^2}+\frac{z^2}{b^2}=1.$$

这个曲面叫**旋转椭球面**，形状如图 4.12，当 $b>a$ 时，又叫**长球面**，当 $b<a$ 时，又叫**扁球面**.

例 5 yz 面上的双曲线

$$\begin{cases}\frac{y^2}{a^2}-\frac{z^2}{b^2}=1,\\x=0\end{cases}$$

绕虚轴(z 轴)旋转，所得旋转曲面的方程为(在方程$\frac{y^2}{a^2}-\frac{z^2}{b^2}=1$ 中，z 不动，将 y 换成$\pm\sqrt{x^2+y^2}$)

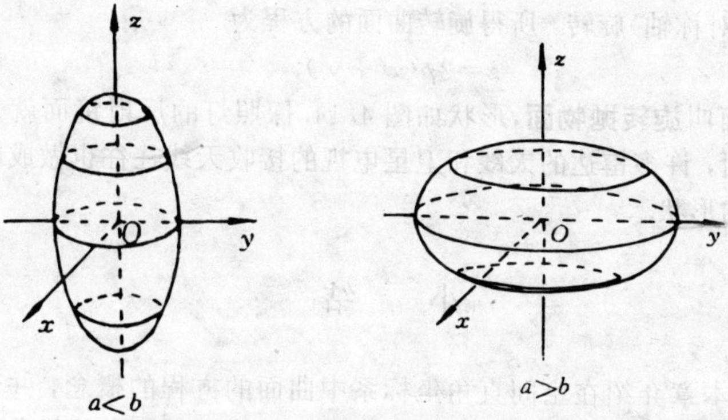

(1)　　　　(2)

图 4.12

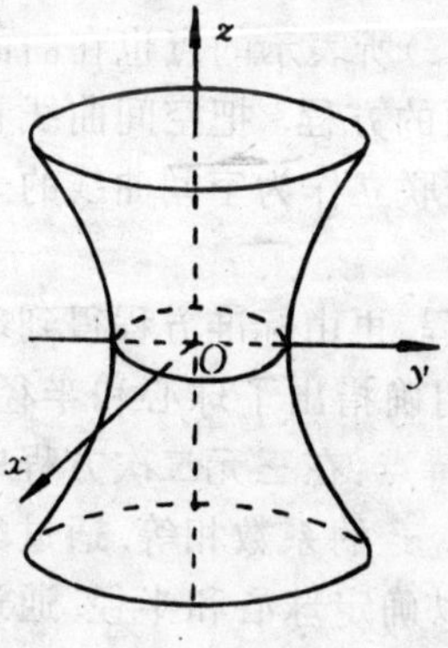

图 4.13

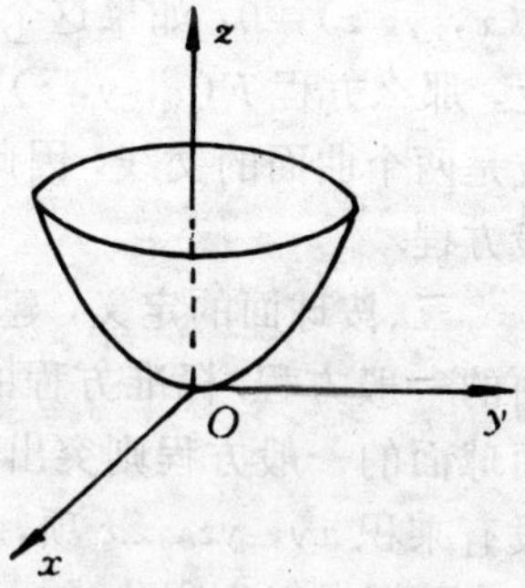

图 4.14

$$\frac{x^2+y^2}{a^2}-\frac{z^2}{b^2}=1.$$

这个曲面叫**旋转单叶双曲面**，形状如图 4.13，工厂的大型冷却塔常常建成旋转单叶双曲面的形状. 这种形状具有对流快、散热效能好的优点.

例 6　yz 面上的抛物线

$$\begin{cases} z=2py^2,\ (p>0) \\ x=0 \end{cases}$$

绕 z 轴(对称轴)旋转，所得旋转曲面的方程为

$$z=2p(x^2+y^2).$$

这个曲面叫**旋转抛物面**，形状如图 4.14. 探照灯的反射镜面就是旋转抛物面，许多雷达的天线和卫星电视的接收天线往往也做成旋转抛物面的形状.

小　结

一、本章介绍在空间直角坐标系中曲面的方程的概念，并建立几种常见的特殊的曲面——球面、直圆柱面、直圆锥面和旋转曲面的方程.

二、把曲面看成是空间动点的轨迹，根据动点所满足的条件，在空间直角坐标系中，求出动点 (x, y, z) 的坐标所适合的方程 $F(x, y, z)=0$，如果这个方程的解 (x, y, z) 所表示的点也在曲面上，那么方程 $F(x, y, z)=0$ 就是所求曲面的方程. 把空间曲线看成是两个曲面的交线，因此用两个曲面方程联立作为空间曲线的一般方程.

三、按球面的定义，建立球面的标准方程. 再由标准方程得到球面的一般方程. 标准方程的优点是方程中明确指出了球心和半径，而球面的一般方程则突出了方程形式上的特点：在三元二次方程中没有乘积 xy，yz，zx 项，且平方项 x^2，y^2，z^2 的系数相等. 通过配方，可把一般方程化成标准方程，从而可以确定球心和半径. 通过方程讨论了点与球面和平面与球面的相互位置关系.

四、根据直圆柱面的定义，得到以 z 轴为轴，半径为 r 的直圆柱面的方程 $x^2+y^2=r^2$. 这个方程的一个显著特点是缺一个变量. 经过分析得到，若三元方程缺一个变量 z，则在空间中表示母线平行于 z 轴的柱面. 方程 $\frac{x^2}{a^2}+\frac{y^2}{b^2}=1$，$\frac{x^2}{a^2}-\frac{y^2}{b^2}=1$，$y^2=2px$ 在空间分别表示母线平行于 z 轴的椭圆柱面、双曲柱面和抛物柱面. 注意，在平面解析几何中表示曲线的方程(例如椭圆 $\frac{x^2}{a^2}+\frac{y^2}{b^2}=1$)在空间中不表示曲线，而表示母线平行 z 轴的柱面. 在空间若要表示 xy 面上的上述椭圆，

必须用两个方程联立$\begin{cases}\dfrac{x^2}{a^2}+\dfrac{y^2}{b^2}=1,\\ z=0.\end{cases}$

*五、以 yz 面上的曲线$\begin{cases}F(y, z)=0,\\ x=0\end{cases}$为母曲线，绕 z 轴旋转所得旋转曲面的方程为 $F(\pm\sqrt{x^2+y^2}, z)=0$(在方程 $F(y, z)=0$ 中，z 不动，将 y 换成$\pm\sqrt{x^2+y^2}$). yz 面上的直线$\begin{cases}z=y\cot\alpha,\\ x=0\end{cases}$绕 z 轴旋转，得到以 z 轴为轴，半顶角为 α，顶点在原点的直圆锥面的方程 $x^2+y^2-z^2\tan^2\alpha=0$. 球面和直圆柱面也是旋转曲面. 此外还有旋转椭球面，旋转单叶双曲面和旋转抛物面等，它们都是二次的旋转曲面.

习 题 四

A

1. 方程 $x^2+y^2+z^2-2x+4y-8z-4=0$ 表示什么曲面.
2. 求下面球面的中心和半径：

   (1) $x^2+y^2+z^2-12x+4y-6z=0$;

   (2) $x^2+y^2+z^2+2x-14y+8z+30=0$;

   (3) $x^2+y^2+z^2+10x=0$.
3. 求下列球面的方程：

   (1)以点(1，3，−2)为球心，且通过坐标原点；

   (2)以点(1，2，3)与点(−1，6，−5)所连线段为直径；

   (3)过点(1，−1，1)，(1，2，−1)，(2，3，0)及坐标原点.
4. 已知点 $A(1,2,-2)$，$B(1,-1,3)$，$C(0,1,2)$和球面 $x^2+y^2+z^2=9$，试判断各已知点与球面的位置关系(点在球面上，或在球面内部，或在球面外部).
5. 证明球面

   $$x^2+y^2+z^2-12x+4y-6z+24=0$$

   与平面

   $$2x+2y+z+1=0$$

   相交. 并写出它们相交所得的圆的一般方程.
6. 指出下列方程在平面直角坐标系中和在空间直角坐标系中，各表示什么图形：

   (1)$x=2$;　　(2)$y=x+1$;

   (3)$x^2+y^2=4$;　　(4)$x^2-y^2=1$;

   (5)$\frac{x^2}{16}+\frac{y^2}{9}=1$;　　(6)$x^2-4y^2=0$.
7. 说出下列方程所表示的曲面的名称. 若是柱面，需指出其母线方向及一条准线：

   (1)$(x-1)^2+(y-1)^2=1$;　　(2)$\frac{x^2}{9}-\frac{y^2}{4}=1$;

(3) $y^2-z=0$；　　　　　　(4) $\frac{x^2}{9}+\frac{z^2}{4}=1$.

*8. 将 yz 面上的圆 $y^2+z^2=9$ 绕 z 轴旋转一周，试求所形成的旋转曲面的方程，并说出该曲面的名称.

*9. 将 yz 面上的抛物线 $y^2=5z$ 绕 z 轴旋转一周，试求所形成的旋转曲面的方程，并说出该曲面的名称.

*10. 将 yz 面上的直线 $y-2z=0$ 绕 z 轴旋转一周，试求所形成的旋转曲面的方程，并说出该曲面的名称.

B

一、填空

1. 方程 $x^2+y^2+z^2-2x+4y+2z=0$ 表示球面.这个球面的球心的坐标是________，半径等于________.
2. $y^2=2px$ 在空间直角坐标系中所表示的曲面的名称是________，其母线方向平行于________.
3. 球面 $x^2+y^2+z^2=4$ 与平面 $x+y+z+1=0$ 相交于一个圆，该圆的一般方程为________.

二、单项选择

4. 点 $A(1,-2,3)$ 与球面 $x^2+y^2+z^2=9$ 的位置关系是　(　　).

A. 在球面内部，但不是球心　　B. 在球面外部

C. 在球面上　　D. 恰是球心

5. 平面 $x-2y+3z-14=0$ 与球面 $x^2+y^2+z^2-2x+4y-6z-30=0$ 的位置关系是(　　).

A. 相离　　B. 相交，但平面不过球心

C. 相切　　D. 平面恰过球心

6. 方程 $x^2+y^2=1$ 在空间直角坐标系中表示(　　).

A. 圆　　B. 直圆柱面

C. 球面　　D. 平面

第二篇

微积分

第五章 函 数

作为微积分学的第一章，首先要向读者介绍的就是本课程的研究对象——函数. 函数概念虽在中学数学中已学习过，并对一些简单函数的性质有所了解，但那不够. 为了使教学工作能顺利进行，本章将对中学的函数知识进行系统的复习和整理并给予适当的提高.

在讲函数之前，还需要讲几点预备知识和介绍一些常用的记号.

5.1 预备知识

5.1.1 集合

在日常生活中，我们常常碰到集合这个概念. 如一个班的全体学生成为一个集合，国家足球队的全体成员成为一个集合等. 集合这个词的含义大家都能理解，在数学里把它当作一个原始概念，不给予定义，仅给它一个描述，一般说来，把具有某种特性的事物的全体叫做一个**集合**(简称为**集**)，组成集的事物称为这个集的**元素**. 由数组成的集称为**数集**. 如全体自然数组成自然数集. 全体有理数组成有理数集. 方程 $x^2-3x+2=0$ 的根的全体也成为一集. 我们可以根据所给定的集的特性，来判断一个事物是否属于这个集. 比如判断一个数是否属于上述最后这个集，就看它是否是该方程的根，1 和 2 都是方程的根，故属于这个集，其他的数都不属于这个集.

由有限个元素构成的集称为**有限集**，由无限多个元素构成的集称为**无限集**.

通常，我们用大写字母 A，B，X，Y 等表示集，用小写字母 a，

b,x,y 等表示集的元素. 如果 a 是集 A 的元素，则记为 $a\in A$，读作 a 属于 A；如果 a 不是 A 的元素，则记为 $a\notin A$，读作 a 不属于 A.

1. 集的表示法

集有两种表示方法，一为**列举法**，将所有元素在花括号内一一列举出来. 如

$$A=\{1,2,3,4,5\}.$$

另一为**描述法**，如

$$A=\{x\mid x^2-3x+2=0\}.$$

以记号"|"将花括号分为两部分，左边为元素的代表符号，如用 x 或其他符号，右边为元素所具有的性质，集 A 表示方程 $x^2-3x+2=0$ 的根的全体.

2. 子集、包含和相等

为叙述方便，我们先引用几个逻辑符号：

(1)符号 $S_1\Rightarrow S_2$

表示命题(或条件)S_1 成立，则命题(或条件)S_2 也成立.

(2)符号 $S_1\Leftrightarrow S_2$

表示命题(或条件)S_1 与命题(或条件)S_2 等价，即由 S_1 可以推出 S_2，反过来，也可由 S_2 推出 S_1.

(3)符号$\forall$

表示对任给或对所有，$\forall\ x$ 表示对任何 x 或对所有 x.

(4)符号$\exists$

表示有或存在，$\exists\ x$ 表示存在 x 或有 x.

设 A, B 为二集，若$\forall\ a\in A\Rightarrow a\in B$，则称集 A 包含于集 B，亦称 A 为 B 的子集，记为

$$A\subseteq B \text{ 或 } B\supseteq A.$$

例如，$A=\{1,2,3,4,5\}$，则集$\{1\}$,$\{2,4\}$,$\{1,3,5\}$都是 A 的子集，而集$\{1,6\}$则不是 A 的子集.

我们有时也用到空集这个概念，即不含任何元素的集称为空集，记为$\varnothing$. 例如 A 为方程 $x^2-2=0$ 的有理根全体，则 A 为空集，即 $A=\varnothing$(因为这个方程没有理根. 下一段我们将证明 $\sqrt{2}$ 不是有理数).

若 A，B 为二集，满足 $A\subseteq B$ 和 $B\subseteq A$，则称 $A=B$.

若 $A\subseteq B$ 但 $A\neq B$，则称 A 为 B 的真子集，记作 $A\subsetneqq B$.

3. 集的运算

设 A，B 为二集，定义

$$A\cup B=\{x\mid x\in A \text{ 或 } x\in B\},$$

称为 A 与 B 的**并**；

$$A\cap B=\{x\mid x\in A \text{ 且 } x\in B\},$$

称为 A 与 B 的**交**.

5.1.2 实数集

微积分中所用的数集都是实数集的子集. 那么，什么是实数集？它有哪些性质？要解答这些问题，让我们先回忆一下有理数集.

在中学的数学课中我们就已经知道，一切整数与分数组成有理数集，每个有理数都可表示为 $\frac{p}{q}$ 的形式. 其中 p，q 都是整数且 $q\neq 0$. 每个有理数又都可以用有穷小数或者无穷循环小数来表示；反之，每个有穷小数或者无穷循环小数都表示一个有理数.

有理数集有如下一些性质：

(1)对四则运算(除数不为0)是封闭的，即任意两个有理数经四则运算后仍是有理数；

(2)有理数是有序的，即任意两个有理数都可比较大小；

(3)任意两个正有理数 a 与 b，总可找到一个自然数 n，使 $na>b$. 这条性质称为阿基米德有序性；

(4)稠密性，即任意二有理数之间存在有理数，由此可知，任意二有理数之间存在无穷多个有理数.

尽管有理数集有以上良好性质，但是，从度量的角度来看，还是不够用的. 例如，仅限于有理数集，则并非一切线段都能有一个长度. 试考察边长为单位长度的正方形的对角线，依勾股定理，它的长度的平方应等于 2，而这个长度不可能是有理数.

如若不然，假定它是一个有理数 $\frac{p}{q}$，则 $\left(\frac{p}{q}\right)^2=2$，我们可以假设 $\frac{p}{q}$ 是既约分数，即 p 和 q 是没有公约数的. 于是 $p^2=2q^2$，故 p^2

为偶数，从而 p 为偶数，因而 q 只能是奇数，令 $p=2r$(r 为整数)代入前式，得到 $q^2=2r^2$，由此又推得 q 为偶数，从而导致矛盾. 这个矛盾说明，一个数的平方等于 2，这个数不可能是有理数.

可见，仅限于有理数集，则单位正方形的对角线没有长度.

若将有理数集中的数与数轴上的点建立对应，对于任一有理数 $\frac{p}{q}$，在数轴上自原点 O 向右(或向左)截取线段 $\overline{OA}$，使其值与单位长之比为 $\frac{p}{q}$，这样得到的点 A 叫做有理点，它是有理数的几何表示，而 $\frac{p}{q}$ 称为有理点的坐标，可见，对于任一有理数，都可在数轴上找到一点与之对应. 但是数轴上的点，并非都是有理点，如上面已证的，数轴上的线段 OA 若与单位正方形的对角线相等，则点 A 不能对应一个有理数. 实际上，这样的非有理点不仅有，而且有无穷多.

因此，为了度量的需要，就要使数轴上每一个点都有一个数来表示它，这就必须引入新数，使它们也与有理数对于有理点的作用一样，可以当作非有理点的坐标.

这些作为数轴上非有理点的坐标的新数，叫做**无理数**，而对应于无理数的点叫做**无理点**，有理数与无理数统称**实数**.

这样，数轴上的全体点与全体实数之间就建立了一一对应关系，即数轴上的每一点都表示一个实数，反过来，每一实数必是数轴上某一点的坐标.

实数的这一性质称为实数的**连续性**，它使实数集与有理数集有了本质的区别. 全体有理数尽管稠密但填不满数轴(存在空隙)，而全体实数就填满了整个数轴而无空隙. 微积分理论正是建立在这一数集的基础之上的.

由于全体实数与数轴上所有的点一一对应，所以我们常用数轴上的点表示实数而不区别点和数.

因为有理数就是有穷小数或无穷循环小数，而每一个有穷小数，也可以用以 0 或 9 为循环节的无穷循环小数表示. 如 1.2 可表示为 $1.2\dot{0}$ 或 $1.1\dot{9}$，因此有理数就是无穷循环小数，而无理数就是无穷不循环小数，所以全体实数就是由全体无穷循环小数和全体无穷不循环小数所组成.

有理数的运算法则都可以推广到实数上去，所以实数可以像有理数那样进行运算.

下面介绍几个常用的数集.

全体实数所成之集记为 **R**，又以 **N**①，**Z**，**Q** 分别表示 **R** 的几个真子集，依次为自然数集，整数集和有理数集.

1. 有界集

设 E 为 **R** 的一个子集，如果存在一个实数 b，使得对一切 $x\in E$，都有 $x\leqslant b(x\geqslant b)$，则称 b 为 E 的一个上(下)界. 如果 E 既有上界又有下界，则称 E 为**有界集**，非有界集称为**无界集**.

例如，由有限个数组成之集总是有界集，最小数为一下界，最大数为一上界. 只有无穷集才可能是无界集.

一切真分数所成之集是有界集，它有下界 -1，上界 1.

自然数集 **N** 虽有下界 0，但无上界，不是有界集，整数集 **Z** 与有理数集 **Q** 都是无界集.

2. 区间

设 a,b 为二实数且 $a<b$，称集 $\{x|a<x<b\}$ 为一个**开区间**，记为 (a,b)，在数轴上，它表示介于 a 与 b 两点之间的全部点，不含端点 a 与 b；称集 $\{x|a\leqslant x\leqslant b\}$ 为一个**闭区间**，记为 $[a,b]$，在数轴上，它表示介于 a 与 b 之间的全部点且包含端点 a 与 b，如 $[0,1]$ 表示介于 0 与 1 之间且包含 0 与 1 在内的一切点，类似的记号还有

$$(a,b]=\{x|a<x\leqslant b\},$$

$$(a,+\infty)=\{x|x>a\}$$

以及 $[a,b)$，$(-\infty,a]$，$(-\infty,+\infty)$ 等，其中 $(a,b]$ 与 $[a,b)$ 为**半开半闭区间**，其余为无穷区间，这里的 $-\infty$ 与 $+\infty$ 不是普通的数，只是一种记号，分别称为负无穷大与正无穷大. 任一实数 x，都满足 $-\infty<x<+\infty$. $(-\infty,+\infty)$ 表示全体实数.

---

① 根据 **GB** 3102.11－93 规定，非负整数集或自然数集记为 **N**，即 $\mathbf{N}=\{0,1,2\cdots\}$，$\mathbf{N}_+(\mathbf{N}^*)=\{1,2,3\cdots\}$

3. 邻域

设 a 为一实数，δ(读作德尔塔)为一正实数，称区间$(a-\delta, a+\delta)$为 a 点的 δ **邻域**(如图 5.1)．如果在此邻域中去掉点 a，则为$(a-\delta,a)\cup(a,a+\delta)$称为点 a 的**空心邻域**(如图 5.2)．

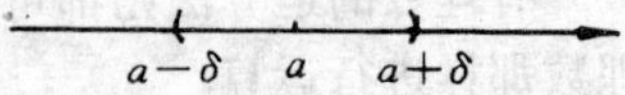

图 5.1

又称$(a-\delta,a]$为 a 点的**左邻域**；$[a,a+\delta)$为 a 点的**右邻域**．若从它们中去掉 a，则得到 a 点的左、右空心邻域．

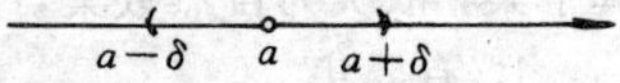

图 5.2

5.1.3 绝对值和不等式

1. 绝对值定义

实数 a 的绝对值记为$|a|$，是一个非负实数，定义为

$$|a|=\begin{cases}a, & a\geqslant 0,\\ -a, & a<0.\end{cases}$$

例如$|2|=2$，$|-2|=-(-2)=2$，$|0|=0$．

2. 绝对值的几何意义

设 x 是数轴上的一个点，$|x|$表示点 x 到原点 O 的距离(如图 5.3)．

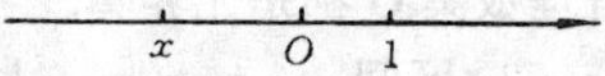

图 5.3

3. 绝对值的性质

性质 5.1 设 a 为实数，有

(1)$|-a|=|a|$；

(2)$|a|=\sqrt{a^2}$；

(3)$-|a|\leqslant a\leqslant |a|$．

性质 5.2 $|a|\leqslant b \Leftrightarrow -b\leqslant a\leqslant b$．

证明 “$\Rightarrow$”(表示由左推右) 由$|a|\leqslant b$，知 $a\leqslant b$ 或$-a\leqslant b$，由后式得 $a\geqslant -b$，将 $a\leqslant b$ 与 $a\geqslant -b$ 合起来，得$-b\leqslant a\leqslant b$．

“$\Leftarrow$”(表示由右推左) 由$-b\leqslant a\leqslant b$，知 $a\leqslant b$ 和$-b\leqslant a$，即$-a\leqslant b$，故$|a|\leqslant b$．

性质 5.3 $|a+b|\leqslant |a|+|b|$．

证明 由性质 5.1(3)，有

$$-|a|\leqslant a\leqslant |a|,$$
$$-|b|\leqslant b\leqslant |b|.$$

两式相加，得

$$-(|a|+|b|)\leqslant a+b\leqslant |a|+|b|.$$

再由性质 5.2，知

$$|a+b|\leqslant |a|+|b|.$$

性质 5.4 $|a-b|\geqslant |a|-|b|$.

证明 $a=a-b+b$，由性质 5.3，得

$$|a|\leqslant |a-b|+|b|.$$

将 $|b|$ 移至左边，即得

$$|a|-|b|\leqslant |a-b|.$$

性质 5.5 $||a|-|b||\leqslant |a-b|$.

性质 5.6 $|ab|=|a||b|$；$\left|\dfrac{a}{b}\right|=\dfrac{|a|}{|b|}$，$b\neq 0$.

例 1 解下列带绝对值的不等式：

(1) $|x-3|<5$；　　(2) $|x+2|\geqslant 7$；

(3) $|-3x+5|<\dfrac{3}{2}$；　　(4) $1<(x-2)^2<4$.

解 $|x-3|<5\Leftrightarrow -5<x-3<5$.

故 $-2<x<8$，即 $x\in(-2,8)$.

(2) $|x+2|\geqslant 7\Rightarrow x+2\geqslant 7$ 或 $-(x+2)\geqslant 7$，

因此，$x\geqslant 5$ 或 $x\leqslant -9$. 即 $x\in(-\infty,-9]\cup[5,+\infty)$.

(3) $|-3x+5|<\dfrac{3}{2}\Leftrightarrow -\dfrac{3}{2}<-3x+5<\dfrac{3}{2}$

$$\Leftrightarrow -\frac{3}{2}<3x-5<\frac{3}{2}$$

$$\Leftrightarrow \frac{7}{2}<3x<\frac{13}{2},$$

故 $1\dfrac{1}{6}<x<2\dfrac{1}{6}$，即 $x\in\left(1\dfrac{1}{6},\ 2\dfrac{1}{6}\right)$.

(4) $1<(x-2)^2<4\Leftrightarrow 1<|x-2|<2$，可知

$$1<x-2<2 \text{ 或 } 1<-(x-2)<2.$$

由前式知 $3<x<4$；由后式知 $0<x<1$，故得

$$x\in(0,\ 1)\cup(3,4).$$

例 2 试证：数集 E 有界也可定义为：$\exists\ M>0$，使得 $\forall\ x\in E$，都有 $|x|\leqslant M$.

证明 若 E 有下界 a，上界 b，则 $|a|$ 与 $|b|$ 中之大者可当做这里的 M. 反之，若 $\forall x \in E$，都有 $|x| \leqslant M$，则 $-M \leqslant x \leqslant M$，故 E 有下界 $-M$，上界 M.

5.2 函数概念

5.2.1 变量

人们在考察自然现象和技术过程中，会遇到各种各样的量，如天体的运行，万物的生长，山川的变迁，气象的变化等等，这些都是自然现象，而机器的运转，飞机、卫星的飞行，子弹的抛射，以及对密封容器中的气体加热等这些都是技术过程，在这些现象与过程中，就会出现许多量. 如在种子的发育过程中，就有湿度、温度、肥料数和光照等，在机械运动中将出现力、速度、加速度、还有物体的几何尺寸等.

这些量一般可以分为两类：常量和变量. 在考察的过程中保持同一值的量称为**常量**；在考察的过程中取不同的值的量称为**变量**，例如飞机在飞行的过程中，机上的人数是常量，飞机飞行的速度，离地面的高度，与目的地的距离等是变量. 不过，常量与变量是相对的，同一个量在不同的过程中，在不同的要求下，有时当作常量，有时又可能当作变量. 在微积分中，还有往往把常量当作变量的特例.

生产和生活中提出的任务，就是要我们考察在某个过程中，哪些量是常量？哪些是变量？它们是怎么变的？相互之间有着怎样的联系？要求掌握它们的变化规律(如上升、下降、快慢，何时最大？何时最小？等等)以便指导我们的行动.

5.2.2 函数定义

同一过程中的诸多变量，它们在变化时，彼此之间联系的紧密程度是很不相同的. 有的没有多少联系，一个量的取值不影响另一个量的取值. 如人体的身高和血压，矩形的长与宽，但这不是我们主要想关心的. 在微积分中，我们主要关心的是那些彼此之间有联系且存在着精确的依赖关系的变量，我们通常所说的变量的变化规律，实际是指相依的变化规律，是一个量怎样依赖于另一个量的变化而变化的. 本书里我们仅限于讨论两个变量的情形. 下面看几个例子.

例 1 圆的半径 r 与它的周长 L 是不能各自独立的变化的，周长随半径的变化而变化，只要半径 r 取定一个值，周长 L 的值便随之唯一地确定下来. 换句话说，对于 r 的每一个值，都有 L 的一个唯一确定的值与之对应，它们之间的关系是

$$L=2\pi r.$$

例 2 正方形的边长 x 取定以后，其面积 S 便随之确定下来. 它们之间的相依关系是

$$S=x^2.$$

例 3 物体在重力的作用下，从离地面高 h 处自由下落，不计空气阻力，其下落的路程 s 和时间 t 满足关系

$$s=\frac{1}{2}gt^2,\ 0\leqslant t\leqslant\sqrt{\frac{2h}{g}}.$$

其中 $g=9.8\mathrm{m/s^2}$ 是重力加速度，据此公式，在 0 与 $\sqrt{\frac{2h}{g}}$ 之间每给定 t 一值，便可得到对应的 s 的值.

例 4 设 h 为地面的海拔高度. p 为大气压力，据物理学的公式

$$p=p_0C^{-kh},$$

其中 p_0 为海平面上的压力，k,C 为常数. 据此公式，p 随 h 而变，每当 h 取定一值，p 都有唯一确定的值与之对应.

像上述诸例中变量之间的这种相依关系，在数学上就抽象为一种函数关系，定义如下：

定义 5.1 设 D 是 $\mathbf{R}$ 的一个非空子集，若存在一个对应法则 f，对于 D 中的每一个实数 x，都有 $\mathbf{R}$ 中唯一确定的数 y 与之对应，则称 f 是从 D 到 $\mathbf{R}$ 的一个**函数**，对应于 x 的数 y 称为 f 在 x 处的值，记为 $y=f(x)$，也称为 x 的**像**，x 称为 y 的**原像**，D 称为 f 的**定义域**，记为 D_f，集 $\{f(x)\mid x\in D\}$ 称为 f 的**值域**，记为 R_f，x 称为**自**

变量，y 称为**因变量**.

我们前面举出的 4 个例子中，对应法则都是由数学运算给出的. 依上述定义，它们都是函数.

例 1 中的对应法则为

$$2\pi(\cdot),$$

即对自变量乘以 2π，便得到与之对应的值，定义域为$[0, +\infty)$.

例 2 中的对应法则为

$$(\cdot)^2,$$

即对自变量进行平方运算，便得到与之对应的值. 定义域为$(0, +\infty)$.

例 3 中的对应法则为

$$\frac{1}{2}g(\cdot)^2,$$

定义域为$\left[0, \sqrt{\frac{2h}{g}}\right]$. 注意：当 $t=\sqrt{\frac{2h}{g}}$时，$s=h$，表示物体已落到了地面，下落过程结束. 对本问题取 $t>\sqrt{\frac{2h}{g}}$已没有意义.

例 4 中的对应法则为

$$p_0C^{-k(\cdot)},$$

从这个表示式来说，自变量可以取任何实数，但这种物理学上的公式，都是某种程度的近似公式，它的应用范围是要受到限制的. 自变量并非可以取任何值.

注 两个相互关联的变量，哪一个当作自变量，有时是任意的. 但在大多数的情况下是由研究问题的目的性所确定的. 例如，为完成某项工程，是用工期去确定工人数还是由工人数去确定工期，前者以工期为自变量，后者以工人数为自变量.

在函数的定义中，我们把对应法则 f 称为函数，把 $f(x)$称为函数值，严格地说，对应法则不是数，而函数值是数，所以 f 与$f(x)$是不同的. 这从前面的几个例子中已经看得很清楚了. 不过，f 的性质也要体现在 $f(x)$的变化上，给定了 f，就可以确定各点的函数值；反之，知道了各点的函数值，也就确定了一个函数 f，因此，在不特别追求严谨的情况下，我们常说 $f(x)$是 x 的函数. 比如，在例 1 中，说圆的周长 L 是它的半径 r 的函数. 在例 2 中，说正方形的面积 S 是其边长 x 的函数等.

下面再举几个例子，用以强化函数概念，扩大眼界.

例 5 $y=\mathrm{E}(x)$. 记号 $\mathrm{E}(x)$表示不超过 x 的最大整数，如

$\mathrm{E}(0.1)=0$, $\mathrm{E}(-0.1)=-1$;

$\mathrm{E}(2)=2$, $\mathrm{E}(-2)=-2$;

$\mathrm{E}(-3.1)=-4$, $\mathrm{E}(3.1)=3$.

这是一个定义在整个实数轴上的函数.

初次接触这个函数，可能有些人不容易接受. 多见面几次就好了，我们认识它，在于用定义去检查它是否是一个函数. 这个例子的新颖之处，在于它的对应法则是用一句话告诉我们的. 这句话包含了三层意义：(1) $\mathrm{E}(x)$是一个整数；(2)这个整数不超过 x，即 $\mathrm{E}(x)\leqslant x$；(3)它是不超过 x 的最大整数，再大就超过了，即 $\mathrm{E}(x)+1>x$. 于是，当 x 本身是一个整数时，$\mathrm{E}(x)=x$；当 x 不是整数时，就有 $\mathrm{E}(x)<x<\mathrm{E}(x)+1$. 综合起来，有

$$\mathrm{E}(x)\leqslant x<\mathrm{E}(x)+1.$$

从数轴上来看，$\mathrm{E}(x)$是 x 左边最靠近 x 的整数点，当 x 本身就是整数点时，$\mathrm{E}(x)$就是 x.

现在很清楚了，对于任一 x，$\mathrm{E}(x)$唯一确定，所以它是定义在整个实数轴上的一个函数.

例 6 符号函数

$$y=\operatorname{sgn} x=\begin{cases}1, & x>0,\\ 0, & x=0,\\ -1, & x<0.\end{cases}$$

这显然是定义在整个实数轴上的一个函数，对于一切正实数，对应值皆为 1，对一切负实数对应值皆为 -1，0 的对应值为 0. 如 $\operatorname{sgn} 3=1$，$\operatorname{sgn}(-3)=-1$，$\operatorname{sgn} 0=0$. 之所以称此函数为符号函数，是因为它起到了 x 的符号的作用，即对于$\forall\ x\in\mathbf{R}$，都有

$$|x|=x\operatorname{sgn} x.$$

例 7 常数函数

$$y=c,\ c \text{为一常数}.$$

其对应法则是:对 x 的每一个值,都用常数 c 与之对应,这是合乎函数定义的,在函数定义中,只要求对每个 x 的允许值,有唯一确定的数 y 与之对应,并不要求对不同的 x,要不同的 y 与之对应.

例 8 狄里克莱函数

$$\mathrm{D}(x)=\begin{cases}1, & \text{当 } x \text{ 为有理数},\\ 0, & \text{当 } x \text{ 为无理数}.\end{cases}$$

这是一个著名的函数,对应法则很清楚,如:$\mathrm{D}(\frac{1}{2})=1$,$\mathrm{D}(\sqrt{2})=0$. 这个函数很难说有什么实际意义,但在说明一些理论问题时,常能起到良好作用.

函数定义中包含两个要素:定义域和对应法则(值域不算,它由定义域和对应法则所确定),因此,两个函数相等的充分必要条件是它们的两个要素都一样.

对应法则可用字母 f,g,h,k 等表示,有时为简化符号,当变量 y 与变量 x 存在函数关系时,也记为 $y=y(x)$,此时等式左边的 y 表示函数值,右边的 y 表示对应法则.

检查两个对应法则 f 和 g 是否一样,不能只看形式,最终要看是否是对定义域中每一个 x 都有 $f(x)=g(x)$,若是,则 f 与 g 一样;只要有一个 x,$f(x)\neq g(x)$,则 f 与 g 不一样.

下列几个函数中,$f(x)$ 与 $g(x)$ 不相等,$g(x)$ 与 $h(t)$ 相等. $\varphi(x)$ 与 $\psi(x)$ 不相等. 试想想道理.

$$f(x)=x^2,\ x\in(-\infty,+\infty);$$

$$g(x)=x^2,\ x\in(-1,1);$$

$$h(t)=t^2,\ t\in(-1,1);$$

$$\varphi(x)=\begin{cases}\dfrac{x^2-1}{x-1}, & x\neq 1,\\ 0, & x=1;\end{cases}$$

$$\psi(x)=x+1,\ x\in(-\infty,+\infty).$$

给定一个函数,要给出它的定义域. 如果是一个实际问题,则定义域由实际意义来限定,如前面所举的例 1 至例 4 即是如此. 如果是为说明某个理论问题,定义域可以是人为的规定的数集,如果函数关系是用公式给出的，通常不写出它的定义域，而认为它的定义域就是使这个公式有意义的一切实数所成之集. 例如，给定 $y=\sqrt{1-x^2}$，为使根式有意义，应限定 $-1\leqslant x\leqslant 1$，所以定义域为 $[-1,1]$. 给定 $y=\dfrac{1}{x^2-1}$，定义域应为 $(-\infty,-1)\cup(-1,1)\cup(1,+\infty)$，有时简记为 $x\neq\pm 1$. 给定 $y=\log\sin x$，为使其有意义，必须 $\sin x>0$，故 x 应满足：$2n\pi<x<(2n+1)\pi$，其中 $n=0,\pm1,\pm2,\cdots$，这便是它的定义域.

5.2.3 函数表示法

常用的函数表示法有三种，即公式法，图形法和列表法.

1. 公式法

公式法就是用数学公式(也就是一组数学运算)来表示函数，其优点是便于计算和推理，这是微积分中主要采用的方法，其缺点是不直观，缺乏形象，关于这种方法，还要说明几点：

(1)分段函数

有些函数，在定义域的不同部分用不同的公式表示.

例 9 $f(x)=\begin{cases}x+1, & x<0,\\ x^2, & x\geqslant 0.\end{cases}$

当 x 取负数时，对应的函数值按 $x+1$ 计算，如 $f(-1)=-1+1=0$，$f(-0.1)=-0.1+1=0.99$；当 x 取正数时，对应的函数值按 x^2 计算，如 $f(1)=1^2=1$，$f(10)=10^2=100$. 这样的函数称为分段函数. 它是用几个式子合起来表示一个函数，而不是几个函数. 商品售价中常用分段函数.

(2)隐函数

前面我们所讨论的具体函数，其因变量都是用自变量的表达式表示出来的，这样的函数称为显函数. 有时两个变量 x 与 y 之间的关系由一个方程

$$F(x,y)=0$$

给出，如

$$2y-x+1=0,$$

$$\frac{x^2}{a^2}+\frac{y^2}{b^2}=1,\ x^y=y^x,$$

等. 如果对于某数集 D 中的每一个 x，有唯一确定的数 y，使得这一对 x,y 满足方程 $F(x,y)=0$，我们就令 y 与 x 对应，这样的对应关系，称为由方程 $F(x,y)=0$ 确定的一个隐函数. 若能从方程中将 y 解出来，便得到一个显函数. 例如从方程 $2y-x+1=0$ 中，可以解出 $y=\frac{x-1}{2}$. 但不是所有的方程都好解的，有的甚至是解不出来的. 注意:解不出来，不等于说不存在函数关系，只是说不能写成显函数.

(3)多值对应

在函数定义中，我们要求，对于每个 $x\in D$，都有唯一确定的 y 与之对应，但我们有时遇到与 x 对应的不只一个 y 的情况，例如，从方程

$$\frac{x^2}{a^2}+\frac{y^2}{b^2}=1$$

中，解出 $y=\pm\frac{b}{a}\sqrt{a^2-x^2}$，给一个 $x\in[-a,a]$，就有两个 y 与之对应，这不符合前面函数的定义，遇到这种情况，就分成 $y=\frac{b}{a}\sqrt{a^2-x^2}$ 与 $y=-\frac{b}{a}\sqrt{a^2-x^2}$ 两个函数来进行讨论.

2. 图象法

假设在坐标平面内有一条曲线，它与平行于 y 轴的每一条直线至多有一个交点(如图 5.4)，则它可以表示一个函数，即令曲线上每一点的纵坐标与其横坐标对应，定义域为曲线上各点的横坐标之集. 许多物理量之间的函数关系是直接用图象表示的，如用自动记录器记下的气温图，表示一昼夜气温的变化过程，气压图表示一昼夜大气压的变化过程等.

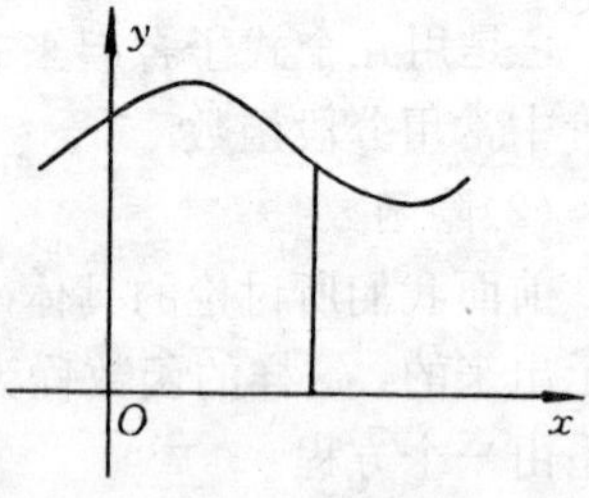

图 5.4

3. 表格法

在实际应用中，常将一系列的自变量值与对应的函数值列成表，如表 5.1.

表 5.1　某地区某月上旬空气污染指数

日期	1	2	3	4	5	6	7	8	9	10
污染指数	153	148	179	204	207	198	164	150	149	150

像这样利用函数的数值表来表示函数的方法叫做函数的表格法，如今生活中这类表格很多，如一年之中每月的电费表、水费表、燃气费表等等，城市居民中，户户都有.

在数学中，有许多数学用表，如三角函数表、对数表、平方根表等等.

图形法的优点是直观，表格法的优点是应用便利.

5.2.4　函数的图形

前已指出，用公式表示函数，由于便于计算与推理，是微积分中采用的主要表示法，但其缺点是不直观，没有形象，而我们思考问题和讨论问题常需借助直观形象，所以有必要讨论函数的图形.

设 D 为函数 $f(x)$的定义域，给定 $x\in D$，求出函数值 $f(x)$，在直角坐标平面上，以 x 为横坐标，$f(x)$为纵坐标，画出平面上一个点$(x,f(x))$，然后令 x 在定义域 D 内变化，点$(x,f(x))$就在平面上画出一条曲线 $y=f(x)$. 这条曲线就称为函数 $f(x)$的图形. 即如下定义：

定义 5.2　称平面点集

$$E=\{(x,f(x))\,|\,x\in D\}$$

为函数 $f(x)$的图形.

函数不同，其图形亦不同，图形将函数的性质表现的一目了然.

下面是例 5 至例 9 的图形.

注　图 5.8 实际上只是一个示意图，我们无法画出它的准确图形，但这不等于说这个函数没有图形，事实上，依定义 5.2，每个函数都有图形,有图形与会不会画是两回事.

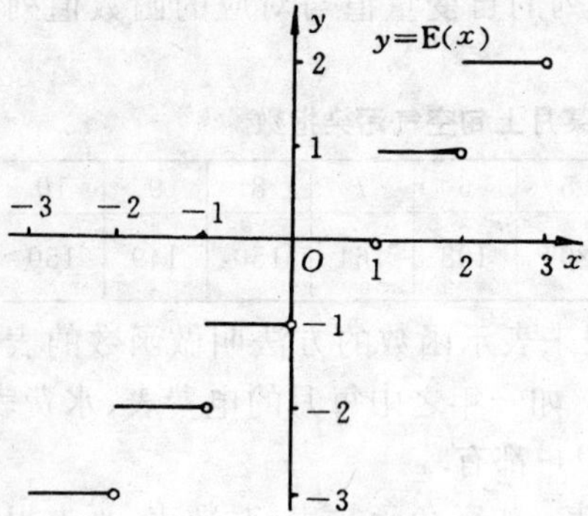

图 5.5

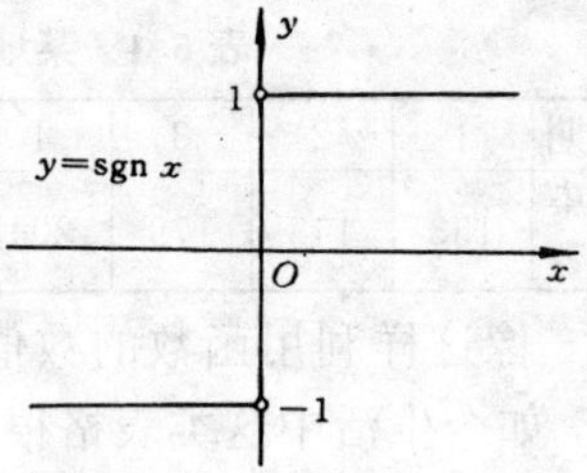

图 5.6

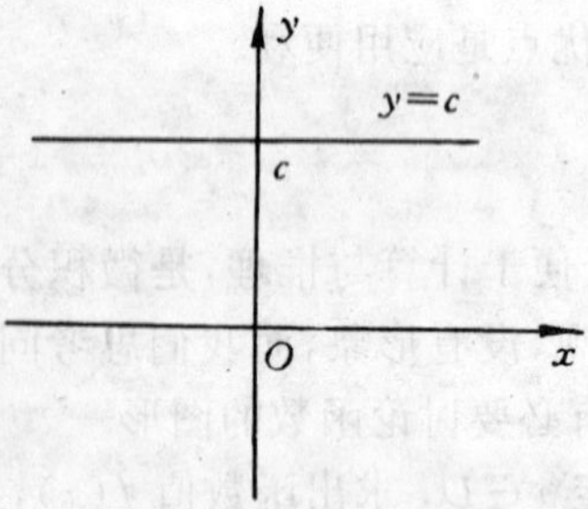

图 5.7

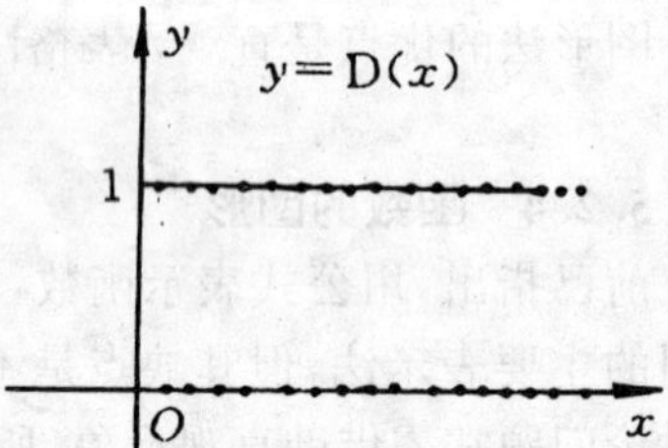

图 5.8

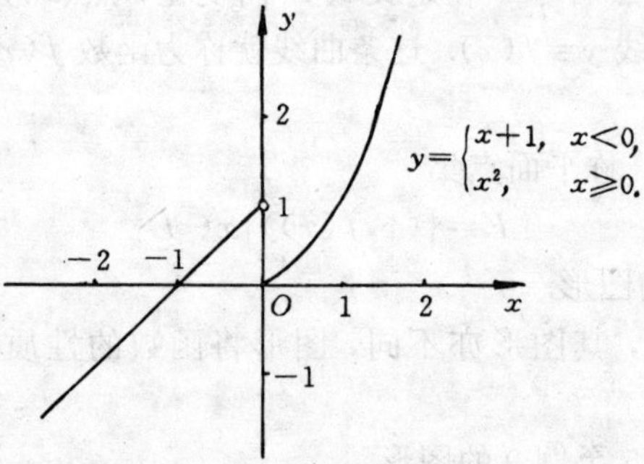

图 5.9

5.3 函数的几种简单性质

5.3.1 奇偶性

定义 5.3 设函数 $f(x)$ 的定义域为 $(-a,a)$ $(a>0)$. 若对于任意的 $x\in(-a,a)$，都有

$$f(-x)=-f(x),$$

则称 $f(x)$ 是奇函数；若对于任意的 $x\in(-a,a)$，都有

$$f(-x)=f(x),$$

则称 $f(x)$ 是偶函数.

奇函数的图形关于坐标原点对称，因为，当点 $(x,f(x))$ 在图形上时，点 $(-x,f(-x))=(-x,-f(x))$ 也在图形上. 同理可知，偶函数的图形关于 y 轴对称.

例如 $y=\sin x$ 与 $y=x^3$ 都是奇函数；而 $y=\cos x$ 与 $y=x^2$ 都是偶函数.

5.3.2 单调性

定义 5.4 设函数 $f(x)$ 的定义域为区间 I（区间 I 可以是任何类型的区间，如开的，闭的，半开半闭的，有穷的，无穷的等），若对 I 中任意两点 x_1,x_2 且 $x_1<x_2$，都有

$$f(x_1)\leqslant f(x_2)\quad(\text{或 } f(x_1)\geqslant f(x_2)),$$

则称 $f(x)$ 在此区间上单调递增，也称单调上升（或单调递减，也称单调下降），若上式为严格不等式，即等号不成立. 则称 $f(x)$ 在此区间上严格单调递增（或严格单调递减）.

上述函数统称为单调函数.

例 1 试证：$f(x)=x^2$

(1)在 $[0,+\infty)$ 内为严格增函数；

(2)在 $(-\infty,0)$ 内为严格减函数；

(3)在 $(-\infty,+\infty)$ 内不是单调函数.

证明 (1)$\forall\ x_1,x_2\in[0,+\infty)$ 且 $x_1<x_2$，由于

$$f(x_2)-f(x_1)=x_2^2-x_1^2=(x_2+x_1)(x_2-x_1),$$

而$(x_2+x_1)>0$,$(x_2-x_1)>0$,所以

$$f(x_2)-f(x_1)>0,\text{即 } f(x_1)<f(x_2).$$

根据定义 5.4 $f(x)=x^2$ 在$[0,+\infty)$内为严格增函数.

(2)$\forall\ x_1,x_2\in(-\infty,0)$且$x_1<x_2$. 由于

$$f(x_2)-f(x_1)=x_2^2-x_1^2=(x_2+x_1)(x_2-x_1),$$

而因 x_1,x_2 皆为负数,故 $x_2+x_1<0$,又 $x_2-x_1>0$. 所以

$$f(x_2)-f(x_1)<0,\text{即 } f(x_1)>f(x_2).$$

根据定义 5.4 $f(x)=x^2$ 在$(-\infty,0)$内为严格减函数.

(3)在$(-\infty,+\infty)$内取 $x_1=-1,x_2=0,x_3=1$. 于是有

$$x_1<x_2<x_3.$$

而 $f(x_1)=f(-1)=(-1)^2=1$,$f(x_2)=f(0)=0^2=0$,$f(x_3)=f(1)=1^2=1$,因此,

$$f(x_1)>f(x_2)<f(x_3).$$

这说明,$f(x)=x^2$ 在$(-\infty,+\infty)$既非增函数,也非减函数,故不是单调函数.

例 2 试证:$f(x)=\sin x$ 在$\left[-\frac{\pi}{2},\frac{\pi}{2}\right]$内为严格增函数.

证明 $\forall\ x_1,x_2\in\left[-\frac{\pi}{2},\frac{\pi}{2}\right]$,且 $x_1<x_2$,由于

$$\sin x_2-\sin x_1=2\cos\frac{x_2+x_1}{2}\sin\frac{x_2-x_1}{2},$$

而$\left|\frac{x_2+x_1}{2}\right|<\frac{\pi}{2}$,$0<\frac{x_2-x_1}{2}<\pi$,所以 $\cos\frac{x_2+x_2}{2}>0$,$\sin\frac{x_2-x_1}{2}>0$. 故 $\sin x_2-\sin x_1>0$,即 $\sin x_1<\sin x_2$. 根据定义 5.4,$f(x)=\sin x$在$\left[-\frac{\pi}{2},\frac{\pi}{2}\right]$内严格递增.

例 3 试证:$y=\mathrm{E}(x)$(不超过 x 的最大整数)在$(-\infty,+\infty)$内是增函数但不是严格增的.

证明 在$(-\infty,+\infty)$内任取二点 x_1,x_2,且 $x_1<x_2$. 由于$\mathrm{E}(x_1)\leqslant x_1$,又 $x_1<x_2$,故有 $\mathrm{E}(x_1)\leqslant x_1<x_2$,可见 $\mathrm{E}(x_1)$是小于 x_2 的一个整数,而 $\mathrm{E}(x_2)$是不超 x_2 的最大整数,故 $\mathrm{E}(x_1)\leqslant\mathrm{E}(x_2)$,所以 $y=\mathrm{E}(x)$在$(-\infty,+\infty)$内是增函数.

再取 $x_1=1,x_2=1.2$,因此 $x_1<x_2$,但

$$\mathrm{E}(x_1)=1=\mathrm{E}(x_2),$$

所以 $y=\mathrm{E}(x)$在$(-\infty,+\infty)$内不是严格增的.

5.3.3 有界性

定义 5.5 设 $f(x)$是定义在集 D 上的函数，若存在 $M>0$，使得对一切 $x\in D$，都有

$$|f(x)|\leqslant M,$$

则称 $f(x)$在 D 上有界. 非有界函数称为无界函数.

函数有界就是它的值域是一有界集，反映在几何上，就是它的图形位于二直线 $y=-M$ 与 $y=M$ 之间.

例如，$y=\sin x$ 和 $y=\cos x$ 在$(-\infty,+\infty)$内都是有界函数，因为 $|\sin x|\leqslant 1$，$|\cos x|\leqslant 1$；而 $y=\tan x$ 在$\left(-\frac{\pi}{2},\frac{\pi}{2}\right)$内为无界函数.

5.3.4 周期性

定义 5.6 设函数 $f(x)$定义在数轴 $\mathbf{R}$ 上，若存在 $T>0$，使得对一切 $x\in\mathbf{R}$，都有

$$f(x+T)=f(x),$$

则称 $f(x)$是周期函数，T 为其周期.

若 T 为 $f(x)$的周期，则一切 nT 显然皆为 $f(x)$的周期，其中 n 为大于 0 的自然数. 若周期中有最小数 T_0，则称 T_0 为 $f(x)$的最小周期，简称周期.

例如 $\sin x$ 和 $\cos x$ 都以 2π 为周期.

不是定义在整个数轴 $\mathbf{R}$ 上的函数，也可以讨论它的周期，如 $\tan x$ 以 π 为周期，它在下列点处无定义：

$$x=\left(n+\frac{1}{2}\right)\pi,\ n=0,\pm1,\pm2,\cdots$$

$\cot x$ 与此类似.

例 1 求 $y=\cos(\frac{\pi}{4})x$ 的周期

解 由 $\cos(\frac{\pi}{4}(x+T))=\cos\left(\frac{\pi}{4}x+\frac{\pi}{4}T\right)$，而 $\cos x$ 的周期为

2π，所以令 $\frac{\pi}{4}T=2\pi$，解得 $T=8$，即 $\cos\frac{\pi}{4}x$ 的周期为 8.

例 2 求 $y=\sin(3x)$的周期.

解 由 $\sin(3(x+T))=\sin(3x+3T)$，而 $\sin x$ 的周期为 2π，所以令 $3T=2\pi$，解得 $T=\frac{2\pi}{3}$，即 $\sin(3x)$的周期为$\frac{2\pi}{3}$.

5.4 复合函数和反函数

本节讨论函数的运算.

由于函数值都是数，所以若 $f(x)$与 $g(x)$都是定义在同一数集 D 上的两个函数，则它们可以进行加、减、乘、除(除数不为 0)四则运算，所得的结果仍为 D 上的函数，分别记为 $(f+g)(x)$，$(f-g)(x)$，$(f\cdot g)(x)$和$\left(\frac{f}{g}\right)(x)$，即

$$(f+g)(x)=f(x)+g(x),$$

其余类似理解.

函数除了四则运算之外，还有复合函数和反函数的运算.

5.4.1 复合函数

如物理中表示简谐振动的函数关系：

$$A=A_0\sin(\omega t+\theta),$$

其中 A_0，ω 与 θ 皆为常数，可以看成是 $A=A_0\sin u$ 和 $u=\omega t+\theta$ 的复合.

又如函数 $y=\lg(x^2+1)$，可以看成 $y=\lg u$ 与 $u=x^2+1$ 之复合，一般有如下定义：

定义 5.7 设函数 $y=f(u)$的定义域包含函数 $u=g(x)$的值域，则在 $g(x)$的定义域 D 上可以确定一个函数

$$y=f[g(x)],$$

称为 f 与 g 的复合函数，有时记为 $f\circ g$.

u 称为中间变量，任给自变量 $x\in D$，通过 g 可以确定中间变量 u，再通过 f，可以确定因变量 y，这样就建立了 y 与 x 的对应关系

$f\circ g$，其定义域就是 g 的定义域 D.

给定两个函数 $f(x)$与 $g(x)$，只要 $f(x)$的定义域包含 $g(x)$的值域，就可以合成一个复合函数，因为函数与变量的记号无关.

例 1 设 $f(x)=2x^2+1, g(x)=\cos x$，求 $f[g(x)]$，$g[f(x)]$，$f[f(x)]$.

解 可将 $f(x)=2x^2+1$ 写成 $f(u)=2u^2+1$，再记 $u=g(x)=\cos x$，所以

$$f[g(x)]=2[g(x)]^2+1=2\cos^2 x+1.$$

同理可将 $g(x)=\cos x$ 写成 $g(u)=\cos u$，再记 $u=f(x)=2x^2+1$，所以

$$g[f(x)]=\cos[f(x)]=\cos(2x^2+1).$$

当以上过程熟悉了之后，可以不写出中间变量而直接写出复合函数. 例如，对于 $f[f(x)]$，我们直接有

$$f[f(x)]=2[f(x)]^2+1=2(2x^2+1)^2+1=8x^4+8x^2+3.$$

有时 $f(x)$的定义域不能包含整个 $g(x)$的值域而只能包含一部分，这时，可以通过限制 $g(x)$的定义域而使整个值域能被 $f(x)$的定义域所包含，从而得到一个复合函数，从前我们确定用公式表示函数的定义域时，实际上做的就是这件事.

例 2 设 $f(x)=\sqrt{x}$，$g(x)=1-x^2$，将它复合成

$$f[g(x)]=\sqrt{1-x^2}.$$

单看 $g(x)=1-x^2$，其定义域为$(-\infty,+\infty)$，值域为$(-\infty,1]$，为了与 $f(x)=\sqrt{x}$ 复合，于是要求 $g(x)=1-x^2\geqslant 0$，故限制 $x\in[-1,1]$. 我们以前确定函数 $y=\sqrt{1-x^2}$的定义域时，就是这样做的.

如果 $f(x)$的定义域与 $g(x)$的值域的交集是空集，则 $f[g(x)]$ 无意义.

从例 1 我们看出，两个函数的复合通常是不满足交换律的，即 $f\circ g\neq g\circ f$.

学习复合函数，除了要会将几个简单函数复合成一个较为复杂的函数外，还要会将一个复杂函数拆成几个简单函数的复合.

例 3 问函数 $y=\sin^2 x$ 是由哪几个简单函数复合而成的？

答 是由 $y=u^2$ 与 $u=\sin x$ 复合而成的.

例 4 问函数 $y=a^{\cos\frac{1}{x}}$是由哪些简单函数复合而成的？

答 是由 $y=a^u$, $u=\cos v$, $v=\dfrac{1}{x}$ 三个简单函数复合而成的.

5.4.2 反函数

在讲函数的概念时，我们曾指出，两个相互依存的变量，哪个当做自变量，哪个当做因变量，不是固定不变的. 通常由所研究问题的目的性来确定，我们曾把圆周长 L 当做圆的半径 r 的函数

$$L=f(r)=2\pi r.$$

其实，就这个关系式而言，每给定一个 L 的值，r 的值也随之唯一确定下来，因此，也可以把 r 看成 L 的函数.

$$r=g(L)=\frac{L}{2\pi}.$$

这个函数就是原来那个函数 $L=f(r)$的反函数.

如同两个函数复合是有条件的一样，一个函数存在反函数也是有条件的，前者体现在值域与定义域的要求上，后者体现在对应法则上.

定义 5.8 设 $f(x)$是定义在集 D 上的函数，D 中任意两点 x_1 与 x_2，若 $x_1\neq x_2$，就有 $f(x_1)\neq f(x_2)$或者若由 $f(x_1)=f(x_2)$就能推得 $x_1=x_2$，则称 f 在 D 上是一一的.

例如 $y=x^2$ 在$[0,+\infty)$内是一一的，但在$(-\infty,+\infty)$内不是一一的.

又如 $y=\sin x$ 在$(-\infty,+\infty)$内不是一一的，而在$\left[-\dfrac{\pi}{2},\dfrac{\pi}{2}\right]$内是一一的.

若函数 $f(x)$在其定义域 D 上是一一的，则它必有反函数

定义 5.9 设函数 $y=f(x)$在 D 上是一一的，其值域为 R_f，对 $\forall\ y\in R_f$，令 D 中满足条件 $f(x)=y$ 的唯一的 x 与之对应，这样得到的函数记为 $x=f^{-1}(y)$就称为原来函数 $y=f(x)$的反函数.

注意 f^{-1}的定义域是 f 的值域；f^{-1}的值域是 f 的定义域，它们的自变量和因变量恰好是相互反过来的，是互为反函数.

显然 $f^{-1}\circ f$ 是 D 上的恒等变换，即$\forall\ x\in D$，有 $f^{-1}[f(x)]=x$，而 $f\circ f^{-1}$是 R_f 上的恒等变换，且有$(f^{-1})^{-1}=f$.

注意 尽管 $f^{-1}\circ f$ 与 $f\circ f^{-1}$都是恒等变换，我们也不能说它们一定是相同的函数. 因为 D 与 R_f 不一定相等.

若函数 $f(x)$在 D 上是严格单调的，则它必有反函数. 因为严格单调的函数必是一一的，但有反函数的函数不一定是严格单调的. 试自举一例.

例 5 求函数 $y=f(x)=2x+1$ 的反函数.

解 $x=\dfrac{y-1}{2}$.

例 6 求函数 $y=x^2$ 在$(-\infty,0]$上的反函数.

解 $x=-\sqrt{y}$，$y\in[0,+\infty)$.

从方程的观点来看，函数 $y=f(x)$与反函数 $x=f^{-1}(y)$没有什么区别，点(x,y)满足方程 $y=f(x)$，也一定满足方程 $x=f^{-1}(y)$，反之亦然，故在同一坐标下，它们对应同一条曲线，若把此曲线看做函数的图象，一个以 x 轴为自变量轴，一个以 y 轴为自变量轴，故当观察反函数的图象时，要沿 y 轴去看，这不太方便，我们希望 f^{-1}也以 x 轴为自变量轴，此时要将 x 与 y 的位置对换，将 $x=f^{-1}(y)$换成 $y=f^{-1}(x)$，于是 $y=f^{-1}(x)$的图象与 $x=f^{-1}(y)$的图象关于直线 $y=x$ 对称. 换言之，将函数$y=f(x)$的图象绕分角线 $y=x$ 旋转 180°即得其反函数 $y=f^{-1}(x)$的图象(如图 5.10).

与此相一致，通常，我们由 $y=f(x)$求得反函数 $x=f^{-1}(y)$后，也将 x 与 y 换过来，变成 $y=f^{-1}(x)$，因此，例 5 与例 6 的反函数最后分别写成 $y=\dfrac{x-1}{2}$与 $y=-\sqrt{x}$.

函数既有四则运算，又有复合函数与反函数运算. 这样从一些简单的函数出发，就可以构造出许许多多新函数，使函数的内容极为丰富.

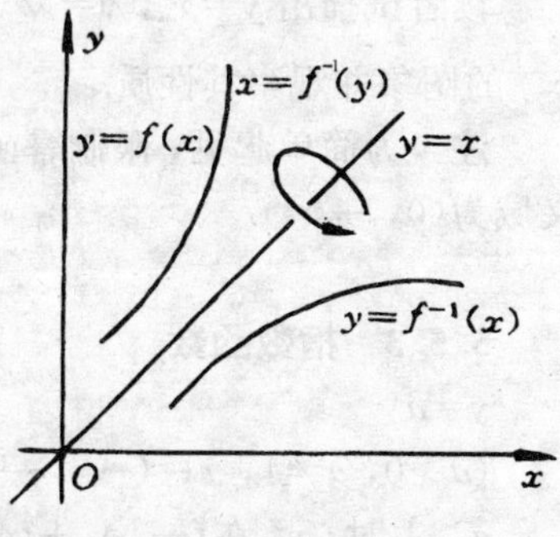

图 5.10

5.5 基本初等函数

基本初等函数是指：常数函数，幂函数，指数函数，对数函数，三角函数和反三角函数.

基本初等函数经过有限次加、减、乘、除、复合运算所得到的函数称为初等函数. 要研究初等函数，首先要熟悉基本初等函数的简单性质及其图象.

5.5.1 常数函数

$$y=c \quad (c \text{ 为常数}, x\in(-\infty,+\infty))$$

其图象是通过点$(0,c)$且平行于 x 轴之直线(如图 5.11). 它的简单性质一目了然.

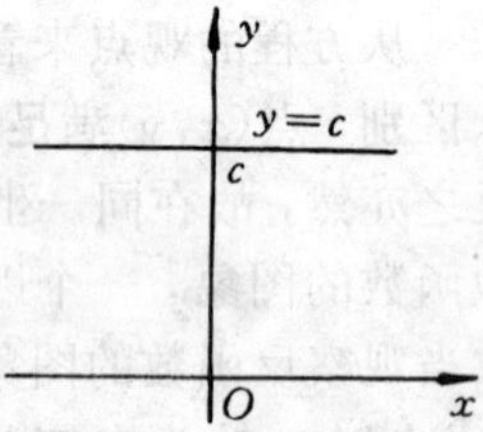

图 5.11

5.5.2 幂函数

$$y=x^{\alpha}, x\in(0,+\infty), \alpha\neq 0.$$

如图 5.12，$\alpha>0$ 时，x^{α} 在$(0,+\infty)$内严格递增无上界；$\alpha<0$ 时，x^{α} 在$(0,+\infty)$内严格递减有下界，所有曲线都通过$(1,1)$点.

$y=x^{\alpha}$ 与 $y=x^{\frac{1}{\alpha}}$ 互为反函数，故图象关于直线 $y=x$ 对称.

读者试描出 $y=x^2$，$y=\sqrt{x}$ 和 $y=x^{-\frac{1}{2}}$的图象并观察其性质.

注 为简单起见，限制幂函数的定义域为$(0,+\infty)$.

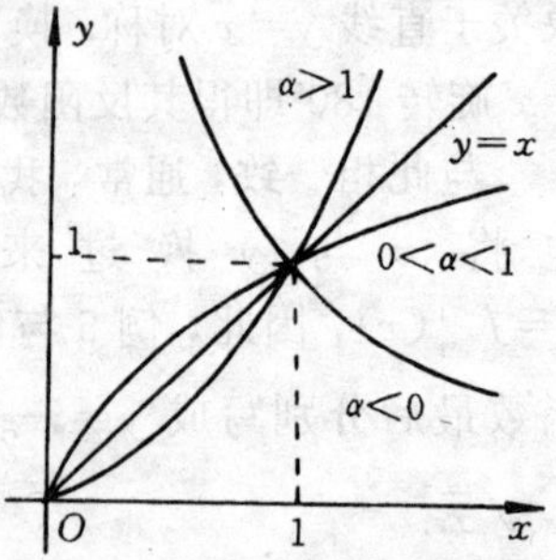

图 5.12

5.5.3 指数函数

$y=a^x$

$(a>0, a\neq 1, x\in(-\infty,+\infty))$

$a>1$ 时，a^x 在$(-\infty,+\infty)$内严格递增无上界，有下界；$a<1$

时，a^x 在$(-\infty,+\infty)$内严格递减有下界，无上界. 所有曲线都在 x 轴上方，且都通过(0, 1)点(如图 5.13).

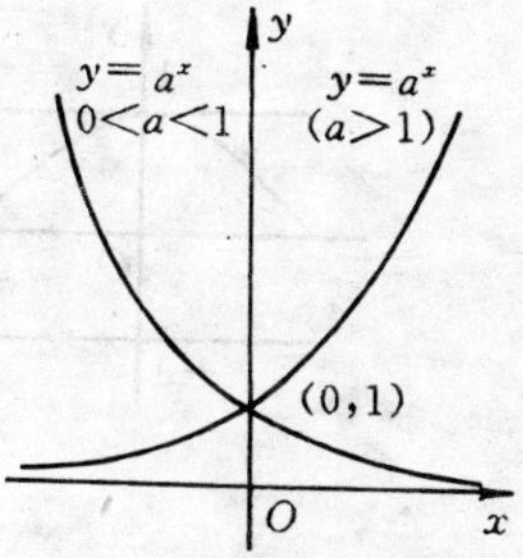

图 5.13

读者试描 $y=2^x$ 与 $y=\left(\frac{1}{2}\right)^x$ 的图象.

5.5.4 对数函数

$y=\log_a x(a>0,a\neq1),x\in(0,+\infty)$

$a>1$ 时，$\log_a x$ 在$(0,+\infty)$内严格递增；$a<1$ 时，$\log_a x$ 在$(0,+\infty)$内严格递减，所有曲线都通过(1, 0)点，无上、下界，$y=\log_a x$ 与 $y=a^x$ 互为反函数(如图 5.14).以 10 为底的对数称为常用对数，以 10 为底的对数函数记为 $\lg x$.

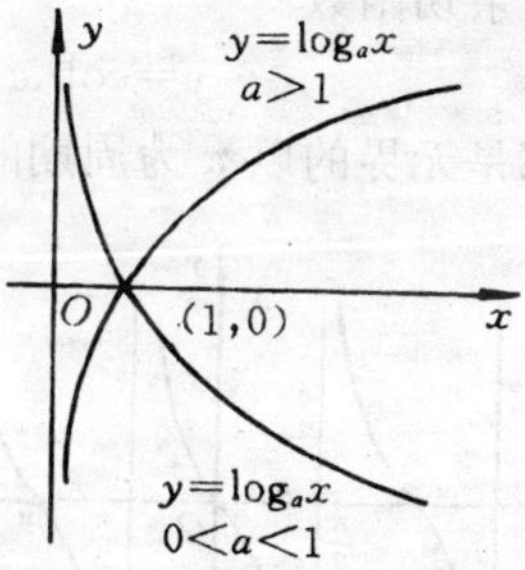

图 5.14

5.5.5 三角函数

正弦函数

$$y=\sin x,\ x\in(-\infty,+\infty)$$

与余弦函数

$$y=\cos x,\ x\in(-\infty,+\infty)$$

都是有界的以 2π 为周期的周期函数，且

$$\cos x=\sin\left(\frac{\pi}{2}-x\right).$$

$\sin x$ 是奇函数，$\cos x$ 是偶函数(如图 5.15，图 5.16).

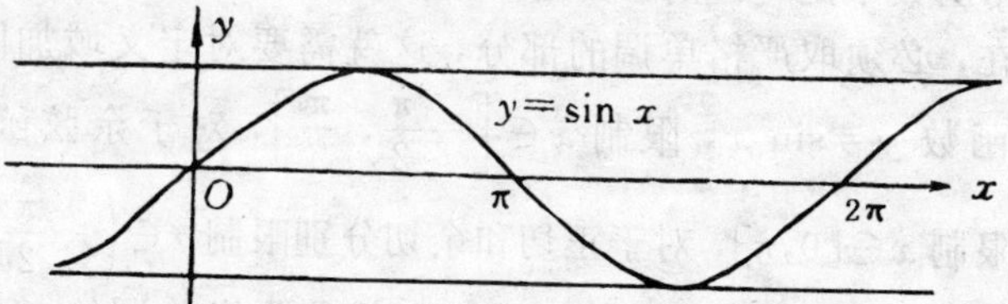

图 5.15

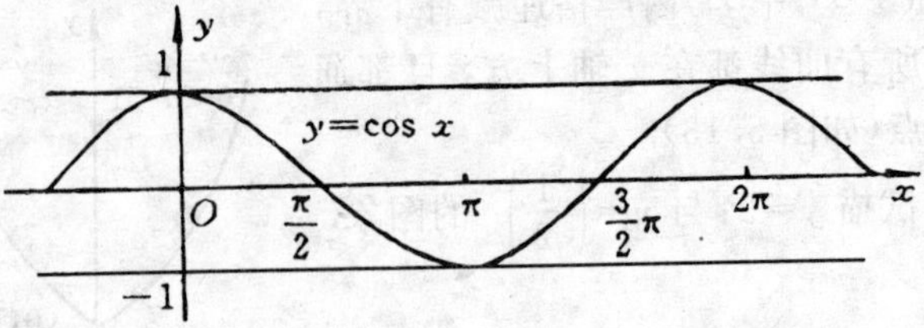

图 5.16

正切函数　　$y=\tan x,\ x\neq\left(k+\dfrac{1}{2}\right)\pi, k=0,\pm1,\pm2\cdots$

与余切函数

$$y=\cot x,\ x\neq k\pi,\ k=0,\pm1,\pm2,\ \cdots$$

都是无界的以 π 为周期的奇函数(如图 5.17, 图 5.18).

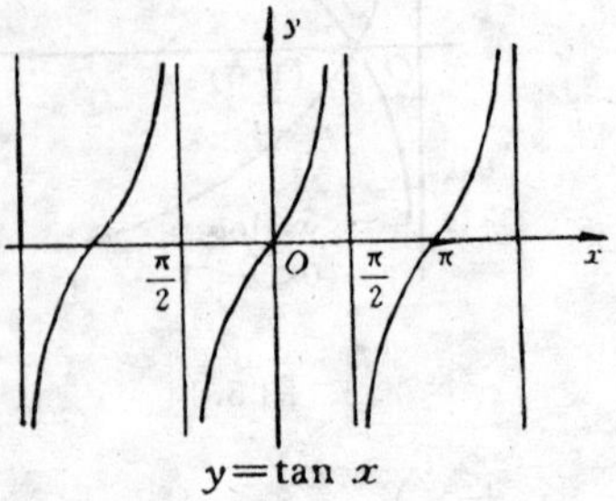

图 5.17

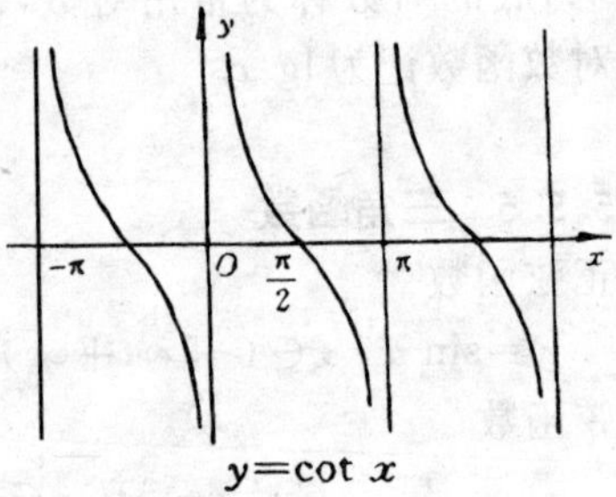

图 5.18

5.5.6　反三角函数

三角函数不是一一的，在整个定义域上不存在反函数，为使反函数存在，必须取严格单调的部分，这就需要对定义域加以限制，对正弦函数 $y=\sin x$，限制 $x\in\left[-\dfrac{\pi}{2},\dfrac{\pi}{2}\right]$，对于余弦函数 $y=\cos x$，限制 $x\in[0,\pi]$，对于正切和余切分别限制 $x\in\left(-\dfrac{\pi}{2},\dfrac{\pi}{2}\right)$ 和 $x\in(0,\pi)$. 这些函数在相应的区间内都是严格单调的，都有反函数.

反正弦函数

$y=\arcsin x$，$x\in[-1,1]$，值域为$\left[-\dfrac{\pi}{2},\dfrac{\pi}{2}\right]$；

反余弦函数

$y=\arccos x$，$x\in[-1,1]$，值域为$[0,\pi]$；

反正切函数

$y=\arctan x$，$x\in(-\infty,+\infty)$，值域为$\left(-\dfrac{\pi}{2},\dfrac{\pi}{2}\right)$；

反余切函数

$y=\operatorname{arccot} x$，$x\in(-\infty,+\infty)$，值域为$(0,\pi)$.

如图 5.19 至 5.22.

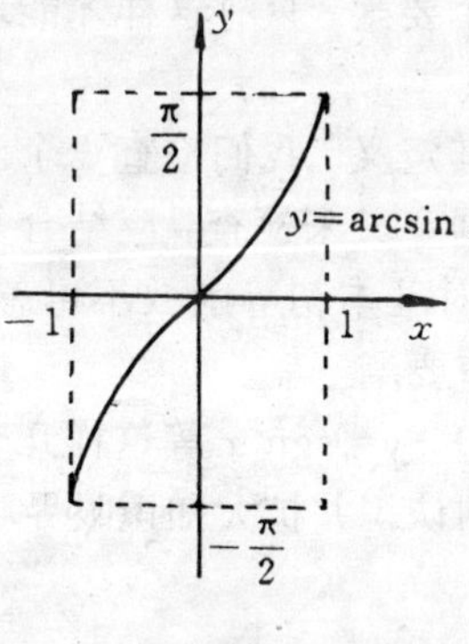

图 5.19

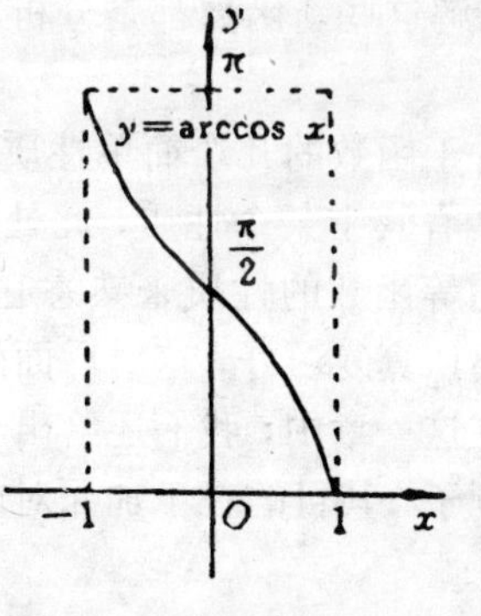

图 5.20

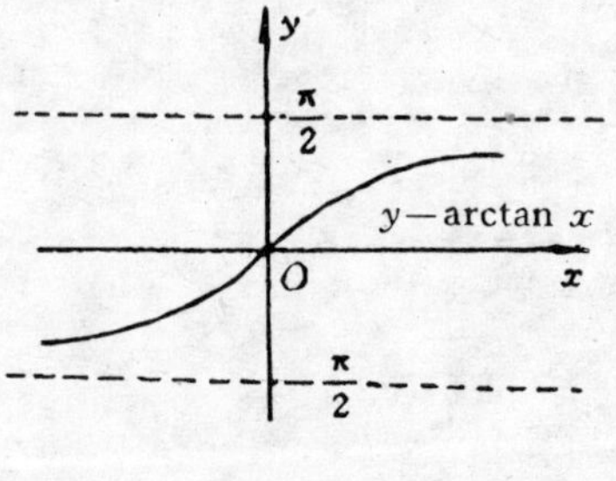

图 5.21

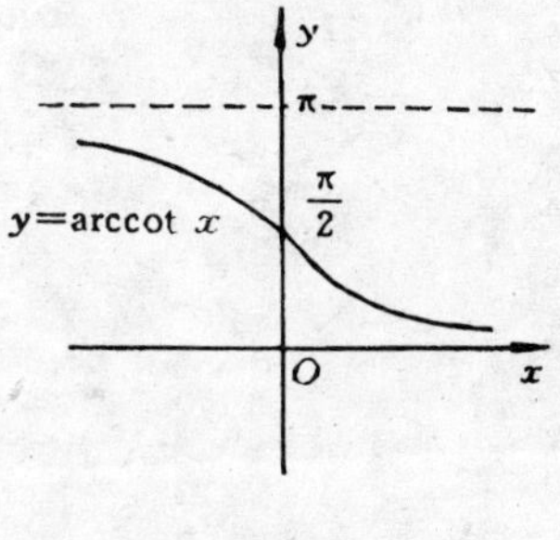

图 5.22

小　结

函数是变量间相互依赖关系的反映，是微积分研究的对象．函数有两个要素:定义域和对应法则．两个要素相同就是同一函数，与表示自变量和因变量的字母无关．检查两个对应法则 f 和 g 是否相同，不能仅看外表形式．要看对于自变量的每一允许值 x，是否都有 $f(x)=g(x)$，若是，则相同，否则，就不相同．

通过函数的四则运算以及求反函数和复合函数可以得出新函数，理解这些新函数都是分析它们的两个要素，只有这样才能理解透彻．

对于函数的几个简单性质，要熟记其定义．我们检查一个函数是否具有其中某个性质，此处，就是依据定义来检查，应结合复习基本初等函数的性质来熟悉它们．同时对基本初等函数不可忽视，一定要认真复习好，这对后面的学习很重要．

在这一章中，我们还给出了 $y=\mathrm{E}(x)$，$y=\operatorname{sgn} x$ 等这样几个函数的例子，其目的在于加深对函数概念的认识并扩大知识眼界．

习 题 五

A

1. 下列函数对中，哪些是相同的函数？哪些不同？为什么？

(1)$y=\sin x$ 与 $s=\sin t$；

(2)$y=\dfrac{x^2-4}{x-2}$ 与 $y=x+2$；

(3)$y=\sqrt{x^2}$ 与 $y=x$；

(4)$y=\sin 2x$ 与 $y=2\sin x\cos x$.

2. 设 $f(y)=y^2+2y-9$，求 $f(0),f(1),f(2),f(-2)$.

3. 设 $f(x)=\lg x^2$，求 $f(-1),f(-0.01),f(100)$.

4. 设 $f(x)=1+\mathrm{E}(x)$，求 $f(0.9),f(0.99),f(1)$.

5. 设 $f(x)=\begin{cases}1+x, & x<0,\\ x^2, & x\geqslant 0.\end{cases}$

求 $f(0),f(-1),f(1),f(-\pi)$.

6. 设 $f(x)=\dfrac{1-x}{1+x}$，求 $f(-x),f\left(\dfrac{1}{x}\right),f[f(x)]$.

7. 确定下列函数的定义域：

(1)$y=\sqrt[3]{x}$；　　(2)$y=\sqrt{1-x^2}$；

(3)$y=\dfrac{x+4}{(x-2)(x+3)}$；　　(4)$y=\sqrt{36-x^2}$；

(5)$y=\sqrt{x^2-16}$；　　(6)$y=\dfrac{\sqrt{x}}{\sin \pi x}$；

(7)$y=\lg(x^2-4)$；　　(8)$y=\sqrt{2+x-x^2}$；

8. 某种出租汽车的计价方法为：

(1)10 千米以内(包括 10 千米)为 10 元；

(2)10 千米以上至 15 千米每千米加 1 元；

(3)15 千米以上每千米加 1.5 元.

写出车费与行程的函数关系.

9. 试将内接于半径为 r 的圆内的矩形的面积表示为其宽的函数.

10. 试将内接于半径为 r 的球内的正圆锥的体积表示为其高的函

数.

*11. 证明下列各函数在所示区间内是增函数：

(1) $f(x)=x^3, -\infty<x<+\infty$;

(2) $f(x)=\tan x, -\frac{\pi}{2}<x<\frac{\pi}{2}$.

12. 判断下列各函数在所示区间内的增减性：

(1) $f(x)=x^2, -\infty<x\leqslant 0$; (4) $f(x)=3^x, -\infty<x<+\infty$

(2) $f(x)=\left(\frac{1}{2}\right)^x, -\infty<x<+\infty$;

(3) $f(x)=\cos x, 0<x<\pi$.

13. 判断下列函数的奇偶性：

(1) $f(x)=\frac{1}{x^2}$; (2) $f(x)=\cos x$;

(3) $f(x)=\tan x$; (4) $f(x)=\frac{2^x-2^{-x}}{2}$;

(5) $f(x)=3x-x^3$; (6) $f(x)=(1-x)^{\frac{2}{3}}+(1+x)^{\frac{2}{3}}$.

*14. 设 $f(x)=g(x)+h(x)$，其中 $g(x)$ 为偶函数，$h(x)$ 为奇函数，试证：

$$g(x)=\frac{f(x)+f(-x)}{2},\quad h(x)=\frac{f(x)-f(-x)}{2}.$$

15. 求下列函数的反函数：

(1) $y=x^3$; (2) $y=\frac{1+x}{1-x}$;

(3) $y=2+\lg(x+1)$; (4) $y=x^2, x\in(-\infty, 0)$.

16. 求下列函数的周期：

(1) $y=\sin 2x$; (2) $y=\cos\frac{x}{2}$.

17. 已知 $g(x)$ 与 $h(x)$，求 $f(x)=g[h(x)]$.

(1) $g(x)=\frac{1}{x}, h(x)=1+x^2$;

(2) $g(x)=x^2, h(x)=\sin x$;

(3) $g(x)=e^x, h(x)=\frac{1}{x^2}$;

(4) $g(x)=\lg x, h(x)=\cos x$.

18. 下列函数可以看成由哪些简单函数复合而成？

(1)$y=e^{-x^2}$；　　(2)$y=\sin^2 x$；

(3)$y=(1+\sin x)^5$；　　(4)$y=\cos(1+x^2)$；

(5)$y=\lg\tan x^2$；　　(6)$y=\arcsin\dfrac{1}{\sqrt{1-x^2}}$.

19. 由 $y=2^x$ 的图形作下列函数的图形.

(1)$y=2^x-1$；　　(2)$y=2^{-x}+1$.

20. 由 $y=\lg x$ 的图形作下列函数的图形.

(1)$y=2\lg x$；　　(2)$y=\lg\sqrt{x}$.

21. 由 $y=\sin x$ 的图形作下列函数的图形.

(1)$y=\sin 2x$；　　(2)$y=2\sin\dfrac{x}{2}$.

B

1. 下列各题中，哪些对函数是相同的函数(　　).

A. $f(x)=\sqrt{\cos^2 x}$ 与 $g(x)=|\cos x|$

B. $f(x)=\sqrt{1-\cos^2 x}$ 与 $g(x)=\sin x$

C. $f(x)=\sqrt{x(x-1)}$ 与 $g(x)=\sqrt{x}\sqrt{x-1}$

D. $f(x)=\cos 2x$ 与 $g(x)=2\cos^2 x-1$

2. 下列命题中，正确的有(　　).

A. 圆的面积是其周长的函数

B. 矩形的面积是其周长之函数

C. 正方形的面积是其周长之函数

D. 三角形的面积是其周长之函数

3. $f(x)=\dfrac{1}{\lg|x-1|}$ 的定义域是(　　).

A. $(-\infty,0)\cup(0,+\infty)$

B. $(-\infty,1)\cup(1,+\infty)$

C. $(-\infty,2)\cup(2,+\infty)$

D. $(-\infty,0)\cup(0,1)\cup(1,2)\cup(2,+\infty)$

4. 若 $f(x)$ 与 $g(x)$ 皆为递增函数，则下列函数中(　　)为递增函数.

A. $f(x)+g(x)$　　B. $f(x)-g(x)$

C. $f(x)\cdot g(x)$　　D. $|f(x)\cdot g(x)|$

5. 下列函数中，(　)为奇函数.

A. $x+\sin\dfrac{1}{x}$　　B. $x+\cos x$

C. $x\cdot\sin x^2$　　D. $x\cdot\cos\dfrac{1}{x}$

6. 设 $f(x)$为定义在$(-\infty,+\infty)$内的函数，下列函数中，(　)为偶函数.

A. $f(|x|)$　　B. $|f(x)|$

C. $f(x)+f(-x)$　　D. $f(x)-f(-x)$

7. 下列函数中，(　)为周期函数.

A. $\sin 2x$　　B. $2\sin x$

C. $\sin(x+1)$　　D. $\sin x+1$

8. 下列函数中，满足 $f\{f[f(x)]\}=f(x)$的有(　).

A. $f(x)=2x$　　B. $f(x)=\dfrac{1}{x}$

C. $f(x)=-\dfrac{1}{x}$　　*D. $f(x)=\begin{cases}1, & x>0\\ 0, & x=0\\ -1, & x<0\end{cases}$

9. 下列函数中，存在反函数的有(　).

A. $\sin x$, $x\in(0,2\pi)$

B. $y=x^2$, $x\in(0,1)$

C. $y=x^2$, $x\in(-\infty,0)$

D. $y=\cos x$, $x\in(0,\pi)$

10. 若 $f(x)$的定义域为$[0,1]$，则 $f(1-\sin x)$的定义域为(　).

A. $[0,\pi]$　　B. $[0,1]$

C. $[1,\pi]$

D. $[2k\pi,(2k+1)\pi]$, $k=0,\pm1,\pm2,\cdots$

第六章　极限与连续

本章的内容分为两部分，第一部分介绍微积分的研究方法——极限方法，包括极限的概念、性质和运算等，第二部分讨论函数的连续性.

在高等数学中，研究函数的性质或计算某些数值，有限步的代数运算往往是不够的，通常要采用无限步的逐次逼近法即极限方法，微积分中最基本的概念如导数和积分都是用极限来定义的. 极限理论是微积分的理论基础. 所以正确地理解极限概念，掌握极限方法是学好微积分的关键.

朴素的极限思想很早就产生了. 在我国，两千多年以前就已出现，并在以后的研究工作中得到应用，如我国魏晋时期杰出的数学家刘徽，他为了计算圆周率(圆的周长与其直径之比)创立了著名的"割圆术";在古希腊，也有极限思想，当时，许多数学家用"正方形化"的方法去计算曲边形的面积.

不过，建立起严密的极限理论却是很晚的事. 由极限方法到形成科学的极限概念经历了艰苦而漫长的过程，直到十九世纪才由柯西，维尔斯特拉斯等人最终奠定基础.

由于我们不能详细地讨论实数理论，所以对极限的基础不能做全面的介绍，而把重点放在极限的概念、性质和运算上.

在教学上，常把极限分为数列极限和函数极限，以便循序渐进地进行教学，我们先从数列的极限开始.

6.1 数列极限

6.1.1 数列极限的定义

定义 6.1 定义在自然数集上的函数 $f(x)$ 按自变量大小顺序排列起来的函数值全体称为数列，若 $f(n)=a_n$，则数列为

$$a_1,\ a_2,\ \cdots\cdots,a_n,\ \cdots$$

常简记为 $\{a_n\}$，a_n 称为 $\{a_n\}$ 的第 n 项或通项.

例 $1,\ \frac{1}{2},\ \frac{1}{3},\ \cdots,\ \frac{1}{n},\ \cdots$ (1)

$$\frac{1}{2},\ \frac{1}{2^2},\ \frac{1}{2^3},\ \cdots,\ \frac{1}{2^n},\ \cdots \tag{2}$$

$$\frac{1}{2},\ \frac{2}{3},\ \frac{3}{4},\ \cdots,\ \frac{n}{n+1},\ \cdots \tag{3}$$

$$-1,\ \frac{1}{2},\ -\frac{1}{3},\ \cdots,(-1)^n\frac{1}{n},\cdots \tag{4}$$

$$1,\ -1,\ 1,\ -1,\ \cdots,\ (-1)^{n-1},\ \cdots \tag{5}$$

都是数列.

我们来观察一下上述各数列的变化情况，数列(1)和(2)，当 n 变大时，通项的值变小，n 无限变大时，通项的值无限地趋近于 0；再看数列(3)，n 变大时，通项的值变大，当 n 无限变大时，通项之值无限地趋近于 1；数列(4)，尽管它的项的符号+、−相间，但其通项的绝对值当 n 无限变大时，仍趋近于 0；数列(5)则不同，随着 n 的变化，取值一会儿是 1，一会儿又是 −1，永远摇摆而不趋近于任何常数. 可见，随着 n 的变大，它们有着各自的变化趋势. 由此，我们引出如下定义：

给定数列 $\{a_n\}$，设有常数 a，当 n 无限变大时，a_n 无限地趋近于 a，则称 a 为数列 $\{a_n\}$ 的极限. 记为

$$\lim_{n\to\infty} a_n=a$$

或者

$$a_n\to a.\ (n\to\infty)$$

lim 是英文 limit 的前三个字母.

这个定义很通俗易懂，不过，什么是“无限变大”，“无限趋近”呢？比如数列(3)，即$\left\{\frac{n}{n+1}\right\}$，你说它无限趋近于1，我说它无限趋近于0.99，那怎么办呢？怎样说得更清楚而不发生歧义呢？看来这种定性的描述还不足以作为判断的标准，作为科学的定义，必须使用定量的精确化的语言.

首先要说明什么是“无限趋近”，所谓“无限趋近”，就是说，$|a_n-a|$可以任意小，要它多小都行，小于$\frac{1}{100}$，小于$\frac{1}{1000}$，…，随你说，都能达到.

其次要说明n“无限变大”时，a_n“无限趋近”于a是什么意思. 这是说，不是数列中的任何一项与a之差的绝对值都能小到所要求的程度，而是说，当n充分大之后，即充分靠后的项，可以达到。现在，以数列$\left\{\frac{1}{n}\right\}$为例来作说明，如希望$\left|\frac{1}{n}-0\right|<\frac{1}{100}$，由于$\left|\frac{1}{n}-0\right|=\frac{1}{n}$，即要$\frac{1}{n}<\frac{1}{100}$，这只须$n>100$即可. 也就是说，数列$\left\{\frac{1}{n}\right\}$中，第100项以后的任何一项与0之差的绝对值都小于$\frac{1}{100}$，这显然是对的. 假如要求误差更小，如小于$\frac{1}{1\,000}$，不难看出，这只须$n>1\,000$. 一般说来，设ε(希腊字母，念作epsilon)是任意一个小正数，要想$\left|\frac{1}{n}-0\right|=\frac{1}{n}<\varepsilon$，只要$n>\frac{1}{\varepsilon}$即可.

现在我们修改前面的定义使之精确化.

定义 6.2 对于任意给定的$\varepsilon>0$，都存在正整数N，当$n>N$时，就有

$$|a_n-a|<\varepsilon,$$

则称数列$\{a_n\}$以a为**极限**.

注意 定义中的ε表示a_n与a的接近程度. N表示数列中的项数，ε是任意给定的，给多小都行，给了之后便定下来. N随ε而定，一般说来，ε越小，N越大，但N不是唯一的(某个N已合要求，比它大的更合要求).

在理解了这个定义之后，为了方便，引用我们第五章开头约定

的记号“∀ ”(任意)与“∃ ”(存在)将它简述为：

$\forall\ \varepsilon>0$，$\exists\ N$，当 $n>N$ 时，都有

$$|a_n-a|<\varepsilon,$$

则称$\{a_n\}$以 a 为极限.

极限的几何意义：

在数轴上作以 a 为中心，以 ε 为半径的邻域$(a-\varepsilon,\ a+\varepsilon)$，则当 $n>N$ 时，a_n 都落在这个邻域里. 数列$\{a_n\}$中最多只有前 N 项不在此邻域中(如图 6.1).

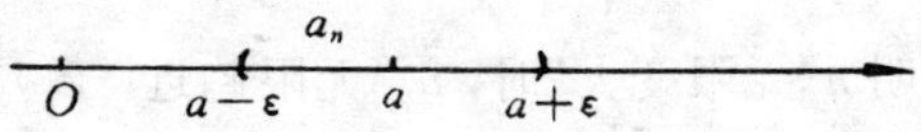

图 6.1

明白了这个几何意义，对于掌握后面将要讲到的极限的性质非常有帮助.

例 1 证明$\lim\limits_{n\to\infty}\dfrac{n}{n+1}=1$.

证明 $\forall\ \varepsilon>0$，要使

$$\left|\frac{n}{n+1}-1\right|=\frac{1}{n+1}<\varepsilon,$$

只要①
$$n+1>\frac{1}{\varepsilon},$$

即
$$n>\frac{1}{\varepsilon}-1.$$

取 $N\geqslant\dfrac{1}{\varepsilon}-1$，则当 $n>N$ 时，就有 $\left|\dfrac{n}{n+1}-1\right|<\varepsilon$(这时前面所说“只要”就起作用了，因为前面的不等式都可以反推回去). 所以

$$\lim_{n\to\infty}\frac{n}{n+1}=1.$$

注 这个证明过程可以概括为：给定了 ε 之后求 N，找着了满足条件的 N，就算证完了.

① 证明中所说“只要……”，是说，这一步成立，就能保证前一步成立是前一步成立的充分条件.

有了精确化的极限定义，现在读者可以证明 0.99 不是数列 $\left\{\frac{n}{n+1}\right\}$ 的极限(提示：$n>99$ 之后，$\frac{n}{n+1}$ 与 0.99 之差将随 n 的变大而变大).

例 2 求证 $\lim\limits_{n\to\infty}\frac{1}{2^n}=0$.

证明方法还是依据定义，给了 ε 求 N.

证明 $\forall\ \varepsilon>0$，不妨假定 $\varepsilon<1$(因为如果能够满足小的误差要求，自然更能满足大的误差要求).

要使
$$\left|\frac{1}{2^n}-0\right|=\frac{1}{2^n}<\varepsilon,$$
只要
$$2^n>\frac{1}{\varepsilon}.$$
两边取对数，只要 $n\lg 2>\lg\frac{1}{\varepsilon}$，

只要
$$n>\frac{\lg\frac{1}{\varepsilon}}{\lg 2},$$
取 $N\geqslant\frac{\lg\frac{1}{\varepsilon}}{\lg 2}$，则当 $n>N$ 时，就有
$$\left|\frac{1}{2^n}-0\right|<\varepsilon.$$
所以
$$\lim_{n\to\infty}\frac{1}{2^n}=0.$$
注 假定 $0<\varepsilon<1$ 是为使 $\lg\frac{1}{\varepsilon}>0$，保证求出的 N 为正整数.

不难证明 $\lim\limits_{n\to\infty}q^n=0(|q|<1)$.

例 3 求证 $\lim\limits_{n\to\infty}\sqrt[n]{a}=1(a>1)$.

证明 $\forall\ \varepsilon>0$，要使
$$|\sqrt[n]{a}-1|=\sqrt[n]{a}-1<\varepsilon,$$
只要
$$\sqrt[n]{a}<1+\varepsilon.$$
两边取对数，只要 $\frac{1}{n}\lg a<\lg(1+\varepsilon)$，

只要
$$n>\frac{\lg a}{\lg(1+\varepsilon)}.$$

取 $N \geqslant \frac{\lg a}{\lg (1+\varepsilon)}$，则当 $n>N$ 时，就有 $|\sqrt[n]{a}-1|<\varepsilon$，

所以
$$\lim_{n\to\infty}\sqrt[n]{a}=1.$$

例 4 任意常数数列 $\{a_n=c\}$ 有极限 c.

事实上，$\forall\ \varepsilon>0$，对一切自然数 n，都有
$$|a_n-c|=|c-c|=0<\varepsilon.$$

例 5 试证：数列 $\{(-1)^n\}$ 没有极限.

证明 取定 $0<\varepsilon_0<1$，假定 $\{(-1)^n\}$ 有极限 a. 先设 $a\geqslant 0$，对于任意的正整数 N，总有奇数 $n_0>N$，使得
$$|(-1)^{n_0}-a|=|-1-a|=1+a>\varepsilon_0.$$
不满足极限定义，故 $a\geqslant 0$ 不是 $\{(-1)^n\}$ 的极限.

同理可证 $a<0$ 也不是，故 $\{(-1)^n\}$ 无极限.

6.1.2 数列极限的性质和运算

定理 6.1（唯一性） 若数列 $\{a_n\}$ 有极限，则它的极限是唯一的.

证明 用反证法，若不唯一，则至少有两个极限，设其为 a 与 b 且 $a\neq b$，不妨设 $a<b$，取 $\varepsilon=\frac{b-a}{2}$，因 $a_n\to a$，故 $\exists\ N_1$，当 $n>N_1$ 时，有
$$|a_n-a|<\varepsilon=\frac{b-a}{2},$$
于是
$$a_n<a+\varepsilon=\frac{b+a}{2}. \tag{1}$$
又因 $a_n\to b$，故 $\exists\ N_2$，当 $n>N_2$ 时，有
$$|a_n-b|<\varepsilon=\frac{b-a}{2},$$
于是
$$a_n>b-\varepsilon=\frac{a+b}{2}. \tag{2}$$
现在取 $N=\max\{N_1, N_2\}$（即取 N_1，N_2 中之大者为 N，"max"表示"大"）则当 $n>N$ 时，(1)与(2)同时成立，矛盾，所以极限唯一.

这个定理要是从几何上来看，那是非常容易理解的. 在数轴上标出 a 与 b，取定 $0<\varepsilon\leqslant\frac{b-a}{2}$，则以 a 为中心的邻域 $(a-\varepsilon, a+\varepsilon)$ 与以 b 为中心的邻域 $(b-\varepsilon, b+\varepsilon)$ 不相交，从某项之后 a_n 要是都进了

a 的 ε 邻域，自然就不能进入到 b 的 ε 邻域. 所以，若有了极限 a，就不可能再有极限 b.

见图 6.2

定理 6.2（有界性） 若数列 $\{a_n\}$ 有极限，则 $\{a_n\}$ 有界.

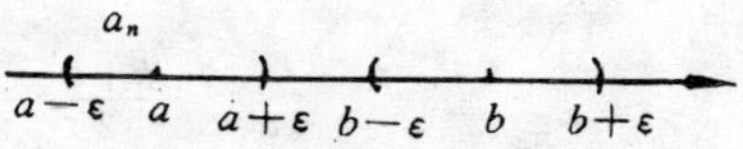

图 6.2

证明 设极限为 a，取定 $\varepsilon=1$，对此 ε，$\exists$ N，当 $n>N$ 时，有 $|a_n-a|<\varepsilon=1$，于是

$$a-1<a_n<a+1.$$

由于 $\{a_1, a_2, \cdots, a_N, a-1, a+1\}$ 中只有有限个数，故有最小数与最大数，它们分别就是 $\{a_n\}$ 的下界与上界.

此定理从几何上来也非常直观，因为 N 项以后的点全落在 $(a-1, a+1)$ 内，区间外仅有有限个点，当然有界. 见图 6.3

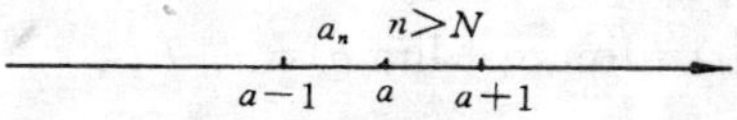

图 6.3

定理 6.3（保序性） 设 $\lim\limits_{n\to\infty} a_n=a, \lim\limits_{n\to\infty} b_n=b$.

(1) 若 $a<b$，则 $\exists$ N，当 $n>N$ 时，有 $a_n<b_n$；

(2) 若 $\exists$ N，当 $n>N$ 时，有 $a_n\leqslant b_n$，则 $a\leqslant b$.

证明 (1) 取 $\varepsilon=\dfrac{b-a}{2}$，因 $a_n\to a$，$b_n\to b$，故 $\exists$ N，当 $n>N$ 时，有

$$a-\frac{b-a}{2}<a_n<a+\frac{b-a}{2},$$

$$b-\frac{b-a}{2}<b_n<b+\frac{b-a}{2}.$$

因为 $a+\dfrac{b-a}{2}=b-\dfrac{b-a}{2}=\dfrac{b+a}{2}$，故当 $n>N$ 时，有

$$a_n<\frac{b+a}{2}<b_n.$$

(2)用反证法及(1)即可证得(2).

上述(1)之证明可参考下面的图 6.4. $a_n \to a$，则 a_n 最终要小于 a 与 b 之平均值 $\frac{a+b}{2}$，$b_n \to b$，则 b_n 最终要大于 $\frac{a+b}{2}$，于是 $a_n < b_n$.

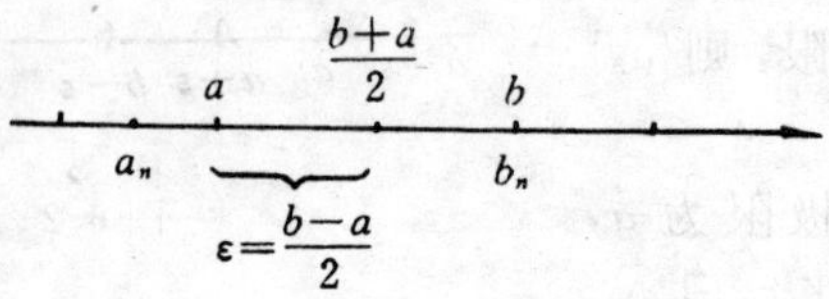

图 6.4

推论(保号性)　设 $\lim\limits_{n\to\infty} a_n = a$.

(1)若 $a>0(a<0)$，则∃ N，当 $n>N$ 时，有 $a_n>0(a_n<0)$；

(2)若∃ N，当 $n>N$ 时，有 $a_n \geqslant 0(a_n \leqslant 0)$，则 $a \geqslant 0(a \leqslant 0)$.

关于极限的四则运算，有如下定理.

定理 6.4　设 $\lim\limits_{n\to\infty} a_n = a$，$\lim\limits_{n\to\infty} b_n = b$，则

(1) $\lim\limits_{n\to\infty}(a_n+b_n) = \lim\limits_{n\to\infty} a_n + \lim\limits_{n\to\infty} b_n = a+b$；

(2) $\lim\limits_{n\to\infty}(a_n-b_n) = \lim\limits_{n\to\infty} a_n - \lim\limits_{n\to\infty} b_n = a-b$；

(3) $\lim\limits_{n\to\infty}(a_n \cdot b_n) = \lim\limits_{n\to\infty} a_n \cdot \lim\limits_{n\to\infty} b_n = a \cdot b$；

(4) $\lim\limits_{n\to\infty}\frac{a_n}{b_n} = \frac{\lim\limits_{n\to\infty} a_n}{\lim\limits_{n\to\infty} b_n} = \frac{a}{b}$，$(b \neq 0)$.

对于这个定理，应理解为两层意思，以(1)为例，第一层意思是：若 $\{a_n\}$ 与 $\{b_n\}$ 的极限都存在．则 $\{a_n+b_n\}$ 的极限存在．第二层意思是 $\{a_n+b_n\}$ 的极限等于 $\{a_n\}$ 的极限与 $\{b_n\}$ 的极限之和．对(2)，(3)，(4)也应这样理解，整个定理说明了数列的四则运算可以与极限运算交换次序.

证明　(1)∀ $\varepsilon>0$，因 $a_n \to a$，故∃ N_1，当 $n>N_1$ 时，有

$$|a_n-a| < \frac{\varepsilon}{2}.$$

又因 $b_n \to b$，故∃ N_2，当 $n>N_2$ 时，有

$$|b_n-b| < \frac{\varepsilon}{2}.$$

取 $N=\max\{N_1, N_2\}$，则当 $n>N$ 时，以上二不等式同时成立，于是

$$\begin{aligned}|(a_n-b_n)-(a+b)|&=|(a_n-a)+(b_n-b)|\\&\leqslant|a_n-a|+|b_n-b|\\&<\frac{\varepsilon}{2}+\frac{\varepsilon}{2}=\varepsilon.\end{aligned}$$

注 证明中用到了 $|a_n-a|<\frac{\varepsilon}{2}$，这是可以的. 因为 ε 给定后，$\frac{\varepsilon}{2}$ 也是一个定数，我们就针对 $\frac{\varepsilon}{2}$ 来找 N，实际上只要 M 为一正常数，要使 $|a_n-a|<\frac{\varepsilon}{M}$，只须针对 $\frac{\varepsilon}{M}$ 来找 N 即可. 这种办法在证题中常用.

再证(3)

$$\begin{aligned}|a_n\cdot b_n-ab|&=|a_nb_n-a_nb+a_nb-ab|\\&\leqslant|a_n||b_n-b|+|b||a_n-a|.\end{aligned}$$

由于 $\{a_n\}$ 有极限，故有界，即 $\exists\ M>0$，对一切 n，都有 $|a_n|\leqslant M$.

$\forall\ \varepsilon>0$，因 $b_n\to b$，故 $\exists\ N_1$，当 $n>N_1$ 时，有

$$|b_n-b|<\frac{\varepsilon}{2M}.$$

又因 $a_n\to a$，故 $\exists\ N_2$，当 $n>N_2$ 时，有

$$|a_n-a|<\frac{\varepsilon}{2|b|}.$$

令 $N=\max\{N_1, N_2\}$，则当 $n>N$ 时，有

$$\begin{aligned}&|a_n|b_n-b|+|b||a_n-a|\\&<M\cdot\frac{\varepsilon}{2M}+|b|\cdot\frac{\varepsilon}{2|b|}=\varepsilon,\end{aligned}$$

即
$$|a_nb_n-ab|<\varepsilon$$

所以
$$\lim_{n\to\infty}(a_n\cdot b_n)=\lim_{n\to\infty}a_n\cdot\lim_{n\to\infty}b_n=a\cdot b.$$

不难看出，本定理可作如下推广：

设 $\{a_n\}$，$\{b_n\}$，…，$\{c_n\}$ 是存在极限的有限个数列，则有

$$\lim_{n\to\infty}(a_n+b_n+\cdots+c_n)=\lim_{n\to\infty}a_n+\lim_{n\to\infty}b_n+\cdots+\lim_{n\to\infty}c_n,$$

$$\lim_{n\to\infty}(a_n \cdot b_n \cdot \cdots \cdot c_n)=\lim_{n\to\infty} a_n \cdot \lim_{n\to\infty} b_n \cdot \cdots \cdot \lim_{n\to\infty} c_n.$$

例 6 计算$\lim\limits_{n\to\infty}\dfrac{3n^3+5n^2+1}{n^3+n-3}$.

解
$$\lim_{n\to\infty}\frac{3n^3+5n^2+1}{n^3+n-3}=\lim_{n\to\infty}\frac{3+\dfrac{5}{n}+\dfrac{1}{n^3}}{1+\dfrac{1}{n^2}-\dfrac{3}{n^3}}$$

$$=\frac{\lim\limits_{n\to\infty}\left(3+\dfrac{5}{n}+\dfrac{1}{n^3}\right)}{\lim\limits_{n\to\infty}\left(1+\dfrac{1}{n^2}-\dfrac{3}{n^3}\right)}=3.$$

例 7 计算$\lim\limits_{n\to\infty}\dfrac{a_0n^k+a_1n^{k-1}+\cdots+a_k}{b_0n^l+b_1n^{l-1}+\cdots+b_l}$，其中 k,l 都是正整数，且 $k\leqslant l$，又 $a_i,b_j(i=0,1,\cdots,k;j=0,1,\cdots,l)$都是常数，且 $a_0\neq 0,b_0\neq 0$.

解
$$\frac{a_0n^k+a_1n^{k-1}+\cdots+a_k}{b_0n^l+b_1n^{l-1}+\cdots+b_l}=\frac{a_0+\dfrac{a_1}{n}+\cdots+\dfrac{a_k}{n^k}}{b_0+\dfrac{b_1}{n}+\cdots+\dfrac{b_l}{n^l}}\cdot\frac{n^k}{n^l},$$

而
$$\lim_{n\to\infty}\frac{a_0+\dfrac{a_1}{n}+\cdots+\dfrac{a_k}{n^k}}{b_0+\dfrac{b_1}{n}+\cdots+\dfrac{b_l}{n^l}}=\frac{a_0}{b_0},$$

$$\lim_{n\to\infty}\frac{n^k}{n^l}=\begin{cases}1,\text{ 当 } k=l,\\0,\text{ 当 } k<l.\end{cases}$$

所以
$$\lim_{n\to\infty}\frac{a_0n^k+a_1n^{k-1}+\cdots+a_k}{b_0n^l+b_1n^{l-1}+\cdots+b_l}$$

$$=\lim_{n\to\infty}\frac{a_0+\dfrac{a_1}{n}+\cdots+\dfrac{a_k}{n^k}}{b_0+\dfrac{b_1}{n}+\cdots+\dfrac{b_l}{n^l}}\cdot\lim_{n\to\infty}\frac{n^k}{n^l}$$

$$=\begin{cases}\dfrac{a_0}{b_0}, & k=l,\\0, & k<l.\end{cases}$$

例 8 设有无穷等比数列$\{aq^{n-1}\}$，其公比 q 满足$|q|<1$，则它的前 n 项和数列$\{a+aq+aq^2+\cdots+aq^{n-1}\}$之极限$\lim\limits_{n\to\infty}\{a+aq+aq^2+$

$\cdots+aq^{n-1}\}$称为这个无穷等比数列各项之和，记为 $a+aq+\cdots+aq^{n-1}+\cdots$.

下面求此极限

解 $\lim\limits_{n\to\infty}\{a+aq+aq^2+\cdots+aq^{n-1}\}=\lim\limits_{n\to\infty}\dfrac{a(1-q^n)}{1-q}$

$$=\lim_{n\to\infty}\frac{a}{1-q}\cdot\lim_{n\to\infty}(1-q^n)=\frac{a}{1-q}\cdot 1$$

$$=\frac{a}{1-q},$$

即 $a+aq+aq^2+\cdots+aq^{n-1}+\cdots=\dfrac{a}{1-q}$.

有此极限我们就可将循环小数化成分数.

例如 $0.\dot{3}=0.333\cdots$，可以写成

$$\frac{3}{10}+\frac{3}{100}+\frac{3}{1\,000}+\cdots,$$

这是以$\dfrac{3}{10}$为首项，公比为$\dfrac{1}{10}$的无穷等比数列各项之和，依上述极限，便有

$$0.\dot{3}=\frac{\frac{3}{10}}{1-\frac{1}{10}}=\frac{1}{3}.$$

同理 $2.3\dot{7}\dot{1}=2.371\,717\,1\cdots$可以写成

$$2.3+\frac{71}{1\,000}+\frac{71}{100\,000}+\cdots,$$

从第二项开始，是以$\dfrac{71}{1\,000}$为首项，公比为$\dfrac{1}{100}$的无穷等比数列之和.

依照上述极限，便有

$$2.3\dot{7}\dot{1}=2.3+\frac{\frac{71}{1\,000}}{1-\frac{1}{100}}=\frac{2\,348}{990}.$$

6.1.3 数列极限存在的判别法

6.1.2 中诸定理的前提条件是数列的极限存在，那么，怎样判

别一个数列的极限是否存在呢？当然，用定义是一种办法，但是，用定义判别时，先要看出极限值，这对稍微复杂一点的数列是办不到的，例如我们无法看出数列$\left\{\left(1+\frac{1}{n}\right)^n\right\}$是否有极限. 下面介绍两个判别法.

定理 6.5 若数列$\{a_n\}$，$\{b_n\}$，$\{c_n\}$满足

$$a_n\leqslant b_n\leqslant c_n\quad(n=1,2,\cdots)$$

且
$$\lim_{n\to\infty}a_n=a=\lim_{n\to\infty}c_n,$$

则
$$\lim_{n\to\infty}b_n=a.$$

注 定理的结论含有两层意义：第一，$\{b_n\}$有极限；第二，其极限为a.

本定理可以称为"夹逼定理"，"夹逼"是指b_n夹在a_n与c_n之间，借助$\{a_n\}$与$\{c_n\}$有共同的极限来判断$\{b_n\}$有极限.

证明 $\forall\ \varepsilon>0$，因$a_n\to a$，故$\exists\ N_1$，当$n>N_1$时，有

$$|a_n-a|<\varepsilon\Leftrightarrow a-\varepsilon<a_n<a+\varepsilon.$$

又因$c_n\to a$，故$\exists\ N_2$，当$n>N_2$时，有

$$|c_n-a|<\varepsilon\Leftrightarrow a-\varepsilon<c_n<a+\varepsilon.$$

取$N=\max\{N_1,N_2\}$，则当$n>N$时，就有

$$a-\varepsilon<a_n\leqslant b_n\leqslant c_n<a+\varepsilon,$$

或
$$|b_n-a|<\varepsilon,$$

即
$$\lim_{n\to\infty}b_n=a.$$

例 9 求证$\lim\limits_{n\to\infty}\sqrt[n]{n}=1$.

证明 显然$\sqrt[n]{n}\geqslant1$，令$\sqrt[n]{n}-1=\alpha_n$，则$\alpha_n\geqslant0$，且$n=(1+\alpha_n)^n$，由二项式定理

$$n=(1+\alpha_n)^n=1+n\alpha_n+\frac{n(n-1)}{2!}\alpha_n^2+\cdots+\alpha_n^n$$
$$>\frac{n(n-1)}{2!}\alpha_n^2.$$

于是

$$0<\alpha_n<\frac{2}{\sqrt{n-1}}(n>1).$$

因$\lim\limits_{n\to\infty}\dfrac{2}{\sqrt{n-1}}=0$，故由夹逼定理得$\lim\limits_{n\to\infty}\alpha_n=0$，从而

$$\lim_{n\to\infty}\sqrt[n]{n}=1.$$

例 10 设 $a_i>0$ $(i=1,2,\cdots,k)$，证明

$$\lim_{n\to\infty}\sqrt[n]{a_1^n+a_2^n+\cdots+a_k^n}=\max\{a_1,a_2,\cdots,a_k\}.$$

证明 设 $a=\max\{a_1,a_2,\cdots,a_k\}$，则有

$$a=\sqrt[n]{a^n}<\sqrt[n]{a_1^n+a_2^n+\cdots+a_k^n}\leqslant\sqrt[n]{ka^n}=a\sqrt[n]{k}.$$

由 6.1.1 中例 3 知$\lim\limits_{n\to\infty}\sqrt[n]{k}=1$，故由夹逼定理知

$$\lim_{n\to\infty}\sqrt[n]{a_1^n+a_2^n+\cdots+a_k^n}=a=\max\{a_1,a_2,\cdots,a_k\}.$$

定理 6.6 递增(减)数列有上(下)界，必有极限.

这个定理我们不证，只做一个直观说明，递增数列$\{x_n\}$对应在数轴上的点 x_n 随着 n 的变大向正方向移动，这时只可能出现两种情形：或者 x_n 沿数轴移向无穷远；或者 x_n 无限逼近某一个定点 a，就是数列趋向一个极限. 如果数列除了递增之外，又是有界的，那么前一情况就不可能出现，这便肯定了数列存在极限(如图 6.5).

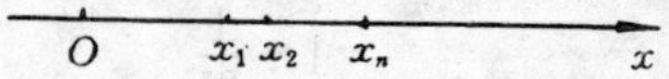

图 6.5

对于递减有下界的数列可做类似说明.

例 11 试证数列$\left\{\left(1+\dfrac{1}{n}\right)^n\right\}$有极限.

证明 $\left\{\left(1+\dfrac{1}{n}\right)^n\right\}$是递增数列，因为据二项式定理

$$\begin{aligned}x_n&=\left(1+\frac{1}{n}\right)^n\\&=1+1+\frac{n(n-1)}{2!}\cdot\frac{1}{n^2}+\frac{n(n-1)(n-2)}{3!}\cdot\frac{1}{n^3}+\cdots+\\&\quad\frac{n(n-1)\cdots[n-(n-1)]}{n!}\cdot\frac{1}{n^n}\\&=1+1+\frac{1}{2!}\left(1-\frac{1}{n}\right)+\frac{1}{3!}\left(1-\frac{1}{n}\right)\left(1-\frac{2}{n}\right)+\cdots+\end{aligned}$$

$$\frac{1}{n!}\left(1-\frac{1}{n}\right)\cdots\left(1-\frac{n-1}{n}\right),$$

$$\begin{aligned} x_{n+1}&=\left(1+\frac{1}{n+1}\right)^{n+1}\\ &=1+1+\frac{1}{2!}\left(1-\frac{1}{n+1}\right)+\frac{1}{3!}\left(1-\frac{1}{n+1}\right)\left(1-\frac{2}{n+1}\right)+\cdots+\\ &\quad\frac{1}{n!}\left(1-\frac{1}{n+1}\right)\cdots\left(1-\frac{n-1}{n+1}\right)+\frac{1}{(n+1)!}\left(1-\frac{1}{n+1}\right)\cdots\\ &\quad\left(1-\frac{n}{n+1}\right). \end{aligned}$$

比较 x_n 与 x_{n+1}，x_n 有$(n+1)$项，而 x_{n+1}有$(n+2)$项，其中前$(n+1)$项分别比 x_n 中相应的项要大或相等，最后一项又大于 0，所以 $x_n<x_{n+1}$，故数列递增.

$\left\{\left(1+\frac{1}{n}\right)^n\right\}$是有上界的，因为

$$\begin{aligned} x_n&\leqslant 1+1+\frac{1}{2!}+\frac{1}{3!}+\cdots+\frac{1}{n!}\\ &\leqslant 1+1+\frac{1}{2}+\frac{1}{2^2}+\cdots+\frac{1}{2^{n-1}}\\ &=1+\frac{1-\frac{1}{2^n}}{1-\frac{1}{2}}<3. \end{aligned}$$

由定理 6.6 知该数列存在极限，记此极限为 e. 它是一个无理数，近似值为 2.718 281 8，即

$$\lim_{n\to\infty}\left(1+\frac{1}{n}\right)^n=\mathrm{e}=2.718\ 281\ 8\cdots,$$

称以 e 为底的对数为自然对数，记作

$$\log_{\mathrm{e}}x=\ln x.$$

x 的常用对数(以 10 为底)记为 $\lg x$，以 a 为底的对数记为 $\log_a x$

由对数定义，有关系式

$$N=a^{\log_a N}.$$

两边取自然对数，就得

$$\ln N=\log_a N\cdot\ln a\ 或\ \log_a N=\frac{\ln N}{\ln a}=M\ln N.$$

其中 $M=\frac{1}{\ln a}$. 可见，以任意数 a 为底 N 的对数可通过自然对数来表示，当 $a=10$ 时，$M=\frac{1}{\ln 10}=0.434\ 294\cdots$.

6.2　函数极限

上节讨论了数列的极限，这是比较简单的情形，本节讨论一般的情形，函数极限.

数列 $\{x_n\}$ 是一种特殊的函数，它的自变量 n 的变化趋势只可能"离散"地取一切自然数而无限增大. 而一般函数 $f(x)$ 的自变量 x 则可以"连续"地取一切实数，它的变化趋势更是多种多样，所以函数的极限较为复杂，我们分为两类来进行讨论.

6.2.1　当 $x\to\infty$ 时，函数 $f(x)$ 的极限

我们先看一例：

考察函数 $f(x)=\frac{1}{x}$ 当自变量 x 无限变大时的变化状态. 很明显，x 变大时，$f(x)$ 变小，x 无限变大时，$f(x)$ 无限趋近于 0.

这类函数极限的一般情况是，函数 $f(x)$ 的定义域为 $(a,+\infty)$，当 x 无限变大时，$f(x)$ 无限趋近于 b，将"无限变大"与"无限趋近"定量地叙述出来，就有如下定义：

定义 6.3　设函数 $f(x)$ 定义在 $(a,+\infty)$ 内. 如果对任意的 $\varepsilon>0$，总存在 $A>0$，当 $x>A$ 时，有

$$|f(x)-b|<\varepsilon,$$

则称函数 $f(x)$ 当 $x\to+\infty$ 时，以 b 为极限. 记为

$$\lim_{x\to+\infty} f(x)=b$$

或

$$f(x)\to b(x\to+\infty).$$

这个定义与数列 $\{x_n\}$ 极限的定义非常相似.

极限 $\lim\limits_{x\to+\infty} f(x)=b$ 的几何意义是：对任意给定的二直线 $y=b-\varepsilon$ 与 $y=b+\varepsilon$，总存在 x 轴上原点右边的一点 A，当 x 位于 A 之右时，$f(x)$ 的图象必位于此二直线之间（如图 6.6）.

自变量趋于无穷的过程还有两种：$x\to-\infty$与$x\to\infty$，这两种过程过下函数极限的定义分别为定义6.4和定义6.5.

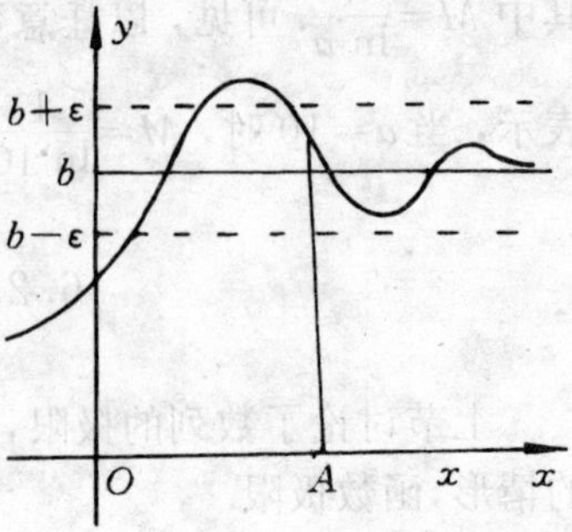

图 6.6

定义 6.4 设$f(x)$定义在$(-\infty, a)$内. 如果$\forall\ \varepsilon>0$, $\exists\ A>0$, 当$x<-A$时，有

$$|f(x)-b|<\varepsilon,$$

则称$f(x)$当$x\to-\infty$时，以b为极限，记为

$$\lim_{x\to-\infty} f(x)=b$$

或
$$f(x)\to b(x\to-\infty).$$

定义 6.5 设$f(x)$的定义域为$(-\infty, -a)\cup(a, +\infty)$. 如果$\forall\ \varepsilon>0$, $\exists\ A>0$, 当$|x|>A$时，有

$$|f(x)-b|<\varepsilon,$$

则称$f(x)$当$x\to\infty$时以b为极限，记为

$$\lim_{x\to\infty} f(x)=b$$

或
$$f(x)\to b(x\to\infty).$$

例 1 求证$\lim\limits_{x\to+\infty}\dfrac{x}{x+1}=1$.

证明 对$\forall\ \varepsilon: 0<\varepsilon<1$，要使

$$\left|\frac{x}{x+1}-1\right|=\left|\frac{-1}{x+1}\right|=\frac{1}{x+1}<\varepsilon,$$

只要
$$x+1>\frac{1}{\varepsilon}，即\ x>\frac{1}{\varepsilon}-1.$$

取$A\geqslant\dfrac{1}{\varepsilon}-1$，则当$x>A$时，就有

$$\left|\frac{x}{x+1}-1\right|<\varepsilon,$$

故
$$\lim_{x\to+\infty}\frac{x}{x+1}=1.$$

例 2 求证$\lim\limits_{x\to-\infty} a^x=0\ (a>1)$.

证明 对$\forall\ \varepsilon: 0<\varepsilon<1$，要使

$$|a^x-0|=a^x<\varepsilon,$$

只要(两边取对数)　　$x\lg a<\lg\varepsilon\ (\lg\varepsilon<0)$,

只要
$$x<\frac{\lg\varepsilon}{\lg a}.$$

取 $A=-\frac{\lg\varepsilon}{\lg a}$，则当 $x<-A$ 时，就有

$$|a^x-0|<\varepsilon,$$

故
$$\lim_{x\to-\infty}a^x=0.$$

6.2.2　当 $x\to x_0$ 时，函数 $f(x)$ 的极限

考察函数 $f(x)=2x+1$ 当 x 无限接近于 1 时，$f(x)$ 的变化趋势. 很明显，x 无限接近于 1 时，$f(x)$ 无限接近于 3.

对于一般情形，给出如下定义:

定义 6.6　设函数 $f(x)$ 在 x_0 点的某个邻域内有定义(但在 x_0 点可以没有定义)如果 $\forall\ \varepsilon>0$, $\exists\ \delta>0$，当 $0<|x-x_0|<\delta$ 时，有

$$|f(x)-b|<\varepsilon,$$

则称 x 趋近于 x_0 时，$f(x)$ 以 b 为极限，记为

$$\lim_{x\to x_0}f(x)=b$$

或
$$f(x)\to b(x\to x_0).$$

此极限的几何意义是:任给二直线 $y=b-\varepsilon$ 与 $y=b+\varepsilon$，总可以找到一个 $\delta>0$，当 x 落在 x_0 的 δ 邻域内($x\neq x_0$)时，$f(x)$ 的图形落在此二直线之间(如图 6.7).

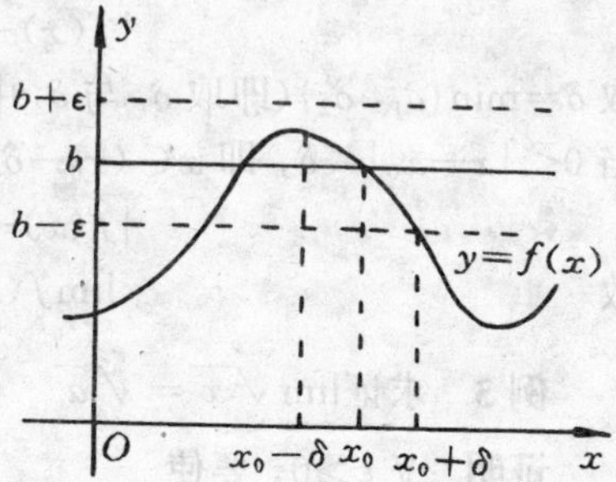

图 6.7

在定义 6.6 中，如果自变量 x 仅在 x_0 的一侧，这便产生了左、右极限.

定义 6.7　设函数 $f(x)$ 在 x_0 的右邻域内有定义，如果 $\forall\ \varepsilon>0$, $\exists\ \delta>0$ 当 $0<x-x_0<\delta$ 时，有

$$|f(x)-b|<\varepsilon,$$

则称 b 为 $f(x)$ 在 x_0 点的右极限，记为

$$\lim_{x\to x_0^+} f(x)=b.$$

"$x\to x_0^+$"表示 x 是从大于 x_0 的方向趋近于 x_0，x_0 的右极限 b 也记为 $f(x_0+0)$.

函数 $f(x)$ 在 x_0 点的左极限 $\lim\limits_{x\to x_0^-} f(x)=b$ 定义为：

$\forall\ \varepsilon>0$，$\exists\ \delta>0$，当 $0<x_0-x<\delta$ 时，有

$$|f(x)-b|<\varepsilon.$$

左极限 b 也记为 $f(x_0-0)$. "$x\to x_0^-$"表示 x 是从小于 x_0 的方向趋近于 x_0.

下面的定理反映了左、右极限与极限的关系.

定义 6.7 函数 $f(x)$ 在 x_0 点有极限的充要条件是 $f(x)$ 在 x_0 点的左、右极限存在且相等.

证明 只证充分性. 设

$$\lim_{x\to x_0^+} f(x)=\lim_{x\to x_0^-} f(x)=b,$$

则$\forall\ \varepsilon>0$，有 $\delta_1>0$，当 $x_0<x<x_0+\delta_1$ 时，有

$$|f(x)-b|<\varepsilon.$$

又有 $\delta_2>0$，当 $x_0-\delta_2<x<x_0$ 时，有

$$|f(x)-b|<\varepsilon.$$

取 $\delta=\min\{\delta_1,\delta_2\}$（即取 δ_1 与 δ_2 中的小者为 δ，"min"表示"小"），则当 $0<|x-x_0|<\delta$，即 $x\in(x_0-\delta,x_0)\cup(x_0,x_0+\delta)$时，有

$$|f(x)-b|<\varepsilon.$$

故

$$\lim_{x\to x_0} f(x)=b.$$

例 3 求证$\lim\limits_{x\to a}\sqrt{x}=\sqrt{a}\quad(a>0)$.

证明 $\forall\ \varepsilon>0$，要使

$$|\sqrt{x}-\sqrt{a}|<\varepsilon.$$

因

$$|\sqrt{x}-\sqrt{a}|=\left|\frac{x-a}{\sqrt{x}+\sqrt{a}}\right|\leqslant\frac{1}{\sqrt{a}}|x-a|,$$

故只要
$$\frac{1}{\sqrt{a}}|x-a|<\varepsilon,$$
即
$$|x-a||<\sqrt{a}\,\varepsilon.$$
取 $\delta=\sqrt{a}\,\varepsilon$，则当 $0<|x-a|<\delta$ 时，就有
$$|\sqrt{x}-\sqrt{a}|<\varepsilon,$$
所以
$$\lim_{x\to a}\sqrt{x}=\sqrt{a}.$$

这个证明过程叫做给定 ε 找 δ，找到了符合要求的 δ 就算证明完成了. 注意，δ 要是一个常数.

例 4 求证 $\lim\limits_{x\to a}\frac{1}{x}=\frac{1}{a}\quad(a\neq 0)$.

证明 因极限过程是 $x\to a$，$a\neq 0$，我们只需在 a 点附近考虑问题，也就是可以先对 δ 作一限制，不妨先取 $|x-a|<\frac{|a|}{2}$，于是得到 $|x|\geqslant\frac{|a|}{2}$，这便使 x 与原点保持了一定的距离，而不能任意接近.

$\forall\ \varepsilon>0$，要使
$$\left|\frac{1}{x}-\frac{1}{a}\right|=\left|\frac{x-a}{xa}\right|<\varepsilon,$$
而
$$\left|\frac{x-a}{xa}\right|\leqslant\frac{2|x-a|}{|a|^2},$$
故只要
$$\frac{2|x-a|}{|a|^2}<\varepsilon.$$
取 $\delta=\min\left\{\frac{|a|}{2},\frac{|a|^2}{2}\varepsilon\right\}$（取 δ 为 $\frac{|a|}{2}$ 与 $\frac{|a|^2}{2}\varepsilon$ 中之小者），则当 $0<|x-a|<\delta$ 时，既能使 $|x-a|<\frac{|a|}{2}$（此时可得 $|x|\geqslant\frac{|a|}{2}$），又能使 $|x-a|<\frac{|a|^2}{2}\varepsilon$，于是就有
$$\left|\frac{1}{x}-\frac{1}{a}\right|<\varepsilon,$$
即
$$\lim_{x\to a}\frac{1}{x}=\frac{1}{a}.$$

6.2.3 函数极限的性质和运算

函数极限也有类似于数列极限的那些性质和运算. 它们对于以

上所讲的所有过程都成立. 本节仅就 $x\to x_0$ 的过程来叙述相应的定理. 且只对个别定理给出证明，其余证明一概从略，因为它们的证法与数列的类似.

定理 6.8(唯一性)　若 $f(x)$ 在 x_0 点有极限，则它的极限是唯一的.

定理 6.9(局部有界性)　若 $f(x)$ 在 x_0 点的极限存在，则 $\exists\ \delta_0>0$，当 $0<|x-x_0|<\delta_0$ 时，有 $|f(x)|\leqslant M$. 其中 M 为正常数.

证明　设 $f(x)\to b(x\to x_0)$，令 $\varepsilon=1$，则 $\exists\ \delta_0>0$，当 $0<|x-x_0|<\delta_0$ 时，有 $|f(x)-b|<1$. 于是 $|f(x)|\leqslant|b|+1$，取 $M=|b|+1$ 即可.

注　与数列不同，函数有极限只能得到局部有界性，一般不能保证在整个定义域上有界.

定理 6.10(保序性)　设 $\lim\limits_{x\to x_0}f(x)=a$，$\lim\limits_{x\to x_0}g(x)=b$.

(1)若 $a<b$，则 $\exists\ \delta_0>0$，当 $0<|x-x_0|<\delta_0$ 时，有

$$f(x)<g(x).$$

(2)若 $\exists\ \delta_0>0$，当 $0<|x-x_0|<\delta_0$ 时，$f(x)\leqslant g(x)$，则

$$a\leqslant b.$$

推论(保号性)　设 $\lim\limits_{x\to x_0}f(x)=a$.

(1)若 $a>0(a<0)$，则 $\exists\ \delta_0>0$，当 $0<|x-x_0|<\delta_0$ 时，有 $f(x)>0(f(x)<0)$.

(2)若 $\exists\ \delta_0>0$，当 $0<|x-x_0|<\delta_0$ 时，有 $f(x)\geqslant0$ $(f(x)\leqslant0)$，则 $a\geqslant0$ $(a\leqslant0)$.

定理 6.11(四则运算)　设 $\lim\limits_{x\to x_0}f(x)=a$，$\lim\limits_{x\to x_0}g(x)=b$，则

(1) $\lim\limits_{x\to x_0}[f(x)+g(x)]=\lim\limits_{x\to x_0}f(x)+\lim\limits_{x\to x_0}g(x)=a+b$;

(2) $\lim\limits_{x\to x_0}[f(x)-g(x)]=\lim\limits_{x\to x_0}f(x)-\lim\limits_{x\to x_0}g(x)=a-b$;

(3) $\lim\limits_{x\to x_0}[f(x)\cdot g(x)]=\lim\limits_{x\to x_0}f(x)\cdot\lim\limits_{x\to x_0}g(x)=a\cdot b$;

(4) $\lim\limits_{x\to x_0}\dfrac{f(x)}{g(x)}=\dfrac{\lim\limits_{x\to x_0}f(x)}{\lim\limits_{x\to x_0}g(x)}=\dfrac{a}{b}$ $(b\neq0)$.

数列极限存在的夹逼定理可推广如下：

定理 6.12 若在 x_0 点的某去心邻域内，有

$$f(x)\leqslant g(x)\leqslant h(x),$$

且 $\lim\limits_{x\to x_0}f(x)=\lim\limits_{x\to x_0}h(x)=b$，则 $\lim\limits_{x\to x_0}g(x)=b$.

单调有界定理亦可推广至函数极限的情形.

6.3 两个重要极限

现在介绍两个重要的函数极限，在下一章求导数时将要用到它们.

1. $\lim\limits_{x\to 0}\dfrac{\sin x}{x}=1$.

证明 作单位圆(如图 6.8). 设圆心角 $\angle AOB$ 为一正锐角，其弧度数为 x，过点 A 作切线与 $\overline{OB}$ 相交于 C，由于

$\triangle AOB$ 的面积 $<$ 扇形 AOB 的面积 $<\triangle AOC$ 的面积，

故有

$$\frac{1}{2}\sin x<\frac{1}{2}x<\frac{1}{2}\tan x.$$

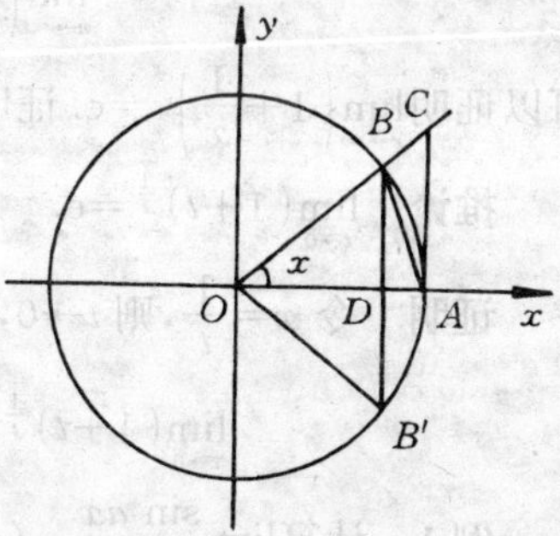

图 6.8

因此，当 $0<x<\dfrac{\pi}{2}$ 时，有

$$\sin x<x<\tan x.$$

同除以 $\sin x$ 得

$$1<\frac{x}{\sin x}<\frac{1}{\cos x},$$

即

$$\cos x<\frac{\sin x}{x}<1.$$

由

$$1-\cos x=2\sin^2\frac{x}{2}<2\left(\frac{x}{2}\right)^2=\frac{1}{2}x^2,$$

可知

$$\lim_{x\to 0^+}\cos x=1.$$

从而由夹逼定理知

$$\lim_{x\to 0^+}\frac{\sin x}{x}=1,$$

又因
$$\frac{\sin(-x)}{-x}=\frac{-\sin x}{-x}=\frac{\sin x}{x},$$

可知
$$\lim_{x\to 0^-}\frac{\sin x}{x}=1,$$

所以
$$\lim_{x\to 0}\frac{\sin x}{x}=1.$$

注 这里的 x 用的是弧度.

在高等数学中，凡角度都以弧度为单位，使结果简明.

2. $\lim\limits_{x\to\infty}\left(1+\frac{1}{x}\right)^x=\mathrm{e}$.

由已知极限

$$\lim_{n\to\infty}\left(1+\frac{1}{n}\right)^n=\mathrm{e}.$$

可以证明 $\lim\limits_{x\to\infty}\left(1+\frac{1}{x}\right)^x=\mathrm{e}$. 证明略.

推论 $\lim\limits_{t\to 0}(1+t)^{\frac{1}{t}}=\mathrm{e}$.

证明 令 $x=\frac{1}{t}$，则 $t\to 0$，时，$x\to\infty$，于是

$$\lim_{t\to 0}(1+t)^{\frac{1}{t}}=\lim_{x\to\infty}\left(1+\frac{1}{x}\right)^x=\mathrm{e}.$$

例 1 计算 $\lim\limits_{x\to 0}\frac{\sin ax}{x}\quad(a\neq 0)$.

解 由于 $\frac{\sin ax}{x}=\frac{a\sin ax}{ax}$,

令 $ax=y$，当 $x\to 0$ 时，$y\to 0$，故

$$\lim_{x\to 0}\frac{\sin ax}{x}=\lim_{y\to 0}a\cdot\frac{\sin y}{y}=a\cdot\lim_{y\to 0}\frac{\sin y}{y}=a.$$

例 2 计算 $\lim\limits_{x\to 0}\frac{1-\cos x}{x^2}$.

解 $\lim\limits_{x\to 0}\frac{1-\cos x}{x^2}=\lim\limits_{x\to 0}\frac{2\sin^2\frac{x}{2}}{x^2}$

$$=\lim_{x\to 0}\frac{1}{2}\left(\frac{\sin\frac{x}{2}}{\frac{x}{2}}\right)^2=\frac{1}{2}.$$

例 3 计算$\lim\limits_{x\to\infty}\left(1+\frac{2}{x}\right)^x$.

解 $\lim\limits_{x\to\infty}\left(1+\frac{2}{x}\right)^x=\lim\limits_{x\to\infty}\left[\left(1+\frac{2}{x}\right)^{\frac{x}{2}}\right]^2$

$$\xlongequal{令\frac{x}{2}=y}\lim_{y\to\infty}\left[\left(1+\frac{1}{y}\right)^y\right]^2=e^2.$$

例 4 计算 $\lim\limits_{x\to+\infty}\left(1-\frac{1}{x}\right)^x$.

解 令 $x=-y$，则当 $x\to+\infty$时，$y\to-\infty$.

故
$$\lim_{x\to+\infty}\left(1-\frac{1}{x}\right)^x=\lim_{y\to-\infty}\left(1+\frac{1}{y}\right)^{-y}$$
$$=\lim_{y\to-\infty}\frac{1}{\left(1+\frac{1}{y}\right)^y}=\frac{1}{e}.$$

6.4 无穷小量与无穷大量

6.4.1 无穷小量

在有极限的变量中，极限为 0 的变量有特殊的意义，它在微积分的发展史上起过重要作用.

定义 6.8 极限为 0 的变量称为无穷小量.

例如，当 $x\to 0$ 时，函数 x^2，$\sin x$ 都是无穷小量. 当 $n\to\infty$时，数列$\left\{\frac{1}{2^n}\right\}$，$\left\{\frac{n}{n^2+a}\right\}$都是无穷小量.

无穷小量有以下性质：

1. 函数 $f(x)$以 a 为极限的充要条件是 $f(x)-a$ 为无穷小量.

事实上，设$\lim\limits_{x\to x_0}f(x)=a$，则$\lim\limits_{x\to x_0}[f(x)-a]=0$，所以 $f(x)-a$ 是无穷小量. 反之，因 $f(x)=a+[f(x)-a]$，所以

$$\lim_{x\to x_0}f(x)=\lim_{x\to x_0}a+\lim_{x\to x_0}[f(x)-a]=a+0=a.$$

2. 若 $f(x)$ 与 $g(x)$ 都是无穷小量，则 $f(x)\pm g(x)$ 也是无穷小量.

3. 若当 $x\to x_0$ 时，$f(x)$ 是无穷小量，$g(x)$ 在 x_0 点的某个空心邻域内有界，则 $f(x)g(x)$ 当 $x\to x_0$ 时是无穷小量.

特别，当 $f(x)$ 与 $g(x)$ 都是无穷小量时，则乘积 $f(x)\cdot g(x)$ 也是无穷小量.

6.4.2 无穷大量

例 函数 $f(x)=\dfrac{1}{x}$，当 x 越接近于 0 时，$|f(x)|=\left|\dfrac{1}{x}\right|$ 越大. 当 x 无限接近于 0 时，$|f(x)|$ 无限变大. 事实上，对于任意给定的正数 A，要使 $|f(x)|=\left|\dfrac{1}{x}\right|>A$，只要 $0<|x|<\dfrac{1}{A}$ 即可，这样的量称为无穷大量.

定义 6.9 如果 $\forall A>0$，$\exists \delta>0$，当 $0<|x-x_0|<0$ 时，有 $|f(x)|>A$，则称当 $x\to x_0$ 时，$f(x)$ 为无穷大量，记为

$$\lim_{x\to x_0}f(x)=\infty \text{或} f(x)\to\infty\ (x\to x_0).$$

如将定义中的 $|f(x)|>A$ 换成 $f(x)\geqslant A$，则称当 $x\to x_0$ 时，$f(x)$ 为正无穷大量，记为 $\lim\limits_{x\to x_0}f(x)=+\infty$；如将定义中的 $|f(x)|>A$ 换成 $f(x)<-A$，则称当 $x\to x_0$ 时，$f(x)$ 为负无穷大量，记为 $\lim\limits_{x\to x_0}f(x)=-\infty$.

如将定义中的过程 $x\to x_0$ 换为其他过程如 $x\to x_0^+$，$x\to\infty$ 等，可以定义不同过程的无穷大量.

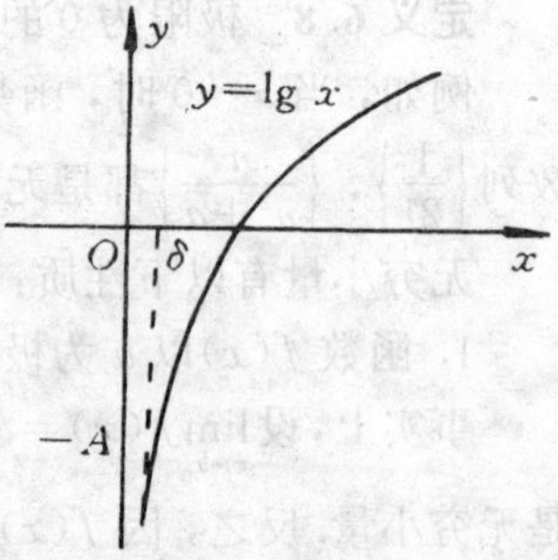

图 6.9

例 1 证明 $\lim\limits_{x\to 0^+}\lg x=-\infty$.

证明 $\forall A>0$，要使

$$\lg x<-A,$$

只要 $\quad x<10^{-A}$.

取 $\delta\leqslant 10^{-A}$，则当 $0<x<\delta$ 时，

就有 $\quad \lg x<-A$，

所以　$\lim\limits_{x\to 0^+}\lg x=-\infty$.

例 2　证明 $\lim\limits_{x\to+\infty} a^x=+\infty(a>1)$.

证明　$\forall A>0$，要使

$$a^x>A,$$

只要　$x\ln a>\ln A$，

只要　$x>\dfrac{\ln A}{\ln a}$.

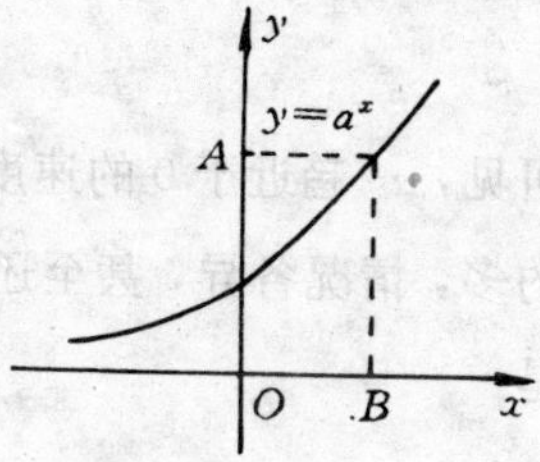

图 6.10

取 $B=\dfrac{\ln A}{\ln a}$，则当 $x>B$ 时，就有

$$a^x>A,$$

所以

$$\lim_{x\to+\infty} a^x=+\infty.$$

无穷大量的性质.

用定义可以证明无穷大量有以下性质：

1. 两个无穷大量的乘积为无穷大量.

2. 无穷大量与有界量之和为无穷大量.

3. 若 $f(x)$ 为无穷大量，则 $\dfrac{1}{f(x)}$ 为无穷小量；若 $f(x)$ 为无穷小量，且 $f(x)\neq 0$，则 $\dfrac{1}{f(x)}$ 为无穷大量.

注　两个无穷大量之和(或差)可能不是无穷大量，读者不难自行举例.

6.4.3　无穷小量阶的比较

在进行数值计算和误差估计时，常要用到无穷小量阶的概念. 如用不同的方法计算同一个量，所得误差分别是 $3h^2$ 和 $5h^3$，当 h 很小时，显然是后者比前者好.

同一过程中的无穷小量，它们趋向于 0 的速度可以是很不相同的. 例如，当 $x\to 0^+$ 时，x^2，$\sqrt{x}$，$\sin x$ 都是无穷小量，但是它们趋向于 0 的快慢很不相同. 我们来考察一下它们的比

$$\frac{x^2}{x}=x\longrightarrow 0,$$

$$\frac{\sin x}{x}\longrightarrow 1,$$

$$\frac{\sqrt{x}}{x}=\frac{1}{\sqrt{x}}\longrightarrow+\infty.$$

可见，x^2 趋近于 0 的速度比 x 快很多，$\sin x$ 与 x 差不多，$\sqrt{x}$ 则慢的多，情况各异，甚至还有不可比的，如 $x\sin\frac{1}{x}$ 也是无穷小量，但是

$$\frac{x\sin\frac{1}{x}}{x}=\sin\frac{1}{x}$$

没有极限，也不趋于无穷，故不可比，于是引出如下定义：

定义 6.10 设 $f(x)$ 与 $g(x)$ 当 $x\to x_0$ 时都是无穷小量，且 $g(x)\neq 0$.

(1)若 $\lim\limits_{x\to x_0}\frac{f(x)}{g(x)}=0$，则称 $f(x)$ 是比 $g(x)$ 高阶的无穷小．记为 $f(x)=o[g(x)]$（o 小写，读作小喔）；

(2)若 $\lim\limits_{x\to x_0}\frac{f(x)}{g(x)}=b\neq 0$，则称 $f(x)$ 是与 $g(x)$ 同阶的无穷小．记为 $f(x)=O[g(x)]$（O 大写，读作大喔）；

特别，若 $b=1$，称 $f(x)$ 与 $g(x)$ 是等价无穷小，记为 $f(x)\sim g(x)$；

(3)若以 $x(x\to 0)$ 为标准无穷小，且 $f(x)$ 与 x^α（α 为正常数）是同阶无穷小，则称 $f(x)$ 是关于 x 的 α 阶无穷小.

据此定义可知，x^2 是比 x 高阶的无穷小，实际是 2 阶无穷小，$\sin x$ 与 x 是等价无穷小. 而 x 是比 $\sqrt{x}$ 高阶的无穷小. 此时也说 $\sqrt{x}$ 是比 x 较低阶的无穷小. 用记号表示，则为

$$x^2=o(x),$$
$$\sin x\sim x,$$
$$x=o(\sqrt{x}).$$

我们从前曾计算过极限

$$\lim_{x\to 0}\frac{1-\cos x}{x^2}=\frac{1}{2},$$

所以
$$1-\cos x=O(x^2).$$

意即 $1-\cos x$ 与 x^2 是同阶无穷小，是 x 的 2 阶无穷小.

容易证明以下各式.

(1) $\dfrac{1}{a+x^2} \sim \dfrac{1}{x^2}$ ($x\to\infty$，a 为常数)；

(2) $\dfrac{1}{\sqrt{x}}e^{-x} \sim \dfrac{1}{\sqrt{x}}$ ($x\to 0^+$)；

(3) $\sin(\sin x) \sim x$ ($x\to 0$)；

(4) $\ln(1+2x) = O(x)$ ($x\to 0$)；

(5) $\sqrt{1+x}-1 = O(x)$.

6.5 连续函数

6.5.1 函数的连续与间断

有了极限方法，我们便可将它用去研究函数的性质. 首先要研究的是那类性质较好且应用广泛的函数，这就是连续函数，函数的连续性是函数的重要性态之一，它在数学上反映了许多自然现象的共同特性，如气温的连续变化，流体的连续流动，生物的连续生长等，所以连续函数自然成了微积分研究的主要对象.

连续函数的几何形象就是一条连续曲线. 这个概念虽很直观，但要严格描述它还要借助于极限.

我们来看一看函数在一点处"连续"意味着什么？

试看下列四个函数的图象.

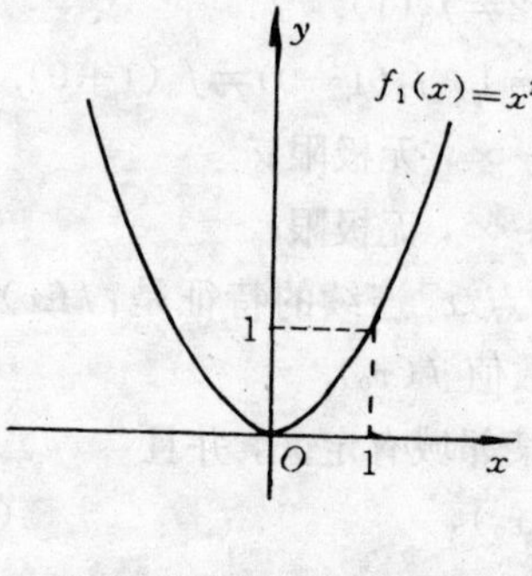

图 6.11

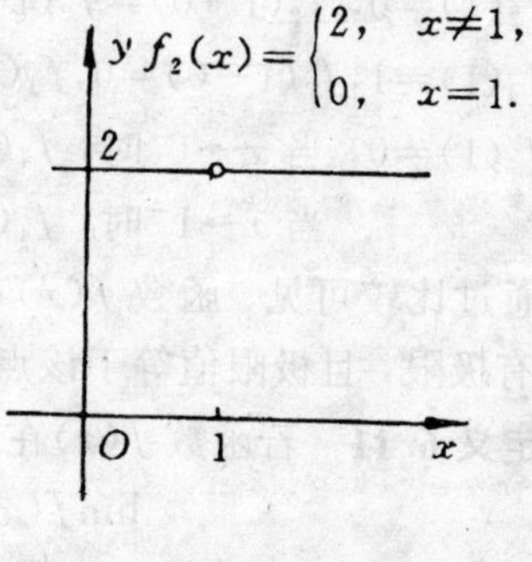

图 6.12

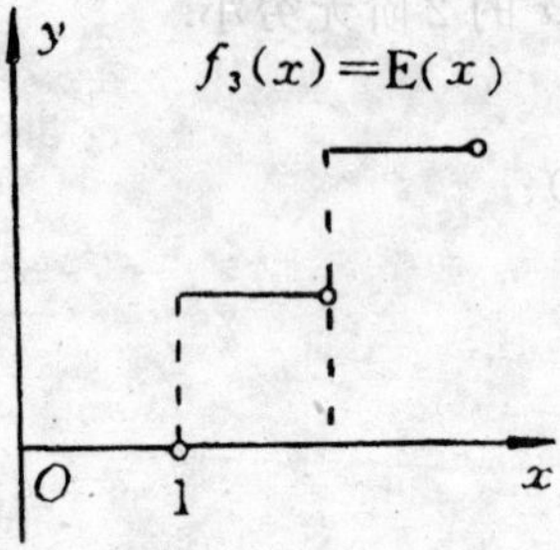

图 6.13

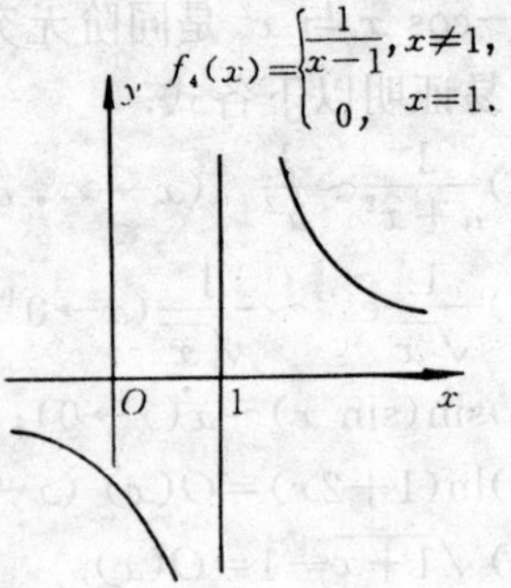

图 6.14

$f_1(x)=x^2$;

$f_2(x)=\begin{cases}2, x\neq 1;\\ 0, x=1;\end{cases}$

$f_3(x)=\mathrm{E}(x)$;

$f_4(x)=\begin{cases}\dfrac{1}{x-1}, x\neq 1,\\ 0, \quad x=1.\end{cases}$

考察 $x=1$ 处各函数的形态，直观告诉我们，$f_1(x)$在 $x=1$ 处"连续"，其余三个函数在 $x=1$ 处都"不连续"，也就是"间断". 我们来研究一下各个函数在该点的极限和函数值.

$f_1(1)=1$，当 $x\to 1^-$时，$f_1(x)\to 1$，即 $f_1(1-0)=1=f_1(1)$. 同样，$f_1(1+0)=1$，所以 $f_1(1-0)=f_1(1+0)=f_1(1)$.

$f_2(1)=0$，$f_2(1-0)=f_2(1+0)=2\neq f_2(1)$.

$f_3(1)=1$，$f_3(1-0)=0$，$f_3(1+0)=1$，$f_3(1-0)\neq f_3(1+0)$.

$f_4(1)=0$，当 $x\to 1^-$时，$f_4(x)\to -\infty$，无极限；

当 $x\to 1^+$时，$f_4(x)\to +\infty$，无极限.

通过比较可见，函数 $f(x)$在某一点 x_0 连续的特征是：$f(x)$在 x_0 点有极限，且极限值等于该点的函数值 $f(x_0)$.

定义 6.11 若函数 $f(x)$在 x_0 点某邻域有定义，并且

$$\lim_{x\to x_0} f(x)=f(x_0), \tag{1}$$

则称 $f(x)$在 x_0 点连续或称 x_0 是 $f(x)$的一个连续点，否则就称

$f(x)$在 x_0 点间断或称 x_0 为 $f(x)$的一个间断点.

用 ε-δ 说法，就是：

$\forall\ \varepsilon>0$，$\exists\ \delta>0$，当$|x-x_0|<\delta$时，就有

$$|f(x)-f(x_0)|<\varepsilon.$$

注意 $f(x)$在 x_0 点连续比它在 x_0 点有极限的要求要高，高在其极限值必须等于该点的函数值. 所以，连续必须有极限. 但是有极限不一定连续. 从概念上来说，函数在一点的极限，只考察函数值在该点附近的变化趋势，不涉及该点的函数值. 甚至该点都可以不属于函数的定义域，故在定义中的要求是：

"当 $0<|x-x_0|<\delta$ 时，$|f(x)-A|<\varepsilon$."

这里 $0<|x-x_0|$就是不考虑 $x=x_0$，而在连续的定义中，则要求：

"当$|x-x_0|<\delta$ 时，$|f(x)-f(x_0)|<\varepsilon$."

这首先要求 $f(x)$在 x_0 有定义，x_0 必须在函数的定义域里. 其次，这点的函数值还必须是这点的极限值. 故函数在 x_0 点连续的实质是：当自变量在 x_0 点有无限小的变化时，引起因变量的变化也是无限的小. 我们用 $\Delta x=x-x_0$ 表示自变量的改变量. 用 $\Delta y=f(x)-f(x_0)$表示函数的改变量，则当 $\Delta x\to 0$ 时，必有 $\Delta y\to 0$

定义 6.11 中的(1)式可以拆成三个式子：

$$\begin{gathered}\lim_{x\to x_0^-}f(x)=f(x_0-0),\\ \lim_{x\to x_0^+}f(x)=f(x_0+0),\\ f(x_0-0)=f(x_0+0)=f(x_0).\end{gathered}\tag{2}$$

这三个式子合起来即为(1)式，(2)式中只要有一个不成立，则 x_0 就是 $f(x)$的间断点. 我们可以根据(2)式不成立的情形，对间断点进行分类.

定义 6.12 (1)若函数在 x_0 点的左、右极限存在且相等，但不等于该点的函数值，则称 x_0 为可去间断点；(此时，通过修改或补充函数在 x_0 点的值，使其与此点的极限值相等，则函数在 x_0 点就连续了，此即"可去"的含义)；

(2)若函数在 x_0 点的左、右极限都存在但不相等，则称 x_0 为第一类间断点；

(3)若函数在 x_0 点的左、右极限至少有一个不存在，则称 x_0 为第二类间断点.

据此可知，在前面所列举的几个函数中，$f_2(x)$在 $x=1$ 处为可去间断点；$f_3(x)$在 $x=1$ 处为第一类间断点；$f_4(x)$在 $x=1$ 处为第二类间断点.

关于单调函数的间断点有如下定理.

定理 6.13 设 $f(x)$在(a,b)内单调，则 $f(x)$只可能有第一类间断点.

证明 不妨设 $f(x)$在(a,b)内递增，$\forall\ x_0\in(a,b)$，当 $x\to x_0^-$ 时，$f(x)$递增且有上界 $f(x_0)$，故有极限$f(x_0-0)$，且 $f(x_0-0)\leqslant f(x_0)$；同理，当 $x\to x_0^+$ 时，$f(x)$递减有下界 $f(x_0)$，故有极限 $f(x_0+0)$且 $f(x_0+0)\geqslant f(x_0)$，若 $f(x_0-0)=f(x_0+0)$，则 x_0 为 $f(x)$的连续点，若 $f(x_0-0)\neq f(x_0+0)$，则 x_0 为 $f(x)$的第一类间断点. 由于 x_0 的任意性，故(a,b)内的每一点不是连续点就是第一类间断点.

若将上述定理中的开区间(a,b)改为闭区间$[a,b]$，则结论仍成立. 对于区间的端点只需考虑单侧极限，如对左端点 a 只需考虑右极限，此时有

$$\lim_{x\to a^+}f(x)=f(a+0)\geqslant f(a).$$

如等号成立，则 a 为连续点(即为右连续)，否则为第一类间断点.

利用一点连续的定义，可以得到在一个区间上连续的定义.

定义 6.13 若 $f(x)$在区间上的每一点都连续(对闭区间的端点，指单侧连续)，则称 $f(x)$在区间上连续.

例 1 证明 $y=x^2$ 在$(-\infty,+\infty)$内连续.

证明 $\forall\ x_0\in(-\infty,+\infty)$，

$$|x^2-x_0^2|=|x+x_0|\cdot|x-x_0|\leqslant(|x|+|x_0|)\cdot|x-x_0|$$

由于是在 x_0 点附近讨论问题，不妨先限制$|x-x_0|<1$，

于是 $$x_0-1<x<x_0+1,$$

从而 $$-|x_0|-1\leqslant x_0-1<x<x_0+1\leqslant|x_0|+1,$$

因此 $$|x|<|x_0|+1,$$

所以 $$|x^2-x_0^2|\leqslant(2|x_0|+1)\cdot|x-x_0|.$$

可见，$\forall\ \varepsilon>0$，可取 $\delta=\min\left\{1,\dfrac{1}{2|x_0|+1}\right\}$，则当 $x\in(x_0-\delta,\ x_0+\delta)$时，就有 $x^2\in(x_0^2-\varepsilon,\ x_0^2+\varepsilon)$，即 $y=x^2$ 在 x_0 点连续，由 x_0 的任意性，故 $y=x^2$ 在$(-\infty,+\infty)$内连续.

例 2 证明 $y=\sin x$ 在$(-\infty,+\infty)$内连续.

证明 $\forall\ x_0\in(-\infty,+\infty)$，$|\sin x-\sin x_0|=\left|2\cos\dfrac{x+x_0}{2}\sin\dfrac{x-x_0}{2}\right|\leqslant 2\cdot 1\cdot\dfrac{|x-x_0|}{2}=|x-x_0|$.

故$\forall\ \varepsilon>0$，可取 $\delta=\varepsilon$，当$|x-x_0|<\delta$ 时，就有
$$|\sin x-\sin x_0|<\varepsilon.$$
所以 $\sin x$ 在$(-\infty,+\infty)$内连续.

类似可证函数 $\cos x$ 在$(-\infty,+\infty)$内连续.

6.5.2 连续函数的运算

由于连续是极限的一种特殊情形，故由极限的运算定理可得连续的运算定理

定理 6.14 设 $f(x)$,$g(x)$都在 x_0 点连续，则

(1)$f(x)\pm g(x)$在 x_0 点连续；

(2)$f(x)\cdot g(x)$在 x_0 点连续；

(3)若 $g(x_0)\neq 0$，$\dfrac{f(x)}{g(x)}$在 x_0 点连续.

定理 6.15 设 $y=f(u)$在 u_0 点连续，$u=g(x)$在 x_0 点连续，且 $u_0=g(x_0)$，则 $y=f[g(x)]$在 x_0 点连续.

证明 $\forall\ \varepsilon>0$，由 $f(u)$在 u_0 连续，故$\exists\ \eta>0$，当$|u-u_0|<\eta$ 时，有$|f(u)-f(u_0)|<\varepsilon$.

对于上述 $\eta>0$，由 $g(x)$在 x_0 连续，故$\exists\ \delta>0$，当$|x-x_0|<\delta$ 时，有$|g(x)-g(x_0)|<\eta$.

所以，当$|x-x_0|<\delta$ 时，有
$$|f(u)-f(u_0)|=|f[g(x)]-f[g(x_0)]|<\varepsilon,$$
因此 $f[g(x)]$在 x_0 点连续.

定理 6.16 若函数 $y=f(x)$在$[a,b]$上连续，且严格单调. 设

$f(a)=\alpha$，$f(b)=\beta$，则 $y=f(x)$存在反函数 $x=f^{-1}(y)$，并且反函数 $x=f^{-1}(y)$在$[\alpha,\beta]$(或$[\beta,\alpha]$)上也是连续严格单调的.

证明 略.

6.5.3 初等函数的连续性

常数函数 $y=c$ 显然是连续的.

前面已证明三角函数 $\sin x$ 和 $\cos x$ 在$(-\infty,+\infty)$内连续. 由连续函数的运算定理可知 $\tan x=\dfrac{\sin x}{\cos x}$与 $\cot x=\dfrac{\cos x}{\sin x}$分别在其定义域上连续，再根据反函数连续性定理知 $\arcsin x$，$\arccos x$，$\arctan x$，$\operatorname{arccot} x$ 分别在各自的定义域上连续.

*现在证明指数函数 $f(x)=a^x(a>0)$在$(-\infty,+\infty)$内连续.

证明 $\forall\ x_0\in(-\infty,+\infty)$，给自变量一个改变量 $\Delta x=h$，则 $\Delta y=f(x_0+h)-f(x_0)=a^{x_0+h}-a^{x_0}=a^{x_0}(a^h-1)$，要证 $\lim\limits_{\Delta x\to 0}\Delta y=0$ 或 $\lim\limits_{h\to 0}a^h=1$，先证 $\lim\limits_{h\to 0^+}a^h=1$.

$\forall\ h:0<h<1$，总存在自然数 n，使 $0<h<\dfrac{1}{n}$，当 $n\to\infty$时，有 $h\to 0^+$，于是，当 $0<a<1$ 时，有

$$a^{\frac{1}{n}}<a^h<1.$$

当 $a\geqslant 1$ 时，有

$$1\leqslant a^h\leqslant a^{\frac{1}{n}}.$$

已知 $\lim\limits_{n\to\infty}a^{\frac{1}{n}}=1$，故由“夹逼定理”知

$$\lim_{h\to 0^+}a^h=1.$$

再证 $\lim\limits_{h\to 0^-}a^h=1$，对$\forall\ h<0$，令 $h=-y$，则 $y>0$，且当 $h\to 0^-$时，$y\to 0^+$. 我们有

$$\lim_{h\to 0^-}a^h=\lim_{y\to 0^+}a^{-y}=\lim_{y\to 0^+}\frac{1}{a^y}=1,$$

于是

$$\lim_{h\to 0^+}a^h=\lim_{h\to 0^-}a^h=a^0=1.$$

即指数函数 a^x 在 x_0 点连续，由 x_0 的任意性，知 a^x 在$(-\infty,+\infty)$内连续.

*再证对数函数 $y=\log_a x$ 在$(-\infty,+\infty)$内连续.

证明 因指数函数 $x=a^y$ 在$(-\infty,+\infty)$内严格递增、连续，其值域为$(0,+\infty)$，故由反函数连续定理知对数函数 $y=\log_a x$ 在$(0,+\infty)$内严格递增且连续.

*最后证明幂函数 $y=x^\alpha$ 在$(0,+\infty)$内连续.

证明 因 $y=x^\alpha=e^{\alpha\ln x}$，由复合函数连续性定理知幂函数连续.

至此我们证明了全部基本初等函数都是连续的，再由连续函数的运算定理知一切初等函数在其定义域内都是连续的.

利用函数的连续性求极限则非常方便，若知函数 $f(x)$ 在 x_0 点连续而要求$\lim\limits_{x\to x_0}f(x)$，则只须计算函数值 $f(x_0)$.

例 1 求$\lim\limits_{x\to 2}(x^2+3x-1)$.

解 因为 x^2+3x-1 在 $x=2$ 处连续，所以

$$\lim_{x\to 2}(x^2+3x-1)=2^2+3\times 2-1=9.$$

例 2 求$\lim\limits_{x\to 0}\dfrac{e^x\cos x}{\arccos x}$.

解 因 $e^x\cos x$ 与 $\arccos x$ 都在 $x=0$ 处连续，所以

$$\lim_{x\to 0}\frac{e^x\cos x}{\arccos x}=\frac{e^0\cos 0}{\arccos 0}=\frac{1}{\frac{\pi}{2}}=\frac{2}{\pi}.$$

例 3 求$\lim\limits_{x\to 3}\dfrac{x^2-5x+6}{x^2-8x+15}$.

解 因$\dfrac{x^2-5x+6}{x^2-8x+15}=\dfrac{(x-3)(x-2)}{(x-3)(x-5)}$，3 不在函数的定义域内，求极限时不能利用连续性，但可以约去分母分子中的公因式 $x-3$，于是

$$\lim_{x\to 3}\frac{x^2-5x+6}{x^2-8x+15}=\lim_{x\to 3}\frac{x-2}{x-5}.$$

由于函数$\dfrac{x-2}{x-5}$在 $x=3$ 处连续，故可以利用连续性

$$\lim_{x\to 3}\frac{x^2-5x+6}{x^2-8x+15}=\lim_{x\to 3}\frac{x-2}{x-5}=\frac{3-2}{3-5}=-\frac{1}{2}.$$

6.5.4 闭区间上连续函数的性质

闭区间上的连续函数有些特殊的性质，这些性质的几何意义较为明显，但证明要用到实数理论，我们将证明略去.

定理 6.17 若函数$f(x)$在闭区间$[a,b]$上连续，则 $f(x)$在$[a,b]$上有界，即存在 $M>0$，使得对一切 $x\in[a,b]$，都有$|f(x)|\leqslant M$.

这里的两个条件，一个是闭区间，另一个是连续，缺一不可. 例如 $y=\tan x$ 在开区间$\left(-\dfrac{\pi}{2},\dfrac{\pi}{2}\right)$是无界的，尽管它是连续函数；又如下述函数：

$$f(x)=\begin{cases}\dfrac{1}{x}, & x\in(0,1],\\ 0, & x=0.\end{cases}$$

它定义在闭区间$[0,1]$上，也是无界的，$x=0$ 是其一个间断点.

定理 6.18 若函数 $f(x)$在闭区间$[a,b]$上连续，则它在这个区间上一定可以取得最大值和最小值，即存在 $x_1\in[a,b]$，使得对一切 $x\in[a,b]$，都有 $f(x)\leqslant f(x_1)$.

又存在 $x_2\in[a,b]$，使得对一切 $x\in[a,b]$，$f(x)\geqslant f(x_2)$，(如图 6.15)

函数不连续或定义域不是闭区间则不一定有此性质.

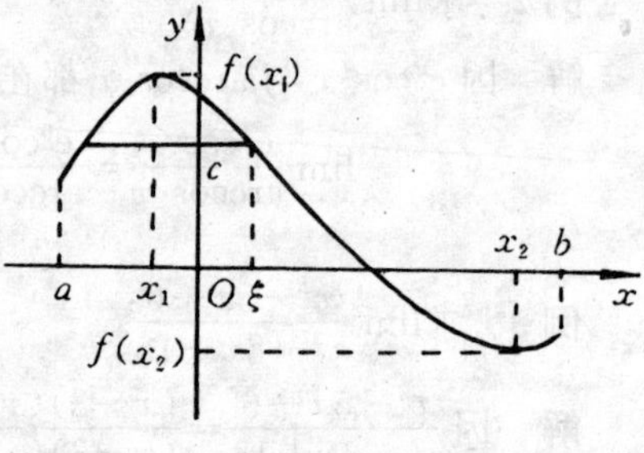

图 6.15

定理 6.19 若函数$f(x)$在闭区间$[a,b]$上连续，又 M 和 m 分别为 $f(x)$在$[a,b]$上的最大值和最小值，则对介于 M 与 m 之间的任一实数 c，即$(m<c<M)$至少存在一点 $\xi\in[a,b]$，使得 $f(\xi)=c$，这就是说连续函数由小变大必须经过一切中间值，恰好表现了连续变化之意(如图 6.15).

推论 若函数 $f(x)$在闭区间$[a,b]$上连续，且 $f(a)$与 $f(b)$异号，则存在 $\xi\in(a,b)$，使得 $f(\xi)=0$，这就是说连续函数由负变正必须经过零(如图 6.15).

例 证明方程 $x-2\sin x=0$ 在$[\frac{\pi}{2},\pi]$内至少有一实根.

证明 令 $f(x)=x-2\sin x$，则 $f(x)$ 在 $\left[\frac{\pi}{2},\pi\right]$ 上连续且 $f\left(\frac{\pi}{2}\right)=\frac{\pi}{2}-2\times1<0$，$f(\pi)=\pi-0>0$，根据推论，至少存在一点 $\xi\in\left(\frac{\pi}{2},\pi\right)$，使得 $f(\xi)=0$.

小 结

本章内容由两部分组成，一为极限，一为连续，极限内容既是重点，又是难点. 首先要学好数列的极限. 对其定义要逐字逐句地理解. 知道 ε，N 的含义以及两个不等式之间的关系. 极限性质有唯一性，有界性和保序性(特例为保号性)应结合几何意义来理解并记住. 极限存在性定理讲了两个，一为夹逼定理，一为单调有界定理. 四则运算很简单但要了解两层含义，第一是判断了和、差、积、商极限存在，第二是知道了极限是什么.

函数的极限较为复杂，其原因在于极限过程有六种，掌握起来困难一点，但有数列极限知识作基础，可作类比，重点在于对定义的领会而非记忆，虽然类型多，其本质是相通的.

对于两个重要极限

$$\lim_{x\to0}\frac{\sin x}{x}=1,\ \lim_{x\to\infty}\left(1+\frac{1}{x}\right)^{x}=\mathrm{e}.$$

既要记住形式，还要注意过程. 它们的特殊重要性，首先是求导数的基础，同时求许多极限都要用到它们.

无穷小量是一种特殊的极限，要弄清三点：①与一般极限的关系；②与无穷大量的关系；③对阶的含义的理解.

第二部分是连续性.

函数在一点连续是用极限来定义的，有三种表述方式，主要要掌握两种，即

$$\lim_{x\to x_0}f(x)=f(x_0)\text{与当 }\Delta x\to0\text{ 时，有 }\Delta y\to0.$$

与连续相对的是间断，间断的几种情形与分类．

初等函数在其定义域内都是连续的，要会利用连续性求极限.

闭区间上连续函数的几条性质很重要，虽不证明，但要能借助直观理解各条性质的意义.

习 题 六

A

1. 写出下列数列的前5项：

(1)$x_n=\frac{2}{3^n}$；　　(2)$x_n=\frac{n}{2n+1}$；

(3)$x_n=\left(1+\frac{1}{n}\right)^n$；　　(4)$x_n=\frac{(-1)^{n+1}}{n}$；

(5)$x_n=\frac{1+(-1)^n}{n}$；　　(6)$x_n=\frac{1}{\sqrt[n]{n!}}$.

2. 找出下列数列的通项公式：

(1)$\frac{1}{2}$，$\frac{3}{4}$，$\frac{7}{8}$，$\frac{15}{16}$，…

(2)$\frac{1}{2}$，$\frac{1}{2}+\frac{1}{4}$，$\frac{1}{2}+\frac{1}{4}+\frac{1}{8}$，…

(3)$-\frac{1}{3}$，$\frac{3}{5}$，$-\frac{5}{7}$，$\frac{7}{9}$，$-\frac{9}{11}$，…

(4)0，$\frac{1}{2}$，0，$\frac{1}{4}$，0，$\frac{1}{6}$，0，$\frac{1}{8}$，…

*(5)1，$\frac{3}{2}$，$\frac{1}{3}$，$\frac{5}{4}$，$\frac{1}{5}$，$\frac{7}{6}$，…

3. 用数列极限的定义，证明下列极限：

(1)$\lim\limits_{n\to\infty}\left(1+\frac{1}{n}\right)=1$；　　(2)$\lim\limits_{n\to\infty}\frac{n+1}{2n+1}=\frac{1}{2}$；

(3)$\lim\limits_{n\to\infty}\frac{\cos n}{n}=0$；　　(4)$\lim\limits_{n\to\infty}\frac{1}{2^n}=0$；

(5)$\lim\limits_{n\to\infty}q^n=0, |q|<1$.

*4. 用函数极限的定义，证明下列极限：

(1)$\lim\limits_{x\to1}(2x+1)=3$；　　(2)$\lim\limits_{x\to0}(1+\sqrt{1+x})=2$；

(3)$\lim\limits_{x\to0}\cos x=1$；　　(4)$\lim\limits_{x\to+\infty}\frac{1}{2^x}=0$.

5. 设 $f(x)=\begin{cases}1+x, x<0,\\ x^2, \quad x\geqslant0.\end{cases}$

求 $\lim\limits_{x\to 0^-} f(x)$ 与 $\lim\limits_{x\to 0^+} f(x)$.

6. 设 $f(x)=1+\mathrm{E}(x)$，求 $\lim\limits_{x\to 1^-} f(x)$ 与 $\lim\limits_{x\to 1^+} f(x)$.

7. 设 $f(x)=\dfrac{|x|}{x}$，问 $\lim\limits_{x\to 0} f(x)$ 是否存在？为什么？

8. 求下列极限：

(1) $\lim\limits_{x\to 2} \dfrac{x^3-8}{x-2}$；　　(2) $\lim\limits_{x\to 4} \dfrac{\sqrt{x}-2}{x-4}$；

(3) $\lim\limits_{x\to 1} \dfrac{x^2-1}{x^3-1}$；　　(4) $\lim\limits_{x\to 4} \dfrac{x-\sqrt{x}-2}{x-4}$；

(5) $\lim\limits_{x\to 0} \dfrac{\sqrt{1+x}-1}{x}$；　　(6) $\lim\limits_{x\to 4} \dfrac{x\sqrt{x}-8}{x-4}$；

(7) $\lim\limits_{x\to -2} \dfrac{x^2+x-6}{x^2+7x+12}$；　　(8) $\lim\limits_{x\to -3} \dfrac{x^2+x-6}{x^2+7x+12}$；

(9) $\lim\limits_{h\to 0} \dfrac{\sqrt{x+h}-\sqrt{x}}{h}$；

(10) $\lim\limits_{n\to\infty} \left[\dfrac{1}{n^2}+\dfrac{2}{n^2}+\cdots+\dfrac{(n-1)}{n^2}\right]$；

(11) $\lim\limits_{n\to\infty} \dfrac{1+a+a^2+\cdots+a^n}{1+b+b^2+\cdots+b^n}$ $(|a|<1, |b|<1)$；

(12) $\lim\limits_{n\to\infty} \left[\dfrac{1^2}{n^3}+\dfrac{2^2}{n^3}+\cdots+\dfrac{(n-1)^2}{n^3}\right]$.

9. 证明：若 $\lim\limits_{n\to\infty} x_n=a$，则 $\lim\limits_{n\to\infty} |x_n|=|a|$.

*10. 证明：$\lim\limits_{n\to\infty} \dfrac{n}{2^n}=0$.

11. 若 $\lim\limits_{n\to\infty} x_n=a$，且 $a\neq 0$，问 $\lim\limits_{n\to\infty} \dfrac{x_{n+1}}{x_n}=$？

12. 将下列循环小数化为分数：

(1) $0.\dot{7}$；　　(2) $2.\dot{3}\dot{7}$；　　(3) $0.\dot{5}1\dot{2}$.

13. 求下列各式的值：

(1) $\lim\limits_{x\to 0} \dfrac{x^2-1}{2x^2-x-1}$；　　(2) $\lim\limits_{x\to 1} \dfrac{x^2-1}{2x^2-x-1}$；

(3) $\lim\limits_{x\to\infty} \dfrac{x^2-1}{2x^2-x-1}$.

14. 求下列极限：

(1) $\lim\limits_{x\to 0}\dfrac{(1+x)(1+2x)-1}{x}$;

(2) $\lim\limits_{x\to 0}\dfrac{(1+x)^3-(1+3x)}{x^2+x^5}$;

(3) $\lim\limits_{x\to 3}\dfrac{x^2-5x+6}{x^2-8x+15}$;　　(4) $\lim\limits_{x\to 2}\dfrac{x^3-2x^2-4x+8}{x^4-8x^2+16}$;

(5) $\lim\limits_{x\to 0}\dfrac{\sin 5x}{x}$;　　(6) $\lim\limits_{x\to\infty}\dfrac{\sin x}{x}$;

(7) $\lim\limits_{x\to 0}\dfrac{\sin 5x-\sin 3x}{\sin x}$;　　(8) $\lim\limits_{x\to 0}\dfrac{\cos x-\cos 3x}{x^2}$;

(9) $\lim\limits_{x\to\pi}\dfrac{\sin mx}{\sin nx}$ (m,n 为整数);

(10) $\lim\limits_{x\to\infty}\left(1+\dfrac{1}{x}\right)^{2x}$;

(11) $\lim\limits_{x\to\infty}\left(1+\dfrac{1}{x-1}\right)^{x}$;　　(12) $\lim\limits_{x\to 0}(1-x)^{\frac{1}{x}}$;

(13) $\lim\limits_{x\to 0}(1+3x)^{\frac{1}{x}}$;　　(14) $\lim\limits_{x\to 1}(1+\sin\pi x)^{\cot\pi x}$.

15. 当 $x\to 0$ 时，下列函数中，哪些是无穷小量？哪些是无穷大量？

(1) x^3;　(2) $\cot x$;　(3) $\tan x$;　(4) $\arctan x$;

(5) $1-\cos x$;　(6) $\dfrac{1}{1-2^x}$;　(7) $\arcsin x$.

16. 证明下列数列为无穷小量：

(1) $x_n=\dfrac{1}{n^2+1}$;　(2) $x_n=\dfrac{1+(-1)^n}{n}$;

(3) $x_n=\sqrt{1+\dfrac{1}{n}}-\sqrt{1-\dfrac{1}{n}}$.

17. 证明：当 $x\to 0$ 时，

(1) $\sqrt[3]{1+x}-1\sim\dfrac{x}{3}$;　　(2) $x+\sin x^2\sim x$;

(3) $2^x-1\sim x\ln 2$.

*18. 证明 $y=\cos x$ 在 $(-\infty,+\infty)$ 内连续.

*19. 证明 $y=\sqrt{x}$ 在 $(0,+\infty)$ 内连续.

20. 求下列函数的间断点，并指出间断点的类型：

(1) $y=\dfrac{1}{(x-1)^2}$;　　(2) $y=\dfrac{1}{\sin x}$;

(3) $y=\begin{cases}1+x, x<0,\\ x^2, \quad x\geqslant 0;\end{cases}$　　(4) $y=\begin{cases}\dfrac{\sin x}{x}, x\neq 0,\\ 0, \quad x=0.\end{cases}$

21. 给 $f(0)$ 补充定义一个什么数值，能使 $f(x)$ 在点 $x=0$ 处连续？

(1) $f(x)=\dfrac{\sqrt{1+x}-\sqrt{1-x}}{x}$；(2) $f(x)=\sin x\cos\dfrac{1}{x}$.

22. 证明下列方程在给定的区间上有解.

(1) $x^3=3(1+\sqrt{x})$，$[0,2]$；

(2) $x^{\frac{1}{3}}+x^{\frac{1}{2}}=2$，$[0,4]$.

B

*1. 下列叙述与极限 $\lim\limits_{n\to\infty}x_n=a$ 等价的有(　　).

A. $\forall\ \varepsilon>0$，$\exists\ N$，当 $n\geqslant N$ 时，有 $|x_n-a|<\varepsilon$

B. 对无穷多个 $\varepsilon>0$，$\exists\ N$，当 $n>N$ 时，有 $|x_n-a|<\varepsilon$

C. 对每个 $\varepsilon>0$，有 $\{x_n\}$ 的无穷多项落在开区间 $(a-\varepsilon, a+\varepsilon)$ 内

D. 对每个 $\varepsilon>0$，只有 $\{x_n\}$ 的有限项落在开区间 $(a-\varepsilon, a+\varepsilon)$ 之外

2. 下列函数中，在 $x=0$ 处存在左、右极限的有(　　)，存在极限的有(　　).

A. $f(x)=\dfrac{|x|}{x}$　　B. $f(x)=\mathrm{E}(x)$

C. $f(x)=|x|$　　D. $f(x)=\mathrm{e}^{\frac{1}{x}}$

3. 下列极限中，(　　)是正确的.

A. $\lim\limits_{x\to 0}\dfrac{\sin x}{x}=1$　　B. $\lim\limits_{x\to 0^-}\dfrac{\sin x}{x}=1$

C. $\lim\limits_{x\to\infty}\dfrac{\sin x}{x}=1$　　D. $\lim\limits_{x\to\pi}\dfrac{\sin x}{x}=1$

4. 下列极限中，(　　)是正确的.

A. $\lim\limits_{x\to\infty}\left(1+\dfrac{1}{x}\right)^x=\mathrm{e}$　　B. $\lim\limits_{x\to+\infty}\left(1-\dfrac{1}{x}\right)^x=\mathrm{e}$

C. $\lim\limits_{x\to 0}(1+x)^{\frac{1}{x}}=\mathrm{e}$　　D. $\lim\limits_{x\to 0}(1+\sin x)^{\frac{1}{\sin x}}=\mathrm{e}$

5. 若当 $x\to 0$ 时，$f(x)$ 与 $g(x)$ 皆为无穷小量，则(　　)为无穷小量.

A. $f(x)+g(x)$　　B. $f(x)\cdot g(x)$

C. $f(x)-g(x)$　　D. $\dfrac{f(x)}{g(x)}$

6. 当 $x\to 0^+$ 时，(　　)与 x 是等价无穷小.

A. $\sqrt{x}$　　B. x^2

C. $\ln(1+x)$　　D. $\sqrt{1+x}-\sqrt{1-x}$

7. 下列函数在 $x=0$ 处均不连续，其中 $x=0$ 是 $f(x)$ 的可去间断点的有(　　).

A. $f(x)=x\sin\dfrac{1}{x}$　　B. $f(x)=\begin{cases}1, x\neq 0\\ 0, x=0\end{cases}$

C. $f(x)=\dfrac{|x|}{x}$　　D. $f(x)=e^{\frac{1}{x}}$

8. $f(x)$ 在 x_0 点有定义是它在该点连续的(　　).

A. 充分条件　　B. 必要条件

C. 充分必要条件　　D. 无关的条件

9. 定义在半开区间[0，1)上的 $y=\dfrac{1}{1-x}$(　　).

A. 是连续函数　　B. 是无界函数

C. 有最小值无最大值　　D. 有最大值无最小值

第七章 导数与微分

在弄清了微积分研究的对象和方法之后，现在我们便要进入到微分学的领域. 从历史上看，微分学是由于要解决以下两个问题而产生的，一个是求非匀速运动瞬时速度，另一个是作曲线的切线，在解决这些问题的基础上，便提出了一个重要的概念——导数，而后是微分. 本章的主要目的是建立导数和微分的概念，讨论它们的运算法则以及它们之间的相互联系.

7.1 导数概念

我们先来考察上述两个问题.

7.1.1 瞬时速度

要解决的问题是：何谓瞬时速度？如何求瞬时速度？

在中学里学过一个速度公式

$$v=\frac{s}{t},$$

其中 t 表示时间，s 表示物体在时间 t 内所走过的路程，这里的速度 v 是平均速度，它适用于匀速运动，对于非匀速运动这个公式就不够用了，需要引入瞬时速度的概念.

设一质点作非匀速的直线运动，运动方程为

$$s=f(t).$$

它表示质点运动的时间 t 和所走过的路程 s 之间的关系. 我们考虑某时刻 t_0 质点的速度.

给时间 t_0 一个增量(也称改变量)Δt(可正可负),$\Delta t>0$ 表示时刻 $t_0+\Delta t$ 在 t_0 之后,$\Delta t<0$ 表示 $t_0+\Delta t$ 在 t_0 之前. 质点在 Δt 内走过的路程为 $\Delta s=f(t_0+\Delta t)-f(t_0)$,则

$$\frac{\Delta s}{\Delta t}=\frac{f(t_0+\Delta t)-f(t_0)}{t_0+\Delta t-t_0}=\bar{v}$$

表示从时间 t_0 到 $t_0+\Delta t$ 内质点运动的平均速度,Δt 变化,平均速度 $\bar{v}$ 也随之变化. 如果 $|\Delta t|$ 很大,在这一段时间内,质点的速度可能有很大的变化,它与 t_0 时的速度可能相差很多,如果 $|\Delta t|$ 很小,质点的速度来不及有大的变化,则可以用它近似地表示质点在 t_0 的速度. $|\Delta t|$ 愈小,近似的程度就愈好. 不过,不管 $|\Delta t|$ 多么小,平均速度 $\bar{v}$ 总不是时刻 t_0 的速度 $v(t_0)$. 为了得到瞬时速度 $v(t_0)$,就得令 $\Delta t\to 0$ 取极限,即

$$v(t_0)=\lim_{\Delta t\to 0}\bar{v}=\lim_{\Delta t\to 0}\frac{\Delta s}{\Delta t}=\lim_{\Delta t\to 0}\frac{f(t_0+\Delta t)-f(t_0)}{\Delta t}.$$

这个极限如果存在,它就既给出了瞬时速度的定义,同时又给出了计算瞬时速度的方法.

7.1.2　切线问题

我们依然面临双重任务,一是给出切线的定义. 二是给出求切线的方法.

过曲线上一点作切线,关键在于要知道切线的斜率. 如何求切线的斜率呢?

假定曲线 C 是函数 $y=f(x)$ 的图象(如图 7.1),A 是 C 上的一点,它的坐标为(x_0,y_0). 为了寻求曲线在 A 点的切线,我们在 C 上 A 点附近另取一点 A',它的坐标为$(x_0+\Delta x,y_0+\Delta y)$. 作割线 AA',用 φ 表示 AA' 与 x 轴的夹角,则它的斜率为

$$\tan\varphi=\frac{\Delta y}{\Delta x}=\frac{f(x_0+\Delta x)-f(x_0)}{\Delta x},$$

然后让 A' 沿 C 向 A 移动,则 AA' 绕 A 转动,即 $\tan\varphi$ 在不断地变动,A' 越接近于 A,则 AA' 越接近于我们直观上所确认的在 A 点的切线. 于是很自然地把当 A' 趋向于 A 时割线 AA' 的极限位置 AT 定

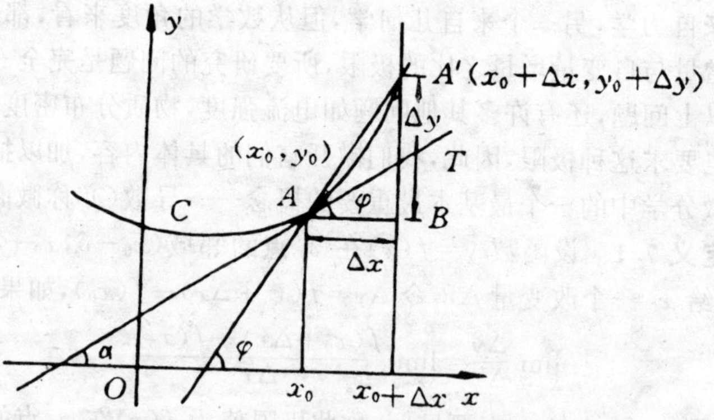

图 7.1

义为曲线 C 在 A 点的切线.

何谓割线 AA' 的极限位置呢？假如当 A' 趋向于 A 时，割线的斜率有一个极限值，即

$$\lim_{A'\to A}\tan\varphi=\lim_{\Delta x\to 0}\frac{\Delta y}{\Delta x}=\lim_{\Delta x\to 0}\frac{f(x_0+\Delta x)-f(x_0)}{\Delta x}$$

存在，就把过 A 点以此极限值为斜率之直线 AT 定义为曲线 C 在 A 点的切线，它是割线 AA' 的极限位置．

设 AT 与 x 轴之夹角为 α，它的斜率为 $\tan\alpha$，

$$\tan\alpha=\lim_{A'\to A}\tan\varphi=\lim_{\Delta x\to 0}\frac{f(x_0+\Delta x)-f(x_0)}{\Delta x}.$$

知道了斜率 $\tan\alpha$，则过 $A(x_0, y_0)$ 点的切线 AT 的方程为

$$y-y_0=\tan\alpha(x-x_0).$$

这样，我们便完成了双重任务，既给出了切线的定义，又给出了求切线的方法．

如果极限

$$\lim_{\Delta x\to 0}\frac{f(x_0+\Delta x)-f(x_0)}{\Delta x}$$

不存在，就认为曲线 C 在 A 点没有切线.

7.1.3　导数的定义

从以上两个问题的解决可以看出. 虽然它们来自不同的学科，

一个来自力学，另一个来自几何学，但从数学的角度来看，都是要求函数增量与自变量增量之比的极限，所要研究的问题是完全一样的，不仅以上问题，还有许多其他问题如电流强度，物质分布密度等等的解决也要求这种极限，因此，我们撇开它们的具体内容，加以抽象化，提出微分学中的一个最基本最重要的概念——导数（亦称微商）.

定义 7.1 设函数 $y=f(x)$ 在 x_0 点的邻域 $(x_0-\delta, x_0+\delta)$ 内有定义，给 x_0 一个改变量 Δx，令 $\Delta y=f(x_0+\Delta x)-f(x_0)$，如果

$$\lim_{\Delta x\to 0}\frac{\Delta y}{\Delta x}=\lim_{\Delta x\to 0}\frac{f(x_0+\Delta x)-f(x_0)}{\Delta x}$$

存在，则称 $f(x)$ 在 x_0 点可导，并称此极限值为 $f(x)$ 在 x_0 点的导数，记为 $f'(x_0)$ 或 $\left.\dfrac{dy}{dx}\right|_{x=x_0}$. 即

$$f'(x_0)=\lim_{\Delta x\to 0}\frac{\Delta y}{\Delta x}=\lim_{\Delta x\to 0}\frac{f(x_0+\Delta x)-f(x_0)}{\Delta x}.$$

如果令 $x_0+\Delta x=x$，则 $\Delta x=x-x_0$，$f'(x_0)$ 又可表为

$$f'(x_0)=\lim_{x\to x_0}\frac{f(x)-f(x_0)}{x-x_0}.$$

如果上述极限不存在，则说 $f(x)$ 在 x_0 点不可导，$f(x)$ 在 x_0 点没有导数.

导数定义中的极限是双侧极限，即 Δx 可正可负，如果只考虑单侧极限，则得到左、右导数的概念，它们分别定义为

$$\begin{aligned}f'_-(x_0)&=\lim_{\Delta x\to 0^-}\frac{f(x_0+\Delta x)-f(x_0)}{\Delta x}\\&=\lim_{x\to x_0^-}\frac{f(x)-f(x_0)}{x-x_0}\quad(x<x_0),\end{aligned}$$

$$\begin{aligned}f'_+(x_0)&=\lim_{\Delta x\to 0^+}\frac{f(x_0+\Delta x)-f(x_0)}{\Delta x}\\&=\lim_{x\to x_0^+}\frac{f(x)-f(x_0)}{x-x_0}\quad(x>x_0).\end{aligned}$$

由第二章中讲过的单侧极限与极限的关系定理可知：函数 $f(x)$ 在 x_0 点可导的充要条件是 $f(x)$ 在 x_0 点的左、右导数都存在且相等.

求 $f(x)$ 在 x_0 点的导数可分三步：

(i)给自变量 x_0 一个增量 Δx，计算函数 $f(x)$ 的相应增量 $\Delta y=f(x_0+\Delta x)-f(x_0)$；

(ii)作比 $\frac{\Delta y}{\Delta x}$(此步有时要进行一些计算，化简或变形以便好求极限)；

(iii)取极限.

例 1 求 $f(x)=x^2$ 在 $x=1$ 处的导数

解 (i) $\Delta y=f(1+\Delta x)-f(1)=(1+\Delta x)^2-1$

$$=2\Delta x+\Delta x^2;$$

(ii) $\frac{\Delta y}{\Delta x}=\frac{2\Delta x+\Delta x^2}{\Delta x}=2+\Delta x$;

(iii) $\lim\limits_{\Delta x\to 0}\frac{\Delta y}{\Delta x}=\lim\limits_{\Delta x\to 0}(2+\Delta x)=2$,

所以 $f'(1)=2$.

例 2 求 $f(x)=|x|$ 在 $x=0$ 处的左、右导数.

解 左导数

$$f'_-(0)=\lim_{\Delta x\to 0^-}\frac{|0+\Delta x|-|0|}{\Delta x}=\lim_{\Delta x\to 0^-}\frac{-\Delta x}{\Delta x}=-1.$$

右导数

$$f'_+(0)=\lim_{\Delta x\to 0^+}\frac{|0+\Delta x|-|0|}{\Delta x}=\lim_{\Delta x\to 0^+}\frac{\Delta x}{\Delta x}=1.$$

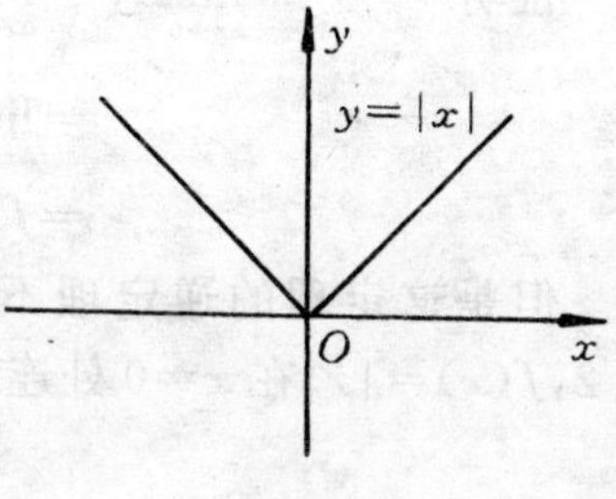

图 7.2

由于左、右导数不相等，故在 $x=0$ 处不可导(如图 7.2).

若 $f(x)$ 在区间 $[a,b]$ 上每一点都可导(在左端点 a 处指有右导数，右端点 b 处指有左导数)，称为在 $[a,b]$ 上**可导**. 此时，对于 $[a,b]$ 上的每一点 x，都有 $f(x)$ 的一个导数值与之对应. 这样又在 $[a,b]$ 上定义了一个新函数，称为 $f(x)$ 的**导函数**，简称为**导数**，记为 $f'(x)$, y', $\frac{dy}{dx}$ 或 $\frac{df(x)}{dx}$.

据导数之定义，我们可以说：

瞬时速度是路程 s 对时间 t 的导数.

$$v=\frac{\mathrm{d}s}{\mathrm{d}t}=s'.$$

曲线 $y=f(x)$ 上点 x 处切线的斜率是曲线的纵坐标 y 对横坐标 x 的导数,即

$$\tan\alpha=f'(x)=\frac{\mathrm{d}y}{\mathrm{d}x}.$$

这实际上就给出了导数的几何意义:

设函数 $f(x)$ 在 x_0 点可导,则导数 $f'(x_0)$ 表示曲线 $y=f(x)$ 在 $(x_0,f(x_0))$ 处切线的斜率.

由此可知,曲线 $y=f(x)$ 上点 $(x_0,f(x_0))$ 处的切线方程为

$$y-y_0=f'(x_0)(x-x_0).$$

可导与连续的关系

定理 7.1 若 $f(x)$ 在 x_0 点可导,则它在 x_0 点连续.

证明

$$\begin{aligned}\lim_{\Delta x\to 0}\Delta y&=\lim_{\Delta x\to 0}\frac{\Delta y}{\Delta x}\cdot\Delta x\\&=\lim_{\Delta x\to 0}\frac{\Delta y}{\Delta x}\cdot\lim_{\Delta x\to 0}\Delta x\\&=f'(x_0)\cdot 0=0.\end{aligned}$$

但是这定理的逆定理不成立,即连续不一定可导,如前面的例 2, $f(x)=|x|$ 在 $x=0$ 处连续,但不可导.

7.2 简单函数之导数

1. 常数函数的导数

若 $y=c$(c 为常数),则 $y'=0$.

证明 因

$$\frac{f(x+\Delta x)-f(x)}{\Delta x}=\frac{c-c}{\Delta x}=0,$$

所以

$$y'=\lim_{\Delta x\to 0}\frac{f(x+\Delta x)-f(x)}{\Delta x}=\lim_{\Delta x\to 0}\frac{c-c}{\Delta x}=0.$$

2. 若 $f(x)=x^n$(n 为正整数),则 $f'(x)=nx^{n-1}$.

证明 因

$$\frac{f(x+\Delta x)-f(x)}{\Delta x}=\frac{(x+\Delta x)^n-x^n}{\Delta x}$$

$$=nx^{n-1}+\frac{n(n-1)}{2!}x^{n-2}\Delta x+\cdots+(\Delta x)^{n-1},$$

所以

$$f'(x)=\lim_{\Delta x\to 0}\frac{f(x+\Delta x)-f(x)}{\Delta x}=nx^{n-1}.$$

3. 若 $f(x)=x^{\frac{1}{n}}$(n 为正整数,$x>0$),则 $f'(x)=\frac{1}{n}x^{\frac{1}{n}-1}$,

证明 因

$$\frac{f(x+\Delta x)-f(x)}{\Delta x}=\frac{(x+\Delta x)^{\frac{1}{n}}-x^{\frac{1}{n}}}{\Delta x}$$

$$=\frac{\left[(x+\Delta x)^{\frac{1}{n}}-x^{\frac{1}{n}}\right]\left[(x+\Delta x)^{\frac{n-1}{n}}+(x+\Delta x)^{\frac{n-2}{n}}x^{\frac{1}{n}}+\cdots+x^{\frac{n-1}{n}}\right]}{\Delta x\left[(x+\Delta x)^{\frac{n-1}{n}}+(x+\Delta x)^{\frac{n-2}{n}}x^{\frac{1}{n}}+\cdots+x^{\frac{n-1}{n}}\right]}$$

$$=\frac{1}{\left[(x+\Delta x)^{\frac{n-1}{n}}+(x+\Delta x)^{\frac{n-2}{n}}x^{\frac{1}{n}}+\cdots+x^{\frac{n-1}{n}}\right]},$$

所以

$$f'(x)=\lim_{\Delta x\to 0}\frac{f(x+\Delta x)-f(x)}{\Delta x}=\frac{1}{nx^{1-\frac{1}{n}}}=\frac{1}{n}x^{\frac{1}{n}-1}.$$

4. 若 $f(x)=\sin x$,则 $f'(x)=\cos x$.

证明 因

$$\frac{f(x+\Delta x)-f(x)}{\Delta x}=\frac{\sin(x+\Delta x)-\sin x}{\Delta x}$$

$$=\frac{2\cos\left(x+\frac{\Delta x}{2}\right)\sin\frac{\Delta x}{2}}{\Delta x}$$

$$=\cos\left(x+\frac{\Delta x}{2}\right)\frac{\sin\frac{\Delta x}{2}}{\frac{\Delta x}{2}},$$

所以

$$f'(x)=\lim_{\Delta x\to 0}\cos\left(x+\frac{\Delta x}{2}\right)\frac{\sin\frac{\Delta x}{2}}{\frac{\Delta x}{2}}$$

$$=\lim_{\Delta x\to 0}\cos\left(x+\frac{\Delta x}{2}\right)\cdot\lim_{\Delta x\to 0}\frac{\sin\frac{\Delta x}{2}}{\frac{\Delta x}{2}}$$

$$=\cos x.$$

同法可得$(\cos x)'=-\sin x$.

5. 若 $f(x)=\log_a x(0<a\neq 1,x>0)$，则 $f'(x)=\frac{1}{x}\log_a \mathrm{e}$.

证明 因

$$\frac{f(x+\Delta x)-f(x)}{\Delta x}=\frac{\log_a(x+\Delta x)-\log_a x}{\Delta x}$$

$$=\frac{\log_a\left(\frac{x+\Delta x}{x}\right)}{\Delta x}=\frac{1}{x}\cdot\frac{x}{\Delta x}\log_a\left(1+\frac{\Delta x}{x}\right)$$

$$=\frac{1}{x}\log_a\left(1+\frac{\Delta x}{x}\right)^{\frac{x}{\Delta x}},$$

所以

$$f'(x)=\lim_{\Delta x\to 0}\frac{1}{x}\log_a\left(1+\frac{\Delta x}{x}\right)^{\frac{x}{\Delta x}}=\frac{1}{x}\log_a \mathrm{e}.$$

注 在以上证明中，我们用到了初等函数的连续性，特别在 4 与 5 中，我们分别用到了两个重要极限，$\lim_{x\to 0}\frac{\sin x}{x}=1$ 和 $\lim_{x\to\infty}\left(1+\frac{1}{x}\right)^x=\mathrm{e}$，这是应当注意到的.

7.3 求导法则及导数公式

7.3.1 导数的四则运算

定理 7.2 设 $f(x),g(x)$都在 x 点可导，则

1) $[f(x)\pm g(x)]'=f'(x)\pm g'(x)$；

2) $[f(x)\cdot g(x)]'=f'(x)g(x)+f(x)g'(x)$；

3) $\left[\frac{f(x)}{g(x)}\right]'=\frac{f'(x)g(x)-f(x)g'(x)}{[g(x)]^2}\quad (g(x)\neq 0)$.

证明 1)令 $y=f(x)\pm g(x)$,则

$$\begin{aligned}\Delta y&=[f(x+\Delta x)\pm g(x+\Delta x)]-[f(x)\pm g(x)]\\&=[f(x+\Delta x)-f(x)]\pm[g(x+\Delta x)-g(x)],\end{aligned}$$

所以

$$\lim_{\Delta x\to 0}\frac{\Delta y}{\Delta x}=\lim_{\Delta x\to 0}\frac{f(x+\Delta x)-f(x)}{\Delta x}\pm\lim_{\Delta x\to 0}\frac{g(x+\Delta x)-g(x)}{\Delta x},$$

即
$$y'=[f(x)\pm g(x)]'=f'(x)\pm g'(x).$$

2) 令 $y=f(x)\cdot g(x)$,则

$$\begin{aligned}\Delta y&=f(x+\Delta x)\cdot g(x+\Delta x)-f(x)\cdot g(x)\\&=f(x+\Delta x)\cdot g(x+\Delta x)-f(x)g(x+\Delta x)+\\&\quad f(x)g(x+\Delta x)-f(x)g(x)\\&=[f(x+\Delta x)-f(x)]g(x+\Delta x)+\\&\quad f(x)[g(x+\Delta x)-g(x)],\end{aligned}$$

$$\frac{\Delta y}{\Delta x}=\frac{f(x+\Delta x)-f(x)}{\Delta x}g(x+\Delta x)+f(x)\frac{g(x+\Delta x)-g(x)}{\Delta x}.$$

令 $\Delta x\to 0$,对上式两边取极限,因为 $f(x)$ 与 $g(x)$ 都可导,又 $g(x)$ 可导必连续故有

$$y'=[f(x)\cdot g(x)]'=f'(x)g(x)+f(x)g'(x).$$

3)令 $y=\frac{f(x)}{g(x)}$,则

$$\begin{aligned}\Delta y&=\frac{f(x+\Delta x)}{g(x+\Delta x)}-\frac{f(x)}{g(x)}\\&=\frac{f(x+\Delta x)g(x)-f(x)g(x+\Delta x)}{g(x+\Delta x)g(x)}\\&=\frac{f(x+\Delta x)g(x)-f(x)g(x)+f(x)g(x)-f(x)g(x+\Delta x)}{g(x+\Delta x)g(x)}\\&=\frac{[f(x+\Delta x)-f(x)]g(x)-f(x)[g(x+\Delta x)-g(x)]}{g(x+\Delta x)g(x)},\end{aligned}$$

$$\frac{\Delta y}{\Delta x}=\frac{\frac{[f(x+\Delta x)-f(x)]}{\Delta x}g(x)-f(x)\frac{[g(x+\Delta x)-g(x)]}{\Delta x}}{g(x+\Delta x)\cdot g(x)}.$$

令 $\Delta x\to 0$,对上式两边取极限,即得

$$y'=\left[\frac{f(x)}{g(x)}\right]'=\frac{f'(x)g(x)-f(x)g'(x)}{[g(x)]^2}.$$

注意 $[f(x)g(x)]'\neq f'(x)g'(x)$,

$$\left[\frac{f(x)}{g(x)}\right]'\neq\frac{f'(x)}{g'(x)}.$$

关于函数和与积的导数公式,不难推广到 n 个函数的情形,即有

$$[f_1(x)+f_2(x)+\cdots+f_n(x)]'=f'_1(x)+f'_2(x)+\cdots+f'_n(x),$$

$$\begin{aligned}[f_1(x)\cdot f_2(x)\cdots f_n(x)]'=&f'_1(x)\cdot f_2(x)\cdots f_n(x)+\\&f_1(x)\cdot f_2'(x)\cdots f_n(x)+\\&\cdots+\\&f_1(x)f_2(x)\cdots f'_n(x).\end{aligned}$$

此外,作为乘法的特殊情形,当 c 为常数时,我们

$$[cf(x)]'=cf'(x).$$

例 1 求 $f(x)=x^2\cos x$ 的导数.

解 $$\begin{aligned}f'(x)&=(x^2)'\cos x+x^2(\cos x)'\\&=2x\cos x-x^2\sin x\\&=x(2\cos x-x\sin x).\end{aligned}$$

例 2 求 $y=\dfrac{2x}{1-x^2}$的导数.

解 $$\begin{aligned}y'&=\frac{(2x)'(1-x^2)-2x(1-x^2)'}{(1-x^2)^2}\\&=\frac{2(1-x^2)-2x(-2x)}{(1-x^2)^2}\\&=\frac{2(x^2+1)}{(1-x^2)^2}.\end{aligned}$$

例 3 求 $y=\tan x$ 的导数.

解 $$\begin{aligned}y'&=(\tan x)'=\left(\frac{\sin x}{\cos x}\right)'\\&=\frac{\cos x\cos x-\sin x(-\sin x)}{(\cos x)^2}\\&=\frac{1}{\cos^2x}=\sec^2x.\end{aligned}$$

同法可得$(\cot x)'=-\dfrac{1}{\sin^2x}=-\csc^2x.$

7.3.2 反函数求导法则

定理 7.3 若函数 $y=f(x)$ 在 $(x_0-\delta,x_0+\delta)$ 内连续且严格单调，又 $f(x)$ 在 x_0 点可导且 $f'(x_0)\neq 0$，则它的反函数 $x=f^{-1}(y)$ 在 $y_0(y_0=f(x_0))$ 点可导，且

$$(f^{-1})'(y_0)=\frac{1}{f'(x_0)}.$$

证明 因 $f(x)$ 在 $(x_0-\delta,x_0+\delta)$ 内连续且严格单调，所以有反函数 $x=f^{-1}(y)$，并且也是连续严格单调的，又

$$\Delta x=f^{-1}(y_0+\Delta y)-f^{-1}(y_0),$$
$$\Delta y=f(x_0+\Delta x)-f(x_0).$$

当 $\Delta y\to 0$ 时，有 $\Delta x\to 0$，且 $\Delta y\neq 0$ 时，有 $\Delta x\neq 0$，故

$$\lim_{\Delta y\to 0}\frac{\Delta x}{\Delta y}=\lim_{\Delta x\to 0}\frac{1}{\frac{\Delta y}{\Delta x}}=\frac{1}{\lim\limits_{\Delta x\to 0}\frac{\Delta y}{\Delta x}}=\frac{1}{f'(x_0)},$$

即

$$(f^{-1})'(y_0)=\frac{1}{f'(x_0)}.$$

求反三角函数的导数

例 4 求 $y=\arcsin x$ 的导数 $\left(-1<x<1,-\frac{\pi}{2}<y<\frac{\pi}{2}\right)$.

解 因为 $y=\arcsin x$ 是 $x=\sin y$ 的反函数，由反函数求导法则，有

$$(\arcsin x)'=\frac{1}{(\sin y)'}=\frac{1}{\cos y}.$$

由于 arcsin x 的自变量是 x，故它的导数最好用 x 表示出来. 因此需将 $\cos y$ 换成 x 的表示式.

应用公式

$$\cos y=\pm\sqrt{1-\sin^2 y}=\pm\sqrt{1-x^2},$$

且当 $-\frac{\pi}{2}<y<\frac{\pi}{2}$ 时，$\cos y>0$，故根式应取正号. 所以

$$(\arcsin x)'=\frac{1}{\sqrt{1-x^2}}.$$

同样方法可得

$$(\arccos x)' = -\frac{1}{\sqrt{1-x^2}}.$$

例 5 求 $y=\arctan x$ 的导数 $\left(-\infty<x<+\infty, -\frac{\pi}{2}<y<\frac{\pi}{2}\right)$.

解 因为它是 $x=\tan y$ 的反函数，由反函数求导法则

$$(\arctan x)' = \frac{1}{(\tan y)'} = \cos^2 y.$$

应用公式

$$\cos^2 y = \frac{1}{1+\tan^2 y} = \frac{1}{1+x^2},$$

所以

$$(\arctan x)' = \frac{1}{1+x^2}.$$

同样方法可得

$$(\text{arccot}\, x)' = -\frac{1}{1+x^2}.$$

求指数函数的导数

例 6 求 $y=a^x$ 的导数 $(0<a\neq 1)$.

解 因为它是对数函数 $x=\log_a y$ 的反函数，据反函数的求导法则，有

$$(a^x)' = \frac{1}{(\log_a y)'} = \frac{1}{\frac{1}{y}\log_a \mathrm{e}} = \frac{a^x}{\log_a \mathrm{e}} = a^x \ln a.$$

特别，当 $a=\mathrm{e}$ 时，有

$$(\mathrm{e}^x)' = \mathrm{e}^x.$$

这是以 e 为底的指数函数的一个好性质.

7.3.3 复合函数求导法则

我们遇到的函数多为复合函数，因此熟练地掌握复合函数的求导法则是非常必要的.

定理 7.4 若函数 $u=g(x)$ 在 x_0 点可导，又函数 $y=f(u)$ 在 u_0 $(u_0=g(x_0))$ 点可导，则复合函数 $y=(f\circ g)(x)$ 也在 x_0 点可导，且

$$(f\circ g)'(x_0) = f'(u_0)\cdot g'(x_0).$$

证明 给 x_0 一个改变量 Δx，则 u_0 相应有一个改变量 Δu，从而 y_0 也有一个改变量 Δy，当 $\Delta u\neq 0$ 时，有

$$\frac{\Delta y}{\Delta x}=\frac{\Delta y}{\Delta u}\cdot\frac{\Delta u}{\Delta x}.$$

因为 $g(x)$ 在 x_0 点可导，故必在 x_0 点连续，所以当 $\Delta x\to 0$ 时，有 $\Delta u\to 0$. 于是有

$$\lim_{\Delta x\to 0}\frac{\Delta y}{\Delta x}=\lim_{\Delta x\to 0}\frac{\Delta y}{\Delta u}\cdot\lim_{\Delta x\to 0}\frac{\Delta u}{\Delta x}.=\lim_{\Delta u\to 0}\frac{\Delta y}{\Delta u}\cdot\lim_{\Delta x\to 0}\frac{\Delta u}{\Delta x},$$

即得

$$(f\circ g)'(x_0)=f'(u_0)\cdot g'(x_0)=f'(g(x_0))\cdot g'(x_0).$$

当 $\Delta u=0$ 时，可以证明上式仍成立，我们不证了.

如果上述定理对区间 (a,b) 中之每一点 x 都成立，则有

$$(f\circ g)'(x)=f'[g(x)]\cdot g'(x),\quad x\in(a,b).$$

或简记为

$$y'_x=y'_u\cdot u'_x.$$

即复合函数的导数等于复合函数对中间变量的导数乘以中间变量对自变量的导数，有时称之为连锁法则.

重复应用这条法则，可以将它推广到有限多个函数复合的情形. 比如，$v=h(x)$，$u=g(v)$，$y=f(u)$，则有

$$y'_x=y'_u\cdot u'_v\cdot v'_x$$

例 7 $y=\sin x^2$，求 y'.

解 $\sin x^2$ 可以看成 $y=\sin u$ 与 $u=x^2$ 两个基本初等函数之复合，依复合函数求导法则，有

$$\begin{aligned}y'_x&=y'_u\cdot u'_x=\cos u\cdot 2x\\&=\cos x^2\cdot 2x=2x\cos x^2.\end{aligned}$$

例 8 $y=\sin^2 x$，求 y'.

解 $\sin^2 x$ 可以看成 $y=u^2$ 与 $u=\sin x$ 的复合，依连锁法则

$$\begin{aligned}y'_x&=y'_u\cdot u'_x=2u\cdot\cos x\\&=2\sin x\cos x.\end{aligned}$$

例 9 $y=\ln|x|$，求 y'.

解 当 $x>0$ 时，$\ln|x|=\ln x$，

$$y' = (\ln x)' = \frac{1}{x};$$

当 $x<0$ 时，$\ln|x| = \ln(-x)$，

$$y' = (\ln(-x))' = \frac{1}{-x}(-1) = \frac{1}{x}.$$

综合起来，得到

$$(\ln|x|') = \frac{1}{x}.$$

注　对 $\ln(-x)$ 求导数时，要应用复合函数求导法则，$(\ln(-x))' = -\frac{1}{x}(-1)$，这里的 -1 很容易丢掉，应特别留心.

例 10　$y = \ln(x+\sqrt{x^2+a^2})$，求 y'.

解　$\ln(x+\sqrt{x^2+a^2})$ 可以看成 $y=\ln u$ 与 $u = x+\sqrt{x^2+a^2}$ 之复合，而 $\sqrt{x^2+a^2}$ 又可看成一个复合函数.

$$y' = \frac{1}{x+\sqrt{x^2+a^2}}\left(1+\frac{1}{2}\cdot\frac{2x}{\sqrt{x^2+a^2}}\right) = \frac{1}{\sqrt{x^2+a^2}}.$$

当连锁法则应用得比较熟练之后，中间变量可以不必写出，只须在脑子里记住即可，然后按序直接写出结果.

例 11　$y = \frac{1}{2}\arctan\frac{2x}{1-x^2}$，求 y'.

解　$$y' = \frac{1}{2}\frac{1}{1+\left(\frac{2x}{1-x^2}\right)^2}\cdot\frac{2(1-x^2)-2x(-2x)}{(1-x^2)^2}$$

$$= \frac{1}{1+x^2}.$$

例 12　$y = e^{\sin^2\frac{1}{x}}$，求 y'.

解　$$y' = e^{\sin^2\frac{1}{x}}\cdot 2\sin\frac{1}{x}\cos\frac{1}{x}\left(-\frac{1}{x^2}\right)$$

$$= \left(-\frac{1}{x^2}\right)\sin\frac{2}{x}e^{\sin^2\frac{1}{x}}.$$

注意　上面求导过程中，容易丢掉 $\left(-\frac{1}{x^2}\right)$，应特别注意.

例 13　$y = x^\alpha$（α 为任意常数），求 y'.

解　应用公式

$$x^{\alpha}=e^{\alpha\ln x},$$

于是

$$y'=(x^{\alpha})'=(e^{\alpha\ln x})'=e^{\alpha\ln x}(\alpha\ln x)'$$
$$=e^{\alpha\ln x}\cdot\frac{\alpha}{x}=\alpha x^{\alpha-1}.$$

7.2 节中第 2 条与第 3 条是这里的特殊情况.

注 对数是这样定义的:

若 $a^b=N$,则称 b 为以 a 为底 N 的对数,记为 $\log_a N$.

将 b 换为 $\log_a N$,则有

$$a^{\log_a N}=N.$$

在此式中,取 N 为 x^{α},a 为 e,则有

$$x^{\alpha}=e^{\ln x^{\alpha}}=e^{\alpha\ln x}$$

例 14 $y=[f(x)]^{g(x)}$,求 y'.

解 应用公式

$$[f(x)]^{g(x)}=e^{g(x)\ln f(x)},$$

$$y'=(e^{g(x)\ln f(x)})'$$
$$=e^{g(x)\ln f(x)}[g'(x)\ln f(x)+g(x)\frac{f'(x)}{f(x)}]$$
$$=[f(x)]^{g(x)}\left[g'(x)\ln f(x)+g(x)\frac{f'(x)}{f(x)}\right].$$

特例 $y=x^x$,则

$$y'=(x^x)'=x^x(\ln x+1).$$

7.3.4 导数表

为便于记忆和应用,我们将导数的一些基本公式汇集如下:

(1) $(c)'=0$ (c 为常数);

(2) $(x)'=1$;

(3) $[f(x)\pm g(x)]'=f'(x)\pm g'(x)$;

(4) $[f(x)g(x)]'=f'(x)g(x)+f(x)g'(x)$,

$[cf(x)]'=cf'(x)$ (c 为常数);

(5) $\left[\frac{f(x)}{g(x)}\right]'=\frac{f'(x)g(x)-f(x)g'(x)}{[g(x)]^2}$ ($g(x)\neq 0$);

(6) $(f\circ g)'(x)=f'(u)\cdot g'(x)=f'(g(x))\cdot g'(x)$,

其中 $y=f(u),u=g(x)$；

(7) $(f^{-1})'(y)=\dfrac{1}{f'(x)}\quad (f'(x)\neq 0)$；

(8) $(x^{\alpha})'=\alpha x^{\alpha-1}$，

$(\sqrt{x})'=\dfrac{1}{2}\dfrac{1}{\sqrt{x}}$，

$\left(\dfrac{1}{x}\right)'=-\dfrac{1}{x^2}$；

(9) $(a^x)'=a^x\ln a\quad (0<a\neq 1)$，

$(e^x)'=e^x$；

(10) $(\log_a x)'=\dfrac{1}{x}\log_a e\quad (0<a\neq 1)$

$(\ln|x|)'=\dfrac{1}{x}\quad x\neq 0$；

(11) $(\sin x)'=\cos x$；

(12) $(\cos x)'=-\sin x$；

(13) $(\tan x)'=\dfrac{1}{\cos^2 x}=\sec^2 x$；

(14) $(\cot x)'=-\dfrac{1}{\sin^2 x}=-\csc^2 x$；

(15) $(\sec x)'=\sec x\cdot\tan x$；

(16) $(\csc x)'=-\csc x\cdot\cot x$；

(17) $(\arcsin x)'=\dfrac{1}{\sqrt{1-x^2}}\quad (-1<x<1)$；

(18) $(\arccos x)'=-\dfrac{1}{\sqrt{1-x^2}}\quad (-1<x<1)$；

(19) $(\arctan x)'=\dfrac{1}{1+x^2}$；

(20) $(\operatorname{arccot} x)'=-\dfrac{1}{1+x^2}$.

表中包含了全部基本初等函数的导数，它们仍为初等函数，于是，初等函数的导数仍为初等函数.

熟记这表中的公式并能正确地将复合函数拆成若干基本初等函数，则求导不会有什么困难.

7.3.5 隐函数与参数方程求导法则

1. 隐函数求导法则

设有方程 $F(x,y)=0$，如果对于某区间 I 内的每一个 x，都有唯一确定的 y，使得 x 和 y 满足该方程，我们就用此 y 对应 x，这样建立了 I 上的一个函数 $y=f(x)$，称为由方程 $F(x,y)=0$ 确定的函数，若能从方程 $F(x,y)=0$ 中解出 y 来，便得到一个显函数，但不是所有的方程都好解 y 的，甚至有的是不能解的(即不能把 y 解成 x 的初等函数)，我们把解不出来或没有解出来而由方程 $F(x,y)=0$ 所确定的函数称为**隐函数**.

假定 $y=f(x)$是由方程 $F(x,y)=0$ 确定的一个可导的隐函数，我们来求它的导数$f'(x)$.

因为函数 $y=f(x)$是由 $F(x,y)=0$ 确定的，所以将 $f(x)$代入方程，便得到一个恒等式

$$F[x,f(x)]\equiv 0.$$

应用复合函数求导法则对恒等式的两端求导，即可得到 $f'(x)$，举例说明如下：

例 15 求由方程 $x^2+y^2-1=0$ 确定的函数 $y=f(x)$的导数.

解 将 $f(x)$代入方程，得到

$$x^2+[f(x)]^2-1\equiv 0,$$

然后把$[f(x)]^2$ 看作 x 的复合函数，在恒等式的两端对 x 求导数，便得到

$$2x+2f(x)\cdot f'(x)=0.$$

由此解出

$$f'(x)=-\frac{x}{f(x)}=-\frac{x}{y}.$$

虽然我们没有解出隐函数 $f(x)$，但我们求出了它的导数$f'(x)$，当然所得到的结果中仍含有 $f(x)$，一般说来，隐函数的导数中含有 x 和 $f(x)$.

如果我们从方程 $x^2+y^2-1=0$ 中解出 y，得到两个(连续的)函数 $y=\pm\sqrt{1-x^2}$，然后求这两个显函数的导数，其结果与前面得到的相同，只是这个结果中的 y 已由 x 的显函数表示出来了.

当我们理解了隐函数求导的法则之后，求导时只需想着 y 是 x 的函数，再用复合函数求导法就可以了.

例 16 求由方程 $e^y-xy=0$ 确定的隐函数的导数.

解 方程两边对 x 求导，得

$$e^y y'-y-xy'=0,$$

解出 y'，

$$y'=\frac{y}{e^y-x}=\frac{y}{x(y-1)}.$$

例 17 求过双曲线

$$\frac{x^2}{a^2}-\frac{y^2}{x^2}=1$$

上一点 (x_0, y_0) 的切线方程.

解 方程两边对 x 求导，得

$$\frac{2x}{a^2}-\frac{2y}{b^2}y'=0,$$

解出

$$y'=\frac{b^2x}{a^2y},$$

即过 (x_0, y_0) 点的切线的斜率为 $\frac{b^2x_0}{a^2y_0}$，于是切线方程是

$$y-y_0=\frac{b^2x_0}{a^2y_0}(x-x_0).$$

再利用 $\frac{x_0^2}{a^2}-\frac{y_0^2}{b^2}=1$，知切线方程为

$$\frac{x_0x}{a^2}-\frac{y_0y}{b^2}=1.$$

2. 参数方程求导法则

有时 y 与 x 的函数关系不是直接给出的，而是通过 x 和 y 与第三个辅助变数 t（叫做参变数）的函数的关系

$$x=\varphi(t), y=\Psi(t), \alpha\leqslant t\leqslant\beta$$

间接给出的，如果 $\varphi(t)$ 和 $\Psi(t)$ 都可导，且 $\varphi(t)$ 有反函数 $\varphi^{-1}(x)$，它也可导，则 y 是 x 的复合函数. $y=\Psi(t), t=\varphi^{-1}(x)$，于是由复合函数与反函数的求导法则，有

$$\frac{dy}{dx}=\frac{dy}{dt}\cdot\frac{dt}{dx}=\Psi'(t)\cdot[\varphi^{-1}(x)]'=\frac{\Psi'(t)}{\varphi'(t)}.$$

这就是参数方程的**求导法则**或称**求导公式**.

曲线若是由参数方程

$$x=\varphi(t),y=\Psi(t),\alpha\leqslant t\leqslant\beta$$

给定时,过曲线上点$(x,y)=(\varphi(t),\Psi(t))$的切线的斜率就是

$$\tan\alpha=\frac{\Psi'(t)}{\varphi'(t)}=\frac{y'(t)}{x'(t)}.$$

例 18 求椭圆

$$\begin{cases}x=a\cos t,\\ y=b\sin t,\end{cases}\quad(0\leqslant t\leqslant 2\pi)$$

上点$\left(\frac{a}{\sqrt{2}},\frac{b}{\sqrt{2}}\right)$的切线的斜率 k.

解 点$\left(\frac{a}{\sqrt{2}},\frac{b}{\sqrt{2}}\right)$对应于$t=\frac{\pi}{4}$,由参数方程求导法,有

$$y_x{}'=\frac{(b\sin t)'}{(a\cos t)'}=\frac{b\cos t}{-a\sin t}=-\frac{b}{a}\cot t,$$

故

$$k=y_x{}'\big|_{t=\frac{\pi}{4}}=-\frac{b}{a}.$$

例 19 炮弹以初速 v_0 沿与地面成 α 角的方向射出,求在时刻 t_0 炮弹的瞬时速度和运动方向(忽略空气阻力和风向等因素).

解 已知炮弹的弹道曲线的参数方程是

$$\begin{cases}x=v_0t\cos\alpha,\\ y=v_0t\sin\alpha-\frac{1}{2}gt^2,\end{cases}$$

其中 g 是重力加速度.

由参数方程求导法,有

$$\frac{dy}{dx}=\frac{y_t'}{x_t'}=\frac{v_0\sin\alpha-gt}{v_0\cos\alpha}=\tan\alpha-\frac{gt}{v_0\cos\alpha}.$$

于是在 t_0 的瞬时速度为

$$v_{t_0}=\sqrt{(x_t'\big|_{t=t_0})^2+(y_t'\big|_{t=t_0})^2}$$

$$=\sqrt{v_0^2-2gv_0t_0\sin\alpha+g^2t_0^2}.$$

设此时炮弹的运动方向与地面的夹角为 φ,则有

$$\tan\varphi=\tan\alpha-\frac{gt_0}{v_0\cos\alpha},$$

即

$$\varphi=\arctan\left(\tan\alpha-\frac{gt_0}{v_0\cos\alpha}\right).$$

例 20 一人以每小时 8 千米的速度面向一个 60 米高的塔底前进,当他距塔底 80 米时,他以什么速度接近塔顶?

解 设在时刻 t,人至塔底的距离为 x 米,人至塔顶的距离为 y 米,于是(如图 7.3)

$$y^2=x^2+60^2.$$

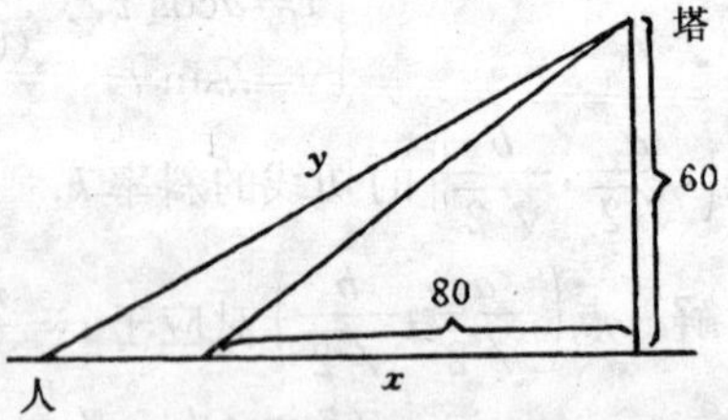

图 7.3

显然 x 和 y 都是时间 t 的函数,将上式两边对 t 求导,得

$$2yy_t'=2xx_t'.$$

当 $x=80$ 米时,$y=100$ 米,又已知 $x_t'=8$ 千米/时,将这些数据代入上式,得 $y_t'=6.4$ 千米/时,此即该人距塔底 80 米时,他接近塔顶的速率.

7.4 高阶导数

在讲导数时,我们曾讲到过:若一质点作非匀速的直线运动,运动方程为

$$s=f(t),$$

则路程 s 对时间 t 的导数就是瞬时速度,即

$$s'=f'(t)=v(t).$$

$v(t)$也是时间的函数,它再对 t 求导数,得到的就是速度对时间的变化率,即瞬时加速度 $a(t)$,所以瞬时加速度就是路程对时间的二次

导数.

$$a(t)=v'(t)=f''(t).$$

一般地，如果函数 $f(x)$ 的导数 $f'(x)$ 仍然可导，则称 $f'(x)$ 的导数为 $f(x)$ 的二阶导数，记为

$$f''(x) \text{或} f^{(2)}(x) \text{或} \frac{\mathrm{d}^2 y}{\mathrm{d}x^2}$$

类似可以定义三阶导数，记为

$$f'''(x) \text{或} f^{(3)}(x) \text{或} \frac{\mathrm{d}^3 y}{\mathrm{d}x^3}.$$

对于 n 阶导数，记为

$$f^{(n)}(x) \text{或} \frac{\mathrm{d}^n y}{\mathrm{d}x^n},$$

这里为了避免与 $f(x)$ 的 n 次幂相混淆，在 n 阶导数的记号中，对 n 加了括号.

二阶和二阶以上的导数统称为高阶导数，函数 $f(x)$ 的各阶导数在 $x=x_0$ 处的值记为

$$f'(x_0), f''(x_0), \cdots, f^{(n)}(x_0),$$

或

$$y'|_{x=x_0}, y''|_{x=x_0}, \cdots, y^{(n)}|_{x=x_0}.$$

例 1 求 $y=x^3$ 的各阶导数.

解 $y'=3x^2, y''=6x, y'''=6, y^{(4)}=0.$

一般 $y^{(n)}=0\ (n\geqslant 4)$.

例 2 求 $y=\mathrm{e}^x$ 的各阶导数.

解 $y'=(\mathrm{e}^x)'=\mathrm{e}^x$，故 $y^{(n)}=\mathrm{e}^x, n\in\mathbf{N}$.

例 3 求 $y=\sin x$ 的 n 阶导数.

解 $y'=(\sin x)'=\cos x=\sin\left(x+\frac{\pi}{2}\right)$,

$$y''=\left[\sin\left(x+\frac{\pi}{2}\right)\right]'=\cos\left(x+\frac{\pi}{2}\right)=\sin\left(x+2\cdot\frac{\pi}{2}\right),$$

$$y'''=\left[\sin\left(x+2\cdot\frac{\pi}{2}\right)\right]'=\cos\left(x+2\cdot\frac{\pi}{2}\right)$$

$$=\sin\left(x+3\cdot\frac{\pi}{2}\right),$$

……

$y^{(n)}=\sin\left(x+n\cdot\frac{\pi}{2}\right).$

同理可得

$$(\cos x)^{(n)}=\cos\left(x+n\cdot\frac{\pi}{2}\right).$$

例 4 求 $y=x^{\alpha}$(α 为任意常数)的 n 阶导数.

解 $y'=\alpha y^{\alpha-1}$,

$y''=\alpha(\alpha-1)x^{\alpha-2}$,

……

$y^{(n)}=\alpha(\alpha-1)\cdots(\alpha-n+1)x^{\alpha-n}\quad(n\geqslant 1).$

若 α 是正整数,则当 $n=\alpha$ 时,有 $y^{(n)}=n!$,而当 $n>\alpha$ 时,有 $y^{(n)}=0$,所以,若 $p(x)$是 m 次多项式,则当 $n>m$ 时,有 $p^{(n)}(x)=0$.

例 5 求 $y=\ln(1+x)$的 n 阶导数.

解 $y'=\frac{1}{1+x}=(1+x)^{-1}$,

$y''=-(1+x)^{-2}$,

$y'''=(-1)^{2}\cdot 1\cdot 2(1+x)^{-3}$,

……

$y^{(n)}=(-1)^{n-1}(n-1)!\ (1+x)^{-n}\quad(n\geqslant 1).$

这里规定 $0!=1$.

7.5 微分

7.5.1 微分的定义

现在我们要引入微分学的另一重要概念——微分,它与导数密切相关.

前已讲过,函数在某点的导数,表示函数在该点的变化率,描述了它变化的快慢程度. 有时仅知变化的快慢程度还不够,还需要知道当自变量取得一个微小的改变量时,函数相应改变量是多少,一般来说,很难求出它的精确值,通常是用一个关于 Δx 的计算简便的函数作为它的近似值,并使误差满足所需要求,这就是引入微分的概念.

先看一例.

图 7.4

设有边长为 x 的正方形,其面积 $S=x^2$,如果给边长一个改变量 Δx,则 S 有一个相应的改变量.

$$\begin{aligned}\Delta S&=(x+\Delta x)^2-x^2\\&=2x\Delta x+(\Delta x)^2.\end{aligned}$$

此式告诉我们,ΔS 由两部分组成,第一部分 $2x\Delta x$ 是 Δx 的线性函数,即图 7.4 中画斜线的两个矩形面积之和,而第二部分 $(\Delta x)^2$,即该图中以 Δx 为边长的小正方形之面积,当 $\Delta x\to 0$ 时,它是比 Δx 高级的无穷小量.可以记为 $o(\Delta x)$,因此,ΔS 之值主要取决于第一部分,我们就把第一部分 $2x\Delta x$,叫做正方形面积的微分.

对于一般情形,我们给出下面的定义:

定义 7.2 设函数 $f(x)$的定义域为(a,b),x 为(a,b)内一点,给 x 一个改变量 Δx,则函数也得到一个改变量 Δy,如果 Δy 可以表示为:

$$\Delta y=A\cdot\Delta x+o(\Delta x)\quad(\Delta x\to 0),\qquad (*)$$

其中 A 是一个不依赖于 Δx(可依赖于 x)的常量,则称 $f(x)$在 x 点可微,并称 $A\Delta x$ 为 $f(x)$在 x 点的微分,记为 $\mathrm{d}y$ 或 $\mathrm{d}f(x)$,即

$$\mathrm{d}y=A\cdot\Delta x \text{ 或 } \mathrm{d}f(x)=A\cdot\Delta x.$$

由此可知,微分有二特点:(1)是 Δx 的线性函数;(2)与 Δy 之差是比 Δx 高阶的无穷小量($\Delta x\to 0$).

通常称 $\mathrm{d}y$ 为 Δy 的线性主部(所谓线性主部,即微分两个特点之概括),如果 $\mathrm{d}y\neq 0$(即 $A\neq 0$),就可用 $\mathrm{d}y$ 近似地表达 Δy,$|\Delta x|$越小,近似的程度就越好.

7.5.2 微分与导数的关系 微分的几何意义

如何去确定微分中 Δx 的系数 A 呢?前面关于正方形面积的例子中,面积的微分 $\mathrm{d}S=2x\Delta x$,这里的 $A=2x$,恰是函数 $S=x^2$ 在 x

点的导数，这个结论有无一般性呢？是否只要 $f(x)$ 在 x 点可微，便有 $A=f'(x)$ 呢？如果我们考察一下定义 7.2 中的（$*$）式，便会得出肯定的回答.

定理 7.5 若函数 $f(x)$ 在 x 点可微，则 $f(x)$ 在 x 点可导，且（$*$）式中之 $A=f'(x)$.

证明 因 $f(x)$ 在 x 点可微，故（$*$）式成立，以 Δx 除（$*$）式两边，得

$$\frac{\Delta y}{\Delta x}=A+\frac{o(\Delta x)}{\Delta x}.$$

于是

$$f'(x)=\lim_{\Delta x\to 0}\frac{\Delta y}{\Delta x}=A.$$

容易看出，这个定理的逆定理也成立.

定理 7.6 若函数 $f(x)$ 在 x 点可导，则 $f(x)$ 在 x 点可微，且 $\mathrm{d}y=f'(x)\mathrm{d}x$.

证明 $f(x)$ 在 x 点可导，即

$$\lim_{\Delta x\to 0}\frac{\Delta y}{\Delta x}=f'(x)$$

存在，故

$$\frac{\Delta y}{\Delta x}=f'(x)+\alpha,$$

其中 α 是无穷小量，（当 $\Delta x\to 0$ 时），所以

$$\Delta y=f'(x)\Delta x+\alpha\cdot\Delta x.$$

此处 $f'(x)\Delta x$ 是 Δx 的线性函数，$\alpha\cdot\Delta x$ 是比 Δx 高阶的无穷小量，据定义，$f(x)$ 在 x 点可微，且 $f'(x)\Delta x=\mathrm{d}y$.

综合以上两个定理可知：

函数 $y=f(x)$ 在 x 点可微的充要条件是 $f(x)$ 在 x 点可导. 当这个条件成立时. 有

$$\mathrm{d}y=f'(x)\Delta x. \qquad (**)$$

对于特殊的函数 $y=x$，由于 $y'=1$，故有

$$\mathrm{d}y=\mathrm{d}x=1\cdot\Delta x=\Delta x.$$

这说明，把 x 看成它自身的函数时，它的微分就是自变量的改变量.

对于自变量我们还没有微分的概念，但是上面的讨论启发我们给出这样的定义：

自变量的微分就是自变量的改变量. 即定义 $\mathrm{d}x=\Delta x$.

于是微分公式（$**$）可以表示为

$$\mathrm{d}y=f'(x)\mathrm{d}x$$

或者

$$\frac{\mathrm{d}y}{\mathrm{d}x}=f'(x).$$

注意 以前我们曾用$\frac{\mathrm{d}y}{\mathrm{d}x}$表示导数，那时$\frac{\mathrm{d}y}{\mathrm{d}x}$是作为一个整体记号来使用的，没有商的意义，在有了微分概念之后，才知道这个记号是表示函数的微分与自变量的微分之商，所以又称导数为微商.

微分的几何意义：

由导数的几何意义容易看出微分的几何意义，设 $M(x,y)$ 是曲线 $y=f(x)$ 上的一个点（如图 7.5），则 $f'(x)$表示该点切线 MT 的斜率$\tan\alpha$，给 x 以改变量 Δx，则曲线的纵坐标得到的改变量为$\Delta y=NM_1$，同时切线的纵坐标得到的改变量为 NK. 从直角三角形 MNK 可知

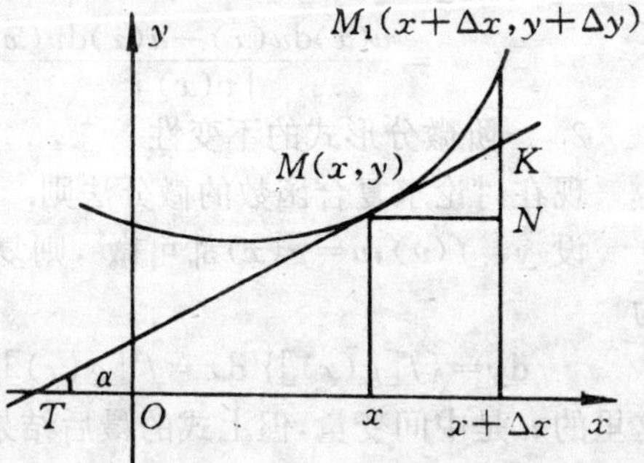

图 7.5

$$NK=MN\tan\alpha=f'(x)\Delta x=\mathrm{d}y.$$

因此，当 Δy 是曲线的纵坐标的改变量时，$\mathrm{d}y$ 就是切线的纵坐标的改变量.

由于

$$KM_1=NM_1-NK=\Delta y-\mathrm{d}y=o(\Delta x),$$

这说明当 $\Delta x\to 0$ 时，线段 KM_1 趋近于零的速度要比 NK 趋近于零的速度快得多，所以当$|\Delta x|$充分小时，近似地认为线段 NK 等于 NM_1，这相当于在点 x 的附近把曲线 $y=f(x)$近似地看做它的切

线. 也就是,在局部上"以直代曲".

7.5.3 微分的运算法则

根据可微与可导的等价关系以及导数的运算法则,可得微分的运算法则.

1. 设函数 $u(x)$ 与 $v(x)$ 都可微,则有

(1) $d[u(x)\pm v(x)]=du(x)\pm dv(x)$;

(2) $d[cu(x)]=cdu(x)$;

(3) $d[u(x)\cdot v(x)]=v(x)du(x)+u(x)dv(x)$;

(4) $d\left[\dfrac{u(x)}{v(x)}\right]=\dfrac{v(x)du(x)-u(x)dv(x)}{[v(x)]^2}$.

我们只给出(4)式的证明:

$$d\left[\frac{u(x)}{v(x)}\right]=\left[\frac{u(x)}{v(x)}\right]'dx=\frac{u'(x)v(x)-u(x)v'(x)}{[v(x)]^2}dx$$
$$=\frac{v(x)du(x)-u(x)dv(x)}{[v(x)]^2}.$$

2. 一阶微分形式的不变性

现在讨论求复合函数的微分法则.

设 $y=f(u)$, $u=g(x)$ 都可微,则复合函数 $y=f[g(x)]$ 的微分为

$$dy=\{f[g(x)]\}'dx=f'[g(x)]g'(x)dx=f'(u)du.$$

这里的 u 是中间变量,但上式的最后结果说明,所得的公式与把 u 看成是自变量求微分的结果是一样的,也就是说,对 $y=f(u)$ 求微分时,不管 u 是自变量还是中间变量,所得结果在形式上是相同的,这个性质叫做一阶微分形式的不变性. 当然,它们的意义是不一样的,u 是自变量时,$du=\Delta u$,而 u 是中间变量时,du 与 Δu 一般是不同的.

3. 初等函数的微分

由基本初等函数的导数公式,可得基本初等函数的微分公式,如

(1) $dx^{\alpha}=\alpha x^{\alpha-1}dx$,

$d\dfrac{1}{x}=-\dfrac{1}{x^2}dx$;

(2) $da^x=a^x\ln a\,dx$,

$de^x=e^x dx$;

(3) $\mathrm{d}\log_a x=\frac{1}{x\ln a}\mathrm{d}x$,

$\mathrm{d}\ln x=\frac{1}{x}\mathrm{d}x$;

(4) $\mathrm{d}\sin x=\cos x\mathrm{d}x$,

$\mathrm{d}\cos x=-\sin x\mathrm{d}x$;

(5) $\mathrm{d}\arcsin x=\frac{1}{\sqrt{1-x^2}}\mathrm{d}x$,

$\mathrm{d}\arccos x=-\frac{1}{\sqrt{1-x^2}}\mathrm{d}x$.

再应用微分的四则运算和复合运算法则,可求得初等函数的微分.

例 1 求 $y=\frac{x+6}{x^2+1}$的微分.

解 $\mathrm{d}y=\left(\frac{x+6}{x^2+1}\right)'\mathrm{d}x=\frac{(x^2+1)-(x+6)\cdot 2x}{(x^2+1)^2}\mathrm{d}x$.

$=\frac{1-x^2-12x}{(x^2+1)^2}\mathrm{d}x$.

例 2 求 $y=\arcsin(3t-4t^3)$的微分.

解 $\mathrm{d}y=\frac{3-12t^2}{\sqrt{1-(3t-4t^3)^2}}\mathrm{d}t=\frac{3(1-4t^2)}{\sqrt{1-t^2(3-4t^2)^2}}\mathrm{d}t$.

例 3 求 $y=\frac{\sin^2 x}{x^2}$的微分.

解 $\mathrm{d}y=\frac{x^2\mathrm{d}\sin 2x-\sin 2x\mathrm{d}x^2}{x^4}$

$=\frac{2(x\cos 2x-\sin 2x)}{x^3}\mathrm{d}x$.

7.5.4 微分在近似计算上的应用

利用微分可作近似计算,因为

$\Delta y=f(x+\Delta x)-f(x)\doteq f'(x)\Delta x$ ($\doteq$表示近似相等),

所以

$$f(x+\Delta x)\doteq f(x)+f'(x)\Delta x.$$

于是,当 $f(x)$与 $f'(x)$好算时,就可以近似计算 $f(x+\Delta x)$,特别,当 $x=0$ 时,我们有

$$f(x) \doteq f(0)+f'(0)x.$$

取不同的函数 $f(x)$，就可以得到许多近似公式.

例如，取 $f(x)=\sqrt{1+x}$，便得到

$$\sqrt{1+x} \doteq 1+\frac{1}{2}x.$$

依次取 $f(x)$ 为 $\sqrt[n]{1 \pm x}$，$\sin x$，$\tan x$，$\ln(1+x)$，e^x 以及 $\frac{1}{1+x}$，就得到

$$\sqrt[n]{1 \pm x} \doteq 1 \pm \frac{x}{n}, \sin x \doteq x,$$

$$\tan x \doteq x, \ln(1+x) \doteq x,$$

$$e^x \doteq 1+x, \frac{1}{1+x} \doteq 1-x.$$

例 4 计算 $\sin 1°$ 的近似值.

解 $\sin 1°=\sin \frac{\pi}{180} \doteq \frac{\pi}{180}=0.017\ 45.$

注意 应用近似公式 $\sin x \doteq x$ 时，必须将角度化为弧度，对 $\tan x \doteq x$ 也一样.

例 5 计算 $\sqrt[3]{997}$ 的近似值.

解 $$\sqrt[3]{997}=\sqrt[3]{1\ 000-3}=\sqrt[3]{1\ 000\left(1-\frac{3}{1\ 000}\right)}$$

$$=10 \times \sqrt[3]{1-0.003}.$$

对 $\sqrt[3]{1-0.003}$ 应用 $\sqrt[n]{1-x} \doteq 1-\frac{x}{n}$，因为此时 $|-0.003|$ 很小，故误差就小，于是我们得到

$$\sqrt[3]{997} \doteq 10 \times\left(1-\frac{1}{3} \cdot 0.003\right)=9.99.$$

小　结

本章主要要弄清楚两个概念，两个关系，三个法则和熟记一个表.

两个概念是导数和微分，导数为 $\lim\limits_{\Delta x \to 0} \frac{\Delta y}{\Delta x}$，反映的是函数的变化率，微分为 Δy 的线性主部，反映了以直代曲，局部线性化的思想.

两个关系：

一为可导与连续的关系

$$\text{可导} \rightleftarrows \text{连续}.$$

另一个为可导与可微的关系

$$\text{可导} \Leftrightarrow \text{可微},$$

且有 $$\mathrm{d}y = f'(x)\mathrm{d}x.$$

三个法则：

导数的四则运算要注意积和商的公式

$$(uv)' = u'v + uv', \left(\frac{u}{v}\right)' = \frac{u'v - u'v}{v^2}.$$

反函数的导数公式为 $x_y' = \dfrac{1}{y_x'}$.

复合函数的导数公式为 $y_x' = y_u' u_x'$.

一个基本导数表要求能背下来，越熟越好. 要是能将基本初等函数的导数公式推导几遍，那再好不过了.

习 题 七

A

1. 过曲线 $y=x^2+1$ 上的点 $A(1,2)$ 和 $A'(1+\Delta x,2+\Delta y)$，引割线 AA'，求此割线的斜率，设：(a)$\Delta x=1$；(b)$\Delta x=0.1$；(c)Δx 为任意小.

2. 动点沿 Ox 轴运动的规律由下式表出：

$$x=2t+5t^2.$$

式中 t 为以秒计的时间，x 为以米计的距离，求在 $3\leqslant t\leqslant 3+\Delta t$ 时间内运动的平均速度. 设：(a)$\Delta t=1$；(b)$\Delta t=0.1$；(c)$\Delta t=0.01$. 计算此速度之值. 当 $t=3$ 时，运动的速度等于什么？

3. 用定义求下列函数的导数.

(1)$y=\cos x$；　(2)$y=\sqrt{x}$；

(3)$y=x^3$；　(4)$y=\tan x$.

4. 讨论下列函数在指定点的可导性：

(1)$y=|\sin x|$ 在 $x=0$ 点；

(2)$y=\begin{cases}x, x\leqslant 1\\ x^2, x>1\end{cases}$ 在 $x=1$ 点；

(3)$y=\begin{cases}x^2\cos\dfrac{1}{x}, & x\neq 0\\ 0, & x=0\end{cases}$ 在 $x=0$ 点；

(4)$y=\begin{cases}\ln(1+x), & x\geqslant 0\\ x, & x<0\end{cases}$ 在 $x=0$ 点.

5. 设 $y=3t-5t^2$，求 $y'(0)$，$y'(-0.5)$，$y'(3)$.

6. 设 $y=(x-2)^2(x-3)^3$，求 $y'(1)$，$y'(2)$，$y'(4)$.

7. 求下列函数的导数：

(1) $y=5x^2-6x+2$；　(2)$y=2x^{\frac{1}{2}}-5x^{\frac{1}{5}}$；

(3) $y=\dfrac{1-x^2}{\sqrt{x}}$；　(4)$y=x^3(3x-2)$；

(5) $y=\frac{2x}{1-x^2}$；　(6) $y=\frac{3x^2}{1+x^3}$；

(7) $y=x^2\ln x$；　(8) $y=x\cos x+2\sin x$；

(9) $y=\frac{2x}{1-\cos x}$；　(10) $y=\frac{1-2x}{1+\tan x}$.

8. 求下列函数的导数：

(1) $y=(2x-1)\left(\frac{1}{2}x+2\right)$；　(2) $y=\frac{1}{x}-\frac{3}{x^3}$；

(3) $y=\sqrt{x}-\sqrt[3]{x}$；　(4) $y=\frac{1}{x}-\frac{2}{\sqrt{x}}+\frac{3}{\sqrt[3]{x}}$；

(5) $y=\frac{x}{\sqrt{x^2-a^2}}$；　(6) $y=\sqrt{x+\sqrt{x}}$；

(7) $y=3\cos 2x-2\sin\frac{x}{3}$；　(8) $y=\sin^n x\cos nx$；

(9) $y=\cos[\cos(\cos x)]$；　(10) $y=\mathrm{e}^{-x^2}$；

(11) $y=\mathrm{e}^{-\frac{1}{x^2}}$；　(12) $y=\mathrm{e}^{\sin x}$；

(13) $y=\ln[\ln(\ln x)]$；　(14) $y=\frac{1}{4}\ln\frac{1-x^2}{1+x^2}$；

(15) $y=\ln(\sqrt{x^2+1}-x)$；　(16) $y=\arcsin\frac{1-x}{\sqrt{2}}$；

(17) $y=\arccos(\cos x)$；　(18) $y=\arcsin\frac{x}{\sqrt{1+x^2}}$.

9. 求下列隐函数的导数 y'_x.

(1) $x^2+2xy-y^2=2x$；　(2) $y^2=2px$；

(3) $\frac{x^2}{a^2}+\frac{y^2}{b^2}=1$；　(4) $\sqrt{x}+\sqrt{y}=\sqrt{a}$.

10. 求下列参数方程的导数.

(1) $x=a\cos t, y=b\sin t$；

(2) $x=\sin^2 t, y=\cos^2 t$；

(3) $x=a\cos^3 t, y=a\sin^3 t$；

(4) $x=\sqrt[3]{1-\sqrt{t}}, y=\sqrt{1-\sqrt[3]{t}}$.

11. 求曲线 $xy+\ln y=1$ 在 $M(1,1)$ 点的切线方程.

12. 求曲线 $y=x^3+3x^2-9x$ 上具有水平切线的点.

13. 设曲线 $y=ax^2+bx-2$ 在 $(-1,3)$ 处与直线 $y=4x+7$ 相切，求 a

与 b.

14. 求高阶导数.

(1) $y=x^3+2x-2$, 求 $y^{(3)}$ 与 $y^{(4)}$;

(2) $y=x\cos x$, 求 $y''\left(\frac{\pi}{2}\right)$;

(3) $y=\frac{x}{1+x^2}$, 求 y'';

(4) $y=x^2e^{-x}$, 求 y'';

(5) $y=\ln(1+x^2)$, 求 y''.

15. 设(a) $\Delta x=1$; (b) $\Delta x=0.1$; (c) $\Delta x=0.01$. 对于函数

$$f(x)=2x^3-x+1,$$

求出(1) $\Delta f(1)$; (2) $df(1)$. 并对它们进行比较.

16. 运动方程是

$$x=3t^2,$$

其中 t 以秒来度量, x 以米来度量, 设(a) $\Delta t=1$ 秒; (b) $\Delta t=0.1$ 秒; (c) $\Delta t=0.001$ 秒. 对 $t=2$ 秒的时刻, 求出路线的增量 Δx 及路线的微分 dx, 并作比较.

17. 求下列函数的微分:

(1) $y=\frac{1}{x^2}$;　　(2) $y=\frac{1}{a}\operatorname{arccot}\frac{x}{a}$;

(3) $y=\ln|x+\sqrt{x^2+a^2}|$;　　(4) $y=\cos x-x\sin x$;

(5) $y=\frac{x}{\sqrt{1-x^2}}$;　　(6) $y=xe^{x^2}$;

(7) $\frac{x^2}{a^2}-\frac{y^2}{b^2}=1$.

B

1. 选择下列条件填空.

A. 必要条件　　B. 充分条件

C. 充要条件　　D. 无关条件

函数 $f(x)$ 在点 x_0 连续是其在该点存在导数的(　　);

函数 $f(x)$ 在点 x_0 存在左、右导数是其在该点可导的(　　);

函数 $f(x)$ 在点 x_0 可导是其在点 x_0 可微的(　　).

2. 若 $f(x)$ 在点 $x=0$ 可导，$f(0)=0$，则 $\lim\limits_{\Delta x\to 0}\dfrac{f(x)}{x}=$ ________.

3. 若下列极限存在，则

$$\lim_{x\to 0}\frac{f(x)-f(0)}{x}=\_\_\_\_\_\_\_\_;$$

$$\lim_{\Delta x\to 0}\frac{f(x_0)-f(x_0-\Delta x)}{\Delta x}=\_\_\_\_\_\_\_\_.$$

4. 若 $f(x)=ax^2+bx+c$，其中 a,b,c 为常数，则 $f'\left(-\dfrac{b}{2a}\right)=$ ________.

5. 设函数 $f(x)=(x^3-1)g(x)$，其中 $g(x)$ 在 $x=1$ 处连续，则 $f(x)$ 在 $x=1$ 处可导，且 $f'(1)=$ ________.

6. 正弦曲线 $y=\sin x$ 在 $\left(\dfrac{\pi}{4},\dfrac{\sqrt{2}}{2}\right)$ 处的切线方程是__________.

7. 设 $f(x)=|x|\sin x$，则 $f'(0)=$ ________.

8. 若 $y=(1+\sin x)^{\sin x}$，则 $y'=$ ________.

9. 在下列各式括号内，填上适当的函数：

(1) $\mathrm{d}(\quad)=\dfrac{\mathrm{d}x}{x}$;

(2) $\mathrm{d}(\quad)=\dfrac{\mathrm{d}x}{1+x^2}$;

(3) $\mathrm{d}(\quad)=\dfrac{\mathrm{d}x}{\sqrt{x}}$;

(4) $\mathrm{d}(\quad)=\dfrac{\mathrm{d}x}{\sqrt{1-x^2}}$.

10. $y=\mathrm{e}^{-x^2}$，则 $\mathrm{d}^2y=$ __________.

第八章　中值定理及导数的应用

上一章主要是讨论导数和微分的概念及其运算法则，本章我们要应用导数去研究函数的性质，为此，首先要建立几个重要的中值定理，它们是微分学的理论基础.

8.1　微分中值定理

8.1.1　费尔马引理

随手画几条波浪起伏的光滑(可作切线)曲线，考察波峰的峰顶与波谷的谷底处，切线的斜率有何特点？我们容易发现，这些地方的切线都是水平的，即斜率为零，这便引导出如下引理：

引理 8.1　假设函数 $f(x)$ 满足：

(i) 在 x_0 点的某邻域 $(x_0-\delta, x_0+\delta)$ 内有定义，且在此邻域内恒有 $f(x)\leqslant f(x_0)$ (或 $f(x)\geqslant f(x_0)$)；

(ii) 在 x_0 点可导.

则

$$f'(x_0)=0.$$

证明　由条件(ii)，$f'(x_0)$ 存在，故有

$$f'_+(x_0)=f'_-(x_0)=f'(x_0). \qquad (*)$$

由条件(i)，$f(x)\leqslant f(x_0)$，所以 $\forall\ x\in(x_0, x_0+\delta)$，有

$$\frac{f(x)-f(x_0)}{x-x_0}\leqslant 0,$$

$\forall\ x\in(x_0-\delta, x_0)$，有

$$\frac{f(x)-f(x_0)}{x-x_0}\geqslant 0.$$

令 $x\to x_0$，对以上二式取极限，根据极限的保号性，得 $f'_+(x_0)\leqslant 0$，$f'_-(x_0)\geqslant 0$，再由(*)，知

$$f'(x_0)=0.$$

对于 $f(x)\geqslant f(x_0)$，可类似证明.

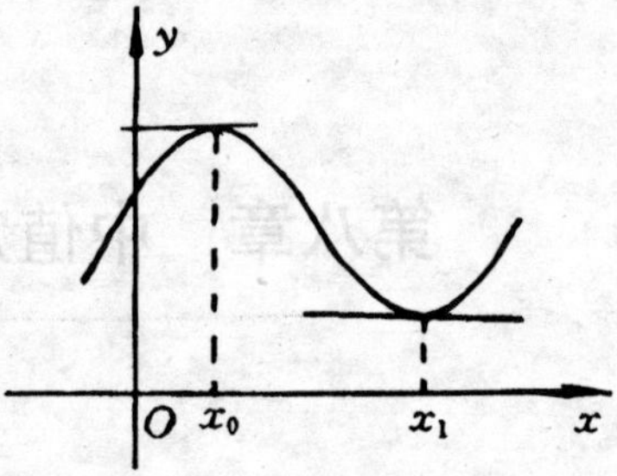

图 8.1

若将前面的波峰峰顶与波谷谷底换成几何说法，则引理的意思是：若曲线 $y=f(x)$ 在点 $(x_0,f(x_0))$ 处为局部最高(或局部最低)，即 $f(x_0)$ 不比 x_0 附近的任一函数值小(或大)，且在此点可作切线，则切线一定是水平的(如图 8.1).

8.1.2 罗尔定理

再画一条光滑曲线，使其两端的纵坐标相等，在曲线上作切线，我们可以发现，曲线上至少有一点(在两端之间，不是端点)，该点的切线是水平的，或者说，切线平行于连接曲线两端的弦(如图 8.2)，将条件略加改进，这便引导出如下的定理.

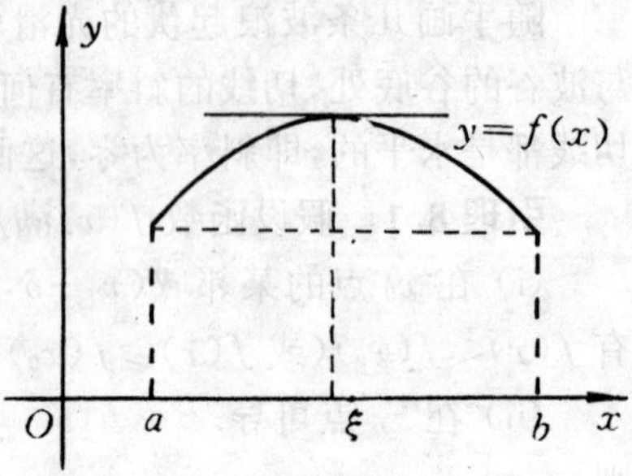

图 8.2

定理 8.1 假设函数 $f(x)$ 满足：

(i) 在 $[a,b]$ 上连续；

(ii) 在 (a,b) 内可导；

(iii) $f(a)=f(b)$.

则至少有一点 $\xi\in(a,b)$，使得

$$f'(\xi)=0.$$

将此定理与前面的引理联系起来，只要能说明 $f(x)$ 在 a 与 b 之间的某一点 ξ 处取得局部最大(或最小)值即可.

证明 由(i) $f(x)$ 在闭区间 $[a,b]$ 上连续，因此必能取得最大值 M 与最小值 m.

(1)若 M 与 m 至少有一个不在区间的端点取得,比如说 M 不在区间端点取得,则必存在 $\xi \in (a,b)$,使得 $f(\xi)=M$, $f(\xi)$ 是函数在区间 $[a,b]$ 上的最大值,自然是局部最大值,再由(ii)和费尔马引理知

$$f'(\xi)=0.$$

(2)若 M 和 m 都在区间端点取得,则由(iii)可知, $f(x)$ 在 $[a,b]$ 上一定是一个常数函数,从而 $f'(x)=0$ 在 (a,b) 内处处成立,因此 (a,b) 间的任何一点都可作为我们要找的 ξ.

由于 ξ 在 a,b 之间,故称此定理为中值定理.

注意 ①证明中用到了闭区间上连续函数的重要性质之一,有最大值与最小值,体现了闭区间上连续函数的重要性质的基础作用;

②结论中之 ξ,只知在 a,b 之间,即 $a<\xi<b$,但不知确切的位置;

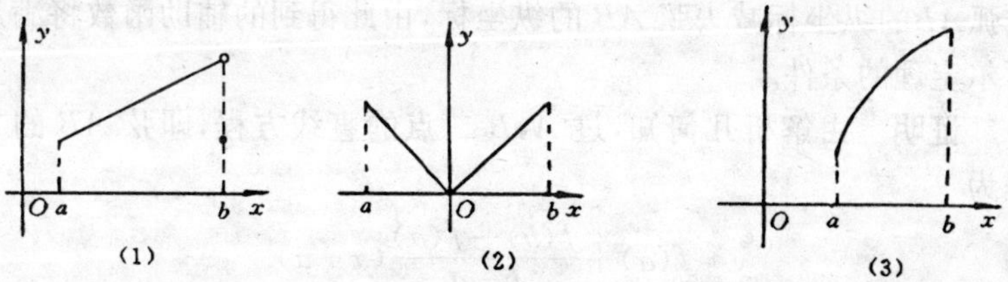

图 8.3

③定理中的三个条件缺一不可,这容易从图 8.3 中看出,它们依次破坏了条件(i),(ii),(iii),故不能得到定理中的结论.

8.1.3 拉格朗日定理

画出一条曲线弧,不要求两个端点的纵坐标一定相等,如图 8.4,这时不能保证曲线上存在水平切线,但平行于连接两端点的弦的切线仍然是存在的,由此引导出有广泛应用的拉格朗日中值定理.

定理 8.2 假定函数 $f(x)$ 满足:

(i) 在 $[a,b]$ 上连续;

(ii) 在 (a,b) 内可导,则至少有一点 $\xi \in (a,b)$,使得

$$f'(\xi)=\frac{f(b)-f(a)}{b-a}.$$

本定理比罗尔定理少了一个条件，是该定理的推广，当 $f(a)=f(b)$ 时，二者就一致了. 为证明本定理，我们借助于罗尔定理，作一辅助函数，使其满足罗尔定理的条件，然后利用其结论，便可得到证明.

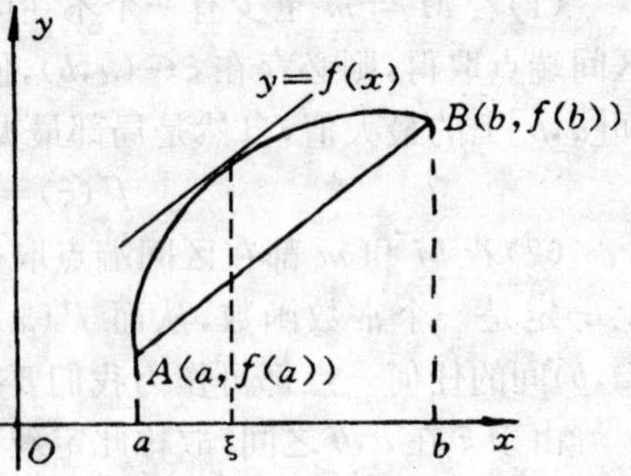

图 8.4

作一个什么样的辅助函数呢？因为结论中的 $[f(b)-f(a)]/(b-a)$ 恰是弦 AB 的斜率，我们将 $f(x)$ 与弦 AB 联系起来，直观告诉我们，用曲线弧 $\overset{\frown}{AB}$ 的纵坐标减去弦 AB 的纵坐标，由此得到的辅助函数将满足罗尔定理的条件.

证明 由解析几何知，过 A,B 二点的直线方程，即弦 AB 的方程为

$$y=f(a)+\frac{f(b)-f(a)}{b-a}(x-a).$$

作辅助函数

$$F(x)=f(x)-\left[f(a)+\frac{f(b)-f(a)}{b-a}(x-a)\right].$$

已知 $f(x)$ 在 $[a,b]$ 上连续，在 (a,b) 内可导，而线性函数

$$f(a)+\frac{f(b)-f(a)}{b-a}(x-a)$$

在任意区间上都是连续可导的，故 $F(x)$ 在 $[a,b]$ 上连续，在 (a,b) 内可导，又 $F(a)=F(b)=0$，故 $F(x)$ 在 $[a,b]$ 上满足罗尔定理的条件. 由罗尔定理，至少有一 $\xi\in(a,b)$，使得 $F'(\xi)=0$，而 $F'(x)=f'(x)-\dfrac{f(b)-f(a)}{b-a}$，故

$$F'(\xi)=f'(\xi)-\frac{f(b)-f(a)}{b-a}=0.$$

即

$$f'(\xi)=\frac{f(b)-f(a)}{b-a}.$$

注 ①引辅助函数证题犹如几何中引辅助线证题，是微积分中证明定理时常用之手段；

②本定理的证明中还可取别的辅助函数，例如在上面的辅助函数中把 $f(a)$ 去掉也是可以的；

③因为 $a<\xi<b$，故这个定理也是一个中值定理. 其结论还可表示为

$$f(b)-f(a)=f'(\xi)(b-a),$$

或者令 $b=a+h$，则又可写成

$$f(a+h)-f(a)=f'(a+\theta h)h,\quad 其中\ 0<\theta<1.$$

因为 $0<\theta<1$，所以 $a+\theta h$ 表示 a 与 $a+h$ 之间的一个点，它是 ξ 的另一种表示形式.

这些表示式后面都将用到.

推论 8.1 若函数 $f(x)$ 在 (a,b) 内恒有 $f'(x)=0$，则 $f(x)$ 为一常数.

证明 在 (a,b) 内任取两点 x_1,x_2，设 $x_1<x_2$，则 $f(x)$ 在 $[x_1,x_2]$ 上满足拉格朗日定理的条件，故有

$$f(x_2)-f(x_1)=f'(\xi)(x_2-x_1),x_1<\xi<x_2.$$

因 $f'(\xi)=0$，所以 $f(x_1)=f(x_2)$. 由 x_1,x_2 的任意性，(a,b) 内任意两点的函数值都相等，故 $f(x)$ 为一常数.

联系到从前讲过的，常数函数的导数为零，我们得到如下结论：

$f(x)$ 在 (a,b) 内为一常数的充要条件是 $f'(x)=0$.

推论 8.2 若 $f(x)$ 与 $g(x)$ 在 (a,b) 内满足

$$f'(x)=g'(x),$$

则在 (a,b) 内 $f(x)=g(x)+c$ （c 为一常数）.

证明 令 $F(x)=f(x)-g(x)$，则在 (a,b) 内恒有

$$F'(x)=f'(x)-g'(x)=0,$$

据推论 8.1，在 (a,b) 内 $F(x)=c$（常数）. 所以

$$f(x)=g(x)+c.$$

此推论说明，若二函数有相同的导数，则它们仅相差一个常数.

例 1 不求导数,判断函数

$$f(x)=(x+1)(x-1)(x-3)$$

的导函数 $f'(x)$有几个根及其所在的区间.

解 因为 $f(-1)=f(1)=0$,且 $f(x)$在$[-1,1]$上可导,故满足罗尔定理的条件,所以 $f'(x)$在$(-1,1)$内至少有一根,同理$f'(x)$在$(1,3)$内也至少有一根,又因 $f(x)$为 x 的三次函数,$f'(x)$就是 x 的二次函数,至多有二实根,所以 $f'(x)$恰有二根,分别在$(-1,1)$和$(1,3)$内各一个.

例 2 证明不等式

$$|\sin x|<|x|,x\neq 0.$$

证明 因为$|\sin x|\leqslant 1$,我们不妨限制$|x|<\frac{\pi}{2}$,在$[0,x]$(或$[x,0]$)上应用拉格朗日定理,我们有

$$\sin x-\sin 0=\cos\xi\cdot(x-0),\xi \text{ 在 } 0 \text{ 与 } x \text{ 之间}.$$

即
$$\sin x=\cos\xi\cdot x.$$

因为$|\cos\xi|<1$,所以

$$|\sin x|<|x|,x\neq 0.$$

例 3 验证 $f(x)=\ln x$ 在$[1,e]$上满足拉格朗日定理之条件,并求出定理中的值 ξ.

验证 因为 $\ln x$ 在$[1,e]$上可导,且$(\ln x)'=\frac{1}{x}$,又可导必连续,故满足拉格朗日定理之条件. 于是有

$$\ln e-\ln 1=\frac{1}{\xi}(e-1),$$

因为 $\ln 1=0,\ln e=1$. 从而 $\xi=e-1$.

8.1.4 柯西定理

作为拉格朗日定理之推广,我们还有下面的

定理 8.3 假定函数 $f(x)$和 $g(x)$满足:

(i) 在$[a,b]$上连续;

(ii) 在(a,b)内可导且 $g'(x)\neq 0$.

则至少有一点 $\xi\in(a,b)$,使得

$$\frac{f'(\xi)}{g'(\xi)}=\frac{f(b)-f(a)}{g(b)-g(a)}.$$

证明 不难看出,若令 $g(x)=x$,于是 $g(b)=b,g(a)=a$, $g'(x)=1$,故 $g'(\xi)=1$,则本定理就回到了拉格朗日定理. 这不仅说明本定理是该定理之推广,同时也启发我们在证明时将 $g(x)$ 作为 x 看待,仿照该定理引进如下的辅助函数:

$$F(x)=f(x)-\left[f(a)+\frac{f(b)-f(a)}{g(b)-g(a)}[g(x)-g(a)]\right].$$

看是否可行,容易验证,$F(x)$ 确实也满足罗尔定理的三个条件,因此 $\exists\ \xi\in(a,b)$,使得

$$F'(\xi)=f'(\xi)-\frac{f(b)-f(a)}{g(b)-g(a)}g'(\xi)=0,$$

从而有

$$\frac{f'(\xi)}{g'(\xi)}=\frac{f(b)-f(a)}{g(b)-g(a)}.$$

注 ①证明中用到了 $g(b)-g(a)$ 作为分母,应当说明 $g(b)\neq g(a)$,实际上这一点已蕴含在条件 $g'(x)\neq 0$ 中了,否则,若 $g(b)=g(a)$,又 $g(x)$ 在 $[a,b]$ 上连续,在 (a,b) 内可导,则由罗尔定理,必有 $\xi\in(a,b)$ 使得 $g'(\xi)=0$,这与 $g'(x)\neq 0$ 矛盾;

②不能将拉格朗日定理分别应用于 $f(x)$ 和 $g(x)$ 来证明本定理. 因为,对于不同的函数,无法说明它们的中值 ξ 是一样的,而本定理中分子、分母的 ξ 要求一样.

8.2 洛比达法则

我们知道两个无穷小量之比的极限,有时存在,有时不存在,我们称之为"不定式". 由于是两个无穷小量之比,就形象地称为"$\frac{0}{0}$型"不定式,这里的 0 不是真正的零,而是无穷小量的简单记法. 本节后面还有类似的记法,不另加解释.

柯西中值定理的一个重要应用就是可以给出一种"不定式"的定值法则,这便是著名的洛比达法则,即下面的

定理 8.4 假定函数 $f(x)$ 和 $g(x)$ 满足：

(i) 在 $(a,a+\delta)$ 内有定义，其中 $\delta>0$，且

$$\lim_{x\to a^+} f(x)=0,\ \lim_{x\to a^+} g(x)=0;$$

(ii) 在 $(a,a+\delta)$ 内都可导，且 $g'(x)\neq 0$；

(iii) $\lim\limits_{x\to a^+}\dfrac{f'(x)}{g'(x)}=A$（或 ∞）.

则

$$\lim_{x\to a^+}\frac{f(x)}{g(x)}=\lim_{x\to a^+}\frac{f'(x)}{g'(x)}.$$

证明 $f(x)$ 与 $g(x)$ 在 a 点是没有定义的，现在我们补充定义

$$f(a)=g(a)=0,$$

则 $f(x)$ 和 $g(x)$ 在 $[a,a+\delta)$ 内连续，在 $(a,a+\delta)$ 内可导，且 $g'(x)\neq 0$，对 $\forall\ x\in(a,a+\delta)$，在 $[a,x]$ 上 $f(x)$ 和 $g(x)$ 满足柯西定理的条件，所以

$$\frac{f(x)}{g(x)}=\frac{f(x)-f(a)}{g(x)-g(a)}=\frac{f'(\xi)}{g'(\xi)},a<\xi<x.$$

当 $x\to a^+$ 时，有 $\xi\to a^+$，对上式两端取极限，得到

$$\lim_{x\to a^+}\frac{f(x)}{g(x)}=\lim_{\xi\to a^+}\frac{f'(\xi)}{g'(\xi)}=\lim_{x\to a^+}\frac{f'(x)}{g'(x)}=A.$$

这个定理将函数比的极限，换成了它们的导数比的极限，有着广泛的应用.

从证明的过程可知，将极限过程换为 $x\to a^-$ 或 $x\to a$，定理仍成立，不仅如此，还可推广到极限过程为 $x\to\infty$ 的情形，即有如下定理：

定理 8.5 假定函数 $f(x)$ 和 $g(x)$ 满足：

(i) 在 $(a,+\infty)$ 内有定义，且

$$\lim_{x\to+\infty} f(x)=0,\ \lim_{x\to+\infty} g(x)=0;$$

(ii) 在 $(a,+\infty)$ 内都可导，且 $g'(x)\neq 0$；

(iii) $\lim\limits_{x\to+\infty}\dfrac{f'(x)}{g'(x)}=A$（或 ∞）.

则

$$\lim_{x\to+\infty}\frac{f(x)}{g(x)}=\lim_{x\to+\infty}\frac{f'(x)}{g'(x)}.$$

证明 我们设法将趋于无穷过程转化为趋于有限过程,然后借助于前面的定理来证明.作变换

$$x=\frac{1}{t}.$$

则 $x\to+\infty$ 相当于 $t\to0^{+}$,于是有

$$\lim_{t\to0^{+}}\frac{f'\left(\frac{1}{t}\right)}{g'\left(\frac{1}{t}\right)}=\lim_{x\to+\infty}\frac{f'(x)}{g'(x)}$$

和

$$\lim_{t\to0^{+}}f\left(\frac{1}{t}\right)=0,\lim_{t\to0^{+}}g\left(\frac{1}{t}\right)=0.$$

将定理 8.4 用于新变量 t 的函数 $f\left(\frac{1}{t}\right)$ 和 $g\left(\frac{1}{t}\right)$,而这两个函数关于 t 的导数分别为 $f'\left(\frac{1}{t}\right)\left(-\frac{1}{t^2}\right)$ 和 $g'\left(\frac{1}{t}\right)\left(-\frac{1}{t^2}\right)$,因此有

$$\begin{aligned}\lim_{t\to0^{+}}\frac{f\left(\frac{1}{t}\right)}{g\left(\frac{1}{t}\right)}&=\lim_{t\to0^{+}}\frac{\left[f\left(\frac{1}{t}\right)\right]'}{\left[g\left(\frac{1}{t}\right)\right]'}\\&=\lim_{t\to0^{+}}\frac{f'\left(\frac{1}{t}\right)\left(-\frac{1}{t^2}\right)}{g'\left(\frac{1}{t}\right)\left(-\frac{1}{t^2}\right)}\\&=\lim_{t\to0^{+}}\frac{f'\left(\frac{1}{t}\right)}{g'\left(\frac{1}{t}\right)}=\lim_{x\to+\infty}\frac{f'(x)}{g'(x)}.\end{aligned}$$

极限过程也可换为 $x\to-\infty$ 与 $x\to\infty$.

例 1 求 $\lim\limits_{x\to0}\frac{1-\cos x}{x^2}$.

解 此为 $\frac{0}{0}$ 型不定式,依洛比达法则

$$\begin{aligned}\lim_{x\to0}\frac{1-\cos x}{x^2}&=\lim_{x\to0}\frac{(1-\cos x)'}{(x^2)'}\\&=\lim_{x\to0}\frac{\sin x}{2x}=\frac{1}{2}.\end{aligned}$$

例 2 求$\lim\limits_{x\to 0}\dfrac{x-x\cos x}{x-\sin x}$.

解 $\lim\limits_{x\to 0}\dfrac{x-x\cos x}{x-\sin x}$

$=\lim\limits_{x\to 0}\dfrac{(x-x\cos x)'}{(x-\sin x)'}$

$=\lim\limits_{x\to 0}\dfrac{1-\cos x+x\sin x}{1-\cos x}$,

后式仍为$\dfrac{0}{0}$型不定式，继续应用洛比达法则

$$\lim_{x\to 0}\frac{1-\cos x+x\sin x}{1-\cos x}$$

$$=\lim_{x\to 0}\frac{\sin x+\sin x+x\cos x}{\sin x}$$

$$=\lim_{x\to 0}\frac{2\sin x}{\sin x}+\lim_{x\to 0}\frac{x\cos x}{\sin x}$$

$$=3.$$

这个例子告诉我们，求不定式的极限可能要多次应用洛比达法则，不过，随时要注意是否符合条件，否则容易出错. 例如，求$\lim\limits_{x\to 0}\dfrac{x-\sin x}{x+\sin x}$. 求解如下：

$$\lim_{x\to 0}\frac{x-\sin x}{x+\sin x}=\lim_{x\to 0}\frac{1-\cos x}{1+\cos x}=\lim_{x\to 0}\frac{\sin x}{-\sin x}=-1.$$

这个结果是错误的，实际上，第二个极限已不是不定式，其值为零，不能再用洛比达法则了.

类似于$\dfrac{0}{0}$型还有$\dfrac{\infty}{\infty}$型的不定式，它表示两个无穷大量之比的极限，也可将函数比的极限转化为它们的导数比的极限.

除了以上两种基本类型之外，还有 $0\cdot\infty$，$\infty-\infty$，0^0，1^∞ 以及 ∞^0 等共 7 种，后 5 种都可以化成$\dfrac{0}{0}$或$\dfrac{\infty}{\infty}$的形式，方法是：

对 $0\cdot\infty$ 可化为$\dfrac{1}{\infty}\cdot\infty$或$0\cdot\dfrac{1}{0}$，即$\dfrac{\infty}{\infty}$或$\dfrac{0}{0}$；

对$\infty-\infty$可化为$\dfrac{1}{0}-\dfrac{1}{0}$，而后经过通分变为$\dfrac{0}{0}$；

对 0^0，1^∞ 以及 ∞^0 都可利用下面公式

$$g(x)^{f(x)}=e^{f(x)\ln g(x)}$$

化成 $0\cdot\infty$ 而后再化为基本形式.

例 3 求 $\lim\limits_{x\to+\infty}\dfrac{\ln x}{x^\alpha}(\alpha>0)$ $\left(\dfrac{\infty}{\infty}型\right)$.

解 $\lim\limits_{x\to+\infty}\dfrac{\ln x}{x^\alpha}=\lim\limits_{x\to+\infty}\dfrac{\frac{1}{x}}{\alpha x^{\alpha-1}}=\lim\limits_{x\to+\infty}\dfrac{1}{\alpha x^\alpha}=0.$

例 4 求 $\lim\limits_{x\to+\infty}\dfrac{x^\alpha}{e^x}(\alpha>0)$ $\left(\dfrac{\infty}{\infty}型\right)$.

解 $\lim\limits_{x\to+\infty}\dfrac{x^\alpha}{e^x}=\lim\limits_{x\to+\infty}\dfrac{\alpha x^{\alpha-1}}{e^x}=\lim\limits_{x\to+\infty}\dfrac{\alpha(\alpha-1)x^{\alpha-2}}{e^x}$

$$=\cdots=\lim_{x\to+\infty}\frac{\alpha(\alpha-1)\cdots(\alpha-E(\alpha))x^{\alpha-E(\alpha)-1}}{e^x}=0.$$

因为 $E(\alpha)\leqslant\alpha<E(\alpha)+1$,所以或者有 $\alpha-E(\alpha)=0$,或者 $\alpha-E(\alpha)-1<0$.

从以上二例可以看出,当 $x\to+\infty$ 时,$\ln x$,$x^\alpha(\alpha>0)$ 与 e^x 都是无穷大量,但 $\ln x$ 增长之速度不及 x^α 增长的快,而 x^α 又不及 e^x 快,了解这些规律性的东西,对于认识许多极限是很有好处的.

例 5 求 $\lim\limits_{x\to0^+}x^\alpha\ln x$ $(\alpha>0)$ $(0\cdot\infty型)$

解 $\lim\limits_{x\to0^+}x^\alpha\ln x=\lim\limits_{x\to0^+}\dfrac{\ln x}{x^{-\alpha}}=\lim\limits_{x\to0^+}\dfrac{x^{-1}}{-\alpha x^{-\alpha-1}}$

$$=\lim_{x\to0^+}\frac{1}{-\alpha x^{-\alpha}}=0.$$

例 6 求 $\lim\limits_{x\to0^+}(\sin x)^x$. $(0^0型)$

解 $\lim\limits_{x\to0^+}(\sin x)^x=e^{\lim\limits_{x\to0^+}x\ln\sin x}$,

而 $\lim\limits_{x\to0^+}x\ln\sin x=\lim\limits_{x\to0^+}\dfrac{\ln\sin x}{x^{-1}}$

$$=\lim_{x\to0^+}\frac{\frac{1}{\sin x}\cdot\cos x}{-x^{-2}}$$

$$=\lim_{x\to0^+}(-x\cos x)=0.$$

所以

$$\lim_{x\to 0^+}(\sin x)^x=e^0=1$$

注意 从以上数例,可以看出洛比达法则简便实用,体现了它的强大威力。但要注意:当 $\lim\frac{f'(x)}{g'(x)}$存在时,$\lim\frac{f(x)}{g(x)}$也必存在且二者相等,但当 $\lim\frac{f'(x)}{g'(x)}$不存在时,并不能断定 $\lim\frac{f(x)}{g(x)}$也不存在,例如,

$$\lim_{x\to\infty}\frac{x+\cos x}{x}=1,$$

而
$$\lim_{x\to\infty}\frac{(x+\cos x)'}{(x)'}=\lim_{x\to\infty}(1-\sin x)\text{不存在}.$$

8.3 函数的增减性与极值

在中学的数学课中,曾用代数方法讨论过函数的一些性质,如单调性、奇偶性和极值等. 由于受到方法的限制,不太深入和全面,同时处理问题常常需要一些技巧,没有统一的程序,不易掌握. 导数则为我们研究函数的性质提供了有效的工具,并有一个可遵循的步骤.

本节讨论拉格朗日定理的一种应用,由导数的符号来判定函 的增减性.

8.3.1 函数的增减

随手画几条有升有降的光滑曲线,并在曲线上作些切线,考察一下曲线的升降与切线斜率之关系,我们将发现曲线 $y=f(x)$的升降(即函数 $f(x)$的增减)与切线的方向密切相关,曲线上升,切线与 x 轴的夹角为锐角;曲线下降,切线与 x 轴的夹角为钝角(如图 8.5). 这便引导出以下定理:

定理 8.6 设函数 $f(x)$在$[a,b]$上连续,在(a,b)内可导,则

(i)$f(x)$在$[a,b]$上递增的充要条件是 $f'(x)\geqslant 0,x\in(a,b)$;

(ii)$f(x)$在$[a,b]$上递减的充要条件是 $f'(x)\leqslant 0,x\in(a,b)$.

证明 (i)必要性 设 $f(x)$在$[a,b]$上递增,$\forall\ x\in(a,b)$,给 x 以改变量 Δx,则不论 Δx 为正或为负,总有

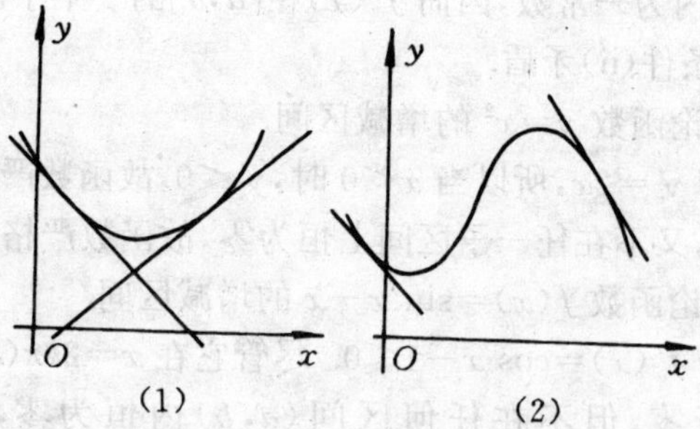

图 8.5

$$\frac{f(x+\Delta x)-f(x)}{\Delta x}\geqslant 0.$$

据极限的保号性,有

$$f'(x)=\lim_{\Delta x\to 0}\frac{f(x+\Delta x)-f(x)}{\Delta x}\geqslant 0.$$

充分性　设 $f'(x)\geqslant 0$,$\forall\ x_1,x_2\in[a,b]$ 且 $x_1<x_2$,在 $[x_1,x_2]$ 上应用拉格朗日定理,则有

$$f(x_2)-f(x_1)=f'(\xi)(x_2-x_1),x_1<\xi<x_2.$$

所以 $f(x_1)\leqslant f(x_2)$,故 $f(x)$ 在 $[a,b]$ 上递增.

(ii)设 $f(x)$ 在 $[a,b]$ 上递减,则 $-f(x)$ 在 $[a,b]$ 上递增,将(i)之结论用于 $-f(x)$ 上,即得(ii)之证明.

定理 8.7　设 $f(x)$ 在 $[a,b]$ 上连续,在 (a,b) 内可导,则 $f(x)$ 在 $[a,b]$ 上严格递增(递减)的充要条件是

(i)$f'(x)\geqslant 0(f'(x)\leqslant 0)$,$x\in(a,b)$;

(ii)$f'(x)$ 不在 (a,b) 的任一子区间上恒为零.

证明　必要性　设 $f(x)$ 在 $[a,b]$ 上严格递增,据定理 8.6 知(i)成立;现用反证法证(ii),若 $\exists\ (\alpha,\beta)\subset(a,b)$,在 (α,β) 内恒有 $f'(x)=0$,则由推论 8.1,$f(x)$ 在 (α,β) 内为一常数,这与 $f(x)$ 严格递增矛盾,故(ii)成立.

充分性　由(i)知 $f(x)$ 在 $[a,b]$ 上递增,现用(ii)证其为严格递增,采取反证法,假设不是严格递增,则至少有两点的函数值相等,即 $\exists\ \alpha,\beta\in[a,b]$,$\alpha<\beta$,使得 $f(\alpha)=f(\beta)$,因为 $f(x)$ 是递增的,这推出

$f(x)$在(α,β)内为一常数,因而 $f'(x)$在$[a,b]$的一个子区间(α,β)内恒为零,这与条件(ii)矛盾.

例 1 讨论函数 $y=x^2$ 的增减区间.

解 由于 $y'=2x$,所以当 $x<0$ 时,$y'<0$,故函数严格递减;当 $x\geqslant0$ 时,$y'\geqslant0$,又不在任一子区间上恒为零,故函数严格递增.

例 2 讨论函数 $f(x)=\sin x-x$ 的增减区间.

解 由于 $f'(x)=\cos x-1\leqslant0$. 尽管它在 $x=2k\pi(k=0,\pm1,\pm2,\cdots)$时等于零,但不在任何区间$(a,b)$内恒为零,故 $f(x)$在$(-\infty,+\infty)$内严格递减.

函数单调性的判别法,可用于证明某些不等式.

例 3 证明当 $x>0$ 时,有

$$\cos x>1-\frac{x^2}{2}.$$

证明 令 $f(x)=\cos x-\left(1-\frac{x^2}{2}\right)$,则有 $f(0)=0$,又因当 $x>0$ 时,有 $f'(x)=-\sin x+x>0$(因为 $x>\sin x$),故 $f(x)$在$[0,+\infty)$上严格增加,于是对任何 $x>0$,都有 $f(x)>f(0)=0$,即 $\cos x>1-\frac{x^2}{2}$.

例 4 证明当 $x>-1$ 时,有

$$\ln(1+x)\leqslant x.$$

证明 令 $f(x)=x-\ln(1+x)$,则有 $f(0)=0$. 又

$$f'(x)=1-\frac{1}{1+x}=\frac{x}{1+x},$$

当 $x>0$ 时,$f'(x)>0$,故 $f(x)$严格递增,因此,当 $x>0$ 时,$f(x)>f(0)=0$,

$$x>\ln(1+x).$$

当$-1<x<0$ 时,$f'(x)<0$,故 $f(x)$在$(-1,0)$内严格递减,因此,当$-1<x<0$ 时,$f(x)>f(0)=0$,即

$$x>\ln(1+x).$$

例 5 证明 当$|x|<\frac{1}{2}$时,有

$$x-\frac{x^2}{2}>\frac{x}{1+x}.$$

证明 令

$$f(x)=\left(x-\frac{x^2}{2}\right)-\frac{x}{1+x},$$

则 $f(0)=0$,又

$$f'(x)=1-x-\frac{1}{(1+x)^2}=\frac{x-x^2-x^3}{(1+x)^2}.$$

由于 $x-x^2-x^3=x-x(x+x^2)$,易见当 $0<x<\frac{1}{2}$ 时,$0<x+x^2<1$,故 $x>x(x+x^2)$,所以 $f'(x)>0$,因此,$f(x)$ 在 $\left[0,\frac{1}{2}\right]$ 上严格递增,故 $f(x)>f(0)=0$,即

$$x-\frac{x^2}{2}>\frac{x}{1+x}.$$

当 $-\frac{1}{2}<x<0$ 时,$f'(x)<0$,因此,$f(x)$ 在 $\left[-\frac{1}{2},0\right]$ 上严格递减,故 $f(x)>f(0)=0$,也有

$$x-\frac{x^2}{2}>\frac{x}{1+x}.$$

8.3.2 函数的极值

在生产实践中,常常提出一些求函数的最大值、最小值问题,例如,做一个一定容积的容器,怎样使材料最省?把一根圆木锯成矩形横梁,怎样选择矩形的长与宽,才能使横梁的强度最大?等等.

如何求一个函数在一个区间的最大值和最小值呢?为解决这个问题,我们首先来讨论函数的极大值和极小值.

现在我们总假定函数 $f(x)$ 在 $[a,b]$ 上连续.

定义 8.1 设 $x_0\in(a,b)$ 若存在 x_0 的邻域 $(x_0-\delta,x_0+\delta)\subset[a,b]$,使得 $\forall\ x\in(x_0-\delta,x_0+\delta)$,都有 $f(x)\leqslant f(x_0)$ $(f(x)\geqslant f(x_0))$ 则称 $f(x_0)$ 为**极大(小)值**,x_0 称为**极大(小)值点**.

极大值与极小值统称极值. 极大值点与极小值点统称为**极值点**. 若上面的定义中,当 $x\neq x_0$ 时,有严格的不等号成立,就称 $f(x_0)$

为**严格极值**.

注意 极值是一个局部概念,说 $f(x_0)$是极大值,是说 $f(x_0)$不比 x_0 附近的任何函数值小,同样,说$f(x_0)$是极小值,是说 $f(x_0)$不比 x_0 附近的任何函数值大,定义在一个区间上的函数,可能有多个

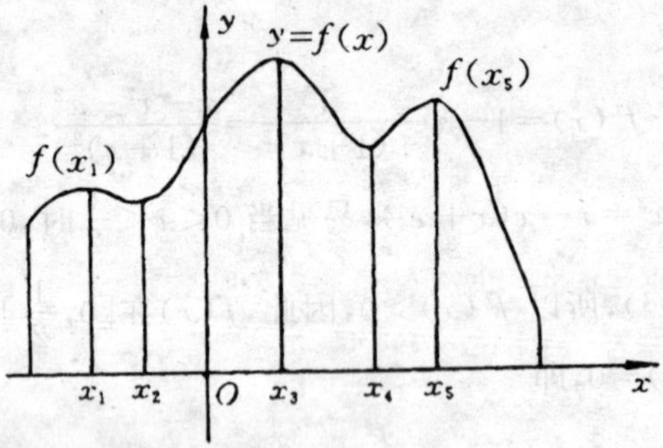

图 8.6

极大值与极小值. 一个极大值不一定大于每一个极小值如图 8.6. $f(x_1)$,$f(x_3)$,$f(x_5)$都是极大值,$f(x_2)$与 $f(x_4)$都是极小值,极小值 $f(x_4)$大于极大值 $f(x_1)$.

如何求函数的极值呢? 导数又起重要作用.

定理 8.8(极值的必要条件) 若 x_0 是 $f(x)$的极值点,又$f(x)$在 x_0 点可导,则 $f'(x_0)=0$.

证明 因为按照极值的定义,本章开头讲的费尔马引理,就可改写成本定理.

导数不存在的点也可能是极值点.

使 $f'(x_0)=0$ 的点 x_0 叫做 $f(x)$的驻点,$f(x)$仅在驻点和$f'(x)$不存在的点取得极值.

求出了满足必要条件的点之后,尚需作进一步判定,下面给出两个充分条件.

定理 8.9(极值判别法之一)

设函数 $f(x)$在$(x_0-\delta,x_0)$和$(x_0,x_0+\delta)$,$(\delta>0)$可导,则

(i)若在$(x_0-\delta,x_0)$内 $f'(x)>0$,而在$(x_0,x_0+\delta)$内 $f'(x)<0$,则 x_0 为极大值点;

(ii)若在$(x_0-\delta,x_0)$内$f'(x)<0$,而在$(x_0,x_0+\delta)$内$f'(x)>0$,则x_0为极小值点;

(iii)若$f'(x)$在x_0的上述左、右二区间内不变号,则x_0不是极值点.

证明 (i)在所述条件下,$f(x)$在$(x_0-\delta,x_0)$内严格递增,在$(x_0,x_0+\delta)$内严格递减,故$f(x_0)$必为极大值,x_0为极大值点.

(ii)同理可证.

(iii)$f(x)$在$(x_0-\delta,x_0+\delta)$内严格单调,故$f(x_0)$不可能是极值,x_0不是极值点.

如果$f'(x_0)=0$,而$f''(x_0)\neq 0$,我们也可以用$f''(x_0)$的符号来作断定.

定理 8.10(极值判别法之二)

设$f'(x_0)=0$.

(i)若$f''(x_0)<0$,则$f(x_0)$是极大值;

(ii)若$f''(x_0)>0$,则$f(x_0)$是极小值.

证明 (i)按二阶导数的定义,它是一阶导数的导数,并注意到$f'(x_0)=0$,因此有

$$f''(x_0)=\lim_{x\to x_0}\frac{f'(x)-f'(x_0)}{x-x_0}=\lim_{x\to x_0}\frac{f'(x)}{x-x_0}<0.$$

于是根据极限的性质定理 6.10 的推论(1)知,在x_0附近有

$$\frac{f'(x)}{x-x_0}<0,$$

即$\exists\ \delta>0$,使当$x_0-\delta<x<x_0$时,$f'(x)>0$,当$x_0<x<x_0+\delta$时,$f'(x_0)<0$,从而由定理 8.9 知$f(x_0)$为极大值.

(ii)同理可证.

例 6 讨论函数$y=x(15-2x)^2$的极值.

解 $y'=(15-2x)^2+x\cdot 2(15-2x)\cdot(-2)$

$=3(15-2x)(5-2x).$

令$y'=0$,解得$x_1=\dfrac{5}{2}$与$x_2=\dfrac{15}{2}$,函数可能有两个极值点,现列表讨论如表 8.1.

表 8.1　函数 $y=x(15-2x)^2$ 的极值性

x	$\left(-\infty,\frac{5}{2}\right)$	$\frac{5}{2}$	$\left(\frac{5}{2},\frac{15}{2}\right)$	$\frac{15}{2}$	$\left(\frac{5}{2},+\infty\right)$
y'	+	0	−	0	+
y	↗	极大值 250	↘	极小值 0	↗

本题也可用二阶导数来判定

$$y''=24(x-5).$$

易见，$y''|_{x=\frac{5}{2}}<0$，故$\frac{5}{2}$为极大值点，$y''|_{x=\frac{15}{2}}>0$，故$\frac{15}{2}$为极小值点.

例 7　讨论函数 $y=x^2\sqrt{4\pi^2-x^2}$，$x\in[0,2\pi]$的极值.

解　$y'=2x\sqrt{4\pi^2-x^2}+x^2\cdot\frac{1}{2}(4\pi^2-x^2)^{-\frac{1}{2}}\cdot(-2x)$

$$=\frac{2x(4\pi^2-x^2)-x^3}{\sqrt{4\pi^2-x^2}}=\frac{8\pi^2x-3x^3}{\sqrt{4\pi^2-x^2}}.$$

令 $y'=0$，解得 $x=0,-\frac{2\sqrt{2}}{\sqrt{3}}\pi$和$\frac{2\sqrt{2}}{\sqrt{3}}\pi$.

因$-\frac{2\sqrt{2}}{\sqrt{3}}\pi\notin[0,2\pi]$，舍去．$x=0$ 为$[0,2\pi]$的端点，不是极值点. 又 $x=2\pi$，y'不存在. 但它也是区间$[0,2\pi]$的端点，一定不是极值点，故不必讨论. 因此，只需讨论 $x=\frac{2\sqrt{2}}{\sqrt{3}}\pi$ 这一个点. 易见，当 $x\in(0,\frac{2\sqrt{2}}{\sqrt{3}}\pi)$时，$y'>0$，当 $x\in(\frac{2\sqrt{2}}{\sqrt{3}}\pi,2\pi)$时，$y'<0$，所以 $x=\frac{2\sqrt{2}}{\sqrt{3}}\pi$ 为极大值点，极大值为$\frac{16}{3\sqrt{3}}\pi^3$.

例 8　讨论函数 $y=\frac{x}{(x^2+a^2)^{\frac{3}{2}}}$　当 $0\leqslant x<+\infty$的极值，$a>0$.

解　$y'=\frac{(x^2+a^2)^{\frac{3}{2}}-\frac{3}{2}(x^2+a^2)^{\frac{1}{2}}\cdot 2x^2}{(x^2+a^2)^3}$

$$=\frac{(x^2+a^2)^{\frac{1}{2}}(x^2+a^2-3x^2)}{(x^2+a^2)^{\frac{1}{2}}(x^2+a^2)^{\frac{5}{2}}}$$

$$=\frac{a^2-2x^2}{(x^2+a^2)^{\frac{5}{2}}}.$$

令 $y'=0$,解得 $x=\pm\frac{a}{\sqrt{2}}$,去掉负根,又易见,当 $x<\frac{a}{\sqrt{2}}$时,$y'>0$,当 $x>\frac{a}{\sqrt{2}}$时,$y'<0$,故 $x=\frac{a}{\sqrt{2}}$为极大值点,极大值为 $\frac{2}{3\sqrt{3}a^2}$.

从以上几例可以看出,求一个可导函数的极值,可分三步进行:

第一步,求函数 $f(x)$的导数 $f'(x)$;

第二步,求方程 $f'(x)=0$ 的根;

第三步,判别导数在每个根的两侧的符号,或者判别在每个根处二阶导数的符号.

8.3.3 函数的最大值与最小值

设函数 $f(x)$在$[a,b]$上可导,则它在$[a,b]$上连续,于是有最大值和最小值,如果最大(小)值是在(a,b)内取得,则最大(小)值也是一个极大(小)值. 但是最大(小)值也可在区间$[a,b]$的端点取得.因此,对$[a,b]$上的可导函数 $f(x)$的最大值和最小值的求法可归结如下:

1. 求出 $f(x)$在(a,b)内的所有极大值和极小值,假设只有有限个;

2. 算出 $f(a)$与 $f(b)$;

3. 将那些极大值与 $f(a)$、$f(b)$放在一起进行比较,其中最大者为最大值;将那些极小值与 $f(a)$,$f(b)$放在一起进行比较,其中最小者为最小值.

如果我们希望避免去判别极大值和极小值,则可采用如下步骤:

1. 解方程 $f'(x)=0$,如果它的根为 $x_1,x_2,\cdots,x_n$,只有有限个,算出 $f(x_1),f(x_2),\cdots,f(x_n)$;

2. 算出 $f(a)$和 $f(b)$;

3. 比较 $f(x_1),f(x_2),\cdots,f(x_n),f(a),f(b)$的大小,其中最大者为 $f(x)$的最大值,最小者为 $f(x)$的最小值.

例 9 从一块边长为 a 的正方形铁皮的各个角上截去同样的小正方形，作成一个无盖的方盒，问截去多少，才能使作成的盒子的容积最大？

解 如图 8.7 所示，设截去的小正方形的边长为 x，则作成的方盒的容积为

$$y=x(a-2x)^2$$
$$\left(0\leqslant x\leqslant\frac{a}{2}\right).$$

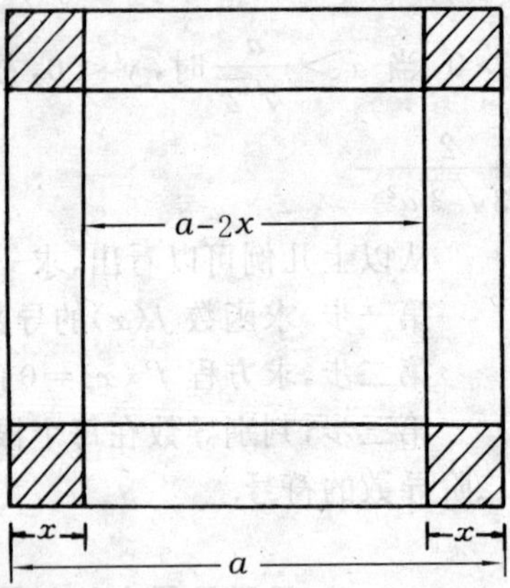

图 8.7

于是问题归结为求函数

$$y=x(a-2x)^2$$

在 $\left(0,\frac{a}{2}\right)$ 上的最大值了，因为

$$y'=(a-2x)(a-6x),$$

令 $y'=0$，解得 $x=\frac{a}{6}$，计算函数在 $\frac{a}{6}$ 和 0 以及 $\frac{a}{2}$ 处的值并比较大小，知 $x=\frac{a}{6}$ 为最大值点，故截去边长为 $\frac{a}{6}$ 的小正方形时，作成的方盒的容积最大.

例 10 从半径为 R 的圆形铁片中剪去一个扇形(如图 8.8). 将剩余部分围成一个圆锥形漏斗，问剪去的扇形的圆心角多大时，才能使圆锥形漏斗的容积最大？

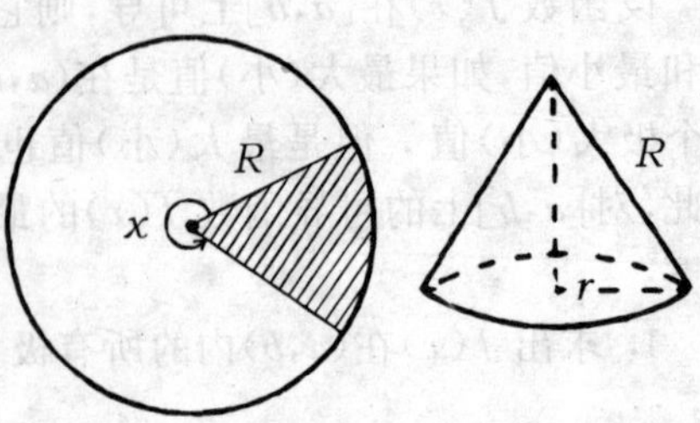

图 8.8

解 设剪去扇形后余下部分的圆心角为 x，$(0\leqslant x\leqslant 2\pi)$，则剩余的圆周长为 Rx，于是圆锥形漏斗的斜高是 R，它的底之周长是 Rx，设圆锥底之半径为 r，则 $r=\frac{Rx}{2\pi}$，圆锥的高为

$$\sqrt{R^2-r^2}=\sqrt{R^2-\left(\frac{Rx}{2\pi}\right)^2}=\frac{R}{2\pi}\sqrt{4\pi^2-x^2}.$$

圆锥的底面积为

$$\pi r^2=\pi\left(\frac{Rx}{2\pi}\right)^2=\frac{R^2x^2}{4\pi}.$$

因此，圆锥之体积 $V(x)$ 为

$$V(x)=\frac{1}{3}\cdot\frac{R^2x^2}{4\pi}\cdot\frac{R}{2\pi}\sqrt{4\pi^2-x^2}=\frac{R^3}{24\pi^2}x^2\sqrt{4\pi^2-x^2}.$$

令 $A=\frac{R^3}{24\pi^2}$，则

$$V(x)=Ax^2\sqrt{4\pi^2-x^2}.$$

所以问题归结为求函数 $V(x)$ 在 $[0,2\pi]$ 上的最大值，由 8.3.2 例 7 知 $V(x)$ 在 $x=2\sqrt{\frac{2}{3}}\pi$ 处取得极大值，又 $V(x)$ 在 0 与 2π 处为零，故 $x=2\pi\sqrt{\frac{2}{3}}$ 就是最大值点，故当剪去的扇形的圆心角为 $2\pi-2\pi\sqrt{\frac{2}{3}}=2\pi(1-\sqrt{\frac{2}{3}})$ 时，所围成的圆锥形漏斗的容积最大.

例 11 在直径为 d 的圆木中，截取一个具有最大抗弯强度的矩形梁.

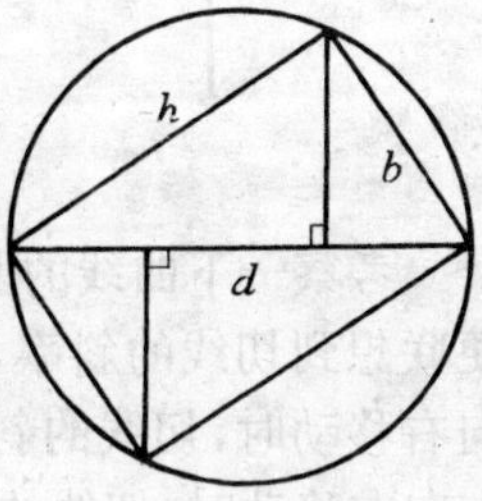

图 8.9

注 由材料力学知，具有矩形截面的梁的强度与 bh^2 成比例，其中 b 为矩形的底，h 为矩形的高.

解 因为 $h^2=d^2-b^2$，所以问题就是要求函数

$$y=bh^2=b(d^2-b^2)\quad(0<b<d)$$

的最大值.

令

$$y'=d^2-3b^2=0,$$

解得 $b=\frac{d}{\sqrt{3}}$，又 $y''=-6b<0$，故 $b=\frac{d}{\sqrt{3}}$ 就是最大值点.

当 $b=\frac{d}{\sqrt{3}}$ 时，$h=d\sqrt{\frac{2}{3}}$，所以锯成宽为 $\frac{d}{\sqrt{3}}$，高为 $\sqrt{\frac{2}{3}}d$ 的矩形梁抗弯强度最大.

8.4 函数的凸性与拐点

上节我们讨论了函数的增减和极值,这对于了解函数的性状有很大的作用,为了更精确地掌握函数的性状,本节还需要介绍函数的凸性及其与二阶导数的关系.

什么是函数的凸性呢?我们以大家都很熟悉的正弦函数 $y=\sin x$为例进行说明,观察正弦函数的图形(如图 8.10),它在 0 和 π 之间,曲线是上凸的,而在 π 和 2π 之间,曲线是下凸的,这和习惯上的称呼相一致.

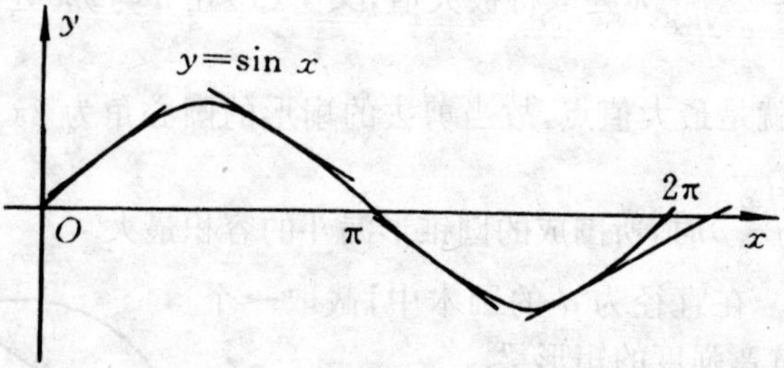

图 8.10

考察一下曲线的凸性和导数有没有直接的联系.一说导数,我们便联想到切线的斜率,可以看出,曲线是上凸的,当切点沿曲线从左向右移动时,切线的斜率是减少的;曲线是下凸的,当切点沿曲线从左向右移动时,切线的斜率是增加的,这启发我们给出如下定义:

定义 8.2 称函数 $f(x)$在区间 I 上是**上(下)凸**的,如果$f'(x)$存在且是 I 上的减(增)函数.

据此定义,再联系到导数的符号与函数增减的关系(延伸到二阶导数的符号与一阶导数的增减关系),我们得到函数凸性和二阶导数的关系.

定理 8.11 设 $f(x)$在区间 I 上二阶可导,如果在 I 上,$f''(x)>0$,则 $f(x)$在 I 上是**下凸**的(因为 $f'(x)$是 I 上的增函数);如果在 I 上,$f''(x)<0$,则 $f(x)$在 I 上是**上凸**的.

定义 8.3 曲线上上凸与下凸的分界点称为**拐点**.

拐点既然是不同凸性的分界点，所以在拐点左右邻近 $f''(x)$ 必然异号，因而在拐点处，必有 $f''(x)=0$.

除上述可能的拐点之外，使 $f''(x)$ 不存在的点也可能是拐点.

例 1 讨论 $y=\cos x$ 在 $[0,2\pi]$ 上的凸性及拐点.

解 $y'=-\sin x,$

$y''=-\cos x.$

令 $y''=0$，解得 $x=\dfrac{\pi}{2}$ 和 $\dfrac{3}{2}\pi$，见表 8.2.

表 8.2 函数 $y=\cos x$ 在 $[0,2\pi]$ 上的凸性与拐点

x	$\left(0,\dfrac{\pi}{2}\right)$	$\dfrac{\pi}{2}$	$\left(\dfrac{\pi}{2},\dfrac{3}{2}\pi\right)$	$\dfrac{3}{2}\pi$	$\left(\dfrac{3}{2}\pi,2\pi\right)$
y''	$-$	0	$+$	0	$-$
y	上凸	拐点 $\left(\dfrac{\pi}{2},0\right)$	下凸	拐点 $\left(\dfrac{3}{2}\pi,0\right)$	上凸

例 2 讨论函数

$$y=x(x-1)^{\frac{4}{3}}$$

的凸性和拐点.

解 $$y'=(x-1)^{\frac{4}{3}}+\frac{4}{3}x(x-1)^{\frac{1}{3}}$$

$$\begin{aligned}y''&=\frac{4}{3}(x-1)^{\frac{1}{3}}+\frac{4}{3}(x-1)^{\frac{1}{3}}+\frac{4}{3}x\cdot\frac{1}{3}(x-1)^{-\frac{2}{3}}\\&=\frac{4}{3}\left[x(x-1)^{\frac{1}{3}}+\frac{x}{3}\cdot\frac{1}{\sqrt[3]{(x-1)^2}}\right]\\&=\frac{4}{9}\left(\frac{7x-6}{\sqrt[3]{(x-1)^2}}\right).\end{aligned}$$

令 $y''=0$，解得 $x=\dfrac{6}{7}$. 另外，$x=1$ 时，y'' 不存在，见表 8.3.

表 8.3　函数 $y=x(x-1)^{3/4}$的凸性与拐点

x	$\left(-\infty,\frac{6}{7}\right)$	$\frac{6}{7}$	$\left(\frac{6}{7},1\right)$	1	$(1,+\infty)$
y''	$-$	0	$+$	不存在	$+$
y	上凸	拐点 (0.86,0.06)	下凸		下凸

8.5　曲线的渐近线

当函数的定义域或值域是无穷区间时，函数的图形便向无穷远处延伸，我们自然无法画出全部的图形来，不过总是设法使未画出的部分的情况，可以由已画出的部分想像出来，这种情形曾在解析几何中学习双曲线$\frac{x^2}{a^2}-\frac{y^2}{b^2}=1$时遇到过．双曲线是向无穷远处延伸的，不能画出它的全部，但它有两条渐近线 $y=\pm\frac{b}{a}x$，通过这两条线就能想象出曲线无限延伸时的走向及趋势. 因此，如果一条连续曲线存在渐近线，求出它来是有好处的.

定义 8.4　如果曲线上的动点沿曲线无限远移时，该点到某直线的距离趋于 0，则称此直线为曲线的**渐近线**（如图 8.11）.

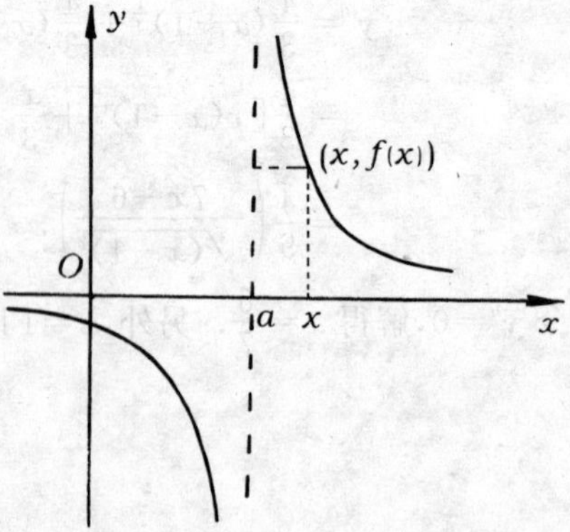

图 8.11

当曲线的方程 $y=f(x)$已经给出，我们如何知道它是否有渐近线？如果有又怎样求出它呢？为了简单，我们仅讨论两种情况.

8.5.1 垂直渐近线

若$\lim\limits_{x\to a^+}f(x)=\infty$或$\lim\limits_{x\to a^-}f(x)=\infty$，则直线 $x=a$ 是曲线 $y=f(x)$ 的垂直渐近线，因为动点为$(x,f(x))$，它到直线 $x=a$ 的距离即$|x-a|$，当 $x\to a^+$或 $x\to a^-$时，$|x-a|\to 0$.

例 1 对于曲线 $y=\dfrac{1}{x-2}$，有

$$\lim_{x\to 2^+}\frac{1}{x-2}=+\infty,$$

$$\lim_{x\to 2^-}\frac{1}{x-2}=-\infty.$$

所以 $x=2$ 是这曲线的一条垂直渐近线.

例 2 对于曲线 $y=\tan x$，$x\in\left(-\dfrac{\pi}{2},\dfrac{\pi}{2}\right)$，有

$$\lim_{x\to\frac{\pi}{2}^-}\tan x=+\infty,$$

$$\lim_{x\to-\frac{\pi}{2}^+}\tan x=-\infty.$$

所以 $x=-\dfrac{\pi}{2}$和 $x=\dfrac{\pi}{2}$是这曲线的两条垂直渐近线.

8.5.2 水平渐近线

若曲线 $y=f(x)$的定义域为无穷区间，且有

$$\lim_{x\to-\infty}f(x)=b \quad 或 \quad \lim_{x\to+\infty}f(x)=b,$$

则直线 $y=b$ 是曲线 $y=f(x)$的水平渐近线，因为动点$(x,f(x))$到 $y=b$ 的距离为$|f(x)-b|$.

例 3 对于曲线 $y=\dfrac{1}{x-2}$，有

$$\lim_{x\to-\infty}\frac{1}{x-2}=0,\quad \lim_{x\to+\infty}\frac{1}{x-2}=0,$$

所以 $y=0$(即 x 轴)为这曲线的一条水平渐近线.

例 4 对于曲线 $y=\arctan x$，有

$$\lim_{x\to-\infty}\arctan x=-\frac{\pi}{2},\quad \lim_{x\to+\infty}\arctan x=\frac{\pi}{2},$$

所以 $y=-\dfrac{\pi}{2}$与 $y=\dfrac{\pi}{2}$为这曲线的两条水平渐进线.

8.6 描绘函数的图象

综合应用前面所学的知识,我们描绘两个函数的图像,通过图像,可清楚地看出函数的全貌.

描绘函数的图像,一般可按下列步骤进行:

(1)确定函数的定义域;

(2)判断函数有无奇偶性,周期性,如有,则可缩小绘图范围;

(3)求出 $f'(x)$,解方程 $f'(x)=0$,讨论函数的单调区间和极值;

(4)求出 $f''(x)$,解方程 $f''(x)=0$,讨论函数的凸性和拐点;

(5)确定曲线的渐近线;

(6)求出曲线与坐标轴的交点坐标,需要时,由曲线的方程计算出一些适当的点的坐标.

例 1 描绘函数 $f(x)=\frac{1}{1+x^2}$的图象.

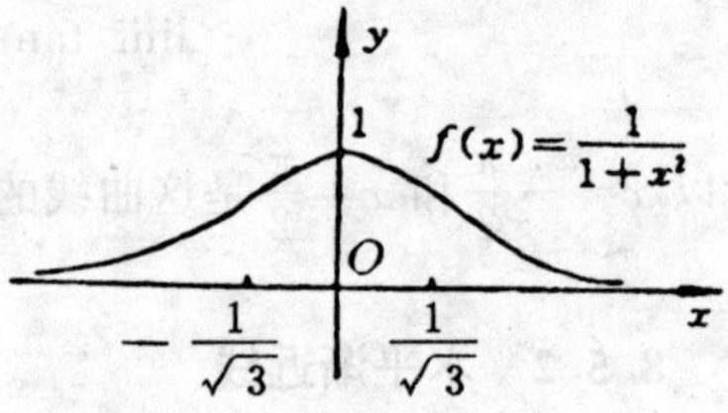

图 8.12

解 定义域为$(-\infty,+\infty)$.

$f(x)$是偶函数,图象关于 y 轴对称,又 $f(x)>0$,图象位于 x 轴之上方.

$$f'(x)=\frac{-2x}{(1+x^2)^2},$$

$$f''(x)=\frac{(-2)(1+x^2)^2-(-2x)2(1+x^2)(2x)}{(1+x^2)^4}$$

$$=\frac{-2(1+x^2)+8x^2}{(1+x^2)^3}$$

$$=\frac{2(3x^2-1)}{(1+x^2)^3}.$$

令

$$f'(x)=0,\text{得 } x=0.$$

$$f''(x)=0,\text{解得 } x=\pm\frac{1}{\sqrt{3}}.$$

见表 8.4.

表 8.4　函数 $f(x)=\dfrac{1}{1+x^2}$ 的特征性质

x	$\left(-\infty,-\frac{1}{\sqrt{3}}\right)$	$-\frac{1}{\sqrt{3}}$	$\left(-\frac{1}{\sqrt{3}},0\right)$	0	$\left(0,\frac{1}{\sqrt{3}}\right)$	$\frac{1}{\sqrt{3}}$	$\left(\frac{1}{\sqrt{3}},+\infty\right)$
$f'(x)$		$+$		0		$-$	
$f''(x)$	$+$	0	$-$		$-$	0	$+$
$f(x)$	下凸	拐点 $\left(-\frac{1}{\sqrt{3}},\frac{3}{4}\right)$	下凸	极大值 1	上凸	拐点 $\left(-\frac{1}{\sqrt{3}},\frac{3}{4}\right)$	下凸

当 $x\to\pm\infty$ 时，$f(x)\to 0$，故有水平渐近线 $y=0$，描出此函数之图象(如图 8.12).

例 2　描绘函数 $y=e^{-x^2}$ 的图象.

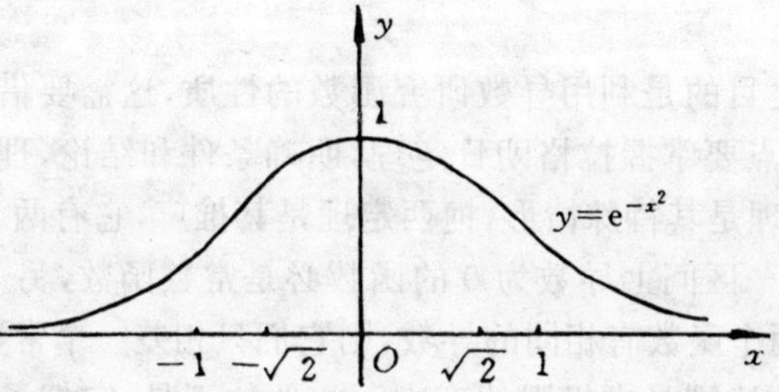

图 8.13

解　定义域为$(-\infty,+\infty)$.

$f(x)$是偶函数，故图象关于 y 轴对称，且 $y>0$.

$$y'=-2xe^{-x^2},$$

$$y''=2e^{-x^2}(2x^2-1).$$

令　$y'=0$，解得 $x=0$.

$$y''=0，解得\ x=\pm\frac{1}{\sqrt{2}}.$$

见表 8.5.

表 8.5　函数 $y=e^{-x^2}$ 的特征性质

x	$\left(-\infty,-\frac{1}{\sqrt{2}}\right)$	$-\frac{1}{\sqrt{2}}$	$\left(-\frac{1}{\sqrt{2}},0\right)$	0	$\left(0,\frac{1}{\sqrt{2}}\right)$	$\frac{1}{\sqrt{2}}$	$\left(\frac{1}{\sqrt{2}},+\infty\right)$
$y'(x)$	+	+	+	0	−	−	−
$y''(x)$	+	0	−	−	−	0	+
y	下凸	拐点 $\left(-\frac{1}{\sqrt{2}},0.61\right)$	上凸	极大值 1	上凸	拐点 $\left(\frac{1}{\sqrt{2}},0.61\right)$	下凸

又 $\lim\limits_{x\to+\infty} e^{-x^2}=0$，故 x 轴为一渐近线.

描出的图象如图 8.13.

小　结

本章之目的是利用导数研究函数的性质，这需要借助于微分中值定理，重点要掌握拉格朗日定理，明确条件和结论，理解其几何意义，罗尔定理是其特殊情形，柯西定理是其推广，它有两个重要推论，一个是，在一区间上导数为 0 的函数必是常数函数，另一个是，在一个区间上两个函数有相同的导数，则它们只相差一个常数.

洛比达法则是求极限的有力而方便的工具，它把函数比的极限化为导数比的极限，应用时需要熟悉不定式的几种形式，重点放在 $\frac{0}{0}$ 与 $\frac{\infty}{\infty}$ 上.

函数的增减与极值是函数的重要特性，应掌握其判别法，并领会如何由导数来判定函数的性质.

为精确地了解函数的性质，还要讨论函数的凸性和拐点，这需要利用二阶导数的符号变化来作判断.

求函数的最大值、最小值是具有重要实际意义的问题，要掌握求法，明确极大、极小和最大、最小之间的关系.

描绘函数的图象，可以从总体上把握函数的性态，对其性质一目了然，它也是微分学知识的综合应用，虽步骤较多，还要解函数方程，有一定难度，但作几个练习是很有好处的.

习 题 八

A

1. 下列函数在给定的区间上是否满足罗尔定理的所有条件？如满足，就求出定理中的中间值 ξ.

   (1) $f(x)=-x^2+x+2,[-1,2]$；

   (2) $f(x)=\sin x+\cos x,[0,2\pi]$；

   (3) $f(x)=x^2\sqrt{1-x},[0,1]$.

2. 下列函数在给定的区间上是否满足拉格朗日定理的所有条件？如满足，就求出定理中的中间值 ξ：

   (1) $f(x)=\sqrt{x},[a,b],(a>0)$；

   (2) $f(x)=-\dfrac{2}{x},[1,3]$；

   (3) $f(x)=\ln x,[1,2]$.

3. 说明在闭区间 $[-1,1]$ 上柯西定理对于函数 $f(x)=x^2$ 与函数 $g(x)=x^3$ 何以不真？

4. 若具有实系数的多项式

$$p_4(x)=a_0x^4+a_1x^3+a_2x^2+a_3x+a_4$$

   有 4 个实根，问 $p'_4(x)$ 有几个实根？为什么？

5. 证明下列不等式：

   (1) $|\arctan x_2-\arctan x_1|\leqslant|x_2-x_1|$；

   (2) 若 $0<a<b$，则有

$$\frac{b-a}{2\sqrt{b}}<\sqrt{b}-\sqrt{a}<\frac{b-a}{2\sqrt{a}}.$$

6. 利用罗比达法则求下列极限：

   (1) $\lim\limits_{x\to 0}\dfrac{\cos x-1}{x}$；　(2) $\lim\limits_{x\to 0}\dfrac{e^x-1}{x}$；

   (3) $\lim\limits_{x\to 0}x\csc x$；　(4) $\lim\limits_{x\to 0}\dfrac{x-\ln(1+x)}{x^2}$；

   (5) $\lim\limits_{x\to 0}\dfrac{x-\sin x}{x-\tan x}$；　(6) $\lim\limits_{t\to 0}\dfrac{2\sqrt{1+t}-t-2}{t^2}$；

(7) $\lim\limits_{x\to 0}\dfrac{\ln(1+x)}{x}$；　(8) $\lim\limits_{x\to\infty}\dfrac{e^{-\sqrt{x}}}{e^{-x}}$；

(9) $\lim\limits_{x\to\infty}\dfrac{\ln x}{\sqrt{x}}$；　(10) $\lim\limits_{x\to+\infty}\dfrac{\ln\ln x}{\ln x}$；

(11) $\lim\limits_{x\to\infty}\dfrac{e^{x}}{x^{100}}$；　(12) $\lim\limits_{x\to\frac{\pi}{2}}\dfrac{\tan 3x}{\tan x}$；

(13) $\lim\limits_{x\to 0}\dfrac{\ln(\sin ax)}{\ln(\sin bx)}$；　(14) $\lim\limits_{x\to+\infty}\dfrac{x^{n}}{e^{ax}}$，$(a>0,n>0)$.

7. 求下列函数的增减区间与极值：

(1) $f(x)=3+x-x^2$；　(2) $f(x)=x^3-6x+2$；

(3) $f(x)=2x^4+x$；　(4) $f(x)=x-e^x$.

8. 求下列函数在指定的区间上的最大值、最小值：

(1) $f(x)=3+x-x^2,[0,2]$；

(2) $g(x)=x^3-5x^2-8x+20,[-1,5]$；

(3) $h(x)=x\sqrt{x+3},[-3,3]$；

(4) $k(x)=\sin x+\cos x,[0,\pi]$.

9. 确定下列函数的凸性及拐点：

(1) $y=x^2-4$；　(2) $y=x^2+x$；

(3) $3y=8x^3-6x+1$；　(4) $y=x^3+x$；

(5) $y=\ln(1+x^2)$；　(6) $y=xe^x$.

10. 求下列曲线的渐近线：

(1) $y=\dfrac{1}{x-2}$；　(2) $y=e^{-x^2}$；

(3) $y=\operatorname{arccot} x$；　(4) $y=\ln x$.

11. 描绘下列函数的图象：

(1) $f(x)=3x-x^3$；　(2) $f(x)=x^4-2x^2$；

(3) $f(x)=\dfrac{1}{1+x^2}$；　(4) $f(x)=xe^x$.

B

1. 对函数 $f(x)=px^2+qx+r$ 在区间 $[a,b]$ 上应用拉格朗日中值定理时，所求的中值 ξ，总是等于________

2. 对函数 $f(x)=x^{\frac{2}{3}}$ 在区间 $[1,8]$ 上应用拉格朗日中值定理，求出的

中值 $\xi=$______

3. 对函数 $f(x)=\sin x$ 与 $g(x)=2x$ 在 $[0,\frac{\pi}{2}]$ 上应用柯西中值定理，求出的中值 $\xi=$______

4. 求下列极限时，(　　)不能应用洛比达法则，(　　)可以用洛比达法则.

A. $\lim\limits_{x\to\infty}\frac{x+\cos x}{x}=$______；

B. $\lim\limits_{x\to+\infty}\frac{\ln(1+e^x)}{x}=$______；

C. $\lim\limits_{x\to 0}\frac{x^2\sin\frac{1}{x}}{\tan x}=$______；

D. $\lim\limits_{x\to 0^+}\frac{\ln\sin 3x}{\ln\sin 2x}=$______.

5. 函数 $y=\ln(1+x^2)$ 的递增区间为______，递减区间为______，极小值为______.

6. 函数 $y=x^3-6x+2$ 的极大值点为______，极小值点为______，拐点的横坐标为______.

7. 函数 $y=x+\frac{1}{x}$ 在 $(0,+\infty)$ 内的图象是(　　).

A. 单调递增，上凸

B. 单调递减，上凸

C. 非单调，上凸

D. 非单调，下凸

8. 函数 $y=\frac{x}{x+1}$ 有水平渐近线______，有垂直渐近线______.

第九章　不定积分

在微分学中，我们讨论了求已知函数的导数(或微分)的问题.但在自然科学与人文科学的研究中，经常需要考虑相反的问题.例如给出了沿直线运动物体的速度 $v=f(t)$，求物体的运动方程 $S=F(t)$.显然，所求的函数 $F(t)$ 与已给函数的关系是：$F'(t)=f(t)$.这时我们知道的是函数的变化率，要求的是原来的函数，这种过程就是微分运算的逆运算.对微分运算逆运算的研究——求不定积分，将是本章研究的中心.

9.1　不定积分的概念

定义 9.1　设 $f(x)$是定义在区间 I 上的一个函数，如果存在一个函数 $F(x)$，使得对于区间 I 上的每一点都有

$$F'(x)=f(x)\text{或}\quad \mathrm{d}F(x)=f(x)\mathrm{d}x,$$

则称 $F(x)$是 $f(x)$在区间 I 上的一个**原函数**.

例 1　在$(-\infty,\ +\infty)$上，$f(x)=x$，则因$\left(\frac{1}{2}x^2\right)'=x$，所以 $F(x)=\frac{1}{2}x^2$ 是 $f(x)=x$ 在区间$(-\infty,\ +\infty)$上的一个原函数.

例 2　$f(x)=\frac{3}{2}x^{\frac{1}{2}}$在$[0,\ +\infty)$上有定义，而$\left(x^{\frac{3}{2}}\right)'=\frac{3}{2}x^{\frac{1}{2}}$，所以 $F(x)=x^{\frac{3}{2}}$是 $f(x)=\frac{3}{2}x^{\frac{1}{2}}$在$[0,\ +\infty)$上的一个原函数.

注意到常数的导数等于零，因此，一个函数若有原函数，则必有无穷多个.例如$\frac{1}{2}x^2$ 是 x 的一个原函数，则$\frac{1}{2}x^2+1$，$\frac{1}{2}x^2+2$，…

均是 $f(x)=x$ 在 $(-\infty, +\infty)$ 上的原函数. 即原函数若存在，它是不唯一的.

定理 9.1 若 $F(x)$ 是 $f(x)$ 在区间 I 上的一个原函数 $F(x)$，则 $f(x)$ 在区间 I 上的所有原函数是

$$F(x)+c, \quad x\in I.$$

其中 c 是任意常数.

证明 因常数的导数为零，又导数为零的原函数必为常数. 所以

1) 若 $F'(x)=f(x)$，则 $(F(x)+c)'=f(x)$，$x\in I$；

2) 若 $F'(x)=f(x)$ 且 $\Phi'(x)=f(x)$，$x\in I$，则 $(F(x)-\Phi(x))'=0$，$x\in I$，从而有 $\Phi(x)=F(x)+c$，$x\in I$，其中 c 为常数.

定理 9.1 表明，$f(x)$ 若有一个原函数 $F(x)$，则必有无穷多个原函数，且 $f(x)$ 的所有原函数均包含在 $F(x)+c$ 中，其中 c 为任意常数.

定义 9.2 函数 $f(x)$ 在区间 I 上的所有原函数的全体，叫做函数 $f(x)$ 在区间 I 上的**不定积分**，记作

$$\int f(x)\mathrm{d}x, \quad x\in I.$$

其中，$f(x)$ 称为**被积函数**，$f(x)\mathrm{d}x$ 称为**被积表达式**，而 x 称为**积分变量**.

若 $F(x)$ 是 $f(x)$ 的一个原函数，则

$$\int f(x)\mathrm{d}x = F(x)+c,$$

c 称为**积分常数**.

例如：

$$\int x\mathrm{d}x = \frac{1}{2}x^2 + c;$$

$$\int \frac{3}{2}x^{\frac{1}{2}}\mathrm{d}x = x^{\frac{3}{2}} + c.$$

求已知函数原函数的方法称为**不定积分法**，或简称**积分法**，它是微分运算的逆运算.

例 3 一物体作直线运动，其速度函数为 $v=gt$，$t\geqslant 0$，求运动

方程 $s=s(t)$，$t\geqslant 0$.

解 因 $\left(\frac{1}{2}gt^2\right)'=gt$，$t\geqslant 0$，所以

$$\int gt\mathrm{d}t=\frac{1}{2}gt^2+c,\ t\geqslant 0.$$

为了确定运动方程，我们还需要知道运动开始时物体的位置，即初始时刻和初始位置. 设 $t=0$ 时 $s=0$，则可定出积分常数 $c=0$. 所求的运动方程为

$$s=\frac{1}{2}gt^2,\ t\geqslant 0.$$

现在我们来看不定积分的几何意义. 我们已经知道导数的几何意义是曲线上点的切线斜率，因此不定积分的几何意义是：已知曲线在每一点处的切线斜率为 $f(x)$，要求该曲线. 设曲线 $y=F(x)$ 满足要求，即 $F'(x)=f(x)$，则我们得到一族曲线

$$y=\int f(x)\mathrm{d}x=F(x)+c.$$

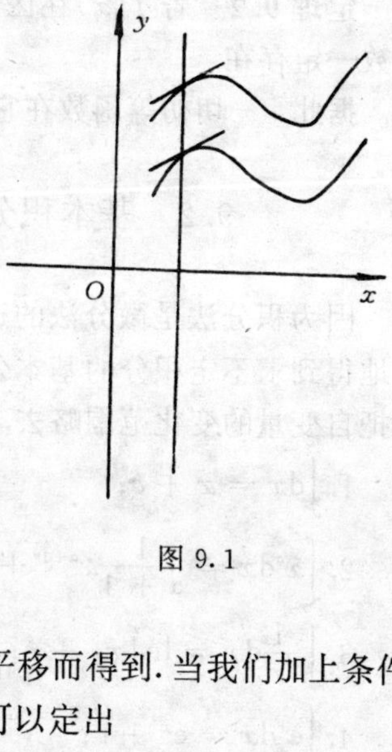

图 9.1

显然，在每一条曲线上横坐标相同处作切线，这些切线是相互平行的. 这就是说，每点具有给定斜率的曲线有无穷多条，而这无穷多条曲线可由其中任一条曲线沿 y 轴作简单的平移而得到. 当我们加上条件，要求曲线经过某一点 $M_0(x_0,y_0)$，就可以定出

$$c=y_0-F(x_0) \tag{9.1}$$

曲线被唯一确定. 确定 c 的条件通常称为**初始条件**.

例 4 求经过点(2，3)且切线斜率为 x 的曲线.

解 切线斜率为 x 的积分曲线族是

$$y=\int x\mathrm{d}x=\frac{1}{2}x^2+c.$$

将(2，3)代入(9.1)，求得

$$c=3-\frac{1}{2}\cdot 2^2=1.$$

所求的曲线为

$$y=\frac{1}{2}x^2+1.$$

原函数的结构已经讨论清楚，现在还有两个问题需要解决. 一个是原函数的存在性，什么样的函数存在原函数呢？另一个问题是如何求原函数. 关于原函数的求法，将在下面几节中进一步讨论；至于原函数的存在性，仅给出下面的结论，在此暂不证明.

定理 9.2 若 $f(x)$ 在区间 I 上连续，则在区间 I 上 $f(x)$ 的原函数一定存在.

据此，一切初等函数在它的定义区间上都存在原函数.

9.2 基本积分表和积分的基本性质

因为积分法是微分法的逆运算，所以由求导数的基本公式，相应地得到求不定积分的基本公式. 为了省事，以下书写不定积分时，常把自变量的变化范围略去.

1. $\int \mathrm{d}x = x + c$；

2. $\int x^{\alpha}\mathrm{d}x = \frac{1}{\alpha+1}x^{\alpha+1} + c, (\alpha \neq -1)$；

3. $\int \frac{1}{x}\mathrm{d}x = \ln|x| + c$；

4. $\int \mathrm{e}^x\mathrm{d}x = \mathrm{e}^x + c$；

5. $\int a^x\mathrm{d}x = \frac{1}{\ln a}a^x + c$；

6. $\int \cos x\mathrm{d}x = \sin x + c$；

7. $\int \sin x\mathrm{d}x = -\cos x + c$；

8. $\int \sec^2 x\mathrm{d}x = \int \frac{1}{\cos^2 x}\mathrm{d}x = \tan x + c$；

9. $\int \csc^2 x \mathrm{d}x = \int \frac{1}{\sin^2 x}\mathrm{d}x = -\cot x + c$;

10. $\int \frac{1}{\sqrt{1-x^2}}\mathrm{d}x = \arcsin x + c = -\arccos x + c$;

11. $\int \frac{1}{1+x^2}\mathrm{d}x = \arctan x + c = -\operatorname{arccot} x + c$;

关于公式 3，10，11，补充说明如下：

当 $x>0$ 时，$(\ln x)' = \frac{1}{x}$，有 $\int \frac{\mathrm{d}x}{x} = \ln x + c$；

当 $x<0$ 时，$(\ln(-x))' = \frac{-1}{-x} = \frac{1}{x}$，有 $\int \frac{\mathrm{d}x}{x} = \ln(-x) + c$.

因此，对于 $x>0$ 或 $x<0$，有

$$\int \frac{\mathrm{d}x}{x} = \ln |x| + c.$$

又

$$\arccos x + \arcsin x = \frac{\pi}{2},$$

$$\operatorname{arccot} x + \arctan x = \frac{\pi}{2},$$

故有

$$\int \frac{1}{\sqrt{1-x^2}}\mathrm{d}x = -\arccos x + c,$$

$$\int \frac{1}{1+x^2}\mathrm{d}x = -\operatorname{arccot} x + c.$$

这 11 个公式，是求不定积分的基础，必须熟记.

由不定积分的定义及导数的运算法则，可得不定积分的几个基本性质.

1. $(\int f(x)\mathrm{d}x)' = f(x)$；　$\int f'(x)\mathrm{d}x = f(x) + c$.

或

$$\mathrm{d}(\int f(x)\mathrm{d}x) = f(x)\mathrm{d}x;\quad \int \mathrm{d}f(x) = f(x) + c.$$

即：若先积分后微分，两者作用相互抵消；反之，若先微分后积分，则抵消后要差一常数项.

证明　设 $F(x)$ 是 $f(x)$ 的原函数，即 $F'(x)=f(x)$. 则

$$\left(\int f(x)\mathrm{d}x\right)'=(F(x)+c)'=f(x).$$

又 $f(x)$ 是 $f'(x)$ 的原函数，则由不定积分定义

$$\int f'(x)\mathrm{d}x=f(x)+c.$$

2. 设 k 为不等于零的常数，$f(x)$ 在 I 上存在原函数，则 $kf(x)$ 亦在 I 上存在原函数，且

$$\int kf(x)\mathrm{d}x=k\int f(x)\mathrm{d}x,\ x\in I.$$

证明　我们仅需证 $k\int f(x)\mathrm{d}x$ 在 I 上的导数等于 $kf(x)$. 根据导数的运算法则

$$(k\int f(x)\mathrm{d}x)'=k(f(x)\mathrm{d}x)',$$

由性质 1，有

$$(\int f(x)\mathrm{d}x)'=f(x),$$

从而

$$(k\int f(x)\mathrm{d}x)'=kf(x),\ x\in I.$$

3. 设 $f(x)$，$g(x)$ 均在 I 上存在原函数，则它们的代数和亦在 I 上存在原函数，且

$$\int[f(x)\pm g(x)]\mathrm{d}x=\int f(x)\mathrm{d}x\pm\int g(x)\mathrm{d}x,\ x\in I.$$

证明　由导数运算法则和性质 1，

$$(\int f(x)\mathrm{d}x\pm\int g(x)\mathrm{d}x)'$$
$$=(\int f(x)\mathrm{d}x)'\pm(\int g(x)\mathrm{d}x)'=f(x)\pm g(x).$$

这个结论还可推广到有限个函数的代数和的情形.

有了基本积分公式和基本性质，就可以进行一些简单的积分运算.

例 1　$\int(2x^3-5x^2-3x+4)\mathrm{d}x$

$$= \int 2x^3 \mathrm{d}x - \int 5x^2 \mathrm{d}x - \int 3x \mathrm{d}x + \int 4 \mathrm{d}x$$

$$= 2\int x^3 \mathrm{d}x - 5\int x^2 \mathrm{d}x - 3\int x \mathrm{d}x + 4\int \mathrm{d}x$$

$$= \frac{1}{2}x^4 - \frac{5}{3}x^3 - \frac{3}{2}x^2 + 4x + c.$$

例 2 $\int\left(a^{\frac{2}{3}} - x^{\frac{2}{3}}\right)\mathrm{d}x$

$$= \int a^{\frac{2}{3}} \mathrm{d}x - \int x^{\frac{2}{3}} \mathrm{d}x$$

$$= a^{\frac{2}{3}}x - \frac{1}{1+\frac{2}{3}}x^{1+\frac{2}{3}} + c$$

$$= a^{\frac{2}{3}}x - \frac{3}{5}x^{\frac{5}{3}} + c.$$

例 3 $\int\left(10^x + \frac{1}{x} + \cos x\right)\mathrm{d}x$

$$= \frac{1}{\ln 10}10^x + \ln|x| + \sin x + c.$$

例 4 $\int \cot^2 x \mathrm{d}x = \int \frac{\cos^2 x}{\sin^2 x}\mathrm{d}x$

$$= \int \frac{1 - \sin^2 x}{\sin^2 x}\mathrm{d}x = \int\left(\frac{1}{\sin^2 x} - 1\right)\mathrm{d}x$$

$$= -\cot x - x + c.$$

例 5 证明:若$\int f(x)\mathrm{d}x = F(x) + c$,则

$$\int f(ax+b)\mathrm{d}x = \frac{1}{a}F(ax+b) + c,\ a \neq 0.$$

证明 $\left[\frac{1}{a}F(ax+b)\right]' = \frac{1}{a}[F(ax+b)]'$

$$= \frac{1}{a} \cdot a \cdot f(ax+b) = f(ax+b).$$

例 6 $\int (2x-3)^{100}\mathrm{d}x = \frac{1}{2} \cdot \frac{1}{101} \cdot (2x-3)^{101} + c$

$$= \frac{1}{202}(2x-3)^{101} + c.$$

例 7 $\int \frac{\mathrm{d}x}{\sqrt[3]{3-2x}} = \int (3-2x)^{-\frac{1}{6}}\mathrm{d}x$

$$=-\frac{1}{2}\cdot\frac{1}{1-\frac{1}{3}}.(3-2x)^{\frac{2}{3}}+c$$

$$=-\frac{3}{4}(3-2x)^{\frac{2}{3}}+c.$$

例 8 $\int \sin 3x\mathrm{d}x=-\frac{1}{3}\cos 3x+c.$

例 9 $\int \frac{\mathrm{d}x}{1+\left(\frac{x}{2}+1\right)^2}=2\arctan(\frac{x}{2}+1)+c.$

例 10 $\int \frac{3x}{1+x}=3\int \frac{x+1}{1+x}\mathrm{d}x-3\int \frac{1}{1+x}\mathrm{d}x$

$$=3(x-\ln|1+x|)+c.$$

9.3 第一换元法

9.2 中例 5 所证明的结论是换元法的特殊情形，事实上，换元法是微分形式不变性在积分法中的应用.

定理 9.3 设 $f(u)$ 存在原函数，

$$\int f(u)\mathrm{d}u=F(u)+c, \tag{9.2}$$

$u=\varphi(x)$ 可导，则 $f[\varphi(x)]\varphi'(x)$ 亦存在原函数，且

$$\int f[\varphi(x)]\varphi'(x)\mathrm{d}x=F[\varphi(x)]+c. \tag{9.3}$$

证明 由条件得

$$\mathrm{d}F(u)=f(u)\mathrm{d}u,$$

又据微分形式的不变性有

$$\mathrm{d}F[\varphi(x)]=f[\varphi(x)]\mathrm{d}\varphi(x)=f[\varphi(x)]\varphi'(x)\mathrm{d}x.$$

由不定积分的基本性质 1，定理结论得证.

在具体计算中，关键是先找出 $u=\varphi(x)$，而后将被积表达式改写成 $f(u)\mathrm{d}u$，若这时能求出 $f(u)$ 的一个原函数 $F(u)$，则 $f[\varphi(x)]\varphi'(x)$ 有原函数为 $F[\varphi(x)]$.

例 1 $\int (ax+b)^m\mathrm{d}x,\ m\neq -1.$

解 设 $u=ax+b$，则 $\mathrm{d}u=a\mathrm{d}x$，于是

$$\int (ax+b)^m \mathrm{d}x$$

$$= \frac{1}{a}\int (ax+b)^m a \mathrm{d}x$$

$$= \frac{1}{a}\int u^m \mathrm{d}u = \frac{1}{a} \cdot \frac{1}{m+1} u^{m+1} + c$$

$$= \frac{1}{a(m+1)}(ax+b)^{m+1} + c.$$

例 2 $\int (a^2 + b^2x^2)^{\frac{1}{2}} x\mathrm{d}x.$

解 设 $u = a^2 + b^2x^2$，则 $\mathrm{d}u = 2b^2x\mathrm{d}x$. 于是

$$\int (a^2+b^2x^2)^{\frac{1}{2}} x\mathrm{d}x$$

$$= \frac{1}{2b^2}\int (a^2+b^2x^2)^{\frac{1}{2}} 2b^2x\mathrm{d}x$$

$$= \frac{1}{2b^2}\int u^{\frac{1}{2}}\mathrm{d}u$$

$$= \frac{1}{2b^2} \cdot \frac{2}{3}u^{\frac{3}{2}} + c$$

$$= \frac{1}{3b^2}(a^2+b^2x^2)^{\frac{3}{2}} + c.$$

例 3 $\int \frac{\ln x}{x}\mathrm{d}x.$

解 设 $u = \ln x$，则 $\mathrm{d}u = \frac{1}{x}\mathrm{d}x$. 于是

$$\int \frac{\ln x}{x}\mathrm{d}x = \int u\mathrm{d}u = \frac{1}{2}u^2 + c = \frac{1}{2}(\ln x)^2 + c.$$

例 4 $\int \frac{\mathrm{d}x}{a^2+x^2}, a \neq 0.$

解 上式可以改写为

$$\int \frac{\mathrm{d}x}{a^2+x^2} = \frac{1}{a^2}\int \frac{\mathrm{d}x}{1+\left(\frac{x}{a}\right)^2} = \frac{1}{a}\int \frac{\frac{1}{a}\mathrm{d}x}{1+\left(\frac{x}{a}\right)^2}.$$

设 $u = \frac{x}{a}$，则 $\mathrm{d}u = \frac{1}{a}\mathrm{d}x$.

$$\int \frac{\mathrm{d}x}{a^2+x^2} = \frac{1}{a}\int \frac{\mathrm{d}u}{1+u^2} = \frac{1}{a}\arctan\frac{x}{a} + c.$$

例 5 $\int \frac{\mathrm{d}x}{\sqrt{a^2 - x^2}}, a > 0.$

解 $\int \frac{\mathrm{d}x}{\sqrt{a^2 - x^2}} = \int \frac{\mathrm{d}x}{a\sqrt{1 - \left(\frac{x}{a}\right)^2}}.$

设 $u = \frac{x}{a}$, 则 $\mathrm{d}u = \frac{1}{a}\mathrm{d}x.$

$$\int \frac{\mathrm{d}x}{\sqrt{a^2 - x^2}} = \int \frac{\mathrm{d}u}{\sqrt{1 - u^2}} = \arcsin \frac{x}{a} + c.$$

我们还可以把定理的条件结论串起来，写成下面的形式

$$\begin{aligned} &\int f[\varphi(x)]\varphi'(x)\mathrm{d}x \\ &= \int f[\varphi(x)]\mathrm{d}\varphi(x) \xlongequal{令\varphi(x) = u} \int f(u)\mathrm{d}u \\ &= F(u) + c \xlongequal{u = \varphi(x)} F[\varphi(x)] + c. \end{aligned} \tag{9.4}$$

如例 3 就可如下完成：

$$\begin{aligned} &\int \frac{\ln x}{x}\mathrm{d}x = \int \ln x \mathrm{d}\ln x \\ &\xlongequal{令\ln x = u} \int u\mathrm{d}u = \frac{1}{2}u^2 + c \\ &\xlongequal{u = \ln x} \frac{1}{2}(\ln x)^2 + c. \end{aligned}$$

当计算过程熟练后，可不必把 u 写出来，而直接进行计算.

$$\begin{aligned} \int f[\varphi(x)]\varphi'(x)\mathrm{d}x &= \int f[\varphi(x)]\mathrm{d}\varphi(x) \\ &= F[\varphi(x)] + c. \end{aligned} \tag{9.5}$$

例 6 $\int \frac{2x}{1 + x^2}\mathrm{d}x = \int \frac{1}{1 + x^2}\mathrm{d}(1 + x^2) = \ln(1 + x^2) + c.$

例 7 $\int \tan x\mathrm{d}x = \int \frac{\sin x}{\cos x}\mathrm{d}x = \int -\frac{1}{\cos x}\mathrm{d}(\cos x)$

$= -\ln|\cos x| + c.$

类似的计算可求得

$$\int \cot x\mathrm{d}x = \ln|\sin x| + c.$$

由上面的例题可以看出，要想熟练而正确地运用第一换元法，

必须熟记一些常见函数的微分. 下面我们再看几个较难一点的例子，在它们的计算中往往要用到一些恒等变形.

例 8 $\int \frac{\mathrm{d}x}{x^2 - a^2}, a > 0.$

解 $\frac{1}{x^2 - a^2} = \frac{1}{2a}\left(\frac{1}{x-a} - \frac{1}{x+a}\right)$

$$\int \frac{\mathrm{d}x}{x^2 - a^2} = \frac{1}{2a}\int\left(\frac{1}{x-a} - \frac{1}{x+a}\right)\mathrm{d}x$$

$$= \frac{1}{2a}\left(\int \frac{1}{x-a}\mathrm{d}x - \int \frac{1}{x+a}\mathrm{d}x\right)$$

$$= \frac{1}{2a}(\ln|x-a| - \ln|x+a|) + c$$

$$= \frac{1}{2a}\ln\left|\frac{x-a}{x+a}\right| + c.$$

例 9 $\int \frac{\mathrm{d}x}{\cos x}.$

解 $\frac{1}{\cos x} = \frac{\cos x}{\cos^2 x} = \frac{\cos x}{1 - \sin^2 x}.$

$$\int \frac{\mathrm{d}x}{\cos x} = \int \frac{\cos x}{1 - \sin^2 x}\mathrm{d}x = -\int \frac{1}{\sin^2 x - 1}\mathrm{d}\sin x$$

$$= \frac{1}{2}\left(\int \frac{1}{\sin x + 1}\mathrm{d}\sin x - \int \frac{1}{\sin x - 1}\mathrm{d}\sin x\right)$$

$$= \frac{1}{2}(\ln|\sin x + 1| - \ln|\sin x - 1|) + c$$

$$= \frac{1}{2}\ln\left|\frac{\sin x + 1}{\sin x - 1}\right| + c$$

$$= \frac{1}{2}\ln\left|\frac{(\sin x + 1)^2}{\sin^2 x - 1}\right| + c$$

$$= \frac{1}{2}\ln\frac{(\sin x + 1)^2}{\cos^2 x} + c$$

$$= \ln\left|\frac{1 + \sin x}{\cos x}\right| + c$$

$$= \ln|\sec x + \tan x| + c.$$

例 10 $\int \cos 2x \cos 3x \mathrm{d}x.$

解 $\cos 2x \cos 3x = \frac{1}{2}(\cos x + \cos 5x),$

$$\int \cos 2x \cos 3x \mathrm{d}x = \frac{1}{2}\int (\cos x + \cos 5x)\mathrm{d}x$$
$$= \frac{1}{2}\int \cos x \mathrm{d}x + \frac{1}{2}\int \cos 5x \mathrm{d}x$$
$$= \frac{1}{2}\sin x + \frac{1}{10}\sin 5x + c.$$

9.4 第二换元法

第一换元法是将 x 的函数 $\varphi(x)$ 表为新变量 u，而第二换元法则是将 x 表为新变量 u 的函数 $x=\varphi(u)$，从而简化积分计算.

例 1 $\int \frac{\mathrm{d}x}{1+\sqrt[3]{x}}$.

解 令 $x=u^3$，则 $\mathrm{d}x = 3u^2\mathrm{d}u$

$$\int \frac{\mathrm{d}x}{1+\sqrt[3]{x}} = 3\int \frac{u^2}{1+u}\mathrm{d}u = 3\int \frac{u^2-1+1}{1+u}\mathrm{d}u$$
$$= 3\int u\mathrm{d}u - 3\int \mathrm{d}u + 3\int \frac{1}{1+u}\mathrm{d}u$$
$$= \frac{3}{2}u^2 - 3u + 3\ln|1+u| + c$$
$$= \frac{3}{2}\sqrt[3]{x^2} - 3\sqrt[3]{x} + 3\ln\left|1+\sqrt[3]{x}\right| + c.$$

定理 9.4 设 $x=\varphi(u)$ 可导，$\varphi'(u)\neq 0$，

$$\int f[\varphi(u)]\varphi'(u)\mathrm{d}u = \Phi(u) + c, \tag{9.6}$$

则

$$\int f(x)\mathrm{d}x = \Phi(\varphi^{-1}(x)) + c. \tag{9.7}$$

证明 仅需证明 $\Phi(\varphi^{-1}(x))$ 求导后等于 $f(x)$，将 $\Phi(\varphi^{-1}(x))$ 看作复合函数

$$y=\Phi(u),\ u=\varphi^{-1}(x).$$

由复合函数及反函数求导法则，有

$$\frac{\mathrm{d}\Phi[\varphi^{-1}(x)]}{\mathrm{d}x} = \frac{\mathrm{d}\Phi}{\mathrm{d}u}\cdot\frac{\mathrm{d}u}{\mathrm{d}x} = f[\varphi(u)]\varphi'(u)\frac{1}{\varphi'(u)}$$
$$= f[\varphi(u)] = f(x).$$

故定理结论成立.

例 2 $\int \sqrt{a^2 - x^2}\mathrm{d}x$, $(a > 0)$.

解 设 $x = a\sin u$, $\mathrm{d}x = a\cos u\mathrm{d}u$, $|u| < \frac{\pi}{2}$.

$$\sqrt{a^2 - x^2} = \sqrt{a^2 - a^2\sin^2 u} = \sqrt{a^2(1 - \sin^2 u)} = a\cos u.$$

$$\begin{aligned}\int \sqrt{a^2 - x^2}\mathrm{d}x &= a^2\int \cos^2 u\mathrm{d}u \\ &= a^2\int \frac{1 + \cos 2u}{2}\mathrm{d}u \\ &= \frac{a^2}{2}\left[u + \frac{1}{2}\sin 2u\right] + c \\ &= \frac{a^2}{2}[u + \sin u\cos u] + c.\end{aligned}$$

为了把新变量 u 代回原变量 x，我们介绍一种简便的几何方法. 根据变换作直角三角形(如图 9.2)，使

$$\sin u = \frac{x}{a},$$

则

$$\cos u = \frac{\sqrt{a^2 - x^2}}{a}.$$

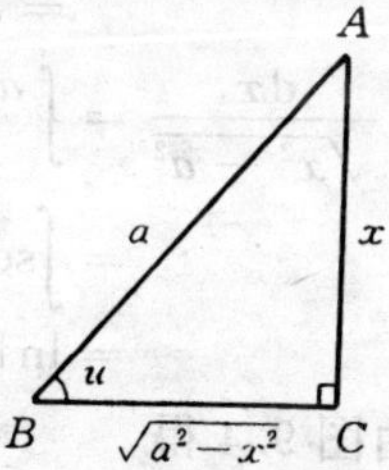

图 9.2

故

$$\int \sqrt{a^2 - x^2}\mathrm{d}x = \frac{a^2}{2}\arcsin\frac{x}{a} + \frac{1}{2}x\sqrt{a^2 - x^2} + c.$$

例 3 $\int \frac{\mathrm{d}x}{\sqrt{x^2 + a^2}}$, $a > 0$.

解 设 $x = a\tan u$, $\mathrm{d}x = a\sec^2 u\mathrm{d}u$,

$$\sqrt{x^2 + a^2} = \sqrt{a^2(\tan^2 u + 1)} = a\sec u,$$

$$\begin{aligned}\int \frac{\mathrm{d}x}{\sqrt{x^2 + a^2}} &= \int \frac{a\sec^2 u}{a\sec u}\mathrm{d}u \\ &= \int \sec u\mathrm{d}u \\ &= \ln|\sec u + \tan u| + c.\end{aligned}$$

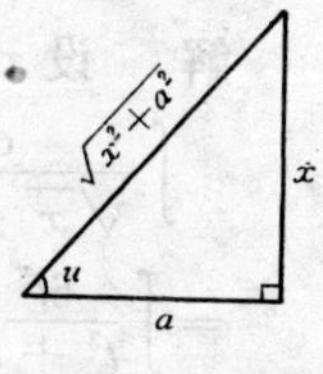

图 9.3

由图 9.3 得

$$\sec u=\frac{\sqrt{x^2+a^2}}{a}.$$

故

$$\begin{aligned}\int\frac{\mathrm{d}x}{\sqrt{x^2+a^2}}&=\ln\left|\frac{x}{a}+\frac{\sqrt{x^2+a^2}}{a}\right|+c_1\\&=\ln|x+\sqrt{x^2+a^2}|+c.\ (c=c_1-\ln a)\end{aligned}$$

例 4 $\int\frac{\mathrm{d}x}{\sqrt{x^2-a^2}},a>0.$

解 设 $x=a\sec u$, $\mathrm{d}x=a\sec u\tan u\mathrm{d}u$, $0<t<\frac{\pi}{2}$.

$$\begin{aligned}\sqrt{x^2-a^2}&=\sqrt{a^2(\sec^2u-1)}\\&=a\tan u.\end{aligned}$$

$$\begin{aligned}\int\frac{\mathrm{d}x}{\sqrt{x^2-a^2}}&=\int\frac{a\sec u\tan u}{a\tan u}\mathrm{d}u\\&=\int\sec u\mathrm{d}u\\&=\ln|\sec u+\tan u|+c_1.\end{aligned}$$

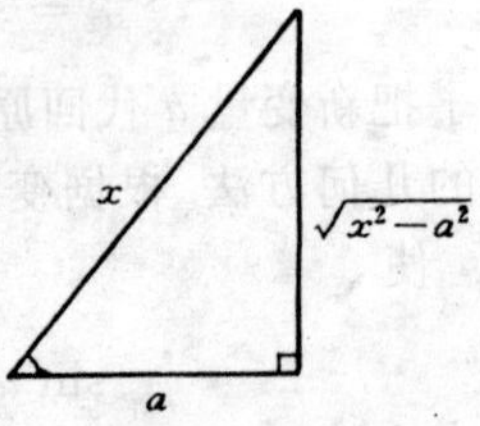

图 9.4

由图 9.4 得

$$\begin{aligned}\int\frac{\mathrm{d}x}{\sqrt{x^2-a^2}}&=\ln\left|\frac{x}{a}+\frac{\sqrt{x^2-a^2}}{a}\right|+c_1\\&=\ln|x+\sqrt{x^2-a^2}|+c.\ (c=c_1-\ln a)\end{aligned}$$

例 2～例 4 所用的方法，称为三角函数代换法，当被积函数含有根式 $\sqrt{a^2-x^2}$ 或 $\sqrt{x^2\pm a^2}$ 时，用此法往往能获得成功.

例 5 $\int\frac{\mathrm{d}x}{\sqrt{x}+\sqrt[3]{x}}.$

解 设 $x=u^6$, $\mathrm{d}x=6u^5\mathrm{d}u$.

$$\begin{aligned}&\int\frac{\mathrm{d}x}{\sqrt{x}+\sqrt[3]{x}}\\=&\int\frac{6t^5}{t^3+t^2}\mathrm{d}t\\=&6\int\frac{t^3}{t+1}\mathrm{d}t=6\int\frac{t^3+1-1}{t+1}\mathrm{d}t\end{aligned}$$

$$= 6\int\left[t^2 - t + 1 - \frac{1}{t+1}\right]dt$$
$$= 2t^3 - 3t^2 + 6t - 6\ln|t+1| + c$$
$$= 2\sqrt{x} + 3\sqrt[3]{x} + 6\sqrt[6]{x} - 6\ln|\sqrt[6]{x} + 1| + c.$$

例 6 $\int\frac{x+1}{x\sqrt{x-2}}dx.$

解 设 $x - 2 = u^2$, $dx = 2udu$.

$$\int\frac{x+1}{x\sqrt{x-2}}dx$$
$$= \int\frac{u^2+3}{(2+u^2)u}2udu$$
$$= 2\int\frac{3+u^2}{2+u^2}du$$
$$= 2\int\left[1 + \frac{1}{2+u^2}\right]du$$
$$= 2u + \sqrt{2}\arctan\frac{u}{\sqrt{2}} + c$$
$$= 2\sqrt{x-2} + \sqrt{2}\arctan\frac{\sqrt{x-2}}{\sqrt{2}} + c.$$

9.5 分部积分法

把两个函数乘积的求导公式用在积分运算中，即可得到分部积分法公式.

定理 9.5 设 $u(x)$, $v(x)$ 可导，且 $u'(x)v(x)$ 存在原函数，则 $u(x)v'(x)$ 亦存在原函数，且

$$\int u(x)v'(x)dx = u(x)v(x) - \int u'(x)v(x)dx. \tag{9.8}$$

证明 将 $(u(x)v(x))' = u'(x)v(x) + u(x)v'(x)$ 改写为

$$u(x)v'(x) = (u(x)v(x))' - u'(x)v(x).$$

积分等式两边，利用不定积分性质得

$$\int u(x)v'(x)dx = u(x)v(x) - \int u'(x)v(x)dx.$$

(9.8) 式称为分部积分公式，它也可写成如下形式

$$\int u\mathrm{d}v = uv - \int v\mathrm{d}u. \tag{9.9}$$

例 1 $\int x\mathrm{e}^x\mathrm{d}x$.

解 设 $u = x$, $\mathrm{d}v = \mathrm{e}^x\mathrm{d}x$, 则

$$\mathrm{d}u = \mathrm{d}x,\ v = \mathrm{e}^x$$

$$uv = x\mathrm{e}^x,\ v\mathrm{d}u = \mathrm{e}^x\mathrm{d}x.$$

$$\int x\mathrm{e}^x\mathrm{d}x = x\mathrm{e}^x - \int \mathrm{e}^x\mathrm{d}x = x\mathrm{e}^x - \mathrm{e}^x + c.$$

例 2 $\int x\cos x\mathrm{d}x$.

解 设 $u = x$, $dv = \cos x\mathrm{d}x$, 则

$$\mathrm{d}u = \mathrm{d}x,\ v = \sin x,$$

$$uv = x\sin x,\ v\mathrm{d}u = \sin x\mathrm{d}x.$$

$$\int x\cos x\mathrm{d}x = x\sin x - \int \sin x\mathrm{d}x = x\sin x + \cos x + c.$$

例 3 $\int \arctan x\mathrm{d}x$.

解 设 $u = \arctan x$, $\mathrm{d}v = \mathrm{d}x$, 则

$$\mathrm{d}u = \frac{1}{1+x^2}\mathrm{d}x,\ v = x.$$

$$\int \arctan x\mathrm{d}x = x\arctan x - \int \frac{x}{1+x^2}\mathrm{d}x = x\arctan x - \frac{1}{2}\int \frac{1}{1+x^2}\mathrm{d}(1+x^2) = x\arctan x - \frac{1}{2}\ln(1+x^2) + c.$$

例 4 $\int \ln x\mathrm{d}x$.

解 设 $u = \ln x$, $\mathrm{d}v = \mathrm{d}x$, 则

$$\mathrm{d}u = \frac{1}{x}\mathrm{d}x,\ v = x.$$

$$\int \ln \mathrm{d}x = x\ln x - \int \mathrm{d}x$$

$$= x\ln x - x + c$$

上面四个例题，有一定代表性，通过它们，我们不仅看到运用分部积分公式的具体步骤，同时也指出了不同情况下，如何恰当地选择 u 和 $\mathrm{d}v$，从而使 $\int v\mathrm{d}u$ 较易计算.

熟悉计算过程后，可将设 u,$\mathrm{d}v$ 的过程略去，直接进行运算.

例 5 $\int x^2 e^x \mathrm{d}x$.

解 $\int x^2 e^x \mathrm{d}x = \int x^2 \mathrm{d}e^x$

$$= x^2 e^x - 2\int x e^x \mathrm{d}x$$

$$= x^2 e^x - 2\int x \mathrm{d}e^x$$

$$= x^2 e^x - 2xe^x + 2\int e^x \mathrm{d}x$$

$$= x^2 e^x - 2xe^x + 2e^x + c.$$

例 6 $\int e^x \sin x \mathrm{d}x$.

解 $\int e^x \sin x \mathrm{d}x = \int e^x \mathrm{d}(-\cos x)$

$$= -e^x \cos x + \int e^x \cos x \mathrm{d}x$$

$$= -e^x \cos x + \int e^x \mathrm{d}(\sin x)$$

$$= -e^x \cos x + e^x \sin x - \int e^x \sin x \mathrm{d}x.$$

由此即可解出

$$\int e^x \sin x \mathrm{d}x = \frac{1}{2} e^x (\sin x - \cos x) + c.$$

例 7 $\int \frac{\mathrm{d}x}{(x^2 + a^2)^2}, a \neq 0$.

解 $\int \frac{\mathrm{d}x}{(x^2 + a^2)^2} = \frac{1}{a^2} \int \frac{x^2 + a^2 - x^2}{(x + a^2)^2} \mathrm{d}x$

$$= \frac{1}{a^2} \int \frac{\mathrm{d}x}{x^2 + a^2} - \frac{1}{a^2} \int \frac{x^2}{(x^2 + a^2)^2} \mathrm{d}x$$

分别计算这两个积分

$$\int \frac{dx}{x^2+a^2} = \frac{1}{a}\arctan\frac{x}{a} + c_1;$$

$$\begin{aligned}\int \frac{x^2 dx}{(x^2+a^2)^2} &= \int x \cdot \frac{x}{(x^2+a^2)^2} dx \\ &= \int x d\left(\frac{1}{-2(x^2+a^2)}\right) \\ &= \frac{-x}{2(x^2+a^2)} + \int \frac{1}{2(x^2+a^2)} dx \\ &= \frac{-x}{2(x^2+a^2)} + \frac{1}{2a}\arctan\frac{x}{a} + c_2.\end{aligned}$$

则

$$\int \frac{dx}{(x^2+a^2)^2}$$

$$= \frac{1}{a^2}\left[\frac{1}{a}\arctan\frac{x}{a} + \frac{x}{2(x^2+a^2)} - \frac{1}{2a}\arctan\frac{x}{a}\right] + c$$

$$= \frac{1}{2a^2}\left[\frac{1}{a}\arctan\frac{x}{a} + \frac{x}{x^2+a^2}\right] + c.$$

为了使读能了解到如何用不定积分去解决实际问题，并对积分常数 c 有更清楚的认识，在本章的最后一节，我们介绍几个实例，它们实际上涉及到简单的常微分方程及其求解，供读者参考.

9.6 几个实例

定义 9.3 含有未知函数的导数或微分的方程，称为**微分方程**.

例 1 求经过点(2, 5)且切线斜率为 x 的曲线.

解 设所求曲线方程为 $y = y(x)$，则

$$\begin{cases} \dfrac{dy}{dx} = x; & (9.10) \\ y(2) = 5. & (9.11) \end{cases}$$

(9.10) 是一个微分方程，而(9.11) 则表示当 $x = 2$ 时 $y(2) = 5$，称为**初始条件**. 为求满足(9.10) 式的函数 y，只需求一次积分，有

$$y = \int x dx = \frac{1}{2}x^2 + c, \quad c \text{ 为任意常数.}$$

再将初始条件(9.11) 代入，得

$$5 = \frac{1}{2} \cdot 2^2 + c, \quad c = 3,$$

则 $y = \frac{1}{2}x^2 + 3$ 是过点(2,5)且切线斜率为 x 的曲线. 我们称 $y = \frac{1}{2}x^2 + c$ 为微分方程(9.10)的通解，$y = \frac{x^2}{2} + 3$ 是微分方程(9.10)满足初始条件(9.11)的解，称为初值问题的解.

例 2 一质量为 m 的物体在高度为 s_0 处以初速 v_0 自由降落，若只计重力作用，忽略空气阻力及其它因素，求该物体的运动方程 $s = s(t)$.

解 我们要求的未知函数是 $s = s(t)$，而速度函数 $v = \frac{ds(t)}{dt}$，加速度函数为 $a = \frac{d^2s(t)}{dt^2}$，根据牛顿第二定律有

$$m\frac{d^2s}{dt^2} = -mg,$$

即

$$\frac{d^2s}{dt^2} = -g, \tag{9.12}$$

这是一个微分方程，初始条件为

$$s(0) = s_0,\ v(0) = v_0. \tag{9.13}$$

因 $v = \frac{ds}{dt}$，所以(9.12)可以改写为

$$\frac{dv}{dt} = -g,$$

$$v = -\int g\,dt = -gt + c_1.$$

再将上式写为

$$\frac{ds}{dt} = -gt + c_1,$$

$$\begin{aligned} s &= \int(-gt + c_1)dt \\ &= -\frac{1}{2}gt^2 + c_1t + c_2. \end{aligned} \tag{9.14}$$

(9.14)给出自由落体运动的一般规律，称为微分方程(9.12)的通解，其中 c_1 与 c_2 是与初始速度和初始位置有关的两个常数. 由初始

条件(9.13)，

$$s_0 = s(0) = -\frac{1}{2}g \cdot 0^2 + c_1 \cdot 0 + c_2 = c_2;$$

$$v_0 = v(0) = -g \cdot 0 + c_1 = c_1,$$

则 $c_1 = v_0,\ c_2 = s_0.$

故所求的运动方程是

$$s = -\frac{1}{2}gt^2 + v_0 t + s_0.$$

* **例 3** 镭的衰变. 镭是一种放射性物质，设它的质量 $R = R(t)$ 是时间 t 的函数，且随时间 t 的增加而减少，这就是镭的衰变. 由实验知，镭的衰变率与镭的存余量成正比，设比例系数为 k，因是衰变，$\frac{\mathrm{d}R}{\mathrm{d}t} < 0$，有

$$\frac{\mathrm{d}R}{\mathrm{d}t} = -kR,\ (k > 0).$$

这就是镭的衰变的数学模型. 设在时刻 $t = t_0$，镭的质量为 R_0，则要考虑的初值问题是

$$\begin{cases} \frac{\mathrm{d}R}{\mathrm{d}t} = -kR,\ (k > 0), & (9.14) \\ R(t_0) = R_0. & (9.15) \end{cases}$$

解 因 $R > 0$，为了进行积分运算，我们可将(9.14)式改写为

$$\frac{\mathrm{d}R}{R} = -k\mathrm{d}t.$$

在上式两边同时积分，得

$$\int \frac{\mathrm{d}R}{R} = -\int k\mathrm{d}t,$$

$$\ln R = -kt + c_1.$$

$$R = \mathrm{e}^{c_1}\mathrm{e}^{-kt} = c\mathrm{e}^{-kt},\ c = \mathrm{e}^{c_1} > 0.$$

将 $R(t_0) = R_0$ 代入，有

$$R_0 = c\mathrm{e}^{-kt_0},$$

$$c = R_0\mathrm{e}^{kt_0}.$$

初值问题的解是

$$R = R_0\mathrm{e}^{-k(t-t_0)}.$$

结果表明，镭的衰变是按指数规律下降的.现在我们来计算一下镭的半衰期$\Delta = t_1 - t_0$，即当$t = t_1$时，镭的质量$R(t_1)$等于初始质量R_0的一半.由$R(t_1) = \frac{1}{2}R_0$，有

$$\frac{1}{2}R_0 = R_0 e^{-k(t_1 - t_0)} = R_0 e^{-k\Delta},$$

$$\Delta = \frac{1}{k}\ln 2.$$

例如镭 235，$k = 0.000\,41/$年，代入上式求得其半衰期为 1700 年.由此可知，放射性污染不可能自然消失.

***例 4**　生物总数的数学模型

生物总数的研究是一个很复杂的问题，这里介绍一个较粗糙的数学模型.设$p(t)$表示某种群在时刻t的总数，严格地说，$p(t)$是一个不连续的阶梯函数，但是，当数量很大，一、二个的增减与全体总数相比极为微小，我们将把$p(t)$看成时间t的光滑函数，从而可以应用微积分的方法.设$r = r(t,p)$为种群的增长率(出生率与死亡率之差)，则

$$\frac{dp}{dt} = r(t,p)p(t).$$

在最简单的情形下设$r(t,p)$为常数$a > 0$，初始时刻$t = t_0$时总数为p_0，我们得到一个生物总数的数学模型.

$$\begin{cases} \dfrac{dp}{dt} = ap,\ (a > 0,\ p > 0) & (9.16) \\ p(t_0) = p. & (9.17) \end{cases}$$

为解(9.16)，将其改写为

$$\frac{dp}{p} = a dt,$$

积分得

$$p = ce^{at},\ c > 0.$$

将$p(t_0) = p_0$代入，求得

$$c = p_0 e^{-at_0},$$

故所求初值问题的解是

$$p = p_0 e^{a(t-t_0)}.$$

生物总数是按指数规律增长的.设它的倍增期为 $\delta = \bar{t} - t_0$，则

$$2p_0 = p_0 e^{a\delta},$$

$$\delta = \frac{1}{a}\ln 2.$$

若 $a = 0.02/$ 年，则

$$\begin{aligned}\delta &= \frac{1}{0.02} \times \ln 2 \\ &= 50 \times 0.6931 \approx 34.655(\text{年})\end{aligned}$$

即设年增长率为 2%，则约 35 年生物(例如人口)总数增长一倍.这是马尔萨斯人口论的依据，虽然总的说来是不正确的，但也反映了某些失控情况.例如，1945 年，我国人口总数为 4.5 亿，而到 1979 年，人口总数已超过 9.7 亿，倍增期还不到 35 年！

由于人口的增长率一般是会随人口基数的增大而下降，考虑到环境制约，人们提出一个新的模型，设

$$r = a - bp,$$

其中 $a > 0$，$b > 0$，称为生命系数，一些生态学家测得 a 的自然率为 0.029，而 b 的值则取决于各国的社会经济条件，由此得到的模型是

$$\begin{cases}\dfrac{\mathrm{d}p}{\mathrm{d}t} = (a - bp)p,\ a,b,p > 0, & (9.18)\\ p(t_0) = p_0. & (9.19)\end{cases}$$

现在我们来求解这个方程，并给出我国人口发展趋势的一个估计.将(9.18)改写为

$$\frac{\mathrm{d}p}{(a-bp)p} = \mathrm{d}t,$$

则

$$\int \frac{\mathrm{d}p}{(a-bp)p} = \int \mathrm{d}t.$$

又

$$\begin{aligned}\int \frac{\mathrm{d}p}{(a-bp)p} &= \frac{b}{a}\int \frac{\mathrm{d}p}{a-bp} + \frac{1}{a}\int \frac{\mathrm{d}p}{p} \\ &= \frac{b}{a} \cdot -\frac{1}{b}\ln(a-bp) + \frac{1}{a}\ln p + c_1,\end{aligned}$$

$$= \frac{1}{a}[-\ln(a-bp)+\ln p]+c_1,$$

$$= \frac{1}{a}\ln\frac{p}{a-bp}+c_1.$$

由此得

$$\frac{1}{a}\ln\frac{p}{a-bp}=t+c_2,$$

$$p=\frac{cae^{at}}{1+cbe^{at}},\ c=e^{ac_2}>0.$$

将 $p(t_0)=p_0$ 代入，求出

$$c=p_0e^{-at_0}(a-bp_0)^{-1},$$

所求初值问题的解是

$$p=\frac{ap_0e^{a(t-t_0)}(a-bp_0)^{-1}}{1+bp_0e^{a(t-t_0)}(a-bp_0)^{-1}}$$

$$=\frac{ap_0}{bp_0+(a-b_0)e^{-a(t-t_0)}}.$$

注意到，当 $t\to+\infty$ 时，有

$$p(t)\longrightarrow\frac{ap_0}{bp_0}=\frac{a}{b}.$$

因此，不论其初始值是多少，其总数总是趋向于值 $\frac{a}{b}$. 而且，当 $0<p_0<\frac{a}{b}$ 时，$p(t)$ 是时间 t 的单调递增函数. 又因

$$\frac{d^2p}{dt^2}=a\frac{dp}{dt}-2bp\frac{dp}{dt}$$

$$=(a-2bp)p(a-bp).$$

从而，当 $p(t)<\frac{a}{2b}$ 时，$\frac{dp}{dt}$ 是递增的，而当 $p(t)>\frac{a}{2b}$ 时，$\frac{dp}{dt}$ 是递减的. 设 $p_0<\frac{a}{2b}$，$p(t)$ 的形状如图 9.5.

在人口总数达到 $\frac{a}{b}$ 一半以前的时期，是加速生长时期，过了这一点以后，生长的速率逐渐减小，这是减速生长时期. 下面给出对我国人口发展趋势的估计.

根据 1980 年 5 月 1 日公布的数字，我国在 1979 年人口总数为 97 902 万人，设当时的人口增长率为 1.45%，即取 $t_0=1979$，$p_0=$

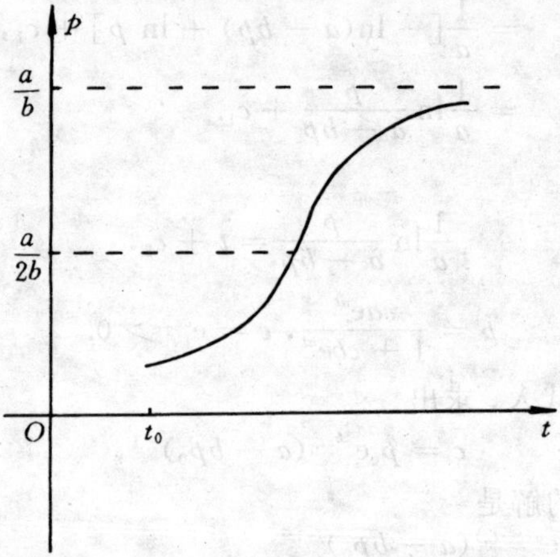

图 9.5

$9.790\ 2\times10^8$，$r_0=0.014\ 5$，则

$$bp_0=a-r_0=0.029-0.014\ 5=0.014\ 5.$$

求得 $b=\dfrac{0.014\ 5}{p_0}$，由此，可以对我国人口总数作出估算，部分结果见表 9.1.

表 9.1　我国人口总数统计推测表

年／底	1987	1988	1995	2000	2020	2050	2500
人／亿	10.82	10.96	11.91	12.57	14.88	17.21	19.41

现在我们看看几个统计数字，1987 年 7 月的统计数字为10.72 亿，1988 年为10.961 4 亿，而 1995 年为 12.112 1 亿，1996 年为 12.238 9 亿. 这些统计数字表明，在严格控制人口增长率的前题下，上面的估算有一定的可信度. 按照这个估计，本世纪末，人口总数将为 12.57 亿，而最终趋势可令 $t\to+\infty$ 求出，这时有

$$\lim_{t\to+\infty}p(t)=\frac{a}{b}=\frac{0.029}{\dfrac{a-r_0}{p_0}}$$

$$=\frac{9.790\ 2\times0.029}{0.014\ 5}$$

$$\approx 19.42(亿),$$

即当人口增长率不失控时,我国人口的最终趋势为 19.42 亿.

小　　结

本章的内容有:不定积分的概念,不定积分的基本性质和不定积分的计算.其中不定积分的概念和基本性质是理论基础,而不定积分的计算是本章的中心.

1.设在区间 I 上,$F'(x)=f(x)$,则称 $F(x)$ 为 $f(x)$ 在区间 I 上的一个原函数.因常数的导数等于 0,所以对任意常数 c,$F(x)+c$ 也是 $f(x)$ 在区间 I 上的原函数,我们称 $f(x)$ 在区间 I 上的原函数的全体为 $f(x)$ 的不定积分,记作

$$\int f(x)\mathrm{d}x,\ x\in I.$$

2.积分运算是微分运算的逆运算,由求导的基本公式可得积分的基本公式;由不定积分的定义,易推出不定积分的基本性质.利用不定积分表和不定积分的线性性质,可以计算一些初等函数的积分.

3.换元法和分部积分法是应用非常广泛的基本积分方法,运用它们的基本思路是:把被积函数通过换元、分部积分法变成易于计算的类型,即化难为易、化繁为简,向基本积分公式靠拢.

4.积分的基本公式与求导的基本公式不同,我们给出的不是基本初等函数的积分公式,而是原函数是基本初等函数的积分公式.事实上,求不定积分比求导数困难的多,而有时,同一个被积函数的原函数,会出现形式上的差异,当对计算结果不能肯定时,不妨将其求导,看是否等于被积函数,以检验计算是否正确.

5.为了加深对某些问题的了解,在最后一节,我们介绍了几个实例,其中例 1、例 2 在第一节已涉及到,应不难掌握.例 3、例 4 供大家参考,不作要求.

习 题 九

A

1. 解下列问题：

(1) 求经过原点且切线斜率为 2 的曲线；

(2) 在积分曲线族

$$y=\int 3x^2\mathrm{d}x$$

中，求通过点 $p_0(1,-1)$ 的曲线；

(3) 已知曲线上任一点切线的斜率为 $\cos x$，且经过点 $(\pi, 1)$，求此曲线的方程.

2. 求下列不定积分：

(1) $\int 3x^2\mathrm{d}x$； (2) $\int 2\sqrt{x}\,\mathrm{d}x$；

(3) $\int \frac{\mathrm{d}h}{\sqrt{2gh}}$； (4) $\int \frac{1}{x^3}\mathrm{d}x$；

(5) $\int \left(3^x-x^2+\frac{1}{x}\right)\mathrm{d}x$； (6) $\int (a-bx)^2\mathrm{d}x$；

(7) $\int \frac{\sqrt{x}-x^2\mathrm{e}^x+x}{x^2}\mathrm{d}x$； (8) $\int \frac{3x^2}{1+x^2}\mathrm{d}x$；

(9) $\int \tan^2 x\mathrm{d}x$； (10) $\int \frac{\cos 2x}{\cos^2 x\sin^2 x}\mathrm{d}x$；

(11) $\int \frac{\mathrm{d}x}{1+\cos 2x}$； (12) $\int \frac{\mathrm{e}^{2t}-1}{\mathrm{e}^t-1}\mathrm{d}t$；

(13) $\int \left(\frac{2}{\sqrt{1-x^2}}+\frac{1}{1+x^2}\right)\mathrm{d}x$； (14) $\int \frac{1}{x+a}\mathrm{d}x$；

(15) $\int \frac{1}{9-x^2}\mathrm{d}x$； (16) $\int (3-2x)^{10}\mathrm{d}x$；

(17) $\int \sqrt[3]{3x-1}\,\mathrm{d}x$； (18) $\int \frac{3}{(1-2x)^2}\mathrm{d}x$；

(19) $\int \cos(a-bx)\mathrm{d}x$； (20) $\int 10^{2x}\mathrm{d}x$；

(21) $\int a^{mx+n}\mathrm{d}x$；

(22) $\int(\sin 5x-\sin 5\alpha)\mathrm{d}x$；

(23) $\int(\mathrm{e}^{-x}+\mathrm{e}^{-2x})\mathrm{d}x$；

(24) $\int\frac{1}{\sin^2\left(2x+\frac{\pi}{4}\right)}\mathrm{d}x$.

3. 求下列不定积分：

(1) $\int\frac{x}{1+x^2}\mathrm{d}x$；

(2) $\int u\sqrt{u^2-5}\mathrm{d}u$；

(3) $\int 3x^2\sqrt{x^3+1}\mathrm{d}x$；

(4) $\int\frac{x-1}{x^2+1}\mathrm{d}x$；

(5) $\int\frac{1}{1+9x^2}\mathrm{d}x$；

(6) $\int\frac{1}{2x^2+9}\mathrm{d}x$；

(7) $\int\frac{1}{\sqrt{4-x^2}}\mathrm{d}x$；

(8) $\int\frac{1}{\sqrt{1-16x^2}}\mathrm{d}x$；

(9) $\int\frac{x}{\sqrt{1+16x^2}}\mathrm{d}x$；

(10) $\int\frac{x}{4+x^4}\mathrm{d}x$；

(11) $\int\frac{x}{\sqrt{4-x^4}}\mathrm{d}x$；

(12) $\int\frac{x^3}{x^8-16}\mathrm{d}x$；

(13) $\int\frac{1}{x\ln x}\mathrm{d}x$；

(14) $\int(\ln x)^2\frac{1}{x}\mathrm{d}x$；

(15) $\int\mathrm{e}^{-x^2}x\mathrm{d}x$；

(16) $\int\mathrm{e}^x\sqrt[3]{1-\mathrm{e}^x}\mathrm{d}x$；

(17) $\int\mathrm{e}^{\sin x}\cos x\mathrm{d}x$；

(18) $\int\frac{\mathrm{e}^x}{1+\mathrm{e}^x}\mathrm{d}x$；

(19) $\int\frac{1}{\mathrm{e}^x+\mathrm{e}^{-x}}\mathrm{d}x$；

(20) $\int\frac{1}{(\arcsin x)^2\sqrt{1-x^2}}\mathrm{d}x$；

(21) $\int\frac{(\arctan x)^2}{1+x^2}\mathrm{d}x$；

(22) $\int\sin^5 x\cos x\mathrm{d}x$；

(23) $\int\frac{\sin x}{\sqrt{\cos^3 x}}\mathrm{d}x$；

(24) $\int\frac{\sin x+\cos x}{\sqrt[3]{\sin x-\cos x}}\mathrm{d}x$；

(25) $\int\cot x\mathrm{d}x$；

(26) $\int\cos 2x\cos 4x\mathrm{d}x$；

(27) $\int\sin x\sin 3x\mathrm{d}x$；

(28) $\int\tan^{10}x\sec^2 x\mathrm{d}x$；

(29) $\int \sin\frac{1}{x}\frac{dx}{x^2}$；　(30) $\int \frac{dx}{\cos^2 x\sqrt{\tan x}}$；

(31) $\int \cos^3 x dx$；　(32) $\int \frac{dx}{\sin x}$.

4. 求下列不定积分：

(1) $\int \sqrt{9-x^2}dx$；　(2) $\int \frac{dx}{(1-x^2)^{\frac{3}{2}}}$；

(3) $\int \frac{1}{\sqrt{x^2+4}}dx$；　(4) $\int \frac{1}{(x^2+a^2)^{\frac{3}{2}}}dx$；

(5) $\int \frac{1}{x^2\sqrt{x^2+1}}dx$；　(6) $\int \frac{1}{\sqrt{x^2-9}}dx$；

(7) $\int \frac{\sqrt{x^2-a^2}}{x}dx$；　(8) $\int \frac{1}{x^2\sqrt{x^2-1}}dx$；

(9) $\int \frac{(\sqrt{x})^3+1}{\sqrt{x}+1}dx$；　(10) $\int \frac{2-\sqrt{2x+3}}{1-2x}dx$.

5. 求下列不定积分：

(1) $\int xe^{2x}dx$；　(2) $\int xe^{-x}dx$；

(3) $\int x^2a^x dx$；　(4) $\int x\sin x dx$；

(5) $\int x^2\cos x dx$；　(6) $\int x\cos 2x dx$；

(7) $\int \operatorname{arccot} x dx$；　(8) $\int \arccos x dx$；

(9) $\int x\arctan x dx$；　(10) $\int \ln^2 x dx$；

(11) $\int x\ln x dx$；　(12) $\int e^x\cos x dx$；

(13) $\int x^2\ln(1+x)dx$；　(14) $\int x^2e^{-2x}dx$；

(15) $\int \left(\frac{\ln x}{x}\right)^2 dx$；　(16) $\int \frac{x^2}{(1+x^2)^2}dx$.

B

1. 在下列各等式中的横线上填入适当的系数.

(1) $\mathrm{d}x=$ ______ $\mathrm{d}(3x+1)$;

(2) $\mathrm{d}x=$ ______ $\mathrm{d}\left(5-\frac{1}{2}x\right)$;

(3) $\mathrm{d}x=$ ______ $\mathrm{d}(a+bx)$;

(4) $x\mathrm{d}x=$ ______ $\mathrm{d}(x^2+4)$;

(5) $x^3\mathrm{d}x=$ ______ $\mathrm{d}(2-x^4)$;

(6) $\frac{\mathrm{d}x}{2x+a}=$ ______ $\mathrm{d}(\ln(2x+a))$;

(7) $\frac{\mathrm{d}x}{x^3}=$ ______ $\mathrm{d}\left(\frac{1}{x^2}\right)$;

(8) $\frac{\mathrm{d}x}{\sqrt{x}}=$ ______ $\mathrm{d}(\sqrt{x})$;

(9) $\mathrm{e}^{-2x}\mathrm{d}x=$ ______ $\mathrm{d}(\mathrm{e}^{-2x})$;

(10) $\cos\left(\frac{x}{3}-\pi\right)\mathrm{d}x=$ ______ $\mathrm{d}(\sin(\frac{x}{3}-\pi))$;

(11) $\frac{1}{(2x+3)^2}\mathrm{d}x=$ ______ $\mathrm{d}\left(\frac{1}{2x+3}\right)$;

(12) $\frac{1}{\sin^2 3x}\mathrm{d}x=$ ______ $\mathrm{d}(\cot 3x)$.

2. 在下列各等式的括号中填入适当的函数.

(1) $(1-x)^5\mathrm{d}x=\mathrm{d}(\qquad)$;

(2) $\sqrt{x}\,\mathrm{d}x=\mathrm{d}(\qquad)$;

(3) $\frac{1}{x+3}\mathrm{d}x=\mathrm{d}(\qquad)$;

(4) $10^{3x}\mathrm{d}x=\mathrm{d}(\qquad)$;

(5) $\sin(ax+b)\mathrm{d}x=\mathrm{d}(\qquad)$;

(6) $\frac{x}{1+x^2}\mathrm{d}x=\mathrm{d}(\qquad)$;

(7) $\frac{1}{1+4x^2}\mathrm{d}x=\mathrm{d}(\qquad)$;

(8) $\frac{1}{\sqrt{4-9x^2}}\mathrm{d}x=\mathrm{d}(\qquad)$;

(9) $\frac{1}{\sin^2 x}\mathrm{d}x=\mathrm{d}(\qquad)$;

(10) $\frac{1}{\cos^2 x}\mathrm{d}x=\mathrm{d}(\qquad)$;

(11) $\sin\frac{1}{x}\frac{dx}{x^2} = d($　　　　$)$;

(12) $\cos\sqrt{x}\frac{dx}{\sqrt{x}} = d($　　　$)$.

3. 在区间$[a,b]$上，有$F'(x) = f(x)$，$\Phi'(x) = \varphi(x)$，且$f(x) = \varphi(x)$，则下列等式中一定成立的有(　　).

A. $F(x) = \Phi(x)$　　　　B. $F(x) = \Phi(x) + 1$

C. $\int dF(x) = \int d\Phi(x)$　　　　D. $\left(\int F(x)dx\right)' = \left(\int \Phi(x)dx\right)'$

4. $e^x - e^{-x}$的原函数有(　　).

A. $e^x + e^{-x}$　　　　B. $\left(e^{\frac{x}{2}} + e^{-\frac{x}{2}}\right)^2$

C. $e^x - e^{-x}$　　　　D. $\left(e^{\frac{x}{2}} - e^{-\frac{x}{2}}\right)^2$

5. $\int xe^{x^2}dx = ($　　$)$.

A. e^{x^2}　　　　B. $\frac{1}{2}e^{x^2} + 1$

C. $\frac{1}{2}e^{x^2} + 10$　　　　D. $\frac{1}{2}e^{x^2} + c$

6. $\int \cos 2x dx = ($　　$)$.

A. $-\frac{1}{2}\sin 2x + c$　　　　B. $\frac{1}{2}\sin 2x + c$

C. $\sin x\cos x + c$　　　　D. $\sin 2x + c$

7. 若$\int f(x)dx = x\ln x + c$，则$f(x) = ($　　$)$.

A. $\ln x$　　　　B. $\ln x - 1$

C. $\ln x + 1$　　　　D. $\ln x + x$

8. 若$\int f(x)dx = e^x + c$，则$\int e^x f(x)dx = ($　　$)$.

A. $e^{x^2} + c$　　　　B. $e^{2x} + c$

C. $\frac{1}{2}e^{2x} + c$　　　　D. e^x

9. 若$\int f(x)dx = \ln x + c$，则$\int \ln x f(x)dx = ($　　$)$.

A. $\frac{1}{2x^2} + c$　　　　B. $\frac{1}{2}(\ln x)^2 + c$

C. $\ln^2 x + c$

D. $\dfrac{1}{x^2} + c$

10. 若$\int f(x)\mathrm{d}x = \sin x + c$，则$\int \sin x f(x)\mathrm{d}x =$ ( ).

A. $-\dfrac{1}{2}\cos 2x + c$

B. $\sin^2 x + c$

C. $\dfrac{1}{2}\sin^2 x + c$

D. $-\dfrac{1}{2}\cos^2 x + c$

第十章　定积分

在第九章中，我们已经从运算角度介绍了与微分法紧密联系的积分方法，本章将从概念角度介绍与导数概念紧密联系的定积分概念，并研究其性质，然后讨论它的计算和应用.

10.1　定积分的概念

我们先讨论两类属于不同领域的问题，求曲边梯形的面积和变力所作的功，它们的解决都归结到求同一类型的极限，由此引导出定积分的概念.

10.1.1　曲边梯形的面积

利用圆内接(或外切)正多边形的面积，当边数 $n\to\infty$ 时的极限，可求出圆的面积. 而任意一条曲线围成的图形，怎样计算它的面积呢？我们先考虑如何求曲边梯形的面积. 所谓曲边梯形是这样的图形，它有三条边是直线，其中两条互相平行，第三条(底边)与前两条互相垂直，第四条边是一段弧，它与任一条平行于它的邻边的直线至多交于一点(如图 10.2).

例 1　求曲线 $y=x^2(x\geqslant 0)$ 与 x 轴及直线 $x=1$ 所围曲边梯形的面积(如图 10.1).

解　我们采用极限的方法，先求近似值. 用下列各点

$$0,\ \frac{1}{n},\ \frac{2}{n},\ \cdots,\ \frac{n-1}{n},\ 1$$

把区间[0, 1]分成 n 个相等的小区间，算出有阴影的矩形面积之

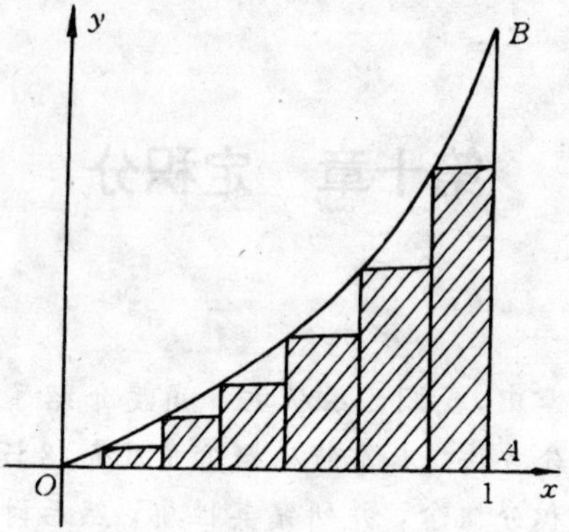

图 10.1

和，其为

$$S_{n-}=0\cdot\frac{1}{n}+\left(\frac{1}{n}\right)^2\cdot\frac{1}{n}+\cdots+\left(\frac{n-1}{n}\right)^2\cdot\frac{1}{n}$$

$$=\frac{1}{n^3}[1^2+2^2+3^2+\cdots+(n-1)^2]$$

$$=\frac{1}{6n^3}(n-1)n(2n-1).$$

这是曲边梯形 OAB 面积的近似值. 令 $n\to\infty$，

$$S_{OAB}=\lim_{n\to\infty}S_{n-}=\frac{1}{3},$$

即曲边梯形 OAB 的面积为$\frac{1}{3}$. S_{n-}是一个不足近似值，若我们取小区间右端点的函数值为小矩形的高，将得到 S_{OAB}的过剩近似值，这时有

$$S_{n+}=\left(\frac{1}{n}\right)^2\frac{1}{n}+\left(\frac{2}{n}\right)^2\cdot\frac{1}{n}+\cdots+\left(\frac{n}{n}\right)^2\cdot\frac{1}{n}$$

$$=\frac{1}{n^3}[1^2+2^2+3^2+\cdots+n^2]$$

$$=\frac{1}{6n^3}n(n+1)(2n+1),$$

$$S_{OAB}=\lim_{n\to\infty}S_{n+}=\frac{1}{3}.$$

当然，也可取小区间中任一点的函数值为高而求出近似值 S_n，这时

有

$$S_{n-} \leqslant S_n \leqslant S_{n+},$$

则

$$\lim_{n\to\infty} S_n = \frac{1}{3}.$$

现在看一般的曲边梯形，取直角坐标系 xOy，设曲边梯形是由非负连续曲线 $y=f(x)(a\leqslant x\leqslant b)$，$x$ 轴以及直线 $x=a$ 与 $x=b$ 所围成(如图 10.2).

用分点

$$a=x_0<x_1<\cdots<x_{n-1}<x_n=b.$$

将区间$[a,b]$分为 n 个小区间$[x_0, x_1]$，$[x_1, x_2]$，…，$[x_{n-1}, x_n]$，这些小区间的长度是任意的，它们彼此可以不相等，这些分点 x_i 的全体称为基本区间$[a,b]$的一个分法 Δ.

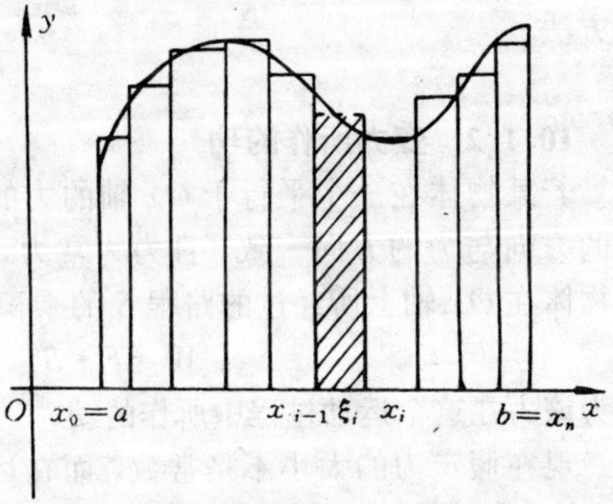

图 10.2

在每一个小区间$[x_{i-1}, x_i]$$(1\leqslant i\leqslant n)$上任取一点 ξ_i，$x_{i-1}\leqslant\xi_i\leqslant x_i$，考虑底边宽为 x_i-x_{i-1}、高为 $f(\xi_i)$的小矩形，这个矩形的面积为 $f(\xi_i)(x_i-x_{i-1})(1\leqslant i\leqslant n)$. 所有这些矩形组成一个由直线段围成的阶梯图形，显然，这个图形的形状与区间$[a,b]$的分法有关，与点 ξ_i 的取法也有关. 但只要分得很细，和

$$S^* = \sum_{i=1}^{n} f(\xi_i)(x_i-x_{i-1})$$

可以取作曲边梯形面积的一个近似值.

若把区间$[a,b]$分得越来越细，每次还是任意地取点 ξ_i，并且对每个分法取法都计算这阶梯形的面积 S^*，从直观上可以这样期望，在无限分细的过程中，S^* 将要趋向一个确定的极限，这个极限自然

是曲边梯形的面积. 这里作为极限基础的过程是区间$[a,b]$的分法的无限变细，记$\lambda(\Delta)$为$\Delta x_i(i=1,\cdots,n)$中最大的一个

$$\lambda(\Delta)=\max_{1\leqslant i\leqslant n}\{\Delta x_i\},\ (\Delta x_i=x_i-x_{i-1}),$$

$\lambda(\Delta)\to 0$ 对应于分法无限变细(分点自然无限增加). 因此，当$\lambda(\Delta)\to 0$时，若S^*的极限存在，我们定义

$$S=\lim_{\lambda(\Delta)\to 0}S^*=\lim_{\lambda(\Delta)\to 0}\sum_{i=1}^{n}f(\xi_i)\Delta x_i$$

为曲边梯形的面积. 注意到这个极限值的存在与分法、取法无关.

这样，我们给出了曲边梯形面积的定义，并且原则上给出了计算方法.

10.1.2 变力所作的功

若某物体在一个平行于Ox轴的力的作用下沿Ox轴运动，运动的方向与力的方向一致，且力为常力，其大小为常数F. 则F与这物体在Ox轴上所经过的路程S的乘积

$$W=F\cdot S$$

称为该力在这个运动过程中所作的功.

现在假定力的大小不是常数，而在运动路程(Ox轴)的不同的点上取不同的值(例如万有引力，电与磁的引力与斥力等)，则力的大小$F=F(x)$，是运动物体在已知瞬间所在点的横坐标x的函数. 当物体在这个变力作用之下，由Ox轴上一点a运动到另一点b时，如何定义这个变力所作的功? 又如何计算? 将是这里要解决的问题.

用分点

$$a=x_0<x_1<\cdots<x_{n-1}<x_n=b,$$

把区间$[a,b]$以任意方式分为n个小区间，在每一个小区间$[x_{i-1},x_i](1\leqslant i\leqslant n)$上任取一点$\xi_i$，若区间很小，可以认为在该段上力的变化不大，于是

$$F(\xi_i)(x_i-x_{i-1})$$

是变力在该段上所作功的一个近似值，而

$$W^*=\sum_{i=1}^{n}F(\xi_i)(x_i-x_{i-1})$$

为变力在$[a,b]$上所作功的一个近似值.可以预计，区间划分的越细，这些近似值就越精确.记

$$\lambda(\Delta)=\max_{1\leqslant i\leqslant n}\{\Delta x_i\},\ \Delta x_i=x_i-x_{i-1},$$

若当 $\lambda(\Delta)\to 0$ 时，W^* 的极限存在，我们自然定义变力在区间$[a,b]$上所作的功 W 为这个极限值.即

$$W=\lim_{\lambda(\Delta)\to 0}W^*=\lim_{\lambda(\Delta)\to 0}\sum_{i=1}^{n}F(\xi_i)\Delta x_i.$$

这里，同样要求这个极限的存在与分法，取法无关.

10.1.3 定积分的概念

上面两个实例，曲边梯形的面积和变力所作的功的计算，都通过求一种和式的极限而得到解决.在各种科技领域内，还有许多量的计算，往往也都归结到这一类和式的极限.因此我们有必要抽去几何意义(曲边梯形的面积)和物理意义(变力所作的功)，保留其分析结构，引进一个新的概念——定积分，并对其性质、计算及应用作一般性的研究.

定义 10.1 设 $f(x)$为定义在区间$[a,b]$上的一个函数.用分点

$$a=x_0<x_1<\cdots\cdots<x_n=b$$

将区间$[a,b]$以任意方式分为 n 个小区间，称这些分点 x_i 的全体为区间$[a,b]$的一个分法 Δ，而 $\Delta x_i=x_i-x_{i-1}\,(i=1,\ \cdots,\ n)$为第 i 个小区间的长度.在每个小区间$[x_{i-1},x_i]$上任取一点 ξ_i，$x_{i-1}\leqslant\xi_i\leqslant x_i$，作乘积 $f(\xi_i)\Delta x_i$ 的和

$$\sigma=\sum_{i=1}^{n}f(\xi_i)\Delta x_i, \tag{10.1}$$

记 $\lambda(\Delta)=\max\limits_{1\leqslant i\leqslant n}\{\Delta x_i\}$.若当 $\lambda(\Delta)\to 0$ 时，和式(10.1)有极限 I，且此极限值 I 既不依赖于区间$[a,b]$的分法，也不依赖于 ξ_i 的选择，则称函数 $f(x)$在区间$[a,b]$上**可积**，并称 I 为函数 $f(x)$在区间$[a,b]$上的**定积分**，记作

$$I=\lim_{\lambda(\Delta)\to 0}\sum_{i=1}^{n}f(\xi_i)\Delta x_i=\int_a^b f(x)\mathrm{d}x. \tag{10.2}$$

称 $f(x)$为**被积函数**，$f(x)\mathrm{d}x$ 为**被积表达式**，x 为**积分变量**，a 和 b

分为积分**下限**和**上限**，$[a,b]$为**积分区间**.

注 ①定义中规定的和式(10.1)的极限，是一种新的类型的极限，既不能表成数列的极限，也不能表成函数的极限，而是一个广义的极限过程. 对于这种广义极限，极限运算的一般规则(含保号性)仍然是成立的；

②和式(10.1)的极限值如果存在，它只依赖于被积函数$f(x)$及积分区间$[a,b]$，而与积分变量无关，当我们把积分变量 x 换成 t 时，对相同的分法与取法，有

$$\sum_{i=1}^{n} f(\xi_i)\Delta x_i = \sum_{i=1}^{n} f(\xi_i)\Delta t_i,$$

所以

$$\int_a^b f(x)\mathrm{d}x = \int_a^b f(t)\mathrm{d}t.$$

现在我们可以说，曲边梯形的面积等于曲边的纵坐标在其底边上的积分，

$$S = \int_a^b f(x)\mathrm{d}x.$$

变力所作的功等于变力在其所经过路程上的积分

$$W = \int_a^b F(x)\mathrm{d}x.$$

要用定积分去解决具体问题，就必需研究：

1)已给函数 $f(x)$满足怎样的条件，就能保证和式(10.1)的极限存在？

2)寻求定积分的简便计算方法.

关于 2)，我们将在随后的几节中研究解决；关于 1)，给出下面的定理，但略去证明.

定理 10.1 若函数 $f(x)$在闭区间$[a,b]$上连续，则和式(10.1)的极限必存在. 即：在闭区间上连续的函数在该区间上是可积的.

因此，一切初等函数在其有定义的有限闭区间上都是可积的.

例 2 计算 $\int_a^b 2x\mathrm{d}x$.

解 因 $f(x)=2x$ 在$[a,b]$上连续，故可积，这就是说，在任意

分法和任意取法下，形如(10.1)的和式的极限都是同一个常数. 故我们可以采用特殊的分法和特殊的取法，以便于计算.

把$[a,b]$分为 n 等分，分点为

$$x_i=a+\frac{i}{n}(b-a),\ i=0,\ 1,\ 2,\cdots,\ n.$$

每个小区间长

$$\Delta x_i=\frac{1}{n}(b-a),\ i=1,\ 2,\ 3,\ \cdots,\ n.$$

在$[x_{i-1},x_i]$上取右端点为 ξ_i，即

$$\xi_i=a+\frac{i}{n}(b-a),\ i=1,\ 2,\ \cdots,\ n$$

于是

$$\begin{aligned}
\int_a^b 2x\mathrm{d}x &= \lim_{\lambda(\Delta)\to 0}\sum_{i=1}^{n}2\xi_i\Delta x_i \\
&=\lim_{n\to\infty}\sum_{i=1}^{n}2\left[a+\frac{i}{n}(b-a)\right]\cdot\frac{b-a}{n} \\
&=\lim_{n\to\infty}2\left[na+\frac{b-a}{n}(1+2+\cdots+n)\right]\cdot\frac{b-a}{n} \\
&=\lim_{n\to\infty}2\left[na+\frac{b-a}{n}\cdot\frac{n(n+1)}{2}\right]\cdot\frac{b-a}{n} \\
&=\lim_{n\to\infty}2\left[na+\frac{b-a}{2}(n+1)\right]\cdot\frac{b-a}{n} \\
&=\lim_{n\to\infty}2\left[\frac{n}{2}(b+a)+\frac{b-a}{2}\right]\cdot\frac{b-a}{n} \\
&=\lim_{n\to\infty}\left[(b^2-a^2)+\frac{(b-a)^2}{n}\right] \\
&=b^2-a^2.
\end{aligned}$$

10.2　定积分的基本性质

这里，我们总假定 $f(x)$和 $g(x)$是闭区间$[a,b]$上的连续函数. 于是 $f(x)$和 $g(x)$在$[a,b]$上均可积.

1. 设 k 为不等于零的常数，则

$$\int_a^b kf(x)\mathrm{d}x = k\int_a^b f(x)\mathrm{d}x.$$

证明 $$\int_a^b kf(x)\mathrm{d}x = \lim_{\lambda(\Delta)\to 0}\sum_{i=1}^n kf(\xi_i)\Delta x_i$$

$$= \lim_{\lambda(\Delta)\to 0} k\sum_{i=1}^n f(\xi_i)\Delta x_i$$

$$= k\lim_{\lambda(\Delta)\to 0}\sum_{i=1}^n f(\xi_i)\Delta x_i$$

$$= k\int_a^b f(x)\mathrm{d}x.$$

2. $\int_a^b [f(x)\pm g(x)]\mathrm{d}x = \int_a^b f(x)\mathrm{d}x \pm \int_a^b g(x)\mathrm{d}x.$

证明

$$\int_a^b [f(x)\pm g(x)]\mathrm{d}x$$

$$= \lim_{\lambda(\Delta)\to 0}\sum_{i=1}^n [f(\xi_i)\pm g(\xi_i)]\Delta x_i$$

$$= \lim_{\lambda(\Delta)\to 0}\Big[\sum_{i=1}^n f(\xi_i)\Delta x_i \pm \sum_{i=1}^n g(\xi_i)\Delta x_i\Big]$$

$$= \lim_{\lambda(\Delta)\to 0}\sum_{i=1}^n f(\xi_i)\Delta x_i \pm \lim_{\lambda(\Delta)\to 0}\sum_{i=1}^n g(\xi_i)\Delta x_i$$

$$= \int_a^b f(x)\mathrm{d}x \pm \int_a^b g(x)\mathrm{d}x.$$

3. 设 $a<c<b$，则

$$\int_a^b f(x)\mathrm{d}x = \int_a^c f(x)\mathrm{d}x + \int_c^b f(x)\mathrm{d}x$$

证明 注意到 $f(x)$ 在$[a,c]$，$[c,b]$，$[a,b]$上均可积，所以在作和式(10.1)时，无论如何划分，和式的极限均不变. 于是在划分$[a,b]$时，我们可以总将 c 当作分点，相应地就得到$[a,c]$，$[c,b]$的划分，且有

$$\sum\nolimits_{[a,b]} f(\xi_i)\Delta x_i = \sum\nolimits_{[a,c]} f(\xi_i)\Delta x_i + \sum\nolimits_{[c,b]} f(\xi_i)\Delta x_i.$$

令 $\lambda(\Delta)\to 0$，取极限即有

$$\int_a^b f(x)\mathrm{d}x = \int_a^c f(x)\mathrm{d}x + \int_c^b f(x)\mathrm{d}x.$$

4. 设在$[a,b]$上，$f(x)\geqslant 0$，则

$$\int_a^b f(x)\mathrm{d}x\geqslant 0.$$

证明 $\int_a^b f(x)\mathrm{d}x=\lim\limits_{\lambda(\Delta)\to 0}\sum\limits_{i=1}^{n}f(\xi_i)\Delta x_i.$

已知 $f(\xi_i)\geqslant 0$，$\Delta x_i=x_i-x_{i-1}>0$，$i=1,\cdots,n$，故有

$$\sum_{i=1}^{n}f(\xi_i)\Delta x_i\geqslant 0,$$

由极限的保号性即得到

$$\int_a^b f(x)\mathrm{d}x=\lim_{\lambda(\Delta)\to 0}\sum_{i=1}^{n}f(\xi_i)\Delta x_i\geqslant 0.$$

5. 设在$[a,b]$上，$f(x)\geqslant g(x)$，则

$$\int_a^b f(x)\mathrm{d}x\geqslant\int_a^b g(x)\mathrm{d}x.$$

证明 因 $f(x)\geqslant g(x)$，所以 $f(x)-g(x)\geqslant 0$，由性质 2 和 4，有

$$\int_a^b f(x)\mathrm{d}x-\int_a^b g(x)\mathrm{d}x=\int_a^b[f(x)-g(x)]\mathrm{d}x\geqslant 0,$$

即
$$\int_a^b f(x)\mathrm{d}x\geqslant\int_a^b g(x)\mathrm{d}x.$$

6. $\left|\int_a^b f(x)\mathrm{d}x\right|\leqslant\int_a^b|f(x)|\mathrm{d}x, x\in[a,b].$

证明 $-|f(x)|\leqslant f(x)\leqslant|f(x)|, x\in[a,b]$，

则
$$-\int_a^b|f(x)|\mathrm{d}x\leqslant\int_a^b f(x)\mathrm{d}x\leqslant\int_a^b|f(x)|\mathrm{d}x,$$

即
$$\left|\int_a^b f(x)\mathrm{d}x\right|\leqslant\int_a^b|f(x)|\mathrm{d}x.$$

7. **积分第一中值定理**

设 $f(x)$,$g(x)$ 在$[a,b]$上连续，且 $g(x)\geqslant 0$(或 $g(x)\leqslant 0$)，则在$[a,b]$上至少存在一点 ξ，使得

$$\int_a^b f(x)g(x)\mathrm{d}x=f(\xi)\int_a^b g(x)\mathrm{d}x.\tag{10.3}$$

证明 仅证 $g(x)\geqslant 0$ 的情形，$g(x)\leqslant 0$ 时类似可证. 记

$$m=\min_{x\in[a,b]}f(x),\quad M=\max_{x\in[a,b]}f(x),$$

则 $$mg(x)\leqslant f(x)g(x)\leqslant Mg(x),\ x\in[a,b].$$

$$m\int_a^b g(x)\mathrm{d}x\leqslant\int_a^b f(x)g(x)\mathrm{d}x\leqslant M\int_a^b g(x)\mathrm{d}x. \tag{10.4}$$

由性质 4，$\int_a^b g(x)\mathrm{d}x\geqslant 0$.

1）若 $\int_a^b g(x)\mathrm{d}x>0$，则有

$$m\leqslant\frac{\int_a^b f(x)g(x)\mathrm{d}x}{\int_a^b g(x)\mathrm{d}x}\leqslant M,$$

令

$$\mu=\frac{\int_a^b f(x)g(x)\mathrm{d}x}{\int_a^b g(x)\mathrm{d}x},$$

则 $$m\leqslant\mu\leqslant M.$$

由连续函数的介质定理，至少存在一点 $\xi\in[a,b]$，使得 $f(\xi)=\mu$，于是有

$$\int_a^b f(x)g(x)\mathrm{d}x=f(\xi)\int_a^b g(x)\mathrm{d}x.$$

2）若 $\int_a^b g(x)\mathrm{d}x=0$，则由(10.4)，有 $\int_a^b f(x)g(x)\mathrm{d}x=0$，因此，任意 $\xi\in[a,b]$，均有

$$\int_a^b f(x)g(x)\mathrm{d}x=f(\xi)\int_a^b g(x)\mathrm{d}x.$$

推论 10.1 设 $f(x)$ 在 $[a,b]$ 连续，则至少存在一点 $\xi\in[a,b]$，使得

$$\int_a^b f(x)\mathrm{d}x=f(\xi)(b-a).$$

推论的几何意义是：若 $f(x)$ 非负，则由 $y=f(x)$，$x=a$，$x=b$ 与 x 轴围成的曲边梯形的面积，等于底边相同高为 $f(\xi)$ 的矩形的面积(如图 10.3)．而

$$f(\xi)=\frac{1}{b-a}\int_a^b f(x)\mathrm{d}x$$

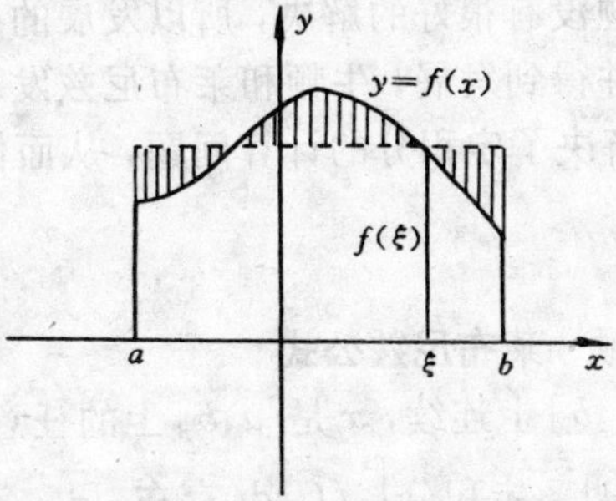

图 10.3

称为函数 $f(x)$ 在 $[a,b]$ 上的平均值，它是有限个数 y_1，y_2，…，y_n 的算术平均值

$$\bar{y}=\frac{1}{n}\sum_{i=1}^{n}y_i$$

的推广.

例 1 估计积分 $\int_0^1 e^{-x^2}dx$ 的值.

解 设 $f(x)=e^{-x^2}$，有 $f'(x)=-2xe^{-x^2}$，在 $[0,1]$ 上，$f'(x)\leqslant 0$，所以 $f(x)$ 在 $[0,1]$ 上是单调减少的，故其最小值 $m=f(1)=\frac{1}{e}$，而最大值 $M=f(0)=1$. 于是由性质 4，有

$$e^{-1}(1-0)\leqslant\int_0^1 e^{-x^2}dx\leqslant 1(1-0),$$

即

$$e^{-1}\leqslant\int_0^1 e^{-x^2}dx\leqslant 1.$$

在定积分定义中，我们假定 $a<b$，如果 $b<a$，我们规定

$$\int_a^b f(x)dx=-\int_b^a f(x)dx,$$

即交换上下限，定积分变号. 特别地，若 $a=b$ 则规定

$$\int_a^b f(x)dx=0.$$

10.3 定积分的计算

早在两千多年前的阿基米德时代，就已有积分学的萌芽，但是

由于它的计算问题没有很好的解决，所以发展的很慢.直到17世纪微分学方法形成并得到发展，牛顿和莱布尼兹发现了导数和定积分的联系以后，才解决了定积分的计算问题，从而使微积分蓬勃发展起来.

10.3.1 牛顿-莱布尼兹公式

设 $f(x)$ 在 $[a,b]$ 上连续，x 是 $[a,b]$ 上的任意一点，则 $f(x)$ 在 $[a,x]$ 上连续，因此，定积分 $\int_a^x f(t)\mathrm{d}t$ 存在.记

$$G(x)=\int_a^x f(t)\mathrm{d}t,\ x\in[a,b].$$

它是定义在区间 $[a,b]$ 上的一个函数，称为积分上限函数.

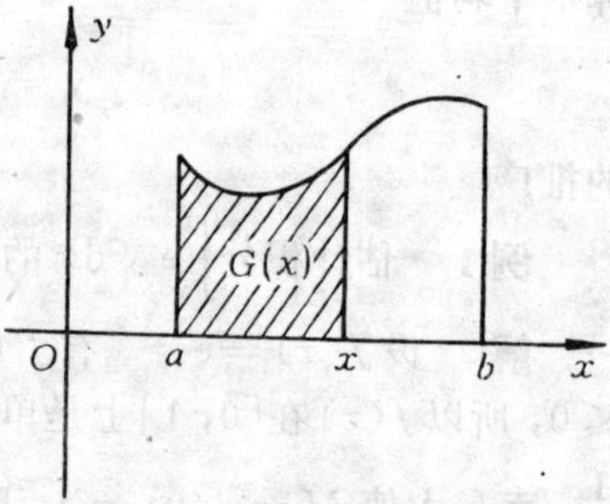

图 10.4(a)

积分上限函数的几何意义是：若 $f(x)\geqslant 0$，对 $[a,b]$ 上任意 x，都对应唯一一个曲边梯形的面积 $G(x)$.如图 10.4(a) 阴影部分.积分上限函数有下面的重要性质：

定理 10.2 设函数 $f(x)$ 在区间 $[a,b]$ 上连续，则函数

$$G(x)=\int_a^x f(t)\mathrm{d}t,\ x\in[a,b]$$

在 $[a,b]$ 上可导，且

$$G'(x)=f(x),\ x\in[a,b].$$

证明 设 x 为 $[a,b]$ 上任一点，

$$G(x)=\int_a^x f(t)\mathrm{d}t,$$

给 x 以改变量 Δx，则

$$G(x+\Delta x)=\int_a^{x+\Delta x} f(t)\mathrm{d}t.$$

因此，函数的改变量为

$$\Delta G=G(x+\Delta x)-G(x)$$

$$= \int_a^{x+\Delta x} f(t)\mathrm{d}t - \int_a^x f(t)\mathrm{d}t$$

$$= \int_x^{x+\Delta x} f(t)\mathrm{d}t.$$

应用积分中值定理，有

$$\Delta G = \int_x^{x+\Delta x} f(t)\mathrm{d}t = f(\xi)\Delta x,$$

这里，ξ 在 x 和 $x+\Delta x$ 之间，于是

$$\frac{\Delta G}{\Delta x} = f(\xi).$$

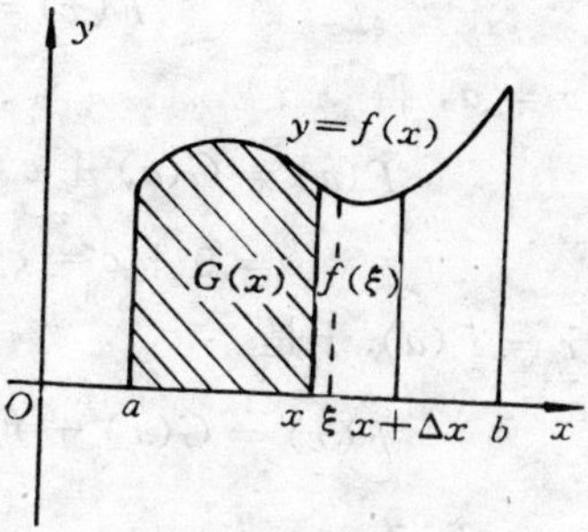

图 10.4(b)

令 $\Delta x \to 0$，在上面等式两边取极限，再注意到 $f(x)$ 的连续性，有

$$\lim_{\Delta x \to 0} \frac{\Delta G}{\Delta x} = \lim_{\Delta x \to 0} f(\xi) = f(x),$$

即

$$G'(x) = f(x),\ x \in [a,b].$$

读者可以从图 10.4(b)中看到分析论证的几何意义.

推论 10.2 若函数 $f(x)$在区间$[a,b]$上连续，则函数

$$G(x) = \int_a^x f(t)\mathrm{d}t,\ x \in [a,b]$$

是函数 $f(x)$ 在区间$[a,b]$上的一个原函数.

由此可知，连续函数的原函数一定存在，且可通过可变上限的定积分来表示. 这个推论给出一个很重要的结果，它将定积分和不定积分联系起来了. 正是因为找到了定积分和不定积分之间的紧密联系，定积分的计算问题才迎刃而解，看下面定理.

定理 10.3 （**牛顿 - 莱布尼兹公式**）

设函数 $f(x)$ 在$[a,b]$上连续，又函数 $F(x)$ 是 $f(x)$ 在$[a,b]$上的一个原函数，则

$$\int_a^b f(x)\mathrm{d}x = F(b) - F(a). \tag{10.3}$$

证明 由定理 10.2

$$G(x) = \int_a^x f(t)\mathrm{d}t$$

也是 $f(x)$ 在$[a,b]$上的一个原函数，故有

$$F(x)=G(x)+c.$$

令 $x=a$，得

$$F(a)=G(a)+c=\int_a^a f(t)\mathrm{d}t+c$$
$$=0+c=c,$$

即 $c=F(a)$. 于是

$$F(x)=G(x)+F(a)=\int_a^x f(t)\mathrm{d}t+F(a),$$

令 $x=b$，有

$$\int_a^b f(x)\mathrm{d}x=\int_a^b f(t)\mathrm{d}t=F(b)-F(a).$$

即定积分的值等于被积函数的任一原函数在积分区间上的改变量. 记

$$F(b)-F(a)=F(x)\big|_a^b,$$

则公式(10.3)可写为

$$\int_a^b f(x)\mathrm{d}x=F(x)\big|_a^b.$$

公式(10.3)是由牛顿和莱布尼兹各自独立发现的，故称为牛顿－莱布尼兹公式. 据公式(10.3)，计算连续函数的定积分问题，转化成为求被积函数的原函数了，利用(10.3)可以简便的计算定积分.

例 1 $\int_0^{\frac{1}{2}} \mathrm{e}^{2x}\mathrm{d}x$.

解 $\int_0^{\frac{1}{2}} \mathrm{e}^{2x}\mathrm{d}x=\frac{1}{2}\mathrm{e}^{2x}\Big|_0^{\frac{1}{2}}=\frac{1}{2}(\mathrm{e}-1).$

例 2 $\int_0^2 \frac{x}{\sqrt{1+x^2}}\mathrm{d}x$.

解 $\int_0^2 \frac{x}{\sqrt{1+x^2}}\mathrm{d}x$

$$=\frac{1}{2}\int_0^2 \frac{1}{\sqrt{1+x^2}}\mathrm{d}(1+x^2)$$
$$=(1+x^2)^{\frac{1}{2}}\big|_0^2=\sqrt{5}-1.$$

例 3 $\int_0^2 |1-x|\mathrm{d}x$.

解 $|1-x|=\begin{cases}1-x, & x\in[0,1],\\ -(1-x), & x\in(1,2],\end{cases}$

则 $$\int_0^2|1-x|\mathrm{d}x=\int_0^1(1-x)\mathrm{d}x+\int_1^2(x-1)\mathrm{d}x,$$
$$=\left(x-\frac{x^2}{2}\right)\Bigg|_0^1+\left(\frac{x^2}{2}-x\right)\Bigg|_1^2$$
$$=1-\frac{1}{2}+\frac{4}{2}-2-\frac{1}{2}+1=1.$$

用牛顿-莱布尼兹公式计算的步骤是，首先求出被积函数的一个原函数，其次再用公式(10.3)计算.当求原函数的过程较繁杂时，计算就不甚简明了，是否有好的方法来简化计算呢?下面介绍的定积分的换元积分法和分部积分法，将会起到简化计算的作用.

10.3.2 定积分的换元积分法

定理 10.4 设函数 $f(x)$ 在区间 $[a,b]$ 上连续，函数 $x=\varphi(t)$ 在区间 $[\alpha,\beta]$ 上有连续的导数 $\varphi'(t)$，且当 t 从 α 变到 β 时，$\varphi(t)$ 从 $\varphi(\alpha)=a$ 单调地变到 $\varphi(\beta)=b$.则
$$\int_a^b f(x)\mathrm{d}x=\int_\alpha^\beta f[\varphi(t)]\varphi'(t)\mathrm{d}t. \tag{10.4}$$

证明 由条件知，(10.4)式两端的定积分均存在，且因 $f(x)$ 在 $[a,b]$ 连续，所以存在原函数，设为 $F(x)$，即
$$F'(x)=f(x),\ x\in[a,b].$$
设 $G(t)=F[\varphi(t)]$，则
$$\frac{\mathrm{d}G(t)}{\mathrm{d}t}=\frac{\mathrm{d}F[\varphi(t)]}{\mathrm{d}t}=f[\varphi(t)]\varphi'(t),\ t\in[\alpha,\beta],$$
即 $G(t)=F[\varphi(t)]$ 是 $f[\varphi(t)]\varphi'(t)$ 在 $[\alpha,\beta]$ 上的一个原函数，由公式(10.3)，有
$$\int_a^b f(x)\mathrm{d}x=F(x)\Big|_a^b=F(b)-F(a),$$
$$\int_\alpha^\beta f[\varphi(t)]\varphi'(t)\mathrm{d}t=F[\varphi(t)]\big|_\alpha^\beta=F[\varphi(\beta)]-F[\varphi(\alpha)]$$
$$=F(b)-F(a),$$
即

$$\int_a^b f(x)\mathrm{d}x = \int_\alpha^\beta f[\varphi(t)]\varphi'(t)\mathrm{d}t.$$

公式(10.4)可以由左到右使用，这类似于不定积分的第二换元法；公式(10.4)也可由右到左使用，它类似于不定积分的第一换元法. 用定积分换元法进行计算时，求出原函数后，不必代回原变量，但在变换时需同时变换积分限.

例 4 $\int_0^a \sqrt{a^2 - x^2}\mathrm{d}x$，$(a > 0)$

解 设 $x = a\sin t$，$\mathrm{d}x = a\cos t\mathrm{d}t$

$$\sqrt{a^2 - x^2} = a|\cos t|.$$

当 $x = 0$ 时，$t = 0$；当 $x = a$ 时，$t = \frac{\pi}{2}$.

$$\begin{aligned}\int_0^a \sqrt{a^2 - x^2}\mathrm{d}x &= a^2\int_0^{\frac{\pi}{2}} |\cos t|\cos t\mathrm{d}t \\ &= a^2\int_0^{\frac{\pi}{2}} \cos^2 t\mathrm{d}t \\ &= \frac{a^2}{2}\int_0^{\frac{\pi}{2}} (1 + \cos t)\mathrm{d}t \\ &= \frac{a^2}{2}\left[t + \frac{1}{2}\sin 2t\right]\Big|_0^{\frac{\pi}{2}} = \frac{1}{4}\pi a^2.\end{aligned}$$

例 5 $\int_0^4 \frac{x + 2}{\sqrt{2x + 1}}\mathrm{d}x.$

解 设 $\sqrt{2x + 1} = t$，$x = \frac{1}{2}(t^2 - 1)$，$\mathrm{d}x = t\mathrm{d}t$. 当 $x = 0$ 时，$t = 1$，当 $x = 4$ 时，$t = 3$.

$$\begin{aligned}\int_0^4 \frac{x + 2}{\sqrt{2x + 1}}\mathrm{d}x &= \frac{1}{2}\int_1^3 (t^2 + 3)\mathrm{d}t \\ &= \frac{1}{2}\left[\frac{1}{3}t^3 + 3t\right]\Big|_1^3 = \frac{22}{3}.\end{aligned}$$

例 6 $\int_0^\pi \frac{x\sin x}{1 + \cos^2 x}\mathrm{d}x.$

解 $\int_0^\pi \frac{x\sin x}{1 + \cos^2 x}\mathrm{d}x = \int_0^{\frac{\pi}{2}} \frac{x\sin x}{1 + \cos^2 x}\mathrm{d}x + \int_{\frac{\pi}{2}}^\pi \frac{x\sin x}{1 + \cos^2 x}\mathrm{d}x.$

注意到，$\sin(\pi - t) = \sin t$，$\cos(\pi - t) = -\cos t$，对等式右边

的第二个积分，作变换 $x=\pi-t$，则积分限由 $\frac{\pi}{2}$ 到 π 变换为由 $\frac{\pi}{2}$ 到 0，$\mathrm{d}x=-\mathrm{d}t$.

$$\int_{\frac{\pi}{2}}^{\pi}\frac{x\sin x}{1+\cos^2 x}\mathrm{d}x=-\int_{\frac{\pi}{2}}^{0}\frac{(\pi-t)\sin t}{1+\cos^2 t}=\int_{0}^{\frac{\pi}{2}}\frac{(\pi-t)\sin t}{1+\cos^2 t}\mathrm{d}t$$

$$=\int_{0}^{\frac{\pi}{2}}\frac{\pi\sin t}{1+\cos^2 t}\mathrm{d}t-\int_{0}^{\frac{\pi}{2}}\frac{t\sin t}{1+\cos^2 t}\mathrm{d}t.$$

因定积分的值与积分变量无关，而由被积函数和积分区间所唯一确定，所以

$$\int_{0}^{\pi}\frac{x\sin x}{1+\cos^2 x}\mathrm{d}x=\pi\int_{0}^{\frac{\pi}{2}}\frac{\sin x}{1+\cos^2 x}\mathrm{d}x$$

$$=\pi\int_{0}^{\frac{\pi}{2}}\frac{-1}{1+\cos^2 x}\mathrm{d}(\cos x)$$

$$=-\pi\arctan(\cos x)\Big|_{0}^{\frac{\pi}{2}}=\frac{\pi^2}{4}.$$

这道题直接用公式(10.3)恐怕是比较困难的，由此可见定积分换元法的作用．但从上面几个例题中也可看到，是直接用公式(10.3)，还是先用定积分换元法，随后再用公式(10.3)，均视如何做更为简便而定．

10.3.3 定积分的分部积分法

定理 10.5 设函数 $u(x)$，$v(x)$ 在区间 $[a,b]$ 上有连续的导数，则

$$\int_{a}^{b}u(x)v'(x)\mathrm{d}x=[u(x)v(x)]\Big|_{a}^{b}-\int_{a}^{b}u'(x)v(x)\mathrm{d}x. \qquad (10.5)$$

证明 因 $(u(x)v(x))'=u'(x)v(x)+u(x)v'(x)$，故

$$u(x)v'(x)=(u(x)v(x))'-u'(x)v(x).$$

因上面等式两端的函数均在 $[a,b]$ 上可积，故有

$$\int_{a}^{b}u(x)v'(x)\mathrm{d}x=\int_{a}^{b}(u(x)v(x))'\mathrm{d}x-\int_{a}^{b}u'(x)v(x)\mathrm{d}x.$$

$$=[u(x)v(x)]\Big|_{a}^{b}-\int_{a}^{b}u'(x)v(x)\mathrm{d}x.$$

例 7 $\int_{0}^{\pi}x\cos x\mathrm{d}x$

解 设$u=x$，$\mathrm{d}v=\cos x\mathrm{d}x$，则

$$\mathrm{d}u=\mathrm{d}x,\ v=\sin x,$$

$$\begin{aligned}\int_0^{\pi}x\cos x\mathrm{d}x&=x\sin x|_0^{\pi}-\int_0^{\pi}\sin x\mathrm{d}x\\&=-\int_0^{\pi}\sin x\mathrm{d}x\\&=\cos x|_0^{\pi}=\cos\pi-\cos 0=-2.\end{aligned}$$

例 8 $\int_0^1 \mathrm{e}^{\sqrt{x}}\mathrm{d}x$.

解 令$\sqrt{x}=t$，则$x=t^2$，$\mathrm{d}x=2t\mathrm{d}t$. 当$x=0$时，$t=0$；当$x=1$时，$t=1$.

$$\int_0^1\mathrm{e}^{\sqrt{x}}\mathrm{d}x=2\int_0^1 t\,\mathrm{e}^t\mathrm{d}t.$$

设$u=t$，$\mathrm{d}v=\mathrm{e}^t\mathrm{d}t$，则$\mathrm{d}u=\mathrm{d}t$，$v=\mathrm{e}^t$，

$$\begin{aligned}2\int_0^1 t\mathrm{e}^t\mathrm{d}t&=2[t\mathrm{e}^t]|_0^1-\int_0^1\mathrm{e}^t\mathrm{d}t\\&=2\mathrm{e}-2\mathrm{e}^t|_1^2=2,\end{aligned}$$

即$\int_0^1\mathrm{e}^{\sqrt{x}}\mathrm{d}x=2$.

例 9 $\int_0^{\frac{\pi}{2}}\sin^4 x\mathrm{d}x$.

解 令$u=\sin^3 x$，$\mathrm{d}v=\sin x\mathrm{d}x$，则

$$\mathrm{d}u=3\sin^2 x\cos x\mathrm{d}x,\ v=-\cos x,$$

$$\begin{aligned}\int_0^{\frac{\pi}{2}}\sin^4 x\mathrm{d}x&=[-\sin^3 x\cos x]|_0^{\frac{\pi}{2}}+3\int_0^{\frac{\pi}{2}}\sin^2 x\cos^2 x\mathrm{d}x\\&=3\int_0^{\frac{\pi}{2}}\sin^2 x(1-\sin^2 x)\mathrm{d}x\\&=3\int_0^{\frac{\pi}{2}}\sin^2 x\mathrm{d}x-3\int_0^{\frac{\pi}{2}}\sin^4 x\mathrm{d}x\\&=\frac{3}{4}\int_0^{\frac{\pi}{2}}\sin^2 x\mathrm{d}x\\&=\frac{3}{4}\cdot\frac{1}{2}\int_0^{\frac{\pi}{2}}(1-\cos 2x)\mathrm{d}x\\&=\frac{3}{8}\left[x-\frac{1}{2}\sin 2x\right]\Big|_0^{\frac{\pi}{2}}=\frac{3}{16}\pi.\end{aligned}$$

10.4 定积分的几何应用

10.4.1 平面图形的面积

为了给出求平面图形面积的公式，我们先来看一下定积分的几何意义.

已知在区间$[a,b]$上的非负连续曲线$y=f(x)$，x轴及二直线$x=a$与$x=b$所围成曲边梯形的面积是

$$S=\int_a^b f(x)\mathrm{d}x.$$

即当$f(x)$在$[a,b]$上非负时，定积分$\int_a^b f(x)\mathrm{d}x$的几何意义是上述曲边梯形的面积.

若在$[a,b]$上，连续曲线$y=f(x)\leqslant 0$，则$\int_a^b f(x)\mathrm{d}x\leqslant 0$，它是由$y=f(x)$，$x$轴及二直线$x=a$与$x=b$所围成曲边梯形面积的相反数(如图 10.5).

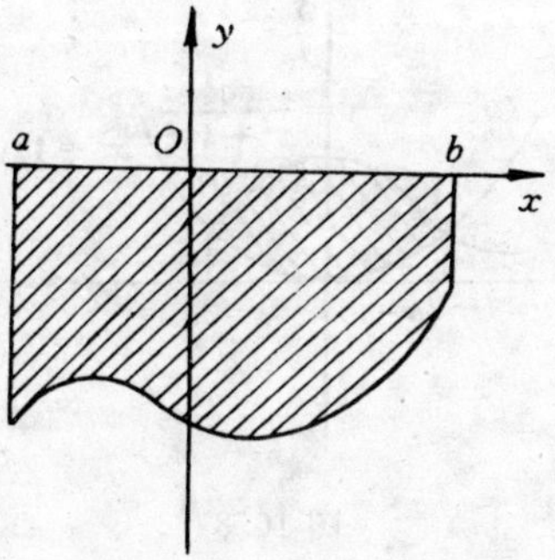

图 10.5

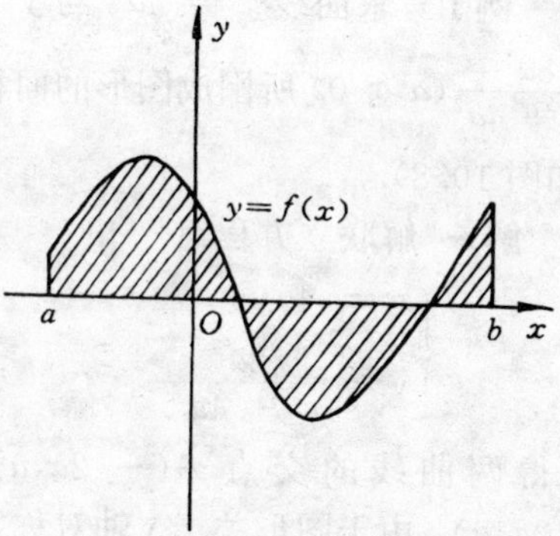

图 10.6

若在$[a,b]$上，连续曲线$y=f(x)$有正有负，则$\int_a^b f(x)\mathrm{d}x$的几何意义是:由$y=f(x)$，$y=0$，$x=a$，$x=b(a<b)$所围成平面图形各部分面积的代数和(如图 10.6).

因此，由$y=f(x)$，$y=0$，$x=a$，$x=b(a<b)$所围成平面图

形的面积为

$$S=\int_a^b|f(x)|\mathrm{d}x.$$

而由连续曲线 $y=f_1(x)$, $y=f_2(x)$ 及 $x=a$, $x=b(a<b)$ 所围成平面图形的面积为

$$S=\int_a^b|f_1(x)-f_2(x)|\mathrm{d}x.$$

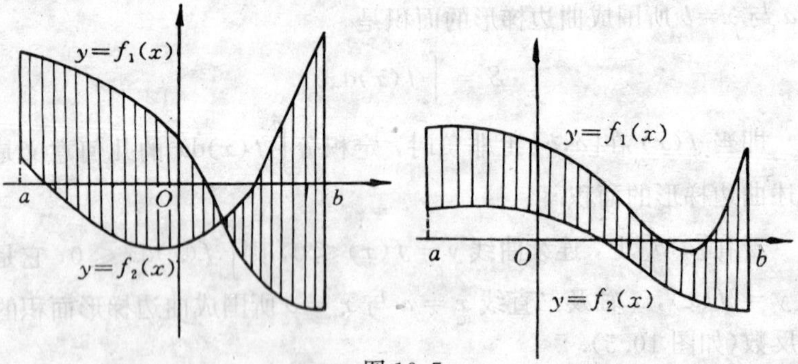

图 10.7

例 1 求曲线 $x^2=4ay$ 与 $y=\dfrac{8a^3}{x^2+4a^2}(a>0)$ 所围成图形的面积(如图 10.8).

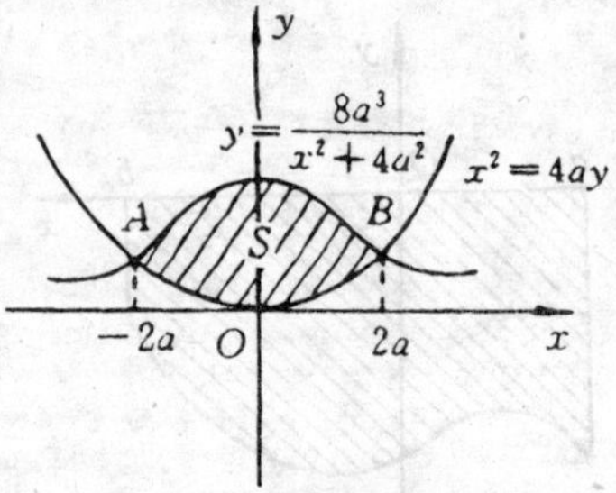

图 10.8

解 解联立方程组

$$\begin{cases}x^2=4ay,\\ y=\dfrac{8a^3}{x^2+4a^2}.\end{cases}$$

求得两曲线的交点 $A(-2a,a)$, $B(2a,a)$，由于图形关于 y 轴对称，可仅计算在第一象限的面积，再 2 倍之. 又在 $[-2a,2a]$ 上，有

$$\frac{8a^3}{x^2+4a^2}\geqslant\frac{x^2}{4a},$$

故 $$S=2\int_0^{2a}\left[\frac{8a^3}{x^2+4a^2}-\frac{x^2}{4a}\right]\mathrm{d}x$$

$$= 16a^3\int_0^{2a}\frac{1}{x^2+4a^2}\mathrm{d}x - \frac{1}{2a}\int_0^{2a}x^2\mathrm{d}x$$

$$= 16a^3\cdot\frac{1}{2a}\arctan\frac{x}{2a}\Big|_0^{2a} - \frac{1}{2a}\cdot\frac{x^3}{3}\Big|_0^{2a}$$

$$= 8a^2\arctan 1 - \frac{1}{2a}\cdot\frac{8a^3}{3} = 2a^2\left(\pi - \frac{2}{3}\right).$$

例 2 求 $y^2 = 2x$ 与 $y = x - 4$ 所围成图形的面积(如图10.9).

解 解联立方程组

$$\begin{cases} y^2 = 2x, \\ y = x - 4. \end{cases}$$

求得两曲线的交点 $A(2, -2)$, $B(8, 4)$, 所求的面积 $S = S_1 + S_2$.

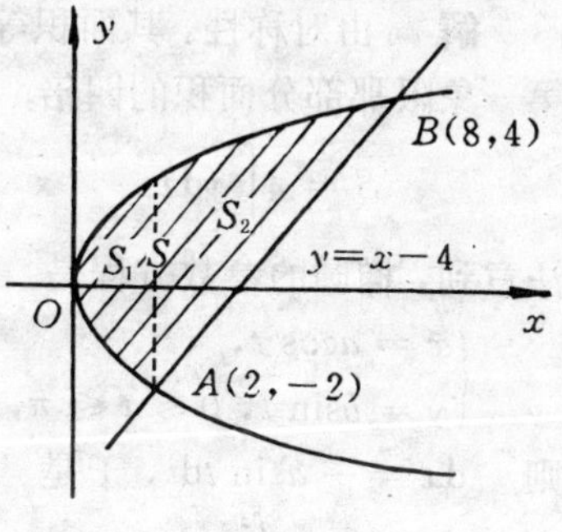

图 10.9

$$S_1 = 2\int_0^2 \sqrt{2x}\mathrm{d}x$$

$$= 2\sqrt{2}\left[\frac{2}{3}x^{\frac{3}{2}}\right]\Big|_0^2$$

$$= \frac{16}{3};$$

$$S_2 = \int_2^8 \sqrt{2x}\mathrm{d}x - \int_2^8 (x-4)\mathrm{d}x$$

$$= \sqrt{2}\left[\frac{2}{3}x^{\frac{3}{2}}\right]\Big|_2^8 - \left[\frac{1}{2}x^2 - 4x\right]\Big|_2^8$$

$$= \frac{64}{3} - \frac{8}{3} - 6 = \frac{56}{3} - 6;$$

$$S = S_1 + S_2 = \frac{16}{3} + \frac{56}{3} - 6 = 18.$$

现将 y 看成自变量, 则图形由 $x = y + 4$ 和 $x = \frac{y^2}{2}$ 围成, 且在 $[-2, 4]$ 上,

$$y + 4 \geqslant \frac{y^2}{2}.$$

这时, 所求图形的面积亦可如下计算

$$S = \int_{-2}^4 \left[y + 4 - \frac{y^2}{2}\right]\mathrm{d}y$$

$$= \left[\frac{y^2}{2} + 4y - \frac{y^3}{6}\right]\Big|_{-2}^4 = 18.$$

一般，由 $x=\varphi_1(y)$，$x=\varphi_2(y)$ 及 $y=c$，$y=d(c<d)$ 围成图形的面积为

$$S=\int_c^d|\varphi_1(y)-\varphi_2(y)|\mathrm{d}y.$$

例3 求椭圆$\dfrac{x^2}{a^2}+\dfrac{y^2}{b^2}=1$所围成图形的面积(如图 10.10).

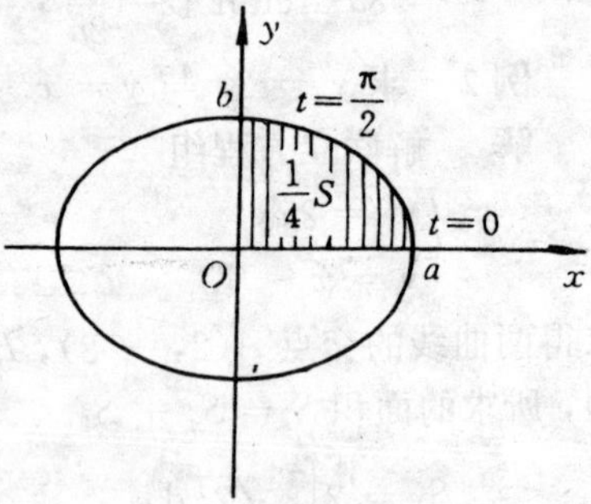

图 10.10

解 由对称性，其面积等于第一象限那部分面积的四倍.

$$S=4\int_0^a y\mathrm{d}x.$$

注意到，椭圆的参数方程是

$$\begin{cases}x=a\cos t,\\ y=b\sin t,\ 0\leqslant t\leqslant\pi,\end{cases}$$

则 $\mathrm{d}x=-a\sin t\mathrm{d}t$，于是

$$\begin{aligned}S&=4\int_0^a y\mathrm{d}x\\ &=4\int_{\frac{\pi}{2}}^0-ab\sin^2t\mathrm{d}t\\ &=4ab\int_0^{\frac{\pi}{2}}\sin^2t\mathrm{d}t\\ &=4ab\int_0^{\frac{\pi}{2}}\frac{1}{2}(1-\cos 2t)\mathrm{d}t\\ &=2ab\left[t-\frac{1}{2}\sin 2t\right]\Big|_0^{\frac{\pi}{2}}=\pi ab.\end{aligned}$$

若 $a=b=r$，就得到圆面积的公式

$$S=\pi r^2,\quad r\text{ 为圆的半径.}$$

10.4.2 平行截面面积为已知的立体的体积

设所考虑的立体是由一曲面 c 及垂直 x 轴的两平面 $x=a$ 及 $x=b$ 所围成，$a<b$(如图 10.11). 且垂直于 x 轴的平面与立体相交的截面面积是区间$[a,b]$上的一个连续函数 $S=A(x)$，$a\leqslant x\leqslant b$，求该立体的体积 V.

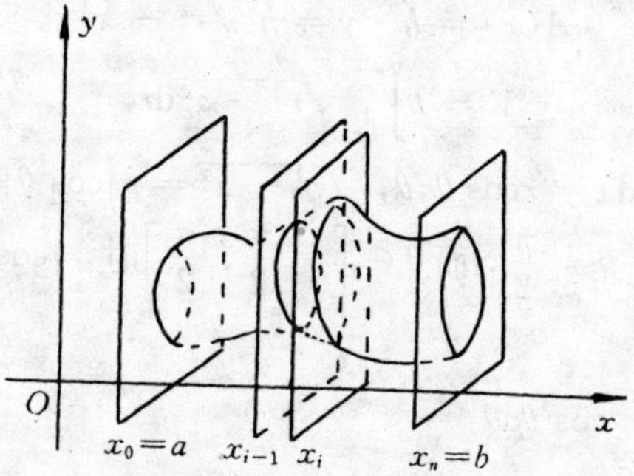

图 10.11

解 用分点

$$a = x_0 < x_1 < \cdots < x_{i-1} < x_i < \cdots < x_n = b,$$

将区间$[a,b]$分为 n 个小区间$[x_0, x_1]$, …, $[x_{i-1}, x_i]$, …, $[x_{n-1}, x_n]$，记这个分法为 Δ，在每个小区间上任取一点 $\xi_i (1 \leqslant i \leqslant n)$，则

$$V = \sum_{i=1}^{n} \Delta V_i \approx \sum_{i=1}^{n} A(\xi_i) \Delta x_i.$$

由 $A(x)$ 在$[a,b]$上连续，知 $A(x)$ 在$[a,b]$上可积，记 $\lambda(\Delta) = \max\limits_{1 \leqslant i \leqslant n} \{\Delta x_i\}$，则

$$\lim_{\lambda(\Delta) \to 0} \sum_{i=1}^{n} A(\xi_i) \Delta x_i = \int_a^b A(x) \mathrm{d}x,$$

即所求立体的体积为

$$V = \int_a^b A(x) \mathrm{d}x.$$

例 4 求以圆为底，以平行且等于该圆直径的线段为顶，而高为 h 的正劈锥体体积(如图 10.12).

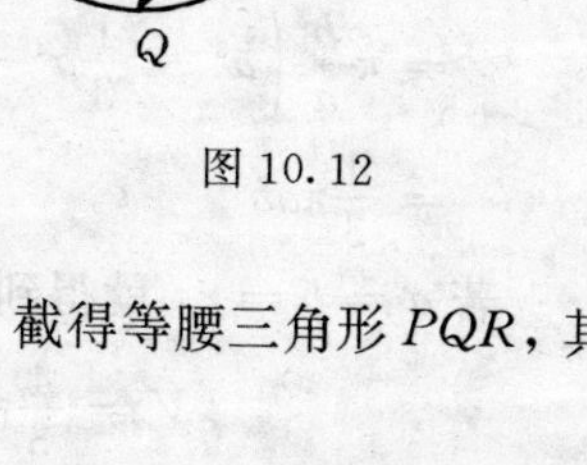

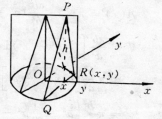

图 10.12

解 设圆的直径为 $2r$，取圆心 O 为原点，则圆的方程是

$$x^2 + y^2 = r^2.$$

过 x 轴上点 x 作垂直于 x 轴的平面，截得等腰三角形 PQR，其面积为

$$A(x) = h \cdot y = h\sqrt{r^2 - x^2},$$

$$V = h\int_{-r}^{r} \sqrt{r^2 - x^2}\mathrm{d}r.$$

令 $x = r\sin\theta$, $\mathrm{d}x = r\cos\theta d\theta$, $\sqrt{r^2 - x^2} = r|\cos\theta|$, 当 $x = -r$, $\theta = -\frac{\pi}{2}$; $x = r$, $\theta = \frac{\pi}{2}$, 而 $\theta \in \left[-\frac{\pi}{2}, \frac{\pi}{2}\right]$时, $|\cos\theta| = \cos\theta$, 所以

$$\begin{aligned} V &= hr^2\int_{-\frac{\pi}{2}}^{\frac{\pi}{2}} \cos^2\theta\mathrm{d}\theta \\ &= \frac{1}{2}hr^2\int_{-\frac{\pi}{2}}^{\frac{\pi}{2}} (1 + \cos 2\theta)\mathrm{d}\theta \\ &= \frac{1}{2}hr^2\left[\theta + \frac{1}{2}\sin 2\theta\right]\Big|_{-\frac{\pi}{2}}^{\frac{\pi}{2}} \\ &= \frac{h}{2}r^2\frac{\pi}{2} - \frac{h}{2}r^2\left(-\frac{\pi}{2}\right) = \frac{1}{2}\pi r^2 h. \end{aligned}$$

例5 求椭圆$\frac{x^2}{a^2} + \frac{y^2}{b^2} = 1$绕 x 轴旋转所得旋转椭球的体积.

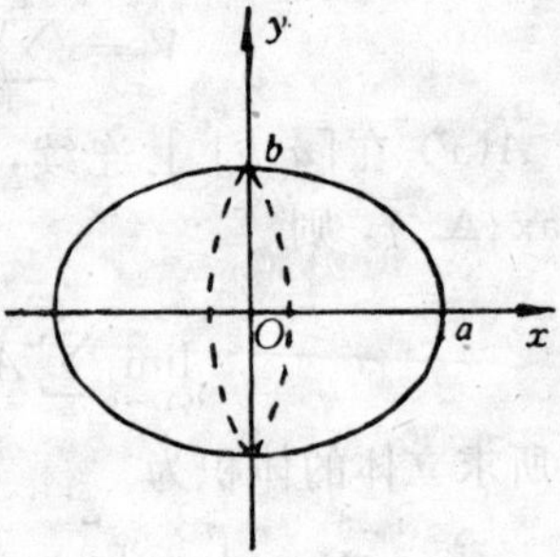

图 10.13

解 椭球可以看成是由 $y = \frac{b}{a}\sqrt{a^2 - x^2}$ 绕 x 轴旋转而生成, 其截面面积

$$A(x) = \pi y^2 = \frac{\pi b^2}{a^2}(a^2 - x^2).$$

$$\begin{aligned} V &= \frac{\pi b^2}{a^2}\int_{-a}^{a} (a^2 - x^2)\mathrm{d}x \\ &= \pi\frac{b^2}{a^2}\left[a^2 x - \frac{1}{3}x^3\right]\Big|_{-a}^{a} \\ &= \pi\frac{b^2}{a^2}\left(a^3 - \frac{1}{3}a^3 - a^2(-a) - (-\frac{1}{3}(-a)^3\right) \\ &= \frac{4}{3}\pi ab^2. \end{aligned}$$

若 $a = b = r$, 就得到球体积的公式

$$V = \frac{4}{3}\pi r^3, \text{其中 } r \text{ 为球的半径}.$$

*10.5　定积分的物理应用

从定积分概念的引入可以看到，用定积分解决实际问题的基本思想是："分割 － 近似代替 － 求和 － 取极限". 而凡是能用定积分来计算的量，都有以下特点：

1. 它们都是分布在某一个区间上，与自变量 x 的某个区间$[a,b]$有关，且是涉及到整个区间的整体量.

2. 这类整体量 A 对于区间$[a,b]$具有可加性. 当我们把区间$[a,b]$分为n个小区间$[x_{i-1},x_i]$$(i=1,\cdots,n)$后，量$A$等于那些对应于各个小区间的局部量 ΔA_i 的总和，$A=\sum\limits_{i=1}^{n}\Delta A_i$.

3. 量A在区间$[a,b]$上的分布是不均匀的，但在各个小区间上，我们能以"不变代变"求得它的近似值. 即根据问题的实际意义，可找到合适的已知函数 $f(x)$，在每个小区间上有

$$\Delta A_i \approx f(\xi_i)\Delta x_i,\ i=1,\cdots,n.$$

当 $\lambda(\Delta)\to 0$ 时，有

$$A=\lim_{\lambda(\Delta)\to 0}\sum_{i=1}^{n}f(\xi_i)\Delta x_i=\int_a^b f(x)\mathrm{d}x.$$

而这个方法的核心是近似代替，即正确的选择被积函数. 因此，在实用上，常突出这一点，在任一局部区间$[x,x+\Delta x]$上建立近似式

$$\Delta A\approx f(x)\Delta x=f(x)\mathrm{d}x=\mathrm{d}A,$$

即
$$\Delta A=f(x)\Delta x+o(\Delta x),\ \Delta x\to 0.$$

称 $\mathrm{d}A$ 为量 A 的元素或微元. 当 $\lambda(\Delta)\to 0$ 时，将微元相加，就得到

$$A=\int_a^b f(x)\mathrm{d}x.$$

这就是实用上的微元分析法.

10.5.1　变力所作的功

物体在变力F的作用下沿Ox轴由点a运动到点b，力的方向不

变，沿着 Ox 轴，而其大小是 $F(x)$，$F(x)$ 是区间 $[a,b]$ 上的连续函数，求力 F 在物体由 a 运动到 b 时所作的功.

解 (1) 分割区间 $[a,b]$，考虑典型小区间 $[x,x+\mathrm{d}x]$，在其上以不变代变，有 $\mathrm{d}W=F(x)\mathrm{d}x$；

(2) 求和，取极限 $W=\int_a^b F(x)\mathrm{d}x$.

例 1 从地面垂直发射质量为 m 的物体从 A 到 B，求克服地球引力需作的功. 又如果要求物体飞离地球引力范围，物体的初速度 v_0 应为多少？

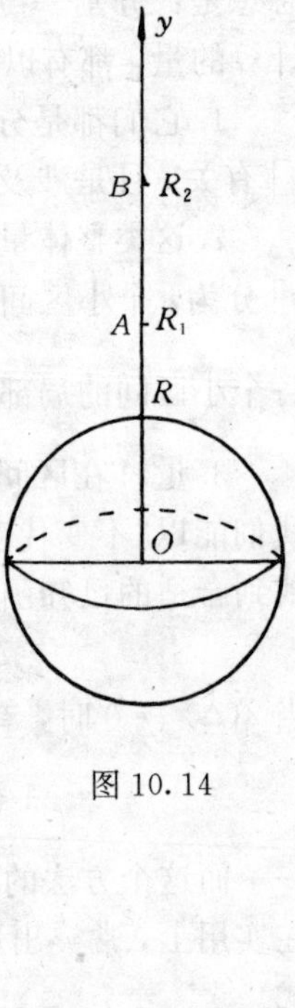

图 10.14

解 根据万有引力定律，地球对物体的引力为

$$F=-k\frac{Mm}{r^2}, \quad (10.6)$$

其中，r 为物体到地球中心的距离，M 为地球的质量. 设地球的半径为 R，在地球表面，应有

$$-k\frac{Mm}{R^2}=-mg,$$

则
$$k=\frac{R^2g}{M},$$

将 $k=\dfrac{R^2g}{M}$ 代入(10.6)，求得

$$F(r)=-mg\left(\frac{R}{r}\right)^2.$$

设 $OA=R_1$，$OB=R_2$，则将物体由 A 移动到 B 克服引力作功为：

$$W=\int_{R_1}^{R_2}mg\left(\frac{R}{r}\right)^2\mathrm{d}r=mg\cdot R^2\left(\frac{1}{R_1}-\frac{1}{R_2}\right).$$

若要求物体从地球表面飞离地球引力范围，则 $R_1=R$，$R_2\to+\infty$，

$$\lim_{R_2\to+\infty}mgR^2\left(\frac{1}{R}-\frac{1}{R_2}\right)=mgR=W',$$

即发射物体时，给于它的动能 $\frac{1}{2}mv_0^2$ (v_0 为初速) 至少等于 W'，才能使物体飞离地球引力范围. 由

$$\frac{1}{2}mv_0^2 = mgR,$$

有

$$v_0 = \sqrt{2gR},$$

将 $g = 9.81$ 米 / 秒^2, $R = 6\,371$ 千米 $= 6.371 \times 10^6$ 米代入，得到

$$v_0 = 11.2 \text{ 千米 / 秒}.$$

这就是通常所说的第二宇宙速度.

10.5.2 平均值

由积分第一中值定理的推论，我们得到函数 $y = f(x)$ 在区间 $[a,b]$ 上的算术平均值是

$$\overline{y} = \frac{1}{b-a}\int_a^b f(x)\mathrm{d}x.$$

在实用上，也常常遇到求平均值的问题，如平均功率，平均压强等.

例 2 交流电的平均值，有效值及其计算.

平均功率 在直流电路中，若电流强度为 I，则电流通过电阻 R 所消耗的功率为

$$P = I^2R.$$

因电流强度不变，所以功率不变，故经过时间 T 消耗在电阻 R 上的功是

$$W = PT = I^2RT.$$

对于交流电路，电流强度 $i = i(t)$，它是时间 t 的函数，因此功率

$$P = i^2(t)R.$$

经过时间 T 消耗在电阻 R 上的功是

$$W = \int_0^T i^2(t)R\mathrm{d}t = R\int_0^T i^2(t)\mathrm{d}t.$$

而平均功率为

$$\overline{P} = \frac{W}{T} = \frac{R}{T}\int_0^T i^2(t)\mathrm{d}t.$$

通常我们在灯泡上看到标记“40W”，“60W”等，就是指消耗在它上

面的平均功率.

设 $i(t)=I_m\sin\omega t$，周期 $T=\dfrac{2\pi}{\omega}$，其中 I_m 为电流的最大值，则

$$\begin{aligned}\overline{P}&=\frac{R}{T}\int_0^T i^2(t)\mathrm{d}t\\&=\frac{I_m^2R\omega}{2\pi}\int_0^{\frac{2\pi}{\omega}}\sin^2\omega t\mathrm{d}t\\&=\frac{I_m^2R\omega}{2\pi}\int_0^{\frac{2\pi}{\omega}}\frac{1}{2}(1-\cos 2\omega t)\mathrm{d}t\\&=\frac{I_m^2R\omega}{4\pi}\left[t-\frac{1}{2\omega}\sin 2\omega t\right]\Bigg|_0^{\frac{2\pi}{\omega}}\\&=\frac{I_m^2R\omega}{4\pi}\cdot\frac{2\pi}{\omega}=\frac{1}{2}I_m^2R.\end{aligned}$$

交流电流 $I=i(t)$ 的大小和方向是随时间变化的，通常标明的电流值，是指电流的有效值.什么是电流的有效值呢?若交流电流 $i(t)$ 流过电阻 R 所消耗的平均功率，和直流电流 I 流过同一电阻 R 时的功率相等，则称此直流电流的数值 I 为交流电流 $i(t)$ 的有效值. 即若

$$I^2R=\frac{R}{T}\int_0^T i^2(t)\mathrm{d}t,$$

则

$$I=\sqrt{\frac{1}{T}\int_0^T i^2(t)\mathrm{d}t}$$

为 $i(t)$ 的有效值，设 $i(t)=I_m\sin\omega t$，则

$$I_{\text{有效}}=\sqrt{\frac{I_m^2R}{2\pi}\int_0^{\frac{2\pi}{\omega}}\sin^2\omega t\mathrm{d}t}=\frac{1}{\sqrt{2}}I_m.$$

交流电流的有效值是它的峰值的$\dfrac{1}{\sqrt{2}}$.

同样可以说明交流电压的有效值.若在电阻 R 上加交流电压 $u=u(t)$ 时所消耗的平均功率和加直流电压 U 时所消耗的功率相等，这个直流电压的数值 U 就叫做交流电压 $u(t)$ 的有效值.因

$$u(t)=i(t)\cdot R,$$

由

$$I^2R = \frac{R}{T}\int_0^T i^2(t)\mathrm{d}t,$$

有

$$U^2 = \frac{1}{T}\int_0^T u^2(t)\mathrm{d}t.$$

则

$$U = \sqrt{\frac{1}{T}\int_0^T u^2(t)\mathrm{d}t}.$$

为电压的有效值. 当 $u(t) = U_m \sin \omega t$ 时，求得 $U_{有效} = \frac{1}{\sqrt{2}}U_m$. 通常照明用电

$$u(t) = 311\sin 100\pi t,$$

$$U_{有效} = \frac{1}{\sqrt{2}}311 \approx 220 \text{伏}.$$

小　结

本章的内容有：定积分的概念和性质；牛顿 - 莱布尼兹公式；定积分的计算和应用.

1. 一类不均匀分布问题（如曲边梯形的面积、变力所作的功等）的计算，都归结到计算一类和式的极限

$$\lim_{\lambda(\Delta)\to 0}\sum_{i=1}^{n} f(\xi_i)\Delta x_i,$$

其中，$f(x)$ 是定义在闭区间$[a,b]$上的函数，Δ 表示对区间$[a,b]$的任意划分，ξ_i 表示第 i 个小区间上的任一点（$1 \leqslant i \leqslant n$），$\lambda(\Delta) = \max\limits_{1\leqslant i\leqslant n}\{\Delta x_i\}$ 表示 $\Delta x_1, \Delta x_2, \cdots, \Delta x_n$ 中最大的一个. 如果这个极限存在，则此极限为 $f(x)$ 在$[a,b]$上的定积分，记作

$$\int_b^a f(x)\mathrm{d}x = \lim_{\lambda(\Delta)\to 0}\sum_{i=}^{n} f(\xi_i)\Delta x_i,$$

并说 $f(x)$ 在区间$[a,b]$上可积.

注意到，上述和式的极限要求与分法取法无关，事实上，极限的存在与否（是否可积）及极限值（一个定数）仅与被积函数与积分区间有关.

若 $f(x)$ 在$[a,b]$上连续，则 $f(x)$ 一定在$[a,b]$上可积. 在可积的情况下，我们可以用特殊的分法(如等分)、特殊的取法去求和式(10.1)(亦称积分和)的极限. 函数连续是可积的充分条件.

易证，若 $f(x)$ 在$[a,b]$上无界，则 $f(x)$ 在$[a,b]$上不可积，即有界是可积的必要条件.

在定积分定义中，我们假定 $a<b$，如果 $b<a$ 或 $b=a$，约定

$$\int_a^b f(x)\mathrm{d}x=-\int_b^a f(x)\mathrm{d}x;\quad \int_b^a f(x)\mathrm{d}x=0.$$

2. 在本章的研究中，我们均假定所研究的函数在讨论的区间上连续. 对于定积分概念中涉及的广义极限，极限运算的一般规则(含保号性)仍然成立.

由定积分的定义及极限运算的一般规则，我们证明了定积分的基本性质：线性性质，关于区间的有限可加性，第一积分中值定理及保序性，其中涉及保序的性质 4,5，6,均要求 $a<b$;若 $a>b$，则性质 4,5 结论中的不等式反号，对于性质 6，不妨先改写为 $-\int_b^a f(x)\mathrm{d}x$，然后再去用它.

3. 牛顿-莱布尼兹公式是数学分析中最重要的一个成果，它的证明基于两条，一条是导数为零是函数为常数的充要条件，另一条是用连续函数构造的积分上限函数是被积函数的一个原函数.

定积分与不定积分是两个完全不同的概念，确有函数，它在某区间上定积分存在而不定积分不存在，同样也有在某区间上不定积分存在而定积分不存在的例子. 但是，对于在区间$[a,b]$上的连续函数 $f(x)$，我们有

$$\int_a^x f(t)\mathrm{d}t+c=\int f(x)\mathrm{d}x,\quad x\in[a,b].$$

4. 定积分计算的基本方法是不定积分法，其依据是牛顿-莱布尼兹公式，在应用此公式计算时，要仔细检查被积函数是否满足公式条件. 许多情况下，直接使用定积分的换元法和分部积分法常更简便，有时还有其独特的作用. 但在使用定积分的换元法时，要特别注意变换函数的条件和积分上下限的确定.

5. 定积分的几何应用

由连续曲线 $y=f(x)$，$y=0$，$x=a$，$x=b(a<b)$所围成平面图形的面积为

$$S=\int_a^b |f(x)|\mathrm{d}x.$$

由连续曲线 $y=f_1(x)$，$y=f_2(x)$，$x=a,x=b(a<b)$所围成图形的面积是

$$S=\int_a^b|f_1(x)-f_2(x)|\mathrm{d}x.$$

由连续曲线 $x=\varphi_1(z),x=\varphi_2(y),y=c,y=d(c<d)$ 所围成图形的面积是 $S=\int_c^d|\varphi_1(y)-\varphi_2(y)|\mathrm{d}y$.

平行截面面积是$[a,b]$上的一个连续函数 $S=A(x)$ 的立体体积是

$$V=\int_a^b A(x)\mathrm{d}x.$$

以连续曲线 $y=f(x)$，直线 $x=a$，$x=b(a<b)$ 及 $y=0$ 所围成的平面图形绕 x 轴旋转而成的旋转体，其体积为

$$V=\int_a^b \pi y^2\mathrm{d}x=\int_a^b\pi f^2(x)\mathrm{d}x.$$

以连续曲线 $x=\varphi(y)$，直线 $y=c$，$y=d(c<d)$ 及 $x=0$ 所围成的平面图形绕 y 轴旋转而成的旋转体，其体积为

$$V=\int_c^{\mathrm{d}}\pi x^2\mathrm{d}y=\int_c^{\mathrm{d}}\pi\varphi^2(y)\mathrm{d}y$$

6. 定积分的物理应用是多方面的，这里介绍了几个在日常生活中经常遇到的几个例子. 但是，由于这些问题都涉及到较多的物理知识，写在这是作为知识面的扩展，在学习和考试中将不作要求.

习　题　十

A

1. 解下列问题：

(1) 用积分和式表示抛物线 $y=x^2+1$，直线 $x=2$，$x=5$ 和 x 轴所围成的曲边梯形的面积的近似值和准确值.

(2) 已知自由落体的速度 $v=gt$，试应用定积分定义求时间 t 由 0 到 5 秒时，落体所落下的距离.

(3) 试验证：$\int_a^b x\mathrm{d}x=\frac{1}{2}(b^2-a^2)$，$(a<b)$.

(4) 试用定积分定义计算 $\int_0^1 \mathrm{e}^x\mathrm{d}x$.

*(5) 试证：若 $f(x)$ 在闭区间 $[a,b]$ 上可积，则 $f(x)$ 一定在 $[a,b]$ 上有界.(提示：用反证法)

2. 比较下列各组分值的大小：

(1) $\int_0^1 x\mathrm{d}x$ 与 $\int_0^1 x^3\mathrm{d}x$；

(2) $\int_1^2 x\mathrm{d}x$ 与 $\int_1^2 x^2\mathrm{d}x$；

(3) $\int_0^{\frac{\pi}{2}} x\mathrm{d}x$ 与 $\int_0^{\frac{\pi}{2}} \sin x\mathrm{d}x$；

(4) $\int_3^5 \ln x\mathrm{d}x$ 与 $\int_3^5 (\ln x)^2\mathrm{d}x$.

3. 估计下列积分的值：

(1) $\int_1^4 (1+x^2)\mathrm{d}x$；　　(2) $\int_0^1 \mathrm{e}^x\mathrm{d}x$；

(3) $\int_{\frac{\pi}{4}}^{\frac{5}{4}\pi} (1+\sin^2 x)\mathrm{d}x$.

4. 证明不等式：

(1) $\frac{2}{5}\leqslant\int_1^2 \frac{x}{x^2+1}\mathrm{d}x\leqslant\frac{1}{2}$；

(2) $0 \leqslant \int_1^2 (2x^3 - x^4)\mathrm{d}x \leqslant \frac{27}{16}$.

5. 求下列函数的导数：

(1) $\int_0^x \sin t\mathrm{d}t$；　(2) $\int_x^5 \sqrt{1+t^2}\mathrm{d}t$；

(3) $\int_0^{x^2} \frac{\mathrm{d}t}{\sqrt{1+t}}$；　(4) $\int_x^{x^2} \mathrm{e}^t\mathrm{d}t$.

6. 求下列定积分：

(1) $\int_1^3 x^3\mathrm{d}x$；　(2) $\int_1^2 \left(x^2 + \frac{1}{x^4}\right)\mathrm{d}x$；

(3) $\int_{-1}^8 \sqrt[3]{x}\,\mathrm{d}x$；　(4) $\int_{\frac{1}{\sqrt{3}}}^{\sqrt{3}} \frac{\mathrm{d}x}{1+x^2}$；

(5) $\int_{-\frac{1}{2}}^{\frac{1}{2}} \frac{\mathrm{d}x}{\sqrt{1-x^2}}$；　(6) $\int_1^e \frac{1+\ln x}{x}\mathrm{d}x$；

(7) $\int_0^2 |2-x|\mathrm{d}x$；　(8) $\int_1^3 \frac{1}{x(1+x)}\mathrm{d}x$；

(9) $\int_0^\pi \sin x\mathrm{d}x$；　(10) $\int_0^{\frac{\pi}{4}} \tan^2\theta\mathrm{d}\theta$；

(11) $\int_0^{\frac{\pi}{2}} \sin\varphi\cos^3\varphi\,\mathrm{d}\varphi$；　(12) $\int_{-\pi}^{\pi} \cos 5\theta\mathrm{d}\theta$.

7. 求下列定积分：

(1) $\int_{-2}^{-1} \frac{\mathrm{d}x}{(11+5x)^2}$；　(2) $\int_0^{\frac{T}{2}} \sin\left(\frac{2\pi t}{T} - \varphi_0\right)\mathrm{d}t$；

(3) $\int_0^1 \frac{x}{x^2+1}\mathrm{d}x$；　(4) $\int_1^2 \frac{\mathrm{e}^{\frac{1}{x}}}{x^2}\mathrm{d}x$；

(5) $\int_0^1 (\mathrm{e}^x - 1)^4\mathrm{e}^x\mathrm{d}x$；　(6) $\int_1^{\mathrm{e}^3} \frac{1}{x\sqrt{1+\ln x}}\mathrm{d}x$；

(7) $\int_0^1 \frac{1}{\mathrm{e}^x + \mathrm{e}^{-x}}\mathrm{d}x$；　(8) $\int_0^4 \frac{1}{1+\sqrt{x}}\mathrm{d}x$；

(9) $\int_1^5 \frac{\sqrt{u-1}}{u}\mathrm{d}u$；　(10) $\int_0^{\ln 2} \sqrt{\mathrm{e}^x - 1}\mathrm{d}x$；

(11) $\int_1^{\sqrt{3}} \frac{1}{x\sqrt{x^2+1}}\mathrm{d}x$；　(12) $\int_0^1 \sqrt{1-x^2}\mathrm{d}x$.

8. 求下列定积分：

(1) $\int_0^1 xe^x dx$；　　(2) $\int_0^{\pi} x\sin x dx$；

(3) $\int_1^e x\ln x dx$；　　(4) $\int_0^{\frac{\sqrt{3}}{2}} \arccos x dx$；

(5) $\int_0^{\frac{\pi}{2}} e^x\cos x dx$；　　(6) $\int_0^1 x\arctan x dx$；

(7) $\int_0^{\pi} x^2\cos 2x dx$；　　(8) $\int_1^e (\ln x)^3 dx$.

9. 设 k 为正整数，证明 $\int_{-\pi}^{\pi} \cos kx dx = 0$ 与 $\int_{-\pi}^{\pi} \sin kx dx = 0$.

10. 设 k, l 为正整数，且 $k \neq l$，证明：

(1) $\int_{-\pi}^{\pi} \cos kx \sin lx dx = 0$；

(2) $\int_{-\pi}^{\pi} \cos kx \cos lx dx = 0$；

(3) $\int_{-\pi}^{\pi} \sin kx \sin lx dx = 0$.

11. 设 k 为正整数，证明 $\int_{-\pi}^{\pi} \cos^2 kx dx = \pi$ 及 $\int_{-\pi}^{\pi} \sin^2 kx dx = \pi$.

12. 证明：若在 $[-a,a]$ 上 $f(x)$ 连续且为偶函数，则

$$\int_{-a}^{a} f(x)dx = 2\int_0^a f(x)dx.$$

13. 证明：若在 $[-a,a]$ 上 $f(x)$ 连续且为奇函数，则

$$\int_{-a}^{a} f(x)dx = 0.$$

14. 证明：若在 $[-a,a]$ 上 $f(x)$ 连续且为奇函数，则 $F(x) = \int_0^x f(t)dt$, $x \in [-a,a]$ 是偶函数.

15. 证明：若 $f(x)$ 为定义在 $(-\infty, +\infty)$ 且周期为 T 的连续周期函数，则

$$\int_a^{a+T} f(x)dx = \int_0^T f(x)dx,$$

其中 a 为任意的数.

16. 利用定积分,求下列和式的极限:

(1) $\lim\limits_{n\to+\infty}\left(\frac{1}{n^2}+\frac{2}{n^2}+\cdots+\frac{n-1}{n^2}\right)$;

(2) $\lim\limits_{n\to+\infty}\frac{1}{n}\left(\sin\frac{\pi}{n}+\sin\frac{2\pi}{n}+\cdots+\sin\frac{n-1}{n}\pi\right)$.

17. 利用洛必达法则,求下列极限:

(1) $\lim\limits_{x\to0^+}\frac{\int_0^x\cos x^2\mathrm{d}x}{x}$;

(2) $\lim\limits_{x\to+\infty}\frac{2x\int_0^x\mathrm{e}^{x^2}\mathrm{d}x}{\mathrm{e}^{x^2}}$.

18. 求下列曲线围成的图形的面积:

(1) $y=\sin x$, $y=0$, $x=0$, $x=\pi$;

(2) $y=\cos x$, $y=0$, $x=-\frac{3}{4}\pi$, $x=\pi$;

(3) $y=x^3$, $y=2x$;

(4) $y=1-x^2$, $y=0$;

(5) $xy=1$, $y=x$, $x=2$;

(6) $y=x^2+1$, $x+y=3$;

(7) $y=|\ln x|$, $x=\frac{1}{\mathrm{e}}$, $x=\mathrm{e}$, $y=0$;

(8) $y=x^2$, $y=-x^2+8$.

19. 求下列曲线所围成的图形绕 x 轴旋转所成旋转体的体积:

(1) $y=\sqrt{2x}$, $y=0$, $x=5$;

(2) $y=x^2$, $x=y^2$;

(3) $y=\sin x$, $y=0\quad(0\leqslant x\leqslant\pi)$;

(4) $\frac{x^2}{25}+\frac{y^2}{16}=1$;

(5) $y=\frac{a}{2}\left(\mathrm{e}^{\frac{x}{a}}+\mathrm{e}^{-\frac{x}{a}}\right)(a>0)$, $x=0$, $x=a$, $y=0$;

(6) $x=a(t-\sin t)$, $y=a(1-\cos t)$, $(0\leqslant t\leqslant2\pi)$, $y=0$.

B

1. 设 $f(x)$ 在 $[a,b]$ 上连续,则 $\int_a^b f(x)\mathrm{d}x-\int_a^b f(t)\mathrm{d}t$ 的值(　　).

A. 小于零　　　　B. 等于零

C. 不能确定　　　　D. 大于零

2. 函数 $f(x)$ 在 $[a,b]$ 上连续是可积的(　　).

A. 充分条件　　　　B. 必要条件

C. 充要条件　　　　D. 既非充分条件亦非必要条件.

3. 若 $\int_0^x f(x)\mathrm{d}x = \frac{1}{2}\ln(x^2+1)$，则 $f(x)$ ________.

4. 若 $f(x)$ 在 $[2,8]$ 上连续，且 $5 \leqslant f(x) \leqslant 9$，则 ________ $\leqslant \int_2^8 f(x)\mathrm{d}x \leqslant$ ________.

5. 下列不等式中成立的是(　　).

A. $\int_0^1 x\mathrm{d}x \leqslant \int_0^1 x^2\mathrm{d}x$　　　　B. $\int_0^1 x\mathrm{d}x \geqslant \int_0^1 x^2\mathrm{d}x$

C. $\int_1^2 x^2\mathrm{d}x \geqslant \int_1^2 x^3\mathrm{d}x$　　　　D. $\int_0^1 \mathrm{e}^x\mathrm{d}x \leqslant \int_0^1 \mathrm{e}^{x^2}\mathrm{d}x$

6. $\frac{\mathrm{d}}{\mathrm{d}x}\int_a^b \arcsin x dx = $(　　).

A. $\arcsin x$　　　　B. $\arcsin b - \arcsin a$

C. $\frac{1}{\sqrt{1-x^2}}$　　　　D. 0

7. 下列等式中正确的有(　　).

A. $\frac{\mathrm{d}}{\mathrm{d}x}(\int_a^b \sin x^2\mathrm{d}x) = \sin x^2$

B. $\frac{\mathrm{d}}{\mathrm{d}x}(\int_a^{x^2} \sin x^2\mathrm{d}x) = \sin x^2$

C. $\frac{\mathrm{d}}{\mathrm{d}x}(\int_a^x \sin x^2\mathrm{d}x) = \sin x^2$

D. $\frac{\mathrm{d}}{\mathrm{d}a}(\int_a^b \sin x^2\mathrm{d}x) = -\sin a^2$

8. 初等函数在其定义域上一定(　　).

A. 连续　　　　B. 可导

C. 可积　　　　D. 有界

9. 设 $f(x)$ 在区间 $[a,b]$ 上连续，则 $F(x) = \int_a^x f(t)\mathrm{d}t$ 在区间 $[a,b]$ 上一定(　　).

A. 有界　　　　B. 连续

C. 可导　　　　D. 可积

10. 曲线 $y=\sin x$ 位于 $\left[-\frac{\pi}{2}, \frac{3}{2}\pi\right]$ 的一段与 x 轴围成图形的面积是(　　).

A. $\int_{-\frac{\pi}{2}}^{\frac{3\pi}{2}} \sin x \mathrm{d}x$

B. $\left|\int_{-\frac{\pi}{2}}^{\frac{3\pi}{2}} \sin x \mathrm{d}x\right|$

C. $-\int_{-\frac{\pi}{2}}^{0} \sin x \mathrm{d}x+\int_{0}^{\pi} \sin x \mathrm{d}x-\int_{\pi}^{\frac{3}{2}\pi} \sin x \mathrm{d}x$

D. $\int_{-\frac{\pi}{2}}^{\frac{3}{2\pi}} |\sin x| \mathrm{d}x$

11. 下列积分中可用牛顿-莱布尼兹公式的有(　　).

A. $\int_{-1}^{5} \frac{x}{x^{2}+1} \mathrm{d}x$　　　　B. $\int_{-2}^{2} \frac{x \mathrm{d}x}{\sqrt{4-x^{2}}}$

C. $\int_{1}^{4} \frac{x \mathrm{d}x}{(x^{2}-4)^{3}}$　　　　D. $\int_{\frac{1}{e}}^{e} \frac{\mathrm{d}x}{x \ln x}$

12. 下面计算中正确的有(　　).

A. $\int_{-1}^{1} \frac{1}{x^{2}} \mathrm{d}x=-\left.\frac{1}{x}\right|_{-1}^{1}=2$

B. $\int_{\frac{1}{2}}^{1} \frac{1}{x^{2}} \mathrm{d}x=-\left.\frac{1}{x}\right|_{\frac{1}{2}}^{1}=1$

C. $$\int_{0}^{2\pi} \frac{\sec^{2} x}{2+\tan^{2} x} \mathrm{d}x=\int_{0}^{2\pi} \frac{\mathrm{d}\tan x}{2+\tan^{2} x}=\left.\frac{1}{\sqrt{2}} \arctan\left(\frac{\tan x}{\sqrt{2}}\right)\right|_{0}^{2\pi}=0$$

D. $$\int_{0}^{\frac{\pi}{4}} \frac{\sec^{2} x}{2+\tan^{2} x} \mathrm{d}x=\left.\frac{1}{\sqrt{2}} \arctan\left(\frac{\tan x}{\sqrt{2}}\right)\right|_{0}^{\frac{\pi}{4}}=\frac{1}{\sqrt{2}} \arctan\left(\frac{1}{\sqrt{2}}\right)$$

第 三 篇

线性代数

第十一章 行列式

本章是中学代数中线性方程组内容的推广．首先，通过解二元、三元线性方程组引出二阶、三阶行列式．然后介绍 n 阶行列式的定义，行列式的性质，行列式按行（列）展开，利用行列式的性质和行列式按行（列）展开进行行列式的计算．最后介绍解线性方程组的克莱姆法则．

11.1 二阶、三阶行列式

在中学代数中已经通过解二元、三元线性方程组引出二阶、三阶行列式的概念．

11.1.1 二阶行列式

给出两个未知量 x_1,x_2 的线性方程组

$$\begin{cases} a_{11}x_1+a_{12}x_2=b_1, \\ a_{21}x_1+a_{22}x_2=b_2. \end{cases} \tag{1}$$

（第一式）$\times a_{22}-$（第二式）$\times a_{12}$，消去 x_2 得

$$(a_{11}a_{22}-a_{12}a_{21})x_1=b_1a_{22}-a_{12}b_2.$$

（第二式）$\times a_{11}-$（第一式）$\times a_{21}$，消去 x_1 得

$$(a_{11}a_{22}-a_{12}a_{21})x_2=a_{11}b_2-b_1a_{21}.$$

当 $a_{11}a_{22}-a_{12}a_{21}\neq 0$ 时，我们有

$$\begin{cases} x_1=\dfrac{b_1a_{22}-a_{12}b_2}{a_{11}a_{22}-a_{12}a_{21}}, \\ x_2=\dfrac{a_{11}b_2-b_1a_{21}}{a_{11}a_{22}-a_{12}a_{21}}. \end{cases} \tag{2}$$

如果方程组(1)有解，那么解一定是(2)，把(2)代入方程组(1)直

接验证,得知(2)确是方程组(1)的解.因此(2)就是线性方程组(1)的唯一解.

我们引进记号

$$\begin{vmatrix} a_{11} & a_{12} \\ a_{21} & a_{22} \end{vmatrix} = a_{11}a_{22} - a_{12}a_{21},$$

称为二阶行列式,可以用画线(如图 11.1)的方法记忆.即实线联结的两个元素的乘积减去虚线联结的两个元素的乘积.

例 1 $\begin{vmatrix} 5 & 3 \\ -2 & 3 \end{vmatrix} = 5\times3-3\times(-2)=21.$

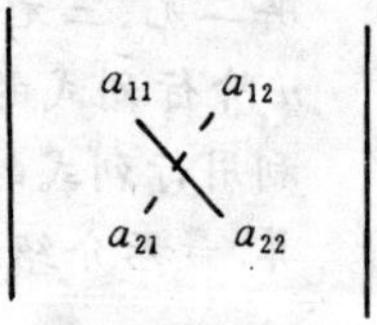

图 11.1

利用行列式的记号,前面的二元线性方程组的解(2)可如此表示.令

$$D = \begin{vmatrix} a_{11} & a_{12} \\ a_{21} & a_{22} \end{vmatrix},$$

$$D_1 = \begin{vmatrix} b_1 & a_{12} \\ b_2 & a_{22} \end{vmatrix}, \quad D_2 = \begin{vmatrix} a_{11} & b_1 \\ a_{21} & b_2 \end{vmatrix}.$$

其中 D 是由未知量的系数构成的行列式,D_1, D_2 分别是将行列式 D 的第一列、第二列元素换成常数项 b_1, b_2 所得.当 $D\neq0$ 时,有唯一解

$$x_1 = \frac{D_1}{D} = \frac{\begin{vmatrix} b_1 & a_{12} \\ b_2 & a_{22} \end{vmatrix}}{\begin{vmatrix} a_{11} & a_{12} \\ a_{21} & a_{22} \end{vmatrix}}, \quad x_2 = \frac{D_2}{D} = \frac{\begin{vmatrix} a_{11} & b_1 \\ a_{21} & b_2 \end{vmatrix}}{\begin{vmatrix} a_{11} & a_{12} \\ a_{21} & a_{22} \end{vmatrix}}.$$

例 2 解线性方程组:

$$\begin{cases} 2x+y=7, \\ x-3y=-2. \end{cases}$$

解 $D = \begin{vmatrix} 2 & 1 \\ 1 & -3 \end{vmatrix} = -7\neq0,$

$$D_1 = \begin{vmatrix} 7 & 1 \\ -2 & -3 \end{vmatrix} = -19, \quad D_2 = \begin{vmatrix} 2 & 7 \\ 1 & -2 \end{vmatrix} = -11.$$

方程组有唯一解

$$x_1 = \frac{D_1}{D} = \frac{-19}{-7} = \frac{19}{7}, \quad x_2 = \frac{D_2}{D} = \frac{-11}{-7} = \frac{11}{7}.$$

11.1.2　三阶行列式

给出三个未知量的线性方程组

$$\begin{cases} a_{11}x_1+a_{12}x_2+a_{13}x_3=b_1, \\ a_{21}x_1+a_{22}x_2+a_{23}x_3=b_2, \\ a_{31}x_1+a_{32}x_2+a_{33}x_3=b_3. \end{cases}$$

先从前两式消去 x_3，从后两式消去 x_3，得到只含 x_1,x_2 的两个新的线性方程，再从这两个新线性方程中消去 x_2，得到一个只含 x_1 的方程

$$Dx_1=D_1.$$

x_1 的系数 D 和常数项 D_1 可用三阶行列式表示.

$$D=\begin{vmatrix} a_{11} & a_{12} & a_{13} \\ a_{21} & a_{22} & a_{23} \\ a_{31} & a_{32} & a_{33} \end{vmatrix},\quad D_1=\begin{vmatrix} b_1 & a_{12} & a_{13} \\ b_2 & a_{22} & a_{23} \\ b_3 & a_{32} & a_{33} \end{vmatrix},$$

当 $D\neq 0$ 时，可得 $x_1=\dfrac{D_1}{D}$.

同样可以求得 $x_2=\dfrac{D_2}{D}$，　$x_3=\dfrac{D_3}{D}$.

$$D_2=\begin{vmatrix} a_{11} & b_1 & a_{13} \\ a_{21} & b_2 & a_{23} \\ a_{31} & b_3 & a_{33} \end{vmatrix},\quad D_2=\begin{vmatrix} a_{11} & a_{12} & b_1 \\ a_{21} & a_{22} & b_2 \\ a_{31} & a_{32} & b_3 \end{vmatrix}.$$

D_1,D_2,D_3 分别是将系数行列式 D 的第一列、第二列、第三列元素换成常数项 b_1,b_2,b_3 所得.

三阶行列式

$$\begin{vmatrix} a_{11} & a_{12} & a_{13} \\ a_{21} & a_{22} & a_{23} \\ a_{31} & a_{32} & a_{33} \end{vmatrix}=a_{11}a_{22}a_{33}+a_{12}a_{23}a_{31}+a_{13}a_{21}a_{32}-a_{11}a_{23}a_{32}-a_{12}a_{21}a_{33}-a_{13}a_{22}a_{31},$$

它是 6 个项的代数和，可以用画线(如图 11.2)的方法记忆. 其中各实线联结的三个元素的乘积是代数和中的正项，各虚线联结的三个元素的乘积是代数和中的负项.

例 3　$$\begin{vmatrix} 1 & 2 & 3 \\ 4 & 0 & 5 \\ -1 & 0 & 6 \end{vmatrix}=1\times0\times6+2\times5\times(-1)+3\times4\times0-1\times5\times0-2\times4\times6-3\times0\times(-1)$$

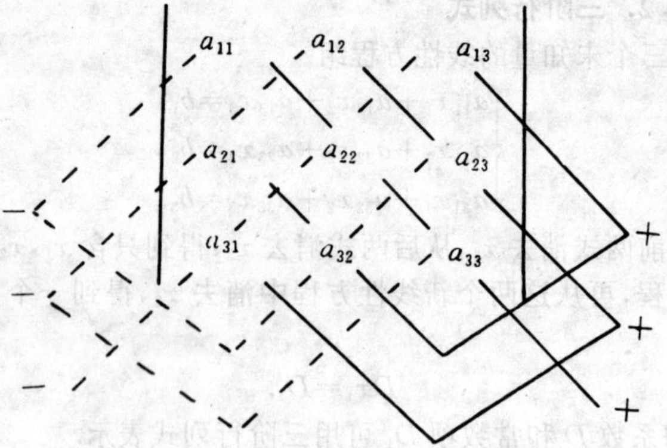

图 11.2

$$=-58.$$

例 4 a,b 满足什么条件时有

$$\begin{vmatrix} a & b & 0 \\ -b & a & 0 \\ 1 & 0 & 1 \end{vmatrix}=0.$$

解 $\begin{vmatrix} a & b & 0 \\ -b & a & 0 \\ 1 & 0 & 1 \end{vmatrix}=a^2+b^2.$

$a^2+b^2=0$ 当且仅当 $a=0$ 且 $b=0$.

例 5 $\begin{vmatrix} a & 1 & 0 \\ 1 & a & 0 \\ 4 & 1 & 1 \end{vmatrix}>0$ 的充分必要条件是什么？

解 $\begin{vmatrix} a & 1 & 0 \\ 1 & a & 0 \\ 4 & 1 & 1 \end{vmatrix}=a^2-1.$

$$a^2-1>0 \Longleftrightarrow a^2>1 \Longleftrightarrow |a|>1.$$

因此

$$\begin{vmatrix} a & 1 & 0 \\ 1 & a & 0 \\ 4 & 1 & 1 \end{vmatrix}>0 \text{ 的充分必要条件是} |a|>0.$$

例 6 解线性方程组

$$\begin{cases}2x-y+z=0,\\3x+2y-5z=1,\\x+3y-2z=4.\end{cases}$$

解：$D=\begin{vmatrix}2&-1&1\\3&2&-5\\1&3&-2\end{vmatrix}=28$，$D_1=\begin{vmatrix}0&-1&1\\1&2&-5\\4&3&-2\end{vmatrix}=13$，

$$D_2=\begin{vmatrix}2&0&1\\3&1&-5\\1&4&-2\end{vmatrix}=47,\quad D_3=\begin{vmatrix}2&-1&0\\3&2&1\\1&3&4\end{vmatrix}=21.$$

方程组有唯一解

$$x_1=\frac{D_1}{D}=\frac{13}{28},\quad x_2=\frac{D_2}{D}=\frac{47}{28},\quad x_3=\frac{D_3}{D}=\frac{21}{28}=\frac{3}{4}.$$

11.2 n 阶行列式的定义

为了定义 n 阶行列式，我们先介绍排列及排列的逆序.

11.2.1 排列与逆序

由数码 $1,2,\cdots,n$ 组成的不重复的每一种有确定次序的数组，称为一个 n 级排列，记为 $i_1i_2\cdots i_n$，其中每一个 i_k 都是 $1,2,\cdots,n$ 中的一个数码，但它们互不相同.

例如 1234，2431 都是 4 级排列，25413 是一个 5 级排列.

定义 11.1 在 n 级排列 $i_1i_2\cdots i_n$ 中，如果有较大的数 i_s 排在较小的数 i_t 前面($i_s>i_t, s<t$)，则称 i_s 与 i_t 构成一个**逆序**，一个 n 级排列中逆序的总数称为该排列的**逆序数**，记作 $N(i,i_2\cdots i_n)$.

如果逆序数 $N(i_1i_2\cdots i_n)$ 为奇数，称 $i_1i_2\cdots i_n$ 为**奇排列**；如果 $N(i_1i_2\cdots i_n)$ 为偶数，称 $i_1i_2\cdots i_n$ 为**偶排列**.

逆序数可以这样求得，先依次对 $1,2,\cdots,n-1$ 中每个数码 k，求出排在 k 前面而且大于 k 的数码个数，然后将这些数目加起来即得逆序数 $N(i_1i_2\cdots i_n)$.

例 1 计算排列 5 4 2 3 1 与 3 4 2 5 1 的逆序数,并判断排列的奇偶性.

解 对排列 5 4 2 3 1,1 前面大于 1 的数码有 5,4,2,3 共 4 个;2 前面大于 2 的数码有 5,4 共 2 个;3 前面大于 3 的数码有 5,4 共 2 个;4 前面大于 4 的数码只有一个 5. 因此

$$N(5\ 4\ 2\ 3\ 1)=4+2+2+1=9,$$

5 4 2 3 1 是奇排列.

类似地

$$N(3\ 4\ 2\ 5\ 1)=4+2+0+0=6,$$

3 4 2 5 1 是偶排列.

定义 11.2 在一个排列 $i_1i_2\cdots i_s\cdots i_t\cdots i_n$ 中,将它的两个数码 i_s 与 i_t 对调,得到另一个排列 $i_1i_2\cdots i_t\cdots i_s\cdots i_n$,这样的变换称为一个**对换**,记作 (i_s,i_t).

例如对排列 5 4 2 3 1 施以对换(5,3)后,得到排列 3 4 2 5 1. 即

$$5\ 4\ 2\ 3\ 1 \xrightarrow{(5,3)} 3\ 4\ 2\ 5\ 1.$$

由例 1 看出,原排列 5 4 2 3 1 是奇排列,变换后的新排列 3 4 2 5 1 是偶排列. 即对换(5,3)改变了 5 4 2 3 1 的奇偶性. 一般地有

定理 11.1 任一个排列经过一个对换后改变了奇偶性.

证明 (1)首先讨论对换相邻两个数码的特殊情形. 设排列为 $A\ i\ j\ B$,其中 A,B 表示除 i,j 两个数码外其余的数码,经过对换 (i,j) 后变成排列 $A\ j\ i\ B$.

比较原排列与新排列的逆序数,显然对 A,B 中任一数码 k,排在 k 前面而且大于 k 的数码个数没有变化. 至于数码 i,j,当 $i>j$ 时,排在 i 前面而且大于 i 的数码个数没有变化,排在 j 前面而且大于 j 的数码个数原排列比新排列多一个,因此新排列的逆序数比原排列少一个;当 $i<j$ 时,排列在 j 前面而且大于 j 的数码个数没有变化,排列在 i 前面而且大于 i 的数码个数原排列比新排列少一个,因此新排列的逆序数比原排列多一个. 由此可见,对换 (i,j) 改变了原排列的奇偶性.

(2)一般情形,设原排列为

$$A\ i\ k_1\ k_2 \cdots k_r\ j\ B.$$

经过对换(i,j)后得新排列

$$A\ j\ k_1\ k_2 \cdots k_r\ i\ B.$$

新排列可以由原排列中将数码 i 依次与 $k_1,k_2,\cdots,k_r,j$ 作 $r+1$ 次相邻对换变成

$$A\ k_1\ k_2 \cdots k_r\ j\ i\ B.$$

再将 j 依次与 $k_r,\cdots,k_2,k_1$ 作 r 次相邻对换得到．即新排列可以由原排列经过 $2r+1$ 次相邻对换得到.由(1)的结论可知奇偶性总共改变了 $2r+1$(奇数)次.所以新排列的奇偶性与原排列相反.

定理 11.2 n 个数码$(n>1)$共有 $n!$ 个 n 级排列,其中奇偶排列各占一半.

证明 排列的第一位置可以从 n 个数码中任选一个,共有 n 种选法;选定第一位置的数码后,第二位置可以从剩下的 $n-1$ 个数码中任选一个,共有 $n-1$ 种选法,前两位置共有 $n(n-1)$种不同的选法;当前 k 个位置的数码取定后,第 $k+1$ 位置的数码可以从剩下的 $n-k$ 个数码中任选一个,共有 $n-k$ 种选法,前 $k+1$ 个位置共有 $n(n-1)\cdots(n-k)$ 种不同的选法;最后当取定前 $n-1$ 个位置的数码后,第 n 位置只能取剩下的一个数码,只有一种选法.因此 n 级排列的个数为 $n\cdot(n-1)\cdots 2\cdot 1=n!$

假设$n!$个排列中有 p 个奇排列,q 个偶排列,将每一个奇排列施以对换$(1,2)$,由定理 11.1 知 p 个奇排列都变成偶排列,而且是不同的偶排列,所以偶排列的个数 $q\geqslant p$;同样将 q 个偶排列都施以对换$(1,2)$,它们都变成不同的奇排列,因此奇排列的个数 $p\geqslant q$.于是 $p=q$,即奇偶排列个数相等,各为$\frac{1}{2}n!$ 个.

11.2.2 n 阶行列式的定义

观察二阶行列式和三阶行列式:

$$\begin{vmatrix} a_{11} & a_{12} \\ a_{21} & a_{22} \end{vmatrix} = a_{11}a_{22}-a_{12}a_{21},$$

$$\begin{vmatrix} a_{11} & a_{12} & a_{13} \\ a_{21} & a_{22} & a_{23} \\ a_{31} & a_{32} & a_{33} \end{vmatrix} = a_{11}a_{22}a_{33} + a_{12}a_{23}a_{31} + a_{13}a_{21}a_{32} - a_{11}a_{23}a_{32} - a_{12}a_{21}a_{33} - a_{13}a_{22}a_{31}.$$

(1)它们都表示所有位于不同的行不同的列的元素乘积的代数和.

二阶行列式的每项(不含正负号)为 $a_{1j_1}a_{2j_2}$. j_1j_2 为 2 级排列,共有 2! =2 项.

三阶行列式的每项(不含正负号)为 $a_{1j_1}a_{2j_2}a_{3j_3}$. $j_1j_2j_3$ 为 3 级排列,共有 3! =6 项.

(2)每一项的符号是,当元素的行标按自然数顺序排列后,如果对应的列标构成偶排列时取正号,构成奇排列时取负号.

例如三阶行列式中,行标按自然数顺序排列后,取正号的三项的列标构成的排列是 123,231,312,它们都是偶排列;取负号的三项的列标构成的排列是 132,213,321,它们都是奇排列.

根据这个规律,可以给出 n 阶行列式的定义.

定义 11.3 用 n^2 个元素 $a_{ij}(i,j=1,2,\cdots,n)$组成的记号

$$\begin{vmatrix} a_{11} & a_{12} & \cdots & a_{1n} \\ a_{21} & a_{22} & \cdots & a_{2n} \\ \vdots & \vdots & & \vdots \\ a_{n1} & a_{n2} & \cdots & a_{nn} \end{vmatrix}$$

称为 ***n* 阶行列式**,其中横排称为**行**,纵排称为**列**. 它表示所有可能取不同的行不同的列的 n 个元素乘积的代数和,各项的符号是:当该项中元素的行标按自然数顺序排列后,如果对应的列标构成的排列是偶排列则取正号;是奇排列则取负号. 因此,n 阶行列式所表示的代数和中的一般项可以写成

$$(-1)^{N(j_1j_2\cdots j_n)}a_{1j_1}a_{2j_2}\cdots a_{nj_n},$$

其中 $j_1j_2\cdots j_n$ 构成一个 n 级排列. 当 $j_1j_2\cdots j_n$ 取遍所有 n 级排列时,得到 n 阶行列式表示的代数和中所有的项.

行列式有时简记$|a_{ij}|$.

当 $n=1$,一阶行列式$|a|$就是 a.

由定理 11.2 知，n 阶行列式共有 $n!$ 项，符号为正的项和符号为负的项（不算元素 a_{ij}本身所带的负号）各占一半.

例如四阶行列式

$$\begin{vmatrix} a_{11} & a_{12} & a_{13} & a_{14} \\ a_{21} & a_{22} & a_{23} & a_{24} \\ a_{31} & a_{32} & a_{33} & a_{34} \\ a_{41} & a_{42} & a_{43} & a_{44} \end{vmatrix}$$

所表示的代数和共有 $4!=24$ 项.

$a_{11}a_{22}a_{33}a_{44}$行标排列为 1 2 3 4，说明元素取自不同行，列标排列为 1 2 3 4，说明元素取自不同列，逆序数 $N(1,2,3,4)=0$，所以 $a_{11}a_{22}a_{33}a_{44}$是行列式的项，而且取正号；又如 $a_{14}a_{23}a_{31}a_{42}$行标排列为 1 2 3 4，元素取自不同行，列标排列为 4 3 1 2，元素取自不同列，逆序数 $N(4\ 3\ 1\ 2)=5$，所以 $a_{14}a_{23}a_{31}a_{42}$是行列式的项，而且取负号.

$a_{11}a_{24}a_{33}a_{44}$有两个元素 a_{24}，a_{44}同时取自第 4 列，所以它不是行列式的项.

例 2 证明 n 阶行列式

$$D=\begin{vmatrix} a_{11} & 0 & 0 & \cdots & 0 \\ a_{21} & a_{22} & 0 & \cdots & 0 \\ a_{31} & a_{32} & a_{33} & \cdots & 0 \\ \vdots & \vdots & \vdots & & \vdots \\ a_{n1} & a_{n2} & a_{n3} & \cdots & a_{nn} \end{vmatrix}=a_{11}a_{22}\cdots a_{nn},$$

证明 考虑行列式的一般项

$$(-1)^{N(j_1,j_2\cdots j_n)}a_{1j_1}a_{2j_2}\cdots a_{nj_n}.$$

如果该项不为零，则各元素 $a_{ij_i}\neq 0(i=1,2,\cdots,n)$，$a_{1j_1}$取自第一行，因此 $a_{1j_1}=a_{11}$且 $a_{11}\neq 0$，即 $j_1=1$；a_{2j_2}取自第二行，而且 $j_2\neq j_1=1$，因此 $a_{2j_2}=a_{22}$且 $a_{22}\neq 0$，即 $j_2=2$；依此类推，可得 $j_3=3,j_4=4,\cdots,j_n=n$，而且 $a_{33}\neq 0,a_{44}\neq 0,\cdots,a_{nn}\neq 0$.

$$\begin{aligned}&(-1)^{N(j_1j_2\cdots j_n)}a_{1j_1}a_{2j_2}\cdots a_{nj_n}\\&=(-1)^{N(12\cdots n)}a_{11}a_{22}\cdots a_{nn}\\&=a_{11}a_{22}\cdots a_{nn}.\end{aligned}$$

这就是说，如果行列式中有非零项，那么 $a_{ii}\neq 0(i=1,2,\cdots,n)$，行列式只有一项不为零，于是 $D=a_{11}a_{22}\cdots a_{nn}$.

如果某 $a_{ii}=0$，那么行列式中无非零项，$D=0=a_{11}a_{22}\cdots a_{nn}$.

我们称上例题的行列式为下三角行列式，同理可得上三角行列式

$$D=\begin{vmatrix} a_{11} & a_{12} & a_{13} & \cdots & a_{1n} \\ 0 & a_{22} & a_{23} & \cdots & a_{2n} \\ 0 & 0 & a_{33} & \cdots & a_{3n} \\ \vdots & \vdots & \vdots & & \vdots \\ 0 & 0 & 0 & \cdots & a_{nn} \end{vmatrix}=a_{11}a_{22}\cdots a_{nn}.$$

对角形行列式

$$D=\begin{vmatrix} a_{11} & 0 & 0 & \cdots & 0 \\ 0 & a_{22} & 0 & \cdots & 0 \\ 0 & 0 & a_{33} & \cdots & 0 \\ \vdots & \vdots & \vdots & & \vdots \\ 0 & 0 & 0 & \cdots & a_{nn} \end{vmatrix}=a_{11}a_{22}\cdots a_{nn}.$$

定理 11.3 n 阶行列式 $|a_{ij}|$ 的一般项可以记为

$$(-1)^{N(i_1i_2\cdots i_n)+N(j_1j_2\cdots j_n)}a_{i_1j_1}a_{i_2j_2}\cdots a_{i_nj_n}, \tag{1}$$

其中 $i_1i_2\cdots i_n, j_1j_2\cdots j_n$ 均为 n 级排列.

证明 由于 $i_1i_2\cdots i_n, j_1j_2\cdots j_n$ 均为 n 级排列，说明(1)式中 n 个元素取自行列式不同的行不同的列，由定理 11.2，该项的符号应这样确定，将 n 个元素调换次序，使行标按自然数顺序排列 $1\ 2\ 3\cdots n$，不妨设此时列标构成排列 $k_1k_2\cdots k_n$，即

$$a_{i_1j_1}a_{i_2j_2}\cdots a_{i_nj_n}=a_{1k_1}a_{2k_2}\cdots a_{nk_n}.$$

于是该项符号由逆序数 $N(k_1k_2\cdots k_n)$ 的奇偶性确定，即由 $(-1)^{N(k_1k_2\cdots k_n)}$ 确定.

将排列 $i_1i_2\cdots i_n$ 施行若干次对换(设为 t 次)，使它变成 $12\cdots n$，相应地 $a_{i_1j_1}a_{i_2j_2}\cdots a_{i_nj_n}$ 经过元素间 t 次对换变成 $a_{1k_1}a_{2k_2}\cdots a_{nk_n}$，因而排列 $j_1j_2\cdots j_n$ 经过 t 次对换变成 $k_1k_2\cdots k_n$，所以由逆序数 $N(i_1i_2\cdots i_n)$ 到 $N(12\cdots n)$，奇偶性改变了 t 次. 同样由 $N(j_1j_2\cdots j_n)$ 到 $N(k_1k_2\cdots k_n)$，

奇偶性也改变了 t 次. 因此由 $N(i_1i_2\cdots i_n)+N(j_1j_2\cdots j_n)$ 到 $N(12\cdots n)+N(k_1k_2\cdots k_n)$，奇偶性改变了 $2t$（偶数）次，即

$$(-1)^{N(i_1i_2\cdots i_n)+N(j_1j_2\cdots j_n)}=(-1)^{N(12\cdots n)+N(k_1k_2\cdots k_n)}$$
$$=(-1)^{N(k_1k_2\cdots k_n)}.$$

于是

$$(-1)^{N(i_1i_2\cdots i_n)+N(j_1j_2\cdots j_n)}a_{i_1j_1}a_{i_2j_2}\cdots a_{i_nj_n}$$
$$=(-1)^{N(k_1k_2\cdots k_n)}a_{1k_1}a_{2k_2}\cdots a_{nk_n}.$$

所以 D 的一般项也可记为(1)的形式.

例 3 若 $a_{i5}a_{42}a_{3j}a_{21}a_{14}$ 是五阶行列式 $|a_{ij}|$ 的一项，问 i,j 应为何值？此时该项符号是什么？

解 行列式中每项应取自不同行不同列，第 4,3,2,1 行均已取到，因而 $i=5$，同样 $j=3$，即 $a_{55}a_{42}a_{33}a_{21}a_{14}$.

解法一 按行列式定义，将元素调换次序

$$a_{55}a_{42}a_{33}a_{21}a_{14}=a_{14}a_{21}a_{33}a_{42}a_{55},$$
$$(-1)^{N(41325)}=(-1)^4=1.$$

该项取正号.

解法二 直接按定理 11.3，符号取决于

$$(-1)^{N(54321)+N(52314)}=(-1)^{10+6}=1.$$

该项取正号.

二阶、三阶行列式可用画线(图 11.1,11.2)方法记忆，但四阶以上的行列式不再有画线的方法，用定义写出 $n!$ 项并判断符号是非常繁琐的. 下面两节将介绍利用行列式性质和行列式按行(列)展开的方法来计算行列式.

11.3 行列式的性质

将行列式 D 的行与列互换后得到的行列式称为 D 的转置行列式，记作 D^T. 即如果

$$D=\begin{vmatrix} a_{11} & a_{12} & \cdots & a_{1n} \\ a_{21} & a_{22} & \cdots & a_{2n} \\ \vdots & \vdots & & \vdots \\ a_{n1} & a_{n2} & \cdots & a_{nn} \end{vmatrix},$$

$$D^T=\begin{vmatrix} a_{11} & a_{21} & \cdots & a_{n1} \\ a_{12} & a_{22} & \cdots & a_{n2} \\ \vdots & \vdots & & \vdots \\ a_{1n} & a_{2n} & \cdots & a_{nn} \end{vmatrix}=\begin{vmatrix} a'_{11} & a'_{12} & \cdots & a'_{1n} \\ a_{21}' & a_{22}' & \cdots & a_{2n}' \\ \vdots & \vdots & & \vdots \\ a_{n1}' & a_{n2}' & \cdots & a_{nn}' \end{vmatrix},$$

其中 $a'_{ij}=a_{ji}(i,j=1,2,\cdots,n)$.

性质 11.1 将行列式转置,行列式的值不变,即 $D^T=D$.

证明 行列式的一般项

$$(-1)^{N(j_1j_2\cdots j_n)}a_{1j_1}a_{2j_2}\cdots a_{nj_n},$$

$$a_{1j_1}a_{2j_2}\cdots a_{nj_n}=a'_{j_11}a'_{j_22}\cdots a'_{j_nn},$$

也是取自 D^T 的不同行不同列,因而是 D^T 的项. 在 D^T 中的符号按定理 11.3,取决于

$$(-1)^{N(j_1j_2j_n)+N(12\cdots n)}=(-1)^{N(j_1j_2j_n)},$$

即在 D^T 的符号与在 D 的符号一致,因此 $D^T=D$.

由此性质可知,行列式的行具有的性质,它的列也具有相同的性质.

性质 11.2 交换行列式的行(列),行列式变号.

证明 设

$$D=\begin{vmatrix} a_{11} & a_{12} & \cdots & a_{1n} \\ \vdots & \vdots & & \vdots \\ a_{i1} & a_{i2} & \cdots & a_{in} \\ \vdots & \vdots & & \vdots \\ a_{j1} & a_{j2} & \cdots & a_{jn} \\ \vdots & \vdots & & \vdots \\ a_{n1} & a_{n2} & \cdots & a_{nn} \end{vmatrix}\begin{matrix} \\ \\ (i\text{ 行}) \\ \\ (j\text{ 行}), \\ \\ \\ \end{matrix}$$

交换 D 的第 i 行与第 j 行,得到行列式

$$D_1=\begin{vmatrix} a_{11} & a_{12} & \cdots & a_{1n} \\ \vdots & \vdots & & \vdots \\ a_{j1} & a_{j2} & \cdots & a_{jn} \\ \vdots & \vdots & & \vdots \\ a_{i1} & a_{i2} & \cdots & a_{in} \\ \vdots & \vdots & & \vdots \\ a_{n1} & a_{n2} & \cdots & a_{nn} \end{vmatrix}\begin{matrix} \\ \\ (i\text{ 行}) \\ \\ (j\text{ 行}) \\ \\ \\ \end{matrix}$$

D 的一般项

$$(-1)^{N(k_1k_2\cdots k_n)}a_{1k_1}a_{2k_2}\cdots a_{ik_i}\cdots a_{jk_j}\cdots a_{nk_n}.$$

由于 $a_{1k_1}a_{2k_2}\cdots a_{ik_i}\cdots a_{jk_j}\cdots a_{nk_n}$ 也是取自 D_1 的不同行不同列，因而是 D_1 的项. 在 D 中，该项行标按自然数顺序构成 $12\cdots i\cdots j\cdots n$，列标构成排列 $k_1k_2\cdots k_n$；在 D_1 中，由于 D_1 是交换 D 的第 i 行与第 j 行而成，因而该项行标构成排列 $12\cdots j\cdots i\cdots n$，列标仍是 $k_1k_2\cdots k_n$. 按定理 11.3，该项在 D_1 中符号取决于

$$(-1)^{N(12\cdots j\cdots i\cdots n)+N(k_1k_2\cdots k_n)}.$$

排列 $12\cdots j\cdots i\cdots n$ 经过对换 (i,j) 可变成按自然数顺序的排列 $12\cdots i\cdots j\cdots n$. 因此 $N(12\cdots i\cdots j\cdots n)$ 与 $N(12\cdots i\cdots j\cdots n)(=0)$ 的奇偶性相反. 于是

$$(-1)^{N(12\cdots j\cdots i\cdots n)+N(k_1k_2\cdots k_n)}=-(-1)^{N(k_1k_2\cdots k_n)},$$

所以 D_1 中的每项都是 D 的相应项的相反数. 因此 $D_1=-D$.

推论 11.1 如果行列式 D 中有两行(列)对应元素相同，则此行列式为零.

证明 因为将行列式中有相同元素的两行互换，结果仍是 D. 由性质 2，$D=-D$，所以 $D=0$.

性质 11.3 用数 k 乘行列式的一行(列)，等于以数 k 乘此行列式. 即设 $D=|a_{ij}|$，则

$$D_1=\begin{vmatrix} a_{11} & a_{12} & \cdots & a_{1n} \\ \vdots & \vdots & & \vdots \\ kh_{i1} & kh_{i2} & \cdots & kh_{in} \\ \vdots & \vdots & & \vdots \\ a_{n1} & a_{n2} & \cdots & a_{nn} \end{vmatrix}=k\begin{vmatrix} a_{11} & a_{12} & \cdots & a_{1n} \\ \vdots & \vdots & & \vdots \\ a_{i1} & a_{i2} & \cdots & a_{in} \\ \vdots & \vdots & & \vdots \\ a_{n1} & a_{n2} & \cdots & a_{nn} \end{vmatrix}=kD.$$

证明 考虑行列式 D_1 的一般项

$$\begin{aligned}&(-1)^{N(j_1j_2\cdots j_n)}a_{1j}\cdots(ka_{ij_i})\cdots a_{nj_n}\\ &=k\left((-1)^{N(j_1j_2\cdots j_n)}a_{1j_1}\cdots a_{ij_i}\cdots a_{nj_n}\right).\end{aligned}$$

$$(-1)^{N(j_1j_2\cdots j_n)}a_{1j_1}\cdots a_{ij_i}\cdots a_{nj_n}$$

为 D 的一般项，因此 $D_1=kD$.

推论 11.2 如果行列式某行(列)的所有元素有公因子 k，则公

因子 k 可提到行列式外面.

推论 11.3 如果行列式有两行(列)的对应元素成比例,则行列式等于零.

证明 如果行列式有两行成比例,按推论 1,可将它们的比例系数提到行列式外面,则剩下的行列式有两行对应元素相同,由推论 11.1 知它等于零.因此原行列式等于零.

性质 11.4 如果行列式 D 的某行(列)各元素都可以写成两个数的和,则此行列式可以写成两个行列式的和,这两个行列式分别是以这两个数为所在行、列的元素,其余位置元素与 D 相同.即如果

$$D=\begin{vmatrix} a_{11} & a_{12} & \cdots & a_{1n} \\ \vdots & \vdots & & \vdots \\ b_{i1}+c_{i1} & b_{i2}+c_{i2} & \cdots & b_{in}+c_{in} \\ \vdots & \vdots & & \vdots \\ a_{n1} & a_{n1} & \cdots & a_{nn} \end{vmatrix},$$

$$D_1=\begin{vmatrix} a_{11} & a_{12} & \cdots & a_{1n} \\ \vdots & \vdots & & \vdots \\ b_{i1} & b_{i2} & \cdots & b_{in} \\ \vdots & \vdots & & \vdots \\ a_{n1} & a_{n2} & \cdots & a_{nn} \end{vmatrix}, \quad D_2=\begin{vmatrix} a_{n} & a_{12} & \cdots & a_{1n} \\ \vdots & \vdots & & \vdots \\ c_{i1} & c_{i2} & \cdots & c_{in} \\ \vdots & \vdots & & \vdots \\ a_{n1} & a_{n2} & \cdots & a_{nn} \end{vmatrix},$$

则 $D=D_1+D_2$.

证明 考察 D 的一般项

$$(-1)^{N(j_1\cdots j_n)}a_{1j_1}\cdots(b_{ij_i}+c_{ij_i})\cdots a_{nj_n}$$

$$=(-1)^{N(j_1j_2\cdots j_n)}a_{1j_1}\cdots b_{ij_2}\cdots a_{nj_n}+(-1)^{N(j_1j_2\cdots j_n)}a_{1j_1}\cdots c_{ij_i}\cdots a_{nj_n}.$$

右端第一项为 D_1 的一般项,第二项为 D_2 的一般项,所以 $D=D_1+D_2$.

推论 11.4 如果将行列某一行(列)的每一个元素都写成 m 个数的和(m 为大于 2 的整数),则此行列式可写成 m 个行列式的和.

性质 11.5 将行列式某一行(列)的所有元素同乘以 k 后加于另一行(列)对应位置的元素上,行列式不变.

证明 设

$$D=\begin{vmatrix} a_{11} & a_{12} & \cdots & a_{1n} \\ \vdots & \vdots & & \vdots \\ a_{i1} & a_{i2} & \cdots & a_{in} \\ \vdots & \vdots & & \vdots \\ a_{j1} & a_{j2} & \cdots & a_{jn} \\ \vdots & \vdots & & \vdots \\ a_{n1} & a_{n2} & \cdots & a_{nn} \end{vmatrix} \begin{matrix} \\ \\ (i\text{ 行}) \\ \\ (j\text{ 行}), \\ \\ \\ \end{matrix}$$

将第 j 行所有元素乘以数 k 后加于第 i 行对应的元素上，得行列式

$$D_1=\begin{vmatrix} a_{11} & a_{12} & \cdots & a_{1n} \\ \vdots & \vdots & & \vdots \\ a_{i1}+ka_{j1} & a_{j2}+ka_{j2} & \cdots & a_{in}+ka_{jn} \\ \vdots & \vdots & & \vdots \\ a_{j1} & a_{j2} & \cdots & a_{jn} \\ \vdots & \vdots & & \vdots \\ a_{n1} & a_{n2} & \cdots & a_{nn} \end{vmatrix},$$

由性质 11.4 和性质 11.3 的推论 11.3 可得

$$D_1=\begin{vmatrix} a_{11} & a_{12} & \cdots & a_{1n} \\ \vdots & \vdots & & \vdots \\ a_{i1} & a_{i2} & \cdots & a_{in} \\ \vdots & \vdots & & \vdots \\ a_{j1} & a_{j2} & \cdots & a_{jn} \\ \vdots & \vdots & & \vdots \\ a_{n1} & a_{n2} & \cdots & a_{nn} \end{vmatrix}+\begin{vmatrix} a_{11} & a_{12} & \cdots & a_{1n} \\ \vdots & \vdots & & \vdots \\ ka_{j1} & ka_{j2} & \cdots & ka_{jn} \\ \vdots & \vdots & & \vdots \\ a_{j1} & a_{j2} & \cdots & a_{jn} \\ \vdots & \vdots & & \vdots \\ a_{n1} & a_{n2} & \cdots & a_{nn} \end{vmatrix}$$

$$=D+0=D.$$

利用行列式的性质可以简化行列式的计算.

例 1 计算行列式

$$D=\begin{vmatrix} 2 & -4 & 1 \\ 2 & -4 & 3 \\ -5 & 10 & 4 \end{vmatrix}.$$

解 第一列与第二列对应元素成比例，由性质 11.3 推论 11.3

知行列式 $D=0$.

例 2 计算行列式

$$D=\begin{vmatrix} 2 & 1 & 2 & 3 \\ 0 & 5 & -10 & 5 \\ 4 & 4 & 4 & 4 \\ 200 & 199 & 202 & 199 \end{vmatrix}.$$

解 按性质 11.4 及推论 11.1,有

$$D=\begin{vmatrix} 2 & 1 & 2 & 3 \\ 0 & 5 & -10 & 5 \\ 4 & 4 & 4 & 4 \\ 200+0 & 100-1 & 200+2 & 200-1 \end{vmatrix}$$

$$=\begin{vmatrix} 2 & 1 & 2 & 3 \\ 0 & 5 & -10 & 5 \\ 4 & 4 & 4 & 4 \\ 200 & 200 & 200 & 200 \end{vmatrix}+\begin{vmatrix} 2 & 1 & 2 & 3 \\ 0 & 5 & -10 & 5 \\ 4 & 4 & 4 & 4 \\ 0 & -1 & 2 & -1 \end{vmatrix}$$

$=0+0=0$.

计算行列式时,常用行列式性质 11.5 及性质 11.2 将它化为三角行列式来计算.

例 3 计算行列式

$$D=\begin{vmatrix} 0 & -5 & 5 & 3 \\ -1 & 2 & -1 & 0 \\ 1 & -1 & 0 & 2 \\ 2 & 5 & 4 & 0 \end{vmatrix}.$$

解 我们将行列式化为上三角行列式,由于左上角元素为零,先交换第一行与第三行,将第三行第一列的 1 换到左上角,然后利用性质 5 将第一列除第一行外,其余元素都化为零.

$$D=\begin{vmatrix} 0 & -5 & 5 & 3 \\ -1 & 2 & -1 & 0 \\ 1 & -1 & 0 & 2 \\ 2 & 5 & 4 & 0 \end{vmatrix}=-\begin{vmatrix} 1 & -1 & 0 & 2 \\ -1 & 2 & -1 & 0 \\ 0 & -5 & 5 & 3 \\ 2 & 5 & 4 & 0 \end{vmatrix}\begin{matrix} \times 1 \times (-2) \\ \\ \\ \\ \end{matrix}$$

$$=-\begin{vmatrix}1&-1&0&2\\0&1&-1&2\\0&-5&5&3\\0&7&4&-4\end{vmatrix}\begin{matrix}\times5\times(-7)\\ \\ \\ \end{matrix}=-\begin{vmatrix}1&-1&0&2\\0&1&-1&2\\0&0&0&13\\0&0&11&-18\end{vmatrix}$$

$$=\begin{vmatrix}1&-1&0&2\\0&1&-1&2\\0&0&11&-18\\0&0&0&13\end{vmatrix}=1\times1\times11\times13=143.$$

例 4 计算行列式

$$D=\begin{vmatrix}-1&-1&1&3\\2&-1&2&1\\1&0&0&0\\2&2&1&-4\end{vmatrix}.$$

解

$$D=\begin{vmatrix}-1&-1&1&3\\2&-1&2&1\\1&0&0&0\\2&2&1&-4\end{vmatrix}=-\begin{vmatrix}1&0&0&0\\2&-1&2&1\\-1&-1&1&3\\2&2&1&-4\end{vmatrix}$$

$$\times2\qquad\times1$$

$$=-\begin{vmatrix}1&0&0&0\\2&-1&0&0\\-1&-1&-1&2\\2&2&5&-2\end{vmatrix}=-\begin{vmatrix}1&0&0&0\\2&-1&0&0\\-1&-1&-1&0\\2&2&5&8\end{vmatrix}$$

$$\times2$$

$$=-1\times(-1)\times(-1)\times8=-8.$$

例 5 计算 n 阶行列式

$$\begin{vmatrix} x & a & a & \cdots & a & a \\ a & x & a & \cdots & a & a \\ a & a & x & \cdots & a & a \\ \vdots & \vdots & \vdots & & \vdots & \vdots \\ a & a & a & \cdots & x & a \\ a & a & a & \cdots & a & x \end{vmatrix}.$$

解

$$\begin{vmatrix} x & a & a & \cdots a & a \\ a & x & a & \cdots a & a \\ a & a & x & \cdots a & a \\ \\ a & a & a & \cdots x & a \\ a & a & a & \cdots a & x \end{vmatrix} \begin{matrix} \\ \times 1 \\ \times 1 \\ \\ \times 1 \\ \times 1 \end{matrix}$$

$$= \begin{vmatrix} x+(n-1)a & x+(n-1)a & x+(n-1)a & \cdots & x+(n-1)a & x+(n-1)a \\ a & x & a & \cdots & a & a \\ a & a & x & \cdots & a & a \\ \vdots & \vdots & \vdots & & \vdots & \vdots \\ a & a & a & \cdots & x & a \\ a & a & a & \cdots & a & x \end{vmatrix}$$

$\times(-1)$
$\times(-1)$
$\vdots$
$\times(-1)$
$\times(-1)$

$$= \begin{vmatrix} x+(n-1)a & 0 & 0 & \cdots & 0 & 0 \\ a & x-a & 0 & \cdots & 0 & 0 \\ a & 0 & x-a & \cdots & 0 & 0 \\ \vdots & \vdots & \vdots & & \vdots & \vdots \\ a & 0 & 0 & \cdots & x-a & 0 \\ a & 0 & 0 & \cdots & 0 & x-a \end{vmatrix}$$

$$=(x+(n-1)a)(x-a)^{n-1}.$$

11.4 行列式按行(列)展开

定义 11.3 在 n 阶行列式 D 中去掉元素 a_{ij} 所在的行和列,剩下的元素构成的 $n-1$ 阶行列式

$$M_{ij}=\begin{vmatrix} a_{11} & \cdots & a_{1\,j-1} & a_{1\,j+1} & \cdots & a_{1n} \\ \vdots & & \vdots & \vdots & & \vdots \\ a_{i-1\,1} & \cdots & a_{i-1\,j-1} & a_{i-1\,j+1} & \cdots & a_{i-1\,n} \\ a_{i+1\,1} & \cdots & a_{i+1\,j-1} & a_{i+1\,j+1} & \cdots & a_{a_{i+1\,n}} \\ \vdots & & \vdots & \vdots & & \vdots \\ a_{n1} & \cdots & a_{n\,j-1} & a_{n\,j+1} & \cdots & a_{nn} \end{vmatrix},$$

称为 D 中元素 a_{ij} 的余子式.

$A_{ij}=(-1)^{i+j}M_{ij}$ 称为 a_{ij} 的代数余子式.

例如四阶行列式

$$D=\begin{vmatrix} a_{11} & a_{12} & a_{13} & a_{14} \\ a_{21} & a_{22} & a_{23} & a_{24} \\ a_{31} & a_{32} & a_{33} & a_{34} \\ a_{41} & a_{42} & a_{43} & a_{44} \end{vmatrix}$$

中 a_{34} 的代数余子式

$$A_{34}=(-1)^{3+4}\begin{vmatrix} a_{11} & a_{12} & a_{13} \\ a_{21} & a_{22} & a_{23} \\ a_{41} & a_{42} & a_{43} \end{vmatrix}.$$

a_{42} 的代数余子式

$$A_{42}=(-1)^{4+2}\begin{vmatrix} a_{11} & a_{13} & a_{14} \\ a_{21} & a_{23} & a_{24} \\ a_{31} & a_{33} & a_{34} \end{vmatrix}.$$

定理 11.4 n 阶行列式 $D=|a_{ij}|$ 等于它的任一行(列)各元素与其对应的代数余子式乘积的和. 即

$$D=a_{i1}A_{i1}+a_{i2}A_{i2}+\cdots+a_{in}A_{in}\,(i=1,2,\cdots,n)$$

或

$$D=a_{1j}A_{1j}+a_{2j}A_{2j}+\cdots+a_{nj}A_{nj}(j=1,2,\cdots,n).$$

证明 (1)首先讨论 D 的第一行除 $a_{11}\neq 0$ 外，其余元素均为零的特殊情形，即

$$D=\begin{vmatrix} a_{11} & 0 & \cdots & 0 \\ a_{21} & a_{22} & \cdots & a_{2n} \\ \vdots & \vdots & & \vdots \\ a_{n1} & a_{n2} & \cdots & a_{nn} \end{vmatrix}.$$

因为 D 的每一项都含有第一行元素，第一行非零元素只有 a_{11}，因此 D 中非零项具有下面形式

$$\begin{aligned}&(-1)^{N(1j_2\cdots j_n)}a_{11}a_{2j_2}\cdots a_{nj_n}\\ &=a_{11}\left[(-1)^{N(1j_2\cdots j_n)}a_{2j_2}\cdots a_{nj_n}\right].\end{aligned}$$

a_{11}的余子式

$$M_{11}=\begin{vmatrix} a_{22} & a_{23} & \cdots & a_{2n} \\ a_{32} & a_{33} & \cdots & a_{3n} \\ \vdots & \vdots & & \vdots \\ a_{n2} & a_{n3} & \cdots & a_{nn} \end{vmatrix}=\begin{vmatrix} b_{11} & b_{12} & \cdots & b_{1\,n-1} \\ b_{21} & b_{22} & \cdots & b_{2\,n-1} \\ \vdots & \vdots & & \vdots \\ b_{n-1\,1} & b_{n-1\,2} & \cdots & b_{n-1\,n-1} \end{vmatrix}$$

其中 $b_{ij}=a_{i+1\,j+1}$. M_{11}的一般项为

$$(-1)^{N(k_1k_2\cdots k_{n-1})}b_{1k_1}b_{2k_2}\cdots b_{n-1k_{n-1}}=(-1)^{N(k_1k_2\cdots k_{n-1})}a_{2j_2}a_{3j_3}\cdots a_{nj_n},$$

其中 $j_s=k_{s-1}+1$. 在排列 $1j_2\cdots j_n$ 中，j_s 与 j_t 构成逆序当且仅当在排列 $k_1k_2\cdots k_{n-1}$中 k_{s-1}与 k_{t-1}构成逆序．于是

$$N(1j_2\cdots j_n)=N(k_1k_2\cdots k_{n-1}).$$

所以 M_{11}的一般项为

$$(-1)^{N(1j_2\cdots j_n)}a_{2j_2}\cdots a_{nj_n}.$$

又因为 $A_{11}=(-1)^{1+1}M_{11}$，所以

$$D=a_{11}M_{11}=a_{11}A_{11}.$$

(2)其次讨论 D 中第 i 行除 $a_{ij}\neq 0$ 外，其余元素均为零的情形，即

$$D=\begin{vmatrix} a_{11} & \cdots & a_{1j-1} & a_{1j} & a_{1j+1} & \cdots & a_{1n} \\ \vdots & & \vdots & \vdots & \vdots & & \vdots \\ a_{i-11} & \cdots & a_{i-1j-1} & a_{i-1j} & a_{i-1j+1} & \cdots & a_{i-1n} \\ 0 & \cdots & 0 & a_{ij} & 0 & \cdots & 0 \\ a_{i+11} & \cdots & a_{i+1j-1} & a_{i+1j} & a_{i+1j+1} & \cdots & a_{i+1n} \\ \vdots & & \vdots & \vdots & \vdots & & \vdots \\ a_{n1} & \cdots & a_{nj-1} & a_{nj} & a_{nj+1} & \cdots & a_{nn} \end{vmatrix}.$$

第 i 行依次与第 $i-1,\cdots,2,1$ 行交换，再将第 j 列依次与第 $j-1,\cdots,2,1$ 列交换，共经过 $i+j-2$ 次交换行列式的行或列，按性质 11.2.

$$D=(-1)^{i+j-2}\begin{vmatrix} a_{ij} & 0 & \cdots & 0 & 0 & \cdots & 0 \\ a_{1j} & a_{11} & \cdots & a_{1j-1} & a_{1j+1} & \cdots & a_{1n} \\ \vdots & \vdots & & \vdots & \vdots & & \vdots \\ a_{i-1j} & a_{i-11} & \cdots & a_{i-1j-1} & a_{i-1j+1} & \cdots & a_{i-1n} \\ a_{i+1j} & a_{i+11} & \cdots & a_{i+1j-1} & a_{i+1j+1} & \cdots & a_{i+1n} \\ \vdots & \vdots & & \vdots & \vdots & & \vdots \\ a_{nj} & a_{n1} & \cdots & a_{nj-1} & a_{nj+1} & \cdots & a_{nn} \end{vmatrix}.$$

变换后的行列式第一行除第一列元素外，其余元素均为零，按(1)的结论有

$$D=(-1)^{i+j}a_{ij}M_{ij}=a_{ij}A_{ij}.$$

(3)最后讨论一般情形

$$D=\begin{vmatrix} a_{11} & a_{12} & \cdots & a_{1n} \\ \vdots & \vdots & & \vdots \\ a_{i1}+0+\cdots+0 & 0+a_{i2}+\cdots+0 & \cdots & 0+\cdots+0+a_{in} \\ \vdots & \vdots & & \vdots \\ a_{n1} & a_{n2} & \cdots & a_{nn} \end{vmatrix}$$

由性质 11.4 的推论，

$$D=\begin{vmatrix} a_{11} & a_{12} & \cdots & a_{1n} \\ \vdots & \vdots & & \vdots \\ a_{i1} & 0 & \cdots & 0 \\ \vdots & \vdots & & \vdots \\ a_{n1} & a_{n2} & \cdots & a_{nn} \end{vmatrix}+\begin{vmatrix} a_{11} & a_{12} & \cdots & a_{1n} \\ \vdots & \vdots & & \vdots \\ 0 & a_{i2} & \cdots & a_{in} \\ \vdots & \vdots & & \vdots \\ a_{n1} & a_{n2} & \cdots & a_{nn} \end{vmatrix}$$

$$+\cdots+\begin{vmatrix} a_{11} & a_{12} & \cdots & a_{1n} \\ \vdots & \vdots & & \vdots \\ 0 & 0 & \cdots & a_{in} \\ \vdots & \vdots & & \vdots \\ a_{n1} & a_{n2} & \cdots & a_{nn} \end{vmatrix}$$

$$=a_{i1}A_{i1}+a_{i2}A_{i2}+\cdots+a_{in}A_{in}.$$

这一结论对任意 $i=1,2,\cdots,n$ 均成立.

同理可证将行列式按列展开的情形.

定理 11.5 n 阶行列式 D 的某一行(列)的元素与另一行(列)对应元素的代数余子式乘积的和等于零. 即

$$a_{i1}A_{s1}+a_{i2}A_{s2}+\cdots+a_{in}A_{sn}=0(i\neq s),$$

$$a_{1j}A_{1t}+a_{2j}A_{2t}+\cdots+a_{nj}A_{nt}=0(j\neq t).$$

证明 将行列式 D 的第 s 行元素换成第 i 行($i\neq s$)的对应元素，得到一个有两行相同的行列式 D_1，由性质 11.2 推论知 $D_1=0$，将 D_1 按第 s 行展开，则

$$D_1=a_{i1}A_{s1}+a_{i2}A_{s2}+\cdots+a_{in}A_{sn}=0 \quad (i\neq s).$$

同理可证按列展开的情形.

综合上两定理的结论，我们有

$$\sum_{j=1}^{n}a_{ij}A_{sj}=\begin{cases}D, & i=s,\\ 0, & i\neq s,\end{cases}$$

$$\sum_{i=1}^{n}a_{ij}A_{it}=\begin{cases}D, & j=t,\\ 0, & j\neq t.\end{cases}$$

利用行列式按行或列展开，可将 n 阶行列式的计算简化为对其代数余子式($n-1$ 阶行列式)的计算，这样可以达到降阶计算. 如果行列式某行(列)有较多的元素为零，对应零元素的代数余子式可以

不用计算,因此可以选择零最多的行或列展开.

例 1 计算行列式

$$D=\begin{vmatrix}1 & 2 & 3 & 4\\ 1 & 0 & 1 & 2\\ 3 & -1 & -1 & 0\\ 1 & 0 & 2 & -5\end{vmatrix}.$$

解 按第二列展开

$$D=2A_{12}+(-1)A_{32},$$

$$A_{12}=(-1)^{1+2}\begin{vmatrix}1 & 1 & 2\\ 3 & -1 & 0\\ 1 & 2 & -5\end{vmatrix}=-34,$$

$$A_{32}=(-1)^{3+2}\begin{vmatrix}1 & 3 & 4\\ 1 & 1 & 2\\ 1 & 2 & -5\end{vmatrix}=-16,$$

$$D=2\times(-34)+(-1)\times(-16)=-52.$$

可以利用性质 5 将行列式某行(列)化为只含一个非零元素,然后按该行(列)展开.

例 1 的行列式

$$D=\begin{vmatrix}1 & 2 & 3 & 4\\ 1 & 0 & 1 & 2\\ 3 & -1 & -1 & 0\\ 1 & 0 & 2 & -5\end{vmatrix}\begin{matrix}\leftarrow\\ \\ \times 2\\ \\ \end{matrix}$$

$$=\begin{vmatrix}7 & 0 & 1 & 4\\ 1 & 0 & 1 & 2\\ 3 & -1 & -1 & 0\\ 1 & 0 & 2 & -5\end{vmatrix}\text{(按第二列展开)}$$

$$=(-1)\times(-1)^{3+2}\begin{vmatrix}7 & 1 & 4\\ 1 & 1 & 2\\ 1 & 2 & -5\end{vmatrix}=-52.$$

例 2 计算行列式

$$D=\begin{vmatrix}5&6&0&0&0\\1&5&6&0&0\\0&1&5&6&0\\0&0&1&5&6\\0&0&0&1&5\end{vmatrix}\begin{matrix}\times(-5)\\ \\ \\ \\ \\ \end{matrix}=\begin{vmatrix}0&-19&-30&0&0\\1&5&6&0&0\\0&1&5&6&0\\0&0&1&5&6\\0&0&0&1&5\end{vmatrix}$$

（按第一列展开）

$$=(-1)^{2+1}\begin{vmatrix}-19&-30&0&0\\1&5&6&0\\0&1&5&6\\0&0&1&5\end{vmatrix}\begin{matrix}\\ \times 19\\ \\ \\ \end{matrix}$$

$$=-\begin{vmatrix}0&65&114&0\\1&5&6&0\\0&1&5&6\\0&0&1&5\end{vmatrix}=-(-1)^{2+1}\begin{vmatrix}65&114&0\\1&5&6\\0&1&5\end{vmatrix}=665.$$

（按第一列展开）

例 3 求证

$$\begin{vmatrix}1&2&3&4&\cdots&n\\1&1&2&3&0&n-1\\1&x&1&2&\cdots&n-2\\1&x&x&1&\cdots&n-3\\\vdots&\vdots&\vdots&\vdots&&\vdots\\1&x&x&x&\cdots&2\\1&x&x&x&\cdots&1\end{vmatrix}=(-1)^{n+1}x^{n-2}.$$

证明

$$\begin{vmatrix}1&2&3&4&\cdots&n\\1&1&2&3&\cdots&n-1\\1&x&1&2&\cdots&n-2\\1&x&x&1&\cdots&n-3\\\vdots&\vdots&\vdots&\vdots&&\vdots\\1&x&x&x&\cdots&2\\1&x&x&x&\cdots&1\end{vmatrix}\begin{matrix}\\ \times(-1)\\ \times(-1)\\ \times(-1)\\ \vdots\\ \times(-1)\\ \times(-1)\end{matrix}$$

$$=\begin{vmatrix} 0 & 1 & 1 & 1 & \cdots & 1 & 1 \\ 0 & 1-x & 1 & 1 & \cdots & 1 & 1 \\ 0 & 0 & 1-x & 1 & \cdots & 1 & 1 \\ 0 & 0 & 0 & 1-x & \cdots & 1 & 1 \\ \vdots & \vdots & \vdots & \vdots & & \vdots & \vdots \\ 0 & 0 & 0 & 0 & \cdots & 1-x & 1 \\ 1 & x & x & x & \cdots & x & 1 \end{vmatrix} \text{（按第一列展开）}$$

$$=(-1)^{n+1}\begin{vmatrix} 1 & 1 & 1 & \cdots & 1 & 1 \\ 1-x & 1 & 1 & \cdots & 1 & 1 \\ 0 & 1-x & 1 & \cdots & 1 & 1 \\ 0 & 0 & 1-x & \cdots & 1 & 1 \\ \vdots & \vdots & \vdots & & \vdots & \vdots \\ 0 & 0 & 0 & \cdots & 1-x & 1 \end{vmatrix} \begin{matrix} \\ \times(-1) \\ \times(-1) \\ \times(-1) \\ \vdots \\ \times(-1) \end{matrix}$$

$$=(-1)^{n+1}\begin{vmatrix} x & 0 & 0 & \cdots & 0 & 0 \\ 1-x & x & 0 & \cdots & 0 & 0 \\ 0 & 1-x & x & \cdots & 0 & 0 \\ \vdots & \vdots & \vdots & & \vdots & \vdots \\ 0 & 0 & 0 & \cdots & 1-x & 1 \end{vmatrix} \text{（}n-1\text{ 阶下三角行列式）}$$

$$=(-1)^{n+1}x^{n-2}.$$

11.5 克莱姆法则

在 11.1 中曾介绍用行列式表示二元、三元线性方程组的解. 我们将它推广到 n 元线性方程组.

含有 n 个方程的 n 元线性方程组

$$\begin{cases} a_{11}x_1+a_{12}x_2+\cdots+a_{1n}x_n=b_1, \\ a_{21}x_1+a_{22}x_2+\cdots+a_{2n}x_n=b_2, \\ \cdots\cdots\cdots\cdots \\ a_{n1}x_1+a_{n2}x_2+\cdots+a_{nn}x_n=b_n. \end{cases} \qquad (1)$$

它的系数行列式

$$D=\begin{vmatrix} a_{11} & a_{12} & \cdots & a_{1n} \\ a_{21} & a_{22} & \cdots & a_{2n} \\ \vdots & \vdots & & \vdots \\ a_{n1} & a_{n2} & \cdots & a_{nn} \end{vmatrix}.$$

定理 11.6 （克莱姆法则） 线性方程组(1)，当其系数行列式 $D\neq 0$ 时，有唯一解

$$x_1=\frac{D_1}{D},\quad x_2=\frac{D_2}{D},\quad \cdots,\quad x_n=\frac{D_n}{D}.\qquad (2)$$

其中 $D_j(j=1,2,\cdots,n)$ 是将系数行列式 D 中第 j 列元素 $a_{1j},a_{2j},\cdots,a_{nj}$ 对应地换为方程组的常数项 $b_1,b_2,\cdots,b_n$ 后得到的行列式.

证明 以行列式 D 的第 $j(j=1,2,\cdots,n)$ 列的元素的代数余子式 $A_{1j},A_{2j},\cdots,A_{nj}$ 分别乘方程组(1)的第一，第二，…第 n 个方程，然后相加，得

$$\begin{aligned}&(a_{11}A_{1j}+a_{21}A_{2j}+\cdots+a_{n1}A_{nj})x_1+\cdots+\\&(a_{1j}A_{1j}+a_{2j}A_{2j}+\cdots+a_{nj}A_{nj})x_j+\cdots+\\&(a_{1n}A_{1j}+A_{2n}A_{2j}+\cdots+A_{nn}A_{nj})x_n\\&=b_1A_{1j}+b_2A_{2j}+\cdots+b_nA_{nj}.\end{aligned}$$

由定理 11.4 和 11.5 知，上式中 x_j 的系数等于 D，其它 $x_i(i\neq j)$ 的系数等于零. 等式右端等于 D_j. 即

$$Dx_j=D_j,(j=1,2,\cdots,n).\qquad (3)$$

如果方程组(1)有解，那么解必满足方程组(3)，当 $D\neq 0$ 时，解具有(2)的形式.

将(2)代入方程组(1)检验，计算

$$a_{i1}\frac{D_1}{D}+a_{i2}\frac{D_2}{D}+\cdots+a_{in}\frac{D_n}{D}.$$

将 $D_1,D_2,\cdots,D_n$ 分别按第一、第二、…、第 n 列展开，得

$$\begin{aligned}&a_{i1}\frac{D_1}{D}+a_{i2}\frac{D_2}{D}+\cdots+a_{in}\frac{D_n}{D}\\&=\frac{1}{D}[a_{i1}(b_1A_{11}+\cdots+b_iA_{i1}+\cdots+b_nA_{n1})+\\&a_{i2}(b_1A_{12}+\cdots+b_iA_{i2}+\cdots+b_nA_{n2})+\\&\cdots+a_{in}(b_1A_{1n}+\cdots+b_iA_{in}+\cdots+b_nA_{nn})]\end{aligned}$$

$$=\frac{1}{D}[b_1(a_{i1}A_{11}+a_{i2}A_{12}+\cdots+a_{in}A_{1n})+\cdots+$$
$$b_i(a_{i1}A_{i1}+a_{i2}A_{i2}+\cdots+a_{in}A_{in})+\cdots+$$
$$b_n(a_{i1}A_{n1}+a_{i2}A_{n2}+\cdots+a_{in}A_{nn})]$$
$$=\frac{1}{D}b_iD=b_i,\ i=1,2,\cdots,n.$$

所以(2)满足方程组(1).

综合上述,方程组(1)系数行列式 $D\neq 0$ 时,有唯一解(2).

例 1 解线性方程组

$$\begin{cases}2x+y-5z+w=8,\\ x-3y\quad -6w=9,\\ \quad 2y-z+2w=-5,\\ x+4y-7z+6w=0.\end{cases}$$

解 计算行列式

$$D=\begin{vmatrix}2&1&-5&1\\1&-3&0&-6\\0&2&-1&2\\1&4&-7&6\end{vmatrix}\begin{matrix}\leftarrow\\ \times(-2)\quad\times(-1)\\ \\ \leftarrow\end{matrix}$$
$$=\begin{vmatrix}0&7&-5&13\\1&-3&0&-6\\0&2&-1&2\\0&7&-7&12\end{vmatrix}$$
$$=(-1)^{2+1}\begin{vmatrix}7&-5&13\\2&-1&2\\7&-7&12\end{vmatrix}=-(-27)=27\neq 0,$$

$$D_1=\begin{vmatrix}8&1&-5&1\\9&-3&0&-6\\-5&2&-1&2\\0&4&-7&6\end{vmatrix}\begin{matrix}\leftarrow\\ \\ \times(-5)\quad\times(-7)\\ \leftarrow\end{matrix}$$
$$=\begin{vmatrix}33&-9&0&-9\\9&-3&0&-6\\-5&2&-1&2\\35&-10&0&-8\end{vmatrix}$$

$$=(-1)\times(-1)^{3+3}\begin{vmatrix}33 & -9 & -9\\ 9 & -3 & -6\\ 35 & -10 & -8\end{vmatrix}$$

$$=-9\begin{vmatrix}11 & -3 & -3\\ 3 & -1 & -2\\ 35 & -10 & -8\end{vmatrix}=-9\times(-9)=81,$$

$$D_2=\begin{vmatrix}2 & 8 & -5 & 1\\ 1 & 9 & 0 & -6\\ 0 & -5 & -1 & 2\\ 1 & 0 & -7 & 6\end{vmatrix}\quad \times(-2)\quad \times(-1)$$

$$=\begin{vmatrix}0 & -10 & -5 & 13\\ 1 & 9 & 0 & 6\\ 0 & -5 & -1 & 2\\ 0 & -9 & -7 & 12\end{vmatrix}$$

$$=(-1)^{2+1}\begin{vmatrix}-10 & -5 & 13\\ -5 & -1 & 2\\ -9 & -7 & 12\end{vmatrix}=-108,$$

$$D_3=\begin{vmatrix}2 & 1 & 8 & 1\\ 1 & -3 & 9 & -6\\ 0 & 2 & -5 & 2\\ 1 & 4 & 0 & 6\end{vmatrix}\quad \times(-2)\quad \times(-1)$$

$$=\begin{vmatrix}0 & 7 & -10 & 13\\ 1 & -3 & 9 & -6\\ 0 & 2 & -5 & 2\\ 0 & 7 & -9 & 12\end{vmatrix}$$

$$=(-1)^{2+1}\begin{vmatrix}7 & -10 & 13\\ 2 & -5 & 2\\ 7 & -9 & 12\end{vmatrix}=-27,$$

$$D_4=\begin{vmatrix}2 & 1 & -5 & 8\\ 1 & -3 & 0 & 9\\ 0 & 2 & -1 & -5\\ 1 & 4 & -7 & 0\end{vmatrix}\quad \times(-2)\quad \times(-1)$$

$$=\begin{vmatrix}0 & 7 & -5 & -10\\1 & -3 & 0 & 9\\0 & 2 & -1 & -5\\0 & 7 & -7 & -9\end{vmatrix}$$

$$(-1)^{2+1}\begin{vmatrix}7 & -5 & -10\\2 & -1 & -5\\7 & -7 & -9\end{vmatrix}=-(-27)=27.$$

按克莱姆法则知有唯一解

$$x=\frac{D_1}{D}=\frac{81}{27}=3,\quad y=\frac{D_2}{D}=-\frac{108}{27}=-4,$$

$$z=\frac{D_3}{D}=-\frac{27}{27}=-1,\quad w=\frac{D_4}{D}=\frac{27}{27}=1.$$

如果线性方程组的常数项均为零,即

$$\begin{cases}a_{11}x_1+a_{12}x_2+\cdots+a_{1n}x=0,\\a_{21}x_1+a_{22}x_2+\cdots+a_{2n}x_n=0,\\\cdots\cdots\cdots\cdots\\a_{n1}x_1+a_{n2}x_2+\cdots+a_{nn}x_n=0\end{cases}$$

称为齐次线性方程组.

显然,$x_1=x_2=\cdots=x_n=0$ 是齐次线性方程组的解(称为零解). 如果系数行列式 $D=|a_{ij}|\neq 0$,则由克莱姆法则知齐次线性方程组只有零解. 如果齐次线性方程组除零解外,还有非零解,那么系数行列式 $D=0$,在第十三章还可以证明:如果系数行列式 $D=0$,则齐次线性方程组一定有非零解.

例 2 判定齐次线性方程组

$$\begin{cases}x_1+x_2+2x_3+3x_4=0,\\x_1\qquad+3x_3-x_4=0,\\2x_1+x_2-x_3+2x_4=0,\\x_1\qquad-2x_3+x_4=0\end{cases}$$

有没有非零解.

解 系数行列式

$$D=\begin{vmatrix}1&1&2&3\\1&0&3&-1\\2&1&-1&2\\1&0&-2&1\end{vmatrix}\begin{matrix}\times(-1)\\ \\ \leftarrow\\ \\ \end{matrix}$$

$$=\begin{vmatrix}1&1&2&3\\1&0&3&-1\\1&0&-3&-1\\1&0&-2&1\end{vmatrix}$$

$$=(-1)^{1+2}\begin{vmatrix}1&3&-1\\1&-3&-1\\1&-2&1\end{vmatrix}$$

$$=-(-12)=12\neq 0,$$

所以方程组没有非零解.

例 3 如果下列齐次线性方程组有非零解，k 应取何值？

$$\begin{cases}kx_1+x_4=0,\\x_1+2x_2-x_4=0,\\(k+2)x_1-x_2+4x_4=0,\\2x_1+x_2+3x_3+kx_4=0.\end{cases}$$

解 $$D=\begin{vmatrix}k&0&0&1\\1&2&0&-1\\k+2&-1&0&4\\2&1&3&k\end{vmatrix}$$

$$=3\times(-1)^{4+3}\begin{vmatrix}k&0&1\\1&2&-1\\k+2&-1&4\end{vmatrix}$$

$$=-3[8k-1-2(k+2)-k]=-3(5k-5).$$

如果方程组有非零解，则 $D=0$，所以 $k=1$.

小　结

本章内容是线性方程组理论的一个组成部分，是中学代数中线性方程组内容的提高和推广. 在中学代数中已经通过解二元、三元线性方程组引出二阶、三阶行列式的概念，并用二阶、三阶行列式表示二元、三元线性方程组的解.

本章将二阶、三阶行列式的概念推广到 n 阶行列式. n 阶行列式

$$D=\begin{vmatrix} a_{11} & a_{12} & \cdots & a_{1n} \\ a_{21} & a_{22} & \cdots & a_{2n} \\ \vdots & \vdots & & \vdots \\ a_{n1} & a_{n2} & \cdots & a_{nn} \end{vmatrix}$$

指的是一个代数和，它含有 $n!$ 项；每项(不计正负号) $a_{1j_1}a_{2j_2}\cdots a_{nj_n}$ 是取自不同行不同列的 n 个元素的乘积；它的符号由排列 $j_1j_2\cdots j_n$ 的奇偶性来确定，偶排列取正号，奇排列取负号. n 阶行列式所表示的代数和中的一般项可以写成 $(-1)^{N(j_1j_2\cdots j_n)}a_{1j_1}a_{2j_2}\cdots a_{nj_n}$.

为了定义行列式中各项的符号，我们引进 n 级排列、排列的逆序以及排列的奇偶性.

直接用 n 阶行列式的定义计算四阶以上行列式是非常繁琐的，为此本章介绍了两种化简行列式计算的方法.

其一是利用行列式的性质来简化行列式的计算，尤其是利用行列式性质 5 及性质 2 将它化为三角形行列式.

其二是将行列式按行(列)展开，达到降阶计算.

利用行列式性质 5 将某行(列)化为只含一个非零元素，然后按该行(列)展开，可使计算更加简化.

本章最后将用行列式表示线性方程组的解的公式推广到 n 元线性方程组. 即克莱姆法则.

习题十一

A

1. 计算下列二阶行列式：

(1) $\begin{vmatrix} 1 & 3 \\ 1 & 4 \end{vmatrix}$； (2) $\begin{vmatrix} 2 & 1 \\ -1 & 2 \end{vmatrix}$； (3) $\begin{vmatrix} a & b \\ a^2 & b^2 \end{vmatrix}$；

(4) $\begin{vmatrix} x-1 & 1 \\ x^2 & x^2+x+1 \end{vmatrix}$； (5) $\begin{vmatrix} 1 & \log_a b \\ \log_b a & 1 \end{vmatrix}$.

2. 计算下列三阶行列式：

(1) $\begin{vmatrix} 1 & 2 & 3 \\ 3 & 1 & 2 \\ 2 & 3 & 1 \end{vmatrix}$； (2) $\begin{vmatrix} 1 & 1 & 1 \\ 3 & 1 & 4 \\ 8 & 9 & 5 \end{vmatrix}$； (3) $\begin{vmatrix} 0 & a & 0 \\ b & 0 & c \\ 0 & d & 0 \end{vmatrix}$.

3. k 取何值时，$\begin{vmatrix} k & 3 & 4 \\ -1 & k & 0 \\ 0 & k & 1 \end{vmatrix}=0$.

4. 求下列排列的逆序数：

(1)4 1 2 5 3； (2)3 7 1 2 4 5 6； (3)5 1 8 6 9 4 2 3 7；

(4)1 2 3…n； (5)$n(n-1)(n-2)\cdots 21$；

(6)$(n-1)(n-2)\cdots 21n$.

5. 在六阶行列式$|a_{ij}|$中，确定下列各项的符号：

(1)$a_{15}a_{23}a_{32}a_{44}a_{51}a_{66}$； (2)$a_{11}a_{26}a_{32}a_{44}a_{53}a_{65}$；

(3)$a_{21}a_{53}a_{16}a_{42}a_{65}a_{34}$； (4)$a_{51}a_{32}a_{13}a_{44}a_{65}a_{26}$.

6. 选择 k,l 使 $a_{13}a_{2k}a_{34}a_{42}a_{5l}$ 成为 5 阶行列式$|a_{ij}|$中带有负号的项.

7. 用行列式定义计算下列行列式：

(1) $\begin{vmatrix} 0 & 0 & \cdots & 0 & 0 & a_{1n} \\ 0 & 0 & \cdots & 0 & a_{2n-1} & a_{2n} \\ 0 & 0 & \cdots & a_{3n-2} & a_{3n-1} & a_{3n} \\ \vdots & \vdots & & \vdots & \vdots & \vdots \\ 0 & a_{n-12} & \cdots & a_{n-1\,n-2} & a_{n-1\,n-1} & a_{n-1\,n} \\ a_{n1} & a_{n2} & \cdots & a_{nn-2} & a_{nn-1} & a_{nn} \end{vmatrix}$；

(2) $\begin{vmatrix} 0 & 0 & \cdots & 0 & 1 \\ 0 & 0 & \cdots & 2 & 0 \\ \vdots & \vdots & & \vdots & \vdots \\ 0 & n-1 & \cdots & 0 & 0 \\ n & 0 & \cdots & 0 & 0 \end{vmatrix}$；

(3) $\begin{vmatrix} 0 & 1 & 0 & \cdots & 0 \\ 0 & 0 & 2 & \cdots & 0 \\ \vdots & \vdots & \vdots & & \vdots \\ 0 & 0 & 0 & \cdots & n-1 \\ n & 0 & 0 & \cdots & 0 \end{vmatrix}$；

(4) $\begin{vmatrix} 0 & 0 & \cdots & 0 & 1 & 0 \\ 0 & 0 & \cdots & 2 & 0 & 0 \\ \vdots & \vdots & & \vdots & \vdots & \vdots \\ n-1 & 0 & \cdots & 0 & 0 & 0 \\ 0 & 0 & \cdots & 0 & 0 & n \end{vmatrix}$.

8. 用行列式的性质计算下列行列式：

(1) $\begin{vmatrix} a & ab & a^2 \\ b & b^2 & ab \\ ab & b & a \end{vmatrix}$；　(2) $\begin{vmatrix} 5 & -1 & 3 \\ 3 & 3 & 3 \\ 195 & 201 & 197 \end{vmatrix}$；

(3) $\begin{vmatrix} 1 & 1 & 1 & 1 \\ -1 & 1 & 1 & 1 \\ -1 & -1 & 1 & 1 \\ -1 & -1 & -1 & 1 \end{vmatrix}$；　(4) $\begin{vmatrix} 1 & 2 & 3 & 4 \\ 2 & 3 & 4 & 1 \\ 3 & 4 & 1 & 2 \\ 4 & 1 & 2 & 3 \end{vmatrix}$；

(5) $\begin{vmatrix} -2 & 2 & -4 & 0 \\ 4 & -1 & 3 & 5 \\ 3 & 1 & -2 & -3 \\ 2 & 0 & 5 & 1 \end{vmatrix}$；

(6) $\begin{vmatrix} 0 & 4 & 5 & -1 & 2 \\ -5 & 0 & 2 & 0 & 1 \\ 7 & 2 & 0 & 3 & -4 \\ -3 & 1 & -1 & -5 & 0 \\ 2 & -3 & 0 & 1 & 3 \end{vmatrix}$；

(7) $\begin{vmatrix} 1 & 2 & 3 & \cdots & n-1 & n \\ -1 & 0 & 3 & \cdots & n-1 & n \\ -1 & -2 & 0 & \cdots & n-1 & n \\ \vdots & \vdots & \vdots & & \vdots & \vdots \\ -1 & -2 & -3 & \cdots & 0 & n \\ -1 & -2 & -3 & \cdots & -(n-1) & 0 \end{vmatrix}$;

(8) $\begin{vmatrix} -a_1 & a_1 & 0 & \cdots & 0 & 0 \\ 0 & -a_2 & a_2 & \cdots & 0 & 0 \\ \vdots & \vdots & \vdots & & \vdots & \vdots \\ 0 & 0 & 0 & \cdots & -a_n & a_n \\ 1 & 1 & 1 & \cdots & 1 & 1 \end{vmatrix}$.

((7),(8)题读者可以先计算 $n=4$ 情形)

9. 求行列式 $\begin{vmatrix} -3 & 0 & 4 \\ 5 & 0 & 3 \\ 2 & -2 & 1 \end{vmatrix}$ 中元素 2 和 -2 的代数余子式.

10. 用行列式按行(列)展开的方法计算下列行列式:

(1) $\begin{vmatrix} 1 & -2 & 0 & 4 \\ 2 & -5 & 1 & -3 \\ 4 & 1 & -2 & 6 \\ -3 & 2 & 7 & 1 \end{vmatrix}$;　(2) $\begin{vmatrix} 1 & 0 & a & 1 \\ 0 & -1 & b & -1 \\ -1 & -1 & c & -1 \\ -1 & 1 & d & 0 \end{vmatrix}$;

(3) $\begin{vmatrix} a-3 & -1 & 0 & 1 \\ -1 & a-3 & 1 & 0 \\ 0 & 1 & a-3 & -1 \\ 1 & 0 & -1 & a-3 \end{vmatrix}$;

(4) $\begin{vmatrix} a_{11} & a_{12} & a_{13} & a_{14} & a_{15} \\ a_{21} & a_{22} & a_{23} & a_{24} & a_{25} \\ 0 & a_{32} & 0 & a_{34} & 0 \\ 0 & a_{42} & 0 & a_{44} & 0 \\ 0 & a_{52} & 0 & a_{54} & 0 \end{vmatrix}$;

(5) $\begin{vmatrix} 1 & 1 & 2 & 3 \\ 3 & -1 & -1 & 2 \\ 2 & 3 & -1 & -1 \\ 1 & 2 & 3 & 0 \end{vmatrix}$； (6) $\begin{vmatrix} x & a & b & 0 & c \\ 0 & y & 0 & 0 & d \\ 0 & c & z & 0 & f \\ g & h & k & u & 1 \\ 0 & 0 & 0 & 0 & v \end{vmatrix}$.

11. 解下列方程(求 x 的值)：

(1) $\begin{vmatrix} x & a & a & a \\ a & x & a & a \\ a & a & x & a \\ a & a & a & x \end{vmatrix}=0$；

(2) $\begin{vmatrix} 0 & x-a & 0 & 0 \\ x-b & 0 & 0 & 0 \\ 0 & 0 & 0 & x-c \\ 0 & 0 & x-d & 0 \end{vmatrix}=0$.

12. 用克莱姆法则解下列线性方程组：

(1) $\begin{cases} 2x+5y=1, \\ 3x+7y=2; \end{cases}$ (2) $\begin{cases} 6x_1-4x_2=10, \\ 5x_1+7x_2=29; \end{cases}$

(3) $\begin{cases} x_1+2x_2+4x_3=31, \\ 5x_1+x_2+2x_3=29, \\ 3x_1-x_2+x_3=10; \end{cases}$ (4) $\begin{cases} 2x-5y+4z=4, \\ 5x-2y+7z=22, \\ x+y-2z=-3; \end{cases}$

(5) $\begin{cases} x_1+x_2+5x_3+7x_4=14, \\ 3x_1+5x_2+7x_3+x_4=0, \\ 5x_1+7x_2+x_3+3x_4=4, \\ 7x_1+x_2+3x_3+5x_4=16; \end{cases}$

(6) $\begin{cases} x+2y-5z+w=8, \\ 2x \quad -z+2w=-5, \\ -3x+y \quad -6w=9, \\ 4x+y-7z+6w=0; \end{cases}$

(7) $\begin{cases} x_1+2x_2+4x_3+3x_4=2, \\ x_1+x_2+2x_3+5x_4=2, \\ 3x_1+2x_2+5x_3+11x_4=6, \\ x_1+x_2+4x_3+3x_4=2; \end{cases}$

$$(8)\begin{cases}x_1+x_2+x_3+x_4=0,\\ x_2+x_3+x_4+x_5=0,\\ x_1+2x_2+3x_3=2,\\ x_2+2x_3+3x_4=-2,\\ x_3+2x_4+3x_5=2.\end{cases}$$

13. 判断齐次线性方程组有无非零解：

$$(1)\begin{cases}2x_1+2x_2-x_3=0,\\ 5x_1+8x_2-2x_3=0,\\ x_1-x_2+4x_3=0;\end{cases}\qquad (2)\begin{cases}2x+3y+11z+5w=0,\\ 2x+y+3z+4w=0,\\ x+y+5z+2w=0,\\ x+y+3z+4w=0;\end{cases}$$

$$(3)\begin{cases}3x_1-2x_2+3x_3-4x_4=0,\\ 5x_1+4x_2-2x_3-7x_4=0,\\ 25x_1-13x_2-11x_3-x_4=0,\\ x_1-3x_2+13x_3-4x_4=0.\end{cases}$$

14. 如果下列齐次线性方程组有非零解，k 应取何值？

$$(1)\begin{cases}kx+y+z=0,\\ x+ky-z=0,\\ 2x-y+z=0;\end{cases}\qquad (2)\begin{cases}kx+3y+4z=0,\\ -x+ky=0,\\ ky+z=0.\end{cases}$$

B

1. 下列(　　)是 4 级奇排列．

A. 4 3 2 1　　B. 4 1 2 3　　C. 1 2 3 4　　D. 2 3 4 1

2. 若 $(-1)^{N(1k4l5)+N(12345)}a_{11}a_{k2}a_{43}a_{l4}a_{55}$ 是五阶行列式 $|a_{ij}|$ 的一项，则 k,l 之值及该项的符号为(　　)．

A. $k=2,l=3$，符号为正　　B. $k=2,l=3$，符号为负

C. $k=3,l=2$，符号为正　　D. $k=3,l=2$，符号为负

3. $\begin{vmatrix}k-1 & 2\\ 2 & k-1\end{vmatrix}\neq 0$ 的充分必要条件是(　　)．

A. $k\neq -1$　　B. $k\neq 3$　　C. $k\neq -1$ 且 $k\neq 3$

D. $k\neq -1$ 或 $k\neq 3$

4. $\begin{vmatrix} k & 2 & 1 \\ 2 & k & 0 \\ 1 & -1 & 1 \end{vmatrix}=0$ 的充分必要条件是(　　).

A. $k=2$　　B. $k=-2$　　C. $k=0$　　D. $k=3$

5. 如果 $D=\begin{vmatrix} a_{11} & a_{12} & a_{13} \\ a_{21} & a_{22} & a_{23} \\ a_{31} & a_{32} & a_{33} \end{vmatrix}=M\neq 0$,

$$D_1=\begin{vmatrix} 2a_{11} & 2a_{12} & 2a_{13} \\ 2a_{31} & 2a_{32} & 2a_{33} \\ 2a_{21} & 2a_{22} & 2a_{23} \end{vmatrix},$$

那么 $D_1=$(　　).

A. $2M$　　B. $-2M$　　C. $8M$　　D. $-8M$

6. 如果 $D=\begin{vmatrix} a_{11} & a_{12} & a_{13} \\ a_{21} & a_{22} & a_{23} \\ a_{31} & a_{32} & a_{33} \end{vmatrix}=1$,

$$D_1=\begin{vmatrix} 4a_{11} & 2a_{11}-3a_{12} & a_{13} \\ 4a_{21} & 2a_{21}-3a_{22} & a_{23} \\ 4a_{31} & 2a_{31}-3a_{32} & a_{33} \end{vmatrix},$$

那么 $D_1=$(　　).

A. 8　　B. -12　　C. 24　　D. -24

7. 下列行列式(　　)的值必为零.

A. $\begin{vmatrix} 0 & a_{12} & \cdots & a_{1n} \\ a_{21} & 0 & \cdots & a_{2n} \\ \vdots & \vdots & & \vdots \\ a_{n1} & a_{n2} & \cdots & 0 \end{vmatrix}$　　B. $\begin{vmatrix} a_{11} & a_{12} & \cdots & a_{1n} \\ a_{21} & a_{22} & \cdots & a_{2n} \\ \vdots & \vdots & & \vdots \\ a_{n-11} & a_{n-12} & \cdots & a_{n-1n} \\ 0 & 0 & \cdots & 0 \end{vmatrix}$

C. 行列式 D 中有两列元素对应成比例

D. 行列式中零元素的个数多于 n 个

8. 如果 $\begin{vmatrix} a_{11} & a_{12} \\ a_{21} & a_{22} \end{vmatrix}=1$,则下列(　　)是方程组

$$\begin{cases} a_{11}x_1+a_{12}x_2+b_1=0, \\ a_{21}x_1+a_{22}x_2+b_2=0 \end{cases}$$

的解．

A. $x_1=\begin{vmatrix} b_1 & a_{12} \\ b_2 & a_{22} \end{vmatrix}, x_2=\begin{vmatrix} a_{11} & b_1 \\ a_{21} & b_2 \end{vmatrix}$

B. $x_1=-\begin{vmatrix} b_1 & a_{12} \\ b_2 & a_{22} \end{vmatrix}, x_2=-\begin{vmatrix} a_{11} & b_1 \\ a_{21} & b_2 \end{vmatrix}$

C. $x_1=\begin{vmatrix} -b_1 & -a_{12} \\ -b_2 & -a_{22} \end{vmatrix}, x_2=\begin{vmatrix} -a_{11} & -b_1 \\ -a_{21} & -b_2 \end{vmatrix}$

D. $x_1=-\begin{vmatrix} -b_1 & -a_{12} \\ -b_2 & -a_{22} \end{vmatrix}, x_2=-\begin{vmatrix} a_{11} & -b_1 \\ a_{21} & -b_2 \end{vmatrix}$

9. 当(　　)时，$\begin{cases} 3x+ky-z=0, \\ \quad 4y+z=0, \\ kx-5y-z=0 \end{cases}$ 有非零解．

A. $k=0$　　B. $k=1$　　C. $k=-1$　　D. $k=-3$

10. 当(　　)时，$\begin{cases} kx \quad +z=0, \\ 2x+ky+z=0, \\ kx-2y+z=0 \end{cases}$ 仅有零解．

A. $k=0$　　B. $k=-1$　　C. $k=2$　　D. $k=-2$

第十二章 矩 阵

矩阵是线性代数的一个重要研究内容，它是数学及其它科学技术中的一个重要工具。本章介绍矩阵的概念及运算，矩阵的初等变换，矩阵的秩，可逆矩阵及逆矩阵，并且介绍利用矩阵的初等变换求矩阵的秩和逆矩阵的方法.

12.1 矩阵的概念

定义 12.1 $m\times n$ 个数 $a_{ij}(i=1,2,\cdots,m;j=1,2,\cdots,n)$ 排成一个 m 行 n 列的表

$$\boldsymbol{A}=\begin{pmatrix} a_{11} & a_{12} & \cdots & a_{1n} \\ a_{21} & a_{22} & \cdots & a_{2n} \\ \vdots & \vdots & & \vdots \\ a_{m1} & a_{m2} & \cdots & a_{mn} \end{pmatrix}$$

称为一个 $m\times n$ 矩阵，简称矩阵. 其中 a_{ij} 称为矩阵第 i 行第 j 列的元素.

当 $m=n$ 时，称为 n 阶矩阵，或称为 n 阶方阵.

例如 $\begin{pmatrix} 1 & 2 & -1 \\ 2 & -3 & 1 \end{pmatrix}$ 是 2×3 矩阵.

一般情况下，我们用大写字母 $\boldsymbol{A},\boldsymbol{B},\boldsymbol{C}$ 表示矩阵. 为了标明矩阵的行数 m 和列数 n，可用 $\boldsymbol{A}_{m\times n}$ 表示，或记作 $(a_{ij})_{m\times n}$.

例 1 某企业生产 5 种产品，各种产品的季度产值(单位：万元)，如表 12.1.

表 12.1　某企业产品季度产值

产值＼产品 季度	1	2	3	4	5
1	80	58	75	78	64
2	98	70	85	84	76
3	90	75	90	90	80
4	88	70	82	80	76

可以用一个 4×5 矩阵

$$\begin{pmatrix} 80 & 58 & 75 & 78 & 64 \\ 98 & 70 & 85 & 84 & 76 \\ 90 & 75 & 90 & 90 & 80 \\ 88 & 70 & 82 & 80 & 76 \end{pmatrix}$$

表示.

例 2　生产 m 种产品需要用 n 种材料，如果以 a_{ij} 表示生产第 i 种产品($i=1,2,\cdots,m$)耗用第 j 种材料($j=1,2,\cdots,n$)的定额，则消耗定额可以用表 12.2 表示.

表 12.2　产品消耗材料情况表

定额＼材料 产品	1	2	…	j	…	n
1	a_{11}	a_{12}	…	a_{1j}	…	a_{1n}
2	a_{21}	a_{22}	…	a_{2j}	…	a_{2n}
	⋮	⋮		⋮		⋮
i	a_{i1}	a_{i2}	…	a_{ij}	…	a_{in}
	⋮	⋮		⋮		⋮
m	a_{m1}	a_{m2}	…	a_{mj}	…	a_{mn}

可以用一个 $m\times n$ 矩阵

$$\begin{pmatrix} a_{11} & a_{12} & \cdots & a_{1n} \\ a_{21} & a_{22} & \cdots & a_{2n} \\ \vdots & \vdots & & \vdots \\ a_{m1} & a_{m2} & \cdots & a_{mn} \end{pmatrix}$$

描述生产过程中，产出的产品和投入的材料之间的数量关系.

例 3 线性方程组

$$\begin{cases} a_{11}x_1+a_{12}x_2+\cdots+a_{1n}x_n=b_1, \\ a_{21}x_1+a_{22}x_2+\cdots+a_{2n}x_n=b_2, \\ \cdots\cdots\cdots\cdots \\ a_{n1}x_1+a_{n2}x_2+\cdots+a_{nn}x_n=b_n \end{cases}$$

的未知量的系数组成一个 n 阶方阵

$$\boldsymbol{A}=\begin{pmatrix} a_{11} & a_{12} & \cdots & a_{1n} \\ a_{21} & a_{22} & \cdots & a_{2n} \\ \vdots & \vdots & & \vdots \\ a_{n1} & a_{n2} & \cdots & a_{nn} \end{pmatrix}$$

称为方程组的系数矩阵. 系数与常数项可以组成一个 $n\times(n+1)$ 矩阵

$$\overline{\boldsymbol{A}}=\begin{pmatrix} a_{11} & a_{12} & \cdots & a_{1n} & b_1 \\ a_{21} & a_{22} & \cdots & a_{2n} & b_2 \\ \vdots & \vdots & & \vdots & \vdots \\ a_{n1} & a_{n2} & \cdots & a_{nn} & b_n \end{pmatrix}$$

称为增广矩阵.

注意 n 阶矩阵与 n 阶行列式是不同的两个概念，n 阶矩阵仅仅是由 n^2 个元素排成一个正方表，而 n 阶行列式指的是一个含有 $n!$ 项的代数和. 由一个 n 阶矩阵 $\boldsymbol{A}=(a_{ij})$ 的元素按原来排列形式构成的 n 阶行列式 $D=|a_{ij}|$，称为矩阵 $\boldsymbol{A}$ 的行列式. 记作 $D=|\boldsymbol{A}|$.

定义 12.2 如果两个矩阵 $\boldsymbol{A},\boldsymbol{B}$ 有相同的行数与相同的列数，并且对应位置上的元素均相等，则称**矩阵 $\boldsymbol{A}$ 与 $\boldsymbol{B}$ 相等**. 记作 $\boldsymbol{A}=\boldsymbol{B}$.

$\boldsymbol{A}=(a_{ij})_{m\times n}$，$\boldsymbol{B}=(b_{ij})_{m'\times n'}$，$\boldsymbol{A}=\boldsymbol{B}$ 当且仅当 $m=m'$，$n=n'$，而且 $a_{ij}=b_{ij}(i=1,2,\cdots,m;j=1,2,\cdots,n)$.

下面介绍几种特殊矩阵：

(1)**零矩阵** 所有元素均为零的矩阵称为零矩阵，记作 $\boldsymbol{O}_{m\times n}$，简记作 $\boldsymbol{O}$. 如

$$\boldsymbol{O}_{3\times 4}=\begin{pmatrix} 0 & 0 & 0 & 0 \\ 0 & 0 & 0 & 0 \\ 0 & 0 & 0 & 0 \end{pmatrix}.$$

(2)**对角矩阵**　除主对角线元素 $a_{ii}(i=1,2,\cdots,n)$外，所有元素均为零的 n 阶矩阵称为对角矩阵. 如

$$\begin{pmatrix} a_{11} & & & \\ & a_{22} & & \\ & & \ddots & \\ & & & a_{nn} \end{pmatrix}.$$

如果 $a_{11}=a_{22}=\cdots=a_{nn}=1$，称为 n 阶**单位矩阵**. 记作 $\boldsymbol{I}_n$，简记作 $\boldsymbol{I}$. 如

$$\boldsymbol{I}_3=\begin{pmatrix} 1 & 0 & 0 \\ 0 & 1 & 0 \\ 0 & 0 & 1 \end{pmatrix}.$$

(3)**三角形矩阵**　主对角线以下(不含主对角线)元素均为零的 n 阶矩阵 $\boldsymbol{A}$ 称为上三角形矩阵. 主对角线以上(不含主对角线)元素均为零的 n 阶矩阵 $\boldsymbol{B}$ 称为下三角形矩阵. 如

$$\boldsymbol{A}=\begin{pmatrix} a_{11} & a_{12} & \cdots & a_{1n} \\ & a_{22} & \cdots & a_{2n} \\ & & \ddots & \vdots \\ & & & a_{nn} \end{pmatrix}, \quad \boldsymbol{B}=\begin{pmatrix} b_{11} & & & \\ b_{21} & b_{22} & & \\ \vdots & \vdots & \ddots & \\ b_{n1} & b_{n2} & & b_{nn} \end{pmatrix}.$$

12.2　矩阵的运算

矩阵的意义不仅在于将一些数据排成阵列形式，而且在于对矩阵定义了一些有理论意义和实际意义的运算，从而使它成为进行理论研究或解决实际问题的有力工具.

12.2.1　矩阵的加法和数与矩阵的乘法

定义 12.3　两个 $m\times n$ 矩阵 $\boldsymbol{A}=(a_{ij})$，$\boldsymbol{B}=(b_{ij})$对应位置元素相加得到的 $m\times n$ 矩阵，称为 $\boldsymbol{A}$ **与** $\boldsymbol{B}$ **的和**，记作 $\boldsymbol{A}+\boldsymbol{B}$. 即

$$\boldsymbol{A}+\boldsymbol{B}=(a_{ij})_{m\times n}+(b_{ij})_{m\times n}=(a_{ij}+b_{ij})_{m\times n}.$$

例 1　有某种物资(单位:吨)从 3 个产地运往 4 个销地，两次调运方案分别为矩阵 $\boldsymbol{A}$ 与 $\boldsymbol{B}$，

$$A=\begin{bmatrix}3&5&7&2\\2&0&4&3\\0&1&2&3\end{bmatrix},\quad B=\begin{bmatrix}1&3&2&0\\2&1&5&7\\0&6&4&8\end{bmatrix}.$$

则从各产地运往各销地两次物资调运方案为

$$\begin{bmatrix}3&5&7&2\\2&0&4&3\\0&1&2&3\end{bmatrix}+\begin{bmatrix}1&3&2&0\\2&1&5&7\\0&6&4&8\end{bmatrix}$$

$$=\begin{bmatrix}3+1&5+3&7+2&2+0\\2+2&0+1&4+5&3+7\\0+0&1+6&2+4&3+8\end{bmatrix}=\begin{bmatrix}4&8&9&2\\4&1&9&10\\0&7&6&11\end{bmatrix}.$$

定义 12.4 以数 k 乘矩阵 A 的每一个元素所得到的矩阵,称为**数 k 与矩阵 A 之积**,记作 kA.

如果 $A=(a_{ij})_{m\times n}$,那么

$$kA=k(a_{ij})_{m\times n}=(ka_{ij})_{m\times n}.$$

例 2 设 3 个产地与 4 个销地之间的里程(单位:千米)为矩阵

$$A=\begin{bmatrix}120&175&80&90\\80&130&44&50\\135&190&95&105\end{bmatrix}.$$

已知货物每吨千米的运费为 1.5 元,则各产地与各销地之间每吨货物的运费(单位:元/吨)可以记为矩阵

$$1.5A=1.5\begin{bmatrix}120&175&80&90\\80&130&44&50\\135&190&95&105\end{bmatrix}$$

$$=\begin{bmatrix}1.5\times120&1.5\times175&1.5\times80&1.5\times90\\1.5\times80&1.5\times130&1.5\times44&1.5\times50\\1.5\times135&1.5\times190&1.5\times95&1.5\times105\end{bmatrix}$$

$$=\begin{bmatrix}180&262.5&120&135\\120&195&60&75\\202.5&285&142.5&157.5\end{bmatrix}.$$

定义 12.5 (1)如果矩阵的所有元素均为零,称为零矩阵,记作 O.

(2)把矩阵 $\boldsymbol{A}=(a_{ij})_{m\times n}$ 中各元素变号得到的矩阵称为 $\boldsymbol{A}$ 的负矩阵,记作 $-\boldsymbol{A}$. 即

$$-\boldsymbol{A}=(-a_{ij})_{m\times n}.$$

矩阵的加法、数与矩阵的乘法具有下列性质.

设 $\boldsymbol{A},\boldsymbol{B},\boldsymbol{C}$, $\boldsymbol{O}$(零矩阵)都是 $m\times n$ 矩阵,k,l 是数,则

(1) $\boldsymbol{A}+\boldsymbol{B}=\boldsymbol{B}+\boldsymbol{A}$;

(2) $(\boldsymbol{A}+\boldsymbol{B})+\boldsymbol{C}=\boldsymbol{A}+(\boldsymbol{B}+\boldsymbol{C})$;

(3) $\boldsymbol{A}+\boldsymbol{O}=A$;

(4) $\boldsymbol{A}+(-\boldsymbol{A})=\boldsymbol{O}$;

(5) $k(\boldsymbol{A}+\boldsymbol{B})=k\boldsymbol{A}+k\boldsymbol{B}$;

(6) $(k+l)\boldsymbol{A}=k\boldsymbol{A}+l\boldsymbol{A}$;

(7) $(kl)\boldsymbol{A}=k(l\boldsymbol{A})$;

(8) $1\boldsymbol{A}=\boldsymbol{A}$.

由定义 12.3 与 12.4 不难证明.

由矩阵加法及负矩阵,可以定义矩阵减法:

$$\boldsymbol{A}-\boldsymbol{B}=\boldsymbol{A}+(-\boldsymbol{B}).$$

如果 $\boldsymbol{A}=(a_{ij})_{m\times n},\boldsymbol{B}=(b_{ij})_{m\times n}$,则

$$\boldsymbol{A}-\boldsymbol{B}=(a_{ij})_{m\times n}+(-b_{ij})_{m\times n}=(a_{ij}-b_{ij})_{m\times n}.$$

例 3 已知

$$\boldsymbol{A}=\begin{pmatrix}-1&2&3&1\\0&3&-2&1\\4&0&3&2\end{pmatrix},\quad \boldsymbol{B}=\begin{pmatrix}4&3&2&-1\\5&-2&0&1\\1&2&-5&0\end{pmatrix}.$$

求 $3\boldsymbol{A}-2\boldsymbol{B}$.

解

$$3\boldsymbol{A}-2\boldsymbol{B}=3\begin{pmatrix}-1&2&3&1\\0&3&-2&1\\4&0&3&2\end{pmatrix}-2\begin{pmatrix}4&3&2&-1\\5&-2&0&1\\1&2&-5&0\end{pmatrix}$$

$$=\begin{pmatrix}-3-8&6-6&9-4&3+2\\0-10&9+4&-6-0&3-2\\12-2&0-4&9+10&6-0\end{pmatrix}$$

$$=\begin{pmatrix}-11 & 0 & 5 & 5\\ -10 & 13 & -6 & 1\\ 10 & -4 & 19 & 6\end{pmatrix}.$$

例 4 已知

$$\boldsymbol{A}=\begin{pmatrix}3 & -1 & 2 & 0\\ 1 & 5 & 7 & 9\\ 2 & 4 & 6 & 8\end{pmatrix},\quad \boldsymbol{B}=\begin{pmatrix}7 & 5 & -2 & 4\\ 5 & 1 & 9 & 7\\ 3 & 2 & -1 & 6\end{pmatrix},$$

且 $\boldsymbol{A}+2\boldsymbol{X}=\boldsymbol{B}$,求 $\boldsymbol{X}$.

解

$$\boldsymbol{X}=\frac{1}{2}(\boldsymbol{B}-\boldsymbol{A})=\frac{1}{2}\begin{pmatrix}4 & 6 & -4 & 4\\ 4 & -4 & 2 & -2\\ 1 & -2 & -7 & -2\end{pmatrix}$$

$$=\begin{pmatrix}2 & 3 & -2 & 2\\ 2 & -2 & 1 & -1\\ 0.5 & -1 & -3.5 & -1\end{pmatrix}.$$

12.2.2 矩阵的乘法

定义 12.6 设矩阵 $\boldsymbol{A}=(a_{ik})_{m\times n}$ 的列数与矩阵 $\boldsymbol{B}=(b_{kj})_{n\times l}$ 的行数相同,则由元素

$$c_{ij}=a_{i1}b_{1j}+a_{i2}b_{2j}+\cdots+a_{in}b_{nj}=\sum_{k=1}^{n}a_{ik}b_{kj},$$

$(i=1,2,\cdots,m;j=1,2,\cdots,l)$ 构成的 $m\times l$ 矩阵

$$\boldsymbol{C}=(c_{ij})_{m\times l}=\left(\sum_{k=1}^{n}a_{ik}b_{kj}\right)_{m\times l},$$

称为**矩阵 $\boldsymbol{A}$ 与 $\boldsymbol{B}$ 的乘积**,记作 $\boldsymbol{C}=\boldsymbol{A}\cdot\boldsymbol{B}$ 或 $\boldsymbol{C}=\boldsymbol{AB}$.

该定义说明:当且仅当矩阵 $\boldsymbol{A}$ 的列数与 $\boldsymbol{B}$ 的行数相等时,$\boldsymbol{A}$ 与 $\boldsymbol{B}$ 可以相乘;乘积矩阵 $\boldsymbol{C}$ 的行数与 $\boldsymbol{A}$ 相同,列数与 $\boldsymbol{B}$ 相同;$\boldsymbol{C}$ 的第 i 行第 j 列元素 c_{ij} 等于 $\boldsymbol{A}$ 的第 i 行元素与 $\boldsymbol{B}$ 的第 j 列对应元素乘积之和.

例 5 若 $\boldsymbol{A}=\begin{pmatrix}2 & 3\\ 1 & -2\\ 3 & 1\end{pmatrix}$,$\boldsymbol{B}=\begin{pmatrix}1 & -2 & -3\\ 2 & -1 & 0\end{pmatrix}$,求 $\boldsymbol{AB}$.

解

$$AB=\begin{pmatrix}2&3\\1&-2\\3&1\end{pmatrix}\begin{pmatrix}1&-2&-3\\2&-1&0\end{pmatrix}$$

$$=\begin{pmatrix}2\times1+3\times2 & 2\times(-2)+3\times(-1) & 2\times(-3)+3\times0\\1\times1+(-2)\times2 & 1\times(-2)+(-2)\times(-1) & 1\times(-3)+(-2)\times0\\3\times1+1\times2 & 3\times(-2)+1\times(-1) & 3\times(-3)+1\times0\end{pmatrix}$$

$$=\begin{pmatrix}8&-7&-6\\-3&0&-3\\5&-7&-9\end{pmatrix}.$$

矩阵的乘法不适合交换律,因为 $\boldsymbol{AB}$ 有意义时($\boldsymbol{A}$ 的行数等于 $\boldsymbol{B}$ 的列数),$\boldsymbol{BA}$ 不一定有意义($\boldsymbol{B}$ 的行数不一定等于 $\boldsymbol{A}$ 的列数),即使 $\boldsymbol{AB}$,$\boldsymbol{BA}$ 都有意义,$\boldsymbol{AB}$ 与 $\boldsymbol{BA}$ 也不一定相等.

例如 $\boldsymbol{A}=\begin{pmatrix}-2&4\\1&-2\end{pmatrix}$,$\boldsymbol{B}=\begin{pmatrix}2&4\\-3&-6\end{pmatrix}$,

$$\boldsymbol{AB}=\begin{pmatrix}-2&4\\1&-2\end{pmatrix}\begin{pmatrix}2&4\\-3&-6\end{pmatrix}=\begin{pmatrix}-16&-32\\8&16\end{pmatrix},$$

$$\boldsymbol{BA}=\begin{pmatrix}2&4\\-3&-6\end{pmatrix}\begin{pmatrix}-2&4\\1&-2\end{pmatrix}=\begin{pmatrix}0&0\\0&0\end{pmatrix}.$$

$\boldsymbol{AB}\neq\boldsymbol{BA}$.

该例附带看出,两个非零矩阵的乘积可能是零矩阵.

$1\times n$ 矩阵也称为 n 维行向量,$m\times1$ 矩阵也称为 m 维列向量.有时也用小写黑体字母 $\boldsymbol{a},\boldsymbol{b},\boldsymbol{x},\boldsymbol{y},\cdots$表示.

例如

$$\boldsymbol{a}_i=(a_{i1},a_{i2},\cdots,a_{in}),\quad \boldsymbol{b}=\begin{pmatrix}b_1\\b_2\\\vdots\\b_m\end{pmatrix}.$$

例 6 线性方程组

$$\begin{cases}a_{11}x_1+a_{12}x_2+\cdots+a_{1n}x_n=b_1,\\a_{21}x_1+a_{22}x_2+\cdots+a_{2n}x_n=b_2,\\a_{m1}x_1+a_{m2}x_2+\cdots+a_{mn}x_n=b_m.\end{cases}$$

令 $\boldsymbol{A}=\begin{pmatrix} a_{11} & a_{12} & \cdots & a_{1n} \\ a_{21} & a_{22} & \cdots & a_{2n} \\ \vdots & \vdots & & \vdots \\ a_{m1} & a_{m2} & \cdots & a_{mn} \end{pmatrix}$，$\boldsymbol{x}=\begin{pmatrix} x_1 \\ x_2 \\ \vdots \\ x_n \end{pmatrix}$，$\boldsymbol{b}=\begin{pmatrix} b_1 \\ b_2 \\ \vdots \\ b_m \end{pmatrix}$，

则方程组可以表示为矩阵方程 $\mathbf{A}\boldsymbol{x}=\boldsymbol{b}$.

例 7 某地区有 4 个工厂 Ⅰ，Ⅱ，Ⅲ，Ⅳ，生产 3 种产品，矩阵 $\boldsymbol{A}$ 表示一年中各工厂生产各种产品的数量，矩阵 $\boldsymbol{B}$ 表示各种产品的单位价格(元)及单位利润(元)，矩阵 $\boldsymbol{C}$ 表示各工厂的总收入及总利润.

$$\boldsymbol{A}=\begin{pmatrix} a_{11} & a_{12} & a_{13} \\ a_{21} & a_{22} & a_{23} \\ a_{31} & a_{32} & a_{33} \\ a_{41} & a_{42} & a_{43} \end{pmatrix}\begin{matrix} \text{Ⅰ} \\ \text{Ⅱ} \\ \text{Ⅲ} \\ \text{Ⅳ} \end{matrix}, \quad \boldsymbol{B}=\begin{pmatrix} b_{11} & b_{12} \\ b_{21} & b_{22} \\ b_{31} & b_{32} \end{pmatrix}\begin{matrix} \text{甲} \\ \text{乙} \\ \text{丙} \end{matrix},$$

（$\boldsymbol{A}$ 的列：甲　乙　丙；$\boldsymbol{B}$ 的列：价格　利润）

$$\boldsymbol{C}=\begin{pmatrix} c_{11} & c_{12} \\ c_{21} & c_{22} \\ c_{31} & c_{32} \\ c_{41} & c_{42} \end{pmatrix}\begin{matrix} \text{Ⅰ} \\ \text{Ⅱ} \\ \text{Ⅲ} \\ \text{Ⅳ} \end{matrix},$$

（$\boldsymbol{C}$ 的列：总收入　总利润）

其中 $a_{ik}(i=1,2,3,4;k=1,2,3)$是第 i 个工厂生产第 k 种产品的数量，b_{k1}，$b_{k2}(k=1,2,3)$分别是第 k 种产品的单位价格和单位利润，c_{i1}，$c_{i2}(i=1,2,3,4)$分别是第 i 个工厂的总收入及总利润，则

$$c_{i1}=a_{i1}b_{11}+a_{i2}b_{21}+a_{i3}b_{31},$$
$$c_{i2}=a_{i1}b_{12}+a_{i2}b_{22}+a_{i3}b_{32},$$

$$\boldsymbol{C}=\begin{pmatrix} c_{11} & c_{12} \\ c_{21} & c_{22} \\ c_{31} & c_{32} \\ c_{41} & c_{42} \end{pmatrix}=\begin{pmatrix} a_{11} & a_{12} & a_{13} \\ a_{21} & a_{22} & a_{23} \\ a_{31} & a_{32} & a_{33} \\ a_{41} & a_{42} & a_{43} \end{pmatrix}\begin{pmatrix} b_{11} & b_{12} \\ b_{21} & b_{22} \\ b_{31} & b_{32} \end{pmatrix}=\boldsymbol{AB}.$$

矩阵的乘法满足下列性质(假设下列矩阵行列数都符合运算的要求).

(1) $(\boldsymbol{AB})\boldsymbol{C}=\boldsymbol{A}(\boldsymbol{BC})$；

(2) $(\boldsymbol{A}+\boldsymbol{B})\boldsymbol{C}=\boldsymbol{AC}+\boldsymbol{BC}$；

(3) $\boldsymbol{C}(\boldsymbol{A}+\boldsymbol{B})=\boldsymbol{C}\boldsymbol{A}+\boldsymbol{C}\boldsymbol{B}$；

(4) $k(\boldsymbol{A}\boldsymbol{B})=(k\boldsymbol{A})\boldsymbol{B}=\boldsymbol{A}(k\boldsymbol{B})$.

证明 (1)设 $\boldsymbol{A}=(a_{ik})_{m\times n}, \boldsymbol{B}=(b_{kr})_{n\times l}, \boldsymbol{C}=(c_{rj})_{l\times t}$,

$$(\boldsymbol{AB})\boldsymbol{C}=\left(\sum_{k=1}^{n}a_{ik}b_{kr}\right)_{m\times l}(c_{rj})_{l\times t}$$

$$=\left(\sum_{r=1}^{l}\left(\sum_{k=1}^{n}a_{ik}b_{kr}\right)c_{rj}\right)_{m\times t}=\left(\sum_{r=1}^{l}\sum_{k=1}^{n}a_{ik}b_{kr}c_{rj}\right)_{m\times t},$$

$$\boldsymbol{A}(\boldsymbol{BC})=(a_{ik})_{m\times n}\left(\sum_{r=1}^{l}b_{kr}c_{rj}\right)_{n\times t}$$

$$=\left(\sum_{k=1}^{n}a_{ik}\left(\sum_{r=1}^{l}b_{kr}c_{rj}\right)\right)_{m\times t}=\left(\sum_{k=1}^{n}\sum_{r=1}^{l}a_{ik}b_{kr}c_{rj}\right)_{m\times t}.$$

所以 $(\boldsymbol{AB})\boldsymbol{C}=\boldsymbol{A}(\boldsymbol{BC})$.

类似地可以证明(2),(3),(4).

定义 12.7 如果 n 阶矩阵中除主对角线上元素 $a_{11}=a_{22}=\cdots=a_{nn}=1$ 外,其余元素均为零,称为 **n 阶单位矩阵**,简称**单位矩阵**,记作 $\boldsymbol{I}_n$,有时简记作 $\boldsymbol{I}$. 即

$$\boldsymbol{I}_n=\begin{pmatrix}1 & & & \\ & 1 & & \\ & & \ddots & \\ & & & 1\end{pmatrix}.$$

单位矩阵有性质

$$\boldsymbol{I}_m\boldsymbol{A}_{m\times n}=\boldsymbol{A}_{m\times n},\quad \boldsymbol{A}_{m\times n}\boldsymbol{I}_n=\boldsymbol{A}_{m\times n}.$$

例 8 平面坐标系 xOy 经过轴的旋转(两轴都旋转 α 角)得到坐标系 $x'Oy'$,(x,y)与(x',y')之间的坐标变换公式为

$$\begin{cases}x=x'\cos\alpha-y'\sin\alpha,\\ y=x'\sin\alpha+y'\cos\alpha.\end{cases}$$

可以用矩阵形式表示

$$\begin{pmatrix}x\\ y\end{pmatrix}=\begin{pmatrix}\cos\alpha & -\sin\alpha\\ \sin\alpha & \cos\alpha\end{pmatrix}\begin{pmatrix}x'\\ y'\end{pmatrix}.$$

坐标系 $x'Oy'$ 旋转 β 角得到坐标系 $x''Oy''$,(x',y')与(x'',y'')之间的坐标变换公式为

$$\begin{pmatrix} x' \\ y' \end{pmatrix} = \begin{pmatrix} \cos\beta & -\sin\beta \\ \sin\beta & \cos\beta \end{pmatrix} \begin{pmatrix} x'' \\ y'' \end{pmatrix}.$$

(x,y)与(x'',y'')之间的坐标变换公式为

$$\begin{aligned}
\begin{pmatrix} x \\ y \end{pmatrix} &= \begin{pmatrix} \cos\alpha & -\sin\alpha \\ \sin\alpha & \cos\alpha \end{pmatrix} \begin{pmatrix} x' \\ y' \end{pmatrix} \\
&= \begin{pmatrix} \cos\alpha & -\sin\alpha \\ \sin\alpha & \cos\alpha \end{pmatrix} \begin{pmatrix} \cos\beta & -\sin\beta \\ \sin\beta & \cos\beta \end{pmatrix} \begin{pmatrix} x'' \\ y'' \end{pmatrix} \\
&= \begin{pmatrix} \cos\alpha\cos\beta - \sin\alpha\sin\beta & -(\cos\alpha\sin\beta + \sin\alpha\cos\beta) \\ \sin\alpha\cos\beta + \cos\alpha\sin\beta & -\sin\alpha\sin\beta + \cos\alpha\cos\beta \end{pmatrix} \begin{pmatrix} x'' \\ y'' \end{pmatrix} \\
&= \begin{pmatrix} \cos(\alpha+\beta) & -\sin(\alpha+\beta) \\ \sin(\alpha+\beta) & \cos(\alpha+\beta) \end{pmatrix} \begin{pmatrix} x'' \\ y'' \end{pmatrix}.
\end{aligned}$$

即坐标系 xOy 旋转 $\alpha+\beta$ 角得到坐标系 $x''Oy''$.

例 9 解矩阵方程

$$\begin{pmatrix} 2 & 1 \\ 1 & 2 \end{pmatrix} \boldsymbol{X} = \begin{pmatrix} 1 & 2 \\ -1 & 4 \end{pmatrix}.$$

解 $\boldsymbol{X}$ 为二阶矩阵,设

$$\boldsymbol{X} = \begin{pmatrix} x_{11} & x_{12} \\ x_{21} & x_{22} \end{pmatrix},$$

$$\begin{pmatrix} 2 & 1 \\ 1 & 2 \end{pmatrix} \begin{pmatrix} x_{11} & x_{12} \\ x_{21} & x_{22} \end{pmatrix} = \begin{pmatrix} 2x_{11}+x_{21} & 2x_{12}+x_{22} \\ x_{11}+2x_{21} & x_{12}+2x_{22} \end{pmatrix}.$$

由题设知

$$\begin{cases} 2x_{11}+x_{21}=1, \\ x_{11}+2x_{21}=-1, \end{cases} \qquad \begin{cases} 2x_{12}+x_{22}=2, \\ x_{12}+2x_{22}=4. \end{cases}$$

分别解两个方程组得

$$x_{11}=1, \quad x_{21}=-1; \quad x_{12}=0, \quad x_{22}=2$$

所以 $\boldsymbol{X} = \begin{pmatrix} 1 & 0 \\ -1 & 2 \end{pmatrix}$.

关于矩阵乘法还有一个重要性质,两个同阶矩阵 $\boldsymbol{A}$ 与 $\boldsymbol{B}$ 的乘积的行列式,等于矩阵 $\boldsymbol{A}$ 的行列式与 $\boldsymbol{B}$ 的行列式的乘积,即

$$|\boldsymbol{AB}| = |\boldsymbol{A}||\boldsymbol{B}|.$$

证明略,仅用二阶矩阵为例加以验证. 设

$$A=\begin{pmatrix}a_{11} & a_{12}\\ a_{21} & a_{22}\end{pmatrix},\quad B=\begin{pmatrix}b_{11} & b_{12}\\ b_{21} & b_{22}\end{pmatrix},$$

$$AB=\begin{pmatrix}a_{11}b_{11}+a_{12}b_{21} & a_{11}b_{12}+a_{12}b_{22}\\ a_{21}b_{11}+a_{22}b_{21} & a_{21}b_{12}+a_{22}b_{22}\end{pmatrix},$$

$$\begin{aligned}|AB|=&(a_{11}b_{11}+a_{12}b_{21})(a_{21}b_{12}+a_{22}b_{22})-\\ &(a_{11}b_{12}+a_{12}b_{22})(a_{21}b_{11}+a_{22}b_{21})\\ =&a_{11}b_{11}a_{21}b_{12}+a_{11}b_{11}a_{22}b_{22}+a_{12}b_{21}a_{21}b_{12}+a_{12}b_{21}a_{22}b_{22}\\ &-a_{11}b_{12}a_{21}b_{11}-a_{11}b_{12}a_{22}b_{21}-a_{12}b_{22}a_{21}b_{11}-a_{12}b_{22}a_{22}b_{21}\\ =&a_{11}a_{22}(b_{11}b_{22}-b_{12}b_{21})-a_{12}a_{21}(b_{11}b_{22}-b_{12}b_{21})\\ =&(a_{11}a_{22}-a_{12}a_{21})(b_{11}b_{22}-b_{12}b_{21})=|A|\cdot|B|.\end{aligned}$$

12.2.3 矩阵的转置

定义 12.8 将 $m\times n$ 矩阵 A 的行列互换，得到的 $n\times m$ 矩阵称为 A 的**转置矩阵**，记作 A^{T} 或 A'，即

$$A=\begin{pmatrix}a_{11} & a_{12} & \cdots & a_{1n}\\ a_{21} & a_{22} & \cdots & a_{2n}\\ \vdots & \vdots & & \vdots\\ a_{m1} & a_{m2} & \cdots & a_{mn}\end{pmatrix},\quad A^{\mathrm{T}}=\begin{pmatrix}a_{11} & a_{21} & \cdots & a_{m1}\\ a_{12} & a_{22} & \cdots & a_{m2}\\ \vdots & \vdots & & \vdots\\ a_{1n} & a_{2n} & \cdots & a_{mn}\end{pmatrix}.$$

例如 $A=\begin{pmatrix}2 & 3 & 5\\ 1 & 4 & 0\end{pmatrix}$，

$$A^{\mathrm{T}}=\begin{pmatrix}2 & 1\\ 3 & 4\\ 5 & 0\end{pmatrix}.$$

转置矩阵具有下列性质：

(1) $(A^{\mathrm{T}})^{\mathrm{T}}=A$；

(2) $(A+B)^{\mathrm{T}}=A^{\mathrm{T}}+B^{\mathrm{T}}$；

(3) $(kA)^{\mathrm{T}}=kA^{\mathrm{T}}$；

(4) $(AB)^{\mathrm{T}}=B^{\mathrm{T}}A^{\mathrm{T}}$.

证明 性质(1)，(2)，(3)，显然成立，现证(4).

设 $A=(a_{ik})_{m\times l}$，$B=(b_{kj})_{l\times n}$.

AB 是 $m\times n$ 矩阵，因而 $(AB)^{\mathrm{T}}$ 是 $n\times m$ 矩阵，又 A^T 是 $l\times m$ 矩

阵,$\boldsymbol{B}^{\mathrm{T}}$ 是 $n\times l$ 矩阵,$\boldsymbol{B}^{\mathrm{T}}\boldsymbol{A}^{\mathrm{T}}$ 是 $n\times m$ 矩阵,因此$(\boldsymbol{AB})^{\mathrm{T}}$ 与 $\boldsymbol{B}^{\mathrm{T}}\boldsymbol{A}^{\mathrm{T}}$ 有相同的行数与列数.

$(\boldsymbol{AB})^{\mathrm{T}}$ 的第 j 行第 i 列元素等于 $\boldsymbol{AB}$ 的第 i 行第 j 列元素

$$\sum_{k=1}^{l}a_{ik}b_{kj}=a_{i1}b_{1j}+a_{i2}b_{2j}+\cdots+a_{il}b_{lj}.$$

$\boldsymbol{B}^{\mathrm{T}}\boldsymbol{A}^{\mathrm{T}}$ 的第 j 行第 i 列元素为 $\boldsymbol{B}^{\mathrm{T}}$ 的第 j 行元素与 $\boldsymbol{A}^{\mathrm{T}}$ 的第 i 列对应元素乘积之和,即 $\boldsymbol{B}$ 的第 j 列元素与 $\boldsymbol{A}$ 的第 i 行对应元素乘积之和

$$\sum_{k=1}^{l}b_{kj}a_{ik}=b_{1j}a_{i1}+b_{2j}a_{i2}+\cdots+b_{lj}a_{il}.$$

于是$(\boldsymbol{AB})^{\mathrm{T}}$ 与 $\boldsymbol{B}^{\mathrm{T}}\boldsymbol{A}^{\mathrm{T}}$ 的对应元素均相等. 所以$(\boldsymbol{AB})^{\mathrm{T}}=\boldsymbol{B}^{\mathrm{T}}\boldsymbol{A}^{\mathrm{T}}$.

定义 12.9 如果 n 阶矩阵 $\boldsymbol{A}=(a_{ij})$满足 $a_{ij}=a_{ji}(i,j=1,2,\cdots,n)$,则称为**对称矩阵**.

显然对称矩阵 $\boldsymbol{A}$ 的元素关于主对角线对称,因此 $\boldsymbol{A}^{\mathrm{T}}=\boldsymbol{A}$.

例如 $\begin{pmatrix}0&1\\1&0\end{pmatrix}$, $\begin{pmatrix}1&0&4\\0&2&-1\\4&-1&3\end{pmatrix}$

均为对称矩阵.

12.2.4 方阵的幂

定义 12.10 对于方阵 $\boldsymbol{A}$ 及自然数 k,

$$\boldsymbol{A}^k=\underbrace{\boldsymbol{AA}\cdots\boldsymbol{A}}_{k\text{个}}$$

称为**方阵 $\boldsymbol{A}$ 的 k 次幂**.

约定 $\boldsymbol{A}$ 的零次幂 $\boldsymbol{A}^0=\boldsymbol{I}$.

方阵的幂具有下列性质.

(1)$\boldsymbol{A}^k\boldsymbol{A}^l=\boldsymbol{A}^{k+l}$;

(2)$(\boldsymbol{A}^k)^l=\boldsymbol{A}^{kl}$.

12.3 初等矩阵与矩阵的初等变换

定义 12.11 对矩阵施以下列 3 种变换,称为矩阵的初等变换.

(1)交换矩阵的两行(列)；

(2)以一个非零数 k 乘矩阵的某行(列)；

(3)把矩阵的某一行(列)的 k 倍加于另一行(列)上.

定义 12.12 对单位矩阵 $\boldsymbol{I}$ 施以一次初等变换得到的矩阵，称为**初等矩阵**.

初等矩阵有下列 3 种.

(1)交换 $\boldsymbol{I}$ 的第 i 行与第 l 行(第 i 列与第 l 列)，

$$\boldsymbol{I}(il)=\begin{bmatrix}1 & & & & & & \\ & \ddots & & & & & \\ & & 0 & & 1 & & \\ & & & \ddots & & & \\ & & 1 & & 0 & & \\ & & & & & \ddots & \\ & & & & & & 1\end{bmatrix}\begin{matrix} \\ \\ i\text{行} \\ \\ l\text{行} \\ \\ \\ \end{matrix}$$

$$\qquad\qquad i\text{列}\qquad l\text{列}$$

(2)以 $k\neq 0$ 乘 $\boldsymbol{I}$ 的第 i 行(第 i 列)，

$$\boldsymbol{I}(i(k))=\begin{bmatrix}1 & & & & \\ & \ddots & & & \\ & & k & & \\ & & & \ddots & \\ & & & & 1\end{bmatrix}i\text{行}.$$

$$i\text{列}$$

(3)将 $\boldsymbol{I}$ 的第 l 行的 k 倍加于第 i 行(第 i 列的 k 倍加于第 l 列)，

$$\boldsymbol{I}(il(k))=\begin{bmatrix}1 & & & & & \\ & \ddots & & & & \\ & & 1 & & k & \\ & & & \ddots & & \\ & & & & 1 & \\ & & & & & \ddots & \\ & & & & & & 1\end{bmatrix}\begin{matrix} \\ \\ i\text{行} \\ \\ l\text{行} \\ \\ \\ \end{matrix}$$

$$\qquad i\text{列}\qquad l\text{列}$$

定理 12.1 (1)对 $m\times n$ 矩阵 $\boldsymbol{A}$ 的行施以某种初等变换(称为施行初等行变换)得到的矩阵等于用同种 m 阶初等矩阵左乘 $\boldsymbol{A}$.

(2)对 $m\times n$ 矩阵 $\boldsymbol{A}$ 的列施以某种初等变换(称为施行初等列变换)得到的矩阵等于用同种 n 阶初等矩阵右乘 $\boldsymbol{A}$.

证明

$$
\boldsymbol{I}(il)\boldsymbol{A} = \begin{pmatrix} 1 & & & & & & \\ & \ddots & & & & & \\ & & 0 & & 1 & & \\ & & & \ddots & & & \\ & & 1 & & 0 & & \\ & & & & & \ddots & \\ & & & & & & 1 \end{pmatrix} \begin{pmatrix} a_{11} & a_{12} & \cdots & a_{1n} \\ \vdots & \vdots & & \vdots \\ a_{i1} & a_{i2} & \cdots & a_{in} \\ \vdots & \vdots & & \vdots \\ a_{l1} & a_{l2} & \cdots & a_{ln} \\ \vdots & \vdots & & \vdots \\ a_{m1} & a_{m2} & \cdots & a_{mn} \end{pmatrix} \begin{matrix} \\ \\ (i) \\ \\ (l) \\ \\ \\ \end{matrix}
$$

$$
\begin{matrix} \quad & \quad & (i) & \quad & (l) \end{matrix}
$$

$$
= \begin{pmatrix} a_{11} & a_{12} & \cdots & a_{1n} \\ \vdots & \vdots & & \vdots \\ a_{l1} & a_{l2} & \cdots & a_{ln} \\ \vdots & \vdots & & \vdots \\ a_{i1} & a_{i2} & \cdots & a_{in} \\ \vdots & \vdots & & \vdots \\ a_{m1} & a_{m2} & \cdots & a_{mn} \end{pmatrix} \begin{matrix} \\ \\ (i) \\ \\ (l) \\ \\ \\ \end{matrix},
$$

交换了 $\boldsymbol{A}$ 的第 i 行与第 l 行.

$$
\boldsymbol{I}(i(k))\boldsymbol{A} = \begin{pmatrix} 1 & & & & \\ & \ddots & & & \\ & & k & & \\ & & & \ddots & \\ & & & & 1 \end{pmatrix} \begin{pmatrix} a_{11} & a_{12} & \cdots & a_{1n} \\ \vdots & \vdots & & \vdots \\ a_{i1} & a_{i2} & \cdots & a_{in} \\ \vdots & \vdots & & \vdots \\ a_{m1} & a_{m2} & \cdots & a_{mn} \end{pmatrix} \begin{matrix} \\ \\ (i) \\ \\ \\ \end{matrix}
$$

$$
\begin{matrix} \quad & \quad & (i) \end{matrix}
$$

$$
= \begin{pmatrix} a_{11} & a_{12} & \cdots & a_{1n} \\ \vdots & \vdots & & \vdots \\ ka_{i1} & ka_{i2} & \cdots & ka_{in} \\ \vdots & \vdots & & \vdots \\ a_{m1} & a_{m2} & \cdots & a_{mn} \end{pmatrix} \begin{matrix} \\ \\ (i) \\ \\ \\ \end{matrix},
$$

$\boldsymbol{A}$ 的第 i 行乘以 k.

$$
\boldsymbol{I}(il(k))\boldsymbol{A}=\begin{pmatrix}1&&&&&&\\&\ddots&&&&&\\&&1&&k&&\\&&&\ddots&&&\\&&&&1&&\\&&&&&\ddots&\\&&&&&&1\end{pmatrix}\begin{pmatrix}a_{11}&a_{12}&\cdots&a_{1n}\\\vdots&\vdots&&\vdots\\a_{i1}&a_{i2}&\cdots&a_{in}\\\vdots&\vdots&&\vdots\\a_{l1}&a_{l2}&\cdots&a_{ln}\\\vdots&\vdots&&\vdots\\a_{m1}&a_{m2}&\cdots&a_{mn}\end{pmatrix}\begin{matrix}\\\\(i)\\\\(l)\\\\\\\end{matrix}
$$

$$
\begin{matrix}(i)&(l)\end{matrix}
$$

$$
=\begin{pmatrix}a_{11}&a_{12}&\cdots&a_{1n}\\\vdots&\vdots&&\vdots\\a_{i1}+ka_{l1}&a_{i2}+ka_{l2}&\cdots&a_{in}+ka_{ln}\\\vdots&\vdots&&\vdots\\a_{m1}&a_{m2}&&a_{mn}\end{pmatrix}(i),
$$

$\boldsymbol{A}$ 的第 l 行的 k 倍加于第 i 行.

同样可以验证对列施以初等变换的情形.

初等变换是一种非常重要的工具,在以后章节中经常用到.

12.4 矩阵的秩

定义 12.13 设 $\boldsymbol{A}=(a_{ij})$是 $m\times n$ 矩阵,从 $\boldsymbol{A}$ 中任取 k 行 k 列($k\leqslant\min(m,n)$即 m,n 中小者),位于这些行列的相交处元素,保持它们原来的相对位置所构成的 k 阶行列式,称为矩阵 $\boldsymbol{A}$ 的一个 k 阶子式.

例如

$$
\boldsymbol{A}=\begin{pmatrix}1&3&4&5\\-1&0&2&3\\0&1&-1&0\end{pmatrix}.
$$

取第一、三行,第二、四列,所构成的子式为

$$
\begin{vmatrix}3&5\\1&0\end{vmatrix}=-5
$$

取第一、二、三行,第一、三、四列,构成的子式为

$$\begin{vmatrix} 1 & 4 & 5 \\ -1 & 2 & 3 \\ 0 & -1 & 0 \end{vmatrix}=8.$$

设 $\boldsymbol{A}$ 为一个 $m\times n$ 矩阵，当 $\boldsymbol{A}=\boldsymbol{O}$ 时，它的任何子式均为零. 当 $\boldsymbol{A}\neq\boldsymbol{O}$ 时，它至少有一个元素不为零，因而至少有一个一阶子式不为零，这时再考察二阶子式，如果 $\boldsymbol{A}$ 中有二阶子式不为零，往下考察三阶子式，依此类推，最后必可得到 $\boldsymbol{A}$ 中有 r 阶子式不为零，而再也没有比 r 更高阶的不为零的子式. 这个不为零的子式的最高阶数 r，反映了矩阵 $\boldsymbol{A}$ 的重要特性，在矩阵的理论与应用中都有重要意义.

定义 12.14 设 $\boldsymbol{A}$ 为 $m\times n$ 矩阵，$\boldsymbol{A}$ 中不为零的子式的最高阶数 r 称为矩阵的秩，记作秩$(\boldsymbol{A})=r$ 或 $\mathrm{r}(\boldsymbol{A})=r$. 当 $\boldsymbol{A}=\boldsymbol{O}$ 时，规定$\mathrm{r}(\boldsymbol{A})=0$.

显然 $0\leqslant\mathrm{r}(\boldsymbol{A})\leqslant\min(m,n)$.

当 $\mathrm{r}(\boldsymbol{A})=\min(m,n)$时，称 $\boldsymbol{A}$ 为满秩矩阵.

例如

$$\boldsymbol{A}=\begin{bmatrix} 1 & 2 & 3 & 0 \\ 0 & 1 & 2 & 1 \\ 2 & 4 & 6 & 0 \end{bmatrix},\quad \boldsymbol{B}=\begin{bmatrix} 1 & 2 & 3 & 0 \\ 0 & 1 & 0 & 1 \\ 0 & 0 & 1 & 0 \end{bmatrix}.$$

$\boldsymbol{A}$ 中有 $\begin{vmatrix} 1 & 2 \\ 0 & 1 \end{vmatrix}\neq 0$，任何三阶子式均为零. 所以 $\mathrm{r}(\boldsymbol{A})=2$.

$\boldsymbol{B}$ 中有 $\begin{vmatrix} 1 & 2 & 3 \\ 0 & 1 & 0 \\ 0 & 0 & 1 \end{vmatrix}=1\neq 0$，所以 $\mathrm{r}(\boldsymbol{B})=3$，$\boldsymbol{B}$ 为满秩矩阵.

矩阵 $\boldsymbol{A}$ 的子式的转置行列式是转置矩阵 $\boldsymbol{A}^{\mathrm{T}}$ 的子式，因此 $\mathrm{r}(\boldsymbol{A})=\mathrm{r}(\boldsymbol{A}^{\mathrm{T}})$.

用定义求行数与列数都很大的矩阵的秩是不方便的，下面介绍用初等变换求矩阵的秩.

定理 12.2 矩阵经初等变换后，其秩不变.

证明 仅考虑经一次初等行变换的情形.

设 $\boldsymbol{A}_{m\times n}$经初等行变换变为 $\boldsymbol{B}_{m\times n}$，$\mathrm{r}(\boldsymbol{A})=r_1$，$\mathrm{r}(\boldsymbol{B})=r_2$.

(1)当对 $\boldsymbol{A}$ 互换两行变为 $\boldsymbol{B}$，则 $\boldsymbol{B}$ 的任何 r_1+1 阶子式或为 $\boldsymbol{A}$ 的

r_1+1 阶子式,或为交换 $\boldsymbol{A}$ 的某 r_1+1 阶子式的两行而得. 由于 $\boldsymbol{A}$ 的 r_1+1 阶子式均为零,所以 $\boldsymbol{B}$ 的 r_1+1 阶子式均为零,$\mathrm{r}(\boldsymbol{B})=r_2\leqslant r_1$. 同样可对 $\boldsymbol{B}$ 交换两行变为 $\boldsymbol{A}$,因而 $\mathrm{r}(\boldsymbol{A})=r_1\leqslant r_2$,所以 $\mathrm{r}(\boldsymbol{A})=\mathrm{r}(\boldsymbol{B})$.

(2)当对 $\boldsymbol{A}$ 的第 i 行乘以非零数 c 变为 $\boldsymbol{B}$,则 $\boldsymbol{B}$ 中含第 i 行的 r_1+1阶子式可由 $\boldsymbol{A}$ 的某 r_1+1 阶子式的某行乘以 c 而得,$\boldsymbol{B}$ 中不含第 i 行的 r_1+1 阶子式也是 $\boldsymbol{A}$ 中某 r_1+1 阶子式. 所以 $\boldsymbol{B}$ 的 r_1+1 阶子式均为零,因而 $\mathrm{r}(\boldsymbol{B})=r_2\leqslant r_1$. 同样对 $\boldsymbol{B}$ 的第 i 行乘以 $\frac{1}{c}$ 可变为 $\boldsymbol{A}$,因而 $\mathrm{r}(\boldsymbol{A})=r_1\leqslant r_2$. 所以 $\mathrm{r}(\boldsymbol{A})=\mathrm{r}(\boldsymbol{B})$.

(3)当对 $\boldsymbol{A}$ 的第 i 行乘以 k 后加于第 j 行变为 $\boldsymbol{B}$,则 $\boldsymbol{B}$ 中不含第 j 行的 r_1+1 阶子式也是 A 的某 r_1+1 阶子式,因而等于零;$\boldsymbol{B}$ 中含第 i,j 行的 r_1+1 阶子式可由 $\boldsymbol{A}$ 中某 r_1+1 阶子式的某行乘以 k 加于另一行所得,因而等于零;$\boldsymbol{B}$ 中含第 j 行而不含第 i 行的 r_1+1 阶子式 $|\boldsymbol{B}_1|=|\boldsymbol{A}_1|+k|\boldsymbol{A}_2|$,其中 $|\boldsymbol{A}_1|$,$|\boldsymbol{A}_2|$ 是 $\boldsymbol{A}$ 的 r_1+1 阶子式,因而等于零. 所以 $\boldsymbol{B}$ 中 r_1+1 阶子式均为零,于是 $\mathrm{r}(\boldsymbol{B})=r_2\leqslant r_1$,同样将 $\boldsymbol{B}$ 中第 i 行乘以 $-k$ 加于第 j 行可变为 $\boldsymbol{A}$,因而 $\mathrm{r}(\boldsymbol{A})=r_1\leqslant r_2$,所以 $\mathrm{r}(\boldsymbol{A})=\mathrm{r}(\boldsymbol{B})$.

显然上述结论对初等列变换也成立.

例 1 求矩阵 $\boldsymbol{A}=\begin{pmatrix}1 & 0 & 0 & 1\\ 1 & 2 & 0 & -1\\ 3 & -1 & 0 & 4\\ 1 & 4 & 5 & 1\end{pmatrix}$ 的秩.

解 $\boldsymbol{A}=\begin{pmatrix}1 & 0 & 0 & 1\\ 1 & 2 & 0 & -1\\ 3 & -1 & 0 & 4\\ 1 & 4 & 5 & 1\end{pmatrix}$ $\times(-1)$ $\times(-3)$ $\times(-1)$

$$\rightarrow\begin{pmatrix}1 & 0 & 0 & 1\\ 0 & 2 & 0 & -2\\ 0 & -1 & 0 & 1\\ 0 & 4 & 5 & 0\end{pmatrix}\times\frac{1}{2}$$

$$\rightarrow\begin{pmatrix}1&0&0&1\\0&1&0&-1\\0&-1&0&1\\0&4&5&0\end{pmatrix}\begin{matrix}\times(1)\quad\times(-4)\end{matrix}$$

$$\rightarrow\begin{pmatrix}1&0&0&1\\0&1&0&-1\\0&0&0&0\\0&0&5&4\end{pmatrix}\rightarrow\begin{pmatrix}1&0&0&1\\0&1&0&-1\\0&0&5&4\\0&0&0&0\end{pmatrix}\times\frac{1}{5}$$

$$\rightarrow\begin{pmatrix}1&0&0&1\\0&1&0&-1\\0&0&1&4\\0&0&0&0\end{pmatrix}\rightarrow\begin{pmatrix}1&0&0&0\\0&1&0&0\\0&0&1&0\\0&0&0&0\end{pmatrix}$$

$\times(-4)$ $\times(1)$ $\times(-1)$

最后的矩阵的秩等于 3,由于初等变换不改变矩阵的秩,所以$r(\boldsymbol{A})=3$.

可将上例最后矩阵分成四块(称为子块),令

$$\boldsymbol{I}_3=\begin{pmatrix}1&0&0\\0&1&0\\0&0&1\end{pmatrix},\quad \boldsymbol{O}_{1\times3}=(0\quad0\quad0),\quad \boldsymbol{O}_{3\times1}=\begin{pmatrix}0\\0\\0\end{pmatrix},\quad \boldsymbol{O}_{1\times1}=(0),$$

$$\left(\begin{array}{ccc:c}1&0&0&0\\0&1&0&0\\0&0&1&0\\ \hdashline 0&0&0&0\end{array}\right)=\begin{pmatrix}\boldsymbol{I}_2&\boldsymbol{O}_{1\times3}\\\boldsymbol{O}_{3\times1}&\boldsymbol{O}_{1\times1}\end{pmatrix}.$$

像这样将一个矩阵分成若干块(称为子块),并以所分子块为元素构成的矩阵称为**分块矩阵**.

一般地可用初等变换将矩阵$\boldsymbol{A}_{m\times n}$化为分块矩阵

$$\begin{pmatrix} \boldsymbol{I}_r & \boldsymbol{O}_{r\times(n-r)} \\ \boldsymbol{O}_{(m-r)\times r} & \boldsymbol{O}_{(m-r)\times(n-r)} \end{pmatrix},$$

其秩为 r.

有时尚未化为上述分块矩阵形式，就可以看出所得矩阵的秩，则变换步骤可以停止，例如上例中

$$\boldsymbol{A}\to\begin{pmatrix} 1 & 0 & 0 & 1 \\ 0 & 2 & 0 & -2 \\ 0 & -1 & 0 & 1 \\ 0 & 4 & 5 & 0 \end{pmatrix}\to\begin{pmatrix} 1 & 0 & 0 & 1 \\ 0 & 2 & 0 & -2 \\ 0 & 0 & 0 & 0 \\ 0 & 4 & 5 & 0 \end{pmatrix}.$$

最后矩阵有子式 $\begin{vmatrix} 1 & 0 & 0 \\ 0 & 2 & 0 \\ 0 & 4 & 5 \end{vmatrix}=10\neq 0$，4 阶子式等于零，因而秩等于 3.

例 2 求矩阵 $\boldsymbol{A}=\begin{pmatrix} 1 & -1 & 1 & 2 \\ 2 & 3 & 3 & 2 \\ 1 & 1 & 2 & 1 \end{pmatrix}$ 的秩.

解 $\boldsymbol{A}=\begin{pmatrix} 1 & -1 & 1 & 2 \\ 2 & 3 & 3 & 2 \\ 1 & 1 & 2 & 1 \end{pmatrix}\begin{matrix} \times(-2)\times(-1) \\ \\ \\ \end{matrix}$

$$\to\begin{pmatrix} 1 & -1 & 1 & 2 \\ 0 & 5 & 1 & -2 \\ 0 & 2 & 1 & -1 \end{pmatrix}\times(-1)$$

$$\to\begin{pmatrix} 1 & -1 & 1 & 2 \\ 0 & 5 & 1 & -2 \\ 0 & -3 & 0 & 1 \end{pmatrix}.$$

最后矩阵有三阶子式 $\begin{vmatrix} 1 & 1 & 2 \\ 0 & 1 & -2 \\ 0 & 0 & 1 \end{vmatrix}=1\neq 0$，因而 $\mathrm{r}(\boldsymbol{A})=3$.

例 3 求矩阵 $\boldsymbol{A}=\begin{pmatrix} 1 & 3 & -1 & -2 \\ 2 & -1 & 2 & 3 \\ 3 & 2 & 1 & 1 \\ 1 & -4 & 3 & 5 \end{pmatrix}$ 的秩

解 $$A=\begin{pmatrix}1&3&-1&-2\\2&-1&2&3\\3&2&1&1\\1&-4&3&5\end{pmatrix}\begin{matrix}\times(-2)\times(-3)\times(-1)\\ \leftarrow \quad\quad \\ \leftarrow \quad\quad \\ \leftarrow \quad\quad\end{matrix}$$

$$\rightarrow\begin{pmatrix}1&3&-1&-2\\0&-7&4&7\\0&-7&4&7\\0&-7&4&7\end{pmatrix}$$

最后矩阵有二阶子式$\begin{vmatrix}1&3\\0&-7\end{vmatrix}=-7\neq0$,任何三阶子式均有两行相同,因而为零. 所以 $\mathrm{r}(\boldsymbol{A})=2$.

12.5 逆矩阵

12.5.1 逆矩阵的定义与性质

定义 12.15 对于 n 阶矩阵 $\boldsymbol{A}$,如果存在 n 阶矩阵 $\boldsymbol{B}$,满足

$$\boldsymbol{AB}=\boldsymbol{BA}=\boldsymbol{I},$$

那么矩阵 $\boldsymbol{A}$ 称为**可逆矩阵**,$\boldsymbol{B}$ 为 $\boldsymbol{A}$ 的**逆矩阵**.

如果 $\boldsymbol{A}$ 可逆,$\boldsymbol{A}$ 的逆矩阵是唯一的,因为如果 $\boldsymbol{B}$ 与 $\boldsymbol{B}_1$ 都是 $\boldsymbol{A}$ 的逆矩阵,则有

$$\boldsymbol{AB}=\boldsymbol{BA}=\boldsymbol{I},\boldsymbol{AB}_1=\boldsymbol{B}_1\boldsymbol{A}=\boldsymbol{I}.$$

于是

$$\boldsymbol{B}=\boldsymbol{BI}=\boldsymbol{B}(\boldsymbol{AB}_1)=(\boldsymbol{BA})\boldsymbol{B}_1=\boldsymbol{IB}_1=\boldsymbol{B}_1.$$

所以逆矩阵是唯一的,我们把 $\boldsymbol{A}$ 的逆矩阵记作 $\boldsymbol{A}^{-1}$.

定义 12.16 若 n 阶矩阵 $\boldsymbol{A}$ 的行列式 $|\boldsymbol{A}|\neq0$,则称 $\boldsymbol{A}$ 为**非奇异的**.

定理 12.3 n 阶矩阵 $\boldsymbol{A}=(a_{ij})$为可逆的充分必要条件是 $\boldsymbol{A}$ 为非奇异的. 而且

$$\boldsymbol{A}^{-1}=\frac{1}{|A|}\begin{pmatrix}A_{11}&A_{21}&\cdots&A_{n1}\\A_{12}&A_{22}&\cdots&A_{n2}\\\vdots&\vdots&&\vdots\\A_{1n}&A_{2n}&\cdots&A_{nn}\end{pmatrix},$$

其中 A_{ij}是$|\boldsymbol{A}|$中元素 a_{ij}的代数余子式.

证明 必要性:

设 $\boldsymbol{A}$ 为可逆的,由 $\boldsymbol{A}\boldsymbol{A}^{-1}=\boldsymbol{I}$,有

$$|\boldsymbol{A}||\boldsymbol{A}^{-1}|=|\boldsymbol{A}\boldsymbol{A}^{-1}|=|\boldsymbol{I}|=1,$$

所以$|\boldsymbol{A}|\neq 0$,即 $\boldsymbol{A}$ 为非奇异的.

充分性:

设 $\boldsymbol{A}$ 为非奇异的,则$|\boldsymbol{A}|\neq 0$,令

$$\boldsymbol{B}=\frac{1}{|\boldsymbol{A}|}\begin{pmatrix} A_{11} & A_{21} & \cdots & A_{n1} \\ A_{12} & A_{22} & \cdots & A_{n2} \\ \vdots & \vdots & & \vdots \\ A_{1n} & A_{2n} & \cdots & A_{nn} \end{pmatrix},$$

$$\boldsymbol{AB}=\begin{pmatrix} a_{11} & a_{12} & \cdots & a_{1n} \\ a_{21} & a_{22} & \cdots & a_{2n} \\ a_{n1} & a_{n2} & \cdots & a_{nn} \end{pmatrix}\times\frac{1}{|\boldsymbol{A}|}\begin{pmatrix} A_{11} & A_{21} & \cdots & A_{n1} \\ A_{12} & A_{22} & \cdots & A_{n2} \\ A_{1n} & A_{2n} & \cdots & A_{nn} \end{pmatrix}$$

$$=\frac{1}{|\boldsymbol{A}|}\begin{pmatrix} |\boldsymbol{A}| & 0 & \cdots & 0 \\ 0 & |\boldsymbol{A}| & \cdots & 0 \\ \vdots & \vdots & & \vdots \\ 0 & 0 & \cdots & |\boldsymbol{A}| \end{pmatrix}=\begin{pmatrix} 1 & 0 & \cdots & 0 \\ 0 & 1 & \cdots & 0 \\ \vdots & \vdots & & \vdots \\ 0 & 0 & \cdots & 1 \end{pmatrix}=\boldsymbol{I}.$$

同理可证 $\boldsymbol{BA}=\boldsymbol{I}$,因此 $\boldsymbol{A}$ 为可逆的,而且

$$\boldsymbol{A}^{-1}=\frac{1}{|\boldsymbol{A}|}\begin{pmatrix} A_{11} & A_{21} & \cdots & A_{n1} \\ A_{12} & A_{22} & \cdots & A_{n2} \\ \vdots & \vdots & & \vdots \\ A_{1n} & A_{2n} & \cdots & A_{nn} \end{pmatrix}$$

称矩阵

$$\begin{pmatrix} A_{11} & A_{21} & \cdots & A_{n1} \\ A_{12} & A_{22} & \cdots & A_{n2} \\ \vdots & \vdots & & \vdots \\ A_{1n} & A_{2n} & \cdots & A_{nn} \end{pmatrix}$$

为 $\boldsymbol{A}$ 的伴随矩阵,记作 $\boldsymbol{A}^*$,于是 $\boldsymbol{A}^{-1}=\frac{1}{|\boldsymbol{A}|}\boldsymbol{A}^*$.

例 1 求矩阵 $A=\begin{pmatrix} 1 & 0 & 1 \\ 2 & 1 & 0 \\ -3 & 2 & 5 \end{pmatrix}$ 的逆矩阵.

解

$$|A|=\begin{vmatrix} 1 & 0 & 1 \\ 2 & 1 & 0 \\ -3 & 2 & -5 \end{vmatrix}=2\neq 0,$$

所以 A 可逆.

$$A_{11}=\begin{vmatrix} 1 & 0 \\ 2 & -5 \end{vmatrix}=-5,$$

$$A_{12}=-\begin{vmatrix} 2 & 0 \\ -3 & -5 \end{vmatrix}=10,$$

$$A_{13}=\begin{vmatrix} 2 & 1 \\ -3 & 2 \end{vmatrix}=7,$$

$$A_{21}=-\begin{vmatrix} 0 & 1 \\ 2 & -5 \end{vmatrix}=2,$$

$$A_{22}=\begin{vmatrix} 1 & 1 \\ -3 & -5 \end{vmatrix}=-2,$$

$$A_{23}=-\begin{vmatrix} 1 & 0 \\ -3 & 2 \end{vmatrix}=-2,$$

$$A_{31}=\begin{vmatrix} 0 & 1 \\ 1 & 0 \end{vmatrix}=-1,$$

$$A_{32}=-\begin{vmatrix} 1 & 1 \\ 2 & 0 \end{vmatrix}=2,$$

$$A_{33}=\begin{vmatrix} 1 & 0 \\ 2 & 1 \end{vmatrix}=1.$$

于是

$$A^{-1}=\frac{1}{|A|}A^{*}=\frac{1}{2}\begin{pmatrix} -5 & 2 & -1 \\ 10 & -2 & 2 \\ 7 & -2 & 1 \end{pmatrix}$$

$$=\begin{pmatrix}-\frac{5}{2} & 1 & -\frac{1}{2}\\ 5 & -1 & 1\\ \frac{7}{2} & -1 & \frac{1}{2}\end{pmatrix}.$$

例 2 $\boldsymbol{A}=\begin{pmatrix}a_1 & 0 & \cdots & 0\\ 0 & a_2 & \cdots & 0\\ \vdots & \vdots & & \vdots\\ 0 & 0 & \cdots & a_n\end{pmatrix}$，其中 $a_i\neq 0(i=1,2,\cdots,n)$.

验证

$$\boldsymbol{A}^{-1}=\begin{pmatrix}\frac{1}{a_1} & 0 & \cdots & 0\\ 0 & \frac{1}{a_2} & \cdots & 0\\ \vdots & \vdots & & \vdots\\ 0 & 0 & \cdots & \frac{1}{a_n}\end{pmatrix}.$$

证明

$$\begin{pmatrix}a_1 & 0 & \cdots & 0\\ 0 & a_2 & \cdots & 0\\ \vdots & \vdots & & \vdots\\ 0 & 0 & \cdots & a_n\end{pmatrix}\begin{pmatrix}\frac{1}{a_1} & 0 & \cdots & 0\\ 0 & \frac{1}{a_2} & \cdots & 0\\ \vdots & \vdots & & \vdots\\ 0 & 0 & \cdots & \frac{1}{a_n}\end{pmatrix}=\begin{pmatrix}1 & 0 & \cdots & 0\\ 0 & 1 & \cdots & 0\\ \vdots & \vdots & & \vdots\\ 0 & 0 & \cdots & 1\end{pmatrix},$$

$$\begin{pmatrix}\frac{1}{a_1} & 0 & \cdots & 0\\ 0 & \frac{1}{a_2} & \cdots & 0\\ \vdots & \vdots & & \vdots\\ 0 & 0 & \cdots & \frac{1}{a_n}\end{pmatrix}\begin{pmatrix}a_1 & 0 & \cdots & 0\\ 0 & a_2 & \cdots & 0\\ \vdots & \vdots & & \vdots\\ 0 & 0 & \cdots & a_n\end{pmatrix}=\begin{pmatrix}1 & 0 & \cdots & 0\\ 0 & 1 & \cdots & 0\\ \vdots & \vdots & & \vdots\\ 0 & 0 & \cdots & 1\end{pmatrix},$$

所以

$$A^{-1}=\begin{pmatrix} \frac{1}{a_1} & 0 & \cdots & 0 \\ 0 & \frac{1}{a_2} & \cdots & 0 \\ \vdots & \vdots & & \vdots \\ 0 & 0 & \cdots & \frac{1}{a_n} \end{pmatrix}.$$

逆矩阵有以下性质：

性质 12.1 可逆矩阵 A 的逆矩阵 A^{-1} 是可逆矩阵，且 $(A^{-1})^{-1}=A$.

由可逆矩阵的定义，显然可见，A 与 A^{-1} 是互逆的.

性质 12.2 两个可逆矩阵 A,B 的乘积 AB 是可逆矩阵，且 $(AB)^{-1}=B^{-1}A^{-1}$.

证明 $(AB)(B^{-1}A^{-1})=A(BB^{-1})A^{-1}=AIA^{-1}=AA^{-1}=I$,

$(B^{-1}A^{-1})(AB)=B^{-1}(A^{-1}A)B=B^{-1}IB=B^{-1}B=I.$

由可逆矩阵定义知 AB 可逆，且 $(AB)^{-1}=B^{-1}A^{-1}$.

性质 12.3 可逆矩阵 A 的转置矩阵 A^{T} 是可逆矩阵，且 $(A^{\mathrm{T}})^{-1}=(A^{-1})^{\mathrm{T}}$.

证明 $A^{\mathrm{T}}(A^{-1})^{\mathrm{T}}=(A^{-1}A)^{\mathrm{T}}=I^{\mathrm{T}}=I$,

$(A^{-1})^{\mathrm{T}}A^{\mathrm{T}}=(AA^{-1})^{\mathrm{T}}=I^{\mathrm{T}}=I$,

所以 A^{T} 可逆，且 $(A^{\mathrm{T}})^{-1}=(A^{-1})^{\mathrm{T}}$.

12.5.2 用初等变换求逆矩阵

定理 12.4 任意一个 n 阶非奇异矩阵 A，可以经过若干次初等行变换化为单位矩阵 I.

证明 A 是非奇异的，其第一列元素必有非零元 a_{i1}，假如不然，第一列元素均为零，则行列式 $|A|=0$，与 A 是非奇异的矛盾.

如果非零元 a_{i1} 不在第一行 $(i\neq 1)$，互换第 i 行与第一行，可将非零元 a_{i1} 换到第一行. 因此不妨设 $a_{11}\neq 0$，先以 $\frac{1}{a_{11}}$ 乘第一行，然后分别以 $-a_{i1}(i\neq 1)$ 乘第一行加于第 i 行，可将 A 化为

$$
\boldsymbol{B}=\begin{pmatrix}
1 & b_{12} & \cdots & b_{1n} \\
0 & b_{22} & \cdots & b_{2n} \\
\vdots & \vdots & & \vdots \\
0 & b_{n2} & \cdots & b_{nn}
\end{pmatrix}.
$$

$\boldsymbol{B}$ 的第二列除 b_{12} 外，必有非零元 b_{i2}，假如不然，第二列除 b_{12} 外，元素均为零，将 $|\boldsymbol{B}|$ 按第一列展开，则

$$
|\boldsymbol{B}|=\begin{vmatrix}
1 & b_{12} & \cdots & b_{1n} \\
0 & 0 & \cdots & b_{2n} \\
\vdots & \vdots & & \vdots \\
0 & 0 & \cdots & b_{2n}
\end{vmatrix}=1\times\begin{vmatrix}
0 & b_{23} & \cdots & b_{2n} \\
0 & b_{33} & \cdots & b_{3n} \\
\vdots & \vdots & & \vdots \\
0 & b_{n3} & \cdots & b_{nn}
\end{vmatrix}=0.
$$

于是 $\mathrm{r}(\boldsymbol{A})=\mathrm{r}(\boldsymbol{B})<n$，因而 $|\boldsymbol{A}|=0$，与 $\boldsymbol{A}$ 是非奇异的矛盾.

如果非零元 b_{i2} 不在第二行，互换第二行与第 i 行，将 b_{i2} 换到第二行，因此不妨设 $b_{22}\neq 0$. 先以 $\dfrac{1}{b_{22}}$ 乘第二行，然后分别以 $-b_{i2}\ (i\neq 2)$ 乘第二行加于第 i 行，可将 $\boldsymbol{B}$ 化为

$$
\boldsymbol{C}=\begin{pmatrix}
1 & 0 & c_{13} & \cdots & c_{1n} \\
0 & 1 & c_{23} & \cdots & c_{2n} \\
0 & 0 & c_{33} & \cdots & c_{3n} \\
\vdots & \vdots & \vdots & & \vdots \\
0 & 0 & c_{n3} & \cdots & c_{nn}
\end{pmatrix}.
$$

$\boldsymbol{C}$ 的第三列除 c_{13}, c_{23} 外，必有非零元 c_{i3}，假如不然，则

$$
|\boldsymbol{C}|=\begin{vmatrix}
1 & 0 & c_{13} & \cdots & c_{1n} \\
0 & 1 & c_{23} & \cdots & c_{2n} \\
0 & 0 & 0 & \cdots & c_{3n} \\
\vdots & \vdots & \vdots & & \vdots \\
0 & 0 & 0 & \cdots & c_{nn}
\end{vmatrix}
$$

$$
=1\times\begin{vmatrix}
1 & c_{23} & c_{24} & c_{2n} \\
0 & 0 & c_{34} & c_{3n} \\
0 & 0 & c_{44} & c_{4n} \\
\vdots & \vdots & \vdots & \vdots \\
0 & 0 & c_{n4} & c_{nn}
\end{vmatrix}
$$

$$=1\times1\times\begin{vmatrix} 0 & c_{34} & \cdots & c_{3n} \\ 0 & c_{44} & \cdots & c_{4n} \\ \vdots & \vdots & & \vdots \\ 0 & c_{n4} & \cdots & c_{nn} \end{vmatrix}=0.$$

于是 $r(A)=r(B)=r(C)<n$，因而 $|A|=0$，与 A 是非奇异的矛盾.

如果非零元 c_{i3} 不在第三行，互换第三行与第 i 行，因此不妨设 $c_{33}\neq0$. 先以 $\dfrac{1}{c_{33}}$ 乘第三行，然后分别以 $-c_{i3}(i\neq3)$ 乘第三行加于第 i 行，可将 C 化为

$$D=\begin{bmatrix} 1 & 0 & 0 & d_{14} & \cdots & d_{1n} \\ 0 & 1 & 0 & d_{24} & \cdots & d_{2n} \\ 0 & 0 & 1 & d_{34} & \cdots & d_{3n} \\ \vdots & \vdots & \vdots & \vdots & & \vdots \\ 0 & 0 & 0 & d_{n4} & \cdots & d_{nn} \end{bmatrix}.$$

依此类推，最后可化为单位矩阵 I.

例 3　用初等行变换将矩阵

$$A=\begin{bmatrix} 1 & 2 & 1 & -1 & 1 \\ 1 & 2 & 2 & 0 & 1 \\ 2 & 2 & 0 & -2 & 2 \\ 3 & 4 & 0 & -2 & 3 \\ 1 & 0 & 1 & 1 & 2 \end{bmatrix}$$

化为单位矩阵.

解

$$A=\begin{bmatrix} 1 & 2 & 1 & -1 & 1 \\ 1 & 2 & 2 & 0 & 1 \\ 2 & 2 & 0 & -2 & 2 \\ 3 & 4 & 0 & -2 & 3 \\ 1 & 0 & 1 & 1 & 2 \end{bmatrix} \begin{array}{l} \times(-1) \quad \times(-2) \quad \times(-3)\times \quad (-1) \end{array}$$

$$\rightarrow\begin{pmatrix}1 & 2 & 1 & -1 & 1\\ 0 & 0 & 1 & 1 & 0\\ 0 & -2 & -2 & 0 & 0\\ 0 & -2 & -3 & 1 & 0\\ 0 & -2 & 0 & 2 & 1\end{pmatrix}$$

$$\rightarrow\begin{pmatrix}1 & 2 & 1 & -1 & 1\\ 0 & -2 & -2 & 0 & 0\\ 0 & 0 & 1 & 1 & 0\\ 0 & -2 & -3 & 1 & 0\\ 0 & -2 & 0 & 2 & 1\end{pmatrix}\begin{matrix} \\ \times(-\frac{1}{2}) \\ \\ \\ \\ \end{matrix}$$

$$\rightarrow\begin{pmatrix}1 & 2 & 1 & -1 & 1\\ 0 & 1 & 1 & 0 & 0\\ 0 & 0 & 1 & 1 & 0\\ 0 & -2 & -3 & 1 & 0\\ 0 & -2 & 0 & 2 & 1\end{pmatrix}\times(-2)\quad\times(2)\quad\times(2)$$

$$\rightarrow\begin{pmatrix}1 & 0 & -1 & -1 & 1\\ 0 & 1 & 1 & 0 & 0\\ 0 & 0 & 1 & 1 & 0\\ 0 & 0 & -1 & 1 & 0\\ 0 & 0 & 2 & 2 & 1\end{pmatrix}\times(-1)\quad\times(1)\quad\times(1)\quad\times(-2)$$

$$\rightarrow\begin{pmatrix}1 & 0 & 0 & 0 & 1\\ 0 & 1 & 0 & -1 & 0\\ 0 & 0 & 1 & 1 & 0\\ 0 & 0 & 0 & 2 & 0\\ 0 & 0 & 0 & 0 & 1\end{pmatrix}\begin{matrix} \\ \\ \\ \times\frac{1}{2} \\ \\ \end{matrix}$$

$$\rightarrow\begin{pmatrix}1 & 0 & 0 & 0 & 1\\ 0 & 1 & 0 & -1 & 0\\ 0 & 0 & 1 & 1 & 0\\ 0 & 0 & 0 & 1 & 0\\ 0 & 0 & 0 & 0 & 1\end{pmatrix}\times(-1)\quad\times(1)$$

$$\rightarrow\begin{pmatrix}1&0&0&0&1\\0&1&0&0&0\\0&0&1&0&0\\0&0&0&1&0\\0&0&0&0&1\end{pmatrix}\begin{matrix}\leftarrow\\ \\ \\ \\ \times(-1)\end{matrix}\rightarrow\begin{pmatrix}1&0&0&0&0\\0&1&0&0&0\\0&0&1&0&0\\0&0&0&1&0\\0&0&0&0&1\end{pmatrix}.$$

我们介绍一种利用初等行变换求逆矩阵的方法.

定理 12.5 设 $\boldsymbol{A}$ 为 n 阶可逆矩阵(非奇异矩阵),由 $\boldsymbol{A}$ 与 n 阶单位矩阵 $\boldsymbol{I}$ 组成一个 $n\times 2n$ 矩阵.

$$(\boldsymbol{A}\ \boldsymbol{I})=\begin{pmatrix}a_{11}&a_{12}&a_{1n}&1&0&\cdots&0\\a_{21}&a_{22}&a_{2n}&0&1&\cdots&0\\\vdots&\vdots&\vdots&\vdots&\vdots&&\vdots\\a_{n1}&a_{n2}&a_{nn}&0&0&\cdots&1\end{pmatrix}.$$

对矩阵$(\boldsymbol{A}\ \boldsymbol{I})$施行若干初等变换使它化为

$$(\boldsymbol{I}\ \boldsymbol{B})=\begin{pmatrix}1&0&\cdots&0&b_{11}&b_{12}&\cdots&b_{1n}\\0&1&\cdots&0&b_{21}&b_{22}&\cdots&b_{2n}\\\vdots&\vdots&&\vdots&\vdots&\vdots&&\vdots\\0&0&\cdots&1&b_{n1}&b_{n2}&\cdots&b_{nn}\end{pmatrix}$$

形式,则矩阵 $\boldsymbol{B}$ 就是 $\boldsymbol{A}$ 的逆矩阵 $\boldsymbol{A}^{-1}$.

证明 由定理 12.4 知可以经过若干次初等行变换将 $\boldsymbol{A}$ 化为单位矩阵 $\boldsymbol{I}$,设这些初等行变换依次是 $p_1,p_2,\cdots,p_m$,它们对应的初等矩阵是 $\boldsymbol{P}_1,\boldsymbol{P}_2,\cdots,\boldsymbol{P}_m$. 对矩阵$(\boldsymbol{A}\ \boldsymbol{I})$依次施行这些初等行变换 $p_1,p_2,\cdots,p_m$,可化为矩阵$(\boldsymbol{I}\ \boldsymbol{B})$形式.

由于对矩阵施行初等行变换 p_j 相当于用初等矩阵 P_j 去左乘,因此我们有

$$\boldsymbol{P}_m\cdots\boldsymbol{P}_2\boldsymbol{P}_1(\boldsymbol{A}\ \boldsymbol{I})=(\boldsymbol{I}\ \boldsymbol{B}),$$

即

$$\boldsymbol{P}_m\cdots\boldsymbol{P}_2\boldsymbol{P}_1\boldsymbol{A}=\boldsymbol{I},$$

$$\boldsymbol{B}=\boldsymbol{P}_m\cdots\boldsymbol{P}_2\boldsymbol{P}_1\boldsymbol{I}=\boldsymbol{P}_m\cdots\boldsymbol{P}_2\boldsymbol{P}_1.$$

于是 $\boldsymbol{BA}=\boldsymbol{I}$,因而

$$A^{-1}=IA^{-1}=BAA^{-1}=B.$$

例 4 用初等变换方法求例 1 中矩阵 A 的逆矩阵.

解 $A=\begin{pmatrix}1&0&1\\2&1&0\\-3&2&-5\end{pmatrix}$,

$$(A\ I)=\left(\begin{array}{ccc:ccc}1&0&1&1&0&0\\2&1&0&0&1&0\\-3&2&-5&0&0&1\end{array}\right)\begin{array}{l}\times(-2)\quad\times(3)\\ \\ \\ \end{array}$$

$$\to\left(\begin{array}{ccc:ccc}1&0&1&1&0&0\\0&1&-2&-2&1&0\\0&2&-2&3&0&1\end{array}\right)\times(-2)$$

$$\to\left(\begin{array}{ccc:ccc}1&0&1&1&0&0\\0&1&-2&-2&1&0\\0&0&2&7&-2&1\end{array}\right)\times\frac{1}{2}$$

$$\to\left(\begin{array}{ccc:ccc}1&0&1&1&0&0\\0&1&-2&-2&1&0\\0&0&1&\frac{7}{2}&-1&\frac{1}{2}\end{array}\right)\times(2)\quad\times(-1)$$

$$\to\left(\begin{array}{ccc:ccc}1&0&0&-\frac{5}{2}&1&-\frac{1}{2}\\0&1&0&5&-1&1\\0&0&1&\frac{7}{2}&-1&\frac{1}{2}\end{array}\right).$$

于是

$$A^{-1}=\begin{pmatrix}-\frac{5}{2}&1&-\frac{1}{2}\\5&-1&1\\\frac{7}{2}&-1&\frac{1}{2}\end{pmatrix}.$$

例 5 求例 3 中矩阵 A 的逆矩阵.

解
$$A=\begin{pmatrix}1&2&1&-1&1\\1&2&2&0&1\\2&2&0&-2&2\\3&4&0&-2&3\\1&0&1&1&2\end{pmatrix}.$$
参照例 3 的初等行变换步骤.

$$(A\ I)=\left(\begin{array}{ccccc:ccccc}1&2&1&-1&1&1&0&0&0&0\\1&2&2&0&1&0&1&0&0&0\\2&2&0&-2&2&0&0&1&0&0\\3&4&0&-2&3&0&0&0&1&0\\1&0&1&1&2&0&0&0&0&1\end{array}\right)$$

$$\to\left(\begin{array}{ccccc:ccccc}1&2&1&-1&1&1&0&0&0&0\\0&0&1&1&0&-1&1&0&0&0\\0&-2&-2&0&0&-2&0&1&0&0\\0&-2&-3&1&0&-3&0&0&1&0\\0&-2&0&2&1&-1&0&0&0&1\end{array}\right)$$

$$\to\left(\begin{array}{ccccc:ccccc}1&2&1&-1&1&1&0&0&0&0\\0&1&1&0&0&1&0&-\frac{1}{2}&0&0\\0&0&1&1&0&-1&1&0&0&0\\0&-2&-3&1&0&-3&0&0&1&0\\0&-2&0&2&1&-1&0&0&0&1\end{array}\right)$$

$$\to\left(\begin{array}{ccccc:ccccc}1&0&-1&-1&1&-1&0&1&0&0\\0&1&1&0&0&1&0&-\frac{1}{2}&0&0\\0&0&1&1&0&-1&1&0&0&0\\0&0&-1&1&0&-1&0&-1&1&0\\0&0&2&2&1&1&0&-1&0&1\end{array}\right)$$

$$
\rightarrow\left(\begin{array}{ccccc:ccccc}
1 & 0 & 0 & 0 & 1 & -2 & 1 & 1 & 0 & 0 \\
0 & 1 & 0 & -1 & 0 & 2 & -1 & -\frac{1}{2} & 0 & 0 \\
0 & 0 & 1 & 1 & 0 & -1 & 1 & 0 & 0 & 0 \\
0 & 0 & 0 & 2 & 0 & -2 & 1 & -1 & 1 & 0 \\
0 & 0 & 0 & 0 & 1 & 3 & -2 & -1 & 0 & 1
\end{array}\right)
$$

$$
\rightarrow\left(\begin{array}{ccccc:ccccc}
1 & 0 & 0 & 0 & 1 & -2 & 1 & 1 & 0 & 0 \\
0 & 1 & 0 & -1 & 0 & 2 & -1 & -\frac{1}{2} & 0 & 0 \\
0 & 0 & 1 & 1 & 0 & -1 & 1 & 0 & 0 & 0 \\
0 & 0 & 0 & 1 & 0 & -1 & \frac{1}{2} & -\frac{1}{2} & \frac{1}{2} & 0 \\
0 & 0 & 0 & 0 & 1 & 3 & -2 & -1 & 0 & 1
\end{array}\right)
$$

$$
\rightarrow\left(\begin{array}{ccccc:ccccc}
1 & 0 & 0 & 0 & 1 & -2 & 1 & 1 & 0 & 0 \\
0 & 1 & 0 & 0 & 0 & 1 & -\frac{1}{2} & -1 & \frac{1}{2} & 0 \\
0 & 0 & 1 & 0 & 0 & 0 & \frac{1}{2} & \frac{1}{2} & -\frac{1}{2} & 0 \\
0 & 0 & 0 & 1 & 0 & -1 & \frac{1}{2} & -\frac{1}{2} & \frac{1}{2} & 0 \\
0 & 0 & 0 & 0 & 1 & 3 & -2 & -1 & 0 & 1
\end{array}\right)
$$

$$
\rightarrow\left(\begin{array}{ccccc:ccccc}
1 & 0 & 0 & 0 & 0 & -5 & 3 & 2 & 0 & -1 \\
0 & 1 & 0 & 0 & 0 & 1 & -\frac{1}{2} & -1 & \frac{1}{2} & 0 \\
0 & 0 & 1 & 0 & 0 & 0 & \frac{1}{2} & \frac{1}{2} & -\frac{1}{2} & 0 \\
0 & 0 & 0 & 1 & 0 & -1 & \frac{1}{2} & -\frac{1}{2} & \frac{1}{2} & 0 \\
0 & 0 & 0 & 0 & 1 & 3 & -2 & -1 & 0 & 1
\end{array}\right),
$$

所以

$$A^{-1}=\begin{pmatrix} 5 & 3 & 2 & 0 & -1 \\ 1 & -\frac{1}{2} & -1 & \frac{1}{2} & 0 \\ 0 & \frac{1}{2} & \frac{1}{2} & -\frac{1}{2} & 0 \\ -1 & \frac{1}{2} & -\frac{1}{2} & \frac{1}{2} & 0 \\ 3 & -2 & -1 & 0 & 1 \end{pmatrix}.$$

如果用公式 $A^{-1}=\frac{1}{|A|}A^*$ 计算上例的逆矩阵，$|A|$ 是一个 5 阶行列式，求伴随矩阵 A^* 需要计算 25 个 4 阶行列式，计算量非常大，可见用初等变换方法求逆矩阵是十分简便的方法.

如果不知矩阵 A 是否可逆，也可先按上述方法去做，只要 $n\times 2n$ 矩阵中，左边 n 列构成的 $n\times n$ 矩阵中出现一行元素全为零，或者该 $n\times n$ 矩阵的行列式等于零，则 A 为不可逆的.

例 6

$$A=\begin{pmatrix} 1 & 0 & 1 \\ 2 & 1 & 0 \\ -3 & 2 & -7 \end{pmatrix},$$

判断 A 是否可逆，如果可逆，求出逆矩阵.

解：

$$(A\ I)=\left(\begin{array}{ccc:ccc} 1 & 0 & 1 & 1 & 0 & 0 \\ 2 & 1 & 0 & 0 & 1 & 0 \\ -3 & 2 & -7 & 0 & 0 & 1 \end{array}\right)\begin{matrix}\times(-2)\times(3)\\ \\ \\ \end{matrix}$$

$$\rightarrow\left(\begin{array}{ccc:ccc} 1 & 0 & 1 & 1 & 0 & 0 \\ 0 & 1 & -2 & -2 & 1 & 0 \\ 0 & 2 & -4 & 3 & 0 & 1 \end{array}\right)\begin{matrix} \\ \times(-2)\\ \\ \end{matrix}$$

$$\rightarrow\left(\begin{array}{ccc:ccc} 1 & 0 & 1 & 1 & 0 & 0 \\ 0 & 1 & -2 & -2 & 1 & 0 \\ 0 & 0 & 0 & 7 & -2 & 1 \end{array}\right),$$

左边 3 列构成的矩阵中，第三行全为零，所以 A 为不可逆的.

例 7

$$A=\begin{pmatrix} 1 & 0 & 1 \\ 2 & 1 & 0 \\ -3 & 2 & -5 \end{pmatrix},$$

判断 $\boldsymbol{I}-\boldsymbol{A}$ 是否可逆，如果可逆，求出$(\boldsymbol{I}-\boldsymbol{A})^{-1}$.

解

$$((I-A)\ I)=\left[\begin{array}{ccc:ccc} 0 & 0 & -1 & 1 & 0 & 0 \\ -2 & 0 & 0 & 0 & 1 & 0 \\ 3 & -2 & 6 & 0 & 0 & 1 \end{array}\right]$$

$$\rightarrow\left[\begin{array}{ccc:ccc} -2 & 0 & 0 & 0 & 1 & 0 \\ 3 & -2 & 6 & 0 & 0 & 1 \\ 0 & 0 & -1 & 1 & 0 & 0 \end{array}\right]\begin{matrix}\times\left(-\frac{1}{2}\right) \\ \\ \times(-1)\end{matrix}$$

$$\rightarrow\left[\begin{array}{ccc:ccc} 1 & 0 & 0 & 0 & -\frac{1}{2} & 0 \\ 3 & -2 & 6 & 0 & 0 & 1 \\ 0 & 0 & 1 & -1 & 0 & 0 \end{array}\right]\times(-3)$$

$$\rightarrow\left[\begin{array}{ccc:ccc} 1 & 0 & 0 & 0 & -\frac{1}{2} & 0 \\ 0 & -2 & 6 & 0 & \frac{3}{2} & 1 \\ 0 & 0 & 1 & -1 & 0 & 0 \end{array}\right]\times\left(-\frac{1}{2}\right)$$

$$\rightarrow\left[\begin{array}{ccc:ccc} 1 & 0 & 0 & 0 & -\frac{1}{2} & 0 \\ 0 & 1 & -3 & 0 & -\frac{3}{4} & -\frac{1}{2} \\ 0 & 0 & 1 & -1 & 0 & 0 \end{array}\right]\times(3)$$

$$\rightarrow\left[\begin{array}{ccc:ccc} 1 & 0 & 0 & 0 & -\frac{1}{2} & 0 \\ 0 & 1 & 0 & -3 & -\frac{3}{4} & -\frac{1}{2} \\ 0 & 0 & 1 & -1 & 0 & 0 \end{array}\right],$$

$\boldsymbol{I}-\boldsymbol{A}$ 可逆，

$$(\boldsymbol{I}-\boldsymbol{A})^{-1}=\begin{pmatrix} 0 & -\frac{1}{2} & 0 \\ -3 & -\frac{3}{4} & -\frac{1}{2} \\ -1 & 0 & 0 \end{pmatrix}.$$

小　结

矩阵是线性代数的一个重要研究内容，它是数学及其它科学技术中的一个重要工具.

本章首先给出矩阵和矩阵运算的定义及矩阵运算的性质(运算律). 矩阵的运算有矩阵的加法、数和矩阵的乘法、矩阵的乘法、矩阵的转置、方阵的幂. 它们满足以下算律：

(1) $\boldsymbol{A}+\boldsymbol{B}=\boldsymbol{B}+\boldsymbol{A}$；

(2) $(\boldsymbol{A}+\boldsymbol{B})+\boldsymbol{C}=\boldsymbol{A}+(\boldsymbol{B}+\boldsymbol{C})$；

(3) $\boldsymbol{A}+\boldsymbol{O}=\boldsymbol{A}$；

(4) $\boldsymbol{A}+(-\boldsymbol{A})=\boldsymbol{O}$；

(5) $k(\boldsymbol{A}+\boldsymbol{B})=k\boldsymbol{A}+k\boldsymbol{B}$；

(6) $(k+l)\boldsymbol{A}=k\boldsymbol{A}+l\boldsymbol{A}$；

(7) $1\boldsymbol{A}=\boldsymbol{A}$；

(8) $(\boldsymbol{A}\boldsymbol{B})\boldsymbol{C}=\boldsymbol{A}(\boldsymbol{B}\boldsymbol{C})$；

(9) $(\boldsymbol{A}+\boldsymbol{B})\boldsymbol{C}=\boldsymbol{A}\boldsymbol{C}+\boldsymbol{B}\boldsymbol{C}$；

(10) $\boldsymbol{C}(\boldsymbol{A}+\boldsymbol{B})=\boldsymbol{C}\boldsymbol{A}+\boldsymbol{C}\boldsymbol{B}$；

(11) $k(\boldsymbol{A}\boldsymbol{B})=(k\boldsymbol{A})\boldsymbol{B}=\boldsymbol{A}(k\boldsymbol{B})$；

(12) $|\boldsymbol{A}\boldsymbol{B}|=|\boldsymbol{A}||\boldsymbol{B}|$；

(13) $(\boldsymbol{A}^{\mathrm{T}})^{\mathrm{T}}=\boldsymbol{A}$；

(14) $(\boldsymbol{A}+\boldsymbol{B})^{\mathrm{T}}=\boldsymbol{A}^{\mathrm{T}}+\boldsymbol{B}^{\mathrm{T}}$；

(15) $(k\boldsymbol{A})^{\mathrm{T}}=k\boldsymbol{A}^{\mathrm{T}}$；

(16) $(\boldsymbol{A}\boldsymbol{B})^{\mathrm{T}}=\boldsymbol{B}^{\mathrm{T}}\boldsymbol{A}^{\mathrm{T}}$；

(17) $\boldsymbol{A}^k\boldsymbol{A}^l=\boldsymbol{A}^{k+l}$；

(18) $(\boldsymbol{A}^k)^l=\boldsymbol{A}^{kl}$.

其中矩阵 $\boldsymbol{A},\boldsymbol{B},\boldsymbol{C}$ 的行数与列数假设均使得上述式子有意义.

矩阵的初等变换是矩阵理论中一个非常重要的工具.本章给出三种类型的初等矩阵和对矩阵的行(列)施行三种初等变换.

对 $m\times n$ 矩阵 $\boldsymbol{A}$ 施行初等行(列)变换得到的矩阵等于用相应的 $m(n)$阶初等矩阵左(右)乘 $\boldsymbol{A}$.

矩阵的秩是一个重要概念,对矩阵施行初等变换后,其秩不变,因而可以利用初等变换简化计算矩阵的秩.

本章最后介绍 n 阶矩阵 $\boldsymbol{A}$ 的逆矩阵 $\boldsymbol{A}^{-1}$的概念. $\boldsymbol{A}^{-1}\boldsymbol{A}=\boldsymbol{A}\boldsymbol{A}^{-1}=\boldsymbol{I}$.

n 阶矩阵 $\boldsymbol{A}$ 可逆($\boldsymbol{A}^{-1}$存在)的充分必要条件是 $\boldsymbol{A}$ 为非奇异的($|\boldsymbol{A}|\neq 0$).

逆矩阵有以下性质:

$$(\boldsymbol{A}^{-1})^{-1}=\boldsymbol{A},\quad (\boldsymbol{A}\boldsymbol{B})^{-1}=\boldsymbol{B}^{-1}\boldsymbol{A}^{-1},$$

$$(\boldsymbol{A}^{\mathrm{T}})^{-1}=(\boldsymbol{A}^{-1})^{\mathrm{T}}.$$

逆矩阵的求法可以采用两种方法,其一是利用矩阵 $\boldsymbol{A}$ 的伴随矩阵求逆矩阵 $\boldsymbol{A}^{-1}$

$$\boldsymbol{A}^{-1}=\frac{1}{|\boldsymbol{A}|}\boldsymbol{A}^{*}.$$

一种更简便的方法是利用初等行变换将矩阵$(\boldsymbol{A}\ \boldsymbol{I})$变换成$(\boldsymbol{I}\ \boldsymbol{B})$,则 $\boldsymbol{A}^{-1}=\boldsymbol{B}$.

习题十二

A

1. 计算：

(1)$\begin{pmatrix} 1 & 6 & 4 \\ -4 & 2 & 8 \end{pmatrix}+\begin{pmatrix} -2 & 0 & 1 \\ 2 & -3 & 4 \end{pmatrix}$；

(2)$3\begin{pmatrix} 2 & 4 & 7 \\ 1 & 3 & 1 \end{pmatrix}-\begin{pmatrix} 6 & 10 & 20 \\ 0 & 9 & 3 \end{pmatrix}$；

(3)$2\begin{pmatrix} 1 & 0 \\ 0 & 0 \end{pmatrix}+4\begin{pmatrix} 0 & 1 \\ 0 & 0 \end{pmatrix}-6\begin{pmatrix} 0 & 0 \\ 1 & 0 \end{pmatrix}+8\begin{pmatrix} 0 & 0 \\ 0 & 1 \end{pmatrix}$.

2. 设

$$\boldsymbol{A}=\begin{bmatrix} 1 & 2 & 1 & 2 \\ 2 & 1 & 2 & 1 \\ 1 & 2 & 3 & 4 \end{bmatrix}, \quad \boldsymbol{B}=\begin{bmatrix} 4 & 3 & 2 & 1 \\ -2 & 1 & -2 & 1 \\ 0 & -1 & 0 & -1 \end{bmatrix}.$$

求 (1)$3\boldsymbol{A}-\boldsymbol{B}$；

(2)$2\boldsymbol{A}+3\boldsymbol{B}$；

(3)若 $\boldsymbol{X}$ 满足 $\boldsymbol{A}+\boldsymbol{X}=\boldsymbol{B}$，求 $\boldsymbol{X}$；

(4)若 $\boldsymbol{Y}$ 满足$(2\boldsymbol{A}-\boldsymbol{Y})+2(\boldsymbol{B}-\boldsymbol{Y})=\boldsymbol{O}$，求 $\boldsymbol{Y}$.

3. 设

$$\boldsymbol{A}=\begin{pmatrix} x & 0 \\ 7 & y \end{pmatrix},\boldsymbol{B}=\begin{pmatrix} u & v \\ y & z \end{pmatrix},\boldsymbol{C}=\begin{pmatrix} 3 & -4 \\ x & v \end{pmatrix},$$

且 $\boldsymbol{A}+2\boldsymbol{B}-\boldsymbol{C}=\boldsymbol{O}$，求 x,y,u,v 的值.

4. 计算：

(1)$\begin{pmatrix} 3 & -2 \\ 5 & -4 \end{pmatrix}\begin{pmatrix} 3 & 4 \\ 2 & 5 \end{pmatrix}$；

(2)$\begin{bmatrix} 1 & 2 & 3 \\ 2 & 4 & 6 \\ 3 & 6 & 9 \end{bmatrix}\begin{bmatrix} -1 & -2 & -4 \\ -1 & -2 & -4 \\ 1 & 2 & 4 \end{bmatrix}$；

(3)$\begin{pmatrix} 1 & 2 & 3 \\ -2 & 1 & 2 \end{pmatrix}\begin{bmatrix} 1 & 2 & 0 \\ 0 & 1 & 1 \\ 3 & 0 & -1 \end{bmatrix}$；

(4) $\begin{pmatrix}1\\2\\3\end{pmatrix}(1\quad 2\quad 3)$;

(5) $(1\quad 2\quad 3)\begin{pmatrix}1\\2\\3\end{pmatrix}$;

(6) $\begin{pmatrix}0&0&1\\0&1&0\\1&0&0\end{pmatrix}\begin{pmatrix}6&2&-1\\1&4&-6\\3&-5&4\end{pmatrix}$;

(7) $\begin{pmatrix}3&1&2&-1\\0&3&1&0\end{pmatrix}\begin{pmatrix}1&0&5\\0&2&0\\1&0&1\\0&3&0\end{pmatrix}\begin{pmatrix}-1&0\\1&5\\0&2\end{pmatrix}$;

(8) $(x\quad y\quad z)\begin{pmatrix}a_{11}&a_{12}&a_{13}\\a_{21}&a_{22}&a_{23}\\a_{31}&a_{32}&a_{33}\end{pmatrix}\begin{pmatrix}x\\y\\z\end{pmatrix}$.

5. 设

$$\boldsymbol{A}=\begin{pmatrix}a_{11}&a_{12}&a_{13}&a_{14}\\a_{21}&a_{22}&a_{23}&a_{24}\\a_{31}&a_{32}&a_{33}&a_{34}\end{pmatrix},$$

计算：

(1) $\begin{pmatrix}1&0&0\\0&1&0\\0&0&1\end{pmatrix}\boldsymbol{A}$;　　(2) $\begin{pmatrix}0&0&1\\0&1&0\\1&0&0\end{pmatrix}\boldsymbol{A}$;

(3) $\boldsymbol{A}\begin{pmatrix}1&0&0&0\\0&1&0&0\\0&0&1&0\\0&0&0&1\end{pmatrix}$;　　(4) $\begin{pmatrix}1&0&0\\0&0&1\\0&1&0\end{pmatrix}\boldsymbol{A}$;

(5) $\boldsymbol{A}\begin{pmatrix}1&0&0&0\\0&1&0&0\\0&0&k&0\\0&0&0&1\end{pmatrix}$;　　(6) $\begin{pmatrix}1&0&0\\k&1&0\\0&0&1\end{pmatrix}\boldsymbol{A}$.

6. 设有两个线性变换

$$\begin{cases} x_1 = y_1 - y_2 + 2y_3, \\ x_2 = y_1 + 3y_2, \\ x_3 = 4y_2 - y_3; \end{cases} \qquad \begin{cases} y_1 = z_1 + z_3, \\ y_2 = 2z_2 - 5z_3, \\ y_3 = 3z_1 + 7z_2. \end{cases}$$

(1)将两个线性变换写成矩阵形式.

(2)用矩阵乘法求出连续施行上述变换的结果.

7. 计算下列矩阵(其中 n 为正整数):

(1) $\begin{pmatrix} 1 & -2 \\ 3 & 4 \end{pmatrix}^3$;　(2) $\begin{pmatrix} 1 & 1 & 1 \\ 0 & 1 & 1 \\ 0 & 0 & 1 \end{pmatrix}^2$;

(3) $\begin{pmatrix} 1 & 1 \\ 0 & 0 \end{pmatrix}^n$;　(4) $\begin{pmatrix} 1 & 1 \\ 0 & 1 \end{pmatrix}^n$;

(5) $\begin{pmatrix} 1 & 1 \\ 1 & 1 \end{pmatrix}^n$;　(6) $\begin{pmatrix} a & 0 & 0 \\ 0 & b & 0 \\ 0 & 0 & c \end{pmatrix}^n$;

(7) $\begin{pmatrix} 0 & -1 & 0 \\ 1 & 0 & 1 \\ 0 & 1 & 0 \end{pmatrix}^4$;　(8) $\begin{pmatrix} 0 & 1 & 0 & 0 \\ 0 & 0 & 1 & 0 \\ 0 & 0 & 0 & 1 \\ 0 & 0 & 0 & 0 \end{pmatrix}^4$.

8. 已知

$$\boldsymbol{A} = \begin{pmatrix} 1 & 0 & 3 \\ 0 & 2 & 1 \\ 0 & 0 & 1 \end{pmatrix}, \quad \boldsymbol{B} = \begin{pmatrix} 1 & 0 & 0 \\ 0 & 2 & 1 \\ 3 & 0 & 1 \end{pmatrix}.$$

求:

(1) $(\boldsymbol{A}+\boldsymbol{B})(\boldsymbol{A}-\boldsymbol{B})$;

(2) $\boldsymbol{A}^2-\boldsymbol{B}^2$.

比较(1)与(2)的结果,可得出什么结论?

9. 若 $\boldsymbol{AB}=\boldsymbol{BA}$,则称 $\boldsymbol{B}$ 与 $\boldsymbol{A}$ 可交换,设 $\boldsymbol{A}=\begin{pmatrix} 1 & 1 \\ 0 & 1 \end{pmatrix}$,求所有与 $\boldsymbol{A}$ 可交换的矩阵.

10. 若 $\boldsymbol{AB}=\boldsymbol{BA}$, $\boldsymbol{AC}=\boldsymbol{CA}$,证明 $\boldsymbol{A}(\boldsymbol{B}+\boldsymbol{C})=(\boldsymbol{B}+\boldsymbol{C})\boldsymbol{A}$.

11. 已知 $\boldsymbol{A}=(a_{ij})$ 为 n 阶矩阵,写出

(1)$\boldsymbol{A}^2$ 的第 k 行第 l 列的元素；

(2)$\boldsymbol{A}\boldsymbol{A}^{\mathrm{T}}$ 的第 k 行第 l 列的元素；

(3)$\boldsymbol{A}^{\mathrm{T}}\boldsymbol{A}$ 的第 k 行第 l 列的元素.

12. 设 $f(x)=ax^2+bx+c$，$\boldsymbol{A}$ 为 n 阶矩阵，$\boldsymbol{I}$ 为 n 阶单位矩阵，定义 $f(\boldsymbol{A})=a\boldsymbol{A}^2+b\boldsymbol{A}+c\boldsymbol{I}$.

(1)已知 $f(x)=x^2-x-1$，

$$\boldsymbol{A}=\begin{pmatrix}3 & 1 & 1\\ 3 & 1 & 2\\ 1 & -1 & 0\end{pmatrix},$$

求 $f(\boldsymbol{A})$.

(2)已知 $f(x)=x^2-5x+3$，

$$\boldsymbol{A}=\begin{pmatrix}2 & -1\\ -3 & 3\end{pmatrix},$$

求 $f(\boldsymbol{A})$.

13. 设 $\boldsymbol{A},\boldsymbol{B}$ 均为 n 阶方阵，且 $\boldsymbol{A}=\frac{1}{2}(\boldsymbol{B}+\boldsymbol{I})$. 证明 $\boldsymbol{A}^2=\boldsymbol{A}$ 当且仅当 $\boldsymbol{B}^2=\boldsymbol{I}$.

14. 设上三角形矩阵

$$\boldsymbol{A}=\begin{pmatrix}a_{11} & a_{12} & a_{13}\\ 0 & a_{22} & a_{23}\\ 0 & 0 & a_{33}\end{pmatrix},\quad \boldsymbol{B}=\begin{pmatrix}b_{11} & b_{12} & b_{13}\\ 0 & b_{22} & b_{23}\\ 0 & 0 & b_{33}\end{pmatrix}.$$

验证 $k\boldsymbol{A}$，$\boldsymbol{A}+\boldsymbol{B}$，$\boldsymbol{AB}$ 仍为同阶同结构的上三角形矩阵.

15. 对任意 $m\times n$ 矩阵 $\boldsymbol{A}$，证明 $\boldsymbol{A}^{\mathrm{T}}\boldsymbol{A}$ 及 $\boldsymbol{A}\boldsymbol{A}^{\mathrm{T}}$ 都是对称矩阵.

16. 求下列矩阵的秩：

$$(1)\begin{pmatrix}1 & 2 & 3 & 4\\ 1 & -2 & 4 & 5\\ 1 & 10 & 1 & 2\end{pmatrix};\quad (2)\begin{pmatrix}0 & 1 & 1 & -1 & 2\\ 0 & 2 & 2 & 2 & 0\\ 0 & -1 & -1 & 1 & 1\\ 1 & 1 & 0 & 0 & -1\end{pmatrix};$$

$$(3)\begin{pmatrix}1 & -1 & 2 & 1 & 0\\ 2 & -2 & 4 & 2 & 0\\ 3 & 0 & 6 & -1 & 1\\ 0 & 3 & 0 & 0 & 1\end{pmatrix};\quad (4)\begin{pmatrix}14 & 12 & 6 & 8 & 2\\ 6 & 104 & 21 & 9 & 17\\ 7 & 6 & 3 & 4 & 1\\ 35 & 30 & 15 & 20 & 5\end{pmatrix}.$$

17. 判断下列矩阵是否可逆，如果可逆，试用公式 $A^{-1}=\frac{1}{|A|}A^*$ 求出逆矩阵.

(1) $\begin{pmatrix}2&1\\3&4\end{pmatrix}$；　(2) $\begin{pmatrix}a&b\\c&d\end{pmatrix}$，$(ad-bc\neq 0)$；

(3) $\begin{pmatrix}1&0&0\\1&2&0\\1&2&3\end{pmatrix}$；　(4) $\begin{pmatrix}2&2&3\\1&-1&0\\-1&2&1\end{pmatrix}$；

(5) $\begin{pmatrix}1&2&3&4\\0&1&2&3\\0&0&1&2\\0&0&0&1\end{pmatrix}$；　(6) $\begin{pmatrix}a_1&&&\\&a_2&&\\&&\ddots&\\&&&a_n\end{pmatrix}$.

18. 用初等变换判断下列矩阵是否可逆？如果可逆，求出逆矩阵.

(1) $\begin{pmatrix}1&2\\3&4\end{pmatrix}$；　(2) $\begin{pmatrix}2&2&-1\\1&-2&4\\5&8&2\end{pmatrix}$；

(3) $\begin{pmatrix}1&1&1&1\\1&1&-1&-1\\1&-1&1&-1\\1&-1&-1&1\end{pmatrix}$；　(4) $\begin{pmatrix}1&2&3&4\\2&3&1&2\\1&1&1&-1\\1&0&-2&-6\end{pmatrix}$；

(5) $\begin{pmatrix}1&-2&-1&-2\\4&1&2&1\\2&5&4&-1\\1&1&1&1\end{pmatrix}$；　(6) $\begin{pmatrix}0&a_1&0&\cdots&0\\0&0&a_2&\cdots&0\\\vdots&\vdots&\vdots&&\vdots\\0&0&0&\cdots&a_{n-1}\\a_n&0&0&\cdots&0\end{pmatrix}$，

其中(6)中 $a_i\neq 0, i=1,\cdots,n$.

19. 用逆矩阵解下列矩阵方程.

(1) $\begin{pmatrix}2&5\\1&3\end{pmatrix}X=\begin{pmatrix}4&-6\\2&1\end{pmatrix}$；

(2) $X\begin{pmatrix}1&1&-1\\2&1&0\\1&-1&1\end{pmatrix}=\begin{pmatrix}1&1&3\\4&3&2\\1&2&5\end{pmatrix}$；

(3) $\begin{pmatrix} 1 & 1 & -1 \\ -2 & 1 & 1 \\ 1 & 1 & 1 \end{pmatrix} X = \begin{pmatrix} 2 \\ 3 \\ 6 \end{pmatrix}$.

20. 设 A,B,C 为 n 阶矩阵，且 C 非奇异，满足 $C^{-1}AC=B$，证明 $C^{-1}A^3C=B^3$.

21. 若 $A^3=0$，证明：$(I-A)^{-1}=I+A+A^2$.

22. 证明：如果对称矩阵 A 为非奇异的，则 A^{-1} 也是对称矩阵.

23. 证明：如果 $A^2=A$ 且 A 不是单位矩阵，则 A 必为奇异矩阵.

B

1. 有矩阵 $A_{3\times2}$，$B_{2\times3}$，$C_{3\times3}$，下列(　　)运算可行.

A. AC　　B. BC　　C. ABC　　D. $AB-BC$

2. 如果已知矩阵 $A_{m\times n}$，$B_{n\times m}(m\neq n)$，则下列(　　)运算结果为 n 阶矩阵.

A. BA　　B. AB　　C. $(BA)^T$　　D. A^TB^T

3. 设 A,B,C 均为 n 阶矩阵，下面(　　)不是运算律.

A. $(A+B)+C=(C+B)+A$　　B. $(A+B)C=CA+CB$

C. $(AB)C=A(BC)$　　D. $(AB)C=(AC)B$

4. A,B 均为 n 阶矩阵，当(　　)时，有 $(A+B)(A-B)=A^2-B^2$.

A. $A=I$　　B. $B=O$　　C. $A=B$　　D. $AB=BA$

5. A,B,C,I 为同阶矩阵，I 为单位矩阵，若 $ABC=I$，则下列各式总成立的有(　　).

A. $BCA=I$　　B. $ACB=I$　　C. $CAB=I$　　D. $CBA=I$

6. 若 A 是(　　)，则 A 必为方阵.

A. 对称矩阵　　B. 可逆矩阵

C. n 阶矩阵的转置矩阵　　D. 线性方程组的系数矩阵

7. 若 A 是(　　)，则必有 $A^T=A$.

A. 对角矩阵　　B. 三角形矩阵

C. 可逆矩阵　　D. 对称矩阵

8. 若 A,B,C 是同阶矩阵，且 A 可逆，下列(　　)必成立.

A. 若 $AB=AC$，则 $B=C$

B. 若 $\boldsymbol{AB}=\boldsymbol{CB}$，则 $\boldsymbol{A}=\boldsymbol{C}$

C. 若 $\boldsymbol{AB}=\boldsymbol{O}$，则 $\boldsymbol{B}=\boldsymbol{O}$

D. 若 $\boldsymbol{BC}=\boldsymbol{O}$，则 $\boldsymbol{B}=\boldsymbol{O}$

9. 若 $\boldsymbol{A}$ 为非奇异上三角形矩阵，则（　　）仍是上三角形矩阵.

A. $2\boldsymbol{A}$　　B. $\boldsymbol{A}^2$　　C. $\boldsymbol{A}^{-1}$　　D. $\boldsymbol{A}^{\mathrm{T}}$

10. 设 $\boldsymbol{A}$ 为非奇异对称矩阵，则（　　）仍为对称矩阵.

A. $\boldsymbol{A}^{\mathrm{T}}$　　B. $\boldsymbol{A}^{-1}$　　C. $3\boldsymbol{A}$　　D. $\boldsymbol{AA}^{\mathrm{T}}$

11. 设 $\boldsymbol{A}$ 为 n 阶可逆矩阵，下列（　　）一定正确.

A. $(2\boldsymbol{A})^{\mathrm{T}}=2\boldsymbol{A}^{\mathrm{T}}$　　B. $(2\boldsymbol{A})^{-1}=2\boldsymbol{A}^{-1}$

C. $((\boldsymbol{A}^{-1})^{-1})^{\mathrm{T}}=((\boldsymbol{A}^{\mathrm{T}})^{-1})^{-1}$　　D. $((\boldsymbol{A}^{\mathrm{T}})^{\mathrm{T}})^{-1}=((\boldsymbol{A}^{-1})^{-1})^{\mathrm{T}}$

12. 当 $ad\neq bc$ 时，$\begin{pmatrix} a & b \\ c & d \end{pmatrix}^{-1}=$（　　）.

A. $\begin{pmatrix} d & -c \\ -b & a \end{pmatrix}$　　B. $\dfrac{1}{ad-bc}\begin{pmatrix} d & -b \\ -c & a \end{pmatrix}$

C. $\dfrac{1}{bc-ad}\begin{pmatrix} -d & b \\ c & -a \end{pmatrix}$　　D. $\dfrac{1}{ad-bc}\begin{pmatrix} d & -c \\ -b & a \end{pmatrix}$

13. 下列矩阵（　　）是初等矩阵.

A. $\begin{pmatrix} 0 & 0 & 1 \\ 0 & 1 & 0 \\ 1 & 0 & 0 \end{pmatrix}$　　B. $\begin{pmatrix} 1 & 0 & 0 \\ 0 & 0 & 1 \\ 0 & 1 & 0 \end{pmatrix}$

C. $\begin{pmatrix} 1 & 0 & 0 \\ 0 & \frac{1}{2} & 0 \\ 0 & 0 & 1 \end{pmatrix}$　　D. $\begin{pmatrix} 1 & 0 & 0 \\ 0 & 1 & -4 \\ 0 & 0 & 1 \end{pmatrix}$

14. 已知 $\boldsymbol{A}=\begin{pmatrix} 1 & 0 & 2 \\ 0 & 1 & 3 \\ 2 & 3 & 1 \end{pmatrix}$，则（　　）.

A. $\boldsymbol{A}$ 为可逆矩阵　　B. $\boldsymbol{A}^{\mathrm{T}}=\boldsymbol{A}$

C. $\boldsymbol{AA}^{-1}$ 为对称矩阵　　D. $\begin{pmatrix} 0 & 0 & 1 \\ 0 & 1 & 0 \\ 1 & 0 & 0 \end{pmatrix}\boldsymbol{A}=\begin{pmatrix} 2 & 3 & 1 \\ 0 & 1 & 3 \\ 1 & 0 & 2 \end{pmatrix}$

15. 当 $\boldsymbol{B}=$（　　）时，

$$\boldsymbol{B}\begin{pmatrix} a_{11} & a_{12} & a_{13} \\ a_{21} & a_{22} & a_{23} \\ a_{31} & a_{32} & a_{33} \end{pmatrix}=\begin{pmatrix} a_{11}-3a_{31} & a_{12}-3a_{32} & a_{13}-3a_{33} \\ a_{21} & a_{22} & a_{23} \\ a_{31} & a_{32} & a_{33} \end{pmatrix}.$$

A. $\begin{pmatrix} 1 & 0 & 0 \\ 0 & 1 & 0 \\ -3 & 0 & 1 \end{pmatrix}$　　B. $\begin{pmatrix} 1 & 0 & -3 \\ 0 & 1 & 0 \\ 0 & 0 & 1 \end{pmatrix}$

C. $\begin{pmatrix} 0 & 0 & -3 \\ 0 & 1 & 0 \\ 1 & 0 & 1 \end{pmatrix}$　　D. $\begin{pmatrix} 1 & 0 & 0 \\ 0 & 1 & 0 \\ 0 & -3 & 1 \end{pmatrix}$

16. 设 $\boldsymbol{A}$ 为 $m\times n$ 矩阵且 $\mathrm{r}(\boldsymbol{A})=r<m<n$，则(　　).

A. $\boldsymbol{A}$ 中 r 阶子式不全为零

B. $\boldsymbol{A}$ 中每一个阶数大于 r 的子式均为零

C. $\boldsymbol{A}$ 不可能是满秩矩阵

D. $\boldsymbol{A}$ 经初等变换可化为 $\begin{pmatrix} 1 & & & & \\ & 1 & & & \\ & & \ddots & & \\ & & & 1 & \\ & & & & 0 \\ & & & & & \ddots \\ & & & & & & 0 \end{pmatrix}$ （其中 1 共 r 个）

第十三章　线性方程组

线性方程组理论对数学各分支、生产实际及及其它科学技术有较广泛的应用.本章介绍用初等变换解线性方程组的方法，从理论上彻底解决了线性方程组理论的三个问题，即方程组有解的判定，解的个数以及求解方法.最后介绍线性方程组解的结构.

13.1　用初等变换解线性方程组

线性方程组

$$\begin{cases} a_{11}x_1+a_{12}x_2+\cdots+a_{1n}x_n=b_1, \\ a_{21}x_1+a_{22}x_2+\cdots+a_{2n}x_n=b_2, \\ \cdots\cdots\cdots\cdots \\ a_{m1}x_1+a_{m2}x_2+\cdots+a_{mn}x_n=b_{1m}. \end{cases}$$

其矩阵形式为

$$\boldsymbol{Ax}=\boldsymbol{b},$$

其中

$$\boldsymbol{A}=\begin{pmatrix} a_{11} & a_{12} & \cdots & a_{1n} \\ a_{21} & a_{22} & \cdots & a_{2n} \\ \vdots & \vdots & & \vdots \\ a_{m1} & a_{m2} & \cdots & a_{mn} \end{pmatrix}$$ 称为系数矩阵；

$$\boldsymbol{b}=\begin{pmatrix} b_1 \\ b_2 \\ \vdots \\ b_m \end{pmatrix}$$ 称为常数项矩阵；（亦称为常数项向量）

$$\boldsymbol{x}=\begin{pmatrix}x_1\\x_2\\\vdots\\x_n\end{pmatrix}$$ 为 n 元未知量.

由系数矩阵 $\boldsymbol{A}$ 与常数项矩阵 $\boldsymbol{b}$ 构成一个 $m\times(n+1)$矩阵

$$(\boldsymbol{A}\ \boldsymbol{b})=\begin{pmatrix}a_{11}&a_{12}&\cdots&a_{1n}&b_1\\a_{21}&a_{22}&\cdots&a_{2n}&b_2\\\vdots&\vdots&&\vdots&\vdots\\a_{m1}&a_{m2}&\cdots&a_{mn}&b_m\end{pmatrix}$$

称为线性方程组的**增广矩阵**.线性方程组可以由增广矩阵唯一确定.本节将介绍对增广矩阵施行初等行变换来化简线性方程组的方法.

13.1.1 线性方程组的消元解法

在中学代数中，已经学过用消元法解简单线性方程组.

例如解线性方程组

$$\begin{cases}2x_1+2x_2-x_3=6,\\x_1-2x_2+4x_3=3,\\5x_1+7x_2+x_3=28.\end{cases}\tag{1}$$

解 方程组(1)中第二个与第三个方程分别减去第一个方程的$\frac{1}{2}$倍与$\frac{5}{2}$倍，得

$$\begin{cases}2x_1+2x_2-x_3=6,\\-3x_2+\frac{9}{2}x_3=0,\\2x_2+\frac{7}{2}x_3=13.\end{cases}\tag{2}$$

再将方程组(2)中第三个方程加上第二个方程的$\frac{2}{3}$倍，得

$$\begin{cases}2x_1+2x_2-x_3=6,\\-3x_2+\frac{9}{2}x_3=0,\\\frac{13}{2}x_3=13.\end{cases}\tag{3}$$

方程组(3)是一个阶梯形方程组，从第三个方程可求得 x_3，然后逐次代入前面方程求出 x_2,x_1. 得到方程组(1)的解. 现将此方法叙述如下.

将方程组(3)中第三个方程乘以$\frac{2}{13}$，得

$$\begin{cases}2x_1+2x_2-x_3=6,\\ -3x_2+\frac{9}{2}x_3=0,\\ x_3=2.\end{cases} \tag{4}$$

将方程组(4)中第一个方程及第二个方程分别加上第三个方程的 1 倍及$-\frac{9}{2}$倍，得，

$$\begin{cases}2x_1+2x_2 \quad =8,\\ -3x_2 \quad =-9,\\ x_3=2.\end{cases} \tag{5}$$

将方程组(5)的第二个方程乘以$-\frac{1}{3}$，得

$$\begin{cases}2x_1+2x_2 \quad =8,\\ x_2 \quad =3,\\ x_3=2.\end{cases} \tag{6}$$

将方程组(6)中第一个方程加上第二个方程的-2倍，得

$$\begin{cases}2x_1 \quad =2,\\ x_2 \quad =3,\\ x_3=2.\end{cases} \tag{7}$$

最后以$\frac{1}{2}$乘方程组(7)的第一个方程，得

$$\begin{cases}x_1=1,\\ x_2=3,\\ x_3=2.\end{cases} \tag{8}$$

显然方程组(1)至(8)都是同解方程组，因而(8)是方程组(1)的解.

这个解法称为消元法，可以用初等行变换来实现从方程组(1)的增广矩阵至方程组(8)的增广矩阵的转化.

$$
(\boldsymbol{A}\ \boldsymbol{b})=\underset{(1)}{\begin{pmatrix} 2 & 2 & -1 & 6 \\ 1 & -2 & 4 & 3 \\ 5 & 7 & 1 & 28 \end{pmatrix}} \times\left(-\frac{1}{2}\right) \quad \times\left(-\frac{5}{2}\right)
$$

$$
\rightarrow \underset{(2)}{\begin{pmatrix} 2 & 2 & -1 & 6 \\ 0 & -3 & -\frac{9}{2} & 0 \\ 0 & 2 & \frac{7}{2} & 13 \end{pmatrix}} \times\left(\frac{2}{3}\right) \rightarrow \underset{(3)}{\begin{pmatrix} 2 & 2 & -1 & 6 \\ 0 & -3 & -\frac{9}{2} & 0 \\ 0 & 0 & \frac{13}{2} & 13 \end{pmatrix}} \times\left(\frac{2}{13}\right)
$$

$$
\rightarrow \underset{(4)}{\begin{pmatrix} 2 & 2 & -1 & 6 \\ 0 & -3 & \frac{9}{2} & 0 \\ 0 & 0 & 1 & 2 \end{pmatrix}} \times\left(-\frac{9}{2}\right) \times (1)
$$

$$
\rightarrow \underset{(5)}{\begin{pmatrix} 2 & 2 & 0 & 8 \\ 0 & -3 & 0 & -9 \\ 0 & 0 & 1 & 2 \end{pmatrix}} \times\left(-\frac{1}{3}\right)
$$

$$
\rightarrow \underset{(6)}{\begin{pmatrix} 2 & 2 & 0 & 8 \\ 0 & 1 & 0 & 3 \\ 0 & 0 & 1 & 2 \end{pmatrix}} \times(-2) \rightarrow \underset{(7)}{\begin{pmatrix} 2 & 0 & 0 & 2 \\ 0 & 1 & 0 & 3 \\ 0 & 0 & 1 & 2 \end{pmatrix}} \times\left(\frac{1}{2}\right)
$$

$$
\rightarrow \underset{(8)}{\begin{pmatrix} 1 & 0 & 0 & 1 \\ 0 & 1 & 0 & 3 \\ 0 & 0 & 1 & 2 \end{pmatrix}}.
$$

也可以用如下方法来实现将增广矩阵(1)变为增广矩阵(8)，即通过对增广矩阵($\boldsymbol{A}\ \boldsymbol{b}$)施行初等行变换，依次使前三列化为

$$\begin{pmatrix}1\\0\\0\end{pmatrix}\begin{pmatrix}0\\1\\0\end{pmatrix}\begin{pmatrix}0\\0\\1\end{pmatrix},$$

$$(\boldsymbol{A}\ \boldsymbol{b})=\begin{pmatrix}2 & 2 & -1 & 6\\1 & -2 & 4 & 3\\5 & 7 & 1 & 28\end{pmatrix}\times\left(\frac{1}{2}\right)$$

$$\rightarrow\begin{pmatrix}1 & 1 & -\frac{1}{2} & 3\\1 & -2 & 4 & 3\\5 & 7 & 1 & 28\end{pmatrix}\begin{matrix}\times(-1) & \times(-5)\end{matrix}$$

$$\rightarrow\begin{pmatrix}1 & 1 & -\frac{1}{2} & 3\\0 & -3 & \frac{9}{2} & 0\\0 & 2 & \frac{7}{2} & 13\end{pmatrix}\times\left(-\frac{1}{3}\right)$$

$$\rightarrow\begin{pmatrix}1 & 1 & -\frac{1}{2} & 3\\0 & 1 & -\frac{3}{2} & 0\\0 & 2 & \frac{7}{2} & 13\end{pmatrix}\begin{matrix}\times(-1) & \times(-2)\end{matrix}$$

$$\rightarrow\begin{pmatrix}1 & 0 & 1 & 3\\0 & 1 & -\frac{3}{2} & 0\\0 & 0 & \frac{13}{2} & 13\end{pmatrix}\times\left(-\frac{2}{13}\right)$$

$$\rightarrow\begin{pmatrix}1 & 0 & 1 & 3\\0 & 1 & -\frac{3}{2} & 0\\0 & 0 & 1 & 2\end{pmatrix}\begin{matrix}\times\left(\frac{3}{2}\right) & \times(-1)\end{matrix}$$

$$\rightarrow\begin{pmatrix}1&0&0&1\\0&1&0&3\\0&0&1&2\end{pmatrix}.$$

13.1.2 用初等变换解线性方程组

定理 13.1 对线性方程组的增广矩阵施行初等行变换，所得的矩阵所确定的新方程组是原方程组的同解方程组.

证明 线性方程组

$$\begin{cases}a_{11}x_1+a_{12}x_2+\cdots+a_{1n}x_n=b_1,\\a_{21}x_1+a_{22}x_2+\cdots+a_{2n}x_n=b_2,\\\cdots\cdots\cdots\cdots\\a_{m1}x_1+a_{m2}x_2+\cdots+a_{mn}x_n=b_m.\end{cases}$$

(1)对线性方程组的增广矩阵$(\boldsymbol{A}\ \boldsymbol{b})$交换第$i$行与第$l$行，相当于交换方程组的第$i$个方程与第$l$个方程的次序，显然不改变方程组的解.

(2)将线性方程组的增广矩阵$(\boldsymbol{A}\ \boldsymbol{b})$的第$i$行乘以非零数$k$，相当于将方程组中第$i$个方程的等号两边乘以$k$，显然不改变方程组的解.

(3)将线性方程组的增广矩阵$(\boldsymbol{A}\ \boldsymbol{b})$的第$i$行的$k$倍加于第$l$行，相当于将原方程组的第$l$个方程改为

$$(a_{l1}+ka_{i1})x_1+(a_{l2}+ka_{i2})x_2+\cdots+(a_{ln}+ka_{in})x_n=b_l+kb_i,$$

即

$$(a_{l1}x_1+a_{l2}x_2+\cdots+a_{ln}x_n)+k(a_{i1}x_1+a_{i2}x_2+\cdots+a_{in}x_n)$$
$$=b_l+kb_i.$$

而其余方程不变，显然原方程组的解一定满足新方程组，反之新方程组的解一定满足原方程组.

于是新方程组是原方程组的同解方程组.

定理 13.2 设$\boldsymbol{A}$是$m\times n$矩阵，$\mathrm{r}(\boldsymbol{A})=r\neq0$，则可以经过若干初等行变换化为矩阵$\boldsymbol{G}$，$\boldsymbol{G}$中有$r$列向量分别为

$$\begin{pmatrix}1\\0\\0\\\vdots\\0\end{pmatrix},\begin{pmatrix}0\\1\\0\\\vdots\\0\end{pmatrix},\cdots,\begin{pmatrix}0\\0\\\vdots\\1\\\vdots\\0\end{pmatrix}(r\text{ 行}).$$

当 $r\leqslant m$ 时，$\boldsymbol{G}$ 中第 $r+1$ 行至第 m 行元素全为零.

证明　$\mathrm{r}(\boldsymbol{A})\neq 0$，则 $\boldsymbol{A}$ 中必有非零元 $a_{ij_1}\neq 0$，如果 $i\neq 1$，交换第 i 行与第一行，将非零元换到第一行，因此不妨设 $a_{1j_1}\neq 0$，以 $\frac{1}{a_{1j_1}}$ 乘第一行，然后分别以 $-a_{ij_1}(i\neq 1)$ 乘第一行加于第 i 行，将 $\boldsymbol{A}$ 化为矩阵 $\boldsymbol{B}$，则 $\boldsymbol{B}$ 的第 j_1 列向量为

$$\begin{pmatrix}1\\0\\\vdots\\0\end{pmatrix}.$$

如果 $r>1$，则 $\boldsymbol{B}$ 的第二行至第 m 行元素中必有非零元，类似地不妨设 $b_{2j_2}\neq 0(j_2\neq j_1)$，以 $\frac{1}{b_{2j_2}}$ 乘第二行，然后分别以 $-b_{ij_2}(i\neq 2)$ 乘第二行加于第 i 行，将 $\boldsymbol{B}$ 化为矩阵 $\boldsymbol{C}$. 由于 $\boldsymbol{B}$ 中第 j_1 列向量的第二行元素为零，因此上面初等行变换不会改变第 j_1 列向量，所以 $\boldsymbol{C}$ 的第 j_1 列向量和第 j_2 列向量分别是

$$\begin{pmatrix}1\\0\\0\\\vdots\\0\end{pmatrix},\begin{pmatrix}0\\1\\0\\\vdots\\0\end{pmatrix}.$$

如果 $r>2$，则 $\boldsymbol{C}$ 的第三行至第 m 行元素中必有非零元，类似地不妨设 $c_{3j_3}\neq 0(j_3\neq j_1,j_2)$，以 $\frac{1}{c_{3j_3}}$ 乘第三行，然后分别以 $-c_{ij_3}(i\neq 3)$ 乘第三行加于第 i 行，将 $\boldsymbol{C}$ 化为矩阵 $\boldsymbol{D}$. 由于 $\boldsymbol{C}$ 中第 j_1 列向量和第 j_2 列向量的第三行元素均为零，因此上面初等行变换不会改变第 j_1

列向量和第 j_2 列向量. 所以 $\boldsymbol{D}$ 的第 j_1, j_2, j_3 列向量分别是

$$\begin{pmatrix}1\\0\\0\\\vdots\\0\end{pmatrix},\ \begin{pmatrix}0\\1\\0\\\vdots\\0\end{pmatrix},\ \begin{pmatrix}0\\0\\1\\\vdots\\0\end{pmatrix}.$$

依此类推，最后可化为矩阵 $\boldsymbol{G}$, $\boldsymbol{G}$ 中有 r 列向量分别是

$$\begin{pmatrix}1\\0\\\vdots\\0\end{pmatrix},\ \begin{pmatrix}0\\1\\\vdots\\0\end{pmatrix},\ \cdots,\ \begin{pmatrix}0\\0\\\vdots\\1\\\vdots\\0\end{pmatrix}(r\ 行)$$

而且 $\boldsymbol{G}$ 中第 $r+1$ 行至第 m 行元素全为零，假如不然，若有 $g_{ij}\neq 0(i>r)$，显然 $j\neq j_1$, j_2, …, j_r, 则取第一，二，…，r, i 行，第 j_1, j_2, …, j_r, j 列，所构成的 $r+1$ 阶子式等于 $g_{ij}\neq 0$，与 $\mathrm{r}(\boldsymbol{G})=\mathrm{r}(\boldsymbol{A})=r$ 矛盾.

推论 13.1 设线性方程组 $\boldsymbol{A}\boldsymbol{x}=\boldsymbol{b}$ 的系数矩阵 $\boldsymbol{A}$ 为 $m\times n$ 矩阵，$\mathrm{r}(\boldsymbol{A})=r$. 则可以经过若干初等行变换将增广矩阵 $(\boldsymbol{A}\ \boldsymbol{b})$ 化为 $(\boldsymbol{G}\ \boldsymbol{d})$ 形式，其前 n 列向量构成的矩阵 $\boldsymbol{G}$ 中，有 r 列向量分别是

$$\begin{pmatrix}1\\0\\\vdots\\0\end{pmatrix},\ \begin{pmatrix}0\\1\\\vdots\\0\end{pmatrix},\ \cdots,\ \begin{pmatrix}0\\0\\\vdots\\1\\\vdots\\0\end{pmatrix}(r\ 行).$$

当 $r<m$ 时，$\boldsymbol{G}$ 的第 $r+1$ 行至第 m 行元素的均为零.

本推论给出用初等行变换求解线性方程组的方法.

将线性方程组 $\boldsymbol{A}\boldsymbol{x}=\boldsymbol{b}$ 的增广矩阵 $(\boldsymbol{A}\ \boldsymbol{b})$ 经过若干初等行变换化为 $(\boldsymbol{G}\ \boldsymbol{d})$ 形式.

情形一 若最后一列向量

$$\boldsymbol{d}=\begin{pmatrix}d_1\\d_2\\\vdots\\d_m\end{pmatrix}$$

中的 $d_{r+1}, \cdots, d_m$ 不全为零(不妨设 $d_{r+k}\neq 0$)(此时 $\mathrm{r}(\boldsymbol{G}\ \boldsymbol{d})=r+1>\mathrm{r}(\boldsymbol{G})=r$)，即 $\mathrm{r}(\boldsymbol{A}\ \boldsymbol{b})>\mathrm{r}(\boldsymbol{A})$. 由 $(\boldsymbol{G}\ \boldsymbol{d})$ 确定的线性方程组 $\boldsymbol{Gx}=\boldsymbol{d}$ 中，第 $r+k$ 个方程为

$$0x_1+0x_2+\cdots+0x_n=d_{r+k}\ (d_{r+k}\neq 0),$$

显然无解. 所以方程组 $\boldsymbol{Ax}=\boldsymbol{b}$ 无解.

情形二 若 $d_{r+1}=d_{r+2}=\cdots=d_m=0$(此时 $\mathrm{r}(\boldsymbol{A}\ \boldsymbol{b})=\mathrm{r}(\boldsymbol{A})=r$)，且 $r=n$，则 $\boldsymbol{G}$ 的 n 列向量分别是

$$\begin{pmatrix}1\\0\\\vdots\\0\end{pmatrix},\ \begin{pmatrix}0\\1\\\vdots\\0\end{pmatrix},\ \cdots,\ \begin{pmatrix}0\\0\\\vdots\\1\\\vdots\\0\end{pmatrix}_{(r=n\text{行})}.$$

为了书写方便，设上面 n 列向量分别是 $\boldsymbol{G}$ 的第一列，第二列，……，第 n 列. 即

$$(\boldsymbol{G}\ \boldsymbol{d})=\begin{pmatrix}1&0&\cdots&0&d_1\\0&1&\cdots&0&d_2\\\vdots&\vdots&&\vdots&\vdots\\0&0&\cdots&1&d_r\\0&0&\cdots&0&0\\\vdots&\vdots&&\vdots&\vdots\\0&0&\cdots&0&0\end{pmatrix}.$$

由它确定的线性方程组 $\boldsymbol{Gx}=\boldsymbol{d}$ 为

$$\begin{cases} x_1 = d_1, \\ \quad\vdots \\ x_n = d_n, \\ \ 0 = 0, \\ \quad\vdots \\ \ 0 = 0. \end{cases}$$

显然有唯一解 $x_1=d_1, x_2=d_2, \cdots, x_n=d_n$，它也是方程组 $\boldsymbol{Ax}=\boldsymbol{b}$ 的唯一解.

一般地，如果 $\boldsymbol{G}$ 中第 $j_1, j_2, \cdots, j_n$ 列向量依次是

$$\begin{pmatrix}1\\0\\\vdots\\0\end{pmatrix}, \begin{pmatrix}0\\1\\\vdots\\0\end{pmatrix}, \cdots, \begin{pmatrix}0\\0\\\vdots\\1\\\vdots\\0\end{pmatrix} (r=n\text{ 行})$$

$(j_1, j_2\cdots, j_n$ 为一个 n 级排列)，则方程组有唯一解

$$x_{j_1}=d_1, x_{j_2}=d_2, \cdots, x_{j_n}=d_n.$$

情形三 若 $d_{r+1}=d_{r+2}=\cdots=d_m=0$(此时 $\mathrm{r}(\boldsymbol{A}\ \boldsymbol{b})=\mathrm{r}(\boldsymbol{A})=r$)，且 $r<n$，则 $\boldsymbol{G}$ 中有 r 列向量分别是

$$\begin{pmatrix}1\\0\\\vdots\\0\end{pmatrix}, \begin{pmatrix}0\\1\\\vdots\\0\end{pmatrix}, \cdots, \begin{pmatrix}0\\0\\\vdots\\1\\\vdots\\0\end{pmatrix} (r\text{ 行}).$$

为了书写方便，设上面 r 列向量依次是 $\boldsymbol{G}$ 的第一、二、…、r 列. 即

$$(\boldsymbol{G}\ \boldsymbol{d})=\begin{pmatrix}1 & 0 & \cdots & 0 & g_{1r+1} & \cdots & g_{1n} & d_1\\ 0 & 1 & \cdots & 0 & g_{2r+1} & \cdots & g_{2n} & d_2\\ \vdots & \vdots & & \vdots & \vdots & & \vdots & \vdots\\ 0 & 0 & \cdots & 1 & g_{rr+1} & \cdots & g_{rn} & d_r\\ 0 & 0 & \cdots & 0 & 0 & \cdots & 0 & 0\\ \vdots & \vdots & & \vdots & \vdots & & \vdots & \vdots\\ 0 & 0 & \cdots & 0 & 0 & \cdots & 0 & 0\end{pmatrix}.$$

对应的线性方程组 $\boldsymbol{Gx}=\boldsymbol{d}$ 为

$$\begin{cases}x_1 \qquad + g_{1r+1}x_{r+1}+\cdots+g_{1n}x_n=d_1,\\ \quad x_2 + g_{2r+1}x_{r+1}+\cdots+g_{2n}x_n=d_2,\\ \quad\cdots\cdots\cdots\cdots\\ \qquad x_r+g_{rr+1}x_{r+1}+\cdots+g_{rn}x_n=d_r,\\ \qquad\qquad\qquad\qquad 0=0,\\ \qquad\qquad\qquad\qquad \vdots\\ \qquad\qquad\qquad\qquad 0=0.\end{cases}$$

得

$$\begin{cases}x_1=d_1-g_{1r+1}x_{r+1}-\cdots-g_{1n}x_n,\\ x_2=d_2-g_{2r+1}x_{r+1}-\cdots-g_{2n}x_n,\\ \cdots\cdots\cdots\cdots\\ x_r=d_r-g_{rr+1}x_{r+1}-\cdots-g_{rn}x_n.\end{cases}$$

称 $x_{r+1},\cdots,x_n$ 为 $n-r$ 个自由未知量，任取一组值 $x_{r+1}=c_1$，$x_{r+2}=c_2$，…，$x_n=c_{n-r}$代入上式求出 $x_1,\cdots,x_r$(称为非自由未知量)，从而得到 $\boldsymbol{Ax}=\boldsymbol{b}$ 的一个解.

$$\begin{cases}x_1=d_1-g_{1r+1}c_1-\cdots-g_{1n}c_{n-r},\\ x_2=d_2-g_{2r+1}c_2-\cdots-g_{2n}c_{n-r},\\ \cdots\cdots\cdots\cdots\\ x_r=d_r-g_{rr+1}c_1-\cdots-g_{rn}c_{n-r},\\ x_{r+1}=c_1,\\ \cdots\cdots\cdots\cdots\\ x_n=c_{n-r}.\end{cases}$$

因此方程组有无穷多个解，上式可以表示方程组的一般解($c_1,c_2,\cdots,c_{n-r}$为任意常数).

一般地，如果G中第$j_1,j_2,\cdots,j_r$列向量依次是

$$\begin{pmatrix}1\\0\\\vdots\\0\end{pmatrix},\ \begin{pmatrix}0\\1\\\vdots\\0\end{pmatrix},\cdots,\begin{pmatrix}0\\0\\\vdots\\1\\\vdots\\0\end{pmatrix}(r\text{行})$$

则$x_{j_1}, x_{j_2}, \cdots, x_{j_r}$为非自由未知量，其余$n-r$个未知量为自由未知量(设为$x_{i_1}, x_{i_2}, \cdots, x_{i_{n-r}}$)，得

$$\begin{cases}x_{j_1}=d_1-g_{1i_1}x_{i_1}-\cdots-g_{1i_{n-r}}x_{i_{n-r}},\\x_{j_2}=d_2-g_{2i_1}x_{i_1}-\cdots-g_{2i_{n-r}}x_{i_{n-r}},\\\cdots\cdots\cdots\cdots\\x_{j_r}=d_r-g_{ri_1}x_{i_1}-\cdots-g_{ri_{n-r}}x_{n-r}.\end{cases}$$

自由未知量取值$x_{i_1}=c_1$，$x_{i_2}=c_2$，…，$x_{i_{n-r}}=c_{n-r}$($c_1,c_2,\cdots,c_{n-r}$任意常数)，可得$\boldsymbol{Ax}=\boldsymbol{b}$的一般解

$$\begin{cases}x_{j_1}=d_1-g_{1i_1}c_1-\cdots-g_{1i_{n-r}}c_{n-r},\\x_{j_2}=d_2-g_{2i_1}c_1-\cdots-g_{2i_{n-r}}c_{n-r},\\\cdots\cdots\cdots\cdots\\x_{j_r}=d_r-g_{ri_1}c_1-\cdots-g_{ri_{n-r}}c_{n-r},\\x_{i_1}=c_1,\\\cdots\cdots\cdots\cdots\\x_{i_{n-r}}=c_{n-r}.\end{cases}$$

综合上述，我们有

定理 13.3 线性方程组

$$\begin{cases}a_{11}x_1+a_{12}x_2+\cdots+a_{1n}x_n=b_1,\\a_{21}x_1+a_{22}x_2+\cdots+a_{2n}x_n=b_2,\\\cdots\cdots\cdots\cdots\\a_{m1}x_1+a_{m2}x_2+\cdots+a_{mn}x_n=b_m.\end{cases}$$

若系数矩阵和增广矩阵的秩不等($\mathrm{r}(\boldsymbol{A})<\mathrm{r}(\boldsymbol{A}\ \boldsymbol{b})$)则方程组无解;若系数矩阵和增广矩阵的秩相等且等于未知量的个数 n($\mathrm{r}(\boldsymbol{A})=\mathrm{r}(\boldsymbol{A}\ \boldsymbol{b})=n$),则方程组有唯一解;若系数矩阵和增广矩阵的秩相等且小于未知量的个数 n($\mathrm{r}(\boldsymbol{A})=\mathrm{r}(\boldsymbol{A}\ \boldsymbol{b})<n$),则方程组有无穷多个解.

例 1 解线性方程组

$$\begin{cases} x_1+x_2+2x_3+3x_4=1, \\ x_1+2x_2+3x_3-x_4=-4, \\ 3x_1-x_2-x_3-2x_4=-4, \\ 2x_1+3x_2-x_3-x_4=-6. \end{cases}$$

解 增广矩阵

$$(\boldsymbol{A}\ \boldsymbol{b})=\left(\begin{array}{cccc:c} 1 & 1 & 2 & 3 & 1 \\ 1 & 2 & 3 & -1 & -4 \\ 3 & -1 & -1 & -2 & -4 \\ 2 & 3 & -1 & -1 & -6 \end{array}\right) \begin{matrix} \times(-1) & \times(-3) & \times(-2) \end{matrix}$$

$$\rightarrow\left(\begin{array}{cccc:c} 1 & 1 & 2 & 3 & 1 \\ 0 & 1 & 1 & -4 & -5 \\ 0 & -4 & -7 & -11 & -7 \\ 0 & 1 & -5 & -7 & -8 \end{array}\right) \begin{matrix} \times(-1) & \times(4) & \times(-1) \end{matrix}$$

$$\rightarrow\left(\begin{array}{cccc:c} 1 & 0 & 1 & 7 & 6 \\ 0 & 1 & 1 & -4 & -5 \\ 0 & 0 & -3 & -27 & -27 \\ 0 & 0 & -6 & -3 & -3 \end{array}\right) \times\left(-\frac{1}{3}\right)$$

$$\rightarrow\left(\begin{array}{cccc:c} 1 & 0 & 1 & 7 & 6 \\ 0 & 1 & 1 & -4 & -5 \\ 0 & 0 & 1 & 9 & 9 \\ 0 & 0 & -6 & -3 & -3 \end{array}\right) \begin{matrix} \times(-1) & \times(-1) & \times(6) \end{matrix}$$

$$
\rightarrow \left(\begin{array}{cccc:c} 1 & 0 & 0 & -2 & -3 \\ 0 & 1 & 0 & -13 & -14 \\ 0 & 0 & 1 & 9 & 9 \\ 0 & 0 & 0 & 51 & 51 \end{array}\right) \begin{array}{l} \\ \\ \\ \times\left(\frac{1}{51}\right) \end{array}
$$

$$
\rightarrow \left(\begin{array}{cccc:c} 1 & 0 & 0 & -2 & -3 \\ 0 & 1 & 0 & -13 & -14 \\ 0 & 0 & 1 & 9 & 9 \\ 0 & 0 & 0 & 1 & 1 \end{array}\right) \begin{array}{l} \\ \\ \\ \times(-9)\quad \times(13)\quad \times(2) \end{array}
$$

$$
\rightarrow \left(\begin{array}{cccc:c} 1 & 0 & 0 & 0 & -1 \\ 0 & 1 & 0 & 0 & -1 \\ 0 & 0 & 1 & 0 & 0 \\ 0 & 0 & 0 & 1 & 1 \end{array}\right).
$$

于是方程组有唯一解 $x_1=-1, x_2=-1, x_3=0, x_4=1$.

例 2 解线性方程组

$$
\begin{cases} x_1 + 5x_2 - x_3 - x_4 = -1, \\ x_1 - 2x_2 \qquad\quad + 3x_4 = 3, \\ 3x_1 + 8x_2 - 2x_3 + x_4 = 1, \\ x_1 - 9x_2 + x_3 + 7x_4 = 7. \end{cases}
$$

解

$$
(\boldsymbol{A}\ \boldsymbol{b}) = \left(\begin{array}{cccc:c} 1 & 5 & -1 & -1 & -1 \\ 1 & -2 & 0 & 3 & 3 \\ 3 & 8 & -2 & 1 & 1 \\ 1 & -9 & 1 & 7 & 7 \end{array}\right)
$$

$$
\rightarrow \left(\begin{array}{cccc:c} 1 & 5 & -1 & -1 & -1 \\ 0 & -7 & 1 & 4 & 4 \\ 0 & -7 & 1 & 4 & 4 \\ 0 & -14 & 2 & 8 & 8 \end{array}\right)
$$

$$
\rightarrow \begin{pmatrix} 1 & 5 & -1 & -1 & \vdots & -1 \\ 0 & 1 & -\frac{1}{7} & -\frac{4}{7} & \vdots & -\frac{4}{7} \\ 0 & -7 & 1 & 4 & \vdots & 4 \\ 0 & -14 & 2 & 8 & \vdots & 8 \end{pmatrix}
$$

$$
\rightarrow \begin{pmatrix} 1 & 0 & -\frac{2}{7} & \frac{13}{7} & \vdots & \frac{13}{7} \\ 0 & 1 & -\frac{1}{7} & -\frac{4}{7} & \vdots & -\frac{4}{7} \\ 0 & 0 & 0 & 0 & \vdots & 0 \\ 0 & 0 & 0 & 0 & \vdots & 0 \end{pmatrix}.
$$

$r(\boldsymbol{A}\ \boldsymbol{b})=r(\boldsymbol{A})=2<4$，方程组有无穷多个解，同解方程组

$$
\begin{cases} x_1 = \frac{13}{7} + \frac{2}{7}x_3 - \frac{13}{7}x_4, \\ x_2 = -\frac{4}{7} + \frac{1}{7}x_3 + \frac{4}{7}x_4. \end{cases}
$$

x_3, x_4 为自由未知量，取 $x_3=c_1, x_4=c_2$(c_3, c_2 为任意常数，方程组的一般解为

$$
\begin{cases} x_1 = \frac{13}{7} + \frac{2}{7}c_1 - \frac{13}{7}c_2, \\ x_2 = -\frac{4}{7} + \frac{1}{7}c_1 + \frac{4}{7}c_2, \\ x_3 = c_1, \\ x_4 = c_2. \end{cases} \tag{1}
$$

如果采取不同的初等变换，可能得到不相同的表示形式，但它们是可以互相转化的，如果上面例子采用下面初等变换

$$
(\boldsymbol{A}\ \boldsymbol{b}) = \begin{pmatrix} 1 & 5 & -1 & -1 & \vdots & -1 \\ 1 & -2 & 0 & 3 & \vdots & 3 \\ 3 & 8 & -2 & 1 & \vdots & 1 \\ 1 & -9 & 1 & 7 & \vdots & 7 \end{pmatrix}
$$

$$\rightarrow\left(\begin{array}{cccc:c}1 & 5 & -1 & -1 & -1\\0 & -7 & 1 & 4 & 4\\0 & -7 & 1 & 4 & 4\\0 & -14 & 2 & 8 & 8\end{array}\right) \begin{array}{l}\times(1)\quad \times(-1)\quad \times(-2)\end{array}$$

$$\rightarrow\left(\begin{array}{cccc:c}1 & -2 & 0 & 3 & 3\\0 & -7 & 1 & 4 & 4\\0 & 0 & 0 & 0 & 0\\0 & 0 & 0 & 0 & 0\end{array}\right).$$

$$\begin{cases}x_1=3+2x_2-3x_4,\\x_3=4+7x_2-4x_4.\end{cases}$$

x_2,x_4 为自由未知量，取值 c_1，c_2（c_1，c_2 为任意常数），方程组的一般解为

$$\begin{cases}x_1 = 3 - 2c_1 - 3c_2,\\x_2 = c_1,\\x_3 = 4 + 7c_1 - 4c_2,\\x_4 = c_2.\end{cases}\tag{2}$$

(2)与(1)的形式不一样，但可以互相转化，事实上将后一种变换所得的增广矩阵进行下面的初等变换

$$\left(\begin{array}{cccc:c}1 & -2 & 0 & 3 & 3\\0 & -7 & 1 & 4 & 4\\0 & 0 & 0 & 0 & 0\\0 & 0 & 0 & 0 & 0\end{array}\right)\times\left(-\frac{1}{7}\right)$$

$$\rightarrow\left(\begin{array}{cccc:c}1 & -2 & 0 & 3 & 3\\0 & 1 & -\frac{1}{7} & -\frac{4}{7} & -\frac{4}{7}\\0 & 0 & 0 & 0 & 0\\0 & 0 & 0 & 0 & 0\end{array}\right)\times(2)$$

$$\rightarrow\left(\begin{array}{cccc:c}1 & 0 & -\frac{2}{7} & \frac{13}{7} & \frac{13}{7} \\ 0 & 1 & -\frac{1}{7} & -\frac{4}{7} & -\frac{4}{7} \\ 0 & 0 & 0 & 0 & 0 \\ 0 & 0 & 0 & 0 & 0\end{array}\right),$$

便得到前一种变换所得的增广矩阵.

例 3 解线性方程组

$$\begin{cases}x_1+2x_2+x_3+2x_4-2x_5+3x_6=1, \\ x_1+2x_2+2x_3+3x_4-3x_5-x_6=-4, \\ 3x_1+6x_2-x_3-x_4+x_5-2x_6=-4, \\ 2x_1+4x_2+3x_3-x_4+x_5-x_6=-6.\end{cases}$$

解

$$(\boldsymbol{A}\ \boldsymbol{b})=\left(\begin{array}{cccccc:c}1 & 2 & 1 & 2 & -2 & 3 & 1 \\ 1 & 2 & 2 & 3 & -3 & -1 & -4 \\ 3 & 6 & -1 & -1 & 1 & -2 & -4 \\ 2 & 4 & 3 & -1 & 1 & -1 & -6\end{array}\right)$$

$$\rightarrow\left(\begin{array}{cccccc:c}1 & 2 & 1 & 2 & -2 & 3 & 1 \\ 0 & 0 & 1 & 1 & -1 & -4 & -5 \\ 0 & 0 & -4 & -7 & 7 & -11 & -7 \\ 0 & 0 & 1 & -5 & 5 & -7 & -8\end{array}\right)$$

$$\rightarrow\left(\begin{array}{cccccc:c}1 & 2 & 0 & 1 & -1 & 7 & 6 \\ 0 & 0 & 1 & 1 & -1 & -4 & -5 \\ 0 & 0 & 0 & -3 & 3 & -27 & -27 \\ 0 & 0 & 0 & -6 & 6 & -3 & -3\end{array}\right)$$

$$\rightarrow\left(\begin{array}{cccccc:c}1 & 2 & 0 & 1 & -1 & 7 & 6 \\ 0 & 0 & 1 & 1 & -1 & -4 & -5 \\ 0 & 0 & 0 & 1 & -1 & 9 & 9 \\ 0 & 0 & 0 & -6 & 6 & -3 & -3\end{array}\right)$$

$$
\rightarrow\left(\begin{array}{cccccc:c}
1 & 2 & 0 & 0 & 0 & -2 & -3 \\
0 & 0 & 1 & 0 & 0 & -13 & -14 \\
0 & 0 & 0 & 1 & -1 & 9 & 9 \\
0 & 0 & 0 & 0 & 0 & 51 & 51
\end{array}\right)
\rightarrow\left(\begin{array}{cccccc:c}
1 & 2 & 0 & 0 & 0 & -2 & -3 \\
0 & 0 & 1 & 0 & 0 & -13 & -14 \\
0 & 0 & 0 & 1 & -1 & 9 & 9 \\
0 & 0 & 0 & 0 & 0 & 1 & 1
\end{array}\right)
\rightarrow\left(\begin{array}{cccccc:c}
1 & 2 & 0 & 0 & 0 & 0 & -1 \\
0 & 0 & 1 & 0 & 0 & 0 & -1 \\
0 & 0 & 0 & 1 & -1 & 0 & 0 \\
0 & 0 & 0 & 0 & 0 & 1 & 1
\end{array}\right).
$$

$\mathrm{r}(\boldsymbol{A}\ \boldsymbol{b})=\mathrm{r}(\boldsymbol{A})=4<6$，方程组有无穷多个解，同解方程组

$$
\begin{cases}
x_1=-1-2x_2, \\
x_3=-1, \\
x_4=x_5, \\
x_6=1.
\end{cases}
$$

x_2, x_5 为自由未知量，取 $x_2=c_1, x_5=c_2$（c_1, c_2 为任意常数），方程组的一般解为

$$
\begin{cases}
x_1=-1-2c_1, \\
x_2=c_1, \\
x_3=-1, \\
x_4=c_2, \\
x_5=c_2, \\
x_6=1.
\end{cases}
$$

例 4 解线性方程组

$$
\begin{cases}
x_1+x_2+2x_3+3x_4=1, \\
\qquad x_2+x_3-4x_4=4, \\
x_1+2x_2+3x_3-x_4=4, \\
2x_1+3x_2-x_3-x_4=-6.
\end{cases}
$$

解 $(\boldsymbol{A}\ \boldsymbol{b})=\left(\begin{array}{cccc:c}1 & 1 & 2 & 3 & 1\\0 & 1 & 1 & -4 & 4\\1 & 2 & 3 & -1 & 4\\2 & 3 & -1 & -1 & -6\end{array}\right)$

$$\rightarrow\left(\begin{array}{cccc:c}1 & 1 & 2 & 3 & 1\\0 & 1 & 1 & -4 & 4\\0 & 1 & 1 & -4 & 3\\0 & 1 & -5 & -7 & -8\end{array}\right)$$

$$\rightarrow\left(\begin{array}{cccc:c}1 & 0 & 1 & 7 & -3\\0 & 1 & 1 & -4 & 4\\0 & 0 & 0 & 0 & -1\\0 & 0 & -6 & -3 & -12\end{array}\right),$$

$\mathrm{r}(\boldsymbol{A})=3$, $\mathrm{r}(\boldsymbol{A}\ \boldsymbol{b})=4$，所以方程组无解.

例 5 a 取何值时，线性方程组

$$\begin{cases}x_1+x_2+x_3=a,\\ax_1+x_2+x_3=1,\\x_1+x_2+ax_3=1\end{cases}$$

有解，并求其解.

解

$$(\boldsymbol{A}\ \boldsymbol{b})=\left(\begin{array}{ccc:c}1 & 1 & 1 & a\\a & 1 & 1 & 1\\1 & 1 & a & 1\end{array}\right)\rightarrow\left(\begin{array}{ccc:c}1 & 1 & 1 & a\\0 & 1-a & 1-a & 1-a^2\\0 & 0 & a-1 & 1-a\end{array}\right).$$

(1)当 $a\neq 1$ 时，

$$\left(\begin{array}{ccc:c}1 & 1 & 1 & a\\0 & 1-a & 1-a & 1-a^2\\0 & 0 & a-1 & 1-a\end{array}\right)\rightarrow\left(\begin{array}{ccc:c}1 & 1 & 1 & a\\0 & 1 & 1 & 1+a\\0 & 0 & a-1 & 1-a\end{array}\right)$$

$$\rightarrow\left(\begin{array}{ccc:c}1 & 0 & 0 & -1\\0 & 1 & 1 & 1+a\\0 & 0 & a-1 & 1-a\end{array}\right)\rightarrow\left(\begin{array}{ccc:c}1 & 0 & 0 & -1\\0 & 1 & 1 & 1+a\\0 & 0 & 1 & -1\end{array}\right)$$

$$\rightarrow\left(\begin{array}{ccc:c}1 & 0 & 0 & -1\\0 & 1 & 0 & 2+a\\0 & 0 & 1 & -1\end{array}\right).$$

$r(\boldsymbol{A}\ \boldsymbol{b})=r(\boldsymbol{A})=3$，方程组有唯一解

$$x_1=-1,\quad x_2=2+a,\quad x_3=-1.$$

(2)当 $a=1$ 时，

$$(\boldsymbol{A}\ \boldsymbol{b})\to\begin{pmatrix}1&1&1&\vdots&1\\0&0&0&\vdots&0\\0&0&0&\vdots&0\end{pmatrix}.$$

$r(\boldsymbol{A}\ \boldsymbol{b})=r(\boldsymbol{A})=1<3$，方程组有无穷多个解. 设 x_2,x_3 为自由未知量，分别取值 c_1，c_2，(c_1，c_2 为任意常数)，方程组的一般解为

$$\begin{cases}x_1=1-c_1-c_2,\\x_2=c_1,\\x_3=c_2.\end{cases}$$

例 6 解线性方程组

$$\begin{cases}x_1-x_2+5x_3-x_4=0,\\x_1+x_2-2x_3+3x_4=0,\\3x_1-x_2+8x_3+x_4=0,\\x_1+3x_2-9x_3+7x_4=0.\end{cases}$$

解

$$(\boldsymbol{A}\ \boldsymbol{b})=\begin{pmatrix}1&-1&5&-1&\vdots&0\\1&1&-2&3&\vdots&0\\3&-1&8&1&\vdots&0\\1&3&-9&7&\vdots&0\end{pmatrix}$$

$$\to\begin{pmatrix}1&-1&5&-1&\vdots&0\\0&2&-7&4&\vdots&0\\0&2&-7&4&\vdots&0\\0&4&-14&8&\vdots&0\end{pmatrix}$$

$$\to\begin{pmatrix}1&-1&5&-1&\vdots&0\\0&1&-\frac{7}{2}&2&\vdots&0\\0&2&-7&4&\vdots&0\\0&4&-14&8&\vdots&0\end{pmatrix}\to\begin{pmatrix}1&0&\frac{3}{2}&1&\vdots&0\\0&1&-\frac{7}{2}&2&\vdots&0\\0&0&0&0&\vdots&0\\0&0&0&0&\vdots&0\end{pmatrix}.$$

$r(\boldsymbol{A}\ \boldsymbol{b})=r(\boldsymbol{A})=2<4$，方程有无穷多个解、同解方程组

$$\begin{cases} x_1 = -\frac{3}{2}x_3 - x_4, \\ x_2 = \frac{7}{2}x_3 - 2x_4. \end{cases}$$

方程组的一般解为

$$\begin{cases} x_1 = -\frac{3}{2}c_1 - c_2, \\ x_2 = \frac{7}{2}c_1 - 2c_2, \\ x_3 = c_1, \\ x_4 = c_2, \end{cases}$$

(c_1，c_2 为任意常数).

13.2 线性方程组解的结构

线性方程组 $\boldsymbol{Ax}=\boldsymbol{b}$，当 $\mathrm{r}(\boldsymbol{A}\ \boldsymbol{b})=\mathrm{r}(\boldsymbol{A})$ 且小于未知量个数 n 时，方程组有无穷多个解. 上节中对这种情况给出方程组的通解公式，这个公式是否代表了方程组的全部解呢？本节来讨论与这个问题有关的问题，即方程组解的结构.

13.2.1 齐次线性方程组解的结构

当线性方程组 $\boldsymbol{Ax}=\boldsymbol{b}$ 的常数项均为零时，称为齐次线性方程组. 其一般形式为

$$\begin{cases} a_{11}x_1 + a_{12}x_2 + \cdots + a_{1n}x_n = 0, \\ a_{21}x_1 + a_{22}x_2 + \cdots + a_{2n}x_n = 0, \\ \cdots\cdots\cdots\cdots \\ a_{m1}x_1 + a_{m2}x_2 + \cdots + a_{mn}x_n = 0, \end{cases}$$

其矩阵形式为 $\boldsymbol{Ax}=\boldsymbol{0}$.

其中

$$A=\begin{pmatrix} a_{11} & a_{12} & \cdots & a_{1n} \\ a_{21} & a_{22} & \cdots & a_{2n} \\ \vdots & \vdots & & \vdots \\ a_{m1} & a_{m2} & \cdots & a_{mn} \end{pmatrix}$$ 为系数矩阵；

$$\mathbf{0}=\begin{pmatrix} 0 \\ 0 \\ \vdots \\ 0 \end{pmatrix}$$ 为常数项矩阵，它是 $m\times 1$ 零矩阵(也叫做 m 维零列向量)；

$$\boldsymbol{x}=\begin{pmatrix} x_1 \\ x_2 \\ \vdots \\ x_n \end{pmatrix}$$ 为 n 元未知量，它是 $n\times 1$ 矩阵(也叫做 n 维列向量).

增广矩阵$(\boldsymbol{A}\ \mathbf{0})$的最后一列元素均为零，因而 $\mathrm{r}(\boldsymbol{A}\ \mathbf{0})=\mathrm{r}(\boldsymbol{A})$，方程组一定有解. n 个未知量全为零满足齐次线性方程组，称为零解. 当 $\mathrm{r}(\boldsymbol{A})=r=n$ 时，齐次线性方程组只有零解(唯一解)；当 $\mathrm{r}(\boldsymbol{A})=r<n$ 时，方程组有无穷多个解，因而除零解外还有非零解. 于是我们有以下定理.

定理 13.4 齐次线性方程组 $\boldsymbol{A}\boldsymbol{x}=\mathbf{0}$ 有非零解的充分必要条件是系数矩阵的秩 r 小于未知量个数 n.

推论 13.2 当齐次线性方程组的方程个数 $m=n$ 时，有非零解的充分必要条件是系数行列式等于零.

推论 13.3 当齐次线性方程组的方程个数 m 小于未知量个数 n 时，有非零解.

证 $\boldsymbol{A}$ 为 $m\times n$ 矩阵，当 $m<n$ 时

$$\mathrm{r}(\boldsymbol{A})\leqslant\min(m,n)=m<n,$$

所以齐次线性方程组有非零解.

定理 13.5 齐次线性方程组 $\boldsymbol{A}\boldsymbol{x}=\mathbf{0}$ 的解有下列性质：

(1)如果

$$u=\begin{pmatrix}u_1\\u_2\\\vdots\\u_n\end{pmatrix},\ v=\begin{pmatrix}v_1\\v_2\\\vdots\\v_n\end{pmatrix}$$

是齐次线性方程组的两个解，那么

$$u+v=\begin{pmatrix}u_1+v_1\\u_2+v_2\\\vdots\\u_n+v_n\end{pmatrix}$$

也是它的解.

(2)如果 u 是齐次线性方程组的解，c 是任意常数，那么

$$cu=\begin{pmatrix}cu_1\\cu_2\\\vdots\\cu_n\end{pmatrix}$$

也是它的解.

(3)如果

$$u_1=\begin{pmatrix}u_1^{(1)}\\u_2^{(1)}\\\vdots\\u_n^{(1)}\end{pmatrix},\ u_2=\begin{pmatrix}u_1^{(2)}\\u_2^{(2)}\\\vdots\\u_n^{(2)}\end{pmatrix},\ \cdots,\ u_t=\begin{pmatrix}u_1^{(t)}\\u_2^{(t)}\\\vdots\\u_n^{(t)}\end{pmatrix}$$

是齐次线性方程组的 t 个解，$c_1,c_2,\cdots,c_t$ 为任意常数，那么

$$u=c_1u_1+c_2u_2+\cdots+c_tu_t=\begin{pmatrix}c_1u_1^{(1)}+c_2u_1^{(2)}+\cdots+c_tu_1^{(t)}\\c_1u_2^{(1)}+c_2u_2^{(2)}+\cdots+c_tu_2^{(t)}\\\cdots\cdots\cdots\cdots\\c_1u_n^{(1)}+c_2u_n^{(2)}+\cdots+c_tu_n^{(t)}\end{pmatrix}$$

也是它的解.(称 u 为 $u_1,u_2,\cdots,u_t$ 的线性组合)

证明 (1)已知 $Au=0,Au=0$，由矩阵运算性质

$$A(u+v)=Au+Av=0+0=0,$$

所以 $u+v$ 也是 $Ax=0$ 的解.

(2)已知 $\boldsymbol{A}\boldsymbol{u}=\boldsymbol{0}$，

$$\boldsymbol{A}(c\boldsymbol{u})=c(\boldsymbol{A}\boldsymbol{u})=c\boldsymbol{0}=\boldsymbol{0},$$

所以 $c\boldsymbol{u}$ 也是 $\boldsymbol{A}\boldsymbol{x}=\boldsymbol{0}$ 的解.

(3)已知 $\boldsymbol{A}\boldsymbol{u}_i=\boldsymbol{0}(i=1,2,\cdots,t)$，由矩阵运算性质，有

$$\begin{aligned}\boldsymbol{A}\boldsymbol{u}&=\boldsymbol{A}(c_1\boldsymbol{u}_1+c_2\boldsymbol{u}_2+\cdots+c_t\boldsymbol{u}_t)\\&=c_1(\boldsymbol{A}\boldsymbol{u}_1)+c_2(\boldsymbol{A}\boldsymbol{u}_2)+\cdots+c_t(\boldsymbol{A}\boldsymbol{u}_t)=\boldsymbol{0},\end{aligned}$$

所以 $\boldsymbol{u}$ 也是 $\boldsymbol{A}\boldsymbol{x}=\boldsymbol{0}$ 的解.

定理 13.6 如果齐次线性方程组 $\boldsymbol{A}\boldsymbol{x}=\boldsymbol{0}$，系数矩阵的秩 r 小于未知量个数 n，则存在 $n-r$ 个解 $\boldsymbol{u}_1,\boldsymbol{u}_2,\cdots,\boldsymbol{u}_{n-r}$，使得它们的全体线性组合

$$\boldsymbol{u}=c_1\boldsymbol{u}_1+c_2\boldsymbol{u}_2+\cdots+c_{n-r}\boldsymbol{u}_{n-r}$$

($c_1,c_2,\cdots,c_{n-r}$为任意常数)构成齐次线性方程组的全部解(称 $\boldsymbol{u}_1,\boldsymbol{u}_2,\cdots,\boldsymbol{u}_{n-r}$为方程组 $\boldsymbol{A}\boldsymbol{x}=\boldsymbol{0}$ 的一个基础解系).

证明 齐次线性方程组 $\boldsymbol{A}\boldsymbol{x}=\boldsymbol{0}$ 的增广矩阵$(\boldsymbol{A}\ \boldsymbol{0})$可以经过若干初等行变换化为$(\boldsymbol{G}\ \boldsymbol{0})$形式，$\boldsymbol{G}$ 中有 r 列向量分别是

$$\begin{pmatrix}1\\0\\\vdots\\0\end{pmatrix},\quad\begin{pmatrix}0\\1\\\vdots\\0\end{pmatrix},\cdots,\begin{pmatrix}0\\0\\\vdots\\1\\\vdots\\0\end{pmatrix}(r\text{ 行}).$$

为了书写方便，设上述列向量依次在第一、二、…、r 列，于是

$$(\boldsymbol{G}\ \boldsymbol{0})=\begin{pmatrix}1&0&\cdots&0&g_{1r+1}&\cdots&g_{1n}&0\\0&1&\cdots&0&g_{2r+1}&\cdots&g_{2n}&0\\\vdots&\vdots&&\vdots&\vdots&&\vdots&\vdots\\0&0&\cdots&1&g_{rr+1}&\cdots&g_{rn}&0\\0&0&\cdots&0&0&\cdots&0&0\\\vdots&\vdots&&\vdots&\vdots&&\vdots&\vdots\\0&0&\cdots&0&0&\cdots&0&0\end{pmatrix}.$$

原方程组与下面方程组同解

$$\begin{cases} x_1 = -g_{1r+1}x_{r+1} - \cdots - g_{1n}x_n, \\ x_2 = -g_{2r+1}x_{r+1} - \cdots - g_{2n}x_n, \\ \cdots\cdots\cdots\cdots \\ x_r = -g_{rr+1}x_{r+1} - \cdots - g_{rn}x_n. \end{cases}$$

$x_{r+1}, x_{r+2}, \cdots, x_n$ 为 $n-r$ 个自由未知量. 分别取

$$\begin{pmatrix} x_{r+1} \\ x_{r+2} \\ \vdots \\ x_n \end{pmatrix} = \begin{pmatrix} 1 \\ 0 \\ \vdots \\ 0 \end{pmatrix}, \begin{pmatrix} 0 \\ 1 \\ \vdots \\ 0 \end{pmatrix}, \cdots, \begin{pmatrix} 0 \\ 0 \\ \vdots \\ 1 \end{pmatrix},$$

可得线性方程组的 $n-r$ 个解

$$\boldsymbol{u}_1 = \begin{pmatrix} -g_{1r+1} \\ -g_{2r+1} \\ \vdots \\ -g_{rr+1} \\ 1 \\ 0 \\ \vdots \\ 0 \end{pmatrix}, \boldsymbol{u}_2 = \begin{pmatrix} -g_{1r+2} \\ -g_{2r+2} \\ \vdots \\ -g_{rr+2} \\ 0 \\ 1 \\ \vdots \\ 0 \end{pmatrix}, \cdots, \boldsymbol{u}_{n+r} = \begin{pmatrix} -g_{1n} \\ -g_{2n} \\ \vdots \\ -g_{rn} \\ 0 \\ 0 \\ \vdots \\ 1 \end{pmatrix},$$

设 $\boldsymbol{u} = \begin{pmatrix} k_1 \\ k_2 \\ \vdots \\ k_n \end{pmatrix}$ 为线性方程组的任意解，则

$$\begin{cases} k_1 = -g_{1r+1}k_{r+1} - \cdots - g_{1n}k_n, \\ k_2 = -g_{2r+1}k_{r+1} - \cdots - g_{2n}k_n, \\ \cdots\cdots\cdots\cdots \\ k_r = -g_{rr+1}k_{r+1} - \cdots - g_{rn}k_n, \end{cases}$$

于是

$$
\boldsymbol{u}=\begin{pmatrix}
-g_{1r+1}k_{r+1}-g_{1r+2}k_{r+2}-\cdots-g_{1n}k_n\\
-g_{2r+1}k_{r+1}-g_{2r+2}k_{r+2}-\cdots-g_{2n}k_n\\
-g_{rr+1}k_{r+1}-g_{rr+2}k_{r+2}-\cdots-g_{rn}k_n\\
k_{r+1}\\
k_{r+2}\\
\ddots\\
k_n
\end{pmatrix}
$$

$$
=k_{r+1}\begin{pmatrix}-g_{1r+1}\\-g_{2r+1}\\\vdots\\-g_{rr+1}\\1\\0\\\vdots\\0\end{pmatrix}+k_{r+2}\begin{pmatrix}-g_{1r+2}\\-g_{2r+2}\\\vdots\\-g_{rr+2}\\0\\1\\\vdots\\0\end{pmatrix}+\cdots+k_n\begin{pmatrix}-g_{1n}\\-g_{2n}\\\vdots\\-g_{rn}\\0\\0\\\vdots\\1\end{pmatrix}
$$

$$
=k_{r+1}\boldsymbol{u}_1+k_{r+2}\boldsymbol{u}_2+\cdots+k_n\boldsymbol{u}_{n-r}.
$$

因此，线性方程组的解都可以写成 $\boldsymbol{u}_1,\boldsymbol{u}_2,\cdots,\boldsymbol{u}_{n-r}$的线性组合. 反之，由定理 13.5 知 $\boldsymbol{u}_1,\boldsymbol{u}_2,\cdots,\boldsymbol{u}_{n-r}$的线性组合都是线性方程组的解. 所以 $\boldsymbol{u}_1,\boldsymbol{u}_2,\cdots,\boldsymbol{u}_{n-r}$的全体线性组合构成齐次线性方程组$\boldsymbol{Ax}=\boldsymbol{0}$的全部解.

一般地，如果 $\boldsymbol{G}$ 中第 $j_1,j_2,\cdots,j_r$ 列向量分别为

$$
\begin{pmatrix}1\\0\\\vdots\\0\end{pmatrix},\quad\begin{pmatrix}0\\1\\\vdots\\0\end{pmatrix},\cdots,\begin{pmatrix}0\\0\\\vdots\\1\\\vdots\\0\end{pmatrix}\ (r\text{ 行}).
$$

那么 x_{j_1}，x_{j_2}，$\cdots$，x_{j_r}为非自由未知量，其余 $n-r$ 个未知量 x_{i_1}，x_{i_2}，$\cdots$，x_{n-r}为自由未知量，线性方程组与下面方程组同解，

$$
\begin{cases}
x_{j_1}=-g_{j_1 i_1}x_{i_1}-g_{j_1 i_2}x_{i_2}-\cdots-g_{j_1 i_{n-r}}x_{i_{n-r}},\\
x_{j_2}=-g_{j_2 i_1}x_{i_1}-g_{j_2 i_2}x_{i_2}-\cdots-g_{j_2 i_{n-r}}x_{i_{n-r}},\\
\cdots\cdots\cdots\cdots\\
x_{j_r}=-g_{j_r i_1}x_{i_1}-g_{j_r i_2}x_{i_2}-\cdots-g_{j_r i_{n-r}}x_{i_{n-r}}.
\end{cases}
$$

分别令

$$
\begin{pmatrix} x_{i_1}\\ x_{i_2}\\ \vdots\\ x_{i_{n-r}} \end{pmatrix}=\begin{pmatrix}1\\0\\ \vdots\\0\end{pmatrix},\begin{pmatrix}0\\1\\ \vdots\\0\end{pmatrix},\cdots,\begin{pmatrix}0\\0\\ \vdots\\1\end{pmatrix}
$$

解得

$$
\begin{pmatrix} x_{j_1}\\ x_{j_2}\\ \vdots\\ x_{j_r} \end{pmatrix}=\begin{pmatrix}-g_{j_1 i_1}\\-g_{j_2 i_1}\\ \vdots\\-g_{j_r i_1}\end{pmatrix},\begin{pmatrix}-g_{j_1 i_2}\\-g_{j_2 i_2}\\ \vdots\\-g_{j_r i_2}\end{pmatrix},\cdots,\begin{pmatrix}-g_{j_1 i_{n-r}}\\-g_{j_2 i_{n-r}}\\ \vdots\\-g_{j_r i_{n-r}}\end{pmatrix}.
$$

得到 $n-r$ 个解 $\boldsymbol{u}_1,\boldsymbol{u}_2,\cdots,\boldsymbol{u}_{n-r}$. 它们的全体线性组合构成齐次线性方程组的全部解.

例 1 求下面齐次线性方程组的一个基础解系.

$$
\begin{cases}
x_1+x_2+x_3+4x_4-3x_5=0,\\
x_1-x_2+3x_3-2x_4-x_5=0,\\
2x_1+x_2+3x_3+5x_4-5x_5=0,\\
3x_1+x_2+5x_3+6x_4-7x_5=0.
\end{cases}
$$

解

$$
(\boldsymbol{A}\ \boldsymbol{0})=\left(\begin{array}{ccccc:c}
1 & 1 & 1 & 4 & -3 & 0\\
1 & -1 & 3 & -2 & -1 & 0\\
2 & 1 & 3 & 5 & -5 & 0\\
3 & 1 & 5 & 6 & -7 & 0
\end{array}\right)
$$

$$
\to\left(\begin{array}{ccccc:c}
1 & 1 & 1 & 4 & -3 & 0\\
0 & -2 & 2 & -6 & 2 & 0\\
0 & -1 & 1 & -3 & 1 & 0\\
0 & -2 & 2 & -6 & 2 & 0
\end{array}\right)
$$

$$\to\left(\begin{array}{ccccc:c}1&1&1&4&-3&0\\0&1&-1&3&-1&0\\0&-1&1&-3&1&0\\0&-2&2&-6&2&0\end{array}\right)$$

$$\to\left(\begin{array}{ccccc:c}1&0&2&1&-2&0\\0&1&-1&3&-1&0\\0&0&0&0&0&0\\0&0&0&0&0&0\end{array}\right).$$

原方程组和下面方程组同解.

$$\begin{cases}x_1=-2x_3-x_4+2x_5,\\x_2=x_3-3x_4+x_5.\end{cases}$$

x_3,x_4,x_5 为自由未知量，分别取

$$\begin{pmatrix}x_3\\x_4\\x_5\end{pmatrix}=\begin{pmatrix}1\\0\\0\end{pmatrix},\ \begin{pmatrix}0\\1\\0\end{pmatrix},\ \begin{pmatrix}0\\0\\1\end{pmatrix},$$

得线性方程组的 3 个解

$$\boldsymbol{u}_1=\begin{pmatrix}-2\\1\\1\\0\\0\end{pmatrix},\ \boldsymbol{u}_2=\begin{pmatrix}-1\\-3\\0\\1\\0\end{pmatrix},\ \boldsymbol{u}_3=\begin{pmatrix}2\\1\\0\\0\\1\end{pmatrix}.$$

$\boldsymbol{u}_1,\boldsymbol{u}_2,\boldsymbol{u}_3$ 就是线性方程组的一个基础解系.

例 2 用基础解系表示下面齐次线性方程组的全部解.

$$\begin{cases}x_1-x_2+5x_3-x_4=0,\\x_1+x_2-2x_3+3x_4=0,\\3x_1-x_2+8x_3+x_4=0,\\x_1+3x_2-9x_3+7x_4=0.\end{cases}$$

解 $(\boldsymbol{A}\ \boldsymbol{0})=\left(\begin{array}{cccc:c}1 & -1 & 5 & -1 & 0\\ 1 & 1 & -2 & 3 & 0\\ 3 & -1 & 8 & 1 & 0\\ 1 & 3 & -9 & 7 & 0\end{array}\right)\rightarrow\left(\begin{array}{cccc:c}1 & -1 & 5 & -1 & 0\\ 0 & 2 & -7 & 4 & 0\\ 0 & 2 & -7 & 4 & 0\\ 0 & 4 & -14 & 8 & 0\end{array}\right)$

$$\rightarrow\left(\begin{array}{cccc:c}1 & -1 & 5 & -1 & 0\\ 0 & 1 & -\frac{7}{2} & 2 & 0\\ 0 & 2 & -7 & 4 & 0\\ 0 & 4 & -14 & 8 & 0\end{array}\right)\rightarrow\left(\begin{array}{cccc:c}1 & 0 & \frac{3}{2} & 1 & 0\\ 0 & 1 & -\frac{7}{2} & 2 & 0\\ 0 & 0 & 0 & 0 & 0\\ 0 & 0 & 0 & 0 & 0\end{array}\right).$$

原方程组与下面方程组同解

$$\begin{cases}x_1=-\frac{3}{2}x_3-x_4,\\ x_2=\frac{7}{2}x_3-2x_4.\end{cases}$$

x_3,x_4 为自由未知量，分别取

$$\begin{pmatrix}x_3\\ x_4\end{pmatrix}=\begin{pmatrix}1\\ 0\end{pmatrix},\ \begin{pmatrix}0\\ 1\end{pmatrix},$$

得线性方程组的一个基础解系

$$\boldsymbol{u}_1=\begin{pmatrix}-\frac{3}{2}\\ \frac{7}{2}\\ 1\\ 0\end{pmatrix},\ \boldsymbol{u}_2=\begin{pmatrix}-1\\ -2\\ 0\\ 1\end{pmatrix}.$$

齐次线性方程组的全部解可表示为

$$\boldsymbol{u}=c_1\begin{pmatrix}-\frac{3}{2}\\ \frac{7}{2}\\ 1\\ 0\end{pmatrix}+c_2\begin{pmatrix}-1\\ -2\\ 0\\ 1\end{pmatrix},$$

其中 c_1, c_2 为任意常数.

与 13.1 节例 6 比较，两例是同一个齐次线性方程组，例 6 中求得通解为

$$\begin{pmatrix} x_1 \\ x_2 \\ x_3 \\ x_4 \end{pmatrix} = \begin{pmatrix} -\frac{3}{2}c_1 - c_2 \\ \frac{7}{2}c_1 - 2c_2 \\ c_1 \\ c_2 \end{pmatrix} = c_1 \begin{pmatrix} -\frac{3}{2} \\ \frac{7}{2} \\ 1 \\ 0 \end{pmatrix} + c_2 \begin{pmatrix} -1 \\ -2 \\ 0 \\ 1 \end{pmatrix}$$

两例的结果一致.

13.2.2 非齐次线性方程组解的结构

与非齐次线性方程组 $\boldsymbol{Ax}=\boldsymbol{b}$ 的系数矩阵相同的齐次线性方程组 $\boldsymbol{Ax}=\boldsymbol{0}$ 称为非齐次线性方程组的导出组.

定理 13.7 非齐次线性方程组 $\boldsymbol{Ax}=\boldsymbol{b}$ 的解和它的导出组 $\boldsymbol{Ax}=\boldsymbol{0}$ 的解之间有下列性质：

(1)如果 $\boldsymbol{u}_1, \boldsymbol{u}_2$ 是 $\boldsymbol{Ax}=\boldsymbol{b}$ 的两个解，那么 $\boldsymbol{u}_1-\boldsymbol{u}_2$ 是其导出组 $\boldsymbol{Ax}=\boldsymbol{0}$的解.

(2)如果 $\boldsymbol{u}$ 是 $\boldsymbol{Ax}=\boldsymbol{b}$ 的解，$\boldsymbol{v}$ 是其导出组 $\boldsymbol{Ax}=\boldsymbol{0}$ 的解，那么 $\boldsymbol{u}+\boldsymbol{v}$ 是 $\boldsymbol{Ax}=\boldsymbol{b}$ 的解.

证明 (1)由于 $\boldsymbol{Au}_1=\boldsymbol{b}, \boldsymbol{Au}_2=\boldsymbol{b}$，于是

$$\boldsymbol{A}(\boldsymbol{u}_1-\boldsymbol{u}_2)=\boldsymbol{Au}_1-\boldsymbol{Au}_2=\boldsymbol{b}-\boldsymbol{b}=\boldsymbol{0},$$

所以 $\boldsymbol{u}_1-\boldsymbol{u}_2$ 是导出组 $\boldsymbol{Ax}=\boldsymbol{0}$ 的解.

(2)由于 $\boldsymbol{Au}=\boldsymbol{b}, \boldsymbol{Av}=\boldsymbol{0}$，于是

$$\boldsymbol{A}(\boldsymbol{u}+\boldsymbol{v})=\boldsymbol{Au}+\boldsymbol{Av}=\boldsymbol{b}+\boldsymbol{0}=\boldsymbol{b}$$

所以 $\boldsymbol{u}+\boldsymbol{v}$ 是 $\boldsymbol{Ax}=\boldsymbol{b}$ 的解.

定理 13.8 设非齐次线性方程组 $\boldsymbol{Ax}=\boldsymbol{b}$，$\mathrm{r}(\boldsymbol{A})=\mathrm{r}(\boldsymbol{A}\ \boldsymbol{b})=r$ 小于未知量个数 n，若 $\boldsymbol{u}_0$ 是 $\boldsymbol{Ax}=\boldsymbol{b}$ 的一个解，$\boldsymbol{v}_1, \boldsymbol{v}_2, \cdots, \boldsymbol{v}_{n-r}$是导出组 $\boldsymbol{Ax}=\boldsymbol{0}$ 的基础解系，则 $\boldsymbol{Ax}=\boldsymbol{b}$ 的全部解可以表示为

$$\boldsymbol{u}=\boldsymbol{u}_0+c_1\boldsymbol{v}_1+c_2\boldsymbol{v}_2+\cdots+c_{n-r}\boldsymbol{v}_{n-r},$$

$c_1, c_2, \cdots, c_{n-r}$为任意常数.

证明 由定理 13.6 知导出组 $\boldsymbol{Ax}=\boldsymbol{0}$ 的全部解可以表示为

$$\boldsymbol{v}=c_1\boldsymbol{v}_1+c_2\boldsymbol{v}_2+\cdots+c_{n-r}\boldsymbol{v}_{n-r},$$

$c_1,c_2,\cdots,c_{n-r}$为任意常数.

由定理 13.7 知

$$\boldsymbol{u}=\boldsymbol{u}_0+\boldsymbol{v}=\boldsymbol{u}_0+c_1\boldsymbol{v}_1+c_2\boldsymbol{v}_2+\cdots+c_{n-r}\boldsymbol{v}_{n-r}$$

是 $\boldsymbol{Ax}=\boldsymbol{b}$ 的解.

设 $\boldsymbol{u}$ 是方程组 $\boldsymbol{Ax}=\boldsymbol{b}$ 的任意解. 由定理 13.7 知，$\boldsymbol{u}-\boldsymbol{u}_0$ 是导出组 $\boldsymbol{Ax}=\boldsymbol{0}$ 的解，因而存在常数 $c_1,c_2,\cdots,c_{n-r}$ 使

$$\boldsymbol{u}-\boldsymbol{u}_0=c_1\boldsymbol{v}_1+c_2\boldsymbol{v}_2+\cdots+c_{n-r}\boldsymbol{v}_{n-r},$$

即

$$\boldsymbol{u}=\boldsymbol{u}_0+c_1\boldsymbol{v}_1+c_2\boldsymbol{v}_2+\cdots+c_{n-r}\boldsymbol{v}_{n-r},$$

所以方程组 $\boldsymbol{Ax}=\boldsymbol{b}$ 的全部解可以表示为

$$\boldsymbol{u}=\boldsymbol{u}_0+c_1\boldsymbol{v}_1+c_2\boldsymbol{v}_2+\cdots+c_{n-r}\boldsymbol{v}_{n-r},$$

$c_1,c_2,\cdots,c_{n-r}$为任意常数.

例 3 用基础解系表示下面线性方程组的全部解.

$$\begin{cases}x_1+5x_2-x_3-x_4=-1,\\ x_1-2x_2\quad\ +3x_4=3,\\ 3x_1+8x_2-2x_3+x_4=1,\\ x_1-9x_2+x_3+7x_4=7.\end{cases}$$

解

$$(\boldsymbol{A}\ \boldsymbol{b})=\begin{pmatrix}1&5&-1&-1&\vdots&-1\\1&-2&0&3&\vdots&3\\3&8&-2&1&\vdots&1\\1&-9&1&7&\vdots&7\end{pmatrix}$$

$$\to\begin{pmatrix}1&5&-1&-1&\vdots&-1\\0&-7&1&4&\vdots&4\\0&-7&1&4&\vdots&4\\0&-14&2&8&\vdots&8\end{pmatrix}$$

$$\to\left(\begin{array}{cccc:c}1 & 5 & -1 & -1 & -1\\ 0 & 1 & -\frac{1}{7} & -\frac{4}{7} & -\frac{4}{7}\\ 0 & -7 & 1 & 4 & 4\\ 0 & -14 & 2 & 8 & 8\end{array}\right)$$

$$\to\left(\begin{array}{cccc:c}1 & 0 & -\frac{2}{7} & \frac{13}{7} & \frac{13}{7}\\ 0 & 1 & -\frac{1}{7} & -\frac{4}{7} & -\frac{4}{7}\\ 0 & 0 & 0 & 0 & 0\\ 0 & 0 & 0 & 0 & 0\end{array}\right).$$

原方程组与下面方程组同解

$$\begin{cases}x_1=\dfrac{13}{7}+\dfrac{2}{7}x_3-\dfrac{13}{7}x_4,\\ x_2=-\dfrac{4}{7}+\dfrac{1}{7}x_3+\dfrac{4}{7}x_4.\end{cases}$$

x_3,x_4 为自由未知量. 让自由未知量 $x_3=x_4=0$，得方程组一个特解

$$\boldsymbol{u}_0=\begin{pmatrix}\frac{13}{7}\\ -\frac{4}{7}\\ 0\\ 0\end{pmatrix}.$$

原方程组的导出组与下面方程组同解

$$\begin{cases}x_1=\dfrac{2}{7}x_3-\dfrac{13}{7}x_4,\\ x_2=\dfrac{1}{7}x_3+\dfrac{4}{7}x_4.\end{cases}$$

x_3,x_4 为自由未知量. 令

$$\begin{pmatrix}x_3\\ x_4\end{pmatrix}=\begin{pmatrix}1\\ 0\end{pmatrix},\ \begin{pmatrix}0\\ 1\end{pmatrix},$$

得导出组的基础解系

$$\boldsymbol{v}_1=\begin{pmatrix}\frac{2}{7}\\ \frac{1}{7}\\ 1\\ 0\end{pmatrix},\ \boldsymbol{v}_2=\begin{pmatrix}-\frac{13}{7}\\ \frac{4}{7}\\ 0\\ 1\end{pmatrix}.$$

原方程组的全部解可表示为

$$\boldsymbol{u}=\boldsymbol{u}_0+c_1\boldsymbol{v}_1+c_2\boldsymbol{v}_2=\begin{pmatrix}\frac{13}{7}\\ -\frac{4}{7}\\ 0\\ 0\end{pmatrix}+c_2\begin{pmatrix}\frac{2}{7}\\ \frac{1}{7}\\ 1\\ 0\end{pmatrix}+c_2\begin{pmatrix}-\frac{13}{7}\\ \frac{4}{7}\\ 0\\ 1\end{pmatrix},$$

其中 c_1,c_2 为任意常数.

与 13.1 节例 2 比较，两例是同一个线性方程组，在例 2 中，方程组的通解为

$$\begin{pmatrix}x_1\\ x_2\\ x_3\\ x_4\end{pmatrix}=\begin{pmatrix}\frac{13}{7}+\frac{2}{7}c_1-\frac{13}{7}c_2\\ -\frac{4}{7}+\frac{1}{7}c_1+\frac{4}{7}c_2\\ c_1\\ c_2\end{pmatrix}$$

$$=\begin{pmatrix}\frac{13}{7}\\ -\frac{4}{7}\\ 0\\ 0\end{pmatrix}+c_1\begin{pmatrix}\frac{2}{7}\\ \frac{1}{7}\\ 1\\ 0\end{pmatrix}+c_2\begin{pmatrix}-\frac{13}{7}\\ \frac{4}{7}\\ 0\\ 1\end{pmatrix}.$$

两例结果一致. 这就回答了本节一开始提出的问题，即上节中给出线性方程组的通解公式(当方程组有无穷多个解的情况下)确实代表了方程组的全部解.

小　结

线性方程组的理论上需要解决三个问题，线性方程组有解的判定、解的个数以及求解方法.

本章首先将中学代数中解线性方程组的消元法，用对线性方程组的增广矩阵施行初等行变换来实现，从而引出用初等变换解线性方程组.

设线性方程组 $\boldsymbol{Ax}=\boldsymbol{b}$ 的系数矩阵 $\boldsymbol{A}$ 为 $m\times n$ 矩阵，$\mathrm{r}(\boldsymbol{A})=r$，则可以经过若干次初等行变换，将增广矩阵 $(\boldsymbol{A}\ \boldsymbol{b})$ 化为 $(\boldsymbol{G}\ \boldsymbol{d})$ 形式，$\boldsymbol{G}$ 中有 r 列向量分别为

$$\begin{pmatrix}1\\0\\\vdots\\0\end{pmatrix},\ \begin{pmatrix}0\\1\\\vdots\\0\end{pmatrix},\ \cdots,\ \begin{pmatrix}0\\0\\\vdots\\1\\\vdots\\0\end{pmatrix}(r\text{ 行}).$$

当 $r<m$ 时，$\boldsymbol{G}$ 中第 $r+1$ 行至第 m 行元素均为零. 从而得到定理 13.3，线性方程组 $\boldsymbol{Ax}=\boldsymbol{b}$.

(1)若 $\mathrm{r}(\boldsymbol{A})<\mathrm{r}(\boldsymbol{A}\ \boldsymbol{b})$（相当 $\boldsymbol{d}$ 中 $d_{r+1},\cdots,d_m$ 不全为零)，则方程组无解.

(2)若 $\mathrm{r}(\boldsymbol{A})=\mathrm{r}(\boldsymbol{A}\ \boldsymbol{b})=n$，则方程组有唯一解.

(3)若 $\mathrm{r}(\boldsymbol{A})=\mathrm{r}(\boldsymbol{A}\ \boldsymbol{b})<n$，则方程组有无穷多个解. 此时有 $n-r$ 个自由未知量，它们任意取一组值，可求得其余未知量的值，从而组成方程组的一个解.

(1)(2)(3)在理论上彻底解决了线性方程组有解的判定、解的个数以及求解方法.

第二节中讨论了线性方程组解的结构.

对齐次线性方程组 $\boldsymbol{Ax}=\boldsymbol{0}$，方程组有非零解的充分必要条件是 $\mathrm{r}(\boldsymbol{A})<n$（未知量个数），此时存在 $n-r$ 个解，$\boldsymbol{v}_1,\boldsymbol{v}_2,\cdots,\boldsymbol{v}_{n-r}$，称为基础解系，它们的全体线性组合组成齐次线性方程组的全部解.

对非齐次线性方程组 $\boldsymbol{Ax}=\boldsymbol{b}$，它的任一个特解 $\boldsymbol{u}_0$，分别与导出组 $\boldsymbol{Ax}=\boldsymbol{0}$ 的每一个解相加可以得到 $\boldsymbol{Ax}=\boldsymbol{b}$ 的全部解. 当 $\mathrm{r}(\boldsymbol{A})=\mathrm{r}(\boldsymbol{A}\ \boldsymbol{b})<n$ 时，导出组 $\boldsymbol{Ax}=\boldsymbol{0}$ 存在基础解系 $\boldsymbol{v}_1,\boldsymbol{v}_2,\cdots,\boldsymbol{v}_{n-r}$，于是

$$\boldsymbol{u}_0+c_1\boldsymbol{v}_1+c_2\boldsymbol{v}_2+\cdots+c_{n-r}\boldsymbol{v}_{n-r}$$

($c_1,c_2,\cdots,c_{n-r}$任意常数)构成 $\boldsymbol{Ax}=\boldsymbol{b}$ 的全部解.

习题十三

A

1. 用初等变换解下列线性方程组:

(1) $\begin{cases} 2x_1-x_2+3x_3=3, \\ 3x_1+x_2-5x_3=0, \\ 4x_1-x_2+x_3=3, \\ x_1+3x_2-13x_3=-6; \end{cases}$

(2) $\begin{cases} x_1-2x_2+x_3+x_4=1, \\ x_1-2x_2+x_3-x_4=-1, \\ x_1-2x_2+x_3-5x_4=5; \end{cases}$

(3) $\begin{cases} x_1-x_2+x_3-x_4=1, \\ x_1-x_2-x_3+x_4=0, \\ x_1-x_2-2x_3+2x_4=-\dfrac{1}{2}; \end{cases}$

(4) $\begin{cases} x_1-2x_2+3x_3-4x_4=4, \\ \qquad x_2-x_3+x_4=-3, \\ x_1+3x_2\qquad -3x_4=1 \\ \qquad -7x_2+3x_3+x_4=-1; \end{cases}$

(5) $\begin{cases} x_1-x_2+4x_3-2x_4=0, \\ x_1-x_2-x_3+2x_4=0, \\ 3x_1+x_2+7x_3-2x_4=0, \\ x_1-3x_2-12x_3+6x_4=0; \end{cases}$

(6) $\begin{cases} x_1-x_2+x_3=0, \\ 3x_1-2x_2-x_3=0, \\ 3x_1-x_2+5x_3=0, \\ -2x_1+2x_2+3x_3=0; \end{cases}$

$$
(7)\begin{cases}x_1+x_2\quad -3x_4-x_5=0,\\ x_1-x_2+2x_3-x_4\quad =0,\\ 4x_1-2x_2+6x_3+3x_4-4x_5=0,\\ 2x_1+4x_2-2x_3+4x_4-7x_5=0.\end{cases}
$$

2. 确定 a,b 的值使下列线性方程组有解，并求其解：

$$
(1)\begin{cases}2x_1-x_2+x_3+x_4=1,\\ x_1+2x_2-x_3+4x_4=2,\\ x_1+7x_2-4x_3+11x_4=a;\end{cases}
$$

$$
(2)\begin{cases}ax_1+x_2+x_3=1,\\ x_1+ax_2+x_3=a,\\ x_1+x_2+ax_3=a^2;\end{cases}
$$

$$
(3)\begin{cases}x_1+2x_2-2x_3+2x_4=2,\\ \quad x_2-x_3-x_4=1,\\ x_1+x_2-x_3+3x_4=a,\\ x_1-x_2+x_3+5x_4=b;\end{cases}
$$

$$
(4)\begin{cases}ax_1+bx_2+2x_3=1,\\ \quad (b-1)x_2+x_3=0,\\ ax_1+bx_2+(1-b)x_3=3-2b.\end{cases}
$$

3. 求下列齐次线性方程组的一个基础解系：

$$
(1)\begin{cases}x_1-2x_2+4x_3-7x_4=0,\\ 2x_1+x_2-2x_3+x_4=0,\\ 3x_1-x_2+2x_3-4x_4=0;\end{cases}
$$

$$
(2)\begin{cases}x_1-2x_2+x_3-x_4+x_5=0,\\ 2x_1+x_2-x_3+2x_4-3x_5=0,\\ 3x_1-2x_2-x_3+x_4-2x_5=0,\\ 2x_1-5x_2+x_3-2x_4+2x_5=0;\end{cases}
$$

$$
(3)\begin{cases}x_1-2x_2+4x_3+x_4-x_5=0,\\ 2x_1-x_2+2x_3-x_4+x_5=0,\\ x_1+2x_2-4x_3-5x_4+5x_5=0,\\ 3x_1-x_2+2x_3-2x_4-x_5=0.\end{cases}
$$

4. 用基础解系表示下列线性方程组的全部解：

(1) $\begin{cases} 2x_1-x_2+x_3-x_4=0, \\ 2x_1-x_2 \quad -3x_4=0, \\ \quad x_2+3x_3-6x_4=0, \\ 2x_1-2x_2-2x_3+5x_4=0; \end{cases}$

(2) $\begin{cases} x_1+x_2+x_3+x_4+x_5=7, \\ 3x_1+2x_2+x_3+x_4-3x_5=-2, \\ \qquad x_2+2x_3+2x_4+6x_5=23, \\ 5x_1+4x_2-3x_3+3x_4-x_5=12; \end{cases}$

(3) $\begin{cases} x_1+3x_2+5x_3-4x_4 \quad =1, \\ x_1+3x_2+2x_3-2x_4+x_5=-1, \\ x_1-2x_2+x_3-x_4-x_5=3, \\ x_1-4x_2+x_3+x_4-x_5=3, \\ x_1+2x_2+x_3-x_4+x_5=-1; \end{cases}$

(4) $\begin{cases} x_1+x_2+2x_3-4x_4+x_5=1, \\ 2x_1+2x_2-x_3+2x_4-3x_5=-3, \\ 3x_1+3x_2+x_3-2x_4-x_5=-2, \\ 2x_1+2x_2-2x_3+4x_4-4x_5=-4. \end{cases}$

5. 证明线性方程组

$$\begin{cases} x_1-x_2=a_1, \\ x_2-x_3=a_2, \\ x_3-x_4=a_3, \\ x_4-x_5=a_4, \\ x_5-x_1=a_5 \end{cases}$$

有解的充分必要条件是 $a_1+a_2+a_3+a_4+a_5=0$，并在有解的情况下，求它的通解公式.

B

1. $\lambda=($ $)$，下面线性方程组有唯一解.

$$\begin{cases}x_1+x_2+x_3=\lambda-1,\\ 2x_2-x_3=\lambda-2,\\ x_3=\lambda-3,\\ (\lambda-1)x_3=-(\lambda-3)(\lambda-1).\end{cases}$$

A. 1　　B. 2　　C. 3　　D. 4

2. $\lambda=$(　)，下面线性方程组有无穷多个解.

$$\begin{cases}x_1+2x_2-x_3=\lambda-1,\\ 3x_2-x_3=\lambda-2,\\ \lambda x_2-x_3=(\lambda-3)(\lambda-4)+(\lambda-2).\end{cases}$$

A. 1　　B. 2　　C. 3　　D. 4

3. $\lambda=$(　)，下面线性方程组无解.

$$\begin{cases}x_1+2x_2-x_3=4,\\ x_2+2x_3=2,\\ (\lambda-1)(\lambda-2)x_3=(\lambda-3)(\lambda-4).\end{cases}$$

A. 1　　B. 2　　C. 3　　D. 4

4. 齐次线性方程组 $\boldsymbol{Ax}=\boldsymbol{0}$ 是线性方程组 $\boldsymbol{Ax}=\boldsymbol{b}$ 的导出组，则(　　).

A. $\boldsymbol{Ax}=\boldsymbol{0}$ 只有零解时，$\boldsymbol{Ax}=\boldsymbol{b}$ 有唯一解

B. $\boldsymbol{Ax}=\boldsymbol{0}$ 有非零解时，$\boldsymbol{Ax}=\boldsymbol{b}$ 有无穷多个解

C. $\boldsymbol{v}$ 是 $\boldsymbol{Ax}=\boldsymbol{0}$ 的通解，$\boldsymbol{u}_0$ 是 $\boldsymbol{Ax}=\boldsymbol{b}$ 的特解时，$\boldsymbol{u}_0+\boldsymbol{v}$ 是 $\boldsymbol{Ax}=\boldsymbol{b}$ 的通解

D. $\boldsymbol{u}_1,\boldsymbol{u}_2$ 是 $\boldsymbol{Ax}=\boldsymbol{b}$ 的解时，$\boldsymbol{u}_1-\boldsymbol{u}_2$ 是 $\boldsymbol{Ax}=\boldsymbol{0}$ 的解

E. $\boldsymbol{Ax}=\boldsymbol{b}$ 有唯一解时，$\boldsymbol{Ax}=\boldsymbol{0}$ 只有零解

F. $\boldsymbol{Ax}=\boldsymbol{b}$ 有无穷多个解时，$\boldsymbol{Ax}=\boldsymbol{0}$ 有非零解

5. 矩阵 $\boldsymbol{A}_{m\times n}$ 有 $\mathrm{r}(\boldsymbol{A})=r$，则(　　).

A. 齐次线性方程组 $\boldsymbol{Ax}=\boldsymbol{0}$ 有非零解当且仅当 $r<n$

B. 线性方程组 $\boldsymbol{Ax}=\boldsymbol{b}$ 有解当且仅当 $\mathrm{r}(\boldsymbol{A}\ \boldsymbol{b})=r$

C. 当 $r<n$ 时，齐次线性方程组 $\boldsymbol{Ax}=\boldsymbol{0}$ 的基础解系含 $n-r$ 个解

D. 当 $\mathrm{r}(\boldsymbol{A}\ \boldsymbol{b})=r<m$ 时，线性方程组 $\boldsymbol{Ax}=\boldsymbol{b}$ 有无穷多个解

参 考 答 案

习题一

1. (1) $\sqrt{3}x-3y-8\sqrt{3}-6=0$; (2) $x=-2$;

(3) $4x+y-7=0$; (4) $2x+y-6=0$;

(5) $y=2$; (6) $\frac{x}{4}-\frac{y}{3}=1$.

2. $6x-5y-1=0$.

3. (1)相交;(2)重合;(3)平行;(4)相交.

4. $a=2$ 或 $a=\frac{46}{3}$.

5. 5(平方单位).

6. (1) $(x+1)^2+(y-2)^2=16$; (2) $(x-8)^2+(y+3)^2=25$.

7. 圆心是$(2,-3)$,半径为 7.

8. (1) $\frac{8}{3}\pi$; (2) $\frac{20}{3}\pi$.

9. (1) $\frac{x^2}{20}+\frac{y^2}{8}=1$; (2) $\frac{x^2}{9}+y^2=1$ 及 $\frac{x^2}{9}+\frac{y^2}{81}=1$.

10. (1) $\frac{x^2}{25}-\frac{y^2}{16}=1$; (2) $\frac{y^2}{9}-\frac{x^2}{16}=1$.

11. (1)对称轴是 x 轴,顶点在原点,开口朝向 x 轴的正向,焦点 $F\left(\frac{3}{2},0\right)$,准线 $x=-\frac{3}{2}$;

(2)对称轴是 y 轴,顶点在原点,开口朝向 y 轴的正向,焦点 $F\left(0,\frac{1}{2}\right)$,准线 $y=-\frac{1}{2}$.

12. (1) $2x-y-7=0$,直线;

(2) $\frac{x^2}{16}+\frac{y^2}{9}=1$，椭圆；

(3) $\frac{x^2}{a^2}-\frac{y^2}{b^2}=1$ $(ab\neq 0)$，双曲线；

(4) $y^2=2px$ $(p>0)$，抛物线.

13. $\begin{cases}x=2\cos\varphi,\\ y=4\sin\varphi.\end{cases}$ (φ是参数)

习题二

A

1. 略.

2. xy 面上的垂足$(x_0,y_0,0)$，yz 面上的垂足$(0,y_0,z_0)$；
zx 面上的垂足$(x_0,0,z_0)$，x 轴上的垂足$(x_0,0,0)$；
y 轴上的垂足$(0,y_0,0)$，z 轴上的垂足$(0,0,z_0)$.

3. $O(0,0,0)$，$A(1,0,0)$，$B(1,1,0)$，$C(0,1,0)$，
$D(0,0,1)$，$E(1,0,1)$，$F(1,1,1)$，$G(0,1,1)$.

4. $A\left(\frac{\sqrt{2}}{2}a,0,0\right)$，$B\left(0,\frac{\sqrt{2}}{2}a,0\right)$，$C\left(-\frac{\sqrt{2}}{2}a,0,0\right)$，

$D\left(0,-\frac{\sqrt{2}}{2}a,0\right)$，$E\left(\frac{\sqrt{2}}{2}a,0,a\right)$，$F\left(0,\frac{\sqrt{2}}{2}a,a\right)$，

$G\left(-\frac{\sqrt{2}}{2}a,0,a\right)$，$H\left(0,-\frac{\sqrt{2}}{2}a,a\right)$.

5. $\overrightarrow{OA}=\overrightarrow{EF}=-\overrightarrow{BC}=-\overrightarrow{OD}$，$\overrightarrow{OB}=\overrightarrow{FA}=-\overrightarrow{CD}=-\overrightarrow{OE}$，
$\overrightarrow{OC}=\overrightarrow{AB}=-\overrightarrow{DE}=-\overrightarrow{OF}$.

6. $\overrightarrow{AB}=\frac{1}{2}(\boldsymbol{a}-\boldsymbol{b})$，$\overrightarrow{BC}=\frac{1}{2}(\boldsymbol{a}+\boldsymbol{b})$，$\overrightarrow{CD}=-\frac{1}{2}(\boldsymbol{a}-\boldsymbol{b})$，

$\overrightarrow{DA}=-\frac{1}{2}(\boldsymbol{a}+\boldsymbol{b})$.

7. $\overrightarrow{EF}=3\boldsymbol{a}+3\boldsymbol{b}-5\boldsymbol{c}$.

8. $B(3,4,4)$.

9. $3\boldsymbol{a}-2\boldsymbol{b}+\boldsymbol{c}=\{3,22,-1\}$，$5\boldsymbol{a}+6\boldsymbol{b}-\boldsymbol{c}=\{49,34,33\}$.

10. 模是 2，方向余弦是$-\frac{1}{2}$，$-\frac{\sqrt{2}}{2}$，$\frac{1}{2}$，方向角是$\frac{2}{3}\pi$，$\frac{4}{3}\pi$，$\frac{\pi}{3}$.

11. $\frac{\pi}{3}$，$\frac{\pi}{4}$，$\frac{\pi}{3}$.

12. $\left(1,\ \frac{5}{3},\ \frac{1}{3}\right)$.

13. $AB=\sqrt{149}$，中线长$\frac{1}{2}\sqrt{301}$，重心$\left(6,\ 3,\ \frac{20}{3}\right)$.

14. $\boldsymbol{a}\cdot\boldsymbol{b}=3$，$(3\boldsymbol{a}+2\boldsymbol{b})\cdot(2\boldsymbol{a}-5\boldsymbol{b})=-19$.

15. (1) -18；(2) $\frac{3}{4}\pi$.

16. 证明略，$\angle B=45°$.

17. 15.

18. (1) $\boldsymbol{a}\times\boldsymbol{b}=\{-2,-1,-2\}$，$\boldsymbol{b}\times\boldsymbol{a}=\{2,1,2\}$；(2) 3.

19. $\frac{1}{2}\sqrt{19}$.

20. $\left\{\frac{3}{\sqrt{17}},\ -\frac{2}{\sqrt{17}},\ -\frac{2}{\sqrt{17}}\right\}$，$\left\{-\frac{3}{\sqrt{17}},\ \frac{2}{\sqrt{17}},\ \frac{2}{\sqrt{17}}\right\}$.

B

1. Ⅳ，(1，−2，−3)，Ⅷ，(−1，2，−3)，Ⅵ.

2. $\boldsymbol{a}+\boldsymbol{b}$，$\boldsymbol{b}$.

3. $\boldsymbol{a}+\boldsymbol{b}+\boldsymbol{c}$.

4. $\{-1,\ -3,\ 3\}$.

5. $\left\{\frac{6}{11},\frac{7}{11},-\frac{6}{11}\right\}$.

6. D.

7. B.

8. B.

9. B.

10. A.

习题三

A

1. $2x-8y+z-1=0$.

2. $x+2y+3z-14=0$.

3. $x-3y+2z=0$.

4. $x+y-3z-4=0$.

5. (1)$y+5=0$; (2)$x+3y=0$;

(3)$z-3=0$.

6. $x+y+z-3=0$.

7. (1)互相垂直;(2)平行;(3)重合.

8. -6.

9. $\frac{1}{3}$.

10. $\frac{\pi}{3}$.

11. $\frac{\sqrt{3}}{3}$.

12. $\frac{7}{2}$.

13. x 轴:$\frac{x}{1}=\frac{y}{0}=\frac{z}{0}$, $\begin{cases}y=0,\\z=0;\end{cases}$

y 轴:$\frac{x}{0}=\frac{y}{1}=\frac{z}{0}$, $\begin{cases}x=0,\\z=0;\end{cases}$

z 轴:$\frac{x}{0}=\frac{y}{0}=\frac{z}{1}$, $\begin{cases}x=0,\\y=0.\end{cases}$

14. $\frac{x-1}{2}=\frac{y+2}{1}=\frac{z-3}{-7}$.

15. $\frac{x-3}{1}=\frac{y+2}{-1}=\frac{z-1}{1}$.

16. (1)$\frac{x}{1}=\frac{y}{1}=\frac{z}{1}$;

(2)$\frac{x-1}{1}=\frac{y-1}{0}=\frac{z-1}{0}$, $\frac{x-1}{0}=\frac{y-1}{1}=\frac{z-1}{0}$,

$\frac{x-1}{0}=\frac{y-1}{0}=\frac{z-1}{1}$.

17. $\frac{x}{1}=\frac{y}{2}=\frac{z}{-3}$, $\begin{cases}x=t,\\y=2t,\\z=-3t,\end{cases}$ $\left(-\frac{2}{7},-\frac{4}{7},\frac{6}{7}\right)$.

18. $\frac{x-3}{-2}=\frac{y}{1}=\frac{z+2}{3}$, $\begin{cases}x=3-2t,\\y=t,\\z=-2+3t.\end{cases}$

19. 6.

20. (1)垂直;(2)平行.

21. $\frac{\pi}{3}$.

22. $(-3, 0, 4)$.

23. (1)平行;(2)垂直;(3)直线在平面上.

24. 0.

25. $x-y+z=0$.

26. $4x+6y+5z-1=0$.

27. $\frac{x-2}{-7}=\frac{y+3}{-10}=\frac{z-4}{6}$.

28. $\frac{x-1}{-2}=\frac{y-2}{3}=\frac{z-3}{-1}$.

B

1. $z=0, x=0, y=0$.

2. (1)yz 面;(2)垂直于 y 轴(或平行于 zx 面);
(3)平行于 z 轴;(4)过 y 轴;(5)过原点.

3. $\frac{|Ax_0+By_0+cz_0+D|}{\sqrt{A^2+B^2+C^2}}$.

4. (1)$z=3$;(2)$x=1$;(3)$y=2$.

5. (1)$\frac{x-1}{1}=\frac{y-2}{0}=\frac{z-3}{0}$;(2)$\frac{x-1}{0}=\frac{y-2}{1}=\frac{z-3}{0}$;
(3)$\frac{x-1}{0}=\frac{y-2}{0}=\frac{z-3}{1}$.

6. $\frac{x-1}{1}=\frac{y-2}{2}=\frac{z-3}{3}$.

7. $\{1,1,-2\}$.

8. B.

9. C.

10. D.

11. D.

12. D.

13. B.

14. D.

习题四

A

1. 球心在(1，−2，4)半径为 5 的球面.

2. (1)(6，−2，3)，7；(2)(−1，7，−4)，6；

(3)(−5，0，0)，5.

3. (1)$x^2+y^2+z^2-2x-6y+4z=0$；

(2)$x^2+y^2+z^2-8y+2z-4=0$；

(3)$x^2+y^2+z^2-\frac{7}{2}x-2y-\frac{3}{2}z=0$.

4. 点 A 在球面上，点 B 在球面外部，点 C 在球面内部.

5. 球心(6，−2，3)到平面的距离 4 小于球面的半径 5，所以相交，交线圆的一般方程为

$$\begin{cases}x^2+y^2+z^2-12x+4y-6z+24=0,\\2x+2y+z+1=0.\end{cases}$$

6. (1)在平面：平行于 y 轴的直线，

在空间：平行于 yz 面的平面；

(2)在平面：直线，

在空间：平行于 z 轴的平面；

(3)在平面：圆，

在空间：母线平行于 z 轴的直圆柱面；

(4)在平面：双曲线，

在空间：母线平行于 z 轴的双曲柱面；

(5)在平面：椭圆，

在空间：母线平行于 z 轴的椭圆柱面；

(6)在平面：二相交直线(相交于原点)，

在空间：二相交平面(相交于 z 轴).

7. (1)直圆柱面，母线平行于 z 轴，准线 $\begin{cases}(x-1)^2+(y-1)^2=1,\\ z=0;\end{cases}$

(2)双曲柱面，母线平行于 z 轴，准线 $\begin{cases}\dfrac{x^2}{9}-\dfrac{y^2}{4}=1,\\ z=0;\end{cases}$

(3)抛物柱面，母线平行于 x 轴，准线 $\begin{cases}y^2-z=0,\\ x=0;\end{cases}$

(4)椭圆柱面，母线平行于 y 轴，准线 $\begin{cases}\dfrac{x^2}{9}+\dfrac{z^2}{4}=1,\\ y=0.\end{cases}$

8. $x^2+y^2+z^2=9$,球面.

9. $x^2+y^2=5z$，旋转抛物面.

10. $x^2+y^2-4z^2=0$,直圆锥面.

B

1. $(1,-2,-1)$，$\sqrt{6}$.

2. 抛物柱面，z 轴.

3. $\begin{cases}x^2+y^2+z^2=4,\\ x+y+z+1=0.\end{cases}$

4. B.

5. D.

6. B.

习题五

A

1. (1)相同，因为函数的二要素一样；

(2)不同，因为定义域不同，前者 $x\neq 2$. 后者无此限制；

(3)不同，因为对应法则不同，前者实为 $y=|x|$，而 $|x|$ 与 x 不

是恒等的；

(4)相同，因为 $\sin 2x \equiv 2\sin x\cos x$.

2. $f(0)=-9, f(1)=-6, f(2)=-1, f(-2)=-9$.

3. $f(-1)=0, f(-0.01)=-4, f(100)=4$.

4. $f(0.9)=1, f(0.99)=1, f(1)=2$.

5. $f(0)=0, f(-1)=0, f(1)=1, f(-\pi)=1-\pi$.

6. $f(-x)=\dfrac{1+x}{1-x}, f(\dfrac{1}{x})=\dfrac{x-1}{x+1}, f[f(x)]=x$.

7. (1) $-\infty<x<+\infty$；(2) $|x|\leqslant 1$； (3) $x\neq -3$ 与 $x\neq 2$；

(4) $|x|\leqslant 6$； (5) $|x|\geqslant 4$；

(6) $x>0$ 且 $x\neq k(k=1,2,3,\cdots)$； (7) $|x|>2$；

(8) $-1\leqslant x\leqslant 2$.

8. $y=\begin{cases}10, x\in(0, 10],\\ 10+1(x-10), x\in(10, 15],\\ 15+1.5(x-15), x>15.\end{cases}$

9. 面积 $A=h\sqrt{(2r)^2-h^2}$.

10. 体积 $V=\dfrac{1}{3}\pi[r^2-(h-r)^2]h$.

12. (1)减；(2)减；(3)减；(4)增.

13. (1)偶；(2)偶；(3)奇；(4)奇；(5)奇；(6)偶.

15. (1) $y=x^{\frac{1}{3}}$； (2) $y=\dfrac{x-1}{x+1}$； (3) $y=10^{x-2}-1$； (4) $y=-\sqrt{x}$.

16. (1)周期 $T=\pi$；(2) $T=4\pi$

17. (1) $f(x)=\dfrac{1}{1+x^2}$；(2) $f(x)=\sin^2 x$；(3) $f(x)=e^{\frac{1}{x^2}}$；

(4) $f(x)=\lg\cos x$.

18. (1) $y=e^u, u=-x^2$；

(2) $y=u^2, u=\sin x$；

(3) $y=u^5, u=1+\sin x$；

(4) $y=\cos u, u=1+x^2$；

(5) $y=\lg u, u=\tan v, v=x^2$；

(6) $y=\arcsin u, u=\dfrac{1}{v}, v=\sqrt{s}, s=1-x^2$.

19. $y=2^x-1$ 的图形是将 $y=2^x$ 的图形往下平移一个单位.

$y=2^{-x}+1$ 的图形是将 $y=2^{-x}$的图形往上平移一个单位. 而 $y=2^{-x}$的图形与 $y=2^x$ 的图形关于 y 轴对称.

20. 略.

21. 略.

B

1. A,D. 2. A,C.
3. D. 4. A.
5. A,C,D. 6. A,C.
7. A,B,C,D. 8. B,C,D.
9. B,C,D. 10. D.

习题六

A

1. (1)$\frac{2}{3}$, $\frac{2}{9}$, $\frac{2}{27}$, $\frac{2}{81}$, $\frac{2}{243}$;

(2)$\frac{1}{3}$, $\frac{2}{5}$, $\frac{3}{7}$, $\frac{4}{9}$, $\frac{5}{11}$;

(3)2, $\frac{9}{4}$, $\frac{64}{27}$, $\frac{625}{256}$, $\frac{7\,776}{3\,125}$;

(4)1, $-\frac{1}{2}$, $\frac{1}{3}$, $-\frac{1}{4}$, $\frac{1}{5}$;

(5)0, 1, 0, $\frac{2}{4}$, 0, $\frac{2}{6}$;

(6)1, $\frac{\sqrt{2}}{2}$, $\frac{1}{\sqrt[3]{6}}$, $\frac{1}{\sqrt[4]{24}}$, $\frac{1}{\sqrt[5]{120}}$.

2. (1)$y_n=1-\frac{1}{2^n}$; (2)$y_n=\frac{1}{2}+\frac{1}{2^2}+\cdots+\frac{1}{2^n}$;

(3)$y_n=(-1)^n\frac{2n-1}{2n+1}$; (4)$y_n=\frac{1+(-1)^n}{2n}$;

(5) $y_n=\begin{cases}\dfrac{1}{n}. n=1,3,5,\cdots\\ \dfrac{n+1}{n}, n=2,4,6,\cdots\end{cases}$

5. $\lim\limits_{x\to 0^-}f(x)=1$，$\lim\limits_{x\to 0^+}f(x)=0$.

6. $\lim\limits_{x\to 1^-}f(x)=1$，$\lim\limits_{x\to 1^+}f(x)=2$.

7. 不存在，因为 $\lim\limits_{x\to 0^-}\dfrac{|x|}{x}=-1$ 而 $\lim\limits_{x\to 0^+}\dfrac{|x|}{x}=1$，左、右极限不相等.

8. (1)12； (2)$\dfrac{1}{4}$； (3)$\dfrac{2}{3}$； (4)$\dfrac{3}{4}$；

(5)$\dfrac{1}{2}$； (6)3； (7)-2； (8)-5；

(9)$\dfrac{1}{2\sqrt{x}}$； (10)$\dfrac{1}{2}$； (11)$\dfrac{1-b}{1-a}$； (12)$\dfrac{1}{3}$.

11. 1.

12. (1)$0.\dot{7}=\dfrac{7}{9}$； (2)$2.\dot{3}\dot{7}=2\dfrac{37}{99}$； $0.\dot{5}1\dot{2}=\dfrac{512}{999}$；

13. (1)1； (2)$\dfrac{2}{3}$； (3)$\dfrac{1}{2}$.

14. (1)3； (2)3； (3)$-\dfrac{1}{2}$； (4)$\dfrac{1}{4}$；

(5)5； (6)0； (7)2； (8)4；

(9)$(-1)^{m-n}\dfrac{m}{n}$； (10)e^2； (11)e； (12)e^{-1}；

(13)e^3； (14)e^{-1}.

15. (1)，(3)，(4)，(5)，(7)是无穷小量，

(2)，(6)是无穷大量.

20. (1)$x=1$ 是第二类间断点；

(2)$x=k\pi$(k 为整数)是第二类间断点；

(3)$x=0$ 是第一类间断点且是跳跃的；

(4)$x=0$ 是第一类间断点且是可去的.

21. (1)$f(0)=1$， $f(0)=0$.

B

1. A,D.
2. A,B,C; C.
3. A,B.
4. A,C,D.
5. A,B,C.
6. C,D.
7. A,B.
8. B.
9. A,B,C.

习题七

A

1. (a)斜率为 3； (b)斜率为 2.1； (c)斜率为 $2+\Delta x$.

2. (a)$v_{平均}=37$ 米/秒； (b)$v_{平均}=32.5$ 米/秒；

   (c)$v_{平均}=32.05$ 米/秒， $v_{t=3}=32$ 米/秒.

3. (1)提示：利用公式 $\cos x-\cos x_0=-2\sin\dfrac{x+x_0}{2}\sin\dfrac{x-x_0}{2}$；

   (4)提示：利用公式 $\tan x-\tan x_0=\dfrac{\sin(x-x_0)}{\cos x\cos x_0}$.

4. (1)在 $x=0$ 处不可导，因为 $f'_-(0)=-1, f'_+(0)=1$；

   (2)在 $x=1$ 处不可导，因为 $f'_-(1)=1, f'_+(1)=2$；

   (3)在 $x=0$ 处可导，$f'(0)=0$；

   (4)在 $x=0$ 处可导，$f'(0)=1$.

5. $y'(0)=3$， $y'(-0.5)=8$， $y'(3)=-27$.

6. $y'(1)=28$， $y'(2)=0$， $y'(4)=16$.

7. (1)$y'=10x-6$； (2)$y'=\dfrac{1}{\sqrt{x}}-\dfrac{1}{\sqrt[5]{x^4}}$；

   (3)$y'=-\dfrac{3x^2+1}{2x\sqrt{x}}$； (4)$y'=6x^2(2x-1)$；

   (5)$y'=2\dfrac{(x^2+1)}{(1-x^2)^2}$； (6)$y'=\dfrac{3x(2-x^3)}{(1+x^3)^2}$；

   (7)$y'=x(2\ln x+1)$； (8)$y'=3\cos x-x\sin x$；

(9) $y'=\dfrac{2(1-\cos x-x\sin x)}{(1-\cos x)^2}$;

(10) $y'=\dfrac{-2\cos^2 x-\cos x\sin x+2x-1}{\cos^2 x(1+\tan x)^2}$.

8. (1) $2x+3.5$; (2) $-\dfrac{1}{x^2}+\dfrac{9}{x^4}$;

(3) $\dfrac{1}{2\sqrt{x}}-\dfrac{1}{3\sqrt[3]{x^2}}$; (4) $-\dfrac{1}{x^2}+\dfrac{1}{\sqrt{x^3}}-\dfrac{1}{\sqrt[3]{x^4}}$;

(5) $\dfrac{-a^2}{(x^2-a^2)^{\frac{3}{2}}}$; (6) $\dfrac{2\sqrt{x}+1}{4\sqrt{x}\sqrt{x\sqrt{x}}}$;

(7) $-6\sin 2x-\dfrac{2}{3}\cos\dfrac{x}{3}$;

(8) $n\sin^{n-1}x\cos(n+1)x$;

(9) $-\sin[\cos(\cos x)]\sin(\cos x)\sin x$; (10) $-2xe^{-x^2}$;

(11) $\dfrac{2}{x^3}e^{-\frac{1}{x^2}}$; (12) $e^{\sin x}\cdot\cos x$;

(13) $\dfrac{1}{x\ln x\cdot\ln(\ln x)}$; (14) $\dfrac{x}{(x^4-1)}$;

(15) $-\dfrac{1}{\sqrt{x^2+1}}$; (16) $-\dfrac{1}{\sqrt{1+2x-x^2}}$;

(17) $\dfrac{\sin x}{|\sin x|}$; (18) $\dfrac{1}{1+x^2}$.

9. (1) $\dfrac{1-x-y}{x-y}$; (2) $\dfrac{p}{y}$;

(3) $-\dfrac{b^2x}{a^2y}$; (4) $-\sqrt{\dfrac{y}{x}}$.

10. (1) $y'_x=-\dfrac{b}{a}\cot t$; (2) $y'_x=-1$;

(3) $y'_x=-\tan t$; (4) $y'_x=\sqrt[6]{\dfrac{(1-\sqrt{t})^4}{t(1-\sqrt[3]{t})^3}}$.

11. 切线方程为 $x+2y-3=0$.

12. $(1, -5)$与$(-3, 27)$.

13. $a=-9, b=-14$.

14. (1) $y^{(3)}=6, y^{(4)}=0$; (2) $y''\left(\dfrac{\pi}{2}\right)=-2$;

(3) $y''=\frac{2x(x^2-3)}{(1+x^2)^3}$；　　(4) $y''=(2-4x+x^2)e^{-x}$；

(5) $y''=2\,\frac{(1-x^2)}{(1+x^2)^2}$.

15. (a) $\Delta f(1)=13, df(1)=5$，　$\Delta f(1)-df(1)=8$；

(b) $\Delta f(1)=0.562$，$df(1)=0.5$，　$\Delta f(1)-df(1)=0.062$；

(c) $\Delta f(1)=0.050\,602$，$df(1)=0.05$；

$\Delta f(1)-df(1)=0.000\,602$.

16. (a) $\Delta x=15$ 米，$dx=12$ 米，$\Delta x-dx=3$ 米；

(b) $\Delta x=1.23$ 米，$dx=1.2$ 米，$\Delta x-dx=0.03$ 米；

(c) $\Delta x=0.012\,003$ 米，$dx=0.012$ 米，

$\Delta x-dx=0.000\,003$ 米.

17. (1) $-\frac{2}{x^3}dx$；　(2) $-\frac{dx}{a^2+x^2}$；　(3) $\frac{dx}{\sqrt{x^2+a^2}}$；

(4) $-(2\sin x+x\cos x)dx$；　　(5) $\frac{dx}{(1-x^2)^{\frac{3}{2}}}$；

(6) $(1+2x^2)e^{x^2}dx$；　　(7) $\frac{b^2x}{a^2y}dx$.

B

1. A, A, C.

2. $f'(0)$.

3. $f'(0), f'(x_0)$.

4. 0.

5. $3g(1)$.

6. $y-\frac{\sqrt{2}}{2}=\frac{\sqrt{2}}{2}\left(x-\frac{\pi}{4}\right)$.

7. 0.

8. $y'=(1+\sin x)^{\sin x}\cdot\cos x\left[\ln(1+\sin\ )x+\frac{\sin x}{1+\sin x}\right]$

9. (1) $\ln x$；　　(2) $\arctan x$；

(3) $2\sqrt{x}$；　　(4) $\arcsin x$.

10. $2e^{-x^2}(2x^2-1)dx$.

习题八

A

1. (1)满足. $\xi=\frac{1}{2}$.　(2)满足. $\xi=\frac{\pi}{4}, \frac{5\pi}{4}$　(3)满足. $\xi=\frac{4}{5}$.

2. (1)满足. $\xi=\left(\frac{\sqrt{b}+\sqrt{a}}{2}\right)^2$.　(2)满足. $\xi=\sqrt{3}$.

(3)满足. $\xi=\frac{1}{\ln 2}$

3. $g'(x)\neq 0$ 不满足

4. 由罗尔定理知 $P'_4(x)$有三个实根

5. (1)由拉格朗日定理及 $|(\operatorname{arccot} x)'|=\left|-\frac{1}{1+x^2}\right|\leqslant 1$ 可知.

(2)将拉格朗日定理用于函数 $f(x)=\sqrt{x}$. $[a,b]$即知.

6. (1)0;　(2)1;　(3)1;　(4)$\frac{1}{2}$;　(5)$-\frac{1}{2}$;　(6)$-\frac{1}{4}$;　(7)1;

(8)∞或说不存在;　(9)0;　(10)0;　(11)∞或说不存在;

(12)$\frac{1}{3}$;　(13)1;　(14)0.

7. (1)在$(-\infty, \frac{1}{2})$内 $f(x)$上升，在$(\frac{1}{2}, +\infty)$内 $f(x)$下降，

$f\left(\frac{1}{2}\right)=3\frac{1}{4}$为极大值，也是最大值;

(2)在$(-\infty, -\sqrt{2})$内 $f(x)$上升，在$(-\sqrt{2}, \sqrt{2})$内 $f(x)$下降，在$(\sqrt{2}, +\infty)$内 $f(x)$上升. $f(-\sqrt{2})$为极大值≐7.66, $f(\sqrt{2})$为极小值≐-3.66;

(3)在$(-\infty, -\frac{1}{2})$内 $f(x)$下降，在$(-\frac{1}{2}, +\infty)$内 $f(x)$上升，

$f\left(-\frac{1}{2}\right)=-\frac{3}{8}$为极小值.

(4)在$(-\infty, 0)$内 $f(x)$上升，在$(0, +\infty)$下降 $f(0)=-1$ 为极大值.

8. (1)$f\left(\frac{1}{2}\right)=3\frac{1}{4}$为最大值，$f(2)=1$ 为最小值；

(2)$g\left(-\frac{2}{3}\right)\doteq 22.81$ 为最大值. $g(4)=-28$ 为最小值；

(3)$h(-2)=-2$ 为最小值. $h(3)=3\sqrt{6}$ 为最大值；

(4)$k\left(\frac{\pi}{4}\right)=\sqrt{2}$ 为最大值，$k(\pi)=-1$ 为最小值.

9. (1)在$(-\infty, +\infty)$内下凸；

(2)在$(-\infty, +\infty)$内下凸；

(3)在$(-\infty, 0)$内上凸，在$(0, +\infty)$内下凸，拐点$\left(0, \frac{1}{3}\right)$；

(4)在$(-\infty, 0)$内上凸，在$(0, +\infty)$内下凸，拐点$(0, 0)$；

(5)在$(-\infty, -1)$内上凸，在$(-1, 1)$内下凸，在$(1, +\infty)$内上凸. 拐点$(-1, \ln 2)$与$(1, \ln 2)$；

(6)在 $(-\infty, -2)$内上凸，在$(-2, +\infty)$内下凸，拐点$(-2, -2e^{-2})$.

10. (1)$x=2$ 为垂直渐近线；

(2)$y=0$ 为水平渐近线；

(3)$y=\frac{\pi}{2}$和 $y=-\frac{\pi}{2}$为水平渐近线；

(4)$x=0$ 为垂直渐近线.

11. 略.

B

1. $\frac{a+b}{2}$.

2. $\left(\frac{14}{9}\right)^3$.

3. $\arccos\frac{2}{\pi}$.

4. AC，BD.

5. $(0, +\infty)$，$(-\infty, 0)$，0.

6. $-\sqrt{2}$，$\sqrt{2}$，0.

7. D.

8. $y=1$；$x=-1$.

习题九

A

1. (1)$y=2x$； (2)$y=x^3-2$； (3)$y=\sin x+1$；

2. (1)x^3+c； (2)$\frac{4}{3}x^{\frac{3}{2}}+c$； (3)$\sqrt{\frac{2h}{g}}+c$；

(4)$-\frac{1}{2x^2}+c$； (5)$\frac{1}{\ln 3}3^x-\frac{1}{3}x^3+\ln|x|+c$；

(6)$a^2x-abx^2+\frac{b^2}{3}x^3+c$； (7)$-\frac{2}{\sqrt{x}}-e^x+\ln|x|+c$；

(8)$3x-3\arctan x+c$； (9)$\cot x-x+c$；

(10)$-\cot x-\tan x+c$； (11)$\frac{1}{2}\tan x+c$；

(12)e^t+t+c； (13)$2\arcsin x+\arctan x+c$；

(14)$\ln|x+a|+c$； (15)$\frac{1}{6}\ln\left|\frac{3+x}{3-x}\right|+c$；

(16)$-\frac{1}{22}(3-2x)^{11}+c$； (17)$\frac{1}{4}(3x-1)^{\frac{4}{3}}+c$；

(18)$\frac{3}{2(1-2x)}+c$； (19)$-\frac{1}{b}\sin(a-bx)+c$；

(20)$\frac{1}{2\ln 10}10^{2x}+c$； (21)$\frac{1}{m\ln a}a^{mx+n}+c$；

(22)$-\frac{1}{5}\cos 5x-\sin 5a\cdot x+c$；

(23)$-e^{-x}-\frac{1}{2}e^{-2x}+c$； (24)$-\frac{1}{2}\cot\left(2x+\frac{\pi}{4}\right)+c$.

3. (1)$\frac{1}{2}\ln(1+x^2)+c$； (2)$\frac{1}{3}(u^2-5)^{\frac{3}{2}}+c$；

(3)$\frac{2}{3}(x^3+1)^{\frac{3}{2}}+c$； (4)$\frac{1}{2}\ln(x^2+1)-\arctan x+c$；

(5)$\frac{1}{3}\arctan 3x+c$； (6)$\frac{1}{3\sqrt{2}}\arctan\frac{\sqrt{2}}{3}x+c$；

(7)$\arcsin\frac{1}{2}x+c$； (8)$\frac{1}{4}\arcsin 4x+c$；

(9) $\frac{1}{16}(1+16x^2)^{\frac{1}{2}}+c$;　(10) $\frac{1}{4}\arctan\frac{x^2}{2}+c$;

(11) $\frac{1}{2}\arcsin\frac{x^2}{2}+c$;　(12) $\frac{1}{32}\ln\left|\frac{x^4-4}{x^4+4}\right|+c$;

(13) $\ln|\ln x|+c$;　(14) $\frac{1}{3}(\ln x)^3+c$;

(15) $-\frac{1}{2}e^{-x^2}+c$;　(16) $-\frac{3}{4}(1-e^x)^{\frac{4}{3}}+c$;

(17) $e^{\sin x}+c$;　(18) $\ln(1+e^x)+c$;

(19) $\arctan e^x+c$;　(20) $-(\arcsin x)^{-1}+c$;

(21) $\frac{1}{3}(\arctan x)^3+c$;　(22) $\frac{1}{6}\sin^6 x+c$;

(23) $2(\cos x)^{-\frac{1}{2}}+c$;　(24) $\frac{3}{2}(\sin x-\cos x)^{\frac{2}{3}}+c$;

(25) $\ln|\sin x|+c$;　(26) $\frac{1}{4}\sin 2x+\frac{1}{12}\sin 6x+c$;

(27) $\frac{1}{4}\sin 2x-\frac{1}{8}\sin 4x+c$;　(28) $\frac{1}{11}\tan^{11}x+c$;

(29) $\cos\frac{1}{x}+c$;　(30) $2\sqrt{\tan x}+c$;

(31) $\sin x-\frac{1}{3}\sin^3 x+c$;　(32) $\ln|\csc x-\cot x|+c$.

4. (1) $\frac{9}{2}\arcsin\frac{x}{3}+\frac{x}{2}\sqrt{9-x^2}+c$;

(2) $\frac{x}{\sqrt{1-x^2}}+c$;　(3) $\ln|x+\sqrt{x^2+4}|+c$;

(4) $\frac{x}{a^2\sqrt{x^2+a^2}}+c$;　(5) $-\frac{\sqrt{x^2+1}}{x}+c$;

(6) $\ln|x+\sqrt{x^2-9}|+c$;　(7) $\sqrt{x^2-a^2}-a\arccos\frac{a}{x}+c$;

(8) $\frac{\sqrt{x^2-1}}{x}+c$;　(9) $\frac{1}{2}x^2-\frac{2}{3}(\sqrt{x})^3+x+c$;

(10) $\sqrt{2x+3}-2\ln(2+\sqrt{2x+3})+c$.

5. (1) $\frac{1}{2}xe^{2x}-\frac{1}{4}e^{2x}+c$;　(2) $-e^{-x}(x+1)+c$;

(3) $\frac{a^x}{\ln a}\left(x^2-\frac{2x}{\ln a}+\frac{2}{\ln a}\right)+c$;

(4) $-x\cos x+\sin x+c$；

(5) $x^2\sin x+2x\cos x-2\sin x+c$；

(6) $\frac{1}{2}x\sin 2x+\frac{1}{4}\cos 2x+c$；

(7) $x\text{arccot } x+\frac{1}{2}\ln(1+x^2)+c$；

(8) $x\arccos x-(1-x^2)^{\frac{1}{2}}+c$；

(9) $\frac{1}{2}(x^2\arctan x-x+\arctan x)+c$；

(10) $x\ln^2 x-2x(\ln x-1)+c$；

(11) $\frac{x^2}{2}(\ln x-\frac{1}{2})+c$；　　(12) $\frac{1}{2}e^x(\cos x+\sin x)+c$；

(13) $\frac{1}{3}(x^3+1)\ln(1+x)-\frac{x^3}{9}+\frac{x^2}{6}-\frac{1}{3}+c$；

(14) $-\frac{1}{2}e^{-2x}(x^2+x+\frac{1}{2})+c$；

(15) $-\frac{1}{x}(\ln^2 x+2\ln x+2)+c$；

(16) $\frac{-x}{2(1+x^2)}+\frac{1}{2}\arctan x+c$.

B

3. C.　　**4.** A，B，D.

5. D.　　**6.** B，C.

7. C.　　**8.** C.

9. B.　　**10.** C，D.

习题十

A

1. (2) $\frac{25}{2}g$；(4) $e-1$.

2. (1) $\int_0^1 x\,dx \geqslant \int_0^1 x^3\,dx$；

(2) $\int_1^2 x\mathrm{d}x \leqslant \int_1^2 x^2\mathrm{d}x$;

(3) $\int_0^{\frac{\pi}{2}} x\mathrm{d}x \geqslant \int_0^{\frac{\pi}{2}} \sin x\mathrm{d}x$;

(4) $\int_3^5 \ln x\mathrm{d}x \leqslant \int_3^5 (\ln x)^2\mathrm{d}x$;

3. (1) $6 \leqslant \int_1^4 (1+x^2)\mathrm{d}x \leqslant 51$;

(2) $1 \leqslant \int_0^1 \mathrm{e}^x\mathrm{d}x \leqslant \mathrm{e}$;

(3) $\pi \leqslant \int_{\frac{\pi}{4}}^{\frac{5}{4\pi}} (1+\sin^2 x)\mathrm{d}x \leqslant 2\pi$.

5. (1) $\sin x$; (2) $-\sqrt{1+x^2}$; (3) $\dfrac{2x}{\sqrt{1+x^2}}$;

(4) $2x\mathrm{e}^{x^2}-\mathrm{e}^x$.

6. (1) 20; (2) $2\dfrac{5}{8}$; (3) $11\dfrac{1}{4}$; (4) $\dfrac{\pi}{6}$; (5) $\dfrac{\pi}{3}$; (6) $\dfrac{3}{2}$;

(7) 2; (8) $\ln\dfrac{3}{2}$; (9) 2; (10) $1-\dfrac{\pi}{4}$; (11) $\dfrac{1}{4}$; (12) 0.

7. (1) $\dfrac{1}{6}$; (2) $\dfrac{T}{\pi}\cos\varphi_0$; (3) $\dfrac{1}{2}\ln 2$; (4) $\mathrm{e}-\sqrt{\mathrm{e}}$;

(5) $\dfrac{1}{5}(\mathrm{e}-1)^5$; (6) 2; (7) $\arctan \mathrm{e}-\dfrac{\pi}{4}$; (8) $2(2-\ln 3)$.

(9) $4-2\arctan 2$; (10) $2-\dfrac{\pi}{2}$; (11) $\ln\dfrac{\sqrt{3}}{3}(\sqrt{2}+1)$;

(12) $\dfrac{\pi}{4}$.

8. (1) 1; (2) π; (3) $\dfrac{1}{4}(\mathrm{e}^2+1)$; (4) $\dfrac{\sqrt{3}}{12}\pi+\dfrac{1}{2}$

(5) $\dfrac{1}{2}(\mathrm{e}^{\frac{\pi}{2}}-1)$; (6) $\dfrac{1}{4}(\pi-2)$; (7) $\dfrac{\pi}{2}$; (8) $6-2\mathrm{e}$.

17. (1) 1; (2) 1.

18. (1) 2; (2) $4-\dfrac{\sqrt{2}}{2}$; (3) 2; (4) $\dfrac{4}{3}$; (5) $\dfrac{3}{2}-\ln 2$; (6) $\dfrac{9}{2}$;

(7) $2-\dfrac{2}{\mathrm{e}}$; (8) $\dfrac{64}{3}$.

19. (1)25π；(2)$\frac{3}{10}\pi$；(3)$\frac{1}{2}\pi^2$；(4)$\frac{320}{3}\pi$；

(5)$\frac{\pi a^2}{4}\left[2a+\frac{a}{2}(e^2-e^{-2})\right]$；(6)$5\pi^2 a^3$.

B

1. B.　**2.** A.　**3.** $\frac{x}{x^2+1}$.　**4.** $30\leqslant\int_2^8 f(x)dx\leqslant 54$.

5. B.　**6.** D.　**7.** C,D.　**8.** A.　**9.** A,B,C,D.

10. C,D.　**11.** A.　**12.** B,D.

习题十一

A

1. (1)1；(2)5；(3)$ab(b-a)$；(4)x^3-x^2-1；(5)0.

2. (1)18；(2)5；(3)0.

3. $k=3$ 或 $k=1$.

4. (1)4；(2)7；(3)18；(4)0；(5)$\frac{1}{2}n(n-1)$；

(6)$\frac{1}{2}(n-1)(n-2)$.

5. (1)正；(2)负；(3)负；(4)正.

6. $k=1,l=5$

7. (1)$(-1)^{\frac{1}{2}n(n-1)}a_{1n}a_{2n-1}\cdots a_{n-12}a_{n1}$；(2)$(-1)^{\frac{1}{2}n(n-1)}n!$；

(3)$(-1)^{n-1}n!$；(4)$(-1)^{(n+1)(n-2)}n!$.

8. (1)0；(2)0；(3)8；(4)160；(5)270；(6)-799；(7)$n!$

(8)$(-1)^n(n+1)a_1a_2\cdots a_n$.

9. 0，29.

10. (1)-726；(2)$a+b+d$；(3)$(a-1)(a-5)(a-3)^2$；

(4)0；(5)-102；(6)$xyzuv$.

11. (1)$x=a$，$-3a$；(2)$x=a,b,c,d$.

12. (1)$x=3,y=-1$；(2)$x_1=3,x_2=2$；

(3) $x_1=3, x_2=4, x_3=5$;

(4) $x=1, y=2, z=3$;

(5) $x_1=1, x_2=-1, x_3=0, x_4=2$;

(6) $x=-4, y=3, z=-1, w=1$;

(7) $x_1=2, x_2=0, x_3=0, x_4=0$;

(8) $x_1=1, x_2=-1, x_3=1, x_4=-1, x_5=1$.

13. (1)无非零解;(2)有非零解;(3)有非零解.

14. (1) $k=-1$ 或 $k=4$;(2) $k=3$ 或 $k=1$.

B

1. B,C,D.

2. B, C.

3. C.

4. B, D.

5. D.

6. B.

7. B, C.

8. B, D.

9. C, D.

10. A, B, D.

习题十二

A

1. (1) $\begin{pmatrix} -1 & 6 & 5 \\ -2 & -1 & 12 \end{pmatrix}$; (2) $\begin{pmatrix} 0 & 2 & 1 \\ 3 & 0 & 0 \end{pmatrix}$; (3) $\begin{pmatrix} 2 & 4 \\ -6 & 8 \end{pmatrix}$.

2. (1) $\begin{pmatrix} -1 & 3 & 1 & 5 \\ 8 & 2 & 8 & 2 \\ 3 & 7 & 9 & 13 \end{pmatrix}$; (2) $\begin{pmatrix} 14 & 13 & 8 & 7 \\ -2 & 5 & -2 & 5 \\ 2 & 1 & 6 & 5 \end{pmatrix}$;

(3) $\begin{pmatrix} 3 & 1 & 1 & -1 \\ -4 & 0 & -4 & 0 \\ 1 & -3 & -3 & -5 \end{pmatrix}$; (4) $\begin{pmatrix} 3\frac{1}{3} & 3\frac{1}{3} & 2 & 2 \\ 0 & 1\frac{1}{3} & 0 & 1\frac{1}{3} \\ \frac{2}{3} & \frac{2}{3} & 2 & 2 \end{pmatrix}$.

3. $x=-5, y=-6, u=4, v=-2$.

4. (1) $\begin{pmatrix} 5 & 2 \\ 7 & 0 \end{pmatrix}$; (2) $\begin{pmatrix} 0 & 0 & 0 \\ 0 & 0 & 0 \\ 0 & 0 & 0 \end{pmatrix}$; (3) $\begin{pmatrix} 10 & 4 & -1 \\ 4 & -3 & -1 \end{pmatrix}$;

(4) $\begin{pmatrix} 1 & 2 & 3 \\ 2 & 4 & 6 \\ 3 & 6 & 9 \end{pmatrix}$; (5) (14); (6) $\begin{pmatrix} 3 & -5 & 4 \\ 1 & 4 & -6 \\ 6 & 2 & 1 \end{pmatrix}$;

(7) $\begin{pmatrix} -6 & 39 \\ 5 & 32 \end{pmatrix}$;

(8) $(a_{11}x^2+a_{22}y^2+a_{33}z^2+2a_{12}xy+2a_{23}yz+2a_{13}xz)$.

5. (1) $\boldsymbol{A}$; (2) $\begin{pmatrix} a_{31} & a_{32} & a_{33} & a_{34} \\ a_{21} & a_{22} & a_{23} & a_{24} \\ a_{11} & a_{12} & a_{13} & a_{14} \end{pmatrix}$; (3) $\boldsymbol{A}$;

(4) $\begin{pmatrix} a_{11} & a_{12} & a_{13} & a_{14} \\ a_{31} & a_{32} & a_{33} & a_{34} \\ a_{21} & a_{22} & a_{23} & a_{24} \end{pmatrix}$; (5) $\begin{pmatrix} a_{11} & a_{12} & ka_{13} & a_{14} \\ a_{21} & a_{22} & ka_{23} & a_{24} \\ a_{31} & a_{32} & ka_{33} & a_{34} \end{pmatrix}$;

(6) $\begin{pmatrix} a_{11} & a_{12} & a_{13} \\ ka_{11}+a_{21} & ka_{12}+a_{22} & ka_{13}+a_{23} \\ a_{31} & a_{32} & a_{33} \end{pmatrix}$.

6. (1) $\begin{pmatrix} x_1 \\ x_2 \\ x_3 \end{pmatrix} = \begin{pmatrix} 1 & -1 & 2 \\ 1 & 3 & 0 \\ 0 & 4 & -1 \end{pmatrix} \begin{pmatrix} y_1 \\ y_2 \\ y_3 \end{pmatrix}$,

$\begin{pmatrix} y_1 \\ y_2 \\ y_3 \end{pmatrix} = \begin{pmatrix} 1 & 0 & 1 \\ 0 & 2 & -5 \\ 3 & 7 & 0 \end{pmatrix} \begin{pmatrix} z_1 \\ z_2 \\ z_3 \end{pmatrix}$;

(2) $\begin{cases} x_1 = 7z_1 + 12z_2 + 6z_3, \\ x_2 = z_1 + 6z_2 - 14z_3, \\ x_3 = -3z_1 + z_2 - 20z_3. \end{cases}$

7. (1) $\begin{pmatrix} -35 & -30 \\ 45 & 10 \end{pmatrix}$；(2) $\begin{pmatrix} 1 & 2 & 3 \\ 0 & 1 & 2 \\ 0 & 0 & 1 \end{pmatrix}$；(3) $\begin{pmatrix} 1 & 1 \\ 0 & 0 \end{pmatrix}$；

(4) $\begin{pmatrix} 1 & n \\ 0 & 1 \end{pmatrix}$；(5) $\begin{pmatrix} 2^{n-1} & 2^{n-1} \\ 2^{n-1} & 2^{n-1} \end{pmatrix}$；(6) $\begin{pmatrix} a^n & 0 & 0 \\ 0 & b^n & 0 \\ 0 & 0 & c^n \end{pmatrix}$；

(7) $\begin{pmatrix} 0 & 0 & 0 \\ 0 & 0 & 0 \\ 0 & 0 & 0 \end{pmatrix}$；(8) $\begin{pmatrix} 0 & 0 & 0 & 0 \\ 0 & 0 & 0 & 0 \\ 0 & 0 & 0 & 0 \\ 0 & 0 & 0 & 0 \end{pmatrix}$.

8. (1) $\begin{pmatrix} -9 & 0 & 6 \\ -6 & 0 & 0 \\ -6 & 0 & 9 \end{pmatrix}$；(2) $\begin{pmatrix} 0 & 0 & 6 \\ -3 & 0 & 0 \\ -6 & 0 & 0 \end{pmatrix}$；

等式$(\boldsymbol{A}+\boldsymbol{B})(\boldsymbol{A}-\boldsymbol{B})=\boldsymbol{A}^2-\boldsymbol{B}^2$不成立.

9. $\boldsymbol{B}=\begin{pmatrix} c_1 & c_2 \\ 0 & c_1 \end{pmatrix}$（$c_1, c_2$为任意常数）.

10. 提示：利用运算律$\boldsymbol{A}(\boldsymbol{B}+\boldsymbol{C})=\boldsymbol{AB}+\boldsymbol{AC}$等.

11. (1) $\sum\limits_{j=1}^{n} a_{kj}a_{jl}$；(2) $\sum\limits_{j=1}^{n} a_{kj}a_{lj}$；(3) $\sum\limits_{j=1}^{n} a_{jk}a_{jl}$.

12. (1) $\begin{pmatrix} 9 & 2 & 4 \\ 11 & 0 & 3 \\ -1 & 1 & -2 \end{pmatrix}$；(2) $\begin{pmatrix} 0 & 0 \\ 0 & 0 \end{pmatrix}$.

13. 提示：用运算律化简等式$\left(\frac{1}{2}(\boldsymbol{B}+\boldsymbol{I})\right)^2=\frac{1}{2}(\boldsymbol{B}+\boldsymbol{I})$两边.

14. 按定义直接验证即可.

15. 提示：利用$(\boldsymbol{A}^{\mathrm{T}}\boldsymbol{A})^{\mathrm{T}}=\boldsymbol{A}^{\mathrm{T}}(\boldsymbol{A}^{\mathrm{T}})^{\mathrm{T}}=\boldsymbol{A}^{\mathrm{T}}\boldsymbol{A}$.

16. (1)2；(2)4；(3)3；(4)2.

17. (1) $\begin{pmatrix} \frac{4}{5} & -\frac{1}{5} \\ -\frac{3}{5} & \frac{2}{5} \end{pmatrix}$; (2) $\begin{pmatrix} \frac{d}{ad-bc} & \frac{-b}{ad-bc} \\ \frac{-c}{ad-bc} & \frac{a}{ad-bc} \end{pmatrix}$;

(3) $\begin{pmatrix} 1 & 0 & 0 \\ -\frac{1}{2} & \frac{1}{2} & 0 \\ 0 & -\frac{1}{3} & \frac{1}{3} \end{pmatrix}$; (4) $\begin{pmatrix} 1 & -4 & -3 \\ 1 & -5 & -3 \\ -1 & 6 & 4 \end{pmatrix}$;

(5) $\begin{pmatrix} 1 & -2 & 1 & 0 \\ 0 & 1 & -2 & 1 \\ 0 & 0 & 1 & -2 \\ 0 & 0 & 0 & 1 \end{pmatrix}$; (6) $\begin{pmatrix} \frac{1}{a_1} & & & \\ & \frac{1}{a_2} & & \\ & & \ddots & \\ & & & \frac{1}{a_n} \end{pmatrix}$.

18. (1) $\begin{pmatrix} -2 & 1 \\ \frac{3}{2} & -\frac{1}{2} \end{pmatrix}$; (2) $\begin{pmatrix} -\frac{2}{3} & \frac{2}{9} & -\frac{1}{9} \\ -\frac{1}{3} & -\frac{1}{6} & -\frac{1}{6} \\ \frac{1}{3} & \frac{1}{9} & \frac{1}{9} \end{pmatrix}$;

(3) $\begin{pmatrix} \frac{1}{4} & \frac{1}{4} & \frac{1}{4} & \frac{1}{4} \\ \frac{1}{4} & \frac{1}{4} & -\frac{1}{4} & -\frac{1}{4} \\ \frac{1}{4} & -\frac{1}{4} & \frac{1}{4} & -\frac{1}{4} \\ \frac{1}{4} & -\frac{1}{4} & -\frac{1}{4} & \frac{1}{4} \end{pmatrix}$;

(4) $\begin{pmatrix} 22 & -6 & -26 & 17 \\ -17 & 5 & 20 & -13 \\ -1 & 0 & 2 & -1 \\ 4 & -1 & -5 & 3 \end{pmatrix}$;

(5)不可逆;

(6) $\begin{pmatrix} 0 & 0 & 0 & \cdots & 0 & 0 & \frac{1}{a_n} \\ \frac{1}{a_1} & 0 & 0 & \cdots & 0 & 0 & 0 \\ 0 & \frac{1}{a_2} & 0 & \cdots & 0 & 0 & 0 \\ \vdots & \vdots & \vdots & & \vdots & \vdots & \vdots \\ 0 & 0 & 0 & \cdots & \frac{1}{a_{n-2}} & 0 & 0 \\ 0 & 0 & 0 & \cdots & 0 & \frac{1}{a_{n-1}} & 0 \end{pmatrix}$.

19. (1) $\begin{pmatrix} 2 & -23 \\ 0 & 8 \end{pmatrix}$； (2) $\begin{pmatrix} -5 & 4 & -2 \\ -4 & 5 & -2 \\ -9 & 7 & -4 \end{pmatrix}$； (3) $\begin{pmatrix} 1 \\ 3 \\ 2 \end{pmatrix}$.

20. 提示：$\boldsymbol{A}^3=\boldsymbol{AIAIA}=\boldsymbol{ACC}^{-1}\boldsymbol{ACC}^{-1}\boldsymbol{A}$.

21. 提示：证明$(\boldsymbol{I}-\boldsymbol{A})(\boldsymbol{I}+\boldsymbol{A}+\boldsymbol{A}^2)=\boldsymbol{I}$.

22. 提示：证明$(\boldsymbol{A}^{-1})^{\mathrm{T}}=\boldsymbol{A}^{-1}$.

23. 提示：证明如果 $\boldsymbol{A}$ 是非奇异矩阵，则 $\boldsymbol{A}=\boldsymbol{I}$.

B

1. B, C.

2. A, C, D.

3. B, D.

4. A, B, C, D.

5. A, C.

6. A, B, C.

7. A, D.

8. A, C.

9. A, B, C.

10. A, B, C, D.

11. A, C.

12. B, C.

13. A, B, C, D.

14. A, B, C, D.

15. B.

16. A, B, C, D.

习题十三

A

1. (1)$\begin{cases}x_1=1\\x_2=2;\\x_3=1\end{cases}$ (2)无解； (3)$\begin{cases}x_1=\frac{1}{2}+c_1,\\x_2=c_1,\\x_3=\frac{1}{2}+c_2,\\x_4=c_2,\end{cases}$ (c_1, c_2 为任意常数)；

(4)无解； (5)$\begin{cases}x_1=0,\\x_2=0,\\x_3=0,\\x_4=0;\end{cases}$ (6)$\begin{cases}x_1=0,\\x_2=0,\\x_3=0;\end{cases}$

(7)$\begin{cases}x_1=-c_1+\frac{7}{6}c_2,\\x_2=c_1+\frac{5}{6}c_2,\\x_3=c_1,\\x_4=\frac{1}{3}c_2,\\x_5=c_2,\end{cases}$ (c_1, c_2 为任意常数).

2. (1)当 $a=5$ 时，有无穷多个解

$$\begin{cases} x_1=\frac{4}{5}-\frac{1}{5}c_1-\frac{6}{5}c_2, \\ x_2=\frac{3}{5}+\frac{3}{5}c_1-\frac{7}{5}c_2, \\ x_3=c_1, \\ x_4=c_2; \end{cases}$$

(2)当 $a=1$ 时，有无穷多个解

$$\begin{cases} x_1=1-c_1-c_2, \\ x_2=c_1, \\ x_3=c_2, \end{cases} \quad (c_1,c_2\text{ 为任意常数})；$$

当 $a\neq1$ 且 $a\neq-2$ 时有唯一解

$$\begin{cases} x_1=-\frac{a+1}{a+2}, \\ x_2=\frac{1}{a+2}, \\ x_3=\frac{(a+1)^3}{a+2}; \end{cases}$$

(3)当 $a=1$ 且 $b=-1$ 时，有无穷多个解

$$\begin{cases} x_1=-4c_2, \\ x_2=1+c_1+c_2, \\ x_3=c_1, \\ x_4=c_2, \end{cases} \quad (c_1,c_2\text{ 为任意常数})；$$

(4)当 $a\neq0$ 且 $b\neq\pm1$ 时，有唯一解

$$\begin{cases} x_1=\frac{5-b}{a(b+1)}, \\ x_2=-\frac{2}{b+1}, \\ x_3=\frac{2(b-1)}{b+1}; \end{cases}$$

当 $a\neq0$ 且 $b=1$ 时，有无穷多个解

$$\begin{cases} x_1=\frac{1-c}{a}, \\ x_2=c, \\ x_3=0, \end{cases} \quad (c\text{ 为任意常数})；$$

当 $a=0$,且 $b=1$ 时，有无穷多个解

$$\begin{cases} x_1=c, \\ x_2=1, \quad (c\text{ 为任意常数}); \\ x_3=0, \end{cases}$$

当 $a=0$，且 $b=5$ 时，有无穷多个解

$$\begin{cases} x_1=c, \\ x_2=-\dfrac{1}{3}, \quad (c\text{ 为任意常数}). \\ x_3=\dfrac{4}{3}, \end{cases}$$

3. (1) $\boldsymbol{v}=\begin{pmatrix}0\\2\\1\\0\end{pmatrix}$； (2) $\boldsymbol{v}_1=\begin{pmatrix}-\frac{1}{2}\\-\frac{1}{2}\\\frac{1}{2}\\1\\0\end{pmatrix}$， $\boldsymbol{v}_2=\begin{pmatrix}\frac{7}{8}\\\frac{5}{8}\\-\frac{5}{8}\\0\\1\end{pmatrix}$；

(3) $\boldsymbol{v}=\begin{pmatrix}0\\2\\1\\0\\0\end{pmatrix}$.

4. (1) $\boldsymbol{u}=c\begin{pmatrix}15\\24\\-4\\2\end{pmatrix}$ （c 为任意常数）；

(2) $\boldsymbol{u}=\begin{pmatrix}-16\\23\\0\\0\\0\end{pmatrix}+c_1\begin{pmatrix}1\\-2\\0\\1\\0\end{pmatrix}+c_2\begin{pmatrix}5\\-6\\0\\0\\1\end{pmatrix}$

（c_1，c_2 为任意常数）；

(3) $u=\begin{pmatrix}0\\-1\\0\\-1\\0\end{pmatrix}+c\begin{pmatrix}-\frac{1}{2}\\-\frac{1}{2}\\0\\-\frac{1}{2}\\1\end{pmatrix}$ (c 为任意常数)；

(4) $u=\begin{pmatrix}-1\\0\\1\\0\\0\end{pmatrix}+c_1\begin{pmatrix}-2\\1\\1\\0\\0\end{pmatrix}+c_2\begin{pmatrix}-1\\0\\3\\1\\0\end{pmatrix}$ (c_1,c_2 为任意常数).

5. 提示：对增广矩阵施行初等行变换.

$$\begin{cases}x_1=c-a_5,\\x_2=c+a_2+a_3+a_4,\\x_3=c+a_3+a_4,\\x_4=c+a_4,\\x_5=c,\end{cases}\quad (c \text{ 为任意常数}).$$

B

1. A, C.

2. C.

3. C, B.

4. C, D, E, F.

5. A, B, C.

《自学考试教材》后记

《高等数学基础》自学考试教材是根据全国高等教育自学考试小学教育专业(专科)考试计划的要求编写的.1998年11月,全国高等教育自学考试指导委员会及全国高等教育自学考试指导委员会教育类专业委员会召开会议对本教材初稿进行了讨论审定.

本教材由王德谋主编.参加本书编写人员有:王敬庚(第一章至第四章)、王德谋(第五章至第八章)、高素志(第九章至第十章)、罗承忠(第十一章至第十三章)。

专家审定组组长郝炳新教授、审定组成员刘增贤教授、刘培娜副教授对全书进行了审定,并提出了修改意见.

全国高等教育自学考试指导委员会
教 育 类 专 业 委 员 会

1999年10月

参考文献

1 赵树嫄,主编.微积分.北京:中国人民大学出版社,1988.1～273

2 赵树嫄,主编.线性代数.北京:中国人民大学出版社,1988.1～148

3 方企勤,编.数学分析(Ⅰ).北京:高等教育出版社,1986.279 页

附

《高等数学基础》
自学考试大纲

全国高等教育自学考试指导委员会　制定

《自学考试大纲》出版前言

为了适应社会主义现代化建设培养人才的需要，我国在20世纪80年代初开始实行了高等教育自学考试制度. 它是个人自学、社会助学和国家考试相结合的一种新的教育形式，是我国高等教育体系的一个组成部分. 实行高等教育自学考试制度，是落实《中华人民共和国宪法》规定的“鼓励自学成才”的重要措施，是提高中华民族思想道德和科学文化素质的需要，也是造就和选拔人才的一种途径. 应考者通过规定的考试课程并经思想品德鉴定达到毕业要求的，可以获得毕业证书，国家承认学历；按照规定享有与普通高等学校毕业生同等的有关待遇.

1985年，全国有30个省、自治区、直辖市先后成立了高等教育自学考试委员会，开展了高等教育自学考试工作. 为了统一各地高等教育自学考试的专业设置标准，全国高等教育自学考试指导委员会陆续制定了几十个专业考试计划. 各专业委员会按照有关考试计划的要求，从造就和选拔人才的需要出发，编写了相应专业的课程自学考试大纲，进一步规定了课程学习和考试的内容与范围，有利于社会助学，使自学要求明确、考试标准规范化、具体化.

教育类专业委员会根据国务院发布的《高等教育自学考试暂行条例》，参照教育部拟定的普通高等学校有关课程的教学大纲，结合自学考试的特点，编写了《高等数学基础自学考试大纲》. 现经全国高等教育自学考试指导委员会审定，教育部批准，颁发试行.

《高等数学基础自学考试大纲》是该课程编写教材和自学辅导书的依据，也是个人自学、社会助学和国家考试（课程命题）的依据，各地高等教育自学考试委员会应认真贯彻执行.

全国高等教育自学考试指导委员会

1999年10月17日

Ⅰ 课程性质与设置目的

《高等数学基础》课程是全国高等教育自学考试小学教育专业理科的指定选修课，是为提高和检验自学应考者的高等数学的基础理论、基本知识和基本技能而设置的.

高等数学基础是由常量数学向变量数学过渡的转折点. 随着研究范围的扩大和研究方法的统一，学习者可以开拓思维、扩大眼界，从而提高自身的素质，达到加深对常量数学的认识和增强处理教材的能力的目的，为日后的教学工作和继续学习奠定较为坚实的基础.

设置本课程的目的是：使自学应考者初步了解高等数学中最基本的概念（如向量、空间直线与平面、函数、导数、积分、行列式、矩阵、线性方程组等），掌握最基本的方法和工具（如坐标法、向量代数、极限、矩阵的初等变换等和简单应用），以便指导小学数学教学，提高教学质量.

Ⅱ 课程内容与考核目标

第一章　平面解析几何复习

一、学习目的和要求

通过本章的学习，复习平面解析几何的基本知识，为学习空间解析几何和微积分做好必要的准备，要求用到它们时，知道并会用.

二、课程内容

1.1　直线

（一）直线方程的各种形式：点斜式、斜截式、两点式、截距式、一般式.

（二）两条直线的位置关系，两条直线的夹角，点到直线的距离.

1.2　圆锥曲线

（一）曲线方程的概念，求曲线方程的步骤.

（二）圆的标准方程和一般方程.

（三）椭圆的定义，椭圆的标准方程及几何性质（范围、对称性、顶点、离心率与准线）.

（四）双曲线的定义，双曲线的标准方程及几何性质（范围、对称性、顶点、渐进线、离心率和准线）.

（五）抛物线的定义，抛物线的标准方程及几何性质（范围、对称性、顶点及开口方向、离心率和准线）.

1.3　参数方程

（一）参数方程的概念，直线、圆及椭圆的参数方程.

（二）参数方程和普通方程的互化.

三、考核知识点及考核要求

本章内容不考核.

第二章　向量代数

一、学习目的与要求

向量是研究空间解析几何的一个重要工具，也是研究力学等其他学科的重要工具. 通过本章的学习，要求正确理解向量的意义，熟练掌握向量的各种运算及其对应的几何意义与坐标表示，会利用向量工具解决某些简单的几何问题，并为下一章用向量工具研究平面和空间直线做准备.

二、课程内容

2.1　空间直角坐标系

（一）空间直角坐标系的构成，右手系，8 个卦限的划分.

（二）空间点的坐标，各个卦限中的点的坐标的符号. 各种对称点的坐标，描点.

2.2　向量及其线性运算

（一）向量的有关概念：向量及其几何表示、向量的模、向量的相等、相反向量、零向量、共线向量、共面向量.

（二）向量的加法：平行四边形法则和三角形法则，加法满足的运算律，向量的减法.

（三）数乘向量的定义，数乘向量的运算律，二向量共线的充要条件，三向量共面的充要条件，向量形式的定比分点公式.

2.3　向量的坐标

（一）向量在坐标轴上的投影，关于向量的和、差及数乘向量在坐标轴上的投影的定理.

（二）向量的坐标的定义，向量的坐标与向量端点的坐标的关系，向量的坐标表示，基本单位向量与向量的分解式.

（三）用向量的坐标进行向量的线性运算，用坐标计算向量的模和两点的距离公式，向量的方向余弦及其性质，坐标形式的定比分点公式.

2.4　向量的数量积和向量积

（一）向量的数量积的定义，数量积满足的运算律，两向量的夹角公式，二非零向量垂直的充要条件，数量积的坐标表示式.

（二）向量的向量积的定义，向量积的模的几何意义，向量积满足的运算律，二非零向量共线的充要条件，求与二不共线向量皆垂直的向量，向量积的坐标表示式.

（三）三向量的混合积的定义及其几何意义，混合积的坐标表示式，三个非零向量共面的充要条件.

三、考核知识点

（一）空间直角坐标系.

（二）向量的概念及其几何表示.

（三）向量的加减法.

（四）数乘向量.

（五）向量的坐标.

（六）向量的数量积.

（七）向量的向量积.

四、考核要求

（一）空间直角坐标系

1. 识记：空间（右手）直角坐标系的定义及点在空间直角坐标系中的坐标的定义，各卦限中的点的坐标的符号.

2. 领会：一点关于坐标原点及各坐标面的对称点.

3. 简单应用：坐标面及坐标轴上的点的坐标的特征，已知坐标描点.

（二）向量的概念及其几何表示

1. 识记：向量的概念及其几何表示，向量的相等，向量的模，共线向量.

（三）向量的加减法

1. 识记：向量加减法的定义，向量加法的运算律.

2. 简单应用：向量加法的平行四边形法则和三角形法则，向量减法的作图法.

(四) 数乘向量

1. 识记：数乘向量的定义，数乘向量的运算律.

2. 领会：共线向量的表示.

3. 简单应用：求已知向量的单位向量.

(五) 向量的坐标

1. 识记：向量的坐标的定义，向量的坐标表示式，向径的坐标表示式，基本单位向量及向量的分解式.

2. 领会：向量的方向余弦的性质.

3. 简单应用：求已知向量的坐标及端点坐标，用坐标进行向量的线性运算，用坐标计算向量的模，用坐标计算向量的方向余弦，两点距离公式，坐标形式的定比分点公式及中点公式.

(六) 向量的数量积

1. 识记：数量积的定义，数量积的运算律.

2. 领会：数量积的消去律不成立.

3. 简单应用：用定义计算数量积，二向量的夹角公式，用数量积判定二向量夹角是锐角还是钝角，二向量垂直的充要条件，用坐标计算的数量积.

(七) 向量的向量积

1. 识记：向量积的定义，向量积的运算律.

2. 领会：向量积的交换律和消去律不成立.

3. 简单应用：用向量积模的几何意义计算平行四边形和三角形的面积，二向量平行的充要条件，用向量积求与二已知向量皆垂直的向量，用坐标计算向量积.

第三章 平面与空间直线

一、学习目的与要求

平面和空间直线是最简单也是最常见的空间图形，它是空间解析几何中最基本也是最重要的内容之一. 通过本章的学习，了解平面点法式方程的建立过程，掌握平面的各种形式的方程，理解在直角坐标系下各种形式的平面方程都是三元一次方程，且在一定条件下可以互相转化，熟练掌握利用平面方程来研究平面之间的位置关系，计算点到平面的距离. 了解空间直线的标准式方程的建立过程，熟练掌握空间直线的各种形式的方程，利用平面和空间直线的方程研究直线与直线，直线与平面的位置关系，特别是平行和垂直的条件.

二、课程内容

3.1 平面的方程

（一）平面的点法式方程，平面的法线向量与平面点法式方程的建立.

（二）平面的一般方程：平面方程是三元一次方程，反之凡三元一次方程皆表示平面；通过坐标原点或平行于坐标面或平行于坐标轴的平面的方程的特点.

（三）平面的截距式方程.

3.2 两平面的相互位置及点到平面的距离

（一）两平面的夹角的定义及计算公式，两平面平行、垂直的条件.

（二）点到平面的距离.

3.3 空间直线的方程

（一）空间直线的标准式方程：直线的方向向量及直线的标准式方程的建立.

（二）空间直线的参数方程.

（三）空间直线的一般方程，一般方程化标准式方程.

3.4 空间二直线的夹角及平行、垂直的条件

（一）空间二直线的夹角的定义及计算公式.

（二）空间二直线平行及垂直的条件.

3.5 空间直线与平面的位置关系

（一）空间直线与平面的夹角的定义及计算公式.

（二）空间直线与平面平行、相交、垂直及直线在平面内的充要条件.

（三）有关平面与直线的综合题举例.

三、考核知识点

（一）平面的点法式方程.

（二）平面的一般方程.

（三）点到平面的距离.

（四）二平面的相互位置.

（五）空间直线的标准式方程.

（六）空间直线的参数方程.

（七）空间直线的一般方程.

（八）空间二直线的位置关系.

（九）空间直线与平面的位置关系.

四、考核要求

（一）平面的点法式方程

1. 识记：平面的法线向量及平面的点法式方程.

2. 简单应用：已知点和法线向量写出平面的点法式方程.

3. 综合应用：用向量积求平面的法线向量.

（二）平面的一般方程

1. 识记：用三元一次方程表示平面，平面的截距式方程.

2. 领会：一般方程中系数 $\{A, B, C\}$ 的几何意义；过原点、平行于某个坐标面、平行于某个坐标轴以及过某个坐标轴的平面方程的特征；有系数为零的（三元）一次方程所表示的平面的特殊位置.

3. 综合应用：求平面方程（先设一般式，再根据已知条件确定系数 A，B，C，D）.

（三）点到平面的距离

1. 简单应用：用公式求点到平面的距离；求二平行平面间的距离.

（四）二平面的相互位置

1. 简单应用：二平面平行、重合、相交、垂直的充要条件.

（五）空间直线的标准式方程

1. 识记：直线的方向向量及直线的标准式方程.

2. 简单应用：已知点和方向向量写出直线的标准式方程；求过已知两点的直线方程.

3. 综合应用：用向量积求直线的方向向量.

（六）空间直线的参数方程

1. 识记：空间直线的参数方程.

2. 简单应用：直线的标准式方程化参数方程；应用直线的参数方程求直线与平面的交点.

（七）空间直线的一般方程

1. 领会：直线一般方程的意义——二平面的交线.

2. 简单应用：用向量积求用一般方程表示的直线的方向向量；一般方程化标准式方程.

（八）空间二直线的位置关系

1. 简单应用：空间二直线平行、重合、垂直（不必相交）的充要条件.

（九）空间直线与平面的位置关系

1. 简单应用：空间直线与平面平行、相交、垂直及直线在平面内的充要条件.

2. 综合应用：根据平面与平面、直线与平面、直线与直线的位置关系，求平面方程和直线方程.

第四章　二次曲面举例

一、学习目的和要求

球面、直圆柱面和直圆锥面是最常见的几种二次曲面，通过本章的学习，了解曲面方程的概念，了解球面、直圆柱面、直圆锥面及旋转曲面等常见的二次曲面的方程及各自的特点.

二、课程内容

4.1　曲面方程的概念　球面

（一）曲面方程的概念，曲面看作是空间动点的轨迹，空间曲线看作是两个曲面的交线.

（二）球面的定义，球面的标准方程和一般方程；通过方程讨论点与球面及平面与球面的位置关系.

4.2　直圆柱面与母线平行于坐标轴的柱面

（一）直圆柱面的定义及直圆柱面的方程.

（二）柱面的定义、柱面的准线和母线；母线平行于坐标轴的柱面的方程的特点——缺变量；椭圆柱面、双曲柱面和抛物柱面的标准方程.

4.3　旋转曲面和直圆锥面

（一）旋转曲面的定义、母曲线和旋转轴；yz 面上的曲线绕 z 轴旋转而成的旋转曲面的方程.

（二）直圆锥面的定义和标准方程.

（三）二次旋转曲面举例：球面、直圆柱面、直圆锥面、旋转椭球面、旋转单叶双曲面、旋转抛物面.

三、考核知识点

（一）曲面方程的概念.

（二）球面.

（三）柱面.

四、考核要求

（一）曲面方程的概念

1．识记："方程 $F(x,y,z)=0$ 是曲面 S 的方程"的含义；空间曲线的一般方程是由两个曲面方程组成的联立方程组.

（二）球面

1．识记：球面的标准方程和一般方程的特点.

2．简单应用：求球面方程；球面的一般方程化标准方程，从一般方程求球心和半径；点与球面及平面与球面的位置关系的判定.

（三）柱面

1. 识记：直圆柱面的标准方程；母线平行于 z 轴的柱面方程的特征——缺变量 z；椭圆柱面、双曲柱面和抛物柱面的标准方程.

2. 领会：同一个二元方程在平面直角坐标系中和在空间直角坐标系中代表不同的几何图形.

第五章　函　数

一、学习目的与要求

函数是高等数学中最基本的概念之一，是微积分研究的对象，必须对其有一个正确的理解. 重点在于把握函数的两个要素——定义域和对应法则，以此为标准来判断函数之异同和认识由已知函数通过各种运算构造出的新函数，同时认识几个非初等函数，以扩大眼界，对由公式给出的函数会确定定义域和求函数值. 结合函数的几种简单性质，系统复习和整理基本初等函数，熟悉其图象，为后面的学习做准备.

二、课程内容

5.1　预备知识

（一）集合.

（二）实数集.

（三）绝对值不等式.

5.2　函数概念

（一）常量与变量.

（二）函数的定义.

（三）函数的几种表示法.

（四）函数的图象.

5.3　函数的几种简单性质

（一）单调性.

（二）奇偶性.

（三）有界性.

（四）周期性.

5.4 复合函数与反函数

（一）函数的四则运算.

（二）复合函数的定义，函数的复合与分解，构成复合函数的条件.

（三）反函数的定义，存在反函数的条件，反函数的图形，求反函数.

5.5 基本初等函数

（一）常数函数.

（二）幂函数.

（三）指数函数.

（四）对数函数.

（五）三角函数.

（六）反三角函数.

三、考核知识点

（一）函数概念.

（二）函数的几种简单性质.

（三）函数的运算（四则、复合、求反函数）.

（四）基本初等函数.

四、考核要求

（一）函数概念

1. 识记：常量，变量，函数的定义，函数的几种表示法.

2. 领会：函数的两个要素——定义域与对应法则，函数的相等与不等，函数与其自变量和因变量采用的字母无关.

3. 简单应用：判别函数的相等与不等，确定定义域，求函数值域.

（二）函数的几种简单性质

1. 识记：奇偶性，有界性，单调性以及周期性的定义.

2. 领会：上述各种性质的几何意义，奇偶、周期的作用.

3. 简单应用：用定义判断性质.

（三）复合函数和反函数

1. 识记：复合函数、反函数的定义.

2. 领会：存在条件，反函数与原来函数的关系.

3. 简单应用：会将函数复合与分解，求简单函数的反函数.

（四）基本初等函数

1. 识记：哪些函数是基本初等函数，各种基本初等函数的特性与图象.

第六章　极限与连续

一、学习目的与要求

极限是用以研究函数性质的基本方法、正确理解极限概念，熟练地掌握极限方法是学好微积分的关键. 从中学里的代数知识向极限过渡有一定的难度，必须循序渐进，重点放在数列的极限上（着重掌握$\lim\limits_{x\to x_0} f(x)=A$ 与 $\lim\limits_{x\to+\infty} f(x)=A$ 的定义，两个重要极限，有重要应用必须熟悉；理解无穷小量，无穷大量和阶的含义，会确定无穷小量的阶）.

连续性是函数的重要性质，必须掌握$\lim\limits_{x\to x_0} f(x)=f(x_0)$与 $\Delta x\to 0$ 时，$\Delta y\to 0$ 两种定义，清楚地了解连续与极限的关系，直观理解并记住闭区间上连续函数的几条性质.

二、课程内容

6.1　数列极限

（一）数列极限的定义，几何解释.

（二）数列极限的性质和运算.

（三）数列极限存在的判别法.

6.2　函数极限

（一）$x\to\infty$时，函数的极限.

（二）$x\to x_0$ 时，函数的极限，左、右极限.

（三）函数极限的性质和运算.

6.3 两个重要极限

（一）$\lim\limits_{x\to 0}\dfrac{\sin x}{x}=1$.

（二）$\lim\limits_{x\to\infty}\left(1+\dfrac{1}{x}\right)^x=\mathrm{e}$.

6.4 无穷小量与无穷大量

（一）无穷小量.

（二）无穷大量.

（三）阶的比较.

6.5 连续函数

（一）函数的连续与间断.

（二）连续函数的运算.

（三）初等函数的连续性.

（四）闭区间上连续函数的性质.

三、考核知识点

（一）数列极限的定义、性质和运算，数列极限存在的判别法.

（二）函数极限的定义、运算，左、右极限.

（三）两个重要极限.

（四）无穷小量，无穷大量，阶的比较.

（五）函数的连续与间断、初等函数的连续性，闭区间上连续函数的性质.

四、考核要求

（一）数列极限的定义、性质和运算、数列极限存在的判别法

1. 识记：数列极限定义，极限的唯一性、有界性、保序性和保号性，四则运算，两个极限存在的判别法.

2. 领会：定义中两个不等式的意义，ε 和 N 的意义与关系，数列极限的几何意义.

3. 简单应用：用四则运算定理求极限，用两个判别法判别极限存在.

（二）函数极限的定义、运算，左、右极限

1. 识记：函数极限（主要是$\lim\limits_{x\to x_0}f(x)=A$与$\lim\limits_{x\to+\infty}f(x)=A$）和左、右极限的定义，四则运算.

2. 领会：函数极限的几何解释，左、右极限与极限的关系.

3. 简单应用：利用四则运算定理求极限.

（三）两个重要极限

1. 识记：两个重要极限.

2. 简单应用：能用两个重要极限求极限.

（四）无穷小量、无穷大量、阶的比较

1. 识记：无穷小量、无穷大量的定义.

2. 领会：阶的含义.

3. 简单应用：确定无穷小量的阶.

（五）函数的连续与间断，初等函数的连续性，闭区间上连续函数的性质

1. 识记：连续与间断的定义，间断点的分类.

2. 领会：连续与极限两概念之间的联系与区别，闭区间上连续函数的几条性质的含义.

3. 简单应用：利用连续性求极限.

第七章　导数与微分

一、学习目的与要求

导数与微分是微分学中两个最基本的概念. 无论在数学理论还是在实际应用上都是极其重要的. 导数反映的是函数的变化率，微分是函数增量的线性主部. 学习本章，不仅要正确理解它们的定义和几何解释，而且要能在熟记简单函数的导数公式和求导法则的基础上，熟练地求初等函数的导数和微分，并了解函数连续、可导和可微三者之间的关系.

二、课程内容

7.1　导数的概念

（一）瞬时速度、切线问题.

（二）导数的定义，几何意义，左、右导数.

（三）可导与连续的关系.

7.2　简单函数的导数

（一）简单函数的导数.

7.3　求导法则及导数公式

（一）导数的四则运算.

（二）反函数求导法则.

（三）复合函数求导法则.

（四）隐函数与参数方程求导法则.

7.4　高阶导数

（一）高阶导数.

7.5　微　分

（一）微分的定义、与导数的关系及其几何意义.

（二）微分的运算法则，一阶微分形式不变性.

（三）微分在近似计算上的应用.

三、考核知识点

（一）导数的概念.

（二）求导法则及导数公式.

（三）微分.

四、考核要求

（一）导数的概念

1. 识记：导数及左、右导数的定义.

2. 领会：导数的几何意义、物理意义，左、右导数与导数的关系，可导与连续性的关系.

3. 简单应用：能根据定义求导数和左、右导数.

（二）求导法则及求导公式

1. 识记：基本导数表，四则运算公式，反函数与复合函数求导法则.

2. 简单应用：能熟练地求初等函数的导数和二、三阶导数，会求曲线上指定点的切线方程.

（三）微分

1. 识记：微分的定义.

2. 领会：微分与导数的关系，几何意义，微分运算和求导运算的关系，一阶微分形式的不变性.

3. 简单应用：求微分.

第八章　中值定理及导数的应用

一、学习目的与要求

本章的目的是应用导数研究函数的性质，这首先要建立几个重要的微分中值定理，通过学习，要能正确地理解这几个定理（特别是拉格朗日中值定理）的意义及几何解释，熟练地应用洛比达法则求极限，会求简单函数的单调区间与极植、凸性区间与拐点，以及水平和垂直渐近线.

二、课程内容

8.1　中值定理

（一）费尔马引理.

（二）罗尔定理.

（三）拉格朗日定理及推论.

（四）柯西定理.

8.2　洛比达法则

（一）$\frac{0}{0}$型不定式.

（二）$\frac{\infty}{\infty}$型不定式.

（三）其他类型不定式.

8.3　函数的增减性与极值

（一）函数的增减性.

（二）函数的极值.

（三）函数的最大值、最小值求法.

8.4 函数的凸性与拐点

（一）函数的凸性与拐点.

8.5 曲线的渐近线

（一）水平渐近线.

（二）垂直渐近线.

8.6 描绘函数的图象

三、考核知识点

（一）中值定理.

（二）洛比达法则.

（三）函数的增减性与极值.

（四）函数的凸性与拐点.

（五）渐近线.

四、考核要求

（一）中值定理

1. 识记：罗尔定理与拉格朗日定理的内容.

2. 领会：拉格朗日定理的几何意义，拉格朗日定理的几种表示形式.

（二）洛比达法则

1. 识记：洛比达法则，不定式的几种类型.

2. 简单应用：能熟练地应用洛比达法则求$\frac{0}{0}$，$\frac{\infty}{\infty}$和$0\cdot\infty$型的极限.

（三）函数的增减性与极值

1. 识记：函数在区间内增减和严格增减的充要条件；极值的定义，存在极值的必要条件，判定极值的两个充分条件.

2. 领会：极大值、极小值与最大值、最小值的区别和联系；中值定理在判定函数增减性中的作用.

3. 简单应用：求函数的增减区间和极值.

4. 综合应用：求简单函数的和一些简单的几何问题的最大值和最小值.

（四）函数的凸性与拐点

1. 识记：函数在区间上上凸、下凸及拐点的定义，凸性的二阶导数判别法.

2. 简单应用：求函数上凸、下凸区间和拐点.

（五）渐近线

1. 识记：水平、垂直渐近线的定义.

2. 简单应用、求函数水平、垂直渐近线.

第九章　不定积分

一、学习目的与要求

本章的理论基础是不定积分概念及其基本性质，而本章研究的中心则是不定积分的计算. 通过本章的学习，要了解到不定积分运算是微分运算的逆运算，理解不定积分概念及其基本性质，掌握换元法及分部积分法，熟练掌握基本积分公式及积分基本性质.

二、课程内容

9.1　不定积分的概念

（一）原函数和不定积分的概念.

（二）不定积分的几何意义.

（三）原函数存在的充分条件.

9.2　基本积分表和不定积分的基本性质

（一）基本积分表.

（二）不定积分的基本性质.

（三）简单的积分运算.

9.3　第一换元法

（一）第一换元法.

（二）第一换元法的应用举例.

9.4 第二换元法

（一）第二换元法.

（二）三角函数代换法.

（三）简单的根式代换.

9.5 分部积分法

（一）分部积分法.

（二）分部积分法的应用.

9.6 几个实例

（一）求已知切线斜率且过定点的曲线方程.

（二）求已知初始位置和速度的匀加速直线运动的运动方程.

三、考核知识点

（一）不定积分的概念.

（二）基本积分表，不定积分的基本性质.

（三）第一换元法.

（四）第二换元法.

（五）分部积分法.

四、考核要求

（一）不定积分的概念.

1. 识记：原函数、不定积分的定义；连续函数一定存在原函数.

2. 领会：不定积分的几何意义、物理意义.

3. 简单应用：求已知切线斜率的曲线方程；求已知速度的变速直线运动的运动方程.

（二）基本积分表，不定积分的基本性质.

1. 识记：基本积分表，不定积分的基本性质.

2. 领会：积分运算与微分运算的关系.

3. 简单应用：用基本积分表、积分的线性运算法则和简单的恒等变形等计算不定积分.

（三）第一换元法.

1. 识记：第一换元法；一些常见函数的微分.

2. 简单应用：利用常见函数的微分，恰当地选择函数 $\varphi(x)=u$，从而能运用第一换元法，将被积函数化为易于计算的形式.

（四）第二换元法.

1. 识记：第二换元法，三角函数的几个恒等式.

2. 简单应用：三角函数代换法；简单的根式代换.

（五）分部积分法.

1. 识记：分部积分法.

2. 简单应用：简单的分部积分法.

3. 综合应用：两三种基本方法联合使用.

第十章　定积分

一、学习目的与要求

本章的理论基础是定积分的概念、性质和牛顿-莱布尼兹公式，而本章学习的重点则是定积分的计算及其应用. 通过本章的学习，要了解定积分与不定积分在被积函数连续时的关系，理解定积分的概念，定积分的基本性质及牛顿-莱布尼兹公式，掌握用不定积分计算定积分的方法，熟练掌握定积分的换元法、分部积分法和定积分在几何上的应用.

二、课程内容

10.1　定积分的概念

（一）曲边梯形的面积.

（二）变力所作的功.

（三）定积分的概念，可积的充分条件.

10.2　定积分的基本性质

（一）线性性质，关于区间的可加性.

（二）保序性.

（三）积分第一中值定理.

10.3　定积分的计算

（一）可变上限的定积分，牛顿-莱布尼兹公式，用不定积分计算定积分.

（二）定积分的换元积分法.

（三）定积分的分部积分法.

10.4 定积分的几何应用

（一）平面图形的面积.

（二）平行截面面积为已知的立体的体积.

三、考核知识点

（一）定积分的概念.

（二）定积分的性质.

（三）定积分与不定积分的关系.

（四）定积分的计算.

（五）定积分的简单几何应用.

四、考核要求

（一）定积分的概念

1. 识记：定积分的定义，连续函数的可积性.

（二）定积分的性质

1. 识记：定积分的线性性质，可加性，保序性，积分第一中值定理.

2. 简单应用：用保序性及第一中值定理做简单的估值.

（三）定积分与不定积分的关系

1. 识记：可变上限的定积分；牛顿-莱布尼兹公式.

2. 领会：定积分与原函数的关系.

3. 简单应用：用不定积分计算定积分；求可变上限定积分的导数.

（四）定积分的计算

1. 识记：定积分的换元法与分部积分法.

2. 领会：定积分的换元法与分部积分法的特点.

3. 简单应用：较简单的换元法与分部积分法的计算.

（五）定积分的简单几何应用

1. 识记：求平面图形的面积公式；求旋转体体积的公式.

2. 领会：定积分的几何意义.

3. 简单应用：求较简单的平面图形的面积，求旋转体的体积.

第十一章　行列式

一、学习目的与要求

本章内容是线性方程组理论的一个组成部分，是中学代数中线性方程组内容的推广. 重点是 n 阶行列式的概念、性质与计算. 本章要求：了解二阶、三阶行列式的定义，排列的逆序和奇偶性，n 阶行列式的定义；理解 n 阶行列式的性质，行列式按行（列）展开，克莱姆法则的条件与结论；掌握二阶、三阶行列式的计算，利用行列式性质化简行列式的计算（特别是将行列式化为上三角（下三角）行列式来计算），利用行列式按行（列）展开的方法计算行列式，用克莱姆法则解线性方程组.

二、课程内容

11.1　二阶、三阶行列式

（一）由二元线性方程组的消元解法引出二阶行列式的定义.

（二）由三元线性方程组的消元解法引出三阶行列式的定义.

11.2　n 阶行列式的定义

（一）排列，排列的逆序，排列的奇偶性.

（二）n 阶行列式的定义，n 阶行列式的项数，一般项的表示，上三角（下三角）行列式.

11.3　行列式的性质

（一）转置行列式，行列式性质及推论，利用行列式性质简化行列式的计算，特别是将行列式化为上三角（下三角）行列式来计算.

11.4　行列式按行（列）展开

（一）余子式，代数余子式，行列式按行（列）展开，利用行列式按行（列）展开计算行列式.

11.5 克莱姆法则

（一）克莱姆法则的条件和结论，利用克莱姆法则解线性方程组，齐次线性方程组有无非零解（根据克莱姆法则）.

三、考核知识点

（一）二阶、三阶行列式.

（二）排列、排列的逆序与奇偶性.

（三）n 阶行列式的定义.

（四）行列式的性质.

（五）行列式按行（列）展开.

（六）克莱姆法则.

四、考核要求

（一）二阶、三阶行列式

1. 识记：二阶、三阶行列式.

2. 简单应用：二阶、三阶行列式的计算以及利用二阶、三阶行列式解二元、三元线性方程组.

（二）排列、排列的逆序与奇偶性

1. 识记：n 级排列，排列的逆序、排列的奇偶性.

2. 领会：排列逆序数的求法.

3. 简单应用：利用排列的奇偶性判断 n 阶行列式某项的正负号（限五阶以下）.

（三）n 阶行列式的定义

1. 领会：n 阶行列式的定义.

2. 简单应用：利用行列式定义判断某些元素的乘积是否构成行列式的项，判断行列式某项的正负号.

（四）行列式的性质

1. 领会：行列式的性质及推论.

2. 综合应用：利用行列式的性质化简行列式的计算，特别是将行列式化为上三角（下三角）行列式来计算（限四阶）.

（五）行列式按行（列）展开

1. 识记：行列式的余子式，代数余子式.

2. 领会：行列式按行（列）展开.

3. 综合应用：利用行列式性质与行列式按行（列）展开来计算行列式（限四阶）.

（六）克莱姆法则

1. 领会：克莱姆法则的条件与结论.

2. 简单应用：利用克莱姆法则解线性方程组（限四元以下）.

第十二章　矩阵

一、学习目的与要求

矩阵是线性代数的一个主要研究内容，它是数学及其它科学技术中一个重要工具. 本章重点是矩阵的运算及其性质，矩阵的初等变换，求矩阵的逆. 本章要求：理解矩阵的加法、数与矩阵的乘法、矩阵的乘法、矩阵的转置、方阵的幂，初等矩阵与初等变换以及两者的关系，矩阵的秩，逆矩阵的定义及性质；掌握矩阵的算律（运算性质），可逆矩阵的判断，用伴随矩阵求逆矩阵；熟练掌握用初等变换求矩阵的秩，用初等变换求逆矩阵.

二、课程内容

12.1　矩阵的概念

（一）矩阵的定义，矩阵的相等，零矩阵，对角矩阵，上三角形矩阵、下三角形矩阵.

12.2　矩阵的运算

（一）矩阵的加法，数与矩阵的乘法，零矩阵，矩阵 A 的负矩阵，矩阵的减法，矩阵加法及数与矩阵的乘法满足的运算律（性质）.

（二）矩阵的乘法，矩阵乘法满足的运算律（性质），单位矩阵.

（三）矩阵的转置，转置矩阵的性质，对称矩阵.

（四）方阵的幂，方阵的幂的性质.

12.3 初等矩阵与矩阵的初等变换

（一）矩阵的三类初等变换，三种初等矩阵，初等矩阵与初等变换两者的关系.

12.4 矩阵的秩

（一）矩阵的 k 阶子式，矩阵的秩，对矩阵施行初等变换不改变矩阵的秩，利用初等变换求矩阵的秩.

12.5 逆矩阵

（一）逆矩阵，非奇异矩阵，可逆矩阵的充分必要条件，伴随矩阵，利用伴随矩阵求逆矩阵，逆矩阵的性质.

（二）n 阶非奇异矩阵 $\boldsymbol{A}$ 可以经过若干次初等行变换化为 n 阶单位矩阵，利用初等行变换求逆矩阵.

三、考核知识点

（一）矩阵的概念.

（二）矩阵的运算及性质（运算律）.

（三）矩阵的初等变换.

（四）矩阵的秩.

（五）逆矩阵.

四、考核要求

（一）矩阵的概念

1. 识记：矩阵的概念（$m\times n$ 矩阵，n 阶矩阵（方阵），n 维行向量，m 维列向量，单位矩阵，零矩阵，对称矩阵，对角矩阵，上（下）三角形矩阵）.

（二）矩阵的运算及性质（运算律）

1. 识记：矩阵的加法，数与矩阵的乘法，矩阵的乘法，矩阵的转置，方阵的幂.

2. 领会：上述运算的性质（运算律）.

3. 简单应用：利用矩阵的运算律进行运算.

（三）矩阵的初等变换

1. 识记：三种初等矩阵，对矩阵的行（列）施行三种初等变换，初等变换与初等矩阵两者的关系.

（四）矩阵的秩

1. 识记：矩阵的子式.

2. 领会：矩阵的秩.

3. 简单应用：利用矩阵的初等变换求矩阵的秩.

（五）逆矩阵

1. 识记：逆矩阵，非奇异矩阵，伴随矩阵.

2. 领会：逆矩阵的性质，可逆矩阵的充分必要条件.

3. 简单应用：判断矩阵是否可逆，利用伴随矩阵求逆矩阵，利用初等行变换求逆矩阵.

第十三章　线性方程组

一、学习目的和要求

本章在理论上彻底解决了线性方程组理论的三个问题，即方程组有解的判定，解的个数及求解方法. 对中小学教学有直接指导意义. 另外，线性方程组理论对数学各分支，生产实际及其它科学技术有较广泛的应用. 本章要求：了解消元法和对增广矩阵施行初等行变换的关系；掌握利用系数矩阵和增广矩阵的秩判断线性方程组是否有解及解的个数；熟练掌握用初等行变换解线性方程组.

二、课程内容

13.1 用初等变换解线性方程组

（一）线性方程组的消元法，线性方程组的矩阵表示，系数矩阵与增广矩阵，对增广矩阵施行初等行变换实现消元法.

（二）用初等行变换解线性方程组，利用系数矩阵与增广矩阵的秩判断线性方程组是否有解及解的个数，当方程组有无穷多个解时，线性方程组一般解（通解）的表示.

13.2 线性方程组解的结构

（一）齐次线性方程组，齐次线性方程组有非零解的充分必要条件，齐次线性方程组解的性质，基础解系，齐次线性方程组解的结构（用基础解系表示齐次线性方程组的全部解）.

（二）非齐次线性方程组的导出组，非齐次线性方程组及其导出组的解的性质，非齐次线性方程组解的结构（用导出组的基础解系表示非齐次线性方程组的全部解）.

三、考核知识点

（一）用初等变换解线性方程组.

四、考核要求

（一）用初等变换解线性方程组

1. 识记：线性方程组系数矩阵和增广矩阵.

2. 领会：对增广矩阵施行初等行变换得到原线性方程组的同解方程组，用系数矩阵与增广矩阵的秩判定线性方程组是否有解及解的个数.

3. 简单应用：利用初等行变换解线性方程组（限五元以下）.

Ⅲ　有关说明与实施要求

为了使本大纲的规定在从自学到考试的各个环节中得到贯彻和落实，兹对有关问题作如下说明，并提出具体实施要求.

一、关于考核目标的说明

为使考试内容具体化和考试要求标准化，本大纲在列出考试内容的基础上，对各章规定了考核目标，包括考核知识点和考核要求，使自学应考者能进一步明确考试内容和要求，更有目的地系统学习教材；使考试命题范围更明确、更准确地安排试题的难易度和知识能力层次.

在考核目标中，按识记、领会、简单应用和综合应用四个层次规定其应达到的能力层次的要求，它们是能力层次的递进等级关系，各能力层次的含义是：

识记：能知道有关名词、概念、公理、定理、原理、法则等的含义，并能正确认识和表述，是低层次的要求.

领会：在识记的基础上，能全面把握名词概念、公理、定理、原则和法则，并能正确掌握有关概念、原理、定理、法则之间的关系，是较高层次的要求.

简单应用：在领会的基础上，能用所学的一两个知识点分析和解决简单问题.

综合应用：在简单应用的基础上，能用所学的多个知识点、分析和解决比较复杂的问题.

二、关于自学教材

全国组编本：《高等数学基础》，王德谋主编，北京师范大学出版社　1999年版.

推荐参考教材：全国高等教育自学考试自学辅导丛书《高等数学基础》.

三、自学方法指导

1. 自学应考者首先要全面系统地学习各章内容，记忆应当识记的基本概念、名词、定理、公式，深入理解基本理论，掌握基本方法；其次，要认识各章内容之间的关系，注意区分相近的概念和相类似的问题，弄清它们之间的关系；再次，在全面系统学习的基础上掌握重点，有目的地深入学习重点章节的数学理论，一环扣一环，在没有全面学习教材的情况下孤立地去抓重点是行不通的.

2. 学习数学教材，不要求快，有些重要概念、定理要细读，逐字逐句的领会，有些内容需反复多次才能消化理解. 对于一些重要词句，如“任意”、“存在”等，应细心体会，随时留心命题、定理的正确表述方式，注意分清条件和结论，以及充分条件和必要条件等等.

3. 对于重要概念、定理，要掌握几个正、反例子，凡是可以直观化的概念、定理，尽量使其直观化. 这是学习数学的有效途径.

4. 学习数学，必须亲手做相当数量的习题. 只看书，不动手去算题和证题，是学不好的. 作了一些题之后再小结一下，一方面与有关的名词、定理对照，再一次领会其含义，另一方面归纳解题、证题的方法. 这样做必有比较满意的收获.

四、对社会助学的要求

1. 社会助学者应根据本大纲规定的考试内容和考核目标，认真钻研指定教材，明确本课程的特点和学习要求，对自学应考者进行切实有效的辅导，防止出现各种偏向，把握助学的正确导向.

2. 要正确处理重点和一般的关系，社会助学者应指导自学应考者全面系统地学习教材，掌握全部考试内容和考核知识点，在此基础上再突出重点，切勿孤立地抓重点. 把自学应考者引向猜题押题.

3. 社会助学者应通过自己的辅导，解答自学中的疑难问题，并努力培养和提高自学应考者的分析问题和解决问题的能力.

五、关于命题考试的若干要求

1. 本课程的命题考试，应根据本大纲所规定的考试内容和考试标准来确定考试范围和考核要求，不要任意扩大或缩小考试范围，提高或降低考核要求，考试命题要覆盖到各章，并适当突出重点章节，体现本课程的内容重点.

2. 本课程在试卷中对不同能力层次要求的分数比例大致为：识记占 20%，领会占 30%，简单应用占 30%，综合应用占 20%.

3. 要合理安排试题的难易程度，试题的难度可分为：易、较易、较难和难四个等级，每份试卷中不同难度试题的分数比例一般为：2∶3∶3∶2.

必须注意试题的难度与能力层次，这不是一个概念，在各个能力层次中都存在着不同的难度，应告诫考生切勿混淆.

4. 本课程命题的主要题型一般有：填空题、单项选择题、计算题、解答题等.

5. 考试方法为笔试，考试时间长度为 150 分钟.

附录　题型举例

一、填空题

1. 已知点 $A(2, 3, -5)$ 和 $B(1, 0, 2)$，则向量$\overrightarrow{AB}$的分解式为$\overrightarrow{AB}=$__________.

2. 当 $ad \neq bc$ 时，$\begin{pmatrix} a & b \\ c & d \end{pmatrix}^{-1}=$__________.

二、单项选择题

1. 平面 $3x+4y-5z+6=0$ 与直线$\dfrac{x-1}{3}=\dfrac{y-2}{4}=\dfrac{z-3}{5}$的位置关系是(　　).

A. 平行　　　　B. 垂直

C. 直线在平面内　　　　D. 直线与平面斜交

2. 函数 $f(x)=\dfrac{e^x+e^{-x}}{2}$ 是(　　).

A. 奇函数　　　　B. 偶函数

C. 既奇且偶函数　　　　D. 非奇非偶函数

三、计算题

1. $\int \ln x \mathrm{d}x$.

2. 计算行列式：

$$\begin{vmatrix} 1 & -2 & 0 & 0 \\ 2 & 5 & 1 & -2 \\ 4 & 1 & -2 & 6 \\ -3 & 2 & 7 & 1 \end{vmatrix}.$$

四、解答题

1. 试求经过点 $(1, 2, -3)$ 且与直线$\dfrac{x-8}{1}=\dfrac{y-9}{-1}=\dfrac{z+10}{2}$

及直线$\begin{cases} x-2z-8=0 \\ y+4=0 \end{cases}$皆平行的平面方程.

2. 求椭圆$\frac{x^2}{25}+\frac{y^2}{16}=1$绕$x$轴旋转所得旋转体的体积.

《自学考试大纲》后记

《高等数学基础自学考试大纲》是根据1998年制订的全国高等教育自学考试小学教育专业考试计划的要求编写的。1998年7月教育类专业委员会召开审稿会议，对本大纲初稿进行了讨论、审查；1998年8月经主审复审定稿.

本大纲由首都师范大学王德谋教授主持编写．参加本大纲审稿会议并提出宝贵意见的有：北京师范大学郝炳新教授（主审）、首都师范大学刘增贤教授（参审）、北京教育学院刘培娜副教授（参审）.

本大纲最后由教育类专业委员会主任王英杰教授审定.

全国高等教育自学考试指导委员会
教育类专业委员会

1999年10月